une certaine répugnance à lire jusqu'au bout des instructions délayées dans des pages sans fin. C'est pour cette raison qu'un habile horticulteur a cru faire une chose utile en dégageant de ces livres et en les présentant sous forme d'aphorisme, les données les plus essentielles, concernant la taille des arbres fruitiers. C'est le moyen de les fixer plus sûrement dans la mémoire du lecteur. Les voici telles qu'il les a résumées :

1° Ne jamais tailler ni les dards ni les lambourdes ;

2° Ne jamais tailler les brindilles courtes, terminées par des boutons à fleurs ;

3° Casser complètement sur trois bons yeux les brindilles à bois de vigueur moyenne ;

4° Casser d'abord complètement sur quatre bons yeux et recasser complètement entre le troisième et le quatrième œil les brindilles les plus vigoureuses ;

5° Ne laisser jamais croître des branches dans le sens intérieur de l'arbre ; réserver celles qui sont dehors, opposées ou alternes ;

6° Ménager toujours plus de force et de vigueur aux branches inférieures ;

7° Tailler chaque année la flèche en la dirigeant le plus droit possible ;

8° Si dans l'été, quelques branches supérieures s'emportent, les pincer aux bourgeons supérieurs. Les casser toutes, au mois d'août à environ 20 centimètres ;

9° Si une partie de la tige se trouve dénudée de branches, faire une incision corticale dans cette partie ; il s'y développera un œil l'année suivante ;

10° Si une branche supérieure ou médiane devient trop forte, faire avec la scie à main une incision au-dessous ;

11° Si une branche inférieure est trop faible, faire une incision en dessus.

12° Retrancher les boutons à fleurs pour ne pas fatiguer les jeunes arbres ;

13° Supprimer les rameaux trop vigoureux ou inutiles ;

14° Ne laisser aux bourgeons que deux ou trois boutons à fleurs.

Noyon. — Typ. D. Andrieux.

INSTRUCTION
POUR
LES JARDINS FRUITIERS
ET POTAGERS,

Avec un Traité des Orangers, ſuivy de quelques Réflexions ſur l'Agriculture.

Par feu Mr. DE LA QUINTINYE, *Directeur de tous les Jardins Fruitiers & Potagers du* ROY.

TOME II.

A PARIS,
Chez CLAUDE BARBIN, ſur le ſecond Perron de la ſainte Chapelle.

M. DC. XCVII.

AVEC PRIVILEGE DE SA MAJESTÉ.

QUATRIEME PARTIE DES JARDINS FRUITIERS ET POTAGERS.

De la taille des Arbres Fruitiers.

PREFACE.

GENERALEMENT parlant tailler les Arbres c'est y couper des branches ; ainsi on dit pour l'ordinaire, qu'un Arbre est taillé, quand on y voit beaucoup de marques de branches coupées : On dit qu'un Jardinier taille, quand la Serpette à la main on le voit couper quelques branches à ses Arbres : De tout temps cette taille a passé parmy les curieux d'Arbres fruitiers pour le chef-d'œuvre du jardinage. En effet ce n'est pas seulement de nos jours qu'elle a commencé d'être en usage, il y a plusieurs siecles qu'on s'en étoit fait une maxime, comme il paroît par le témoignage de nos Anciens ; si bien qu'à vray dire nous ne faisons presentement que suivre, ou peut-être perfectionner ce qui se pratiquoit par nos Peres.

Columelle. Theophraste. Xenophon.

Cet usage de tailler ne s'étend pas d'ordinaire à toutes sortes d'Arbres fruitiers, ce n'est qu'à ceux qu'on connoît dans les Jardins sous les noms d'Espaliers, de contre Espaliers, & de Buissons ; car pour ceux qu'on appelle de Haut-vent ou de Tige, on ne se met guéres en peine de les tailler, si ce n'est peut-être une fois ou deux dans leurs premieres années, soit pour le premier tour de figure ronde & ouverture, qu'il est bon de leur donner dans le tems qu'ils commencent à faire leur tête, soit pour ôter quelque branche de faux bois, qui dans la suite du tems pourroit embarasser ou défigurer cette tête, & constamment telle taille est absolument necessaire. On fait aussi quelquefois une maniere de taille aux Arbres de tige fort vieux, quand on y ôte des branches mortes ou langoureuses, soit grosses, soit menuës, mais cela s'appelle plûtôt les éplucher, ou nettoyer & débarasser, que les tailler.

Or quoique la premiere idée qu'on a de la taille ne regarde d'ordinaire que la tête des Arbres, c'est à dire leurs branches, qui constamment ont pour ainsi dire besoin de quelque correction pour être mises en train de bien faire au gré de leur Maître ; il y a cependant une autre taille fort importante, qui est celle des racines ; & celle-cy se fait en deux occasions, dont l'une qui est la plus ordinaire se fait generalement à tous les Arbres devant que de les planter (j'en ay assez parlé dans le Traité des Plans ;) & l'autre qui est extraordinaire ne se fait qu'à quelques-uns en place, desquels on a intention d'en rendre les uns plus vigoureux, ou les autres moins vigoureux qu'ils ne sont ; & je parleray de celle-cy sur la fin de ce Traité.

Cette maxime, ou cette necessité de tailler la tête de tous les Arbres qui ne sont point de haut-vent, étant bien établie, quoique sur cela il y ait une petite maniere d'heresie en fait des buissons tres-vigoureux, laquelle je détruiray aisément, je crois être obligé indispensablement d'examiner icy autant que je pourray tout ce qui regarde un usage si renommé dans le Jardinage des Fruitiers ; c'est pourquoy j'assure d'abord que je ne reserveray rien de particulier pour moy, & qu'au contraire j'auray une singuliere application pour n'obmettre absolument rien de ce que j'y ay pû comprendre jusqu'à present, & de ce que j'y pratique assez heureusement il y a si long-temps.

Je suis persuadé que la Taille est une chose non seulement fort utile, mais aussi fort curieuse, & capable de donner du plaisir à qui l'entend : Mais en même temps il faut convenir qu'elle est assez pernicieuse quand elle est faite par des mains ignorantes.

Car à proprement parler, tailler dans le sens que nous l'entendons, n'est pas simplement couper, tout le monde coupe, mais peu de gens taillent : Rien n'est si aisé que de couper, & même le hazard peut faire quelquefois que ce qu'on a coupé sans discretion réüssit assez bien, quoique le plus souvent il ait de tres-fâcheuses suites ; au lieu que comme à tailler habilement il y a bien du discernement & de la regle, aussi pour l'ordinaire le succés en est-il assuré, tout au moins pour ce qui peut dépendre du Jardinier, car tout ne dépend pas de luy ; on sçait bien qu'il n'est pas le maître des temps & des saisons, qui doivent necessairement & principalement concourir à l'achevement de son œuvre ; & ainsi quand on n'a pas cette abondance de fruits qu'on voudroit, & qu'on avoit esperé, ce n'est pas toûjours au Jardinier qu'il en faut imputer la faute : Il n'est blâmable qu'en cecy, c'est à sçavoir quand ses Arbres ne sont pas bien faits, quand ils ne fleurissent pas assez amplement, & quand les fruits n'en sont pas universellement & également beaux, en sorte que sur un même Arbre on en voit de beaucoup plus petits les uns que les autres, car de cela il en est en quelque façon le maître.

Qui cum judicio putat Arborem, efficit, ut quod Arbor sponte noluit facere, justitiâ violentâ cogitur, ut id agat. *Crescentius.*

Terræ imperamus, cœlo, & soli nequaquam.

CHAPITRE PREMIER.

Définition de la taille des Arbres.

POUR commencer d'entendre ce que c'eſt que cette taille, je dis que c'eſt une operation du Jardinage pour trois choſes qui ſont à faire tous les ans à ces Arbres, dans l'intervalle du temps qui court depuis le mois de Novembre juſqu'à la fin de Mars : La premiere eſt leur ôter entierement tout ce qu'ils ont de branches qui ne valent rien, ou qui peuvent nuire, ſoit à l'abondance & à la bonté du fruit, ſoit à la beauté de l'Arbre.

La ſeconde, conſerver toutes celles dont on peut faire un bon uſage à l'égard de ces Arbres.

Et la troiſiéme, racourcir ſagement celles qui ſe trouvent trop longues, & laiſſer entieres celles qui n'ont pas trop de longueur.

Et tout cela en veuë de faire durer un Arbre, le rendre beau, & diſpoſer en même temps à donner bien-tôt beaucoup de beaux & de bons fruits.

Par branches qui ne valent rien, j'entens celles qui ſont de faux bois, celles qui ſont uſées à force d'avoir donné du fruit, & celles qui ſont par trop menuës, ou qui n'ont nulle diſpoſition ny à bois, ny à fruit.

Par branches qui peuvent nuire, ſoit à la beauté de l'Arbre, ſoit à l'abondance & à la bonté du fruit, j'entens celles qui peuvent faire confuſion, ou offuſquent le fruit, & celles qui prennent une partie de la ſeve d'un Arbre, quand il eſt trop chargé de bois, eu égard à ſon peu de vigueur.

Par branches dont on peut faire un bon uſage, j'entens toutes celles qui ſont ſi bien conditionnées, qu'elles ſont propres à faire la belle figure de l'Arbre, & à donner infailliblement du fruit.

Par branches trop longues j'entens celles qui excedent neuf à dix pouces de longueur, & qui par conſequent ont beſoin d'être racourcies, telles ſont toutes les groſſes branches que nous appellons branches à bois, & quelques-unes des menuës que nous appellons branches à fruit.

Enfin par branches qui n'ont pas trop de longueur, j'entens certaines petites branches, qui étans d'une mediocre grosseur ont des boutons à leur extremité, ou sont en disposition d'en avoir l'année d'aprés, & cependant sont assez fortes pour porter sans se rompre le fruit qu'elles doivent.

Cette distinction si importante en fait de branches sera plus particulierement expliquée dans les Chapitres qui traitent de la maniere de tailler.

Je ne diray rien icy de l'origine de la taille, parce qu'on n'en dit rien qui ne soit fabuleux & risible, & par consequent rien qui nous puisse presentement servir d'instruction : Car par exemple, à quoy sert-il de sçavoir qu'on veut faire venir l'origine de la taille, de ce que dans une Province de Grece qu'on nommoit la Nauptie, Province abondante en Vignobles, un Asne ayant broutté quelques ceps de Vignes, on s'apperçût que les ceps broutez avoient produit beaucoup plus de Raisins, que ceux qui ne l'avoient pas esté, ce qui fit qu'on resolut de racourcir doresnavavant, ou si vous voulez, de rompre ou couper, c'est à dire de tailler toutes les branches de Vignes : On dit de plus, qu'effectivement on se trouva si bien de cet usage, que pour marque de reconnoissance d'une si riche invention, on dressa dans un bel endroit de cette Province une Statuë de marbre à cet Animal comme à l'Auteur de la taille de la Vigne, c'est à dire l'Auteur de l'abondance du Vin ; & c'est, disent nos Livres, la veritable raison pourquoy on dépeint Bacchus monté sur un Asne.

Or comme on vit sensiblement qu'il étoit utile de tailler la Vigne, on jugea de là qu'il ne le seroit pas moins de tailler aussi les Arbres fruitiers ; & ainsi dans les premiers temps on fit à cecy, comme on a fait à l'égard de tous les autres Arts, & de toutes les autres Sciences ; on commença grossierement de couper, c'est à dire de tailler aux Arbres quelques-unes de leurs branches, & petit à petit on a cherché à s'y rendre habile, comme encore tous les jours à force de raisonnemens & d'observations on s'étudie de plus en plus à s'y perfectionner. Voilà donc ce que nos Livres nous apprennent de l'origine de la taille : On n'aura pas de peine à convenir avec moy, que ce n'eſt pas une choſe fort importante ; mais ce que conſtamment il eſt avantageux de ſçavoir.

Ce ſont trois principaux points, ſans l'intelligence deſquels il n'eſt ce me ſemble, ny poſſible de bien parler de cette taille, ny poſſible de la bien faire.

Le premier regarde les raiſons pourquoy on la fait.

Le ſecond regarde le temps dans lequel on la doit faire.

Et le troiſiéme regarde la maniere dont il faut s'y prendre pour la faire habilement & heureuſement : Examinons ces trois points l'un aprés l'autre.

CHAPITRE II.

Des raiſons de la Taille.

JE commenceray par les raiſons pour leſquelles on fait la Taille, ſur quoy il me ſemble pouvoir dire qu'il y en a deux. La premiere & la plus principale eſt celle qui a pour objet, de faire qu'en taillant on ait bien-tôt une grande quantité de beaux & de bons Fruits, ſans quoy on n'auroit, ny on ne cultiveroit aucuns Arbres fruitiers.

La ſeconde qui eſt aſſez conſiderable, nous apprend que la Taille ſert à faire, qu'en toute ſaiſon les Arbres dans les temps même qu'ils n'ont ny fruits, ny feüilles, ſoient plus agreables à la vuë, qu'ils ne ſeroient ſi on ne les tailloit point.

Or la ſatisfaction de la vûë en ce dernier point dépend uniquement de la figure bien entenduë & bien proportionnée, qu'une main habile peut donner à chaque Arbre.

Et pour ce qui eſt de l'abondance du beau & de bon fruit, autant que l'induſtrie du Jardinier y peut contribuer, elle dépend premierement de la connoiſſance qu'il faut avoir de chaque branche en particulier, pour ſçavoir celles qui ſont bonnes & celles qui ne le ſont pas : Elle dépend en ſecond lieu de la diſtinction judicieuſe qui eſt à faire parmi ces branches, pour ôter entierement ce qu'il y en a de mauvaiſes ou d'inutiles, & conſerver ſoigneuſement toutes les bonnes, ſoit branches à bois, ſoit branches à fruit, à fruit, avec cette circonſpection que ſi dans ces dernieres il y en a quelques-unes qui ne ſoient pas trop longues, on les laiſſera comme elles ſont: Mais à l'égard de la plûpart des autres qui ont trop de longueur, on les taillera plus ou moins courtes, ſelon que la raiſon de l'abondance, & même la figure de l'Arbre le peuvent ordonner. Cette abondance dépend en troiſiéme lieu du temps qu'il eſt à propos de prendre pour tailler: Car toutes ſortes de temps n'y ſont pas propres.

A l'égard des deux premiers chefs qui regardent la connoiſſance, & la diſtinction des branches en general, je feray voir cy-aprés en quel ordre, & à quel uſage la nature les produit ſur les Arbres fruitiers; comme quoy les unes ſont propres à une choſe, les autres à une autre, & comme quoy ſur tout les unes ont plus de diſpoſition à fructifier, & les autres moins, & concluray de là que c'eſt ſelon cet ordre, & cette intention de la nature, & ſelon ce plus & ce moins de diſpoſition, que differemment les unes des autres, ces branches doivent eſtre & conduites & taillées.

Mais devant que d'entrer plus avant dans cette matiere qui a beaucoup d'étenduë, eſtant queſtion d'y expliquer ſur tout la maniere, ou les regles qu'on doit pratiquer dans la taille d'un grand nombre d'Arbres, qui d'ordinaire ſont infiniment differens les uns des autres; j'eſtime qu'il ne ſera pas mal à propos de dire premierement, & le plus ſuccinctement que je pourray, ce que je penſe du temps de la taille, car c'eſt l'article ſur lequel on a le plûtôt decidé.

CHAPITRE III.

Du temps de la Taille.

IL y a peu de choſes à dire ſur le temps de tailler, parce que d'un aveu general il eſt ordinairement fixé à la fin de l'hyver ou à l'entrée du printemps, c'eſt à dire un peu devant que les Arbres pouſſent, & quand à peu prés une partie de leurs bourgeons commence à s'enfler pour fleurir,

& l'autre à s'alonger pour devenir branches, ce qui arrive infailliblement, lors que les grands froids qui accompagnent pour l'ordinaire les mois de Novembre, Decembre, Janvier & Février étant passez le renouveau vient, & que par consequent l'air commençant à s'échauffer & à s'addoucir, les Plantes qui avoient entierement cessé d'agir pendant quatre mois, viennent pour ainsi dire, à se reveiller, & recommencent en effet d'entrer en action : Ce premier mouvement se fait constamment à la teste devant que de commencer aux racines, mais cela s'entend si le froid a esté assez grand pour interrompre leur fonction ; car parmy nous aux années extrêmement tendres il n'y a gueres plus d'interruption que dans les pays fort chauds : Nous ferons voir cet ordre dans un autre endroit : Or ce renouvellement d'action exterieure est un signal asseuré qu'il est temps de tailler.

On étoit autrefois si scrupuleux pour le temps precis de cette taille, qu'on n'osoit absolument y travailler que dans le décours des Lunes de Février & de Mars : C'étoit presque la seule maxime qui sur ce fait là parut bien établie, & qui fut en effet inviolablement observée ; on peut dire que c'étoit une espece de routine que la plûpart des Jardiniers affectoient avec une opiniâtreté incroyable, ou plûtôt que c'étoit une espece de tyrannie qu'ils exerçoient, quand ils avoient affaire à des honnestes gens amoureux de leurs Arbres fruitiers ; on en étoit venu jusqu'à ce point d'habitude que les uns & les autres auroient cru tout perdu si on avoit taillé hors le temps de ces décours, c'étoit une maladie inveterée, dont il ne se trouve encore que de méchans restes : Je veux bien qu'en d'autres choses qui passent ma portée, & dans lesquelles je ne connois rien, il soit bon d'avoir égard aux Lunaisons ; mais pour ce qui est de la taille des Arbres, & generalement de tout le Jardinage, je pretens faire voir cy-aprés dans le traité de quelques reflexions que j'ay faites sur l'Agriculture, que ces observations sont inutiles, & même chimeriques ; & comme aprés en avoir été premierement imbu, j'en suis enfin pleinement desabusé, j'espere parvenir aussi à délivrer les Jardiniers de cette sorte de vision ou d'ignorance, & en même temps délivrer les honnêtes gens de cette sorte d'inquietude.

Il est bien vray qu'il est tres-bon de tailler dans la fin de Février, & au commencement de Mars, qui sont d'ordinaire des temps de décours, mais il est encore tres-vray que sans prendre garde à la Lune, on peut commencer à tailler d'abord que les feüilles des Arbres sont tombées, c'est à-dire dans la fin d'Octobre, ou au moins environ la Saint Martin, & qu'on peut continuer ensuite tout l'Hyver, jusqu'à ce qu'on ait achevé : Et cela par ce que comme d'ordinaire on a trois sortes d'Arbres à tailler, les uns trop foibles, les autres trop vigoureux, & les autres qui sont dans le bon état qu'on leur peut souhaiter, j'estime qu'il y peut avoir de la sagesse & de l'utilité à ne les pas tous tailler en même temps, & qu'il est à propos d'en tailler les uns plutôt, & les autres plus tard : Par exemple je suis assez persuadé que plus un Arbre est foible & languissant, & plutôt doit-on le tailler pour luy retrancher de bonne heure les mêmes branches, qui comme nuisibles ou inutiles doivent dans un autre temps luy être ôtées, c'est-à-dire sur la fin de l'Hyver ; & voilà pourquoy à l'égard de ceux-cy la taille de Novembre, Decembre & Janvier est tres-bonne & tres-salutaire, & meme meilleure que celle de Fevrier & de Mars ; & par la raison des contraires, plus un Arbre est fort & vigoureux, & plus tard aussi peut-on retarder à le tailler ; je veux dire qu'à son égard on peut non seulement sans peril, mais même fort utilement attendre à le tailler qu'on en soit venu jusqu'à la fin d'Avril.

Omnis Arborum putatio quandocunque fieri potest à tempore casus foliorum. *Crescentius.*

J'avance en cela deux principes qui paroissent assez nouveaux : Ceux qui en voudront voir la preuve bien certaine, peuvent continuër de lire ce qui suit : A l'égard de ceux, qui voulans bien s'en reposer sur ma bonne foy & sur mon experience, ne demandent qu'à voir la suite de mes manieres d'agir, peuvent passer le reste de ce Chapitre, pour aller a celuy qui explique pourquoy on doit tailler.

Pour établir les deux principes que j'ay cy-devant avancez, je me sers de deux comparaisons, dont la premiere qui regarde la taille des Arbres foibles, est tirée de la conduite te que tiennent certains Meûniers bons œconomes, qui avec peu d'eau trouvent moyen de faire moudre un Moulin, auquel cependant il en faut beaucoup; & la seconde qui regarde la taille des Arbres tres-vigoureux, est prise d'autres Meûniers, qui sçachans combien les grands courans des cruës d'eau sont dangereux pour leurs Moulins, laissent pour un temps perdre, ou couler l'abondance qui les incommoderoit; & enfin la rapidité estant passée ils ferment les écluses, & ensuite employent ce qui leur reste d'eau, selon qu'il est expedient pour le nombre des rouës qu'ils ont à entretenir.

Pour faire entendre ces deux comparaisons, je dis que la seve dans chaque Arbre m'y paroît estre à peu prés ce qu'est l'eau dans chaque riviere: Je diray dans un autre endroit ce que l'eau est dans les tuyaux des fontaines jalissantes.

Quelques soient les Rivieres, ou grandes, ou petites, toûjours est-il vray qu'elles sont belles, pourvû que le lit de chacune, tel qu'il peut estre, soit d'ordinaire fourny d'une quantité d'eau proportionnée à ce qu'il est, & sans cela elles sont miserables, & peu estimées; ainsi trouve-t-on un Arbre beau tel qu'il soit (car il en est de grands, & de petits) pourvû que cet Arbre dans toutes ses parties fasse tous les ans d'assez beaux jets, & autant qu'il en convient à la condition de grandeur & de grosseur dans laquelle il se trouve, & sans cela il est asseurement vilain & miserable.

Or constamment durant que l'Arbre qui est dans un bon fond se porte bien, & qu'il ne fait point un froid assez grand pour avoir pû geler la terre jusqu'auprés des racines, car un tel froid arreste toute sorte de vegetation, pour lors, dis-je, à l'extremité des racines il s'en fait toûjours d'autres nouvelles, & par consequent il se fait toûjours de la seve nouvelle, comme je le prouve dans mes reflexions, & ainsi il monte perpetuellement de la seve, tant dans la tige de l'Arbre, que dans toutes les branches dont la teste est composée, & cela plus ou moins dans toute l'étenduë de chacun, selon que cette seve est en soy plus ou moins abondante, tout de même que dans une riviere, pendant que la source est bonne, & nullement empéchée, l'eau coule perpetuellement, non seulement dans le lit que l'Art ou la nature luy ont preparé, mais aussi generalement dans tous les bras où elle se peut partager, c'est-à-dire dans tous les ruisseaux où canaux qui se peuvent former le long de son cours, & cela plus ou moins, selon que cette eau est en soy plus ou moins abondante.

Quand on voit que l'Arbre est un peu vigoureux, en sorte qu'il n'a fait aucuns jets qui soient beaux, ou qu'ayant esté vigoureux les années precedentes il a cessé de l'estre, de maniere qu'il n'a plus fait de jets, ou au moins n'en a fait que de tres-petits & tres-menus, nous pouvons dire que c'est une marque infaillible, ou que la source de la seve est naturellement foible & petite, ou qu'enfin elle l'est devenuë, si bien que n'estant pas capable, ou ne l'étant plus de faire effet en de longues branches, ny en beaucoup, & cependant estant necessaire qu'elle en fasse pour nôtre profit & nôtre satisfaction, il faut de bonne heure soulager cet Arbre du fardeau qu'il a, & qui est trop grand, eu égard à son peu de force & de vigueur, & par consequent il faut de bonne heure luy retrancher entierement une grande partie de ses branches, afin que pour ainsi dire, on bouche le plûtôt qu'on peut beaucoup de ces ouvertures par où il entroit partie de la seve de cet Arbre; & ainsi ce qui par exemple étant partagé en quarante rameaux paroissoit faire peu d'effet en chacun, cela méme estant ensuite ramassé & distribué à la moitié moins, se trouvera suffisant pour faire sur cet Arbre de plus grandes productions, quoy que veritablement moins nombreuses: C'étoit une riviere dont la source étoit ou naturellement foible, ou notablement diminuée, & qui cependant toute telle qu'elle étoit étant encore partagée en trop de bras, ne pouvoit rien faire de considerable en pas un endroit, mais estant industrieusement ramassée, ou bien reduite & resserrée en moins d'étenduë, de sorte qu'il ne s'en perd plus nulle part, comme elle avoit accoûtumé, elle se trouve par ce moyen capable de tourner au moins quelque roue: Une chaussée, ou des écluses faites de bonne heure, ont fait icy ce que la bonne fortune d'une Riviere plus abondante fait à l'égard de plusieurs roues.

Et voilà ce qui m'a engagé à conseiller de tailler de bonne heure les Arbres foibles, & cela même apprend qu'il les faut tailler fort court ainsi que nous le montrerons ci-aprés.

Or ce qui prouve bien à l'égard de la taille de ceux-là, doit, ce me semble, par la regle des contraires servir de lumiere à l'égard de la taille des Arbres vigoureux, soit pour la faire plus tard, soit pour laisser à chacun davantage de charge.

Constamment nous n'avons d'Arbres fruitiers que pour avoir du Fruit, & constamment ce Fruit ne vient communement que sur ces branches foibles, car les grosses n'en font gueres, leur fonction étant de faire quelqu'autre chose d'assez important : C'est ainsi que les grands torrens ne sont pas propres pour faire moudre, au contraire ils sont sujets à tout engorger, ou à tout rompre ; leur fonction est de servir à autre chose, par exemple au transport des voyageurs, au transport des fardeaux & des marchandises, &c. Ce ne sont donc que les mediocres qui sont icy utiles à la moulure : Ainsi un Arbre estant tres-vigoureux ne fait d'ordinaire que des grosses branches, & sur tout à l'entrée du Printemps ou sont les grandes crues de seve, & n'en sçauroit commencer de ces foibles dont nous avons besoin pour le Fruit.

Or à un tel Arbre qui doit estre taillé afin qu'il donne du Fruit, & que cependant il ait une figure agreable, il ne faut pas seulement luy laisser beaucoup de charge, soit pour le nombre des branches, soit pour l'étenduë de chacune, ce qui en effet est absolument necessaire, il faut encore quelque chose de plus ; & comme c'est particulierement à ces extremitez, sur lesquelles à l'entrée du Printemps se font les grands effets de la seve nouvelle, il y faut, pour ainsi dire, laisser passer la fougue & la furie de la premiere action : c'est pourquoy un tel Arbre a besoin d'estre taillé plus tard, c'est-à-dire qu'il ne le doit estre que quand la premiere impetuosité de seve sera passée, il luy en restera encore suffisamment pour faire que sur ces sortes de branches ainsi taillées aprés coup, il pousse en même temps & de gros jets pour la figure, & de ces foibles que nous souhaitons pour le Fruit.

Ce n'eſt pas que, comme je diray cy-aprés, le meilleur expedient en fait d'Arbres tres-vigoureux, & même s'il m'eſt permis de parler ainſi, opiniâtres à l'égard du Fruit, le meilleur expedient, dis-je, ne ſoit d'aller à la ſource de leur vigueur qui ſont les racines : C'eſt cette vigueur qu'il faut affoiblir, & par conſequent il faut diminuër le nombre des racines qui travaillent le mieux, & par ce moyen on diminuëra l'effet qui provient de pluſieurs bonnes ouvrieres, leſquelles agiſſans en même temps font plus de ſeve qu'il n'en faut à tel Arbre fruitier : Car enfin il faut que ſelon nôtre intention il faſſe promptement du Fruit dans une figure contrainte, & qui ne luy eſt nullement naturelle, & il ne le peut, quand la ſeve étant par trop abondante, il ne ſe fait par tout que de tres-groſſes branches.

L'experience qu'un chacun pourra cy-aprés acquerir en pratiquant ces deux maximes, & particulierement celle qui regarde la taille des Arbres foibles ; cette experience, dis-je, achevera ſans doute de les établir pour toûjours ; & pour les autres Arbres je répons qu'il n'y a perſonne qui ne s'en trouve tres-bien, & je répons ſur tout que ce ſera un grand ſecours pour les Jardiniers qui ont un grand Fruitier à conduire, & qui comme il eſt fort à ſouhaiter, veulent tailler eux-mêmes la plûpart de leurs Arbres.

Or comme je crois qu'ils ne ſçauroient mieux faire que de ſuivre ce conſeil, auſſi me paroiſſent-ils tres-blâmables, ſi pour commencer à tailler ils attendent qu'on en ſoit à la fin de l'Hyver, & au temps de ces décours de Février & de Mars, parce que c'eſt pour lors le temps du grand accablement de toutes ſortes d'ouvrages pour les Jardiniers : Tout vient tout à coup à l'entrée du Printemps, les labours de tout le Jardin, les ſemences de la plûpart des Plantes potageres, l'œilletonnement des Artichaux, les differentes couches à faire, le nettoyement des Allées, ſi bien que c'eſt un étrange embarras d'avoir encore pour lors à faire le plus important de tous les ouvrages ; car enfin c'eſt le ſeul où il n'y a point de petites fautes à faire, elles ſont toutes grandes & pernicieuſes, c'eſt la taille de beaucoup d'Arbres, & peut-être grands Arbres, tant en Buiſſon qu'en

Eſpalier, ſans oublier le premier paliſſage de ceux-cy ; & par ce moyen comme tout s'y fait avec precipitation, auſſi pour l'ordinaire tout s'y fait-il aſſez mal : Car à vray dire chaque choſe preſſant également d'eſtre faite, il y en a peu à qui on puiſſe donner tout le temps & toute l'application neceſſaire.

J'ay dit en paſſant que je ne faiſois nul cas des décours, &c. mais je n'ay pas répondu à une objection que quelques Jardiniers pretendent invincible, & dans laquelle à mon ſens ils ſe trompent infiniment ; c'eſt, diſent-ils, que la gelée d'Hyver peut gâter l'extremité de la branche taillée, & que s'il n'y a pas tant à craindre pour les Fruits à Pepin, tout au moins cela eſt-il fort dangereux pour les Fruits à Noyau, dont, à ce qu'ils pretendent, le bois eſt fort delicat, parce qu'il eſt fort moëleux ; je me contente de ſupplier tous ces ſcrupuleux de ce défaire de cette apprehenſion, & je les aſſeure que l'experience qu'ils en feront ſans prévention, achevera de les guerir pleinement de leur erreur : Nous avons eu depuis ſept ou huit ans les plus rudes Hyvers, qu'aucun homme vivant ſe ſouvienne d'avoir vû. J'avois taillé tous mes Pêchers devant cette grande rigueur, & ne me ſuis jamais apperçû qu'il en fut arrivé le moindre inconvenient.

Conſtamment je trouve qu'il fait bon de tailler tout autant de fois, que le froid n'eſt point aſſez violent pour incommoder perſonnellement celuy qui taille : Il n'y a que de certains jours de givre, que le bois des Arbres eſtant tout couvert de verglas, la ſerpette quelque bien affilée qu'elle ſoit, ne ſçauroit paſſer, c'eſt-à-dire ne ſçauroit couper net ; & ainſi comme il faut trouver du plaiſir dans cette taille, on n'y en trouve ſeurement point dans ces temps-là, & partant il eſt neceſſaire d'attendre à tailler, que ce verglas ſoit entierement fondu & paſſé.

Les temps propres à tailler étant reglez, il en faut venir à quelque choſe de plus important & de plus curieux.

Comme rien ne ſied mieux, & n'eſt plus naturel à un Ouvrier que de ſçavoir au vray pourquoy il fait l'ouvrage auquel il travaille, auſſi ne crois-je pas qu'il y ait rien ny de plus ſtupide, ny de plus indigne d'un homme que d'agir

ſimplement

ſimplement par coûtume & par habitude : C'eſt un défaut qui n'eſt que trop ordinaire dans la plûpart des Jardiniers, ils ne ſe mettent gueres à tailler que parce que c'eſt l'uſage de le faire. Je ſuis perſuadé qu'il eſt indiſpenſablement neceſſaire de ſçavoir quelque choſe de plus, ou qu'autrement on ne ſçauroit parvenir à bien tailler, c'eſt une verité que je tiens inconteſtable : Je ne ſçaurois ſouffrir qu'un Jardinier ſe trouve embaraſſé & preſque tout interdit, quand on vient à luy demander la raiſon pourquoy il taille, & voilà le ſujet que je m'en vais traiter dans le Chapitre ſuivant.

CHAPITRE IV.

Des raiſons qui obligent de tailler.

NOus avons deux principales raiſons qui preſcrivent & autoriſent la taille.

La premiere eſt pour avoir ſeurement plus grande abondance de beaux Fruits, & même en avoir plûtôt.

Et la ſeconde pour faire qu'en tout temps l'Arbre ſoit plus agreble à la veuë qu'il ne ſeroit ſi on ne le tailloit pas: On ne peut pas diſconvenir, que ce n'eſt pas ſeulement le fruit & les feüilles qui rendent un Arbre beau, ce ſont veritablement ſes plus grands ornemens, mais il y faut encore quelque autre choſe, puiſque n'ayant pas du Fruit tout le long de l'année, il eſt à ſouhaiter que quand il eſt dépoüillé de ſes agrémens, ou qu'il n'eſt pas encore en âge de les avoir tous, il ſoit au moins compoſé & tourné de maniere qu'il donne plaiſir à le voir.

Or ce qui outre l'importance du Fruit rend un Arbre agreable à la vûë, n'eſt autre choſe que la belle figure qu'un Jardinier habile luy ſçait donner ; & comme nous avons de deux ſortes d'Arbres, ſur leſquels particulierement nous exerçons la taille, ſçavoir les Buiſſons & les Eſpaliers, il faut établir de bons principes pour ſe conduire ſagement aux uns & aux autres : Ces principes regardent principalement les groſſes branches, ſans leſquelles on ne ſçauroit avoir de beaux Buiſſons, & par le moyen desquelles il est aisé, & même infailible de parvenir à les avoir beaux ; tout le mystere de cette operation sera developé dans les Chapitres qui traitent de la maniere de tailler tant les Buissons que les Espaliers, n'y ayant point d'autres regles pour les uns que pour les autres.

Je dis d'abord que pour ces deux sortes d'Arbres il faut convenir que leur figure étant si opposée l'une à lautre, il faut par consequent que leur beauté ne le soit gueres moins ; il est donc à propos d'établir en quoy particulierement j'estime que peuvent consister ces deux sortes de beautez si differentes.

Et peut-être aprés cela ne sera-t-il pas mal à propos de comparer à cet égard le bon Jardinier à l'habile Sculpteur : Car comme celuy-cy conformement à l'idée dont il a l'imagination pleine, doit voir tout d'un coup dans son bloc de marbre la figure qu'il en veut travailler, & par consequent y voir distinctement où seront chacune des belles parties dont elle sera composée.

Ainsi l'habile Jardinier conformement à l'idée qu'il se sera faite d'un bel Arbre, doit voir tout d'un coup dans quelque Arbre que ce soit ce qu'il a à faire, soit pour le rendre beau quand il ne l'est pas, ou pour luy conserver sa beauté quand il l'a acquise, soit pour le rendre utile ; y voir par exemple où seront les fruits, & par consequent les branches qui les produiront, y voir les branches qu'il faut ôter, & celles qu'il faut conserver pour en faire une agreable figure, &c. Et même comme de temps en temps le Sculpteur s'éloigne de son ouvrage pour voir s'il execute assez bien sa pensée, aussi le Jardinier habille en taillant son Arbre doit-il faire la même chose à l'égard de cet Arbre, c'est-à-dire s'en éloigner de temps en temps pour voir s'il donne veritablement dans la belle figure qu'il pretend.

Mais devant que d'expliquer cette idée de beauté des Arbres, il faut se souvenir que comme j'ay dit dans le traité des Plans, nous avons peu de ceux qu'on appelle Fruitiers, qui naturellement demeurent bas, nains, & pour ainsi dire rampans, soit pour nous faire des Buissons, soit encore moins pour nous faire des Espaliers : Tous les Arbres suivant la pente que la nature leur a donnée, cherchent à s'élever, & par conſequent ce n'eſt que l'induſtrie des Jardiniers, qui s'oppoſant au cours de la nature, les empêche de former des tiges, & de devenir grands.

Ces Jardiniers ſçachans, que comme nous avons déja dit, la ſeve qui doit faire ces tiges eſt à peu prés dans les Arbres, tout de même que l'eau qui doit faire le jet des Fontaines jaliſſantes eſt dans les tuyaux, ils ont conclu de là, que s'ils bouchoient le paſſage qui porte cette ſeve en haut, comme il eſt aiſé en étronçonnant les Arbres, il n'y auroit plus d'apparence de tige, & partant cette ſeve qui eſt en action pour ſortir, ſans pouvoir abſolument en être empêchée, ne trouvant plus de paſſage pour monter où elle devoit, crevera à l'endroit où ſon cours a eſté rompu, & y fera le même effet qu'elle auroit pû faire plus haut, ſi elle avoit eu la liberté d'y monter ; ſi bien que cette ſeve ſortant ſur les côtez, non ſeulement par beaucoup d'ouvertures qui y ſont déja toutes formées, mais auſſi par d'autres qu'elle même s'y fera, à proportion qu'elle ſera abondante, elle produira à droit & à gauche une aſſez belle quantité de branches.

Il faut preſentement dire, que ſi l'Arbre étronçonné eſt en plein air, il pourra eſtre diſpoſé à faire un beau Buiſſon, & s'il eſt prés de quelques murailles, il pourra eſtre diſpoſé à faire un bel Eſpalier. J'ay auſſi expliqué dans le même traité des Plans ce que c'eſt que Buiſſon, & ce que c'eſt qu'Eſpalier : J'y ay expliqué l'intention qu'on a eu en les faiſant, & l'uſage que nous en devons tirer ; j'y ay pareillement expliqué que quand les murailles ſont hautes, on y plante des Arbres de tige pour garnir cette hauteur, & que là au lieu de leur laiſſer la liberté de faire un Arbre rond, comme ils le feroient s'ils n'étoient point gênez, on contraint leurs branches, tout de même que celles des Arbres étronçonnez, ainſi que nous l'allons faire voir aprés avoir premierement expliqué en quoy conſiſte la beauté des uns & des autres, c'eſt-à-dire des Arbres en Buiſſon, & des Arbres en Eſpalier.

CHAPITRE V.

De l'idée de beauté que demandent les Buissons.

LA beauté des Buissons demande deux conditions, l'une qui regarde la tige, & l'autre qui regarde la teste : Selon la premiere condition les Buissons doivent estre bas de tige ; & selon la seconde ils doivent avoir la teste ouverte, c'est-à-dire vuide de grosses branches dans le milieu, ils la doivent avoir ronde dans sa circonference, & également garnie de bonnes branches sur les côtez.

J'expliqueray plus particulierement cy-aprés ce que j'entens par cette ouverture du milieu, & ce sera à l'endroit où je diray ce qu'il faut faire pour y parvenir, mais cependant il faut bien comprendre les quatre conditions de cette figure, & s'en bien persuader pour entendre utilement mes maximes de la taille, & s'y rendre habile en cas qu'on les approuve assez pour les vouloir pratiquer.

Je ne dis rien encore pour la hauteur de toute la teste de ces Buissons, elle dépend de l'âge des Arbres, étant basse à ceux qui sont encore jeunes, & s'élevant à tous à mesure qu'ils croissent : Mais autant qu'il est possible je voudrois bien qu'elle ne passât pas six ou sept pieds : Il vaut mieux, ce me semble, que ces Arbres croissent en étenduë de circonference & de largeur, que de les laisser monter haut. Le plaisir de la vuë qui craint tout ce qui la borne trop, & particulierement dans les Jardins, & de plus la persecution des vents qui abbattent facilement les fruits des Arbres élevez, me font fixer à cette mesure : Comme la taille des Buissons est infiniment plus difficile, & par consequent contient beaucoup plus de régles que la taille des Espaliers, je commenceray par celle-cy devant que de parler de l'autre.

CHAPITRE VI.

De l'idée de beauté que demandent les Eſpaliers, & les maximes du paliſſage.

POur faire que des Eſpaliers ayent la beauté qui leur convient, je croy qu'il faut principalement que toutes les branches de chaque arbre, en garniſſant ſur les côtez l'endroit de muraille qu'elles doivent garnir, ſoient ſi bien tirées, & ſi également placées à droit & à gauche, que dans toute leur étenduë à les prendre d'où chacune commence juſqu'à toutes les extremitez de leur hauteur & de leur rondeur, on ne puiſſe appercevoir aucune partie de l'Arbre ny plus vuide, ny plus pleine l'une que l'autre, en ſorte que d'un coup d'œil on voye diſtinctement tout ce qui le compoſe juſqu'à le pouvoir aiſement conter ſi on veut : Le vuide eſt le grand défaut des Eſpaliers, comme le plein eſt le grand défaut des Buiſſons ; & quand je veux mes Eſpaliers pleins, je n'entens pas qu'ils ſoient pleins de méchantes branches vieilles, uſées, inutiles, comme beaucoup d'ignorans affectent ; ny tout de même quand je veux mes Buiſſons ouverts dans le milieu, je ne veux pas qu'ils ſoient vuides comme le dedans d'un verre, &c. J'exhorte particulierement tous les Jardiniers de bien prendre ces deux idées de beauté.

A l'égard de la beauté des Eſpaliers, il eſt veritablement deſagreable d'y voir quelquefois des branches qui ſe croiſent, & autant qu'il eſt poſſible il les faut éviter ; mais parce que le vuide, comme je viens de dire, c'eſt à mon ſens le défaut le plus contraire à la beauté de ces ſortes d'Arbres ; je ſuis d'avis que preferablement à toutes choſes on s'étudie à l'empêcher ; ſi bien que par cette raiſon je veux qu'il ſoit permis, & même ordonné de croiſer en quelques rencontres, & que particulierement pour les groſſes branches, qui ſeules ſont le fondement de toute la beauté de l'Arbre, il ſoit quelquefois permis de les paſſer par deſſus les petites, ou de paſſer les petites par deſſus ces groſſes, autrement on courroit entierement riſque de tomber dans le desagrément de ce malheureux vuide.

Ces petites branches, qu'il faut pour ainsi dire, regarder icy comme branches de passage, sont ordinairement, comme nous avons dit, les seules qui doivent donner du fruit, & voilà ce qui les a fait soigneusement & précieusement conserver : Mais comme aprés avoir donné ce fruit elles doivent infailliblement perir, aussi seront-elles bientôt retranchées de nôtre Espalier, & par consequent feront bien-tôt cesser le reproche de croiser, qu'elles auront pû attirer au Jardinier ; mais cependant elles l'auront défendu de cet autre reproche qui est beaucoup plus à craindre, c'est-à-dire du manque de fruit.

Il ne faut donc croiser que dans la derniere necessité ; si bien que quand on peut s'en empêcher, je condamne entierement les Jardiniers, qui par negligence, ou par malhabileté ont en cela ruiné l'agreable symmetrie que leurs Espaliers auroient pû avoir.

Et parce que premierement c'est de la taille que dépend le seul moyen de donner à chacun de ces Arbres la beauté dont je viens de parler : Qu'en deuxiéme lieu chaque Arbre étant composé de deux parties, dont l'une s'appelle le pied ou la tige, & l'autre s'appelle les branches, c'est bien veritablement sur ces deux parties que se fait la taille, mais bien plus sur les branches que sur la tige.

Et parce que principalement dans les Arbres il y a, comme nous avons dit, de plusieurs sortes de branches fort differentes les unes des autres, toutes ayans leurs raisons particulieres soit pour être entierement ôtées, soit pour être conservées, & parmy ces conservées les unes doivent être racourcies à cause qu'elles sont trop longues, les autres devans demeurer toutes entieres, & que par consequent il y a de grands égards à avoir pour bien conduire les unes & les autres.

Je croy qu'indispensablement je dois essayer de démêler, si je puis, toutes les distinctions qui sont à faire parmy ces branches, ou autrement il ne sera pas possible de rien entendre aux maximes que je prétens établir pour bien tailler.

Il me semble que je dois en user icy de la même maniere à peu prés qu'on en uſe pour montrer à lire; La premiere choſe qu'on fait eſt d'apprendre à connoître les Lettres de l'Alphabeth; la ſeconde eſt d'apprendre à ſe ſervir de ces Lettres pour en joindre deux ou trois enſemble qui faſſent des ſyllabes; & la troiſiéme enfin eſt d'apprendre l'union de pluſieurs ſyllabes pour faire des mots entiers; & ces mots ſe trouvans pluſieurs de ſuite compoſent & la ligne & la page, &c.

Ainſi veux-je premierement apprendre à bien connoître les branches de nos Arbres fruitiers, leur donner des noms qui marquent ce qu'elles ſont, & apprendre enſuite l'uſage & la fonction particuliere de chacune, pour faire que pluſieurs enſemble bien placées rendent les Arbres beaux, & les mettent en état de donner promptement abondance de bons fruits. Peut-être qu'à loccaſion de cette comparaiſon ne ſeroit-il pas mal à propos de dire que comme dans la lecture les mots ne ſe forment que par la fonction reciproque des voyelles & des conſonnes, auſſi nos arbres ne deviennent beaux que quand ils ont en même temps une proportion raiſonnable de branches à bois, & de branches à fruit; en ſorte que comme ny les voyelles ſeules, ny les conſonnes ſeules ne font point de mots, & des diſcours, auſſi ny les branches à bois ſeules, ny les branches à fruit ſeules ne font point de beaux Arbres fruitiers.

CHAPITRE VII.

Des branches en general.

POur bien entendre la doctrine des branches il y a cinq choſes importantes à ſçavoir.

Premierement que comme elles font une bonne partie de l'Arbre, il en ſort de deux endrotis de cet Arbre; les unes ſortent immediatement de la tige, & ce ſont les premieres, & pour ainſi dire les aînées ou les meres; le nombre de celles-cy n'eſt pas grand, les autres ſortent enſuite de ces premieres, & ſont comme les filles de ces meres branches: Le nombre de ces dernieres eſt infini; car ſuccessivement chacune vient à être à son tour la mere branche de beaucoup d'autres.

Il faut sçavoir en second lieu que du corps de chaque branche quand l'Arbre se porte assez bien, il en vient tous les ans de nouvelles à son extremité ; & cela plus ou moins selon la force, ou la foiblesse de cette branche que je veux nommer mere branche par rapport aux nouvelles qu'elle produit.

Il faut sçavoir en troisiéme lieu que ces branches nouvelles viennent en deux façons, les unes dans un ordre reglé qui est le meilleur, le plus commun, & le plus ordinaire, les autres daus un ordre dereglé, qui est le moins commun & le moins ordinaire.

Cet ordre le plus commun, & le meilleur de la production des branches nouvelles, quand il en sort plus d'une, est que quoy que les unes & les autres soient en même temps issuës de l'extremité d'une plus ancienne, soit taillée, soit non taillée, cependant elles sont regulierement toutes differentes de grosseur & de longueur, car chacune des plus hautes placées se trouve & plus grosse & plus longue, que chacune des autres qui sont immediatement au dessous d'elle en raprochant de la tige : J'ay dit quand il en sort plus d'une, car quand la mere branche n'en fait qu'une, la fille à la fin de l'Esté se trouve aussi grosse que la mere, & est tres-bonne ; quand cette mere branche en fait deux, celle qui est venuë toute à l'extremité, & que je nomme la premiere ou la plus haute, est plus grosse & plus longue que celle qui est venuë immediatement au dessous, & que je nomme la deuxiéme, ou la plus basse ;& pareillement quand la mere branche en produit trois, quatre, cinq, &c. comme la premiere, c'est-à-dire la plus haute a plus de grosseur & de longueur que la seconde, aussi cette seconde a plus de grosseur & de longueur que la troisiéme, & la troisiéme plus que la quatriéme, & ainsi de suite, quelque quantité de branches nouvelles que la mere branche vienne à produire, comme il paroît aux figures.

Cela posé il est facile de juger que l'ordre le moins commun, & le moins bon de la production des branches nouvelles

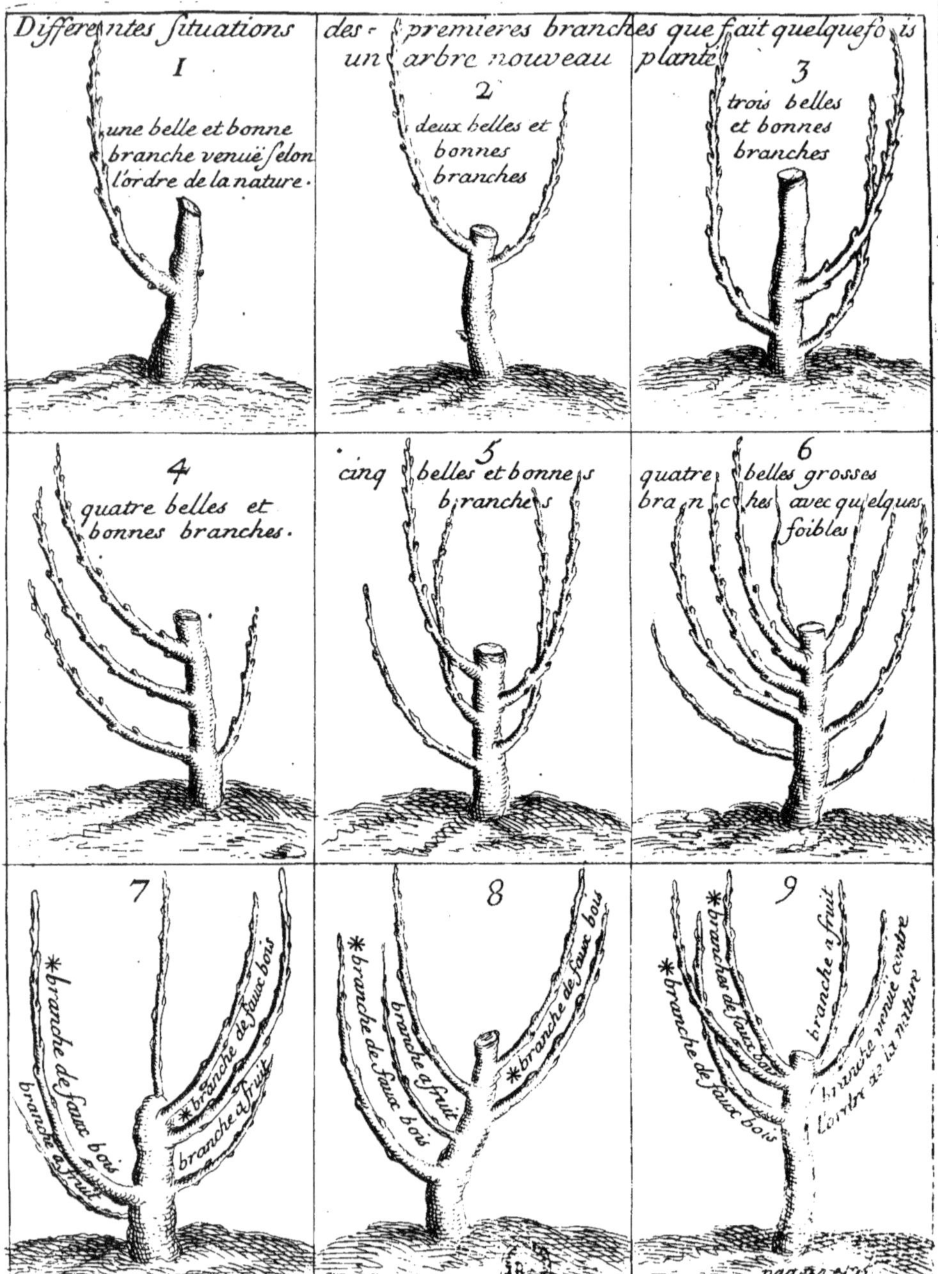

Differentes situations des premieres branches que fait quelquefois un arbre nouveau planté

I

une belle et bonne branche venuë selon l'ordre de la nature.

2

deux belles et bonnes branches

3

trois belles et bonnes branches

4

quatre belles et bonnes branches.

5

cinq belles et bonnes branches

6

quatre belles grosses branches avec quelques foibles

7

*branche de faux bois

branche à fruit

*branche de faux bois

branche à fruit

8

*branche de faux bois

branche à fruit

*branche de faux bois

9

*branches de faux bois

*branche de faux bois

branche à fruit

branche venuë contre l'ordre de la nature

pag. 24 et 25 tom. I

nouvelles eſt quand l'ordre commun eſt perverti, en ſorte qu'il y en a de foibles à l'endroit où il devoit y en avoir de groſſes, & qu'au contraire il y en a de groſſes à l'endroit où elles devroient eſtre foibles, & où peut-être il n'y en devroit avoir aucune, comme il paroît dans la figure aux branches qui ſont marquées d'une *

Ce n'eſt pas aſſez de ſçavoir d'où les branches ſortent, & quel eſt l'ordre dans lequel elles ſortent, il faut ſçavoir en quatriéme lieu, que comme ce plus grand, ou ce moins grand nombre de ces nouvelles branches dépend de la force ou de la foibleſſe de la mere-branche, je crois que pour me faire mieux entendre il eſt à propos que dans ce nombre de branches je nomme fortes celles qui ſont groſſes, & que je nomme foibles celles qui ſont menuës, chacune de ces branches ayant pour ainſi dire ſa fonction reglée ſur le pied de ſa force ou de ſa foibleſſe; en ſorte que rarement leur arrive-t-il d'entreprendre l'une ſur l'autre, tant elles ſont attachées chacune à ſatisfaire au premier devoir que la nature paroît leur avoir imposé en les formant.

En cinquiéme lieu il faut ſçavoir, & c'eſt icy le point le plus important, que parmy toutes les branches, tant les fortes que les foibles il y en a qui ont le veritable caractere de bonnes, & de celles-là on en doit conſerver beaucoup; il y en a auſſi qui ont le veritable caractere de mauvaiſes, auſſi leur donne-t-on un nom de reprobation, regulierement preſque toutes celles-là doivent eſtre entiement bannies: Voyons par où on peut ſeurement connoître les unes & les autres.

CHAPITRE VIII.

Pour connoître la difference des bonnes & des mauvaiſes branches.

NOus avons deux marques certaines & indubitables à l'égard des Arbres fruitiers pour démêler ſeurement leurs bonnes & leurs mauvaiſes branches les unes d'avec les autres, ſoit quand elles ſont encore ſur l'Arbre, ſoit quand elles en ont été retranchées. Une de ces marques ſe prend de la difference de leurs ſituations & de leur origine, & l'autre ſe prend de la difference de leurs yeux.

Je ſuppoſe que tout le monde ſçait que ſur chaque branche il y a des yeux, c'eſt-à-dire de petits endroits noüeux, & un peu plus élevez que le reſte de l'écorce ; c'eſt à ces petits endroits où les feüilles ſont actuellement attachées, comme on les y voit pendant l'Eſté, ou au moins y en a-t-il eu d'attachées quelque temps auparavant : mais ou elles en ſont tombées d'elles-mêmes, ou peut-être en ont-elles été arrachées.

Ce que nous apprenons de cette difference de ſituation & d'origine, eſt premierement que les branches pour eſtre bonnes, doivent abſolument & uniquement naître de l'extremité de celles qui étoient reſtées ſur l'Arbre à l'entrée du Printemps, ſoit qu'elles euſſent eſté formées dans l'année derniere, ſoit formées quelques années auparavant, & encore ſoit que les unes & les autres ayent été taillées, comme c'eſt l'ordinaire, ſoit qu'elles ne l'ayent pas eſté, comme il arrive quelquefois, & par exemple aux Arbres de tige ; enfin comme nous ne parlons icy que des Arbres ſujets à la taille, il faut convenir que c'eſt ſeulement de l'extremité des branches, qui quelqu'âgées qu'elles ſoient ont été taillées au temps de la derniere taille que doivent venir les branches nouvelles : En ſecond lieu ce que nous apprenons de la difference de ſituation & d'origine des branches nouvelles eſt que ces branches pour eſtre bonnes doivent avoir eſté produites dans l'ordre le plus ordinaire & le plus commun de la nature, ſelon que nous l'avons cy-devant expliqué.

De là il faut conclure deux choſes : La premiere que toute branche, qui au lieu d'eſtre venuë de l'extremité de celle qui avoit eſté formée l'Eſté precedent, ou au moins de l'extremité de celle qu'on avoit racourcie à la taille derniere, eſt cependant ſortie d'un autre endroit de l'Arbre, ſoit de la tige, ſoit de quelqu'autre vieille branche qui n'avoit pas eſté taillée ; il faut dis-je conclure que telle branche telle qu'elle ſoit, groſſe ou menuë,

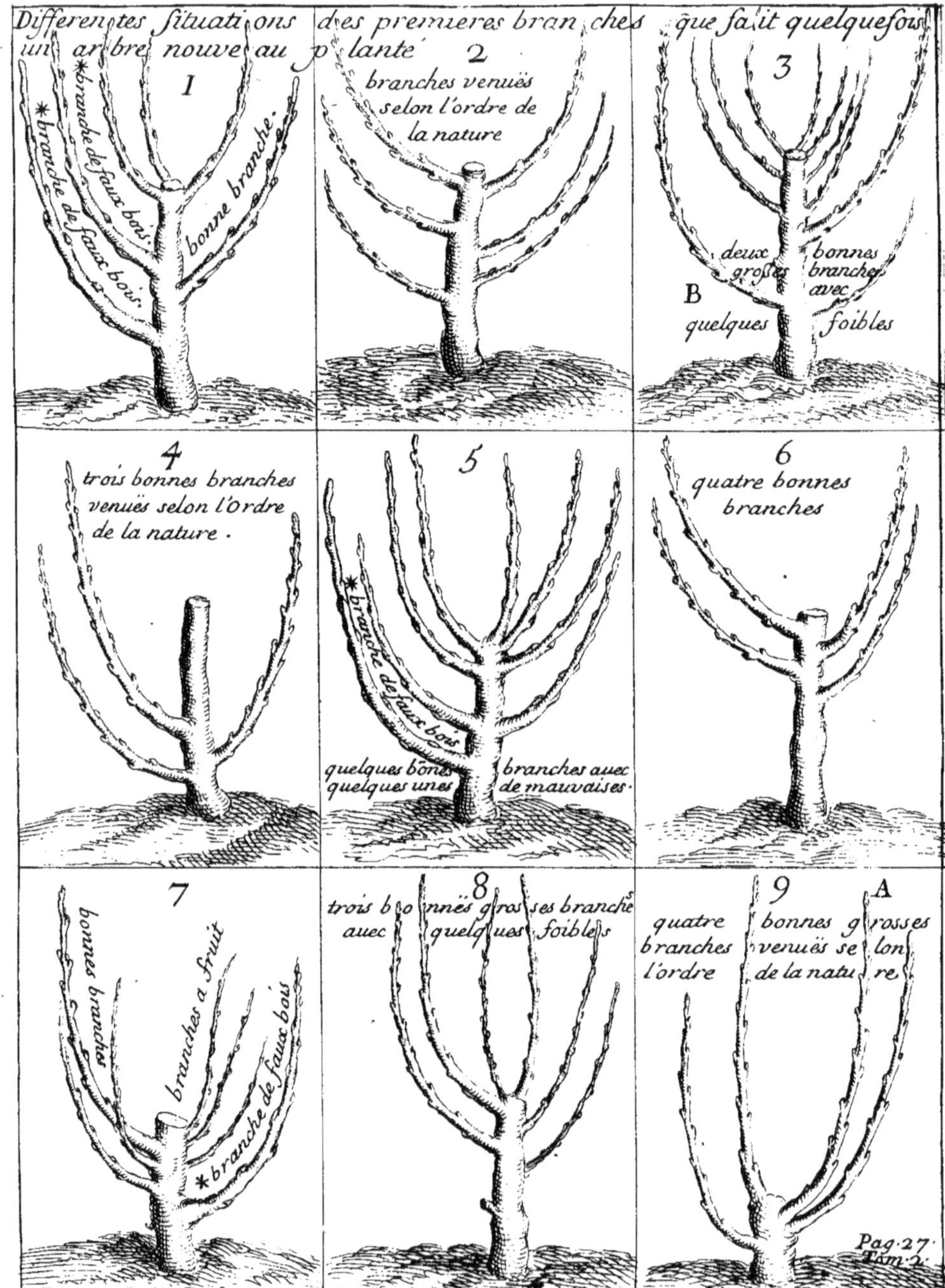
Differentes situations des premieres branches que fait quelquefois un arbre nouveau planté
1
branche de faux bois.
branche de faux bois.
bonne branche.
2
branches venuës selon l'ordre de la nature
3
deux grosses bonnes branches avec
B
quelques foibles
4
trois bonnes branches venuës selon l'Ordre de la nature.
5
branche de faux bois
quelques bones branches avec quelques unes de mauvaises.
6
quatre bonnes branches
7
bonnes branches
branches a fruit
branche de faux bois
8
trois bonnës grosses branches avec quelques foibles
9
A
quatre bonnes grosses branches venuës selon l'ordre de la nature
Pag. 27.
Tom. 2.

est une branche mauvaise, comme je le feray voir cy-aprés.

Et ce qu'il faut conclure en second lieu, est que toute branche, qui au lieu d'estre venuë dans le bon ordre de la nature se trouve ou plus grosse, ou plus longue que celle qui est immediatement au dessus d'elle tirant vers l'extremité superieure; il faut, dis-je conclure que telle branche est pareillement mauvaise : C'est pour ces sortes de branches qu'a esté fait le nom de faux bois, pour dire que ce sont branches incapables de faire ce que nous cherchons, il les faut traiter tout autrement que les bonnes; il y aura pour cet effet des maximes particulieres.

Or comme je ne croy pas qu'il suffise d'avoir, ce me semble, assez intelligiblement expliqué la difference des branches par celle qui est fondée sur la difference de leurs situations & de leur origine, il faut encore expliquer cette autre qui est fondée sur la difference de leurs yeux.

La marque des bonnes par cette difference des yeux, demande que dans toute l'étenduë de la branche ces yeux y soient gros, bien nourris, & fort prés les uns des autres, comme aussi la marque des mauvaises par ces mêmes yeux est que dans tout le bas de telles branches, ces yeux y soient plats, mal nourris, à peine formez, & fort éloignez les uns des autres.

Ces deux differentes marques, tant par les situations que par les yeux sont aisées à connoître dans les figures cy-jointes A. B. dans lesquelles les mauvaises sont marquées d'une *

On y en voit de fort bonnes, & de fort mauvaises, tant parmy les grosses ou fortes, que parmy les menuës ou foibles; & à l'égard de celles-cy la foiblesse est quelquefois si excessive, que comme branches chifonnes & incapables de fructifier, ou au moins de nourrir & soûtenir la pesanteur de leur fruit, il les faut entierement retrancher de nos Arbres fruitiers, & sur tout des Buissons où l'on n'attache pas les branches, parce que pour bien faire nous ne devons rien souffrir qui ne soit bon.

Les bonnes foibles, je veux dire celles qui se trouvent

bien placées, & qui ſont d'une groſſeur & longueur mediocre, ſont pour ainſi dire des inſtrumens propres & aſſeurez pour faire promptement de beaux & de bons fruits, & le font infailliblement, pourvû que la gelée ne gâte rien, ſoit pendant la fleur, ſoit peu de temps aprés que les fruits ſont noüez, car telles branches ne manquent gueres de faire des boutons à fleur, & même elles ne peuvent abſolument ſervir à autre choſe qu'à faire du fruit; à moins que contre l'ordre naturel & ordinaire de la vegetation, il leur arrive de certains débordemens de ſeve qui les groſſiſſent extraordinairement, & leur font changer de condition, c'eſt-à-dire les convertiſſent en branches à bois, ce qui ſe fait quelquefois en toutes ſortes d'Arbres, & particulierement en ceux qui ont eſté mal taillez : J'expliqueray cy-aprés quelle conduite il faut tenir en telles occaſions.

Les bonnes fortes, dont le principal uſage eſt de commencer, & enſuite de continuër à donner aux Arbres la figure qui leur convient, & qu'ils ne peuvent avoir que par leur moyen, ſont particulierement employées à faire tous les ans à leur extremité d'autres bonnes branches nouvelles; les unes fortes, & les autres foibles, comme il paroit dans la figure A. & c'eſt à ſe bien ſervir des unes & des autres que conſiſte la grande habileté du Jardinier.

Et pour cet effet comme il eſt important de conſerver les bonnes foibles à cauſe du fruit, en vüë duquel particulierement on ſe donne des Jardins fruitiers; auſſi eſt-il neceſſaire de travailler ſagement à l'égard des bonnes fortes : Il faut bien veritablement à l'extremité de chaque vieille branche conſerver quelques-unes de ces nouvelles groſſes qui y ſont venuës, mais d'ordinaire cela ne va qu'à un petit nombre, par exemple à une ſeule, & quelquefois ſi la mere branche eſt extraordinairement vigoureuſe cela peut aller à deux & à trois, comme je ferai voir cy-aprés en expliquant la maniere de tailler, & pour cela il faut de grandes raiſons; car ſi on en conſervoit beaucoup, on tomberoit ſans doute dans l'inconvenient de la confuſion, inconvenient qui gâte toute la diſpoſition à fruit, aussi-bien que toute la beauté de la figure.

Il faut principalement être assez éclairé pour sçavoir ôter entierement les inutiles, soit parce qu'elles sont usées, soit parce qu'elles n'ont aucune bonne qualité ; & cependant à l'égard de celles qu'on conserve, leur regler une longueur proportionnée à leur force, & à la force de tout l'Arbre, de maniere que chacune puisse ensuite justement produire à son extremité autant de bonnes branches qu'on en a besoin, soit pour le fruit, soit pour achever de composer aux Arbres la beauté dont est question, ou pour l'entretenir quand elle est une fois établie ; & voilà ce qu'on appelle la taille ordinaire des Arbres.

CHAPITRE IX.

De l'explication des mots de fort & de force, de foible & de foiblesse.

COmme dans ce Traité de la taille je suis necessairement obligé de me servir souvent des mots de fort & de force, de foible & de foiblesse, & que ce sont des termes équivoques, & par consequent capables de faire de la peine au Lecteur, j'estime que devant que d'en venir au détail de cette matiere, je dois établir succinctement en quel sens je les prens. Il faut que je n'oublie rien de ce qui peut m'aider à prevenir l'ambiguité que ces termes pourroient faire naître dans mes maximes, autrement il est à craindre que faute d'être bien entenduës, paradoxes comme elles sont, elles n'ayent pas d'abord toute l'approbation que je leur souhaite, & que j'espere leur procurer dans la suite.

Toutes les fois donc que je parle icy de branches fortes, & de racines fortes, c'est, comme j'ay cy-devant marqué de celles qui sont grosses que j'entens parler, comme aussi quand je parle de branches foibles, c'est de celles qui sont menuës que je parle : Et de plus quand je parle d'un Arbre fort j'entens un Arbre vigoureux, c'est-à-dire un Arbre qui pousse beaucoup de belles & de grosses branches ; & quand je parle d'un Arbre foible j'entens un Arbre languiſſant, c'eſt-à-dire qui pouſſe tres-peu de jets, & preſque tous petits.

Cela poſé, & conformement au ſens dans lequel on prend communement les mots de fort & de force, de foible & de foibleſſe, quand on s'en ſert à parler tantôt des animaux, & tantôt du bois à bâtir, quand on parle des fardeaux qu'ils ſont capables de porter.

Je dis en parlant de la taille des branches, qu'il faut tenir courtes celles qui ſont fortes, cela veut dire celles qui ſont groſſes, & qu'il faut tenir longues celles qui ſont foibles, cela veut dire celles qui ſont menuës; & en parlant de la taille des racines je dis tout au contraire des branches; il faut tenir courtes celles qui ſont foibles & menuës, & tenir un peu plus longues celles qui ſont groſſes, fortes, & mieux nourries, comme je l'explique dans le traité des Plans à l'endroit où je prepare des Arbres pour les planter.

Je nomme auſſi Arbres foibles les Pommiers greffez ſur Paradis, & les Ceriſiers précoces greffez ſur Ceriſiers de pied, comme je dis que ceux qui ſont greffez ſur franc, c'eſt-à-dire ſur de bons Sauvageons ſont des Arbres forts & vigoureux, ceux-cy en effet étant capables de produire & de porter beaucoup, & les autres n'étant capables de produire & de porter que peu.

Et c'eſt auſſi dans ce ſens qu'aprés avoir établi de quelle groſſeur à peu prés doivent être les Arbres de chaque eſpece, pour qu'ils ſoient propres à être choiſis & plantez par un habile Jardinier, je dis à cet égard en faiſant la difference des uns aux autres, que par exemple un tel Poirier, ou un tel Pêcher en qui je trouve une groſſeur convenable, eſt aſſez fort, & qu'ainſi il ſera bon à planter: Je dis auſſi qu'un autre tel Arbre en qui la groſſeur eſt exceſſive eſt trop fort, & qu'au contraire un autre tel en qui cette groſſeur neceſſaire ne ſe trouve pas eſt trop foible: C'eſt pareillement dans ce ſens qu'il eſt vray de dire que les Arbres qui croiſſent lentement, & ne deviennent jamais extrêmement grands ſont les plus foibles, témoin le Coignaſſier, le Sureau, le Neflier, le Coudre ou Noiſetier, le Pommier de Paradis, &c.

C'est encore dans ce même sens que je soûtiens deux choses.

La premiere qu'il faut prendre garde que la branche foible qui est chargée de boutons, soit cependant assez forte pour porter la pesanteur de son fruit, parce qu'autrement si elle est trop foible elle rompra sous le faix de sa charge, & ainsi j'établis qu'il n'en faut laisser sur chacune qu'à proportion de la force qu'elle peut avoir pour le porter.

Aspice curvatos Pomorum pondere ramos. Ut sua quod peperit, vix ferat Arbor onus. *Ovidius.*

Et la seconde chose que je soutiens regarde particulierement les greffes qui se font en fente, sur lesquelles, quand une branche de menuë qu'elle étoit au temps qu'on l'a appliquée, devient par la suite beaucoup plus grosse qu'auparavant, il me semble qu'on ne peut s'empêcher de dire qu'elle en est devenuë plus forte, n'y ayant nulle apparence de soutenir au contraire, que plus elle est grosse, & plus elle est foible.

De tout ce que je viens de dire pour expliquer la signification de ces mots fort & forcé, foible & foiblesse, il s'ensuit, ce me semble, qu'ils peuvent selon mon sens être utilement employez, & distinctement entendus dans le Traité de la taille des Arbres.

Or parmy ces Arbres il y en a qui produisent tous les ans une grande quantité de grosses branches, & peu de menuës : Il y en a qui produisent raisonnablement & des unes & des autres ; & il y en a enfin qui ne croissent que peu, tant par le pied que par la tête, c'est-à-dire qu'ils ne font en terre que peu de racines nouvelles, & les font même toutes menuës, & ne poussent aussi hors de terre que peu de branches nouvelles, & pareillement presque toutes courtes & menuës, & qui par consequent bien loin de paroître, comme on dit ordinairement des Arbres beaux, forts & vigoureux, paroissent au contraire, pour ainsi dire, des Arbres malades & languissans.

Cette production de differentes branches est le pur ouvrage de la nature, qui se fait innocemment & independemment des raisonnemens de la Philosophie, & quoy que cette production n'ait pas été l'ouvrage de la meditation de l'homme, elle luy en a pourtant servi d'une belle maniere ; si bien qu'enfin nous pretendons en avoir tiré de grandes instructions pour la Culture & la conduite de nos Fruitiers.

Etant donc certain qu'en toutes sortes d'Arbres il ne va pas également de seve dans toutes les parties dont ils sont composez, puisqu'en effet toutes les branches n'y sont pas égales en grosseur & en longueur, c'est-à-dire qu'il y en a de certaines qui sont considerablement plus grosses & plus difficiles à rompre, & qui par consequent peuvent être appellées plus fortes que d'autres leurs voisines : Etant pareillement certain que sur ces mêmes Arbres il y a de certaines branches qui sont considerablement plus menuës & plus faciles à casser, & qui par consequent peuvent estre appellées plus foibles que d'autres leurs voisines.

Il est encore certain, comme je l'ay cy-devant avancé, & c'est de quoy je me suis apperçû (ce qui peut-être n'étoit gueres arrivé à personne devant moy.) Il est dis-je certain que rarement se forme-t-il des boutons à fruit sur les branches grosses & fortes : Si bien par exemple que si un Poirier n'en fait que de celles-là, il ne donne d'ordinaire aucunes Poires, & qu'au contraire il se forme communement beaucoup de fruits sur les branches menuës & foibles, jusques-là même que si quelquefois dans un même Arbre tout un côté paroît comme languissant en ce qu'il n'a poussé aucunes branches nouvelles, ou n'y en a poussé que de fort foibles, nous voyons que ce côté-là devient ordinairement plein de boutons à fruit, pendant que sur le reste de l'Arbre, qui par l'abondance de ses belles branches paroit tres-sain & tres vigoureux, il ne s'y en forme que tres-peu, ou même souvent point du tout.

Cette remarque m'a donné lieu de faire deux operations dont je me suis bien trouvé : La premiere est que quand un Arbre fruitier demeure plusieurs années sans faire presque autre chose que ces sortes de branches d'une grosseur & d'une longueur extraordinaire, & que par consequent il fait peu de fruit, en tel cas je n'ay point trouvé de meilleur, & de plus prompt remede pour

pour mettre tel Arbre en train de fructifier que d'en venir à la taille extraordinaire dont j'ay parlé cy-dessus, c'est-à-dire qu'il faut à l'entrée du Printemps aller à la source de cette force & de cette vigueur, qui sont les racines, afin de diminuer leur action; & pour cet effet je foüille la moitié du pied d'un Arbre, & j'ôte entierement une ou deux, & quelquefois davantage des plus grosses, & des plus agissantes racines que j'y trouve, & les retranche si bien du lieu d'où elles sortent, qu'il n'en reste pas la moindre partie capable de faire aucune fonction de racines; par ce moyen j'empêche qu'il ne se fasse plus tant de seve, & par consequent je fais qu'il y ait moins de vigueur dans toute la tête; d'où il arrive qu'il s'y fait moins de grosses branches & davantage de menuës, & ainsi il s'y forme une disposition à fruit.

Et la seconde operation, est que quand au mois de May une branche vient à naître extraordinairement grosse, soit dans le train ordinaire d'un Arbre vieux planté, soit dans de premieres années de greffe, & que par consequent on doit être asseuré que telle branche sera en même temps fort longue, & n'aura aucune disposition à fruit, cela fondé sur la raison de sa force, ou de sa grosseur qui provient d'une trop grande abondance de seve; pour lors je trouve que si on veut on est toûjours maître de partager, pour ainsi dire, ce torrent de seve, & de faire qu'au lieu que toute sa destinée n'alloit qu'à la production d'une grosse branche qui seroit inutile pour la plûpart: On peut, dis-je, faire qu'elle soit reduite, & comme obligée à en faire plusieurs toutes bonnes, dont une partie seront foibles pour le fruit, & quelques-unes toûjours suffisamment grosses pour le bois.

Et cela est bon à faire au mois de May: c'est pourquoy en ce temps-là je fais pincer, c'est-à-dire rompre avec l'ongle ce jeune gros jet, de maniere qu'on ne luy laisse d'étenduë que celle de deux ou trois, ou quatre yeux au plus.

J'explique cy-aprés & la maniere & le succez d'une telle operation, aprés avoir expliqué ce qui regarde la taille.

Or devant que d'entrer au détail de la taille, je ſuppoſe que nous avons à tailler ou de jeunes Arbres qui n'ont encore jamais ſenti la ſerpette, & ne ſont par exemple plantez que depuis un an ou deux, ou de vieux Arbres qui ont déja été taillez pluſieurs années auparavant.

Je ſuppoſe de plus que ces vieux ſont en bon état, comme ayant eſté gouvernez par d'habiles gens, ainſi il n'eſt queſtion que de les entretenir, ou qu'ils ſont en mauvais état, ſoit pour avoir toûjours eſté negligez, c'eſt-à-dire point taillez, ſoit pour avoir eſté fort mal coupez, & ainſi il faut eſſayer d'en corriger les défauts.

Je ne crois pas veritablement que je puiſſe tellement prévoir tous les cas de la taille, que ſans en oublier un ſeul j'aye des régles à donner pour chacun de ceux qui peuvent arriver ; je n'ay garde d'avoir cette preſomption ſçachant qu'il en eſt preſque de cecy comme de la medecine & de la matiere des procez : Hypocrate & Galien avec tant d'Aphoriſmes pour l'une : le Code & le Digeſte avec tant de Reglemens & d'Ordonnances pour l'autre n'ont pû prévoir à tout, ny par conſequent tout decider, puiſqu'il ſurvient tous les jours des faits nouveaux : Tout ce que j'eſpere eſt d'inſtruire exactement de l'uſage que je pratique en cecy depuis trente ans avec une application extraordinaire, duquel uſage je me trouve fort bien, comme pareillement ceux qui l'entendent, & qui à mon imitation me font l'honneur de pratiquer mes maximes.

Or pour expliquer le détail de cet uſage, je diſtribueray en trois claſſes ce que j'ay à dire ; & premierement en faveur des curieux qui commencent de faire de jeunes Plans, je parleray des Arbres nouveaux plantez, ſur leſquels je donneray d'abord des régles generales pour bien tailler tous les jets que chaque Arbre aura faits, à commencer par ceux de la premiere année, & continueray ainſi d'année en année pendant cinq ans conſecutifs, pour faire remarquer l'effet de la taille de chacune de ces cinq années ; enſuite je donneray d'autres régles pour remedier à de certains défauts qui ſurviennent quelquefois nonobſtant les premiers ſoins d'un habile Jardinier : Avec toutes ces précautions & cette methode, je dois croire que par ce moyen un Jardinier raisonnablement appliqué sera devenu assez instruit en cette matiere pour y voir clair, y prendre plaisir, & enfin s'y perfectionner de luy-méme autant qu'il en aura besoin.

Aprés avoir ainsi travaillé en faveur des curieux qui ont fait des Plans nouveaux, & les veulent conduire eux-mêmes, je viendray à ces autres curieux, qui tout d'un coup se trouvent maîtres de certains Jardins où les Arbres sont vieux, soit que ces Arbres ayent esté de longue main bien conduits, soit qu'ils l'ayent esté mal, ou par negligence, ou par malhabilete; & je tâcheray de faire comprendre ce que j'y ferois si j'avois à y mettre la main; cecy servira particulierement à toutes sortes de Jardiniers, qui en toutes saisons jettans les yeux sur quelques Arbres que ce soient, voudront non seulement juger de leur bon ou mauvais état pour le faire connoître, mais se mettront en devoir ou de les tailler, ou du moins de marquer ce qu'on y devroit faire pour le bien de l'Arbre, ou le plaisir & l'utilité du Maistre: Mais premierement il faut un peu parler des outils qui sont necessaires pour tailler, & de la maniere de s'en servir.

CHAPITRE X.

Des Outils necessaires pour tailler, & de la maniere de s'en servir.

JE n'aurois que faire de dire icy que pour tailler soit branches, soit racines, on a necessairement besoin de deux bons outils, sçavoir d'une serpette & d'une scie, parce que ce n'est rien dire de nouveau n'y ayant personne qui ne le sçache aussi-bien que moy: mais comme je ne dois rien obmettre de ce qui regarde mon sujet, je croirois avoir tort si je ne disois rien de ces deux instrumens.

Outre que comme je cherche toûjours à rendre l'ouvrage aisé, & que je suis l'ennemy juré de l'embarras, je veux détruire de certaines boutiques portatives, qui sont un gros & grand étuy farcy d'une multitude d'outils assez grands, & par consequent massifs & pesans, dont les anciens Jardiniers se servoient seulement au temps de la taille, & qu'ils nommoient une Jardiniere; & ainsi au lieu de tout ce fracas je ne demande que ces deux petits outils qu'on puisse en tout temps porter dans sa poche, sans être incommodé, ny de leur grandeur, ny de leur pesanteur, si bien qu'en toutes rencontres on ait de quoy ôter sur le champ tout ce qu'en se promenant on juge devoir être ôté; autrement il arrive souvent que certaines choses demeurent malfaites faute d'avoir à point nommé de quoy le mieux faire d'abord qu'on s'en apperçoit.

Je dis donc avec tout le monde que la scie sert icy pour ôter le bois qui est sec & vieux, & par consequent fort dur, & capable de gâter la serpette, ou pour ôter celuy qui est si mal placé, ou celuy qui est si gros, qu'on ne peut aisement & tout d'un coup le couper avec cette serpette. Je dis ensuite que cela posé la serpette doit indispensablement servir à couper tout d'un coup le bois qui est jeune, vif, tendre, bien placé, & d'une grosseur mediocre; si bien qu'il ne faut jamais employer la serpette à l'endroit où son trenchant s'émousseroit aussi-tôt, & où la scie feroit mieux qu'elle, ny pareillement employer la scie à retrancher des branches qu'un seul bon coup de serpette peut couper adroitement.

Mais ce n'est pas tout que d'être convenu de la necessité & de l'usage de ces deux outils pour les differentes occasions où ils sont employez; peut-être ne sera-t-il point inutile qu'outre cela je fasse icy la description de l'un & de l'autre. Je commence par la figure des Serpettes dont je me sers, & que j'estime les plus commodes, car il est vray qu'on en fait de plusieurs façons que je n'approuve pas, quelques-unes estant trop courbes eu égard à leur longueur, & d'autres ne l'étant pas assez; si bien qu'à mon sens, ny les unes, ny les autres ne donnent de facilité à travailler, comme font celles qui ont la mediocrité entre ces deux figures; j'en ay souvent essayé de toutes les manieres, & enfin je m'en suis tenu à celle

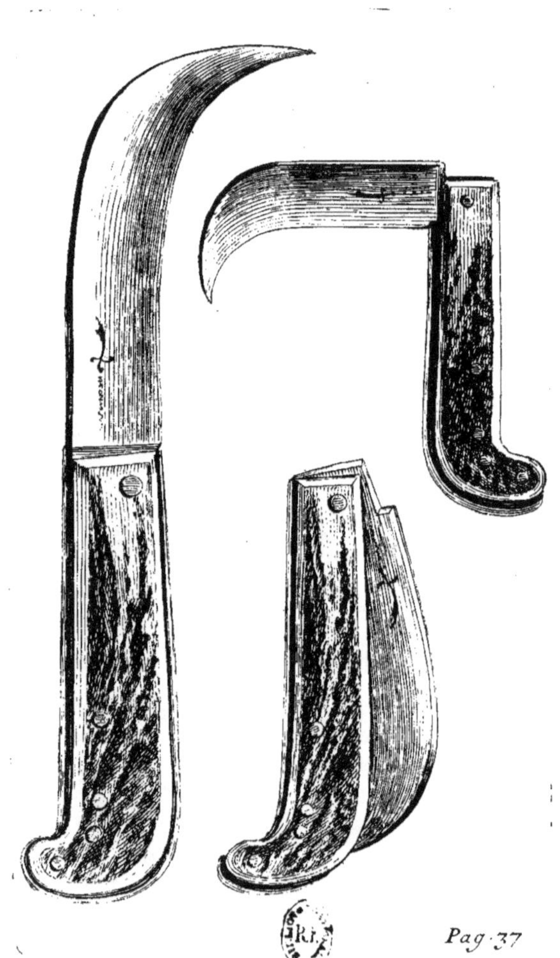

Pag. 37

dont la figure paroît icy, & qui sont peut-être de mon invention ; tout au moins ay-je eu bien de la peine à accoûtumer les Ouvriers d'en faire de justes sur le modele que je leur donnois , ils revenoient toûjours à m'en faire , ou qui estoient trop courbes, ou qui estoient trop droites, & par consequent incommodes : Constamment donc la figure des serpettes est icy quelque chose de considerable.

Toutefois ce n'est pas assez que d'avoir des serpettes bien tournées, il faut encore que la matiere en soit d'un bon acier & bien trempé, de sorte que le trenchant ne se rebrousse, ny ne s'égraine, ou ne s'ébreche pas aisement: Il faut qu'elles soient bien affilées, souvent nettoyées de la crasse qui s'y attache en travaillant , & qu'elles soient autant de fois repassées qu'on s'apperçoit que le trenchant ne coule pas bien, c'est-à-dire qu'il ne passe pas aisement à proportion de l'effort qu'on a fait, & même si on a beaucoup d'Arbres à tailler, il est besoin d'avoir beaucoup de serpettes pour en changer souvent : car sans doute ayant de bons outils on fait en un jour beaucoup plus d'ouvrage, & on le fait avec plus de plaisir qu'on n'en sçauroit faire en deux ou trois jours , quand on n'en a que de mediocrement bons, à plus forte raison quand on n'en a que de mauvais.

Il faut encore que l'alumelle de ces serpettes soit d'une mediocre longueur, c'est-à-dire qu'elle ne soit qu'environ de deux pouces jusqu'à l'endroit où la courbure du dos commence, & ensuite toute la courbure jusqu'à l'extremité de la pointe doit encore avoir deux pouces ; si bien que le tour du dehors ne doit estre que de quatre pouces en tout: il faut de plus que le manche tire plus au quarréqu'au rond, qu'il soit d'une matiere un peu raboteuse : Le bois de cerf y est tres-propre , il faut que ce manche soit d'une grosseur raisonnable, en sorte que la main en soit pleine, & qu'elle le puisse tenir bien ferme sans qu'il tourne, ou qu'il luy échappe en faisant effort ; une grosseur de deux pouces & huit lignes , ou tout au plus de trois pouces est celle qu'il faut pour l'usage d'un homme qui taille actuellement toutes sortes d'Arbres, c'est-à-dire pour couper par-cy par-là quelques petites branches : c'eſt de ces ſortes-là qu'il ne ſied pas mal aux Maîtres de la Maiſon d'en avoir quelqu'une pour couper en ſe promenant ce qu'il remarque de branches mal placées. Voilà tout ce que je puis dire des conditions d'une bonne ſerpette.

A l'égard de la ſcie il n'y a pas ce me ſemble tant de façons : cependant voicy ce qui eſt à y ſouhaiter, il faut qu'elle ſoit droite, qu'elle ſoit d'une matiere extrêmement dure & bien trempée, les vieilles lames d'épées y ſont tres-propres, & il faut qu'elle ait bien de la voye, c'eſt-à-dire qu'elle ait les dens bien écartées & bien ouvertes, l'une allant d'un côté, & l'autre de l'autre, & qu'avec cela le dos ſoit fort mince, tout au moins doit-il être moins gros & moins materiel que les dens, ou autrement la ſcie ne paſſera pas aiſément, parce que les dens en ſeront tout auſſi-tôt pleines & engorgées, ſi bien qu'à s'en ſervir on ſe laſſe en un moment, & on n'avance gueres.

Il n'eſt point neceſſaire que les ſcies pour l'uſage ordinaire de tailler ſoient larges, un bon demi-pouce de largeur ſuffit ; il ne les faut non plus gueres longues, c'eſt aſſez qu'elles ayent environ cinq pouces de longueur ; & pour ce qui eſt du manche il peut être rond, attendu que c'eſt pour pouſſer en droite ligne devant ſoy, & qu'ainſi on ne doit pas craindre qu'il tourne dans la main comme fait une ſerpette à manche rond, il ſera aſſez gros pourvû qu'à l'endroit de ſa plus grande groſſeur qui eſt l'extremité où ſe vient ranger la pointe de l'alumelle quand on la ferme, il ait environ deux pouces, & ſept ou huit lignes de tour, & que par l'autre extremité il ait un peu moins de deux pouces, & ainſi on aura des ſcies qui ſe plient, & ſans faire aucun embarras ſeront portatives comme des ſerpettes, le trenchant ſe ſerrant dans le manche, & cela eſt fort commode, & même neceſſaire à un Jardinier.

Je conte donc pour beaucoup d'avoir de bons outils, mais ce n'eſt pas aſſez il y a encore quelque adreſſe à s'en ſçavoir habilement ſervir, ſoit pour expedier beſongne, ſoit pour éviter quelques accidens ; c'eſt icy un apprentiſſa-

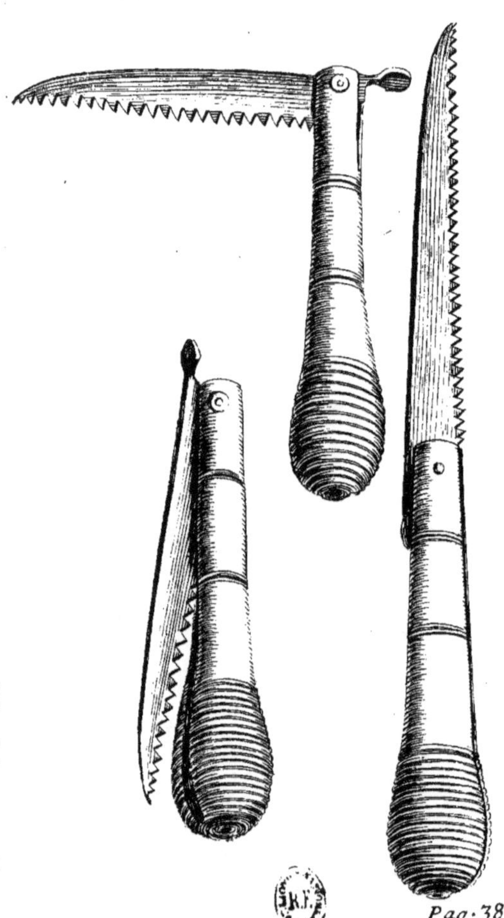

Pag. 38.

ge qui ne se fait gueres sans qu'il en coute un peu de sang à ceux qui n'ayant jamais eu de bonnes leçons commencent de travailler : Il est de certaines précautions fort necessaires qui regardent les manieres de bien placer tout le corps, & particulierement celle de bien placer la main gauche, sans lesquelles un apprentif court grand risque de se blesser : c'est pourquoy il est ce me semble tres-à propos de l'en instruire d'abord.

Et pour cet effet j'avertis premierement qu'il faut se disposer, & se planter auprés de son Arbre, de maniere qu'on se sente ferme sur les pieds, afin de pouvoir se servir aisement de sa force, de sa vigueur & de ses instrumens : En second lieu j'avertis qu'il faut tenir le manche des outils le plus ferme quil est possible, en sorte qu'il ne tourne point dans la main ; & en troisiéme lieu j'avertis qu'à l'égard de la serpette il faut toûjours commencer à faire sa taille, c'est-à-dire commencer à couper par le côté qui est opposé à l'œil, ou à la branche, sur lequel ou laquelle on coupe, & qui doit aprés cela faire l'extremité de la branche coupée : Et enfin soit qu'on coupe à droit, c'est-à-dire en tirant à soy, ce qui est le plus ordinaire, soit qu'on coupe de revers, comme il est souvent necessaire & à propos de le faire, toûjours faut-il avoir ce soin & cette précaution de mettre la main gauche au dessous & tout proche de l'endroit qui est à couper, pour y demeurer comme attachée, & pour y tenir si ferme l'endroit qu'elle empoigne, qu'il ne puisse en façon du monde être ébranlé, & que par consequent il resiste à l'effort que fait la main droite en coupant, autrement si la main gauche quitte sa place, la serpette la trouvera sans doute, & la pourra dangereusement blesser.

Il faut encore accoûtumer cette main droite non seulement à tenir la serpette de maniere que le trenchant soit en quelque façon plat & orizontal, mais aussi l'accoûtumer à s'arrêter tout court aprés l'effort qu'elle vient de donner en coupant, afin de ne couper que la branche ou la racine qu'on a eu intention de couper sans aller à quelqu'une du voisinage, qu'il faut si soigneusement conserver, qu'elle ne soit ny coupée, ny blessée le moins du monde ;

& pour cela devant que de venir à preſenter la ſerpette, il faut bien obſerver la ſituation des branches voiſines, & voir à peu prés non ſeulement comme il faut que la main aille en coupant, car cette main doit dans l'effort donner un certain tour à la ſerpette, afin que la pointe ne rencontre rien, mais auſſi il faut ſentir juſqu'où pourra aller l'effort qu'il faudra donner pour emporter tout d'un coup la partie qui eſt à ôter ſans qu'en chemin faiſant la ſerpette nuiſe à aucune de ſes voiſines, & voilà ce qu'on appelle couper ſec comme il faut pour bien tailler, c'eſt-à dire couper net, de maniere que ſi c'eſt une branche, la coupeure ſoit en quelque façon ronde, platte, tout au moins qu'elle ne ſoit nullement longue comme les gens mal-adroits les font ; & s'il arrive qu'on l'ait fait longue, il faut encore donner quelques coups de ſerpette pour ôter cette difformité ; bien entendu qu'il n'en eſt pas de même en fait de racines où la coupure doit abſolument être en pied de biche, c'eſt-à-dire un peu longue : Nous en avons dit la raiſon dans le Chapitre des Plans.

Quand par un frequent exercice ou habitude de tailler on eſt devenu adroit & hardy à couper, on peut fort bien, & cela particulierement à l'égard de certaines branches vertes & aſſez groſſes qui ſont à ôter, on peut fort bien, dis-je, mettre la main gauche au deſſus de la main droite, pour empoigner & pour courber, ou plier ſi peu que rien telles branches en les tirant à ſoy, & par ce moyen telles branches deviennent en effet beaucoup plus aiſées à couper, ſi bien que ſouvent on eſt eſtonné de voir qu'une ſi groſſe branche ait été coupée d'un ſeul coup de ſerpette : mais pour cela il faut que cette main gauche ſoit ſi loin de la droite, que du grand effort que celle-cy donne pour couper tout d'un coup la branche dont eſt queſtion, elle ne puiſſe pas venir juſqu'à cette main gauche ; & même l'induſtrie & l'adreſſe veulent qu'à meſure qu'en coupant la main droite approche de la gauche, celle-cy s'éloigne de ſon côté en emportant pour ainſi dire le butin que la droite vient de luy preparer, ou autrement, comme nous avons déja dit, cette main gauche ſeroit en peril d'une bleſſure dangereuſe, ce qui ne ſe voit que trop ſouvent.

Diſons

Disons encore que pour bien couper il faut que chaque branche soit à peu prés à portée de celuy qui coupe, en sorte qu'il la puisse couper sans se contraindre, c'est-à-dire qu'il est à souhaiter que telle branche réponde environ à l'estomach du Jardinier : que si elle est beaucoup plus basse, il faudra se baisser jusqu'à mettre un genoüil en terre, s'il est expedient de le faire ; & si cette branche est trop haute, il faut monter sur quelque chose, soit échelle, soit marche-pied, afin d'être en état de couper à son aise & sans se gêner ; car il est fort dangereux de se blesser, ou d'éclatter la branche quand on coupe de haut en bas, & il ne l'est pas tant quand on coupe de bas en haut, pourvû, comme j'ay dit, que la main gauche soit au dessous de la droite.

Je puis dire en passant que les feüilles de Vigne sont un baume naturel qui est tres-propre à arrester le sang des playes qu'on se fait en taillant, elles ôtent la douleur, & font fermer la playe en peu de temps ; les feüilles les plus tendres sont d'ordinaire les meilleures, & faute de feüilles vertes les vieilles sont encore assez bonnes : J'ay autrefois éprouvé ce remede, & même l'ay éprouvé tres-souvent sur moy-même, & enfin je m'en suis toûjours si bien trouvé, que je conseille volontiers à nos nouveaux curieux de s'en servir au besoin.

A l'égard de la scie, quand on a à s'en servir, il faut qu'au contraire de ce qui se fait pour la serpette, la main gauche, tant que faire se peut, soit toûjours placée au dessus de la droite, & qu'elle appuye ferme sur la partie qui est à scier, pour l'empêcher de branler, autrement la scie ne passera pas assez bien ; cela fait il faut tenir le manche de la scie, de maniere que le gros bout ne vienne qu'environ jusqu'au milieu de la paume de la main, & justement au dessous du pouce, & que là il soit en quelque façon arresté ou accoté pour mieux faire aller la scie, à quoy il est bon encore que le premier doigt soit étendu le long du manche jusques sur le bord de l'alumelle pour conduire plus droit le mouvement de la scie ; & pour cet effet il faut premierement une assez grande application d'esprit à ce qu'on veut scier, sans se laisser distraire à quoy que ce soit, & en même temps il faut agiter cette scie avec une extrême vigueur & vitesse, ou autrement si on va mollement, ou qu'on soit distrait à autre chose, l'ouvrage ira mal, & souvent la scie se tortura, ou se rompra; il faut ne pas achever entierement de scier ce qu'on a commencé, mais s'arrêter tout auprés de la derniere écorce, ou autrement on court risque que cette écorce de dessous se déprendra de la partie de la branche qui demeure, & par consequent y fera une écorcheure dangereuse; si-bien que la serpette doit toûjours achever l'ouvrage de la scie, tant pour couper net ce qui n'a pas esté achevé de scier, que pour ragréer, comme l'on dit, la partie sciée, c'est-à-dire couper tout ce qui reste de rude par l'action de la scie, & qui sans cela ne se recouvriroit pas, la scie ayant en quelque façon brûlé la partie sciée.

Il y a même de certaines occasions où la main gauche pliant si peu que rien la branche qui est à scier, fait que la scie en passe mieux, & acheve plûtôt & plus proprement l'ouvrage: mais il faut bien prendre garde à la justesse de l'effort qu'on fait icy en pliant, de peur qu'il ne se fasse un éclat fâcheux pour la partie qui doit rester, & voilà ce que j'avois à dire sur le fait de nos outils, passons maintenant à l'application de leur usage.

CHAPITRE XI.

De la maniere de tailler les Arbres dans les premieres années qu'ils ont esté plantez.

UN Arbre fruitier de quelque espece qu'il soit, Poirier, Pommier, Prunier, Pêcher, &c. qui paroissoit avoir en soy toutes les bonnes qualitez necessaires pour estre planté, & qui en effet vient d'être planté avec toute l'adresse, & tous les égards que nous avons cy-devant expliquez dans le Chapitre des Plans, cet Arbre fruitier, dis-je, depuis le mois de Mars jusqu'au mois de Septembre & Octobre ensuite fera necessairement de quatre choses l'une, ou il ne poussera rien du tout, ou il poussera peu, ou il poussera raisonnablement, c'est-à dire

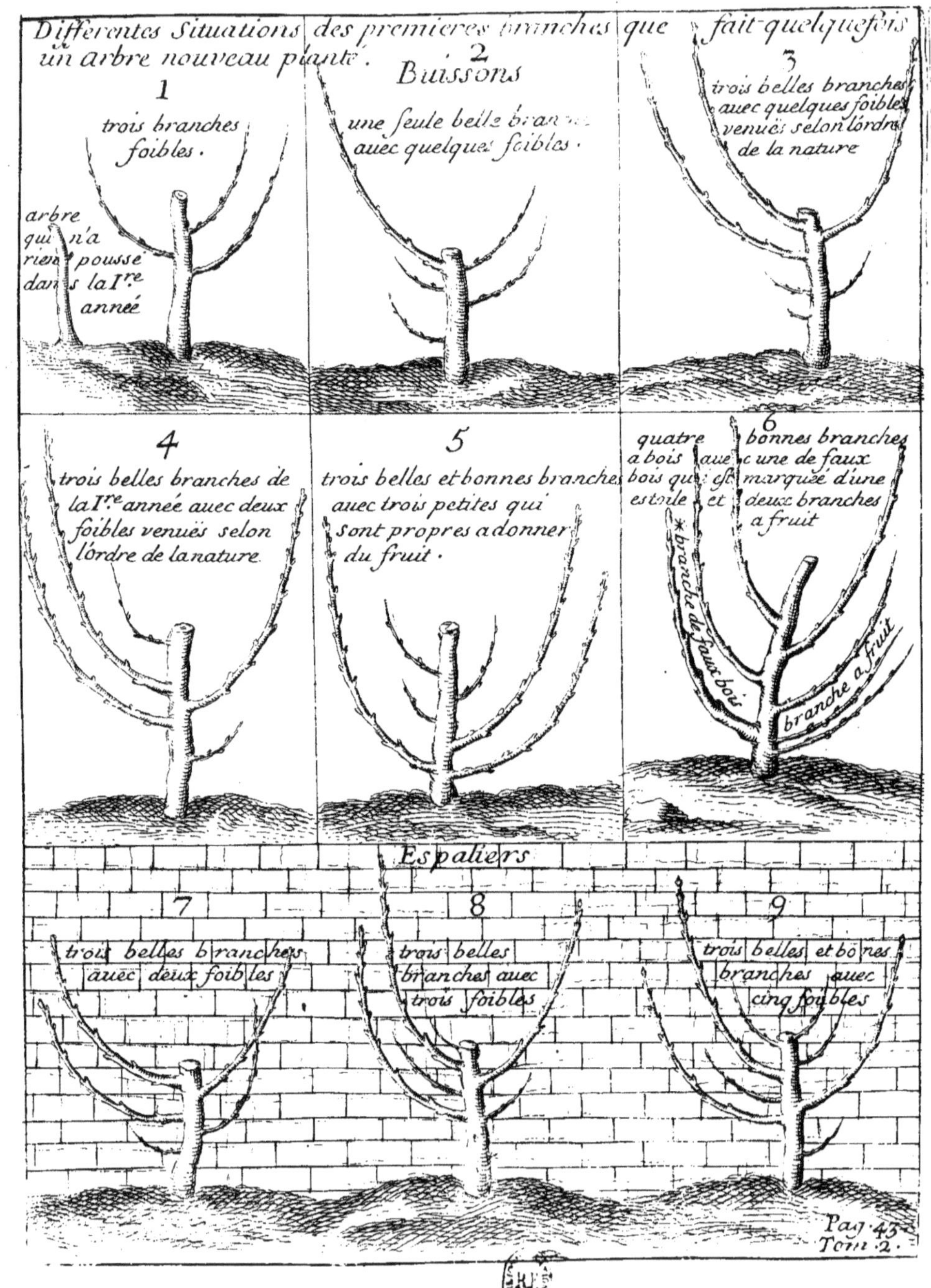
Differentes Situations des premieres branches que fait quelquefois un arbre nouveau planté.
Buissons
1
trois branches foibles.
arbre qui n'a rien poussé dans la Ire année
2
une seule belle branche auec quelques foibles.
3
trois belles branches auec quelques foibles venuës selon lordre de la nature
4
trois belles branches de la Ire année auec deux foibles venuës selon lordre de la nature
5
trois belles et bonnes branches auec trois petites qui sont propres a donner du fruit.
6
quatre bonnes branches a bois auec une de faux bois qui est marquée d'une estoile et deux branches a fruit
*branche de faux bois
branche a fruit
Espaliers
7
trois belles branches auec deux foibles
8
trois belles branches auec trois foibles
9
trois belles et bones branches auec cinq foibles
Pag. 43. Tom. 2.

au moins une belle branche, ou il poussera beaucoup, c'est-à-dire deux ou trois belles branches, & peut-être même davantage comme il paroît dans les figures ; il faut exactement expliquer ce qui est à faire dans chacun de ces quatre cas particuliers.

CHAPITRE XII.

De la premiere taille d'un Arbre qui n'a rien poussé la premiere année.

POur ce qui est du premier cas où nous supposons que pendant l'Esté cet Arbre n'ait rien poussé du tout, c'est peut-être qu'il est mort, & le paroît visiblement ; peut-être aussi qu'il est mort tout-à-fait, quoy qu'il ne le paroisse pas encore à cause d'un peu de vert que la serpette découvre au dessous de l'écorce, car sans doute il peut paroître vivant par la tête, & cependant être mort par les racines, & cela s'appelle aussi être mort tout-à-fait, sans que cependant il le paroisse au dehors, ou enfin il peut paroître mort, soit seulement parce qu'il n'a rien poussé, soit peut-être parce qu'une partie de sa tige est effectivement morte, quoy que cependant il ne soit nullement mort au principal endroit, c'est-à-dire, à l'endroit du principe de vie & des grosses racines, d'où dépend tout le ressort de la vegetation.

Quand cet Arbre est mort de tous les côtez, cela se connoît aisément par la secheresse ou la noirceur de la tige entiere, soit d'une bonne partie, & sur tout si cette noirceur paroît aux environs de la greffe ; & en ce cas il n'est ny difficile de donner un bon conseil, ny difficile de prendre un bon party, c'est-à-dire qu'il faut ôter un tel Arbre dés qu'on sera convaincu de sa mort, mais toûjours avec intention d'en remplacer un autre au premier tems de pluye douce ; cela s'entend, si on s'est aperçu de cette mort dés le mois de May, ou au commencement de Juin, ce remplacement se pouvant faire jusques-là, mais il n'est pas si sûr de le faire pendant les grandes chaleurs du reste de l'Esté.

Ce remplacement marque assez, que je pretens qu'il se

faſſe par le moyen des Arbres qu'on doit avoir en manequin, ſi, comme j'ay tant exhorté de le faire, chaque curieux a pris ſoin d'y en élever quelques-uns, non ſeulement dans la premiere année de ſon plan, mais auſſi toutes les années ſuivantes, afin que dés cette premiere année, & même en tout temps il ait le plaiſir de voir toûjours ſon Plan parfait; or ſans doute que tels Arbres de manequin auroient dans les mois de Juillet & d'Aouſt leurs racines hors du manequin, s'ils y ont ſi bien repris qu'on y voye de fort beaux jets, & ce n'eſt en effet que de ces bien-repris qu'il faut remplacer, mais il eſt tres-hazardeux de les arracher, & tranſporter, ou planter dans l'Eſté, quand leurs racines ſont auſſi ſorties, car ou elles ſe rompent en remuant, ou comme leurs extremitez ſont blanches, elles ſe noirciſſent aiſément à un air chaud, & par conſequent periſſent, & l'Arbre en eſt tres-long-temps à languir, & même aſſez ſouvent il en vient à mourir.

Que ſi on ne ſe ſert pas de manequins dans les mois de May & de Juin, on attendra à s'en ſervir que la premiere ſaiſon de planter ſoit revenuë, qui eſt depuis Novembre juſqu'à la mi Mars, & ce ſera pour lors qu'on s'en ſervira, ou bien que n en ayant pas on replantera un nouvel Arbre bien conditionné à la place du mort.

Et cependant il faut ſoigneuſement examiner d'où vient que nous avons été trompez à cet Arbre, en qui nous avions vû toutes les apparences d'une meilleure fortune, puiſque ſans cela on ne l'auroit pas planté, afin que ſi on peut, & découvrir, & éviter les inconveniens qui l'ont fait mourir, on eſſaye d'y remedier pour l'avenir.

Funduſque mendax Arbore nunc aquas culpante, nunc torrente agros ſidera. *Horatius.*

C'eſt par exemple le grand froid pendant l'Hyver, ce qui arrive fort rarement, ou c'eſt le grand chaud pendant l'Eſté, ce qui peut arriver: Or puiſque & le grand froid, & le grand chaud ſont capables d'alterer & de perdre les racines d'un Arbre, avertiſſement certain de couvrir de quelque choſe le pied de celuy qu'on plantera de nouveau, car ce n'eſt point un bon expedient que de le planter plus avant que je ne l'ay dit dans le Traité des Plans, pretendant par là de garentir les racines du froid, ou du chaud: Il vaut donc mieux le replanter ſuivant nos regles,& pendant l'Efté prendre ſoin de couvrir le pied avec de la fougere, ou du fumier ſec, ou des herbes nouvellement arrachées, &c.

Que ſi l'Arbre n'eſt mort que faute d'arroſement, on arroſera ce nouveau, ſi c'eſt faute de bonne terre on y en remettra, ſi c'eſt pour avoir eſté ſouvent & malicieuſement ébranlé dans le temps de la premiere pouſſe, on l'en garentira, ſoit en mettant quelque treillage au devant, ſoit en éloignant les fripons qui auront fait ce deſordre.

Si c'eſt pour avoir eſté planté trop bas ou en terre trop humide, ou plantera l'autre un peu plus haut, ou bien on élevera le terrein pour luy donner quelque moyen de l'égouter.

Si c'eſt pour avoir eſté à l'ombre d'autres Arbres, ou dans le voiſinage de quelques Bois ou de quelques Paliſſades, qui par une infinité de racines uſent toutes les terres d'alentour, on ſe reſoudra ou d'ôter ſoit ces Arbres qui font ombre, ſoit ceux qui effrittent tant la terre, & devant que d'y rien replanter on ôtera les terres uſées pour y en remettre de meilleures; ſans croire qu'avec du fumier on puiſſe les ameliorer, ou bien on ſe reſoudra à ne replanter plus de Fruitiers à cette place malheureuſe.

Si enfin ce ſont quelques Taupes qui les ayent ſoulevez & ébranlez, on tâchera de les faire prendre; ſi ce ſont quelques vers qui les ayent rongez, on les cherchera pour les détruire, quoy que comme nous avons dit ailleurs ce ſoit de tous les maux qui peuvent affliger les Plans, le plus grand, le plus dangereux & le plus incurable: Toute la conſolation qu'on peut avoir en cecy eſt que c'eſt une maniere de torrent qui doit neceſſairement avoir ſon cours, mais qui paſſe, & qui ne revient pas ſouvent; & voilà ce que j'ay à dire pour un Arbre qui eſt, & qui paroît actuellement mort la premiere année qu'il a eſté planté.

Que ſi l'Arbre eſt demeuré dans toute ſa tige, ou au moins dans une bonne partie, vert ſans avoir rien pouſſé, & que peut être ce ne ſoit qu'une eſpece de lethargie qui ait pour ainſi dire engourdi ſa faculté vegetative, comme il arrive à quelques Orangers nouveaux plantez, leſ-

Nec ſentire ſitim patitur, bibulæque recurvas radicis fibras labentibus irrigat undis. *Ovid.*

Vim tamen agreſtûm metuens pomaria claudit, Intus & acceſſus prohibet, *idem, Ovid.*

Juniperi gravis umbra, nocent & frugibus umbræ. *Virgil.* 10. *Eccl.*

Hortus nullas amat umbras præter umbram domini. *Creſcentius.*

quels ſont par fois des deux, trois, & quatre années ſans rien faire, & enfin font des merveilles, choſe étrange & difficile à comprendre que le principe de vie de ces ſortes d'Arbres, leſquels en effet ont tant de facilité à prendre, & tant de peine à mourir, que leur principe de vie, dis-je, ſoit cependant quelquefois ſi difficile à émouvoir pour commencer quelques racines : mais il n'eſt pas icy queſtion de cela, nos Arbres fruitiers ne ſont pas ſi longtems ſans faire paroître certainement, ou leur vie, ou leur mort.

En cas, dis-je, que cet Arbre fruitier ſoit demeuré vert tout l'Eſté ſans faire aucuns jets, il peut bien donner quelque eſperance de ſatisfaction pour l'avenir, mais en verité elle eſt tres-legere, & ſi on le peut facilement, le plus ſeur eſt d'en replanter auſſi-tôt qu'on pourra un nouveau qui paroiſſe, ou meilleur, ou au moins également bon ; mais ſi on ne peut en avoir d'autres, je ſuis toûjours d'avis qu'au mois de Novembre enſuite on foüille tout autour de ce pied douteux, pour voir s'il paroît quelque bon commencement de groſſes racines, ou s'il n'en paroît point du tout.

Au premier cas, c'eſt-à-dire ſi on decouvre quelque bon ſigne qui conſiſte en quelque commencement de groſſes racines, ce qui eſt aſſez rare : car d'abord qu'il ſe fait de nouvelles racines en Eſté, il ſe fait auſſi en même temps de nouveaux jets, ſi dis-je, on découvre quelque commencement de groſſes racines, qui peut-être n'auront commencé de ſe former que depuis la fin de l'Eſté, il s'en faut tenir là ſans y rien faire davantage, & ſimplement bien raccommoder la terre foüillée, & même l'Eſté ſuivant prendre quelque ſoin extraordinaire de l'arroſer de fois à autre, ſi le terrein & la ſaiſon paroiſſent le demander : Un tel Arbre peut fort bien reparer le temps perdu, & devenir beau les années ſuivantes.

Et au ſecond cas, c'eſt-à-dire que cet Arbre n'ait rien fait par racine, il faut l'arracher entierement, & retailler, c'eſt-à-dire en terme de Jardinier rafraîchir toutes les racines, & même en faire autant à la tête, dont peut-être l'extremité eſt morte, & pour lors il la faut rafraîchir jusqu'au vif, & ensuite on pourra replanter cet Arbre au même instant & au même endroit si on trouve qu'il le merite, en ce que les racines se sont conservées saines & entieres, ou il faudra le rebuter tout-à-fait, si les principales racines sont defectueuses, soit par être seiches ou noircies, soit par être actuellement pourries ou rongées, comme il arrive quelquefois, car cela estant il n'y a rien de bon à esperer: Il n'en est pas de même s'il n'y a simplement que quelques petites racines de gâtées, quoy que ce ne soit pas un trop bon signe, mais enfin en ce cas là on se contenteroit de les recouper jusqu'au vif, & replanter l'Arbre au même endroit où il a donné lieu de douter de sa destinée; il m'est arrivé assez souvent de replanter de tels Arbres en pepiniere, & de les y voir si bien reüssir que quelques années aprés je leur ay heureusement donné ailleurs des principales places du Jardin; & cependant j'avois planté de bons Arbres nouveaux dans les endroits où ceux-cy n'avoient pas reüssi: Il est tres-difficile d'avoir des Plans parfaits, si on n'a tous ces égards qui sont si necessaires.

La fraîcheur d'une terre humide est quelquefois suffisante pour conserver pendant un an ou davantage des marques incertaines de vie, tant dans les racines que dans la tige d'un Arbre, aussi-bien qu'elle en conserve dans les branches coupées, sans que pour cela il y ait seureté de les voir quelque temps aprés heureusement operer, c'est-à-dire operer de la même façon que des Arbres bien conditionnez ont accoûtumé de faire; c'est-pourquoy il faut se rendre tres-difficile sur ces sortes d'apparence de vie, où tant de gens se laissent tant d'années muser & tromper; & voilà ce que j'ay à dire sur ces mêmes apparences de vie, soit bonnes & certaines, soit mauvaises & douteuses.

CHAPITRE XIII.

De la premiere taille d'un Arbre qui a poussé foiblement.

Vix unquam bene surculus proficit nisi primo anno valde proficiat. *Crescentius.*

JE passe au second article d'un Arbre nouveau planté: qui est de ne pousser que peu de chose, & particulierement si la pousse est foible & menuë & jaunâtre, & parfois accompagnée de quelques boutons à fruit.

Sur quoy j'ay à dire que je ne fais gueres plus de cas de cet Arbre-cy que du precedent, lequel nous venons d'examiner, & avons trouvé qu'il étoit ou mort tout-à-fait, tant aux racines qu'à la tige, ou simplement mort par les racines, quoy qu'il parût vert à l'écorce, ou avons trouvé qu'il avoit encore quelque petite apparence de vie du côté des racines aussi-bien que du côté de la tige, en ce que tant celles-cy que les autres ont encore conservé les marques de vie, c'est-à-dire du vert, & un peu de seve. Et ainsi quand je me trouve fourni de bons Arbres, je ne manque jamais de rejetter celuy-cy, quoy qu'il ait un peu poussé aussi-bien que le precedent qui n'a rien poussé: mais si je me trouve dans la disette, je me contente de couper ces petits jets jusqu'auprés de la tige, & de la ravaler elle-même d'environ la moitié, & de plus je foüille immanquablement au pied; & si je trouve que les racines n'ayent rien poussé, comme cela arrive quelquefois, j'arrache l'Arbre tout-à-fait, je rafraîchis toutes les racines pour voir si elles sont toutes bonnes, & cela étant je le replante, ou si quelques-unes des principales sont gâtées, & cela étant je le rebute.

Que si pour replanter un tel Arbre je crains que la terre ne soit pas assez bonne j'y en remets de meilleure, il n'y a que ce seul expedient de bon à suivre; le secours des fumiers est trop incertain & trompeur pour s'y amuser, & enfin j'en use entierement pour cet Arbre, ou comme je fais à l'égard de celuy qui n'a fait autre chose que de demeurer vert par la tête & par les racines, lequel nous avons retaillé par tout, & ensuite replanté soit en place, soit en pepinier, ou comme à l'égard de l'autre qui a veritablement

tablement la tête en assez bon état, c'est-à-dire verte, mais qui cependant a ses principales racines entierement gâtées, & qu'à cause de cela nous avons rebuté comme mort, c'est pourquoy je me mets en état de chercher un nouvel Arbre pour le remettre à la place de celuy-cy, qui pour ainsi dire, n'a fait que semblant de pousser, tels petits jets n'étans proprement que de fausses marques de reprise, puis qu'ils ne se sont faits que par le seul effet de la rarefaction, & independamment des racines, comme j'explique ailleurs.

Ce miserable bouton à fruit qui paroît sur la tête languissante de cet Arbre nouveau planté, bien loin de faire en moy le même effet qu'il opere en tant de Philosophes, c'est-à-dire de me réjoüir, & de me donner de la consideration, tant pour le pere qui l'a mis au jour, que pour l'action par laquelle il a été produit ; il me donne au contraire un veritable mépris pour tous les deux, & me confirmant dans les maximes que j'ay avancées pour faire voir que les Fruits ne sont que des marques de foiblesse, me fait prendre la resolution d'abandonner cet Arbre, & de le rejetter comme une piece de bois mort & inutile ; c'est ainsi que j'en use, non seulement pour les Arbres bas qui doivent être Buissons, ou faire partie des Espaliers, mais aussi pour les Arbres de tige, les uns & les autres étans d'une méme condition à l'égard de la reprise.

Je diray icy en passant que ce miserable bouton que je crois devoir appeller bouton de pauvreté me suscite auprés de quelques Philosophes une fort grosse guerre, parce que je ne veux pas demeurer d'accord avec eux que sa production soit une marque de vigueur dans l'Arbre, comme constamment la generation des animaux en est une marque dans les Peres.

J'explique plus amplement cette matiere dans mes reflexions, n'ayant pas jugé à propos de pousser icy plus loin les raisonnemens que j'ay trouvé lieu d'y faire conformement à mille experiences irreprochables.

CHAPITRE XIV.

De la premiere taille d'un Arbre qui a au moins poussé une belle branche.

IL faut presentement venir au troisiéme article qui regarde nôtre Arbre bas nouveau planté, soit pour Buisson, soit pour Espalier, & dire ce que nous avons à faire s'il pousse raisonnablement, c'est-à-dire au moins une branche belle & assez grosse, laquelle d'ordinaire est accompagnée de quelques-unes de foibles.

En ce cas nous avons trois considerations particulieres à faire, sçavoir si cette belle branche s'est faite à l'extremité de la tige, ou si au milieu, ou si au bas.

Si tout-à-fait à l'extremité par l'apprehension que j'ay de tomber dans l'inconvenient que je crains, & qui est un défaut pour un Buisson, c'est-à-dire d'avoir la tige trop haute, dans lequel inconvenient je tomberois sans doute, si je faisois ma taille sur ce nouveau jet, pour lors je me resous volontiers à baisser entierement d'un bon pouce ou deux la tige de ce jeune Arbre, & ainsi je le remets à l'A. B. C. étant asseuré qu'autour de l'extremité où je l'auray ravallé, il me poussera de belles branches nouvelles, toutes bien placées & en assez grande quantité, & cela fondé sur ce que par ce beau jet qu'il avoit fait, je suis entierement convaincu qu'il a fait de bonnes racines.

Ainsi en reculant peut-être le plaisir d'une année, en ce que dans la verité je cours risque d'en avoir du fruit un peu plus tard, au moins j'évite d'avoir un Arbre trop haut monté, comme je l'aurois si je le faisois tout sortir de cette branche, & cela étant il me choqueroit éternellement, au lieu qu'en le baissant un peu, je le mets cependant en état de se presenter avec tout l'agrément qui est à souhaiter dans un Arbre bien conduit, & par consequent je le mets en état de me recompenser encore mieux, tant par une belle figure, que par le plaisir de l'abondance.

Que si la belle branche est venuë au milieu de la tige, il faut sans hesiter ravaller cette tige jusqu'à cette branche, & racourcir même cette branche jusqu'à quatre ou cinq yeux au plus pour y mettre tout le fondement & toute l'esperance de la belle figure de nôtre Arbre, étant certain qu'à l'endroit ou nous l'avons racourcie, elle poussera dans la seconde année tout au moins deux belles branches, & toutes deux opposées l'une à l'autre : Il n'en faut pas davantage pour faire un bel Arbre à qui le sçaura bien conduire ; que si cette branche racourcie en pousse trois ou quatre comme il arrive assez souvent, le succés en sera encore plus heureux, plus aisé & plus agreable.

Je suppose pour cela que les Jardiniers un peu soigneux auront eu soin de faire de bonne heure prendre à cette branche unique, dont nous parlons, une assiette bien droite, pour y former ensuite un Arbre droit sur son centre, comme il le doit être necessairement.

Que si on a manqué à cette precaution, il faut en venir au grand remede, qui est de racourcir à deux ou trois yeux cette branche, qui n'est ainsi rudement traitée que pour avoir été mal élevée.

En faisant sa taille sur la branche qui est icy venuë toute seule, on pourra bien cependant conserver, non pas les branches tres-menuës que je nomme chifonnes, & qu'il faut entierement exterminer de nôtre nouveau planté, mais seulement quelques-unes de celles qui sont ou courtes, & passablement grosses, ou longuettes, & aussi passablement grosses en quelque endroit qu'elles soient, tant les unes que les autres ; pourvu qu'elles ayent les yeux assez beaux & assez bien placez, nous pouvons seurement en esperer assez tôt quelque fruit, sans craindre que cela fasse aucun tort à la vigueur de nôtre Arbre, & sur tout en fruits à noyau, & même en fruits à pepin, à la charge toutefois de racourcir un peu ces sortes de branches qui sont en effet trop longues, & de ne point toucher aux autres qui sont courtes, & passablement grosses

Ce qui fait que je n'empêche point de conserver quelques-unes de ces branches foibles, est qu'étant tres-certain, comme j'ay tant de fois repeté, que c'est le peu de seve qui fait le fruit, il s'ensuit de là qu'une petite quantité de cette même seve, employée à en faire ne sçauroit porter un préjudice considerable à nôtre nouvel Arbre, & que cependant il nous aura fait un assez grand plaisir, en nous donnant du fruit de bonne heure.

Ce n'est pas que je veüille dire pour cela que ce soit un fort grand mal quand la premiere année on ôte impitoyablement toutes ces esperances de premiers fruits: Chaque curieux en usera à cet égard comme il le trouvera à propos, mais pour moy je les conserve.

Si nôtre branche unique est sortie du bas de la tige il faut s'en réjoüir, elle est tres-bien placée, pourvu que le Jardinier ait de bonne heure pris soin de celle-cy pour la soutenir droite en cas qu'elle ne le fut pas, comme nous avons dit de la precedente: on y peut avec certitude faire sa taille à la hauteur où l'on souhaite voir commencer un bel Arbre, soit Buisson, soit Espalier: mais si elle ne se trouve pas droite, ou qu'elle ne puisse pas estre redressée avec quelque lien un peu fort, il la faut traiter comme l'autre, c'est-à-dire la ravaller tout bas pour en faire sortir une qui soit droite, autrement on auroit toujours un Arbre de côté, & par consequent de vilaine figure, bien entendu toûjours qu'il aura fallu ravaller la tige jusqu'au prés de la branche unique qu'elle avoit poussée, & que nous venons de tailler.

Je diray icy en passant, que quand nous plantons un Arbre nous pouvons bien apparemment, mais non pas demonstrativement & infailliblement asseurer qu'il reprendra: Encore moins, en cas qu'il reprenne, pouvons-nous marquer à quel endroit il fera ses premiers jets: mais à l'égard des belles branches qu'un Arbre repris a poussées, & que nous avons taillées ensuite, nous pouvons avec assez de certitude asseurer qu'à l'extremité où nous les avons ravalées elles en pousseront de nouvelles, & marquer même à peu prés la quantité; si bien qu'on peut conter là-dessus; & par consequent si nôtre Arbre n'a fait que la seule branche dont nous parlons, nous pouvons seurement attendre qu'étant taillée un peu courte, elle en poussera au moins deux belles capables de faire en toute maniere ce que nous avons cy-dessus étably pour le commencement de la belle figure d'un Arbre.

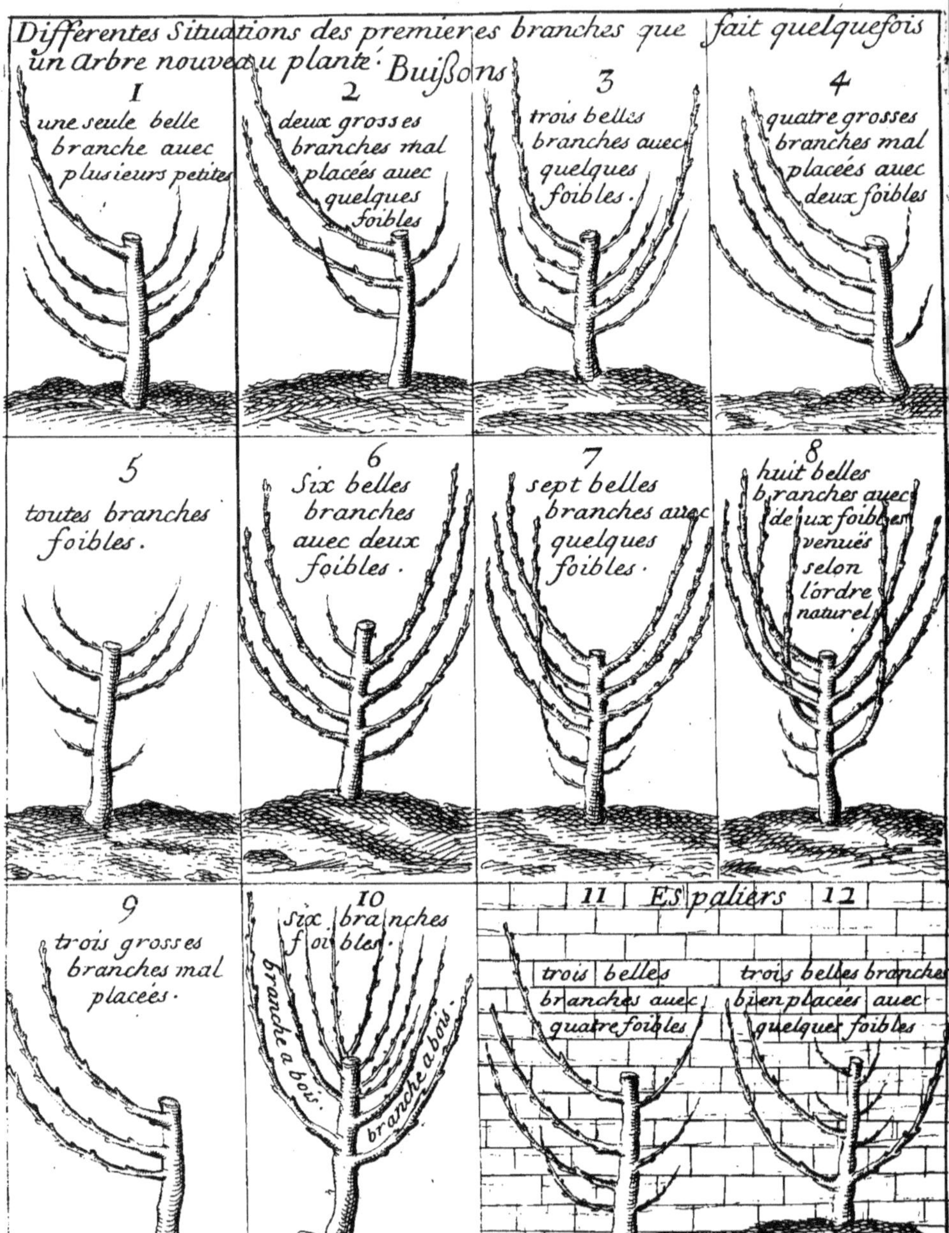

Differentes Situations des premieres branches que fait quelquefois un Arbre nouveau planté. Buissons

1 une seule belle branche auec plusieurs petites

2 deux grosses branches mal placées auec quelques foibles

3 trois belles branches auec quelques foibles.

4 quatre grosses branches mal placées auec deux foibles

5 toutes branches foibles.

6 Six belles branches auec deux foibles.

7 sept belles branches auec quelques foibles.

8 huit belles branches auec deux foibles venuës selon l'ordre naturel

9 trois grosses branches mal placées.

10 Six branches foibles.

branche a bois.

branche a bois.

11 Espaliers 12

trois belles branches auec quatre foibles

trois belles branches bien placées auec quelques foibles

J'estime donc que pour cette branche sortie du bas de nôtre tige, nous luy pouvons à peu prés laisser la même longueur que nous avions donné à cette tige en plantant l'Arbre, c'est-à-dire une longueur de sept à huit pouces, & cela en quelque endroit que nous l'ayons planté, soit en terrein froid & humide, soit en terrein chaud & sec.

CHAPITRE XV.

De la premiere taille d'un Arbre qui a poussé plus d'une belle branche.

AU quatriéme cas où nôtre Arbre nouveau planté a poussé deux belles branches, ou trois, ou quatre, ou même davantage avec quelque foibles parmy.

Nous avons sur cela d'autres grandes considerations à faire, & qui feront icy differens Chapitres, sçavoir en premier lieu si cette pluralité de branches sera venuë à souhait, c'est-à-dire sera venuë tout autour de quelque endroit de la tige, soit en haut, soit au milieu, soit en bas, en sorte qu'elles y representent comme un chandelier pour un Buisson, ou comme une main ouverte pour un Espalier.

Sçavoir en second lieu si toutes ces branches sont toutes venuës d'un côté, & toutes les unes sur les autres.

Ou si en étages fort éloignées les unes des autres, quoy qu'au tour de la tige, ou si même quelquefois elles sont toutes venuës d'un même œil, & que pareillement ce soit, ou au haut de la tige, ou au milieu, ou au bas.

Et enfin sçavoir si toutes ces branches prennent d'elles-mêmes le chemin de s'écarter & de s'ouvrir, ou toutes celuy de se serrer & de faire de la confusion.

Voilà à peu prés toutes les differentes manieres dont se font les premiers jets de chaque Arbre nouveau planté, quand il a esté assez heureux pour bien reprendre, ainsi qu'il paroît dans les figures cy-jointes.

Je redis encore que je ne regarde point icy comme quelque chose de bien considerable les petites branches menuës, quand même elles seroient bonnes pour le fruit de l'année immediatement suivante, ce qui est assez souvent vray en fruits à noyau, mais rarement en fruits à pepin : En effet malheur à l'Arbre quel qu'il soit, qui fait trop de celles-là, ou qui n'en fait pas d'autres ; je diray cependant le traitement dont j'ay besoin, quand j'auray fait le plus important de mon Ouvrage.

Ce sont les grosses branches toutes seules dont je fais icy cas, voulant avoir un bel Arbre & un bon Arbre ; ce sont elles qui à cet égard ont fait le premier objet de mes souhaits, & qui seules peuvent servir pour la premiere fondation de mon Arbre, mais cela s'entend en cas qu'elles se trouvent naturellement bien placées, & en cas que je leur sçache donner une taille qui soit convenable à mon intention, & à la beauté que demande l'Arbre que je veux conduire.

Car comme les premieres branches quoy qu'heureuses dans leur origine, peuvent fort bien être mal dirigées, & par consequent donner un méchant commencement à l'Arbre, si elles sont à la mercy d'un ignorant ; aussi ces premieres branches, quoy qu'en venant au monde elles se soient trouvées dans une défectueuse situation, elles peuvent fort bien avec un peu de temps & de bonne discipline, être comme j'ay dit, si habilement tournées, que le défaut de leur naissance ne les empéchera pas d'être les meres d'un Arbre bien fait, & pour ainsi de bonne mine.

Le premier avertissement que j'ay à donner icy, est que communement toutes les grosses branches qui viennent la premiere année aux Arbres nouveaux, sont ce que nous appellons branches de faux bois, elles en ont le caractere dans leurs yeux, & doivent en recevoir le traitement à la taille, & même les foibles & menuës sont d'ordinaire à cet égard de la classe des grosses, à moins qu'elles ne soient demeurées fort courtes.

Le second avertissement est, que dans la premiere taille que je fais aux grosses branches des nouveaux Buissons, il n'y a gueres de difference d'avec celle que je donne aussi la premiere année à celles des nouveaux Espaliers ; il est bien vray que dans ceux cy je contrains aisément les branches les plus opiniâtres, c'est-à-dire les plus mal-venuës, je les contrains, dis-je, de se mettre dans la posture que je souhaite pour parvenir à la beauté de l'Espalier, & cela sert aussi à me donner plus de fruit & de plus beau ; il est vray aussi que les Buissons sont pour ainsi dire une maniere de demy-volontaires, qui font bien veritablement une partie de ce qu'ils veulent, mais cependant pour l'ordinaire ils se laissent en même temps conduire à mon industrie, tant pour la satisfaction de mes yeux, que pour le plaisir de mon goût : Il n'y a que les branches à fruit qu'on ne peut pas laisser si longues sur les Buissons que sur les Espaliers, attendu qu'en ceux-cy on a la facilité des liens & des échalas, laquelle on n'a pas aux autres.

CHAPITRE XVI.

De la premiere taille d'un Arbre qui a poussé deux belles branches, & toutes deux bien placées.

POur ce qui est donc de ce quatriéme cas, dans lequel un Arbre nouveau planté a poussé heureusement & vigoureusement plus d'une belle branche avec quelques-unes de foibles parmy, si par exemple il en a au haut de la tige deux à peu prés également fortes & bien placées, c'est à dire l'une d'un côté, & l'autre de l'autre, on ne peut gueres rien souhaiter de mieux, c'est un tres-beau commencement pour faire un bel Arbre, il n'est question que de les racourcir toutes également environ à cinq ou six pouces de longueur : Mais sur tout il faut avoir cette prevoyance, que les deux derniers yeux de l'extremité de chacune de ces deux branches ainsi racourcies, regardent à droit & à gauche les deux côtez vuides, afin que chacune venant à en donner au moins deux nouvelles, ces quatre se trouvent si bien placées, qu'on les puisse conserver les unes & les autres ; & pour cet effet il faut que si c'est un Buisson elles aillent faire le rond vuide que nous cherchons ; & si c'est un Espalier qu'elles aillent faire le rond plat & plein que nous cherchons pareillement.

Ce seroit mal tailler si ces deux derniers yeux regardoient par exemple, ou le dedans du Buisson pour commencer à le remplir, ou le dehors pour commencer à se trop écarter étant premierement question de bien établir la premiere beauté de la figure de cet Arbre qui est de s'ouvrir en rond également garni : Et tout de même à l'égard de l'Espalier ce ne seroit pas assez bien tailler, si on ne cherchoit pas à faire en sorte que les yeux qui se doivent trouver aux extremitez des deux branches qu'on doit racourcir, donnassent sur des côtez opposez l'un à l'autre ce qu'ils peuvent donner de branches nouvelles, car il est important que ces mêmes branches ayant d'elles-mêmes, & sans aucune violence une disposition naturelle à se bien placer sur les parties de murailles qu'on cherche à couvrir, on les puisse toutes conserver ; & ainsi les premieres branches vigoureuses de cet Arbre d'Espalier auront fait leur devoir, aussi-bien que les premieres vigoureuses du premier Buisson auront fait le leur ; il faut cependant & pour l'un & pour l'autre avoir toûjours les mêmes égards necessaires, qui vont premierement, & principalement à arrondir, & à continuer dans cette vûë là, jusqu'à ce que le rond soit à peu prés parfait, & pour lors on commencera d'avoir deux autres vûës pour ne les quitter plus, dont l'une est de chercher à donner par tous les moyens possibles une ouverture raisonnable à cet Arbre, s'il est Buisson, qui a déja sa rondeur, & à le remplir également dans la suite de son étenduë, s'il est l'Espalier qui a pareillement sa rondeur ; & l'autre vûë est d'entretenir à tous les deux ce rond qui est déja formé, & qui tous les ans doit croître en circonference, sans que jamais, autant qu'il peut dépendre de nous, on luy laisse rien perdre de sa belle figure.

Il faut particulierement prendre garde, que si l'une de ces deux branches a quelque avantage de grosseur sur l'autre, en sorte que vrai-semblablement l'une puisse bien en faire deux autres grosses, pendant que sa voisine n'en sçauroit faire qu'une seule, pour lors, dis-je, il faut prendre garde que tant les deux de la plus grosse, que l'unique de la moins grosse, viennent à sortir si heureusement, que toutes trois ensemble puissent être conservées comme propres & necessaires pour l'établissement de la belle figure dont il est question ; autrement s'il en falloit ôter quel-

qu'une

qu'une comme mal-venuë, ce seroit une perte tres-fâcheuse, tant à l'égard de l'Arbre qu'à l'égard du Jardinier. Il est à propos de dire icy, que si dans ces deux sortes d'Arbres dont il est question, il se trouve une branche à fruit jointe avec les deux branches à bois, on la peut garder sans aucun inconvenient.

CHAPITRE XVII.

Pour la premiere taille d'un Arbre qui n'a poussé que deux branches. toutes deux belles & grosses, mais toutes deux mal placées.

QUe si des deux premieres belles branches que l'Arbre aura poussé, l'une est fort au dessous de l'autre, toutes deux étant peut-être d'un même côté, ou peut-être l'une d'un côté tout en haut de l'extremité, & l'autre toute en bas du côté opposé, en ce cas là il faut, pour ainsi dire, se resoudre fierement & impitoyablement à n'en conserver qu'une, & que ce soit la plus propre à commencer une belle figure, & par consequent il faut retrancher si bien l'autre, que vrai-semblablement il n'en puisse plus sortir de grosses du même endroit, étant certain que si on les conservoit toutes deux, il ne s'en pourroit jamais faire un Arbre qui donnât du plaisir dans sa figure, & chaque fois qu'on le verroit on auroit du chagrin de ne l'avoir pas bien conduit dés son enfance; il semblera peut-être aux gens mal entendus qu'il y ait en cela une année de temps à perdre, mais j'asseure du contraire à qui voudra s'en rapporter à moy : il faudra donc dans le cas proposé, ou ravaller tout l'Arbre sur la plus basse, si c'est elle qui doit être conservée, comme étant en effet la plus propre pour nôtre dessein, & ce moyen là est infaillible pour ne plus craindre de branches mal placées de ce côté-là; ou bien si c'est la plus basse qu'il faut ôter comme ne pouvant contribuer à la beauté de la figure de nôtre Arbre, il la faudra couper à l'épaisseur d'un écu, car rarement arrive-t-il qu'il faille tellement couper une grosse branche nouvelle, laquelle se trouve mal placée, qu'il n'en puisse plus rien sortir du tout ; j'explique plus amplement cette ſorte de taille auſſi-bien que la taille en talus dans le Chapitre 21.

Or de cette taille faite à l'épaiſſeur d'un écu, ou il ne viendra rien, ou il ne viendra que des branches foibles, qui bien loin de gâter rien ſeront bonnes à conſerver pour le Fruit. Cette maniere de taille ſuppoſe que la branche fut groſſe & vigoureuſe, autrement ſi elle n'avoit eſté que mediocre, il auroit fallu la conſerver entierement comme branche à fruit, & ſi elle avoit été tres-menuë, il auroit fallu la couper ſi prés de la tige, qu'il n'y fût pas reſté la moindre ſortie pour quelque choſe de nouveau, & cela particulierement ſi elle étoit tres-mal placée, ou que l'Arbre ne fût que mediocrement vigoureux.

Ce cas d'une ſeule branche qui a eſté conſervée, & qu'il faut tailler, ſe reduit à un autre cy-devant expliqué, où nôtre Arbre n'a pouſſé d'abord qu'une ſeule belle branche, & par conſequent il faut ſuivre pour la taille de celle-cy, ce qui a eſté dit pour la taille de celle-là, & qu'il ſeroit inutile de repeter icy.

Il arrive quelquefois que d'un même œil d'un Arbre nouveau planté il ſort deux belles branches, ſans qu'il en ſorte d'ailleurs : En ce cas-là on peut fort bien les conſerver toutes deux en quelqu'endroit de la tige qu'elles ſoient, c'eſt-à-dire ſi elles peuvent ſervir à faire une belle figure, comme cela ſe peut, ſi la vigueur du pied, ou la prévoyance du Jardinier les ont faites pouſſer droit en haut ; mais ſi une des deux ne peut pas ſervir à cette figure, on fera bien de l'ôter pour ſe reduire à la ſeule dont on peut faire un bon uſage, & à ſon égard on fera ce que nous venons d'établir cy-deſſus.

CHAPITRE XVIII.

Pour la premiere taille d'un Arbre qui a pouſſé trois ou quatre belles branches bien ou mal placées.

QUe ſi nôtre Arbre a pouſſé trois ou quatre belles branches bien placées, ou trois ou quatre mal placées, & que cela ſoit, ou tout à l'extremité, ou un peu au deſſous.

Au premier de ces deux cas nous supposons que les trois ou quatre branches sont venuës à l'extremité de la tige, & en lieu convenable pour faire d'abord un bel Arbre, en ce cas là, dis-je, il faudra pour la premiere fois les tailler toutes avec les mêmes égards que nous avons expliqué pour tailler les deux premieres, qui étoient seules & pareillement bien placées, soit que ces trois ou quatre soient à peu prés toutes d'une égale grosseur, & pour lors elles recevront toutes un traitement pareil, soit qu'il y en ait une ou deux un peu moins grosses, mais toûjours propres à être branches à bois, ou au moins à demy-bois, & par consequent capables de contribuer à la beauté de la figure, & en ce cas-là on ne taillera celles-cy qu'en vûë d'en retirer une seule branche nouvelle qu'on fera sortir du côté où se trouvera le plus grand vuide, & pour cet effet on les racourcira sur un œil qui regarde de ce côté-là, comme aussi on prendra garde que les deux derniers yeux des autres qui sont plus fortes, regardent les deux côtez opposez, afin de commencer à les garnir davantage.

Que si ces trois ou quatre belles branches sont sorties un peu au dessous de l'extremité, il n'y a qu'à ravaller la tige jusqu'à elles, & faire ensuite ce que je viens de dire, quand les branches sont d'abord sorties au haut de la tige.

Au second cas, où nous supposons que les branches sorties sont la plûpart mal placées, en sorte qu'elles ne peuvent pas toutes contribuer à faire un bel Arbre, & par consequent ne peuvent pas être toutes conservées, on examinera si des trois ou quatre il n'y en a point au moins deux qui soient assez bien scituées, c'est-à-dire l'une d'un côté, & l'autre de l'autre, & si les étages n'en sont pas trop éloignez pour pouvoir donner lieu d'asseoir sur ces deux quelque fondement de nôtre figure, & cela estant on s'en contentera fort bien, & on retranchera les autres à l'épaisseur d'un écu, comme nous avons cy-devant établi.

On taillera donc les deux conservées avec les mêmes égards cy-devant expliquez pour la taille de deux belles, soit qu'on les ait par nôtre choix, soit qu'on les ait par la bonne fortune de la vegetation, qui n'en ayant donné que deux les a données dans une situation telle qu'on la pouvoit souhaiter, & on prendra soin que ces deux étant taillées, elles se trouvent ensuite d'une égale hauteur quoy que de differente longueur, afin que celles qui en sortiront, commencent heureusement nôtre figure; car aprés cela nous n'aurons pas de grandes difficultez pour suivre ce qui aura été une fois bien commencé.

Je ne repete point ce qui est à faire pour les bonnes branches foibles, ayant ce me semble assez marqué qu'il les faut soigneusement conserver pour le Fruit, se contentant seulement de les racourcir un peu par l'extremité, si elles paroissoient trop foibles pour leur longueur, & ne manquant point d'ôter entierement les chifonnes en quelque quantité qu'elles soient.

CHAPITRE XIX.

De la taille des Arbres qui ont fait jusqu'à cinq, six, & sept belles branches.

ENfin nôtre Arbre nouveau planté peut, comme il arrive quelquefois en de bons fonds, & particulierement à de beaux Arbres qu'on a plantés avec tous les égards necessaires quels qu'ils soient sur franc, ou sur Coignassier, il peut, dis-je, avoir poussé jusqu'à cinq, six & sept belles branches, & même davantage: Ce seroit une bonne fortune si elles se trouvoient toutes assez heureusement placées pour pouvoir être conservées sans faire aucune confusion, comme cela m'est arrivé quelquefois, & par ce moyen on a bien-tôt un bel Arbre, & un bon Arbre; mais comme il est assez rare qu'elles soient toutes bien placées, pour lors j'estime qu'il se faut reduire à n'en garder que trois ou quatre de celles que le Jardinier habile jugera, tant par leur situation, que par leur force, estre les plus propres à l'execution de nôtre dessein, & les taillera comme nous avons expliqué en cas pareil; cela étant il retranchera entierement toutes les autres, ſi elles ſe rencontrent plus hautes que les conſervées, & que particulierement elles ſoient groſſes : car ſi elles ſont foibles, c'eſt-à-dire bien faites en branches à Fruit, il fera bien de les conſerver juſqu'à ce qu'elles ayent fait ce qu'elles ſont capables de faire.

En cas donc qu'il en faille ôter de ces plus hautes qui ſont groſſes, il faudra ou les ôter en moignon pour y amuſer un peu de ſeve pendant deux ou trois ans, ou bien il faudra entierement ravaller la tige juſqu'aux conſervées, ſi ſur tout l'Arbre n'eſt pas extrêmement vigoureux : mais s'il s'en trouve quelques groſſes plus baſſes que celles que nous conſervons pour toûjours, il eſt bon de conſerver auſſi ces baſſes pour quelque temps, pourvû qu'elles ne gâtent rien pour la figure, car il s'y perd pendant deux ou trois ans un peu d'une ſeve dont l'abondance nous incommode, tant pour arriver au Fruit, que pour arriver à la belle figure : mais ſi telles branches baſſes peuvent nous embarraſſer, pour lors, comme nous avons dit, il faudra les couper à l'épaiſſeur d'un écu, ou bien les ôter tout à fait, quand on ne void qu'une vigueur mediocre au pied de l'Arbre.

J'avertis toûjours que ſi parmy les groſſes il s'en trouve beaucoup de foibles, il faut ſe contenter de deux ou trois des mieux placées & des mieux conditionnées, rompant un peu de l'extremité des plus longues, & laiſſant toutes entieres celles qui ſont & naturellement courtes & paſſablement groſſes ; par conſequent il faut ruiner entierement les autres qui ne feront que de la confuſion.

Voilà tout ce que je penſe devoir être fait pour la premiere taille des Arbres, c'eſt-à-dire pour la taille des premieres branches qu'ils auront pouſſées à l'endroit où ils ont eſté nouvellement plantez.

CHAPITRE XX.

De la deuxiéme taille qui est à faire la troisiéme année à un Arbre nouveau planté.

LA premiere taille de ces Arbres nouveaux plantez étant faite, & cela sur les premiers jets qu'ils ont faits la premiere année qu'on les avoit plantez, il faut presentement faire voir quel en doit être apparemment le succez, & quelle conduite est à tenir l'année d'aprés pour la deuxiéme taille, c'est-à-dire pour la taille des jets qui seront venus à l'extremité de ceux qui ont esté taillez l'année d'auparavant ; & pour cet effet j'estime qu'il est à propos de suivre le même ordre que j'ay établi pour la premiere, c'est-à-dire pour la taille des premiers jets qu'ils avoient faits.

Mais devant que d'en venir là, il faut premierement voir ce qui est à faire aux Arbres qui n'avoient gueres bien fait la premiere année.

Si l'Arbre fruitier, qui sans avoir la premiere année poussé aucunes branches a esté conservé par l'esperance qu'on a eu qu'étant demeuré vert, & par consequent vivant, il pourroit mieux faire la seconde ; si cet Arbre, dis-je, ne commence pas de bonne heure, c'est-à dire dés le mois d'Avril à pousser d'une grande vigueur, c'est une marque certaine qu'il ne vaudra jamais rien, & ainsi sans perdre davantage de temps il le faut arracher & remettre en sa place un de ceux qu'on doit avoir élevé en manequin en vûë de suppléer à de tels accidens.

Et pareillement si l'Arbre, qui n'ayant fait que de petits jets dans la premiere année a esté conservé, & simplement baissé de tige, si cet Arbre, dis-je, ne se met pas dés l'entrée du Printemps à pousser de belles branches nouvelles, je suis aussi d'avis que sans hesiter on le traite de la même maniere que celuy dont nous venons de parler ; ce seroit pour ainsi dire une espece de miracle, si jamais il venoit en estat de donner quelque satisfaction.

Mais si, comme il arrive assez souvent en matiere de

Poiriers, & quelquefois aussi, mais moins souvent en matiere de fruits à noyau, si dis-je cet Arbre ainsi baissé a fait de belles branches à sa nouvelle extremité, aussi-bien que celuy qui n'en ayant fait qu'une au haut de sa tige a esté pareillement baissé plus bas que l'endroit de cette branche, pour lors l'un & l'autre tomberont dans l'un des cas cy-devant expliquez pour la premiere pousse de ces Arbres nouveaux plantez qui ont heureusement réüssi, & ainsi nous n'avons rien de particulier à ajoûter à la conduite qu'il y faut observer.

Venons presentement à l'Arbre qui n'avoit fait en Buisson qu'une seule belle branche, soit environ le milieu de la tige, soit au bas, supposant toûjours, comme nous avons dit, que dés cette premiere année on aura eu soin en l'un & l'autre cas de faire tenir droite l'une & l'autre de ces deux branches uniques, si naturellemen elles ne l'étoient pas; car si on n'a pas eu ce soin, on aura esté obligé, comme j'ay dit cy-devant, non seulement de ravaller la tige jusqu'à elles, mais aussi de les racourcir jusqu'à deux ou trois yeux prés de l'endroit d'où elles sortoient, & cela étant il ne faut icy regarder pour premiere taille que celle qui se fera sur les branches qui doivent venir sur ces deux ou trois yeux dune branche si extraordinairement racourcie, & ainsi cette premiere taille tombera dans l'un des cas de la taille des premieres branches de l'Arbre nouveau planté, sans qu'il soit besoin de dire autre chose à cet égard.

L'Arbre qui dans la premiere année n'avoit fait qu'une seule branche à bois, ayant été taillé sur cette branche, ne manque jamais, comme nous avons déja dit, d'en produire d'autres à l'extremité de cette branche, & par exemple y en aura sans doute fait tout au moins une grosse avec quelques foibles, & peut-être deux ou trois grosses, ce qui est assez ordinaire, peut-être même en aura-t-il poussé davantage. (Cette grande multitude n'arrive pas communément, mais cependant elle arrive quelquefois.)

Si malheureusement il n'y en avoit poussé qu'une seule qui fut à peu prés de même grosseur que la mere, ce qui peut arriver par quelque accident survenu aux premieres racines, pour lors il faudroit s'opiniâtrer, soit à recouper fort court la nouvelle, c'est-à-dire ne luy laisser seulement que deux yeux, soit à l'ôter entierement, ce qui est encore mieux pour attendre que de l'autre qu'il faut nommer la vieille, il en vienne quelque chose de plus considerable dans l'année qui suit, comme cela se peut : Car l'Arbre aura pû faire de meilleures racines la troisiéme année, qu'il n'en a fait & la premiere & la seconde, & par consequent s'étant rendu plus vigoureux, il pourra pousser plus grande quantité de grosses branches.

Mais à dire le vray en telles occasions il est à propos de se défier du succés d'un tel Arbre qui marque si peu de vigueur dans les commencemens ; & ainsi je suis fort d'avis, & cecy est tres-important, qu'on ait recours au Magazin d'Arbres en mannequin pour ne pas languir en vaines esperances, tout au moins au de-là d'une deuxiéme année, ou autrement on court risque de languir encore plus longtemps, & toûjours fort inutilement, comme il arrive à un grand nombre de curieux.

Que si cette branche unique estant taillée a bien fait son devoir, en sorte qu'elle en ait produit au moins deux de ces belles que nous regardons pour branches à bois, ou peut-être trois ou quatre sans quelqu'unes qui sont propres pour le fruit.

En tous ces cas on n'a autre chose à faire que ce qui a esté dit pour les Arbres, qui la premiere année de leur plan ont fait semblable quantité de jets, c'est-à-dire qu'on peut bien conserver quelques branches à fruit, mais qu'il n'en faut conserver de grosses que celles qui peuvent contribuer à la beauté de la figure, & ôter impitoyablement toutes les autres, soit les ôter tout-à-fait, soit ne les ôter qu'à l'épaisseur d'un écu.

Ainsi la seconde taille d'un tel Arbre se fera sur les belles branches qui sont sorties de cette branche unique, & ne sera en rien differente de la premiere qu'on doit faire sur les belles branches, qui la premiere année sont heureusement venuës de la tige de l'Arbre nouveau planté.

La précaution de tenir droite la grosse blanche unique venuë de l'Arbre planté en Espalier y seroit veritablement

bonne

bonne, mais elle n'eſt point ſi abſolument neceſſaire que pour le buiſſon ; parce qu'on y a la commodité de tourner preſque comme on veut les branches qui ſortiront de celle-là aprés l'avoir taillée : Il n'eſt queſtion que de prendre ſoin dans leur premiere jeuneſſe de les attacher à droite & à gauche ſelon les beſoins qu'on en peut avoir pour faire le fondement d'une belle figure, & par là on y remedie à de certains défauts auſquels on ne ſçauroit gueres remedier pour le buiſſon.

CHAPITRE XXI.

De la deuxiéme taille d'un Arbre qui avoit fait deux belles branches dans la premiere année qu'il a été planté.

QUant à nôtre Arbre, qui dans la premiere année avoit fait deux belles branches bien placées, il faut ſuppoſer, & cela eſt d'ordinaire fort ſeur, que l'un & l'autre ayant eſté taillez environ à quatre, cinq ou ſix pouces de long avec les égards cy-devant remarquez, tant pour leur groſſeur & leur origine, que pour la ſituation des derniers yeux qu'on a laiſſé à leur extremité, il faut, dis-je, ſuppoſer que l'une & l'autre de ces deux branches en auront fait chacune à leur extremité tout au moins deux belles & fortes, & toutes deux bien placées, ſans quelques petites qui ſeront venuës au deſſous d'elles, ou peut être même au deſſus.

Ces deux belles branches venuës de nouveau garniſſent agreablement les deux côtez, qui pour avancer la perfection de la figure ronde & ouverte avoient beſoin de ce ſecours.

Que ſi une de ces deux premieres, ou même toutes deux en avoient faites chacune plus de deux, ſoit dans l'ordre de la nature, ſoit contre l'ordre de la nature, il eſt ſans doute qu'il faut ſe reſoudre à ôter entierement celles de ces nouvelles venuës, qui en quelque ſituation qu'elles ſe trouvent, ne ſont pas aſſez favorablement placées pour pouvoir aider à nôtre deſſein, & partant ſi elles ſe trouvent plus hautes que celles que nous conſervons, c'eſt pour lors, que si l'Arbre est mediocrement vigoureux, il faut ravaller jusqu'à celles-cy pour les fortifier davantage: Mais s'il est fort vigoureux on peut couper ces plus hautes carrement à l'épaisseur d'un écu du lieu d'où elles sortent; que si pareillement ces branches malheureuses se rencontrent plus basses que les conservées, & dans une situation qui les porte en dedans de l'Arbre, il faut aussi les ôter, mais ce ne sera absolument que de la maniere que je viens de marquer, & que je nomme une taille à l'épaisseur d'un écu, comme il paroît dans la figure.

Cette taille faite à l'épaisseur d'un écu sert souvent, comme j'ay dit, à nous donner pour l'année d'aprés une ou deux petites branches qui naissent des côtez de cette épaisseur, & d'ordinaire elles sont fort bonnes pour du fruit; il arrive même pour lors, que comme la seve se trouve ainsi arrêtée à l'ouverture de la branche dont est question, & comme elle doit necessairement avancer chemin, puis qu'elle ne sçauroit rebrousser estant poussée & pressée par d'autre qui la talonne de prés pour la faire sortir par en haut; il arrive, dis-je pour lors, que cette premiere seve entre bien quelquefois pour la plupart dans la branche superieure qui se trouve la plus voisine de cette épaisseur, & qui toutefois en avoit déja une portion convenable à sa grosseur.

Que si elle n'y peut entrer toute entiere, comme il arrive assez souvent, le peu qui reste se partage & creve comme nous avons dit, sur les côtez de cette petite épaisseur, & nous y donne de ces bonnes petites branches que nous demandons, comme il paroît dans la figure.

On peut même quelquefois ôter en talus ces branches malheureuses, c'est-à-dire les couper de maniere que par le dedans de l'Arbre il n'en reste pas la moindre partie, & que par le dehors il en reste suffisamment pour y donner sortie à quelque branche nouvelle, comme il paroît aussi dans la figure.

Cette taille en talus se doit faire quand les branches n'étans ny tout-à-fait en dehors, ny tout-à-fait en dedans; elles se trouvent un peu sur le côté, auquel endroit cependant on ne sçauroit les conserver, mais elles sont pla-

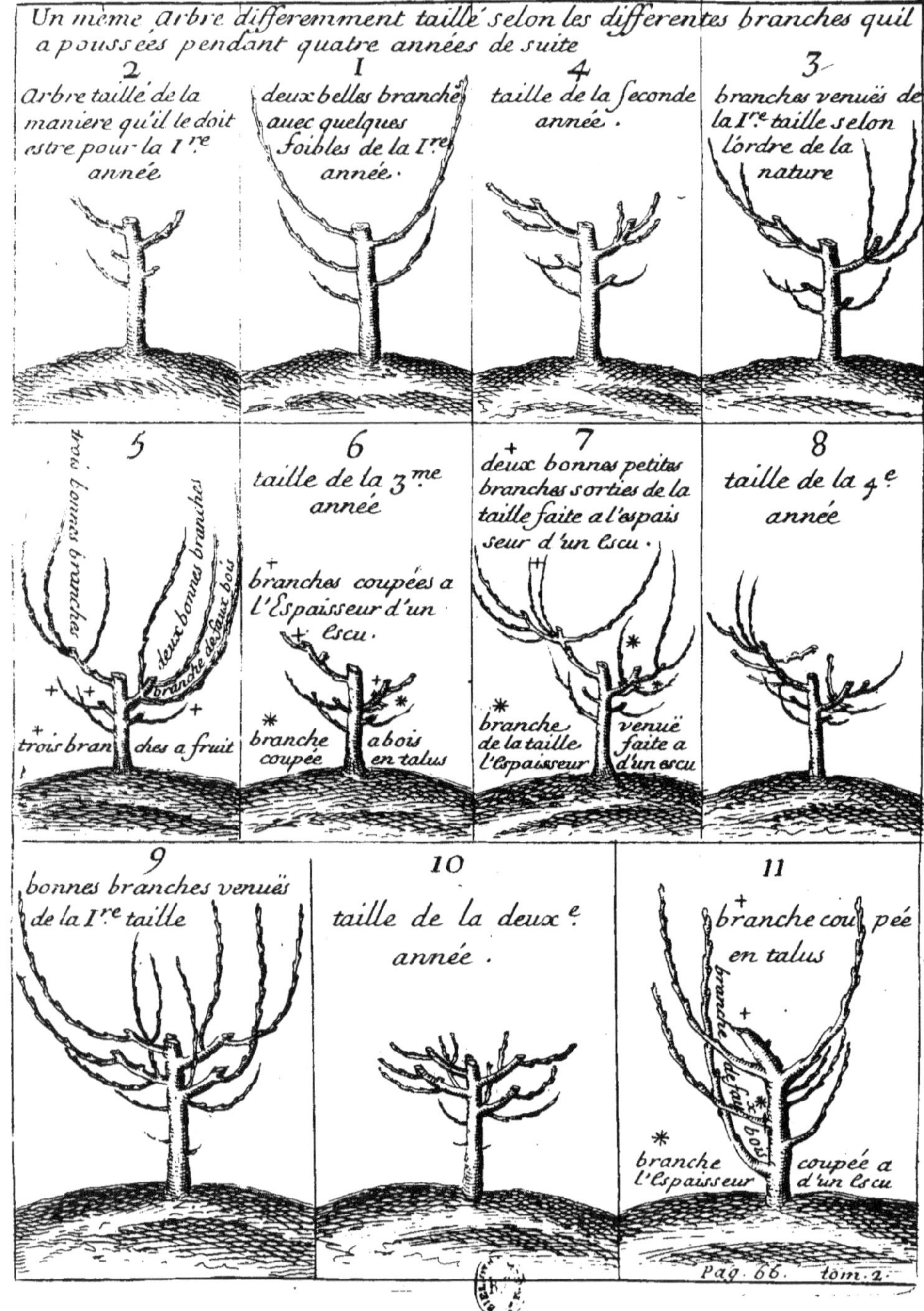
Un même arbre differemment taillé selon les differentes branches quil a poussées pendant quatre années de suite
2
Arbre taillé de la maniere qu'il le doit estre pour la Ire. année
1
deux belles branches auec quelques foibles de la Ire. année.
4
taille de la seconde année.
3
branches venuës de la Ire. taille selon l'ordre de la nature
5
trois bonnes branches
deux bonnes branches
branche de faux bois
trois branches a fruit
6
taille de la 3me. année
branches coupées a l'Espaisseur d'un escu.
branche coupée a bois en talus
7
deux bonnes petites branches sorties de la taille faite a l'espaisseur d'un escu.
branche de la taille venuë faite a l'Espaisseur d'un escu
8
taille de la 4e. année
9
bonnes branches venuës de la Ire. taille
10
taille de la deuxe. année.
11
branche coupée en talus
branche de faux bois
branche coupée a l'Espaisseur d'un escu

cées de maniere que de ce talus on en peut esperer pour l'année suivante une branche saillante tout-à-fait en dehors.

Or telle branche pourra être ou grosse, & par consequent capable de contribuer à la figure, ou foible, & par consequent capable de donner du fruit ; & si, comme il arrive quelquefois, il ne sort rien de ce talus, la figure de nôtre Arbre ne s'en trouvera nullement alterée.

J'ose dire que cette taille en talus qui est tout-à-fait de nouvelle invention, est une taille excellente à pratiquer en toutes sortes d'Arbres un peu vigoureux, soit vieux, soit jeunes, quand quelque branche peu heureusement placée, comme nous venons d'expliquer, donne lieu de la faire avec esperance de succés : Elle n'est pas veritablement infaillible, mais tres-souvent elle reüssit, & certainement elle ne gâte jamais rien : C'est pourquoy je conseille extrêmement de s'en servir comme je fais, je m'en trouve ordinairement tres-bien, & me sçay assez bon gré de l'avoir imaginée.

Peut-être n'est-il pas mal à propos de dire icy ce qui m'en a fait aviser, c'est que je sçavois, comme tout le monde sçait, & comme nous venons de le marquer en rendant raison de la taille qui se fait à l'épaisseur d'un écu : je sçavois, dis-je, que selon l'ordre de la nature la seve nouvellement formée au Printemps venoit reglément se presenter à l'entrée de tous les canaux des branches formées de l'année precedente, afin de les nourrir, grossir, alonger, &c. Et ainsi je sçavois qu'elle devoit seurement revenir chercher à faire sa fonction dans la branche que j'ôtois, & laquelle, pour ainsi dire, elle ignoroit avoir esté ôtée ; c'est pourquoy je conclus de là qu'apparemment une partie de cette seve devroit percer à l'endroit où elle trouveroit son chemin barré, pourvû qu'elle y trouvât assez de place pour y faire une sortie : si bien donc que laissant une telle place en dehors, j'y verrois naître une branche qui m'accommoderoit. Le succés a confirmé mon raisonnement & ma pratique, & ainsi d'une branche qui estoit venuë dans une situation fâcheuse & incommode, je me mets en estat d'en tirer un si bel avantage pour mon Arbre.

S'il arrivoit, comme il arrive quelquefois, qu'une de ces deux premieres branches, dont nous parlons dans ce Chapitre, n'en eût fait à son extremité qu'une assez grosse avec quelques petites plus basses, pendant que sa voisine a fait les deux que nous avions attendu ; ou qu'effectivement celle-cy en ayant fait deux il y en eût une d'arrachée, ou de gâtée par quelque accident, de sorte qu'enfin il n'en restât qu'une seule de ce côté là : Ce sont deux occasions où j'estime qu'il est assez important de bien expliquer ce qu'on y doit faire.

Au premier cas où il n'est venu qu'une seule branche au lieu des deux, qui vrai-semblablement devoient y être venuës, à ce premier cas, dis je, supposé qu'on ait lieu de juger que la branche taillée n'ait pas reçû autant de seve que sa compagne, ce qui paroîtra en ce que par exemple elle n'aura pas grossi à proportion de l'autre, & ce qui provient de quelque défaut interne imprevû & inévitable ; à ce premier cas, dis-je, il faut tailler cette nouvelle branche un peu plus courte, & que ce soit en vûë qu'apparemment elle n'en donnera qu'une, laquelle par consequent il faut attendre du côté où est le plus grand besoin pour la figure, avec resolution que si l'année suivante la branche originaire ne marque pas plus de vigueur que l'année d'auparavant, on ne regardera plus guéres ny elle ny ses descendans, que sur le pied de branches à fruit, c'est-à-dire de branches qui ne peuvent pas durer long-temps ; & ainsi il faudra de bonne heure chercher à établir les fondemens de la beauté de nôtre Arbre sur les branches qui peuvent venir de ses voisines.

Au deuxiéme cas où une des deux branches nouvelles qui sont venuës d'une vigoureuse, peut avoir esté arrachée ou rompuë, à ce deuxieme cas, dis je, soit que la branche qui a resté se trouve celle qui estoit venuë tout à l'extremité, ou celle qui estoit venuë du second œil, nous pouvons apparemment conter que la seve qui faisoit les deux, & les seroit venuës nourrir si elles estoient restées, viendra toute entiere dans celle dont est question, & ainsi on la doit tailler en vûë d'esperer qu'elle en fera au moins deux qui se trouveront bien placées selon que nous les pouvons souhaiter, si en la taillant nous avons les égards necessaires ; mais toûjours faut-il avoir celuy-cy de ne pas laisser monter un côté de nôtre Arbre plus que l'autre, de peur de la difformité qui se trouve, quand l'égalité de hauteur n'y est pas, difformité qu'il faut éviter autant qu'il est possible : Et partant en taillant une telle branche vigoureuse qui nous est restée seule par un accident survenu à sa sœur, il faudra regler à peu prés la longueur de la nouvelle taille que nous y ferons sur la hauteur de la taille qui se doit faire à la branche opposée, laquelle n'a pas profité à proportion de ce qu'elle avoit fait la premiere année ; & cela jusqu'à ce qu'enfin toute la figure d'un tel Arbre vienne à s'établir entierement sur les branches, qui successivement doivent venir du côté vigoureux : Le Jardinier habile est assez le maître d'une telle operation.

Que si au dernier œil d'une des deux premieres branches, duquel œil selon l'ordre de la nature devoit être venuë une grosse, si dis-je, de ce dernier œil il en est cependant venu une branche foible, ou si même il en est venu deux foibles aux deux derniers yeux, desquels, comme nous avons dit, il devoit regulierement en être venu deux grosses, & qu'au dessous de ces foibles il s'en soit produit une grosse ou deux, ou davantage, ce qui arrive quelquefois, pour lors il faut immanquablement conter pour branche à fruit cette foible, ou ces deux foibles, leur foiblesse leur procurant ce merite à nôtre égard, & ainsi nous les conserverons fort precieusement les rompans si peu que rien par leur extremité, si elles paroissent trop foibles pour leur longueur, ou les laissans toutes entieres, si elles paroissent en soy bien proportionnées, & cecy sans doute est un avis des plus importans que je puisse donner.

Malheur aux Arbres qui auront à passer pour les mains des Jardiniers qui ne sçauront pas profiter de cet avis, ou qui ôteront ces branches foibles comme faisans quelque maniere de difformité à la miserable idée d'Arbre qu'ils se seront faite, si effectivement ils s'en sont fait quelqu'une, car la plûpart ne s'en sont jamais fait, & coupent indifferemment quelque sorte de branche que ce soit qui se trouve sous leur main : Ces miserables ne prennent pas garde premierement que le beau Fruit ne gâte jamais rien en quelque endroit qu'il soit : En deuxiéme lieu, que c'est un espece de meurtre d'ôter une belle disposition à fruit toute formée, quoy qu'un ignorant ne la connoisse pas, & qu'enfin la beauté de la figure des Arbres ne consiste, & ne roule absolument que sur les grosses branches.

Il faut cependant remarquer que les grosses branches qui sont ainsi venuës au dessous de ces foibles, lesquelles se trouvent à l'extremité, que ces grosses branches, dis-je, auront d'ordinaire à cet endroit-là commencé à suivre l'ordre de la nature pour la difference de leur grosseur & de leur longueur, tout de même que si elles s'étoient trouvées à cette extremité, où naturellement elles devoient être.

Et en ce cas il les faut tailler tout de même que si elles estoient en effet sorties de cette extremité, c'est-à-dire qu'on en conservera une ou deux, supposé qu'elles puissent contribuer à la figure ; & cela estant on les taillera d'une longueur raisonnable suivant leur force, & suivant la vigueur de tout l'Arbre, ayant toûjours les égards necessaires pour les branches qu'elles doivent produire aux derniers yeux de leur nouvelle extremité ; & pour ce qui est de celles qui pourroient nuire à la beauté de l'Arbre, si effectivement il y en a, on les ôtera de la maniere cy-dessus expliquée, c'est-à-dire à l'épaisseur d'un écu ou en talus, suivant ce qui se trouvera le plus à propos pour le bien de cet Arbre.

Je puis commencer d'avertir icy qu'il arrive quelquefois, & même assez souvent, que la branche laissée longue pour du fruit, & qui dans l'ordre de la nature devoit toûjours demeurer foible, aura cependant grossi extraordinairement, & en aura peut-être fait une ou plusieurs grosses à son extremité, pendant que celles, lesquelles estans grosses on avoit taillées courtes pour le bois, sont demeurées presque en même estat, & n'en auront produit que de foibles, la seve ayant pour ainsi dire changé de route de la même maniere à peu prés que nous voyons arriver à de certaines rivieres.

Pour lors il faut s'accommoder à ce changement qu'on ne sçauroit prevenir, ny gueres détourner quand une fois il eſt formé ; il faut donc dés la premiere année aprés ce changement commencer à traiter pour branche à bois cette branche, qui ayant changé de condition eſt devenuë branche à bois de branche à fruit qu'elle étoit, & changer pour ainſi dire de baterie à l'égard de celle, qui de branche à bois qu'elle eſtoit, eſt devenuë branche à fruit.

Nous n'avons rien tant à craindre, que de voir dégarnir un Arbre dans le bas, qui eſt l'endroit où il doit être le plus garni ; c'eſt ce qui fait que je recommande avec tant d'inſtance, qu'on ne faſſe preſque jamais une taille fort longue à une branche à bois, ſi ce n'eſt peut-être à quelqu'une par cy par là, comme nous avons dit, pour les laiſſer un an ou deux pour prendre une partie de ſeve qui nous incommoderoit, & les ôter enſuite quand l'Arbre ſe ſera mis à fruit, c'eſt-à-dire qu'on fait cela quelquefois quand ce ſont des Arbres extraordinairement vigoureux ; mais comme on le fait avec de bonnes veuës, il n'en arrive que du bien.

Cette maniere de tailler longues les groſſes branches eſt un défaut où preſque tous les Jardiniers manquent, & cela faute de ſçavoir, ou de prendre garde, que comme la plûpart de nos fruitiers ne ſont pas capables de fournir en même temps une grande étenduë, c'eſt-à-dire de garnir en même temps les places d'en haut & les places d'en bas, & que naturellement contre nôtre intention, & contre la beauté que nous affectons, ils cherchent tous à monter, & par conſequent à s'éloigner de ce bas, il arrivera ſans doute que ce bas qui doit être le plus garny, le ſera le moins, ſi on n'a une application particuliere pour s'oppoſer en cecy au cours de la nature, qui cherche ce ſemble à nous tromper ; il faut donc eſtre fort ſoigneux d'arrêter, c'eſt-à-dire tailler aſſez courtes ces groſſes branches, eſtant certain qu'elles ne foiſonnent jamais dans le bas d'où elles ſortent, mais ſeulement à leur extremité quelle qu'elle ſoit, haute ou baſſe.

Le défaut de dégarny qui ſe fait aſſez ſentir en Buiſſon, eſt encore beaucoup plus palpable en Eſpalier, où chez les mal-habiles Jardiniers nous ne voyons preſque jamais que le haut de la muraille qui ſoit garny, & là il eſt garny en façon de guirlande, ſi bien même que ſouvent tout ce qui vient de nouvelles branches excede le chaperon, & qu'on a le déplaiſir d'y voir inutilement employer la vigueur des Arbres, & que de plus on eſt obligé de roigner ces miſerables branches quatre ou cinq fois l'Eſté de peur du deſordre des vents, pendant que le cœur de l'Arbre n'eſt composé que de jarréts (comme l'on dit en terme de Jardinage) c'eſt-à-dire n'eſt composé que de longues branches noirâtres, moſſuës, ridées, denuées de ces autres petites qui les devroient accompagner ; bien ſouvent même elles ſont pleines de cicatrices, & par conſequent la muraille qui devoit être couverte par tout, à commencer toûjours par le bas, paroît au contraire toute nuë ; cela veut dire que l'Eſpalier n'a nulle des beautez qu'il devroit avoir.

S'il eſt donc vray qu'il ne faut gueres jamais à ſa premiere taille laiſſer longue une branche à bois, à moins que nommément on ne veüille faire un Arbre de tige, ou garnir quelque endroit des côtez fort éloigné, encore moins faut-il faire les années ſuivantes une nouvelle taille à bois un peu longue ſur la groſſe branche nouvelle, qui eſt venuë de celle, laquelle ayant eſté laiſſée longue pour le fruit, eſt enſuite devenuë groſſe par une abondance de ſeve imprevûë & extraordinaire.

C'eſt icy un autre écueil tres-dangereux, d'où preſque perſonne ne ſe ſauve : c'eſt pourquoy je ſuis entierement d'avis, qu'au lieu de faire ſa taille ſur une branche groſſe & longue, venuë d'une qui avoit eſté laiſſée longue pour fruit, on deſcende juſques à celle-cy qui eſt la vieille, & que par conſequent on faſſe ſa taille ſur cette vieille, c'eſt-à dire qu'on la racourciſſe pour ne luy laiſſer que la même longueur qu'on luy auroit pû donner, ſi d'abord elle avoit eſté de la groſſeur dont elle eſt devenuë depuis.

Que ſi même une telle vieille branche ne ſe trouvoit pas d'une longueur bien exceſſive, il faudroit ſe contenter de couper en moignon toutes les nouvelles qui en ſont venuës, c'eſt-à-dire les tailler ſi prés de leur ſortie, qu'il n'en reſte pas la moindre petite partie d'où il en puiſſe ſortir quelque choſe de nouveau.

Et

Et en ces deux cas on doit être asseuré que telle vieille branche ainsi traitée ne manquera point dés le Printemps suivant d'en produire à son extremité d'autres, les unes pour fruit & les autres pour bois, & parmy celles-cy on aura à choisir celles qui seront les plus propres pour la figure, afin que suivant les maximes cy-dessus établies, on les taille comme grosses branches, & qu'on continuë à les conduire sur ce pied-là, tandis qu'il n'arrivera aucun changement de la part de la nature.

CHAPITRE XXII.

De la seconde taille d'un Arbre, qui la premiere année avoit fait trois belles branches à bois.

L'Arbre qui n'avoit fait d'abord que deux belles branches estant taillé la premiere & la deuxiéme fois qu'il a pû l'être, il faut venir à tailler pareillement celuy qui en avoit fait trois propres à faire un bel Arbre.

A l'égard duquel je ne crois pas devoir dire autre chose que ce que j'ay dit pour la taille du precedent, si ce n'est que pour éviter la confusion on peut donner à chaque branche environ deux pouces davantage qu'à celles dont nous venons de parler, & que ce soit toûjours en vûë de procurer de l'ouverture & de la rondeur au Buisson, aussi-bien que de la plenitude & de la rondeur à l'Espalier ; & par consequent il faut toûjours avoir de grands égards pour les deux ou trois yeux qui doivent estre les derniers à l'extremité des branches taillées, afin que celles qui doivent venir de ces yeux, rencontrent heureusement pour contribuer à la beauté de la figure: c'est, comme nous avons dit, une bonne fortune qu'un Arbre nouveau ait fait trois belles branches dans sa premiere année : cette fortune est encore meilleure, si dans la seconde année il en fait encore deux à l'extremité de chacune de ces trois.

Je puis avertir icy, que si à un Buisson la branche taillée de la longueur dont on a besoin, est capable d'en faire à son extremité plus d'une grosse nouvelle, & que cependant nous n'en n'ayons besoin que d'une seule, je puis dis-je avertir, que son dernier œil peut bien veritablement être en dedans, mais que jamais le second ne s'y doit trouver, & ainsi ou il faut rompre ou arracher ce second œil, si la disposition des branches à venir le demande, ou bien il faut être resolu d'ôter la branche qui viendra, & ce sera, comme nous avons dit, ou à l'épaisseur d'un écu, ou en talus, selon qu'il sera trouvé plus à propos.

CHAPITRE XXIII.

De la deuxiéme taille d'un Arbre qui la premiere année avoit fait quatre belles branches à bois, ou même davantage.

POur tailler la seconde fois un Arbre, qui dans la premiere année avoit poussé quatre belles branches, & même davantage; il est certain que comme celuy-cy est beaucoup plus vigoureux que tous les autres dont nous avons cy-devant parlé, aussi demande-t-il beaucoup plus d'application & d'habileté, afin de ne le pas laisser tomber dans les inconveniens dont il est menacé.

Je dois icy dire que dans un tel Arbre, & sur tout en Buisson, il est besoin d'y conserver quelquefois des branches, qui dans ce temps-là ne servent de rien à la beauté de la figure, mais qui au moins servent à consommer pour un temps une partie de la seve, dont les branches, lesquelles sont propres à donner du fruit, pourroient être cependant incommodées, & particulierement il n'en faut point laisser qui fassent de confusion: or à l'égard de telles branches qu'il faut en effet regarder comme passageres, il faut aussi les tailler sans consequence, & partant il n'est question que de les laisser longues, l'intention estant de les ôter entierement dés que l'Arbre sera formé, & qu'il donnera raisonnablement du fruit.

A l'égard des autres qui sont essentielles pour la beauté de l'Arbre, j'ay commencé de les tailler toutes un peu plus longues que celles des Arbres precedens, c'est-à dire d'environ deux ou trois yeux au plus, & cela tant par la crainte de la confusion qui est une chose tres-pernicieuse, & qu'il faut éviter à quelque prix que ce soit, qu'en vûë de profiter de la vigueur d'un tel Arbre, qui ſans une telle precaution ne parviendroit de fort long-temps à nous donner du fruit, parce que la grande abondance de la ſeve pourroit allonger en branches tous les yeux qui ſe ſeroient arrondis en boutons à fleur, ſi leur nourriture avoit eſté plus mediocre.

Or un tel Arbre à la fin de la deuxiéme année paroît en quelque façon tout formé par toutes les nouvelles branches, que chacune des anciennes qu'on aura taillées aura produite à ſon extremité ; & parmy les nouvelles il faut toûjours bien choiſir celles qui contribuënt à la beauté de la figure, afin de les tailler encore de la même longueur à peu prés qu'on avoit taillé pour la premiere fois celles d'où elles ſortent, tâchant particulierement de juger ſi la branche qu'on a taillée peut au moins en faire deux, afin de les conſerver l'une & l'autre ſi elles peuvent venir à propos pour contribuer à nôtre deſſein, ou en cas qu'il faille entierement en ôter une, que ce ſoit d'ordinaire la plus haute, afin que tant que faire ſe peut on conſerve toûjours la plus baſſe comme plus propre à former ou conſerver la beauté que nous cherchons, & par ce moyen non ſeulement l'endroit coupé ſera, comme on dit en terme de Jardiniers, promptement recouvert, ce qui eſt fort à ſouhaiter comme un agrément dans l'Arbre, mais auſſi il ne ſe fera d'ailleurs aucune playe ſur les branches conſervées, & par conſequent l'Arbre en ſera infailliblement & plus beau & plus ſain.

Mais ſi on voit que non ſeulement la vigueur de cet Arbre continuë, comme il eſt fort ordinaire, & que même elle augmente viſiblement, pour lors il faut commencer à craindre plus que jamais la confuſion, ſoit dans le cœur de noſtre Buiſſon, ſoit à l'égard de noſtre Eſpalier, tels que ſoient les Arbres de l'un ou de l'autre Poirier, Pommier, Prunier, Pêcher, Ceriſier, Figuier, &c. C'eſt pourquoy pour cette ſeconde taille il la faut tenir encore un peu plus longue que la premiere, & particulierement ſi l'Arbre paroît enclin à ſe ſerrer, & cette longueur peut aller juſques à un bon pied ou un peu plus, pour y employer cette abondance de ſeve que nous jugeons ne pouvoir eſtre ny gênée, ny contenuë en peu de place.

A la charge, que quand de cette seconde taille il en sera venu d'autres bonnes branches qui commenceront d'ouvrir raisonnablement le Buisson, ou de garnir suffisamment l'Espalier dont est question, & que sur tout l'Arbre commencera à donner du fruit, à la charge, dis-je, que pour lors nous nous remettrons à faire nôtre taille ordinaire de six à sept pouces sur les plus vigoureuses branches, & de quatre à cinq sur les mediocres.

Cette grande furie ne manque guere jamais de se ralentir au bout des cinq ou six premieres années, si l'Arbre a esté bien conduit, & c'est pour lors que toutes ces petites branches que nous avons fait venir en grand nombre dans le bas, & que nous y avons ensuite fort soigneusement conservées, commencent à nous recompenser amplement de nos soins & de nostre prévoyance; même assez souvent en telles occasions nous en venons à retailler par-cy par-là quelques-unes des vieilles branches, que la grande vigueur de l'Arbre nous avoit obligé de laisser d'une longueur extraordinaire, & cependant nous visons toûjours à donner de l'étenduë en ouverture sur les côtez pour y employer utilement la force de cet Arbre, & luy conserver indispensablement sa figure agreable.

C'est sur ces sortes d'Arbres tres-vigoureux, qu'il faut commencer à faire quelquefois des coups de Maistre; il faut, comme on fait en matiere de fontaines, faire pour ainsi dire par-cy par-là une espece de ventouse, ou plûtôt une espece de décharge de superficie, c'est-à-dire par exemple que sur ces Arbres il y faut laisser hors œuvre, & des branches coupées en moignon, & même quelques grosses branches, fussent-elles de faux bois, dans lesquelles pendant quelques années il se perde inutilement une partie de cette seve furieuse dont nous avons trop, & qui nous feroit du desordre aux parties principales; si même sur ces sortes d'Arbres il s'y trouve des branches de faux bois qui soient en lieu où elles puissent servir à la figure, il les faut conserver, & les traiter sur ce pied-là de faux bois, estant asseuré que comme la plus grande abondance de la seve leur viendra, le reste des bonnes branches, d'où

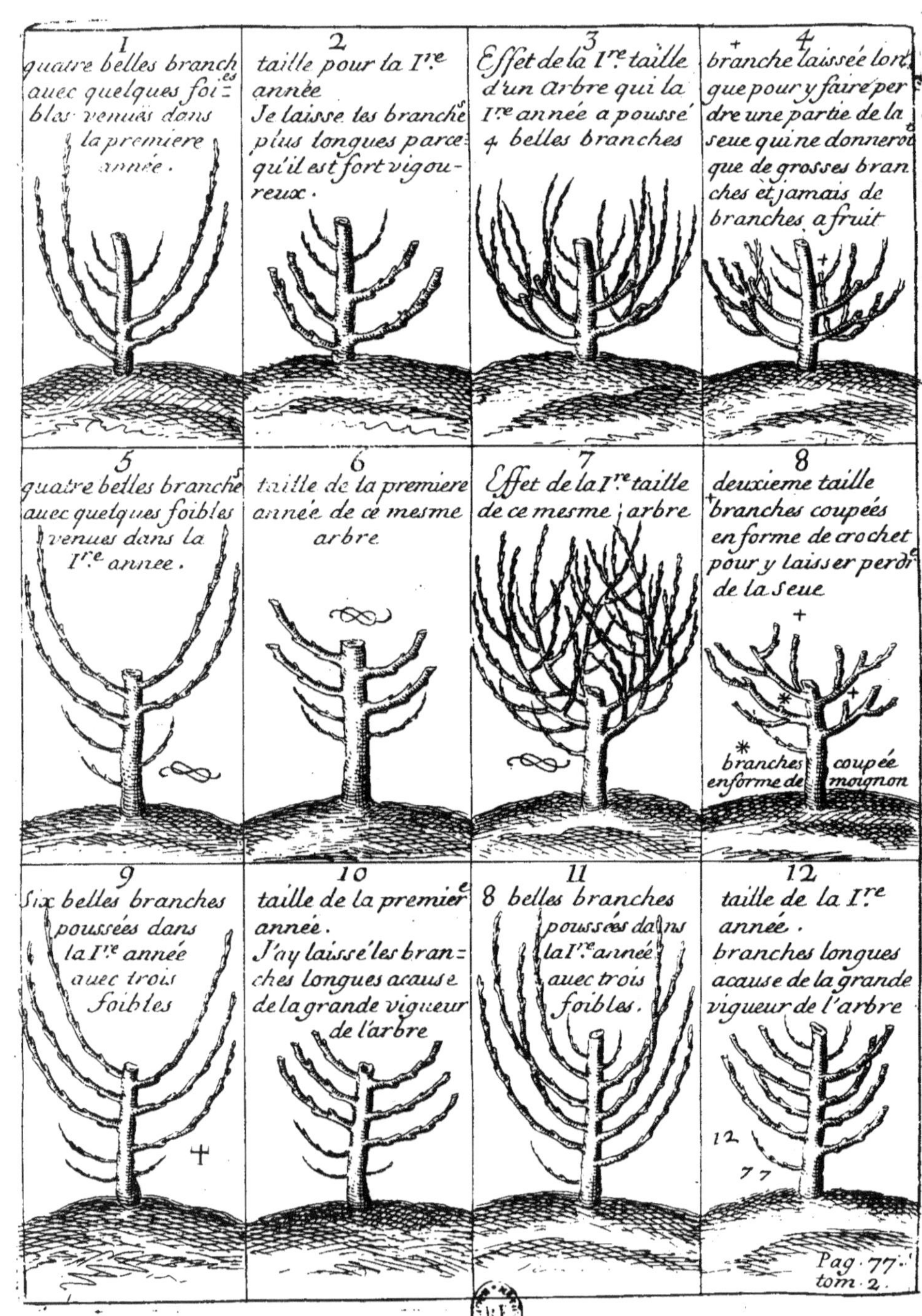
1
quatre belles branches
auec quelques foi-
bles venuës dans
la premiere
année.
2
taille pour la Ire
année
Je laisse les branches
plus longues parce
qu'il est fort vigou-
reux.
3
Effet de la Ire taille
d'un Arbre qui la
Ire année a poussé
4 belles branches
4
+ branche laissée lon-
gue pour y faire per
dre une partie de la
seue qui ne donneroit
que de grosses bran
ches et jamais de
branches a fruit
+
5
quatre belles branches
auec quelques foibles
venues dans la
Ire annee.
6
taille de la premiere
année de ce mesme
arbre
7
Effet de la Ire taille
de ce mesme arbre
8
deuxieme taille
+ branches coupées
en forme de crochet
pour y laisser perdre
de la seue
+
+
*
* branches coupée
en forme de moignon
9
Six belles branches
poussées dans
la Ire année
auec trois
foibles
+
10
taille de la premiere
année.
J'ay laissé les bran-
ches longues acause
de la grande vigueur
de l'arbre
11
8 belles branches
poussées dans
la Ire année
auec trois
foibles.
12
taille de la Ire
année.
branches longues
acause de la grande
vigueur de l'arbre
12
77
Pag. 77.
tom. 2.

ces fausses sont sorties en recevront moins, & par consequent se mettront plûtôt à fruit qu'elles n'auroient fait, ces fausses branches cependant faisans le même effet, pour la figure que de bonnes auroient pû faire.

Telles branches aussi peuvent être laissées par tout où l'ouverture de l'Arbre ne s'en trouvera pas incommodée, & d'où, quand on voudra, & que l'Arbre sera à fruit, on les pourra ôter sans rien gâter à la figure:mais comme nous avons déja dit, il ne les y faut jamais laisser pour peu qu'elles y fassent de confusion, car la confusion est le plus grand mal qui puisse arriver à un Arbre bien vigoureux.

Et comme pour moderer à nôtre égard la grande furie d'un tel Arbre, c'est-à-dire pour faire qu'il nous donne plûtôt de Fruit, deux choses outre l'ouverture sont souveraines, c'est à sçavoir premierement la longueur & la multitude des bonnes branches foibles quand elles sont placées de maniere qu'elles ne font pas confusion ; & en second lieu une pluralité considerable de sorties sur les grosses branches,afin que par ces sorties cette abondance de seve puisse faire son effet, puisque aussi-bien on ne sçauroit empêcher qu'elle ne le fit en quelqu'endroit de l'Arbre.

De-là vient que souvent quand la figure de mon Arbre le permet, si quelque branche taillée l'année precedente en a poussé trois ou quatre toutes assez grosses, je n'en viens pas à les retrancher, si bien qu'il ne m'en reste qu'une ou deux des mieux placées, mais j'en conserve une ou deux de celles-là pour la taille de l'année, & les laisse raisonnablement longues ; & outre cela si ce sont les plus basses que je conserve, je coupe en moignon les plus hautes ; & si ce sont les plus hautes que je conserve, je laisse au dessous de celles-là, soit en dehors, soit sur les côtez, un ou deux bouts de ces grosses branches en façon de coursons ou de crochets de vigne, chacun n'ayant de longueur qu'environ deux pouces, comme il paroît dans la figure cy-jointe, & m'en trouve fort bien.

Il se fait immanquablement,soit à ces Moignons,soit à ces Coursons une décharge de seve qui me produit quelques branches favorables,soit pour donner du Fruit quand elles se rencontrent foibles, soit pour devenir au bout de quelque temps des branches propres à la figure si elles se trouvent fortes.

Aussi-bien l'intention doit-elle toûjours estre de ravaller, c'est-à-dire de baisser l'Arbre en ôtant les plus hautes branches sur les plus basses, & non pas d'élaguer, c'est-à-dire d'ôter les plus basses pour conserver les plus hautes, afin que si l'Arbre ne peut en même temps garnir le haut & le bas, il soit plûtôt disposé à demeurer bas & bien garny, que de devenir haut monté & mal garny.

Cette maniere de moignons & de crochets ne plaira pas d'abord aux Jardiniers qui ne sçavent pas mes principes, non plus que la maniere de ventouse que nous avons cy-dessus expliquée : Mais si aprés avoir sçû mes raisons & ma longue experience ils ne veulent ny les approuver, ny les essayer, tant pis pour eux : Ils me permettront, s'il leur plaît de les plaindre de leur ignorance, ou de leur opiniâtreté.

CHAPITRE XXIV.

De la taille qu'on doit faire la troisiéme année à toutes sortes d'Arbres plantez depuis quatre ans.

IL n'est plus icy question de recommencer les precedentes distinctions que nous avons faites, pour determiner ce qui étoit à faire aux Arbres selon le plus ou le moins de branches qu'ils avoient poussé la premiere année : Ils doivent au bout de quatre ans être à peu prés tous d'une même classe, quoy qu'ils ne soient pas tous fournis d'une égale qualité de grosses branches: Mais quoy que ç'en soit les uns & les autres en doivent avoir fait suffisamment pour faire paroître une tête formée, & quand bien même celuy par exemple qui la premiere année n'en avoit fait qu'une, n'en auroit fait dans la quatriéme que quatre ou cinq, toûjours n'y auroit-il rien de nouveau à dire à son égard, puisque s'il est vigoureux il tomberoit à peu prés dans le cas d'un Arbre qui d'abord en avoit fait quatre ou cinq, ou même davantage, & s'il n'est pas de ceux qui ſont capables de faire plus d'une groſſe branche à l'extremité de la taille, il faudra ſe regler ſur la mediocrité de ſa vigueur, tant pour tenir courtes ſes plus groſſes branches, que pour n'en attendre qu'une groſſe à l'extremité de chacune, & toûjours la faire venir à l'endroit où la figure en a le plus de beſoin.

Il ne faut que ſuivre toûjours inviolablement l'idée d'un bel Arbre que nous avons d'abord propoſé, ſoit pour le Buiſſon, ſoit pour l'Eſpalier, & ne manquer jamais de proportionner la charge de la tête à la vigueur du pied, c'eſt-à-dire laiſſer plus de branches & de plus longues à l'Arbre qui eſt fort vigoureux, & en laiſſer moins, & de plus courtes à celuy qui paroît plus foible.

Et comme au vigoureux il faut luy conſerver ſoigneuſement beaucoup de vieilles branches, & ſur tout pour Fruit, pourvû qu'il n'y ait point de confuſion, il faut au contraire ravaller le foible ſur les vieilles, tant celles qui ſont pour bois, que celles qui ſont pour Fruit, & les tailler courtes en vûë de luy en faire pouſſer de nouvelles s'il le peut, avec reſolution de l'arracher s'il n'eſt pas en eſtat de le faire. Et cela eſtant nous en remettrons un meilleur à ſa place aprés en avoir ôté toute la vieille terre que nous croyons mauvaiſe ou uſée, & y en avoir remis de nouvelle qui ſoit bonne.

J'avertis toûjours qu'il faut en taillant prevoir aux branches qui peuvent venir de celles qu'on taille, pour s'en preparer qui ſoient propres à contribuer à la figure, & il faut s'aſſeurer que quand on a ravallé la branche haute ſur la branche baſſe, celle-cy ſe trouvant renforcée de toute la nourriture qui ſeroit allée à la plus haute, laquelle on a ôtée; cette branche baſſe, dis-je, fera plus de branches que ſi elle n'avoit reçû aucun renfort.

Bref quand ſelon mes principes on a conduit un jeune Arbre juſqu'à une quatriéme taille, on aura infailliblement vû l'effet que j'en ay promis, tant pour la belle figure qui doit paroître toute faite, que pour le beau fruit, dont en fait de Poires on commence de voir quelque échantillon, & en fait de Fruit à noyau on commence de voir l'abondance: Aprés cela on doit être apparemment capable de conduire doresnavant toutes sortes d'Arbres fruitiers, sans qu'il soit besoin d'autres instructions que les precedentes, aussi-bien n'en ay-je point de nouvelles à donner ; & ce seroit ennuyer ridiculement que de repeter les mêmes choses que je crois avoir suffisamment établies.

Il n'arrive gueres que tous les Arbres d'un même Jardin, quoy que conduits d'une même maniere soient également vigoureux, non plus qu'il n'arrive gueres que tous les enfans d'un même pere soient également sains : Les Arbres aussi-bien que les hommes sont sujets à une infinité d'accidens qu'on ne sçauroit ny prevoir ny éviter, mais on peut dire, & il est certain que tous les Arbres d'un même Jardin peuvent les uns & les autres être formez agreablement dans leur figure, & voilà une des principales obligations de nôtre Jardinier.

Je conseille sur tout de ne se pas opiniâtrer à conserver les Poiriers, qui tous les ans sur la fin de l'Esté jaunissent extrêmement sans avoir fait de beaux jets, ny ceux dont les extremitez des branches meurent aussi tous les ans : Ce sont d'ordinaire des Arbres greffez sur Coignassiers, dont quelqu'une des principales racines est morte & pourrie, Arbres qui n'en font que de petits au colet, & par consequent ce sont racines exposées à toutes les injures de l'air & de la bêche.

La même chose est à dire, tant pour les Pêchers qui paroissent les premieres années se charger de gomme à la plûpart de leurs yeux, que pour ceux qui sont extrêmement attaquez de pucerons & de fourmis : tels Pêchers seurement ont quelques racines pourries, & ne feront jamais un bel effet.

Je suis encore du même avis à l'égard des Arbres qui font de tous côtez une infinité de petites branches foibles & chifonnées avec quelques grosses par-cy par-là, les unes & les autres, toutes la plûpart de faux bois : il n'y a sur cela que beaucoup de temps à perdre en esperances mal fondées.

Ce qui est de mieux à faire en toutes ces occasions est d'arracher au plûtôt de tels Arbres ; & hazarder quand ils ne sont pas extrêmement vieux, ou extrêmement gâtez par

par les racines, hazarder, dis-je, de les replanter en quelqu'endroit de bonne terre aprés les avoir nettoyez de toute pourriture & de leurs chancres, & cela pour voir s'ils se referont afin de s'en servir ailleurs, ce qui arrive quelquefois en fait de Poiriers; & presque jamais en fait de Fruits à noyau, & sur tout en Pêchers, & cependant à la place des arrachez on en remettra de meilleurs avec toutes les conditions cydevant expliquées.

CHAPITRE XXV.

De la premiere taille des Arbres qui ont esté plantez avec beaucoup de branches.

APrés m'être assez expliqué dans le Traité des Plans de l'aversion que j'ay à planter de petits Arbres avec beaucoup de branches, je veux croire presentement que comme il ne m'arrive guéres d'en planter, ceux qui voudront me faire l'honneur de m'imiter, n'en planteront guéres non plus que moy. Toutefois si on en veut planter, j'estime qu'il faut s'étudier principalement à deux choses. La premiere à leur ôter tout ce qui peut faire de la confusion, & n'est pas propre à commencer une belle figure. La deuxiéme à laisser une longueur d'environ six à sept pouces à chacune des branches qu'on y conserve; & au surplus pour les nouvelles branches qui en viendront, il faudra se regler sur les principes que nous avons amplement établis pour la taille des autres Arbres.

Il est vray que tels Arbres plantez avec des branches ne sont pas d'ordinaire si aisez à tourner pour recevoir une belle figure, que ceux que j'affecte de planter: Les vieilles branches qu'on a laissées à ceux-là ne sont pas souvent heureuses à en pousser d'autres à leur extremité, encore moins d'y en pousser de bien placées; elles n'en sont communement qu'en desordre dans leur etenduë, & ainsi on est long-temps obligé à y faire beaucoup de playes devant que d'avoir rencontré ce qu'on cherche: mais quand enfin on y est parvenu, on n'a qu'à suivre ce qui a esté dit assez distinctement pour la conduite d'un Arbre, qui ayant été planté ſans aucunes branches, en a depuis fait de belles & de bien placées.

Et ſi on trouve des Arbres plantez avec beaucoup plus de branches & de plus longues qu'il ne faudroit, en ſorte qu'il n'y paroiſſe aucune diſpoſition à la figure que nous devons ſouhaiter, il faut d'abord chercher à les reduire ſur un beau commencement, & que ce ſoit conformement aux idées de beauté tant de fois expliquées.

Ce que nous dirons cy-aprés pour la premiere taille à faire ſur de vieux Arbres qui n'ont jamais eſté bien conduits, pourra entierement ſervir pour la premiere taille de ceux-cy, ſans qu'il ſoit beſoin d'en rien dire davantage.

Quoyque communement ſoit pour Buiſſon, ſoit pour Eſpalier, je condamne la maniere de planter de petits Arbres avec beaucoup de branches, à cauſe des inconveniens qui embaraſſent pour la figure qu'ils doivent avoir, je ne ſuis pas toutefois ſi ſevere à l'égard des Arbres de tige, c'eſt-à-dire que je ne les condamne pas ſi fort ; la raiſon en eſt qu'ils ne demandent pas à beaucoup prés une ſi grande juſteſſe pour leur beauté, & ainſi je veux bien qu'on en plante quelquefois avec quelques branches à leur tête, quand il s'en trouve d'aſſez bien diſpoſées pour cela ; ils feront ſans doute du Fruit plûtôt que les autres, mais cela n'empêche pas que je ne faſſe toûjours une eſtime particuliere de ceux qu'on plante, & qui n'en ont point.

Il y a encore quelque occaſion où il n'eſt pas mal de planter un Arbre avec beaucoup de branches, & c'eſt dans un grand Plan où il en eſt mort quelqu'un en place ; car ſuppoſé que le fond étant tres-bon on ait encore remis de bonne terre dans le trou fait pour replanter, pour lors on y peut fort bien remettre avec des branches quelques Arbres de ces eſpeces qui ſont ſi difficiles à fructifier, par exemple des Cuiſſe-Madame, des Poires ſans peau, des Virgoulés, &c.

CHAPITRE XXVI.

De la taille des Arbres de tige.

AUtant qu'à été grand le nombre des principes pour la taille des Arbres nains, autant est petit celuy des principes pour la taille des Arbres de tige plantez en plein vent : car pour les Arbres de tige plantez en Espalier ils demandent toutes les mêmes precautions que les petits : Bien loin donc qu'il faille toucher tous les ans à ces grands Arbres, je me contente, comme j'ay dit au commencement de ce Traité, qu'on y touche seulement une fois ou deux dans les commencemens, c'est-à-dire dans les trois ou quatre premieres années, & cela pour ôter quelques branches du milieu qui y peuvent faire de la confusion, ou pour racourcir un côté qui s'éleve trop, ou en raprocher un autre qui s'écarte plus que de raison : Du surplus il faut s'en rapporter à la nature, & luy laisser pousser en liberté tout ce qu'elle pourra ; la peine & le peril seroient trop grands s'il falloit traiter ceux-cy avec autant de circonspections que les autres.

CHAPITRE XXVII.

De la premiere conduite des greffes en fentes faites & multipliées sur de vieux Arbres en place, soit en Buissons, soit en Espaliers.

RIen n'est si ordinaire dans nos Jardins que d'y regreffer en fente sur de vieux Arbres, soit pour se délivrer de quelques méchans Fruits dont on est rebuté, soit pour profiter de quelque nouveauté considerable qu'on a découverte, si bien que pour cela on en vient souvent à n'épargner pas même les bonnes especes, dont on croit d'ailleurs avoir suffisamment d'Arbres.

Or il y a plusieurs choses à dire sur ces sortes de greffes, & premierement si l'Arbre a si peu de grosseur qu'il n'en puisse recevoir qu'une seule, comme on n'en applique point d'ordinaire qui n'ait trois yeux, il se peut fort bien que de chacune de telles greffes il en vienne trois belles branches capables de commencer un bel Arbre, & en ce cas il faut avoir recours à ce que nous avons dit cy-devant pour la premiere taille d'un Arbre qui la premiere année avoit fait trois beaux jets; on pourra même leur donner environ deux ou trois yeux de longueur davantage, si, comme vray-semblablement cela doit arriver, la greffe a poussé des jets tres-vigoureux, & si sur tout l'Arbre paroît enclin à se serrer.

En deuxiéme lieu si l'Arbre à greffer est assez gros pour recevoir deux greffes, comme il l'est quand il a un bon pouce de diametre ou un peu plus, & si les deux greffes font chacune deux ou trois belles branches, comme il arrive assez souvent, pour lors il faut grandement s'étudier à éviter la confusion dont on est icy menacé, veu la grande proximité des greffes, & par consequent il faut s'étudier à ouvrir; c'est-pourquoy on ôtera celles des branches qui étant grosses, & en dedans y forment le défaut que nous ne devons jamais souffrir: on les ôtera donc, soit à l'epaisseur d'un écu, soit en talus, suivant que la prudence du Jardinier & le besoin de l'Arbre le prescriront, & ensuite non seulement on tiendra la premiere taille un peu plus longue que celle des Arbres qui ont été plantez depuis un an ou deux, mais même on y laissera plus grande quantité de branches, tant pour achever promptement la figure, si la matiere est belle pour cela, que pour employer pendant un certain temps ce que nous jugeons y avoir trop de seve pour nos desseins, & cette pluralité de branches pourra comprendre, & de ces moignons, & de ces branches passageres, & de ces manieres de crochets ou de coursons qui sont en dehors, & dont j'ay parlé cy-devant.

En troisiéme lieu les mêmes égards sont à observer, & encore plus severement, tant pour l'ouverture que pour la longueur des premieres tailles, si l'Arbre greffé a pû recevoir sur sa tête jusqu'à trois ou quatre greffes, ce qui arrive quand on greffe en couronne.

A plus forte raison si l'Arbre ayant plusieurs grosses branches toutes assez voisines les unes des autres, & toutes capables de recevoir en tête plusieurs greffes, il vient à être greffe sur chacune. Tel Arbre apparemment est un peu vieux, & cependant assez vigoureux, si bien que toute la seve que le grand nombre de ses racines preparoit, & qui étoit suffisante pour la nourriture & l'entretien d'une grande quantité de branches longues & fortes, se trouvant reduite dans la petite étendue de ces greffes, y fait d'ordinaire des branches d'une grosseur & d'une longueur extraordinaire, jusques-là même qu'assez souvent d'un seul œil il en sort deux ou trois branches la plûpart fortes.

En telles occasions il ne faut pas des novices & des ignorans, il est besoin de toute la prudence d'un habile Jardinier pour faire un bon usage de cette grande vigueur, reduite, pour ainsi dire, au petit pied, afin que par le moyen d'une sage conduite on puisse faire en peu de temps un Arbre d'une belle figure & d'un grand rapport : rien n'est si ordinaire que de voir de telles greffes mal conduites, & s'il m'est permis de parler ainsi, de les voir charpentées, ou plûtôt massacrées, & par consequent malheur à tel Arbre, qui pour les premieres fois tombe entre les mains d'un ignorant.

La grande ouverture de l'Arbre, la longueur raisonnable de certaines branches qui sont essentiellement necessaires pour la figure, la pluralité de quelques-unes qui ne le sont pas, & cela tant par le moyen des Coursons & des Moignons, &c. que par le moyen de celles qui sont hors œuvre, & qu'on pourra ôter quand on voudra sans faire tort à l'Arbre, tant par l'usage des tailles faites à l'épaisseur d'un écu, que par la grande longueur des plus foibles branches pour le fruit, &c. Tout cela ensemble ce sont des remedes souverains & assez aisez contre le desordre qui peut provenir d'une telle abondance de seve ainsi reduite en peu d'étenduë ; mais cependant combien voit-on de vilains Arbres, faute que les Jardiniers n'ont pas sçeu de bons principes, ou qu'ils ne les ont pas bien pratiquez dés le commencement.

En quatriéme lieu, les seconde, troisiéme & quatriéme années, & même plus long-temps s'il y échet, il faut travailler sur le pied que nous venons de dire, jusques à ce que l'Arbre commence à nous donner du fruit, & pour lors non ſeulement on viendra à ſe remettre à la taille de ſix à ſept pouces ſur chaque branche, mais auſſi on viendra à ravaller d'année en année, & par cy par là ſur quelqu'une des vieilles tailles precedentes, afin de viſer à avoir toûjours le bas de nôtre Arbre bien garny, ce que nous ne ſçaurions avoir ſans ce ſecours.

Ce que je viens de dire en general ſur les vieux Arbres regreffez en place peut être indifferemment appliqué tant aux Buiſſons qu'aux Eſpaliers, & cela étant il faut ſe propoſer toûjours ces belles idées des uns & des autres que nous avons rcommandées au commencement de ce Traité; ſçachant certainement qu'il y a beaucoup à craindre pour la confuſion & le dégarny en fait d'Eſpaliers, auſſi-bien que pour ces mêmes défauts en fait de Buiſſons, quoy qu'il ſoit vray que la facilité d'attacher les branches d'Eſpalier, & de les contraindre par ce moyen à prendre telle place qu'on trouve à propos que cette facilité, dis-je, rende leur conduite plus aiſée, plus ſeure, & plus prompte pour le ſuccés qu'elle ne l'eſt pas pour les Buiſſons.

CHAPITRE XXVIII.

De ce qui eſt à faire pour les cas impréveus, & aſſez ſouvent ordinaires à toutes ſortes d'Arbres, même à ceux qui ont été conduits avec toutes les regles de l'Art.

JE crois devoir ſuppoſer que quiconque aura leu avec aſſez d'attention ce que je viens d'établir pour la taille des Arbres aura acquis ſuffiſamment de lumiere: ſoit pour la bien entendre, ſoit pour la pratiquer agreablement & utilement: à dire le vray je ſerois infiniment trompé ſi cela n'étoit point, m'étant étudié avec des ſoins infinis à me rendre intelligible dans ce Traité, tant à l'ignorant & au novice qu'à l'honnête homme Jardinier, ou non Jardinier, qui voudra ſçavoir mes ſentimens ſur cette matiere; mais il faut ajoûter que ſans doute on y ſera encore plus habile, ſi on a eſſayé ſoy-même pendant deux ou trois ans de mettre en uſage ſur de jeunes Arbres les principes

& la maniere dont je me sers : il faut icy de l'experience au de-là de la theorie, aussi-bien qu'à tous les autres arts & sciences pratiques.

J'ose avancer qu'on ne trouveroit presque jamais de difficulté dans l'application de ces principes, si pour ainsi dire la nature estoit toûjours sage dans la production des branches & des fruits, ou si on la pouvoit gouverner tout de même que le Sculpteur fait son marbre, & le Peintre ses couleurs ; mais il est vray que quelque soin que nous prenions de la conduite de nos Arbres, nous ne sçaurions cependant y travailler toûjours avec tant de succez, que cette nature dont nous ne sommes pas entierement les maîtres, réponde en toutes rencontres à nos intentions & à nôtre labeur.

Elle est un agent particulier, mais agent necessaire, qui dans son action dépend d'une infinité de circonstances, soit à l'égard du temps & des saisons, soit à l'égard des terreins, dont il en est de bons & de mauvais, de chauds & de froids, de secs & d'humides, & soit enfin à l'égard de la difference du temperamment des Arbres, dont les uns sont plus prompts à fructifier, les autres plus lents, les uns font plus de branches, les autres en font moins, les uns sont à noyau, les autres sont à pepins, & quelques-uns même sont d'une autre classe particuliere comme les Figues, les Raisins, &c.

Je ne sçay si je ne pourrois point dire qu'assez souvent les regles de la taille sont à peu prés à l'égard des Arbres, ce que les regles de la Morale Chrétienne sont à l'égard de la conduite de l'Homme ; nos Arbres sont ce me semble impatiens de la contrainte où nous les assujettissons pour les tenir bas, & peut-être colez à des murailles ; on diroit qu'ils affectent de chercher toûjours à s'échaper, & à surprendre le Jardinier pour aller où il ne veut pas qu'ils aillent, & faire des branches où il ne voudroit pas qu'ils en fissent, tout de même que la nature corrompuë de l'homme se revolte souvent contre les loix divines & contre la raison, & se porte à la plûpart des choses que la Morale défend.

Aussi est-il vray que dans nos Arbres il arrive quelquefois de certains inconveniens, que nous n'avons pû ny prevoir, ny empêcher; mais au moins quand ils sont arrivez, faut-il se mettre en devoir d'éviter les fâcheuses suites qui en peuvent venir, & même s'il est possible, comme j'ay assez souvent lieu de le croire, il faut tâcher d'en tirer avantage.

Il y a en cela de certains détails qui pourront être ennuyeux à quelques Lecteurs, je veux dire à ceux qui n'en auront que faire, ou à ceux qui n'aiment pas de sçavoir la taille à fond; mais j'espere qu'ils seront d'une grande utilité, ou au moins de quelque plaisir aux veritables Jardiniers, qui n'ignorent pas qu'il n'y a rien qui rende plus habile en toutes sortes de sciences, que ces détails recherchez & instructifs.

Il m'est arrivé dans la suite des temps d'avoir remarqué beaucoup de cas particuliers sur la taille de toutes sortes d'Arbres; il me semble que je les dois ajoûter icy, & en même temps la conduite que j'y ay tenu.

Mais je crois devoir premierement dire que les fruits à noyau, & sur tout les Pêchers, & même les Abricotiers, ont grandement besoin d'une seconde taille, & quelquefois d'une troisiéme, outre la premiere qui se fait à la fin de l'Hyver, ces dernieres tailles se doivent faire vers la my-May, c'est-à-dire quand les fruits sont ou noüés, ou coulez, & je puis asseurer que pour lors elles sont non seulement avantageuses, mais aussi tres-necessaires; il se doit encore en même temps faire à quelques-uns un ébourgeonnement, qui ne vaut pas moins que ces sortes de tailles.

Ces dernieres operations, sçavoir les deuxiéme & troisiéme tailles des fruits à noyau, & l'ébourgeonnement de toutes sortes d'Arbres servent, tant pour faire fortifier de certaines branches dont on prevoit qu'on aura besoin à l'avenir pour en faire des branches à bois, que pour en ôter entierement quelques-unes qui sont devenuës inutiles & incommodes, puisque leur fonction, qui estoit de donner du fruit n'a pas réüssi, leurs fleurs étant venuës à perir; j'en feray cy-aprés un Chapitre particulier aprés avoir expliqué tous les détails que je viens d'annoncer pour la premiere taille.

Et

Et de tout cecy j'en ay fait quatre Classes, dont la premiere est des remarques qui sont generalement communes à la taille de toutes sortes de fruits, tant en Buisson qu'en Espalier, cette Classe est assez grande, & ce sera la premiere que j'expliqueray.

La deuxiéme est des remarques qui sont particulieres en chaque année pour la premiere taille des fruits à noyau, & sur tout des Pêchers & Abricotiers.

La troisiéme est de ces remarques qui regardent uniquement les deuxiéme & troisiéme tailles de ces mêmes fruits à noyau, tant en Espalier qu'en Buisson.

Enfin la quatriéme est pour l'ébourgeonnement des uns & des autres.

CHAPITRE XXIX.

Remarques communes pour de certains cas singuliers qui regardent la taille de toutes sortes d'Arbres.

JE mettray icy sans ordre & sans liaison toute la matiere de ce Chapitre, tant parce qu'il seroit presque impossible de le faire autrement, chaque cas étant singulier & sans raport à aucun autre, que parce qu'il seroit ce semble assez inutile, quand il se pourroit faire ; ce qui m'est arrivé est qu'à mesure que dans l'étude que j'ay faite de la vegetation, j'ay observé quelque chose de singulier, je l'ay soigneusement remarqué dans mon Journal, & ainsi je crois qu'il n'est pas mal à propos de le communiquer de la même maniere que je l'ay recueïlly, & voicy comment.

PREMIERE OBSERVATION.

QUand de quelque endroit d'une branche couchée & contrainte en Espalier, ou de quelque endroit d'une branche de Buisson, laquelle naturellement s'est tenuë orisontale, c'est-à-dire laquelle au lieu de monter droite, comme font la plûpart des autres, s'est laissé aller sur le côté (je fais grand cas de celles cy pour devenir bien-tôt branches à fruit) quand, dis-je, de telles branches il en est sorti quelqu'une de faux bois, dont je ne puis tirer aucun secours, ny pour la figure, ny pour le fruit, en tel cas je la coupe à l'épaisseur d'un écu, ou en talus, suivant mon besoin, autrement il arrivera que ce faux bois ruinera le bon, ou au moins il le ruinera depuis l'endroit où il est sorti jusqu'à l'extremité de la branche; & si l'Esté j'apperçois le commencement & la naissance de telles branches, je les arrache sur le champ: elles s'arrachent fort aisément, soit en les pressant du pouce par en bas, c'est-à-dire à l'endroit où elles commencent de paroître, soit en les tirant un peu à soy,

II. Observation.

J'Oste pareillement toutes les branches un peu fortes, qui sont sorties d'une maniere de calus, sur lequel ont esté les queües des Poires, & où peut-être il y en a encore de nouvelles; Telles branches ne sont gueres jamais propres à meriter qu'on fasse sur elles aucun fondement de quoy que ce soit, & ainsi quand pendant l'Esté j'apperçois qu'il s'en fait, je les ôte aussi-tôt en les arrachant.

III. Observation.

JE fais la même chose des branches qui naissent de celles, lesquelles originairement estoient & courtes & droites, regardans l'orizon, & placées en forme d'éperons, & cela sur de certains Arbres ou ces éperons sont ordinaires, & merveilleusement bons à conserver, tels sont les Ambret, Virgoulé, Bergamotte, &c. soit en Buisson, soit en Espalier, ces sortes de branches venuës de ces manieres d'éperons ne seroient propres à rien, elles ruineroient & la beauté de la figure, & la disposition à fruit, qui d'ordinaire suit ces sortes d'éperons, & si, comme il arrive souvent, la nature paroît s'opiniâtrer à produire sur ces mêmes éperons de ces sortes de branches ausquelles je fais icy la guerre, il faudra enfin couper ces éperons à l'épaisseur d'un écu, afin de détourner entierement le grand cours de seve qui se jette de ce côté-là, & qui ne fait qu'incommoder ; nous avons assez dit quel est l'effet de cette sorte de taille extraordinaire.

IV. Observation.

La taille des branches foibles & longues se fait aussi bien en leur rompant simplement l'extremité, qu'en la coupant avec la serpette, & peut-être même se fait-elle mieux, comme aussi elle se fait plus vîte ; il semble qu'il se perde davantage de seve en rompant, & que cela serve à y faire former plûtôt & davantage de boutons à Fruit, lesquels, comme nous avons dit, ne se forment qu'aux endroits où il y a peu de seve, c'est-à-dire où il n'y en a pas beaucoup.

V. Observation.

Un Jardinier habile, & qui est propre dans son travail, ne doit jamais souffrir d'argots secs & morts en aucune sorte d'Arbres, & ainsi il les doit couper jusqu'au vif, d'abord qu'il les apperçoit ; il n'y a qu'à de certains Pêchers qui paroissent un peu sujets à la gomme, où il est assez dangereux de le faire, parce que la playe ne sçauroit se recouvrir, & que la gomme vient à suppurer par là : dans la verité il est beau & avantageux, sur tout aux fruits à pepin, de couper entierement ces sortes d'argots, parce que la partie se recouvre ensuite sans y manquer, pourvû que l'Arbre se porte bien.

Par le mot d'argot j'entens icy l'ancienne extremité d'une branche, laquelle autrefois a esté racourcie un peu loin d'un œil, si bien que de cet œil il est ensuite venu une autre branche, & pour lors cette extremité est demeurée seiche & à demy morte, sans avoir profité depuis la taille par laquelle elle a esté faite.

VI. Observation.

Quand de quelque bon endroit d'un Arbre, qui pendant les premieres années n'avoit fait que des branches mediocrement vigoureuſes, & ainſi ne donnoit pas eſperance d'une longue durée, quand, dis-je, de quelque bon endroit d'un tel Arbre il en vient enſuite une belle branche ou deux, ou davantage, quoy que toutes de faux bois, ſi je vois que j'y puiſſe faire fondement d'une belle figure nouvelle pour un tel Arbre, je ne manque pas de m'en ſervir pour cela conformement aux regles cy-devant établies, & cependant je conſerve toûjours les anciennes foibles, tant qu'elles peuvent donner du fruit, avec intention de les ôter quand elles n'en produiront plus ; auſſi bien pour lors, s'en ſera-t-il formé d'autres dans la nouvelle figure, & celles-cy auront inſenſiblement ſupplée au défaut des vieilles.

Que ſi telles branches viennent en lieu dont je ne puiſſe tirer aucun avantage pour en faire un plus bel Arbre, je les ôte entierement, avec eſperance qu'une autre année il en pourra venir de plus heureuſes, & cela fondé ſur ce que tel Arbre ayant eſté capable d'en faire de mal placées, ſa vigueur qui non ſeulement ſubſiſte, mais qui même va toûjours en augmentant, en produira ſeurement de nouvelles, & vray-ſemblablement mieux placées ; telles ſortes de branches doivent leur naiſſance à quelques racines nouvelles, qui auront eſté extraordinairement formées.

VII. Observation.

SI pareillement d'un Arbre vieux, & un peu haut monté, il ſe preſente de plus belles branches par le bas que dans le haut, & que je voye ce haut en aſſez méchant état, & preſque abandonné de la nature, je l abandonne auſſi, & me mets à ſuivre le changement qui vient d'arriver, pour recommencer par ce moyen une figure toute nouvelle, & par conſequent refaire un Arbre nouveau ; tel changement arrive ſur tout aſſez ſouvent en fait de Pêchers qui commencent à vieillir, il faut en cela profiter de l'avertiſſement que la nature nous donne.

Mais ſi le haut me paroît aſſez bon & aſſez vigoureux, en ſorte qu'il puiſſe durer encore long-temps en l'état où il est, je me contente d'arracher entierement ces nouvelles branches basses pour conserver les vieilles, à moins que dans le voisinage du pied je ne trouve place à y ranger ces nouvelles branches.

VIII. Observation.

JE ne fais jamais cas de certaines branches menuës, petites & foibles, qui viennent d'autres branches menuës & foibles, & si de celles-cy il en sort quelquefois de grosses, je les regarde comme branches de faux bois, & les traite sur ce pied-là.

IX. Observation.

DAns l'ordre que la nature observe le plus communement pour la production des branches & des racines, ce qui est produit de nouveau est moins gros que l'endroit qui vient de le produire : que si cet ordre se trouve perverti, en sorte que les branches ou les racines qui sortent se trouvent plus grosses que celles d'où elles sont sorties, les nouvelles sont communement de faux bois, & par consequent doivent être traitées comme telles : bien entendu à l'égard des branches que celles de faux bois puissent nuire à la figure & au Fruit, comme nous l'avons cy-devant expliqué : car si au lieu de nuire elles se presentent heureusement pour la figure, ou que même elles puissent consumer pour un temps une partie de la seve qui est icy trop abondante, pour lors on les conservera suivant nos precedentes regles, bien entendu encore à l'égard des racines, que comme les plus grosses sont regulierement les meilleures, car la distinction de faux bois n'a pas icy de lieu, nous conserverons ces grosses de quelque maniere qu'elles soient venuës, & détruirons les anciennes qui paroissent abandonnées.

X. Observation.

IL ne faut jamais tailler une branche sans avoir égard premierement au lieu d'ou elle sort, pour juger par là si elle est bonne & capable de répondre à ce que nous en demandons : Car par exemple telle branche pourroit passer pour grosse si elle venoit d'un endroit originairement foible, qui cependant doit passer pour foible, à cause qu'elle vient d'un endroit originairement fort & vigoureux, & ainsi du reste.

XI. Observation.

IL ne faut aussi jamais commencer à tailler un Arbre que premierement on n'ait examiné l'effet de la taille precedente, afin d'en corriger les défauts s'il y en a, & d'y conserver exactement la beauté si elle s'y trouve.

XII. Observation.

EN fait de Buissons où l'usage n'est pas de lier les branches comme on fait en Espalier, en ce fait-là, dis-je, quand on veut juger de la quantité de boutons qu'il faut laisser sur chaque branche à Fruit, il faut voir ce que la force de telle branche est capable de porter, c'est-à-dire de soûtenir d'elle-même, sans être au hazard de plier sous le fais, ou plûtôt au hazard de rompre, & pour cet effet il faut appuyer sur l'extremité de telle branche, afin que par la resistance grande ou petite qu'on y trouve en appuyant, & par raport à la pesanteur connuë des Fruits d'une telle espece, on proportionne le fardeau à la force ou à la foiblesse de la branche.

XIII. Observation.

D'Ordinaire en Pêchers & Pruniers si on racourcit une grosse branche un peu vieille, il n'en faut guéres attendre de nouvelles, ny à son extremité, ny dans toute son étenduë : La seve d'un tel Arbre ne sçauroit guéres percer une écorce si dure ; mais quelquefois si l'Arbre est tant soit peu vigoureux, la seve va faire son effet sur les plus jeunes branches voisines de cette vieille dont est question.

En Abricotiers, soit vieux, soit jeunes, & en jeunes Pêchers aussi-bien qu'en toutes sortes d'autres Arbres il n'en est pas de même, on y peut regulierement attendre de nouvelles branches à venir des vieilles qu'on a racourcies, & rarement arrive-t-il qu'on y soit trompé.

XIV. Observation.

AU lieu que dans les Arbres vigoureux, soit vieux, soit jeunes, comme nous avons dit tant de fois, nous ne cherchons le Fruit que sur les branches foibles, tout au contraire dans les Arbres foibles, c'est-à-dire peu vigoureux, il faut chercher le Fruit sur les grosses branches, & jamais sur les foibles; celles-cy n'ont déja que trop de foiblesse pour pouvoir faire de beaux Fruits, & les autres qui paroissent grosses, & qui ne le sont dans la verité que par rapport au peu de vigueur de tout l'Arbre, ces autres, dis-je, n'ont effectivement en soy que la mediocrité de seve qui est necessaire pour la formation des beaux Fruits, si bien que dans tels Arbres foibles il faut ôter toutes les petites, & regulierement elles paroissent usées, soit qu'elles ayent donné du Fruit, soit qu'elles n'en ayent point donné, car assez souvent il en perit sans avoir fructifié.

XV. Observation.

EN toutes sortes d'Arbres fruitiers qui se portent bien, il sort quelquefois d'un seul œil jusqu'à deux, trois, & quatre branches, & la plupart assez belles, il faut sagement juger quelles sont celles qui sont les plus propres à être conservées, soit pour le bois, soit pour le fruit, & quelles sont celles qu'il faut entierement retrancher, il n'arrive guéres qu'on en conserve plus de deux, encore faut-il qu'elles regardent deux côtez vuides, & qui soient éloignez l'un de l'autre, & souvent pour cela on en ôte une du milieu des trois, & ainsi les deux de reste en deviennent mieux nourries; une telle operation est bonne à faire en ébourgeonnant, ce qui se fait aux mois de May & de Juin.

XVI. Observation.

EN Eſpalier toutes les branches ſe peuvent aiſément coucher d'un côté ou d'autre, pourvû qu'on les paliſſe pendant qu'elles ſont encore jeunes, car pour lors elles ſont faciles à plier : mais ſi on ne les couche en ce temps-là, & qu'elles faſſent un vilain effet pour la figure, il faudra au temps de la premiere taille qui ſe fera dans les mois de Février & de Mars de l'année d'aprés, il faudra, dis-je, pour lors les couper à l'épaiſſeur d'un écu, ou au moins ſur le premier œil, avec eſperance que des côtez d'une telle épaiſſeur il en ſortira quelque branche, dont on ſe pourra ſervir mieux qu'on n'a fait de ſa mere.

XVII. Observation.

QUoy qu'il ſoit en quelque façon deſagreable tant en Eſpalier, que ſur tout dans un Buiſſon, d'y voir une groſſe branche qui croiſe & traverſe le milieu de l'Arbre, cependant il eſt tres-à propos de la conſerver ſi elle contribuë à garnir un des côtez, qui ſans cela ſeroit vuide, & que par conſequent elle ſoit neceſſaire pour la beauté de la figure : tel ſcrupule ne doit point ſe former pour les branches à Fruit qui croiſent, elles ſont bonnes en quelque endroit qu'elles ſe placent.

XVIII. Observation.

DE tout ce qui depend de l'Art, rien ne paroît capable de fortifier ſeurement une branche foible, laquelle eſt dans l'étenduë d'une groſſe branche, ſi ce n'eſt de raváller ſur elle, c'eſt-à-dire d'ôter toutes les autres branches qui luy ſont ſuperieures, & ôter même la partie d'où elle ſort, en ſorte que celle-cy vienne à ſe trouver la plus haute de celles qui naiſſent d'une même mere, & par conſequent y faſſe une extremité : Toutes les tailles, tant la premiere que la deuxiéme & troiſiéme auſſi-bien que l'ébourgeonnement du mois de May ſont tres-propres à cela, mais

mais si naturellement une branche se trouve foible à l'extremité d'une grosse, on ne sçauroit s'asseurer de la pouvoir fortifier, à moins que d'ôter une vieille branche qui soit originairement superieure à celle d'où cette foible est sortie.

Ce n'est pas que quelquefois la nature ne fasse de ces coups-là d'elle-même sans avoir ôté rien de superieur, comme nous l'avons remarqué en parlant de quelques branches à fruit, qui par un surcroît de seve extraordinaire viennent à grossir plus que naturellement elles ne devoient : mais nous ne sçaurions dire comme quoy elle l'a fait, ny par consequent essayer de l'imiter.

XIX. Observation.

POur faire sur la fin de l'Hyver la premiere taille aux Pêchers bien vigoureux, il est à propos d'attendre qu'ils soient prêts à fleurir, afin de connoître plus seurement les boutons qui fleuriront : car il y en a beaucoup qui quoy qu'ils soient boutons à fleur, ne fleurissent pas pour cela, le froid de l'Hyver, ou l'abondance de seve nouvelle, & quelquefois la gomme en détruisent beaucoup : Connoissant donc les boutons heureux on se reglera sur cela, tant pour le choix des branches à conserver, que pour la longueur à donner à celles qui seront conservées.

XX. Observation.

NOus remarquons que les boutons à Fruit, qui se trouvent aux extremitez des branches, sont d'ordinaire plus gros & mieux nourris que les autres, ce qui confirme ce que l'ordre de la production des nouvelles branches nous avoit appris, c'est-à-dire que la seve va toûjours plus abondamment aux extremitez qu'ailleurs, & c'est ce qui a donné lieu à la maxime que j'ay établie dans mes reflexions pour l'effet du fort & du foible, en matiere de boutons à fruit qui se forment sur toutes sortes de branches fortes ou foibles : C'est de là aussi que j'ay conclu, que sur tout pour les arbres foibles, il est bon de les tailler de bonne heure, pour ne pas laiſſer aller inutilement de la ſeve à des extremitez qu'on doit retrancher : cela nous apprend encore que l'Hyver les branches & les boutons groſſiſſent : nous le ſçavons aſſez par l'exemple des Amandiers greffez à la fin d'Automne, leſquels devant le retour du Printemps on voit être devenus grandement ſerrez par la filaſſe qu'on y avoit appliquée en greffant.

XXI. Observation.

ON ne doit jamais commencer à tailler un Eſpalier qu'il ne ſoit entierement dépaliſſé : car outre qu'on taille plus aiſement & plus vîte, il arrive encore qu'en paliſſant pour la premiere fois aprés la taille on en range mieux les branches conſervées, & que ſouvent par pareſſe de défaire un lien pour en refaire un nouveau, on laiſſe la branche comme on l'a trouvée, quoy que mal placée.

XXII. Observation.

IL faut même ſouvent dépaliſſer pour le premier paliſſage du mois de May, premierement afin de bien égaler la figure ; en ſecond lieu pour retirer de derriere les échalas les branches qui s'y étoient déja gliſſées, & qu'il n'y faut jamais ſouffrir ; c'eſt pourquoy pendant le mois de May il faut être ſoigneux de viſiter ſouvent les Eſpaliers, tant afin que tel deſordre n'arrive pas, que pour ôter les jets langoureux & miſerables qui ne feroient que de la confuſion.

XXIII. Observation.

LA multitude des branches dans la premiere année n'eſt pas toujours une marque de vigueur : au contraire ſi elles ſont toutes foibles, c'eſt une mauvaiſe marque, c'eſt à dire une marque d'infirmité aux racines, c'eſt ainſi par exemple que le rouge aux joües n'eſt pas toûjours une marque de ſanté.

XXIV. Observation.

QUand un Arbre, ſoit Buiſſon, ſoit Eſpalier, eſt grand & vieux, pour lors il ne fait preſque plus de groſſes branches, & ainsi il n'y a plus ce semble de fautes à faire en le taillant, supposé que s'il est Buisson il soit ouvert, & s'il est Espalier, il ait la figure passablement bien établie; les fautes ne sont bien à craindre que sur les Arbres qui sont bien vigoureux, & qui pour ainsi dire font plus que le Jardinier ne veut, c'est-à-dire font plus de branches nouvelles qu'il n'avoit attendu.

XXV. Observation.

EN matiere de branches, pour juger de leur grosseur ou de leur foiblesse, il n'en faut regarder aucune pour grosse & forte, si ce n'est par comparaison à celles qui sur le même Arbre luy sont voisines: car par exemple telle est censée foible dans un certain endroit d'Arbre, ou dans certains Arbres, qui dans un autre passeroit pour grosse; le voisinage d'une tres-grosse fait que celle qui l'est moins doit passer pour foible, comme le voisinage de beaucoup de foibles fait que celle qui ne l'est pas tant doit passer pour grosse.

XXVI. Obsertation.

CEtte regle est tres-importante pour ne pas manquer à donner quelquefois une longueur extraordinaire à de certaines branches quoy qu'assez grosses, lesquelles cependant il faut icy regarder comme foibles & menuës, cette longueur étant causée par la consideration d'autres branches voisines & plus grosses, lesquelles dans le voisinage on regarde & on traite comme branches à bois.

XXVII. Observation.

QUand les branches foibles ont leur extremité tres-menuë, c'est une marque asseurée d'une extrême foiblesse, c'est pourquoi il les faut beaucoup racourcir, & quand elles l'ont assez grosse, il les faut tenir un peu plus longues, parce qu'en effet elles ont moins de foiblesse.

XXVIII. Ocservation.

PLus une branche foible est éloignée du cœur de l'Arbre, plus aussi est-elle mal nourrie: Voilà pourquoy en telles occasions il faut rapprocher sur les plus basses, comme au contraire plus une branche grosse est éloignée du cœur, plus reçoit-elle de nourriture, & voilà pourquoy il la faut ôter pour retenir la vigueur dans le milieu, ou dans le bas de l'Arbre.

XXIX. Observation.

A Quelques Arbres, soit vieux, soit nouveaux plantez, & sur tout en fait de Poiriers, soit Buissons, soit Espaliers il sort quelquefois des branches orizontales mediocrement grosses, & elles sont admirables à conserver pour le fruit, soit qu'elles se jettent en dehors, soit qu'elles aillent en dedans : mais regulierement la plûpart des branches se redressent & menacent grandement de confusion si on n'y prend soin d'ôter les plus mal placées, ou bien elles menacent de dégarnir si on n'est severe pour en couper court quelques-unes.

XXX. Observation.

QUelquefois on taille comme branches à bois certaines branches, qui cependant n'ont veritablement que la grosseur qu'il faut pour branches à Fruit, & ainsi il ne les faut pas regarder comme veritables branches à bois capables d'établir & conserver pour long-temps une partie de la figure d'un Arbre, mais pour ainsi dire il les faut regarder comme demy-branches à bois ; elles aident veritablement un peu à la figure pour remplir quelque vuide pendant deux ou trois ans, mais passé cela elles doivent perir, & ainsi il faut s'y attendre, & sans y faire un grand fondement il faut faire en sorte que dans le voisinage il s'en prepare d'autres pour remplir leur place, ou autrement on aura bien-tôt son Arbre defectueux.

XXXI. Observation.

QUand un Arbre, soit Buisson, soit particulierement Espalier, & sur tout en fait de Pêches & de Prunes, ne fait plus de grosses branches nouvelles, il faut le regarder comme un arbre qui s'en va, & ainsi il faut en preparer un autre pour l'année prochaine, & cependant sans y tailler aucune branche pour bois il faut conserver à fruit toutes celles qui ont apparence d'en pouvoir donner de beaux, & en même temps il faut exactement retrancher toutes les chifonnes comme incapables de rien faire qui vaille.

XXXII. Observation.

IL ne faut jamais tailler pour branches à bois une branche dont on n'a que faire pour bois, & partant si par exemple il arrive qu'un Arbre de tige commence d'être pressé par le voisinage de celuy qui est bas, en sorte qu'on est en quelque façon obligé d'élaguer quelques branches des plus basses de cet Arbre de tige pour faire place aux plus hautes de son voisin, en tel cas il faut laisser longues pour fruit telles branches de cet Arbre de tige, si particulierement il est si vigoureux, & que sans faire tort aux branches principales il puisse encore nourrir celles-cy, & par ce moyen on essaye d'avoir quelque fruit dans la longueur extraordinaire de telles branches, devant que d'être reduit à les ôter tout-à-fait.

XXXIII. Observation.

ON coupe en moignon, c'est-à-dire entierement les grosses branches, lesquelles sont venuës à l'extremité d'une autre qui est grosse & passablement longue, & lesquelles si on faisoit sur elles une taille ordinaire, nous donneroient une longueur trop nuë & trop étenduë, & par consequent feroient un fort grand desagrément ; cette taille faite en moignon fait d'ordinaire que du corps de la vieille on on peut esperer quelqu'une nouvelle qui sera propre à maintenir la beauté de la figure, c'est-à-dire à tenir chaque endroit bien garny.

XXXIV. Observation.

ON coupe aussi en moignon, quand sur un Arbre bien vigoureux des deux branches fortes venuës à l'extremité d'une vigoureuse, on trouve plus à propos de se servir de la seconde que de la premiere, & que cependant on ne trouve pas à propos de fortifier davantage cette seconde ; ainsi on laisse pour un an ou deux, ou même pour plus long-temps, une petite sortie de seve à la plus haute coupée en moignon, en intention de l'ôter entierement aussi-bien que la branche nouvelle qui en sera sortie, quand l'Arbre commencera de donner du fruit.

Il est vray cependant que l'usage le plus ordinaire de cette taille en moignon, n'est gueres que pour les branches, qui de foibles & passablement longues qu'elles étoient sont devenuës extraordinairement grosses & vigoureuses : si bien qu'elles ont poussé à leur extremité une ou deux, ou plusieurs grosses branches : la foiblesse originaire de telles branches avoit esté cause de leur longueur, on ne la leur auroit pas laissée si elles avoient esté aussi grosses qu'elles sont devenuës depuis, & ainsi la grosseur survenuë est cause qu'on commence à les traiter sur le pied de branches à bois, c'est-à-dire de les racourcir.

XXXV. Observation.

ET si la branche coupée en moignon n'a pas fait de branches à bois dans son étenduë, & sur tout en approchant du lieu d'où elle sort, & qu'au contraire elle ait fait une grosse branche à l'endroit du moignon, ou tout auprés, il faut encore s'opiniâtrer à recouper en moignon cette grosse derniere, & sur tout si la vieille n'est pas trop longue : car si elle est trop longue, & qu'on ait manqué à la racourcir aussi-tost qu'on l'a dû faire, il en faut venir à faire la taille sur le corps de cette vieille, & par consequent la racourcir selon les regles cy-devant établies.

XXXVI. Observation.

SI à un vieil Arbre assez vigoureux, & qui est tout en desordre de faux bois par les seuls défauts de la taille mal faite, on n'a soin pendant trois ou quatre ans de suite d'en baisser une branche ou deux par chaque année, pour en venir enfin à le voir tout-à-fait racourcy, on n'en aura jamais satisfaction ; mais avec un tel soin on peut fort bien le remettre sur le pied d'un beau & bon Arbre, & il le faut faire quand cet Arbre est de tres-bonne espece; mais s'il n'en est point, il seroit à propos de le baisser entierement, & d'y regreffer en fente une meilleure espece de celles dont on n'a point, ou au moins dont on n'a pas assez.

XXXVII. Observation.

IL est quelquefois de certains Arbres si vigoureux qu'ils ne sçauroient, & sur tout les premieres années, être reduits à peu de place, il leur faut donner de l'étenduë, soit en haut, soit sur les côtez, ou autrement on n'aura que des faux bois, avec intention pourtant de les remettre petit à petit sur le pied des autres quand ils commenceront d'être à fruit, tels sont d'ordinaire les Virgoulé, Cuisse-Madame, Saint Lezin, Robine, Rousselets, &c.

XXXVIII. Observation.

UN Arbre bien vigoureux ne sçauroit avoir trop de branches, pourveu qu'elles soient bien conduites, & qu'elles ne fassent point de confusion, comme aussi un Arbre qui ne l'est pas n'en sçauroit avoir trop peu, pour n'avoir de charge qu'à proportion de sa vigueur, & à celui-cy il ne faut gueres laisser que les grosses branches qu'il peut avoir.

XXXIX. Obsertation.

LEs branches de faux bois en fait de Pêchers, & d'autres fruits à noyau, ne sont pas d'ordinaire si defectueuses pour leurs yeux, que celles qui viennent en fruits à Pepin, mais elles sont plus sujetttes à perir, & à avoir les yeux éteints par la maladie qui leur est particuliere, c'est à dire par la gomme; du reste pour la taille il les faut traiter à peu prés comme les branches de faux bois de Poiriers, quand elles ne sont qu'en petite quantité sur un Arbre; mais si elles sont en grand nombre au bas de l'Arbre, il faut les regarder comme propres à renouveller cet Arbre, & ainsi on laissera une longueur extraordinaire à quelqu'une en intention de l'ôter quand la furie sera passée, & cependant on donnera une taille ordinaire a celles qu'on aura regardées pour être le fondement d'un rétablissement de belle figure ; cette abondance de grosses branches ne vient gueres, comme nous avons dit cy-devant, que sur des Pêchers, & sur tout Pêchers de noyau, qui commencent d'être vieux & usez par la tête.

XL. Observation.

EN toutes sortes d'Arbres il y a toûjours une branche ou deux qui dominent, & quelquefois il y en a davantage, heureux ceux où la vigueur est partagée, malheureux ceux où le torrent est tout d'un côté.

XLI. Observation.

UNe branche à bois qui vient en dedans d'un buisson qu'on veut resserrer, est toûjours la bien venuë, & pareillement si elle se trouve favorablement placée pour garder un côté vuide.

XLII. Observation.

LEs boutons à fruit des Poiriers & Pommiers se forment bien quelquefois dés l'année même que la branche où ils sont adherans a été formée, comme font generalement tous les boutons des fruits à noyau, mais il y en a quelquefois qui sont des deux ou trois ans, & même davantage à s'achever, & à se perfectionner : il s'en acheve même à l'entrée du Printemps, si bien qu'on en voit quelquefois au temps de la fleur, qui ne paroissoient nullement pendant l'Hyver.

XLIII. Observation.

LEs extremitez des pousses, c'est-dire des jets qui se font bien avant dans l'Automne, & sur tout aprés une grande cessation de seve, comme il en arrive quelquefois, sont toûjours mauvaises : leur couleur qui est differente du reste de la branche le fait assez voir, & par consequent elles ne valent rien : il les faut ôter, puis qu'aussi bien elles sont sujettes à perir, les Jardiniers les appellans ſans branches non aoûtées, ou branches du mois d'Aouſt.

XLIV. OBSERVATION.

NOus diſons bien, & avons raiſon de le dire, que d'ordinaire nous pouvons faire venir des boutons à fruit aux endroits où nous voulons, mais ce n'eſt pas toûjours auſſi-tôt que nous voudrions.

XLV. OBSERVATION.

S'Il arrive qu'une groſſe branche taillée en ait fait trois, dont la plus haute ſoit d'une bonne groſſeur, la ſeconde ſoit foible pour fruit, & la troiſiéme plus groſſe que la plus haute, on a deux conſiderations à voir pour y faire ſa taille à propos, c'eſt à dire que ſi la plus haute eſt aſſez propre pour la figure il s'en faut ſervir, & couper en talus, ou à l'épaiſſeur d'un écu cette troiſiéme plus groſſe.

Que ſi celle-cy ſe trouve mieux placée pour la figure, on la peut tailler ſur le pied d'une branche à bois, & laiſſer pour branche à fruit, ou plûtôt pour ainſi dire, pour branche à ôter au bout de quelque temps cette plus haute, & ſur tout ſi elle ne fait point de confuſion, & que l'Arbre ſoit tres-vigoureux : car ſi elle fait confuſion, & que l'Arbre n'ait que mediocrement de vigueur, il la faut ſimplement couper en moignon, de peur de faire perdre la diſpoſition à fruit qui étoit dans la foible, ſi nous venions à ôter entierement la plus haute ſur cette foible.

XLVI. OBSERVATION.

C'Eſt toûjours une bonne fortune, & ſur tout en Eſpalier de fruits à noyau, quand du bas de la groſſe branche il en ſort dés l'année même une autre groſſe : nos Arbres n'ont d'ordinaire que trop de penchant à s'échaper en haut.

XLVIII. OBSERVATION.

IL ne faut jamais pour quelque conſideration que ce ſoit conſerver de branches chifonnes, non pas même celles qui ſe trouveront au haut de la taille d'une branche vigoureuſe.

XLVIII. Observation.

DEs que les Poiriers de beurré en Buiſſon ſont à fruit, il faut d'ordinaire les tailler plus court que d'autres Arbres, parce que comme ils font beaucoup de fruits, & que ce fruit eſt gros & peſant, ils ſont ſujets à devenir trop ouverts & trop évaſez : cette figure ne plaît pas.

XLIX. Observation.

PEndant le mois de May on ne ſçauroit trop regarder aux Arbres d'Eſpalier, & ſur tout aux Pêchers, pour empêcher que derriere les échalas il ne ſe gliſſe de bonnes branches qu'on ne ſçauroit plus ôter ſans les rompre, ou au moins ſans rompre le treillage.

L. Observation.

UN jeune Poirier qui languit en un endroit, peut quelquefois ſe rétablir, ſi aprés l'avoir arraché & retaillé par tout on le remet en meilleure terre; mais à l'égard d'un Pêcher langoureux il n'en eſt pas de même, & ſur tout ſi la gomme y a paru; car ces ſortes d'Arbres ne ſe refont gueres jamais.

LI. Observation.

S'Il arrive qu'à quelque Buiſſon que ce ſoit, planté de trois, quatre ou cinq ans, ou même planté de plus vieux, lequel n'ait pas eſté bien conduit à la taille en vûë de devenir agreablement figuré, ou que peut-être il ait été gâté par quelque accident imprévu, en ſorte qu'il ſe trouve avoir un côté plus bas & moins garni que l'autre, & qu'enfin il eſt mal fait & deſagreable à voir, s'il arrive, dis-je, qu'heureuſement à ce Buiſſon il ſoit venu du côté defectueux une branche, qui étant groſſe, quoy que de faux bois, paroît propre à corriger le defaut dont eſt queſtion, comme cela arrive quelquefois, en tel cas il eſt à propos de donner à telle branche une longueur plus grande que celle que mes maximes ont pour l'ordinaire reglé ſur le fait des branches de faux bois, afin que cette branche ſe trouvant égale en hauteur à celles de l'autre côté, la figur de l'Arbre acquiert la perfection qui luy manquoit : ce défaut de longueur extraordinaire en une branche n'est seurement pas si grand que le défaut de tortu, de plat ou de vuide qu'il vient de corriger en un Buisson.

LII. Observation.

Si toute la seve d'un Arbre est employée à faire plusieurs branches partie fortes & partie foibles, apparemment elle donnera bien-tôt du fruit sur les foibles ; mais si étant abondante elle, est reduite à un fort petit nombre de branches, & presque toutes grosses, elle ne donnera de fruit nulle part jusqu'à ce que sa grande vigueur se trouve en quelque façon amortie par le grand nombre des branches qu'elle produira dans la succession des temps, & qu'on luy laissera.

LIII. Observation.

Quand les Arbres sont difficiles à se mettre à fruit, parce qu'ils sont tres-vigoureux, comme sont ceux dont nous avons tant de fois parlé, & particulierement certains Pruniers d'Espalier ; une des choses que je fais d'ordinaire, est que j'affecte d'y laisser beaucoup de vieux bois, & sur tout pour branches à fruit, évitant cependant la confusion & le vuide, à la charge toutefois que quand une branche laissée longue pour fruit une premiere année, en fait ensuite une autre à son extremité, que je trouve encore à propos d'y conserver, à la charge, dis-je, qu'en ce cas-là je ne vais jamais jusqu'à en laisser une troisiéme au bout de ces deux-là, une telle longueur seroit desagreable à voir, & ne feroit pas pour cela ce que nous cherchons, c'est à dire du fruit.

En telles occasions je fais de deux choses l'une, c'est à sçavoir que je fais ma taille sur la seconde, si les deux sont suffisamment longues, ou bien je taille en moignon la troisiéme venuë au bout de cette seconde, si les deux premieres n'ont rien d'excessif pour leur longueur.

LIV. Observation.

QUelquefois un habile homme en taillant peut dans certains momens estre distrait, & ainsi il peut fort bien luy estre arrivé d'avoir fait quelques fautes, mais d'ordinaire ce sont fautes legeres & faciles à corriger, par exemple, d'avoir laissé un peu trop de longueur à quelques branches, ou d'en avoir conservé quelques-unes qui sont à ôter ; c'est pourquoy j'estime qu'une revûë à faire le lendemain ou le jour même est absolument necessaire, autrement on ne doit pas estre pleinement asseuré de tout ce qu'on a fait ; il en est de cecy tout de même que de tous les autres Ouvrages des hommes.

LV. Observation.

QUand un côté de vieil Arbre, soit Buisson, soit Espalier est extrêmement fort & vigoureux, & l'autre foible & mal garny, c'est-à-dire proprement que l'Arbre est tortu & desagreable à voir, on a bien de la peine à le reduire à une belle figure ; pour lors il faut extrêmement faire la guerre à ce côté vigoureux, & par consequent ôter tout-à-fait la plûpart des fortes branches tout auprés de la tige d'où elles sortent, ou en couper une partie en moignon, pour attendre qu'enfin la seve qui venoit toute de ce côté là, se fasse quelque sortie vers ce côté foible, & pour lors on pourra avoir de quoy commencer à rétablir ce qui manquoit.

LVI. Observation.

EN toutes sortes d'Arbres, il faut toûjours prendre garde de donner moins de longueur à la branche à bois qui est un peu foible, qu'à la branche à bois qui est grosse & forte.

LVII. Observation.

ASsez souvent en toutes sortes d'Arbres, & sur tout quand ils sont un peu vieux on y voit certaines branches foibles, qui sans jamais avoir fait de fruit sont, pour ainsi dire, menacées de perir de pauvreté ; c'est pourquoi il faut tous les ans à la grande taille, & même à la deuxiéme qu'on fait en fruits à noyau, & sur tout en Espalier, il faut, dis-je, prendre soigneusement garde que telles branches ne soient pas sans nourriture, & pour cela il faut & les tenir plus courtes, & en diminuer le nombre, & ôter même quelquefois quelques-unes des grosses qui leur sont superieures: ou si aprés que telles branches ont fleury, c'est à dire qu'elles ont fait une bonne partie de leur devoir, leurs fleurs sont venuës à perir, il faut les ôter entierement, quand sur tout elles ne paroissent pas avoir de disposition à pousser quelques bonnes branches pour l'année d'aprés.

LVIII. Observation.

QUand on ôte une branche haute sur une plus basse, & c'est, comme nous avons dit, ce qu'on appelle ravaller, il faut pour lors tellement ôter celle qu'on ôte, qu'il n'en reste pas la moindre partie, afin que l'endroit se recouvre promptement & proprement; mais quand on ôte la basse pour conserver la haute, il faut conserver de cette basse du moins l'épaisseur d'un écu, ou la couper en talus, ainsi que nous l'avons dit ailleurs, afin d'en esperer quelque bonne branche nouvelle.

LIX. Observation.

QUand ayant taillé assez court une branche qui estoit assez grosse, elle n'a rien fait que de foible à son extremité, c'est une marque qu'elle s'en va perir, & que la nature a retiré en faveur d'un autre la subsistance annuelle qu'elle luy fournissoit, & ainsi il n'y faut plus faire de fondement pour la beauté de l'Arbre.

LX. Observation.

SI d'un Arbre qui estoit tortu en plantant il en sort dés la premiere année une branche belle & bien droite, comme il arrive quelquefois, il faut ravaller toute la tige sur cette branche pour y faire uniquement le fondement de la beauté de cet Arbre.

LXI. Observation.

ON peut bien plûtôt se resoudre à conserver sur un Arbre d'Espalier une grosse branche qui n'est pas tout-à-fait bien placée, qu'on ne le peut faire sur un Buisson où telle branche se trouveroit mal située, & cela pour la raison de la facilité qu'on a aux Espaliers de forcer & de contraindre en liant en tel endroit qu'on voudra, soit une telle branche, soit celles qui en sortiront, ce qu'on ne sçauroit faire en Buisson où l'on n'a pas cette facilité d'attacher à droit & à gauche; & ainsi telle branche seroit capable de faire un Buisson de travers: voilà pourquoy en tel Buisson il la faudroit ôter, au lieu qu'avec le secours des ligatures telle branche se trouveroit propre à faire un bel Espalier, & partant il la faudroit conserver.

LXII. Observation.

LA longueur ordinaire des branches à bois, laquelle je fixe volontiers à cinq, six & sept pouces, & qui se doit cependant regler & proportionner sur beaucoup de choses pour être ou plus ou moins étenduë, par exemple sur la vigueur ou foiblesse de tout l'Arbre, & sur la grosseur ou mediocrité de la branche pour être plus grande où sont la vigueur & la grosseur, & être plus petite où elles ne sont pas: cette longueur se regle aussi sur le vuide qui est à remplir pour estre plus ou moins grande selon que le vuide est plus ou moins grand, elle se reglera particulierement sur la hauteur des autres branches à bois du même Arbre, afin que les nouvelles taillées fassent symmetrie avec les vieilles.

LXIII. Observation.

ON trouve quelquefois des gens qui croyent qu'il ne faut pas bien de l'art pour tailler un Arbre, & citent sur cela & les grands Arbres qu'on ne taille jamais, & les Arbres de certains Jardiniers, qui sans avoir jamais rien sçû couper taillent si heureusement qu'ils ne manquent pas d'avoir bien des Fruits.

Je n'ay rien à dire à ces gens-là, ou plûtôt j'ay tant de

choses à dire, que je n'estime pas qu'il leur faille répondre: Les Medecins, les Jurisconsultes, & la plûpart des habiles gens en toutes sortes d'Arts trouvent quelquefois chacun à leur égard des faiseurs de pareilles objections.

LXIV. Observation.

QUand une belle branche à fruit vient à en pousser plusieurs autres, qui pareillement paroissent propres pour faire du Fruit, je suis d'avis qu'on les conserve si elles ne font point de confusion, & que l'Arbre soit vigoureux, & particulierement en fait de Poiriers.

LXV. Observation.

IL arrive quelquefois, & sur tout en Espaliers, que dans l'étenduë d'une branche, qui l'Esté même qu'elle est produite devient grosse & vigoureuse, il arrive, dis-je, quelquefois, que sur telles branches il s'en forme une ou deux assez grosses, qui viennent ce semble aprés coup, si bien que ce qui est au delà de ces nouvelles venuës tirant vers l'extremit,éparoît notablement plus menu que ce qui est de l'autre côté tirant vers la naissance de cette mere branche, pour lors il faut regarder ces dernieres venuës comme branches qui d'ordinaire augmenteront toûjours de grosseur, & qui par consequent ne manqueront pas de devenir veritables branches à bois à l'endroit où elles sont, ainsi il les faut tailler courtes; & pour ce qui est de celles qui approchent de l'extremité, il les faut regarder comme branches à Fruit qui en effet ne grossiront plus, la nature ayant pris son cours sur ces dernieres faites.

LXVI. Observation.

IL ne faut faire aucun scrupule de ravaller jusques dans les vieux Arbres, & sur tout en fait de Poiriers, Pommiers, Abricotiers, il ne faut, dis-je, faire aucun scrupule de ravaller jusques dans les vieux certains côtez d'Arbres, qui pour avoir été mal conduits se trouvent trop longs & trop dégarnis: mais je ne veux guéres jamais sans une extrême necessité qu'on ravalle immediatement plusieurs fort grosses branches sur une tres-foible, qui est venuë du même endroit quelles, quoy que celle-cy ſe trouve bien placée pour la figure,il en arrive trop d'inconveniens pour des faux bois qui viennent d'ordinaire à ſe former autour de cette foible, & cela parce que cette foible n'étant pas capable de recevoir en ſoy toute la ſeve qui ſe vient preſenter à ſon embouchure,& qui étoit toute deſtinée à la nourriture & entretien de ces branches ſuperieures qu'on aura ôtées ; cette ſeve donc devant neceſſairement ſortir, & par conſequent ſe faire des iſſuës forcées & extraordinaires, puiſqu'elle n'y en trouve pas de toutes faites, telle ſeve; dis-je, qui eſt tres-abondante y ſort, pour ainſi dire,en deſordre & en furie, de la même maniere à peu prés qu'on voit ſortir l'eau qui vient de crever une chauſſée, laquelle avoit arrêté ſon cours ; or toutes ces ſorties forcées & violentes ſont de ces ſortes de branches que nous avons cy-devant expliquées en leur donnant le nom de faux bois,c'eſt-à-dire bois qui n'eſt pas venu dans l'ordre le plus commun & le plus ordinaire que la nature ſuit en produiſant de nouvelles branches, & par conſequent il faut éviter autant qu'il eſt poſſible de tomber en tels inconveniens.

Et ſi quelquefois on eſt reduit à faire de ces grands ravallemens, & que la petite branche n'ait pas fait icy ce que font les greffes en fente, car elle le fait quelquefois, mais ſouvent auſſi elle ne le fait, il faut pour lors ſe reſoudre à ſe ſervir icy d'une des branches de faux bois qui y auront été formées, choiſir pour cela la mieux placée, y commencer la taille ordinaire, & y établir par ce moyen la figure de l'Arbre.

LXVII. Observation.

QUoy que les branches qui dans l'ordre de la nature viennent aux extremitez des branches ſoient d'ordinaire de bon bois,cependant on en voit quelquefois qui ne le ſont pas,& ſur tout quand elles viennent du bas des branches qui étant originairement de faux bois ont été expediées fort courtes,ou qu'elles viennent d'un moignon, ou bien quand dans l'année même elles n'ont commencé à ſortir que long-tems aprés les autres du même Arbre (cela arrive fort rarement ſi ce n'eſt aux Poiriers de Virgoulé) il

ne

ne faut pas s'étonner de cela, il faut simplement tailler d'une longueur mediocre ces sortes de branches qui paroissent mal conditionnées, aussi-bien ne faut-il gueres jamais laisser longues telles branches de faux bois.

CHAPITRE XXX.

Remarques particulieres pour la premiere taille qui tous les ans est à faire en Fevrier & Mars aux Arbres des Fruits à noyau, & sur tout aux Pêchers & Abricotiers, tant en Buisson qu'en Espalier.

JE ne trouveray pas beaucoup de choses à dire sur cet article de la premiere taille, & particulierement aprés avoir amplement expliqué en general les regles de toutes sortes de tailles; il faut simplement remarquer que les branches à fruit de ces sortes d'Arbres, dont il est icy question, sont de peu de durée, parce que beaucoup d'entre-elles perissent dés la premiere année qu'elles ont donné leur Fruit, ou que même sans en avoir donné leurs fleurs ont été gâtées, ou par la gomme, ou par les roux-vents, ou par les gelées du Printemps, & cela étant il les faut ôter entierement, à moins qu'elles n'ayent grossi notablement, ou qu'elles n'ayent poussé quelques belles branches qui sont propres à faire du Fruit dans l'année d'aprés; car pour lors elles peuvent durer jusqu'à deux ans, quelquefois même, mais fort rarement jusqu'à trois & quatre; ce qui s'entend quand elles font encore quelque bonne branche soit à l'extremité de leur derniere taille, soit dans leur étenduë: mais passé cela il ne les faut plus regarder que comme branches usées, & par consequent inutiles.

Il n'en est pas de même des branches à fruit aux Poiriers & Pommiers, & même à celles des Pruniers, les unes & les autres durent assez long-temps, c'est-à-dire bien plus que celles des Pêchers, & en effet dans leur étenduë elles en font de petites tres-bonnes qui donnent regulierement du fruit, jusqu'à ce qu'enfin suivant la condition des branches à Fruit elles viennent toutes à perir entierement.

Je puis dire icy, & cela sans aucune vanité, que suivant ma maniere de tailler les Pêchers on se met en état d'avoir communement de beaux Arbres & de plus longue durée ; on aura aussi sans doute beaucoup plus de Fruits, & même de plus beaux que n'en ont pas ceux qui les taillent d'une autre façon, & cela est immanquable, pourvû que le temps soit beau à la saison des fleurs, & que la gomme ne gâte rien aux branches, & que particulierement les Arbres soient dans une bonne terre : car en verité on doit grandement plaindre les curieux, dont les Jardins sont dans un fond qui est froid & mauvais, ou dont la terre est usée, parce qu'il ne s'y fait gueres de bonnes racines nouvelles, & que par consequent il y en perit beaucoup des vieilles, une racine ne pouvant subsister à moins que d'agir, & de là vient qu'il se fait tant de gomme & sur la tige & sur les branches, & même dans le pied & dans les racines.

Ce qui me fait dire que ma maniere de tailler conserve beaucoup les Arbres, & les rend beaux, est le soin qu'elle prescrit de tenir assez courtes les grosses branches, &c. Et pour ce qui est de l'abondance des Fruits, & des beaux Fruits elle doit être une suite infaillible de cet autre soin que je recommande, qui est de conserver toutes les bonnes branches à Fruit sans en ôter aucune, mais cependant de n'en laisser sur chacune qu'autant qu'elles en peuvent nourrir pour être tous fort beaux.

Or quant au mois de Février ou de Mars on veut faire la premiere taille des Pêchers, & qu'aprés avoir ôté toutes les vieilles branches qui sont seiches, ou qui pour leur extrême foiblesse sont inutiles, car c'est par là qu'il faut commencer afin de voir clairement & distinctement ce qu'on a à faire, on trouve qu'il ne reste que deux sortes de bonnes branches, dont les unes (& ce sont les foibles) doivent donner du Fruit dans l'année qui court, les boutons y estant déja tous formez, & les autres, c'est-à-dire les fortes n'en doivent communement point donner, attendu qu'elles n'ont point de boutons dans leur étenduë, mais elles ont un autre service à rendre qui est tres-important.

Ce qui est donc à faire pour ces foibles est de les conserver soigneusement, & même tres-longues à cause de l'apparence visible de leur Fruit present, mais sur la plûpart il ne faut gueres fonder d'esperance pour les années suivantes ; la nature nous en donnera d'ailleurs pour suppléer à leur faute, bien entendu que cette longueur de branche doit être proportionnée à leur force, & bien entendu aussi qu'on doit cependant croire, qu'une branche d'une mediocre grosseur est capable de nourrir une grande partie des Fruits, dont elle paroît avoir la disposition : si bien qu'à la premiere taille on ne sçauroit trop hazarder de luy en laisser beaucoup, à la charge d'en diminuer une partie à la deuxiéme si on craint qu'il y en ait trop.

A l'égard des fortes il les faut particulierement regarder pour l'avenir, & par consequent les tailler courtes en vûë que selon l'ordre de la nature elles en produiront d'autres de deux façons, c'est-à-dire quelques grosses pour bois, & beaucoup de foibles pour fruit, ce qui ne manquera pas d'arriver ; mais sur tout il faut prévoir aux branches qui doivent remplir la place de ces menuës, qui dans le temps present font un si bel effet, mais qu'il ne faut ce semble plus conter que pour mortes, attendu qu'aprés le Fruit donné il les faudra ôter.

Nous avons assez expliqué la difference qu'il y a entre branches foibles & branches chifonnes ; ainsi il suffit icy de dire qu'il ne faut conserver aucunes branches longues, si ce n'est qu'elles ayent une grosseur mediocre, & en même temps des boutons à Fruit tous formez pour l'année qui court : Je n'appelle d'ordinaire bons boutons que ceux qui sont doubles avec un œil à bois au milieu, & je n'en considere point d'autres pour les conserver si ce n'est aux Pêches de Troye, & aux avant-Pêches.

Comme aussi il ne faut tailler aucune branche courte, si ce n'est que ne pouvant point donner de Fruit dans l'année qui court, leur force & leur vigueur promettent d'autres branches pour l'année d'aprés, ou que l'Arbre ayant tres-grande quantité de branches à fruit, & tres-peu de branches à bois, & toutes fort hautes on ait grand lieu de craindre que quelque endroit bas, ou du milieu ne se dégarnisse trop pour les années d'aprés ; en ce cas il est tres à propos de sacrifier quelques boutons, & pour cet effet de racourcir quelques-unes des plus belles, & des plus grosses d'entre celles qui en sont trop chargées, & ainsi on en fait, comme nous avons dit ailleurs, des demi-branches à bois ; & on s'en trouve fort bien.

Il faut cependant observer qu'il y a de certains Pêchers tres-vigoureux, lesquels d'ordinaire sont difficiles à fructifier, & qu'à ceux-là il est tres-à-propos aussi-bien qu'à de certains Poiriers furieux de laisser longues des branches d'une mediocre grosseur, quoy qu'elles n'ayent aucuns boutons à Fruit : tels Pêchers furieux sont quelques Magdelaines, quelques Pavies blancs, les Bourdins, les Brugnons, les Violettes tardives, &c. c'est-à-dire quand ces Pêchers-là sont jeunes : or à ceux-là on leur doit laisser de ces branches longues, quoyque dépourvûës de toute apparence de Fruit, & on les leur doit laisser sur la certitude aparente qu'on a qu'elles donneront beaucoup d'autres branches foibles pour l'année d'aprés ; & quoy que ces branches soient assez grosses, en sorte qu'on pourroit les regarder comme branches à bois, cependant on ne les taille pas courtes, parce que dans leur voisinage on en a vrai-semblablement d'autres plus grosses qu'on a taillées pour bois, & que suivant les bonnes regles il ne faut jamais laisser plusieurs branches à bois fort voisines les unes des autres.

Ces differentes manieres de couper long ou court, font qu'on ne peut & qu'on ne doit dire qu'un Pêcher soit bien taillé, à moins que chaque branche ne soit de deux choses ; l'une, c'est-à-dire qu'elle ne soit ou propre pour donner actuellement du fruit dans l'année même qui court, ou propre à donner dans l'année qui suit de beaux bois aux endroits où l'on en aura besoin, & on peut dire aussi qu'un Pêcher est bien taillé quand ces deux conditions s'y rencontrent parfaitement bien observées.

On ne doit pas seulement avoir ces sortes d'égards au temps de la premiere taille, mais encore particulierement au temps de la seconde & de la troisiéme si on l'a fait, & pareillement il les faut avoir au temps de l'ébourgeonnement.

Le malheur de la gomme à laquelle, comme tout le monde sçait, sont d'ordinaire sujets les Pêchers, & même beaucoup plus que les autres fruits à noyau, ce malheur, dis-je, fait qu'on n'est pas si asseuré qu'une grosse branche étant tailée en fera d'autres à son extremité, comme cela est assez immanquable en Poiriers, Pruniers, Abricotiers, &c. & quand on a des Pêchers qui paroissent attaquez de cette gomme, & que cependant on voudroit bien les garder encore quelques années, il faut attendre un peu tard à les tailler, c'est-à-dire jusques à ce qu'ils commencent à fleurir & à pousser, afin d'être asseuré de conserver au moins quelques bons yeux & quelques bonnes fleurs : on ne sçauroit être asseuré de rien devant ce temps-là.

J'ajoûte icy que quand un Pêcher n'a fait aucune branche pour bois, il ne le faut plus regarder que comme un Arbre à ôter, dés que son fruit aura été cuëilly, & cependant il luy faut preparer un successeur.

J'ajoûte aussi que s'il arrive, qu'un vieux Pêcher ayant été ravallé ait fait plusieurs branches, ce qui n'arrive pas souvent, à moins que ce ne soit un Pêcher de noyau, jajoute, dis-je, qu'il faut commencer à le tailler sur ces nouvelles branches, tout de même qu'on taille un jeune Arbre, si ce n'est qu'il luy faut laisser les branches un peu plus longues de peur de la gomme.

Il est bon d'avertir que pour ainsi dire on doit avoir de grands combats interieurs à essuyer quand on taille des Pêchers, soit en Buisson, soit en Espalier, parce qu'on a une grande demangeaison de conserver tous les boutons qu'on y voit formez pour l'année qui court, sans se pouvoir resoudre à se priver d'un bien present ; mais si on n'a un peu de dureté pour le present en veuë de l'avenir, on doit être assuré qu'en tres peu de temps on verra ces sortes d'Arbres perir par sa faute, ou au moins devenir inutils ; il est bien vray que par ce moyen on aura peut-être eu pendant deux ou trois ans une tres-grande abondance de fruit ; mais il est encore tres-vray que passé ces deux ou trois années on se trouve dans une extrême disette, & avec de fort vilains Arbres.

Ces sortes de combats dont je viens de parler n'arrivent guere qu'aux habiles Jardiniers : les autres ne voyent pas seulement le peril, & ainsi ils ne sont pas sujets à aucune agitation ; la matiere d'inquietude vient particulierement quand une branche qui estoit foible, & qu'on avoit laissé longue pour fruit, est devenuë grosse contre l'ordre accoûtumé de la vegetation, & que la grosse qu'on avoit coupé courte pour en faire beaucoup de nouvelles est devenuë comme abandonnée, & n'a presque rien fait : ce changement produit d'ordinaire un grand desordre dans l'Arbre ; car ces sortes de branches devenuës grosses ont fait communement beaucoup de branches à fruit, matiere d'une tres-grande & tres-juste tentation pour donner envie de les conserver ; ainsi si le dessein d'avoir un Arbre qui soit beau, & qui dure long-temps, ne resiste au dessein de conserver les apparences de Fruit presentes, on court grand risque de succomber à la tentation, & par consequent de faire bien-tôt, comme nous avons dit, un vilain Arbre : il faut donc examiner ce qui est de plus important à faire dans de telles conjonctures.

Il est quelquefois à propos de profiter d'un tel desordre, & de laisser échapper l'Arbre pour garnir le haut d'une muraille, à la bonne-heure on le fera, & cela étant il n'y aura point de resolution terrible à prendre ; mais quelquefois il est dangereux de prendre ce party, & cela étant il faut se resoudre à sacrifier impitoïablement une partie de ces belles apparences de fruit, & par consequent à racourcir extrêmement de telles branches avec cette esperance que dans les années suivantes on sera recompensé au centuple des fruits, que pour ainsi dire on aura fait cruellement perir ; ce desordre n'arrive pas souvent, voilà ce qui doit consoler, mais cependant comme il arrive quelquefois, il a falu dire ce que j'en pensois.

Quand les murailles sont tres-basses, par exemple comme des murailles d'appuy, ou au moins qu'elles n'ont que six à sept pieds, & que cependant on y veut avoir des Pêchers en Espalier, lesquels cela étant on y doit avoir mis fort éloignez les uns des autres, quand dis-je le long de ces murailles basses on voit que ces Pêchers sont tres-vigoureux, il faut les deux premieres années tenir assez longues les grosses branches qui doivent garnir les côtez ; autrement si on les taille courtes on n'aura que des faux bois, & presque jamais de fruits : telle longueur peut aller au double de celle qu'on donne aux Espaliers ordinaires, & quelquefois même peut aller au triple, c'est-à-dire à un pied & demy, ou un peu plus.

Quand un Arbre d'Espalier est raisonnablement vigoureux, il faut necessairement qu'au dessus de la taille qu'on luy fait au Printemps, il ait au moins trois pieds de muraille libre, où ses jets nouveaux puissent s'aller placer, autrement la plûpart de ses principales branches seront inutiles, en ce qu'elles excederont le chaperon, & qu'on sera obligé de les couper souvent dans le long de l'Esté, de peur que les grands vens ne viennent à les rompre, & cependant outre qu'il est fâcheux de ne pas profiter de la vigueur de ces Arbres, ces branches toutes coupées qu'elles font font toûjours un grand desagrément à un Espalier par cette quantité de toupillons, ou comme on dit cette quantité de vergettes & de broussailles qui paroissent à l'extremité d'un tel Arbre.

CHAPITRE XXXI.

Remarques particulieres sur la deuxiéme & troisiéme taille des fruits à noyau.

CEs deuxiéme & troisiéme tailles sont tout-à-fait de nouvelle invention ; & ne sont seurement ny moins necessaires, ny moins importantes que la premiere ; elles se doivent faire vers la my-May, & ne regardent qu'une seule sorte de branches, & ce sont les foibles : la taille d'hyver les avoit fait laisser fort longues en vûë d'avoir beaucoup de fruit, mais comme elles sont sujettes à de certaines circonstances que nous allons icy examiner, elles nous ont fait aviser de l'avantage & de la necessité d'une deuxiéme operation, & quelquefois d'une troisiéme.

A l'égard des grosses branches qu'on a taillées courtes en Février ou Mars, elles ont assez senti le coûteau, elles n'en ont plus de besoin, leur fonction étant non pas de rien faire qu'il faille en ce temps-cy retrancher, mais au contraire de faire beaucoup de branches qui sont precieuses, & meritent d'être conservées avec grand soin.

Ces dernieres tailles que nous expliquons icy, sont d'un grand avantage pour la grande taille de l'année d'aprés, en ce qu'elles nettoyent un Arbre de toutes les branches inutiles & à demi-mortes qui n'y feroient que de la confusion : elles fortifient d'autres branches dont on aura besoin dans la suite en leur faisant venir toute la seve qui iroit inutilement à ces malheureuses, lesquelles ne peuvent jamais servir de rien, & lesquelles aussi bien doit-on ôter infailliblement l'Hyver suivant ; elles contribuënt à la beauté & bonté des fruits, elles servent à faire qu'un Arbre soit toûjours également garni, de sorte que par leur moyen on ne verroit presque jamais de défauts à aucuns de ces Pêchers, si cette malheureuse gomme ne les persecutoit pas.

Voicy quelles sont les suites de ces sortes de branches, pour lesquelles on fait ces sortes de tailles dont est question ; j'exhorte le Jardinier à bien suivre cette discution.

Ces branches que je dois particulierement regarder en vûë du Fruit auront fait de six choses l'une.

Premierement elles pourront dans presque toute leur étenduë avoir fait beaucoup de Fruits & de belles branches, ou beaucoup de Fruits & de vilaines branches : J'appelle icy belles branches celles qui sont assez grosses pour être branches à Fruit de l'année d'aprés, & font cependant de belles feüilles ; & au contraire j'appelle chetives & vilaines branches celles qui sont courtes & déliées, & incapables de fructifier, & qui ne font que de petites feüilles.

Secondement ces brances à fruit pourront n'avoir de fruit que jusqu'à une partie de leur longueur, par exemple le quart, le tiers, , la moitié, &c. & avoir fait de belles ou de vilaines branches par tout, ou en certaine partie, & tout cela quelquefois vers le bout d'en haut, quelquefois aussi vers le bout d'en bas.

En troisiéme lieu elles pourront n'avoir fait nul fruit, mais beaucoup de belles branches, ou plusieurs toutes vilaines & chifonnes.

En

En quatriéme lieu elles pourront n'avoir fait qu'une ſeule branche à l'extremité avec beaucoup de fruit par tout, ou ſans aucun fruit nulle part.

En cinquiéme lieu n'avoir fait qu'un ſeul fruit à l'extremité avec quelques branches dans une partie de leur étenduë.

Enfin elles peuvent eſtre peries de gomme, ou du froid en toute leur étenduë, ou ſeulement vers l'extremité.

Tous ces cas me ſont arrivez une infinité de fois, & j'y ay tenu la conduite que je vais expliquer.

Dans la premiere partie du premier cas, où les branches à fruit auront fait du fruit, & de belles branches dans la plûpart de leur étenduë, on doit ſe réjoüir de l'abondance, car tout ſans doute viendra bien, puiſqu'au mois de May les apparences en ſont ſi belles : on n'a qu'à ôter ſeulement quelques fruits des endroits où ils ſont ſi prés à prés, qu'on a lieu de juger qu'en groſſiſſant ils ne pourroient pas compâtir enſemble, auſſi-bien ils ſe feroient tort les uns aux autres ; & ſi même on eſt menacé de quelque confuſion par cette multitude de nouvelles branches, on en pourra retrancher quelqu'une des moins belles & des plus mal placées ; il eſt toûjours à ſouhaiter que le retranchement tombe ſur les plus éloignées.

Dans la deuxiéme partie du premier cas, où la branche a fait beaucoup de fruit, mais nulles branches belles, & au contraire toutes foibles & chifonnes, il faut ôter la plûpart de ce fruit, il ne viendroit ny beau ny bon ; on en conſervera ſeulement quelque peu de ceux qui ont la meilleure mine, & qui ſont les mieux placez, c'eſt-à-dire dans la plus baſſe partie de la branche : il faut en même temps racourcir beaucoup cette branche pour la ravaller juſqu'au deux ou troiſiéme œil d'en bas, afin d'y fortifier pour l'année d'aprés quelqu'une des moins vilaines branches qui y ſont.

Dans le ſecond cas où la branche à fruit n'a de fruit que juſqu'à une partie de ſa longueur, ſi ſeurement ce fruit ſe trouve dans le bas de telle branche, il faut conſerver & ravaller entierement la branche juſqu'à celle des nouvelles venuës, qui paroît la plus belle & la plus voiſine de ce fruit ; c'eſt aſſez qu'il y en reſte une ou deux paſſablement belles.

Que si le fruit est en assez bon nombre, & vers l'extremité d'en haut, & que là aussi il y ait d'assez belles branches, il y faut pareillement conserver ce fruit, ôter toutes les chetives branches qui y sont, & les ôter de la maniere que nous venons de dire, n'en gardant seulement qu'une ou deux de celles qui paroissent les plus belles en quelque endroit qu'elles soient, & particulierement si elles sont dans le bas où nous les souhaitons toûjours; car pour les fruits ils sont bien placez en quelqu'endroit qu'ils soient, même au bout de la branche pourveu qu'ils soient beaux; bien entendu que conservant une ou deux belles branches à l'extremité d'une branche à fruit qu'on a tenuë fort longue, on doit faire son conte que l'année d'aprés on retranchera entierement tant la mere que la fille, ou les filles, autrement il se feroit un endroit trop dégarni.

Dans la premiere partie du troisiéme cas, ou veritablement la branche n'a retenu nul fruit, mais qui en revanche a fait beaucoup de belles branches nouvelles, en tel cas dis-je, il faut conserver autant qu'on pourra la plûpart de ces belles branches, prenant seulement garde de n'y en laisser fortifier aucune beaucoup plus que les autres, & sur tout vers l'extremité, car telle branche ruineroit toutes les basses, & ainsi il faut ou l'arracher entierement si on se trouve suffisammeut garni d'ailleurs, ou la pincer, c'est-à-dire la rompre à deux ou trois yeux, comme nous l'avons déja expliqué.

Et dans la seconde partie de ce troisiéme cas où la branche à fruit n'a été heureuse, ny en fruit, ny en bois de belle venuë, il faudra ravaller entierement une telle branche sur une seule de celles qu'elle a faites, & que ce soit la plus basse, esperant par ce moyen de la fortifier pour pouvoir être bonne l'année d'aprés, ou enfin l'ôter entierement si elle n'a pas secondé nos intentions.

Dans la premiere partie du quatriéme cas où la branche à fruit n'a fait qu'une seule branche à l'extremité avec beaucoup de fruits par tout, je trouve à propos de conserver cette branche, pourveu qu'elle ne prenne pas le train de devenir branche à bois, car cela étant il la faut extrêmement pincer; si donc telle branche n'est que mediocrement grosse, elle promet beaucoup pour l'année d'aprés, & cependant pour toutes les petites branchettes qui se trouvent parmy les fruits dont elle est chargée, nous les taillons, comme nous l'avons dit dans l'exposition du second cas.

A plus forte raison faut-il traiter de la même maniere les petites branches qui se trouvent icy sans fruit dans l'étenduë de celle dont est question, étant assuré que d'ordinaire elles ne repoussent plus, car elles sont toutes aoûtées dés le mois de Juin : nôtre consolation pour l'année d'aprés seulement est renfermée dans la belle branche à fruit, qui se presente icy à l'extremité de la branche qui a fleury inutilement dans toute son étenduë.

Dans le cinquiéme cas, où la branche laissée longue pour donner beaucoup de fruit a esté cependant si malheureuse & si maltraitée, qu'elle n'en a retenu qu'un ou deux à son extremité, & qui cependant a fait quelques branches dans une partie de son étenduë.

Il y a icy plusieurs égards particuliers à observer, par exemple si l'Arbre d'ailleurs a peu de fruit, car si cela est on sera tenté, & avec raison, de conserver celuy-cy que l'on sçait être bon, ainsi en pareil cas on ne touchera point à une telle branche ; ou bien on observera si l'Arbre a beaucoup fructifié dans toute son étenduë, & pour lors on ne fera pas grande difficulté d'en perdre si peu, & par consequent de retailler court une telle branche pour en pouvoir fortifier quelqu'une qui paroît assez bonne, & qui est bien placée, & dont on a besoin pour la beauté de l'Arbre, & pour les esperances des années à venir.

On considerera encore si l'année est universellement sterile, car cela empêcheroit l'operation que je viens de conseiller, ou si c'est un fruit douteux, & dont il soit necessaire de connoître l'espece, soit pour la supprimer, soit pour la multiplier, &c. Et cela étant il faudra se resoudre à conserver cette Pêche unique, ou ces deux Pêches qui sont restées dans le haut de la branche dont est question, quoy que ce soit avec quelque sorte de regret par la juste apprehension d'une difformité future dans cet Arbre.

Car enfin la principale chose à faire dans la conduite

des Pêchers eſt de preferer la beauté de tout l'Arbre par l'eſpoir d'une abondance future, de preferer dis-je la beauté de cet Arbre à une petite quantité de fruit, quoyque veritablement preſente.

Enfin au ſixiéme cas où les branches ſont peries de gomme ou de froid, il n'eſt pas difficile de donner un bon conſeil & de prendre un bon parti, c'eſt-à-dire qu'il faut entierement retrancher tout ce qui eſt mort, & qui par conſequent eſt inutile & deſagreable à voir en quelque endroit qu'il ſoit, ſi particulierement il eſt à l'extremité.

Voilà donc ce que je pratique pour la deuxiéme taille: Que ſi on ne l'a pû faire vers la my-May, on la peut faire juſques à la my-Juin : en ſorte que même on en peut faire pour lors juſqu'à une troiſiéme, quant à la ſeconde faite à la my-May, on a trouvé à propos d'hazarder encore quelque longueur de branches & quelques fruits.

C'eſt encore un effet de la ſeconde taille que de couper toutes les petites branches chifonnes qui naiſſent dans l'étenduë de la belle, laquelle a eſté produite de l'année même, comme auſſi de racourcir en Septembre les branches de Pêchers qui ſont foibles & aouſtées.

J'ajoûte que telle operation eſt tres-importante à faire, mais que malheureuſement on ne la fait preſque point, ou au moins la fait-on rarement, ſoit par pareſſe, ſoit faute d'avoir le temps de la faire, à cauſe qu'on a peut-être un trop grand nombre d'Arbres, & d'autres ouvrages qui accablent le Jardinier.

CHAPITRE XXXII.

Des differentes manieres dont on gouverne les Pêchers en Eſté.

JE vois parmy les Jardiniers trois manieres differentes de gouverner en Eſté toutes ſortes de Pêchers pour ce qui regarde les jeunes branches qu'ils font. Les premiers arrachent indifferemment toutes celles qui viennent devant & derriere, & n'en laiſſent que peu d'autres, ceux-là me paroiſſent fort blâmables, & indignes de la profeſſion qu'ils font.

Les seconds coupent toutes ces branches à trois ou quatre yeux, & par là font beaucoup de broussailles & de fretin, parmy lequel il vient quelquefois un peu de Fruit, mais cela est assez rare, outre que cette maniere rend les Arbres vilains & desagreables, & par consequent je n'en fais point de cas.

Les troisiémes enfin conservent en Esté toutes les bonnes branches & les palissent proprement, attendans à choisir les meilleures à la saison de tailler; ceux-là font ce me semble ce qui est à faire, & je les imite autant que je puis.

CHAPITRE XXXIII.

De l'ébourgeonnement.

Comme la taille ne sert que pour racourcir simplement, ou pour ôter tout-à-fait quelques vieilles branches, qui soit par leur longueur, soit par leur situation, soit par leur multitude peuvent incommoder un Arbre, aussi l'ébourgeonnement n'est que pour détruire & arracher entierement de jeunes branches de l'année, soit grosses soit menuës quand il en vient quelques-unes mal à propos qui peuvent, ou faire confusion ou faire tort, soit à tout l'Arbre, soit seulement à la branche où celles-cy sont venuës.

Le temps de la taille est, comme nous avons dit, depuis Novembre jusqu'à la fin de Mars, & regulierement cette taille doit estre faite tous les ans, au lieu que le temps de l'ébourgeonnement est d'ordinaire en May & Juin, quelquefois aussi en Juillet & Aoust; souvent même il ne se fait point: mais s'il arrive qu'il y ait lieu de le faire, il ne faut pas manquer d'y travailler, & pour l'ordinaire on ne sçauroit trop-tôt faire cet ébourgeonnement, afin de ne pas laisser croître des jets inutiles, & par consequent ne pas laisser perir mal-à-propos une certaine quantité de seve qui pourroit être employée à de bons usages, de maniere que quand on ne l'a pas fait assez tôt, il le faut faire tard si on peut, & cela par la regle qui dit qu'il vaut mieux faire tard que jamais une chose qui est bonne à faire.

Il n'est pas aisé de marquer bien précisement quelles sont les branches qu'il faut ébourgeonner, & particulierement les marquer à des curieux peu éclairez, & qui ne font gueres que commencer : Car pour un Jardinier habile, qui par les regles cy devant établies doit s'être fait l'idée d'un bel Arbre, & qui par consequent doit sçavoir à peu prés quelles branches sont à souhaiter, tant pour la belle figure de chaque Arbre que pour le Fruit, un tel Jardinier, dis-je, doit aussi d'abord connoître les branches qui viennent mal à propos, en sorte qu'elles ne conviennent nullement à l'idée qu'il a conçûë, & par consequent il doit les ôter dés le moment de leur naissance, ou les ôter au moins d'abord qu'il s'en apperçoit, & sur tout devant la fin de l'Esté, c'est à dire devant que les Arbres ayent achevé de pousser, & que telles branches soient devenuës grosses, ou autrement ce sera au temps de la taille qu'enfin il les faudra ôter : mais generalement parlant je puis dire que l'ébourgeonnement doit retrancher toutes les branches qui sont mal placées de quelqu'endroit qu'elles viennent, soit bon, soit mauvais, & qui sur tout font de la confusion & de l'embarras sans qu'elles puissent être bonnes ny à bois ni à fruit: la connoissance de l'ordre dans lequel les branches viennent, soit les bonnes, soit les mauvaises, & que nous avons assés nettement expliqué au commencement de ce traité est icy absolument necessaire.

Il faut particulierement prendre garde aux Poiriers dés le commencement du mois d'Avril, afin que si d'auprés un talus qui devoit donner une branche à bois en dehors il vient à en sortir une grosse par le dedans de l'Arbre, on l'ôte aussi-tôt par la consideration des deux raisons qui ordonnent l'ébourgeonnement.

Il faut aussi ôter les branches qui empêchent que d'autres mieux placées, & qui seroient plus utiles, ne soient pas bien nourries, ôter par exemple des branches hautes en faveur d'autres plus basses : car par ce moyen on fait que celles-cy deviennent importantes, au lieu que sans secours elles auroient été miserables, & l'Arbre en auroit fouffert, tant à l'égard de fa figure, qu'à l'égard du Fruit que nous luy demandons.

L'ébourgeonnement fe fait quelquefois à de jeunes Arbres auffi-bien qu'à des Arbres plus anciens, & ainfi quand à un jeune Arbre il vient en même temps, & des branches hautes, & des branches baffes avec un grand interval des unes aux autres, il eft expedient d'ôter les plus hautes, quand on veut conferver les plus baffes, ou d'ôter celles-cy quand les autres meritent mieux d'être confervées, & cela fe fait non feulement par la maniere d'ébourgeonnement, mais auffi par la veritable maniere de tailler, c'eft-à-dire avec la ferpette, fi l'ébourgeonnement fimple n'y eft pas fuffifant.

Si d'un même œil fur quelque Arbre que ce foit il fort deux ou trois branches, il en faut ébourgeonner quelques-unes pour faire meilleure la condition des autres, & ôter en même temps la confufion.

Ainfi fur une branche foible, qui d'un méme œil en pouffe par exemple deux ou trois, & toutes apparemment foibles, je n'en conferveray qu'une feule, & ce fera celle qui paroîtra la meilleure, c'eft-à-dire la plus groffe.

Mais fi au contraire c'eft une branche bien vigoureufe qui en faffe trois fur un même œil, & que celle du milieu paroiffe trop forte & la moins bien placée, je l'ôteray fans doute pour fortifier un peu les deux voifines, qui pourront enfuite, l'une d'un côté, & l'autre de l'autre faire un tres-bon effet pour l'Arbre.

Ainfi fur les Arbres tres-vigoureux il faut à l'ébourgeonnement ôter quelques-unes de leurs plus fortes branches, & conferver toujours de celles qui le font un peu moins, pourveu qu'elles ayent l'apparence d'être bonnes; & fur tout quand la groffe branche taillée en fait plufieurs d'où il arrive confufion, il faut ôter des plus hautes prenant garde cependant de ne pas trop décharger ces fortes d'Arbres, qui à caufe de leur grande vigueur ne font prefque que de groffes branches, comme au contraire fur les Arbres qui font peu vigoureux, il faut ôter toutes les chetives pour fortifier davantage celles qui le paroiffent moins, & qui toutefois ne font pas auffi fortes qu'il le faudroit.

De là il est facile de conclure qu'on peut aussi bien faire tort à un certain Arbre si on l'ébourgeonne trop, qu'à un autre certain si on ne l'ébourgeonne pas assez : c'est à la prudence du Jardinier à bien démêler celuy qui pour être tres-vigoureux a besoin d'être ébourgeonné d'une façon d'avec celuy, qui à cause de son peu de vigueur a besoin de l'être d'une autre maniere.

Je diray en passant, que si on juge qu'on ait besoin de beaucoup de rameaux pour greffer en Ecusson, il faut être un peu plus reservé en ébourgeonnant les Arbres vigoureux, lesquels peuvent fournir les greffes, ayant cependant soin que cela ne fasse aucun tort pour les Fruits de l'année d'aprés.

Assez souvent faute d'avoir sagement ébourgeonné, ou d'avoir bien palissé, nous voyons que dans la confusion des branches il s'en est fait de certaines menuës & élancées, que nous appellons d'un terme assez barbare Veûles, & celles-là il les faut soigneusement ôter à la taille, ou au moins les ravaller à un œil prés, parce que tres-souvent elles ne valent rien.

Il arrive aussi d'ordinaire qu'une branche de Pêcher en pousse d'autres dans l'Esté même qu'elle est faite, & pour lors il faut examiner si telles branches sont tres-chetives, & cela étant on les ébourgeonnera en quelqu'endroit qu'elles soient, mais si elles sont d'une bonne grosseur, & qu'elles ayent les yeux doubles, en sorte qu'elles puissent être branches à Fruit, il les faut conserver soigneusement quand même elles ne seroient venuës qu'en Juillet ; & si du bas d'une telle branche il en sort une raisonnablement grosse, en sorte qu'elle puisse servir pour branche à bois, il la faut respecter comme une tres-bonne fortune pour la beauté & conservation de l'Arbre ; que si au contraire vers la partie haute de telle branche il s'en forme quelqu'une, qui devienne tellement grosse qu'elle ne pourroit être qu'une branche à bois, il la faut ébourgeonner, attendu qu'elle n'est pas en lieu où nous ayons besoin d'une branche à bois, & que d'ailleurs elle feroit tort à la mere qui l'a produite.

Il ne faut pas trop douter, que comme taillant la vigne pendant

pendant qu'elle est en seve, il se perd visiblement beaucoup de la seve par l'endroit taillé, tout de même aussi en fait d'Arbres fruitiers il ne s'évapore quelque peu de leur seve par l'endroit coupé, si on y coupe quelque chose au temps de la pousse, c'est-à-dire pendant l'Esté : cela se voit pareillement à la taille des Melons, qu'une branche taillée en produit plus de nouvelles que celle qui ne l'a pas esté, & voilà pourquoy j'ay avancé qu'il est bon de tailler tard les Arbres trop vigoureux ; aussi voit-on souvent en matiere de Pêchers, qu'une grosse branche jeune laquelle a esté coupée pendant l'Esté ; on voit, dis-je, qu'une telle branche ne pousse presque plus, ou au moins ne pousse que fort foiblement, jusques là même que son extremité noircit & meurt, & ce qui arrive est que pour lors les branches voisines en deviennent d'ordinaire plus vigoureuses ; veritablement, ny l'ébourgeonnement, ny le pincement ne font point ainsi perdre de la seve, aussi bien loin que ce soit des operations dangereuses à faire en Esté, comme le peut être la taille qui se fait avec le coûteau, celles-là sont tres-utiles, & souvent même tres-necessaires.

Or quoique l'ébourgeonnement ne regarde proprement que les bourgeons à ôter, on peut pourtant encore l'entendre pour un éclaircissement, ou un épluchement à faire des Fruits, & sur tout des Fruits à noyau quand il y en a trop en quelqu'endroit, cet épluchement se faisant en même temps que l'ébourgeonnement ; je traite assez amplement cette matiere dans un autre endroit, & ainsi je n'en diray rien icy davantage.

Quand une branche qui avoit paru bonne en taillant, & qu'à cause de cela on a conservée, devient miserable, & cela faute d'un bon secours de seve nouvelle, ce qui arrive quelquefois par un desordre interieur lequel on n'a pû empêcher, en tel cas il n'y a autre chose à faire que d'ôter une telle branche dés qu'on l'aperçoit ; quelquefois aussi il est resté des branches chifonnes que la negligence, ou le peu d'application ont laissé par mégard, il faut pareillement les ôter d'abord qu'on vient à les remarquer ; & supposé qu'il soit resté de fort beaux Fruits à l'extremité d'une branche qui n'a poussé aucun bois nouveau, ce qui n'eſt pas fort ordinaire, en tel cas il faut ſans doute attendre à ôter telle branche que les Fruits en ayent eſté cuëillis, & pour lors on l'ôtera, parce qu'auſſi-bien elle ne ſeroit jamais plus bonne à rien.

CHAPITRE XXXIV.

Remarques particulieres pour une autre operation importante qui ſe fait en Eſté ſur quelques Arbres, & qui s'appelle pincer.

QUi dit pincer en fait de Jardinage dit rompre à deſſein un jet tendre de quelque plante que ce ſoit, & le rompre ſans le ſecours d'aucun inſtrument, mais ſeulement avec les ongles de deux doigts: cette maniere de rompre s'eſt pratiquée de tout temps ſur les jets des Melons, Concombres, &c. mais je ne ſçache point qu'on l'eût jamais pratiquée en aucune ſorte d'Arbres fruitiers, à l'egard deſquels cependant j'ay trouvé à propos de m'en ſervir, quoique pourtant ce n'eſt que ſur quatre ſortes d'Arbres fruitiers, ſçavoir Poiriers, Pêchers, Figuiers, Orangers, & je ne traiteray icy que ce qui regarde les groſſes branches nouvelles des Pêchers vigoureux, & les groſſes branches nouvelles qui viennent des greffes en fente faites ſur de vieux Poiriers qui ſe portent encore aſſez bien; je traiteray en d'autres endroits ce qui regarde le pincer des Orangers & des Figuiers, & même des Fraiſiers, & des raves montées en graine, &c.

Or ce qui m'a fait imaginer cette maniere de pincer ces deux ſortes d'Arbres, & ce qui fait qu'aſſez ſouvent je m'en ſers, c'eſt qu'étant conſtant, comme nous l'avons dit tant de fois, que le Fruit vient rarement ſur les groſſes branches, & vient d'ordinaire ſur les foibles, j'ay crû que ſi on pouvoit parvenir à faire que la ſeve, qui va toute à ne pouſſer qu'une groſſe branche, laquelle ſe trouve ou inutile ou incommode, ſi dis-je on pouvoit parvenir à faire que cette ſeve fut tellement partagée, qu'elle fit pluſieurs branches, il arriveroit ſans doute que dans la quantité il s'en trouveroit quelqu'une de foible, ou peut-être pluſieurs qui par consequent seroient propres à donner du Fruit, au lieu que, comme nous venons de dire, la grosse branche n'auroit produit aucun bon effet.

J'ay trouvé que la chose estoit possible, & que pour cela il n'y avoit particulierement dans les mois de May, & encore quelquefois dans les mois de Juin & de Juillet, qu'il n'y avoit, dis-je, en ce temps-là qu'à rompre les gros jets nouveaux de ces sortes d'Arbres, pendant que ces jets sont encore tendres, & pour ainsi dire aussi faciles à casser que si c'étoit du verre, ce qui est tres veritable.

Cette operation est fondée sur un raisonnement que j'ay amplement expliqué dans mes reflexions, & qui peut bien n'être pas icy necessaire.

Ayant donc dans le temps cy-devant marqué rompu à deux ou trois yeux quelques-uns de ces sortes de gros jets nouveaux il m'en est arrivé souvent ce que je souhaitois, c'est-à-dire autant de branches que j'avois laissé d'yeux, aussi-bien un Arbre vigoureux ne sçauroit-il en avoir trop, pourvû qu'elles soient bonnes & bien placées : Parmy les branches qui sont venuës d'un tel pincement, s'il est permis de se servir de ce terme, il s'en est d'ordinaire trouvé de foibles, & celles-là ont fait du Fruit : il s'en est aussi trouvé d'assez grosses, & celles-cy ont esté des branches à bois, si la seve qui faisoit telles grosses branches, & les faisoit avec une action tres-vive, & tres vigoureuse, si cette seve, dis-je, venoit à trouver en chemin un obstacle qui l'arrêtât tout court au plus fort de l'action, & qui par consequent l'empêcheroit de suivre sa route pour continuer de monter, comme elle feroit n'étant point empêchée, en tel cas cette seve ne pouvant cependant cesser d'agir, & étant forcée de sortir d'une façon ou d'autre elle creveroit par autant d'ouvertures qu'elle en pourroit trouver de faites prés de l'empêchement survenu, ou qu'en cas de besoin elle feroit elle-même.

Mais il faut sçavoir que ce pincement ne se doit gueres pratiquer que sur les grosses branches d'en haut, lesquelles demeureroient inutiles par leur situation, & cependant consommeroient mal à propos une quantité de bonne seve,

& ainsi rarement se doit-il faire sur les grosses branches basses puisqu'il est toûjours tres-important de les conserver telles jusqu'à la taille d'hyver, afin que pour l'année d'aprés elles en fassent quelques autres, qui soient propres à garnir des endroits, lesquels naturellement & ordinairement ne sont que trop sujets à se dégarnir.

Il faut aussi sçavoir que ce pincement ne se doit jamais faire sur les branches foibles, puisque n'ayant justement de seve qu'autant qu'il leur en faut pour être bonnes, il ne s'en feroit que de chifonnes à l'endroit où se feroit le partage de la mediocre portion de seve que la nature leur distribuë.

Et ainsi il ne faut jamais rien pincer sur les Arbres qui ne font que trop de ces branches foibles, & peu de ces bonnes grosses; il s'en trouve de ce caractere en toute sorte d'especes de Pêchers.

Le bon temps pour pincer, & particulierement dans les climats un peu froids comme le nôtre de Paris & du voisinage, est comme nous avons dit, à la fin de May, & au commencement de Juin; que s'il est necessaire de pincer pour une seconde fois, le temps du solstice est admirable pour cela, aussi-bien que pour arroser quelques Arbres en terre seiche, & pendant un temps sec; c'est pour lors qu'il se fait un redoublement merveilleux d'action aux racines, & par consequent aux branches, & en effet c'est le plus grand effort de tout l'Esté.

Nous avons déja veu que la premiere furie des fruits à noyau commence de paroître à la pleine Lune d'Avril qui se trouve d'ordinaire en May, & nous allons voir une autre maniere de furie au premier quartier de la Lune de ce même mois de May, ces deux temps-là sont bons pour pincer, aussi-bien remarquons-nous que toutes les branches de chaque Arbre ne commencent pas toutes à pousser vigoureusement dans un même temps, si bien que ce qui n'a pas esté pincé à la premiere saison le pourra fort bien être à la seconde.

J'ay dit qu'il ne falloit gueres pincer les grosses branches jeunes des Pêchers si ce n'est dans le temps qu'elles sont faciles à se casser au moindre effort, sans qu'on soit obligé de se servir du coûteau pour les racourcir : de là il est aisé à juger que j'ay donc trouvé, qu'il estoit dangereux de se servir d'instrumens pour couper de telles branches, & cela est vray: car comme j'ay dit cy-devant, l'extremité de telles branches ainsi coupées est sujette à noircir & à mourir, & ne fait point assurement le même effet que celuy qui vient de l'action de pincer; on peut encore bien dire la même chose à l'égard des grosses branches tendres qui sont provenuës des belles greffes de Poiriers faites sur un sujet gros & vigoureux; mais toutefois l'experience nous apprend que le coûteau n'est pas si dangereux à celles-cy qu'il l'est à celles des Pêchers.

CHAPITRE XXXV.

De ce qui est à faire à certains Arbres extraordinairement vigoureux, & ne se mettans point à fruit.

RESte à voir ce qui est à faire à l'égard de certains Arbres extraordinairement vigoureux, & à un tel point qu'ils sont quelquefois de tres-longues années à ne pousser que beaucoup de bois & peu de fruit, ou assez souvent point du tout, tels sont d'ordinaire la plûpart des Poiriers & Pommiers greffez sur franc, & particulierement conserver un Arbre qui ne fait que des petits jets, & qui pour la plûpart sont tous de faux bois, ou qui fait paroître tous les ans son infirmité au bout de ses branches & dans la couleur de ses feüilles.

Or pour les Arbres tres-vigoureux dont il est icy principalement question, bien des gens proposent comme souverains & infaillibles tous pleins d'expediens & de remedes que j'ay essayé pendant un long-temps avec beaucoup d'application, mais de bonne foy ç'a toûjours esté sans aucun succés.

Troüer un Arbre au travers de la tige, & y mettre une cheville de chesne sec, fendre une des principales racines, & y mettre une pierre, tailler en decours, &c. Ce sont de miserables secrets de bonnes gens imbus des vieilles routines, gens qui n'entendent gueres la vegetation, & se repaissent de peu de chose.

Pour moy outre que je suis persuadé par mon experience, que ma maniere de tailler évite souvent la difficulté, dont est question, j'ay encore en cas d'une opiniâtreté recours à ce que j'ay dit ailleurs; car dans la verité il n'y a rien de mieux à faire, c'est à sçavoir que comme constamment le fruit aux Arbres n'est qu'un effet, ou au moins qu'une marque d'une certaine foiblesse moderée, il faut sans s'amuser à mille bagatelles aller à la source de la vigueur de l'Arbre, c'est à dire à ses racines, en découvrir entierement la moitié, en retrancher si bien une ou deux, ou trois de celles qui de ce côté-là sont les plus grosses, & par consequent les plus agissantes, qu'il n'en reste pas la moindre partie capable d'agir, ou de produire même un filet de chevelu : les racines de l'autre moitié, car je suppose qu'il y en ait de bonnes, ou autrement il en faudroit moins ôter de celles du côté foüillé, les racines, dis-je, de cette autre moitié ausquelles on n'aura pas touché, seront suffisantes pour nourrir honnêtement tout l'Arbre.

Ce remede est infaillible pour faire que tels Arbres cessans pour ainsi dire d'être rétifs à nos soins & à nôtre industrie fassent bien-tôt du fruit, parce qu'aprés cela ne se preparant plus tant de seve qu'auparavant, puisqu'une ou deux, ou trois des principales ouvrieres n'y sont plus, cela étant il ne montera plus que mediocrement de nourriture dans les branches foibles, & ainsi les boutons commencez n'ayans plus de quoy s'allonger ils s'arrondiront, & par consequent deviendront boutons à fruit, ils fleuriront, & enfin donneront le contentement qu'on en souhaite.

Messieurs les Philosophes donneront à cela telle couleur & telle explication qu'il leur plaira, mais toûjours constamment la chose arrive, comme je viens de l'exposer.

Arracher entierement tels Arbres & les replanter aussi-tôt avec la plûpart de leurs branches & de leurs racines, soit dans la même place, soit dans une autre, comme de certains Auteurs proposent est encore un remede qui les range quelquefois à la raison, mais il me paroît un peu violent, puisqu'il menace quelquefois de la mort, & souvent de faire de vilains Arbres, qui est un mal presque aussi redoutable pour moy que celuy de peu de fertilité : c'est pourquoy je m'en sers fort rarement, quoy que pourtant je m'en sers quelquefois.

CHAPITRE XXXVI.

De la conduite ou culture des Figuiers.

APrés avoir dit ailleurs, & cela aprés une longue experience que la figue bien meure étoit à mon goût le meilleur de tous les fruits des Arbres, qui jusques à present sont venus à ma connoissance, comme aussi est-elle en effet celuy que la plupart des honnêtes gens trouvent le plus delicieux de tous, aprés cela, dis-je, j'ay crû que dans ce traité general de la culture des fruits je ne devois pas manquer d'en faire un particulier pour la conduite de celuy-cy.

Or devant que d'entrer en matiere je ne puis m'empêcher de témoigner d'abord l'étonnement où je suis, de ce que veu l'estime singuliere que presque tout le monde fait des bonnes Figues, cependant nous voyons que dans ces pays-cy on s'étoit accoûtumé de n'en avoir qu'en tres-petit nombre pour chaque Jardin, c'est à-dire qu'on se contentoit d'en avoir deux ou trois ou plus, & même assez souvent les abandonnoit-on dans quelque coin de basse cour, où ils étoient exposez à toutes sortes de mauvais traitemens, sans que jamais on leur fît aucune sorte de culture ; veritablement dans les climats chauds ils sont mieux & plus honnorablement traitez, on y en a toûjours eu une fort grande abondance, non seulement dans les Jardins & à quelque bon Abry de maison, mais particulierement dans les Vignes, dans les hayes & en pleine campagne, aussi est-il vray qu'on y en fait un trafic considerable de celles qu'ils font confire, & desquelles je ne parle nullement icy.

Je sçay bien que la difficulté de conserver les Figuiers contre les grands froids de l'hyver est la principale raison pourquoy on en a si peu dans nos climats : mais enfin veu l'importance & le merite du fruit on devoit ce me semble s'être un peu plus étudié qu'on n'a fait pour joüir plus amplement de ce riche present de la nature.

Il n'est pas necessaire de repeter icy ce que dans le Traité du choix & de la proportion des Fruits j'ay dit assez au long touchant la diversité des especes de Figues, ny comme quoy je fais pour ce pays icy beaucoup plus de cas des blanches, soit longues, soit rondes, que je ne fais pas de toutes les autres: Je ne repeteray pas non plus ce que j'ay dit pour la situation qui leur convient le mieux.

Je diray simplement de quelle maniere je les cultive, & diray sut tout comme quoy nonobstant le mauvais usage, qui nous faisoit contenter de peu, je me suis mis à en élever beaucoup, & cela non seulement par les voyes ordinaires des Espaliers, mais aussi par d'autres voyes extraordinaires, c'est-à-dire par le moyen des Caisses; si bien que je m'en suis fait une chose assez nouvelle, assez plaisante, & assez utile, laquelle, s'il m'est permis d'introduire un terme nouveau, peut être appellée une Figuerie à l'imitation des Orangeries.

Le plaisir que nôtre grand Monarque trouve à ce Fruit là, & le peril de mourir que courent icy les Figuiers en place pendant les grandes gelées, ou au moins de n'avoir point de Figues dans le cours de l'année, ces deux raisons-là ont été deux puissans motifs, qui pour moy honoré comme je suis de la charge de Directeur de tous les Jardins Ftuitiers & Potagers des Maisons Royales m'ont fait aviser de cette maniere d'avoir seurement beaucoup de Figues tous les ans.

A quoy il est vray que j'ay trouvé de grandes facilitez: car premierement la terre ordinaire de chaque Jardin mêlée à environ la moitié de terreau y est tres-bonne & tres-propre: secondement les racines des Figuiers au lieu d'être & dures & grosses comme celles des autres Fruitiers, tant à noyau qu'à pepin demeurent au contraire molles & flexibles, & communement menuës, & ainsi serangent aisément dans les caisses, & même plus aisément ce semble que celles des Orangers, qui cependant y reüssissent si bien. En troisiéme lieu ces sortes d'Arbres font naturellement un tres-grand nombre de racines, de maniere qu'il ne leur est nullement ſement difficile de trouver à vivre graſſement & vigoureuſement dans une petite quantité de terrein, pourveu que l'humidité n'y manque pas; joint que l'approbation univerſelle que j'ay eu de cette entrepriſe, & l'imitation qui s'en eſt enſuivie chez beaucoup de curieux, m'ont encouragé à pouſſer aſſez loin la Figuerie; & ce qui particulierement y a beaucoup contribué, c'eſt que le fruit en meurit icy un peu plûtôt que celuy des autres Figuiers que nous avons en place, & que même il eſt un peu meilleur, & a la couleur un peu plus jaune; la terre facilement échauffée dans les caiſſes faiſant le premier bon effet, & le plein vent faiſant les autres deux.

Je pourrois encore conter pour quelque choſe le plaiſir qu'il y a de voir dans ce pays-cy cette abondance de Figues en plein air (ce qui paroiſſoit uniquement reſervé pour les pays chauds) & conter auſſi le plaiſir qu'il y a de ſe trouver en Eſté au milieu d'un bois tout chargé de Figues, & d'y pouvoir choiſir & cueïllir des plus belles & des plus meures ſans aucune peine.

J'ay donc élevé beaucoup de Figuiers en caiſſe, ayant trouvé qu'outre les avantages cy-deſſus il y avoit encore celuy-cy qui eſt fort conſiderable, c'eſt à ſçavoir que pour les pouvoir ſeurement & facilement conſerver l'hyver, c'étoit aſſez d'avoir une ſerre paſſablement bonne qui empêchât la groſſe gelée de donner deſſus, car il n'eſt pas neceſſaire que cette ſerre ſoit à beaucoup prés ſi importante que celles des Orangers & des Jaſſemins, dont les uns & les autres ſe dépoüillent au moindre froid, c'eſt à dire qu'ils ſont preſque entierement gâtez; car comme tout le monde ſçait, une cheute de feüilles provenuë de la rigueur du froid, ou d'une trop grande humidité marque à l'égard de ces ſortes d'Arbres tout au moins une grande infirmité aux branches dépoüillées, ſi bien qu'elles ont peine à ſe rétablir, au lieu que l'hyver nous n'avons point de feuilles à conſerver à nos Figuiers, ce n'eſt ſeulement que du bois, c'eſt à dire des branches dont le bois eſt aſſez groſſier quoy qu'extrêmement moüelleux, ſi bien qu'il ſe défend mieux du froid que ne font pas les Orangers, la verité étant que ce bois, qui de ſoy eſt aſſez delicat, vient cependant à ſe ſécher à la cheute ordinaire des feüilles, & par conſequent à s'endurcir, ce qui procede de ce que les racines du Figuier ceſſans d'agir en dedans, dés que les feüilles commencent à tomber au dehors, ſon bois qui ne reçoit plus de ſeve nouvelle, ceſſe auſſi de craindre, comme il faiſoit la rigueur de la ſaiſon, au lieu que le bois des Orangers & des Jaſſemins à cauſe de l'operation perpetuelle de leurs racines demeure auſſi tendre l'hyver que tout le reſte de l'année: ce qui fait que comme particulierement pour la nourriture des feüilles qui reſtent ſur les branches, auſſi-bien que pour la nourriture des branches mêmes il monte inceſſamment de la ſeve nouvelle, cette ſeve en ce temps-là tient pour ainſi dire les unes & les autres tellement ſenſibles à la gelée & aux humiditez, qu'il leur en arrive ſouvent ces grands deſordres que tout le monde ſçait & qui ſont preſque les plus grands qu'elles ayent à craindre.

Eſtant donc certain que pour la conſervation de nos Figuiers il ſuffit que la groſſe gelée ne donne pas immediatement ſur leurs branches; il s'enſuit de là que c'eſt aſſez pour eux que la ſerre ſoit raiſonnablement cloſe, tant par la couverture, qu'aux portes & aux fenêtres, juſques-là même que la terre y peut avoir aſſez gelé dans les caiſſes, ſans que pour cela le Figuier en ait eſté incommodé, & ainſi une cave mediocrement baſſe, ou une Eſcurie, ou une ſale ordinaire qui ſeroient ſi pernicieuſes pour les Orangers & pour les Jaſſemins, peuvent n'être pas mauvaiſes pour nos Figuiers: bien entendu toutefois que ſi le lieu étoit extraordinairement humide, il pourroit leur en arriver quelque malheur, & bien entendu auſſi, que ſi un Figuier en caiſſe demeure l'hyver hors de la ſerre, il a bien plus à craindre qu'un Figuier en place, car la groſſe gelée le fait entierement mourir, tant par les racines que par la tête, au lieu qu'un Figuier en pleine terre ſe conſerve au moins du côté des racines.

Le temps de mettre les Figuiers dans les ſerres, c'eſt le mois de Novembre, c'eſt à dire qu'il les y faut faire mettre dés qu'on void que les groſſes gelées vont commencer, & c'eſt pour y demeurer tout l'hyver ſans avoir beſoin, ny d'aucune culture telle qu'elle ſoit, ny d'aucun autre soin que de celuy de tenir les lieux autant clos qu'il est possible, & cela seulement pendant les gros froids, car hors ce temps-là ils n'ont pas besoin d'une si grande closture.

Enfin on peut les sortir vers la my-Mars, ou même dés le commencement du mois, c'est à-dire si dés ce temps-là on commence d'avoir de fort beaux jours, & que la saison des grandes gelées paroisse en quelque façon être passée; on n'attend pas même qu'il n'y ait plus rien du tout à craindre pour les Figues nouvelles, autrement il faudroit attendre jusques vers la fin d'Avril: car assez souvent il arrive encore jusques en ce temps-là de certaines gelées qui les noircissent & les font perir, quoique déja raisonnablement grosses; & la raison qui oblige de les sortir plûtôt est qu'il est necessaire que les Figuiers joüissent immediatement des rayons du Soleil, & de quelques pluyes douces des mois de Mars & Avril pour pouvoir heureusement pousser leurs premiers fruits, afin que sur toutes choses ces premiers fruits s'accoûtument insensiblement au grand air qui les doit faire croître & meurir de bonne heure, étant certain que les Figues qui naissent dans serre sont sujettes à noircir & à perir dés qu'elles se trouvent au grand air, fut-il même sans gelée & sans aucun froid considerable, parce qu'il ne faut qu'un miserable roux-vent, ou une chaleur excessive dans les premiers jours de leur sortie pour les détruire sans ressource, au lieu que les Figues un peu accoûtumées à l'air se sont assez endurcies pour y pouvoir resister malgré quelque intemperie de la saison.

En sortant les Figuiers de la serre dans les temps que nous venons de marquer, on n'a que deux choses à faire, la premiere est de les mettre aussi-tôt le long, & tout le plus prés qu'on peut de quelques bonnes murailles qui soient exposées au Midy ou au Levant, & les y laisser jusqu'à ce que la pleine Lune d'Avril soit passée, ce qui arrive dans le commencement de May: Cette sçituation leur est necessaire, tant pour y joüir de l'aspect du pere de sa vegetation, & être humectez des pluyes printanieres, que pour y trouver cependant un peu d'abry contre les gelées matutinales du reste de l'hyver, c'est-à-dire contre celles des mois de Mars & d'Avril, parce que comme ce merveilleux fruit vient en ce temps-là à ſortir tout formé du corps de la branche, & à ſe preſenter ainſi tout d'un coup ſans aucun ſecours d'envelope, ou d'accompagnement de fleurs & de feüilles, il eſt ſans doute extraordinairement delicat dans les premiers jours de ſa naiſſance, & ainſi telles gelées qui ſont ſi ordinaires & ſi frequentes en ces temps-là venans pour lors à ſe faire ſentir elles luy ſont tres dangereuſes, ou pour dire mieux elles luy ſont mortelles ; juſques là même, que quoy que cet abri ſoit favorable aux Figuiers, tant à ceux qui ſont en place, qu'à ceux qui ſont en caiſſe, il ne faut pas laiſſer encore d'avoir ſoin de les couvrir de draps ou de paillaſſons, ou de grand fumier ſec, ou de coſſats de pois, toutes les fois qu'on ſe voit menacé de quelque gelée : les vents froids de galerne, les vents de Nord & de Nord-eſt, ou quelques grélots, & quelques neiges fonduës ne manquent guéres de les donner la nuit aprés les avoir communément annoncées le jour d'auparavant, & ainſi malheur au Jardinier qui n'a pas ſçeu profiter du ſignal d'un ſi mauvais augure.

La ſeconde choſe qu'on a à faire aprés avoir ſorti les Figuiers de la ſerre, & les avoir ainſi rangez à l'abri eſt, comme diſent les Jardiniers, de donner une bonne moüilleure à chacune des caiſſes, c'eſt à-dire les arroſer une bonne fois, en ſorte que toute la mote en ſoit penetrée & ce ſera pour ne le plus guéres arroſer que quand avec quelques feüilles le fruit commencera d'y paroître tout-à-fait, & même un peu gros, ce qui arrive vers la my-Avril; les pluyes ordinaires du Printemps ſuppléeront aſſez à d'autres arroſemens, mais cette premiere moüillure eſt tres-neceſſaire pour humecter tout de nouveau la terre, qui au bout de quatre à cinq mois de ſerre étoit entierement deſſéchée, ou autrement les racines au renouveau de la chaleur ne pourroient faute d'humidité renouveller leur action, & par conſequent il ne ſe feroit aucun bon mouvement de vegetation, ſoit pour nourrir, & faire plûtôt groſſir ce fruit nouveau, ſoit pour nous donner auſſi plûtôt de nouvelles feüilles & du nouveau bois, avec certitude que plûtôt les Figuiers pouſſeront au Printemps, & plûtôt aura-t-on les ſecondes Figues de l'Automne : Je dirai icy en passant que les premieres Figues naissent independamment de l'action des racines, tout de même que les fleurs des autres Fruitiers s'épanoüissent, & leurs premiers bourgeons naissent indépendamment de l'action de leurs racines.

Enfin le froid, c'est à dire le grand ennemy de ces Figues estant passé, ce qui arrive d'ordinaire approchant de la mi-May, on éloigne les caisses de cet abri, & on les met un peu au large pour être en plein air, & sur tout dans quelque petit Jardin qui soit entouré de bonnes murailles; on en peut faire quelque petite figure d'allées bordées des deux côtez, ou même on en peut faire, comme je fais, une maniere de petit bois vert, si on en a suffisamment pour cela, & voilà veritablement ce qui se doit appeller une Figuerie.

Aussi-tôt que ces caisses sont ainsi rangées on les arrose encore une bonne fois, & puis on fait tous les huit jours la même chose jusqu'à la fin de May, car pour lors il faut commencer de les arroser au moins deux fois la semaine, & enfin vers la mi-Juin on se met tout de bon aux grands & frequens arrosemens de presque tous les jours.

Mais devant que d'en venir là il faut sçavoir que pour gagner temps, & avoir facilement beaucoup de Figuiers pour l'établissement & l'entretien de la Figuerie, je commence par faire vers la my-Mars une couche ordinaire de bons fumiers, je la fais haute de 3. bons pieds sur quatre à cinq de large, & aussi longue que j'en puis avoir besoin; j'en laisse passer la grand chaleur qui communement dure cinq ou six jours; & ensuite ayant fait provision de pots de terre de cinq à six pouces de diametre, ou de petites caisses qui en ayent sept à huit, je remplis ces pots & ces caisses de la terre du Jardin mêlée, comme j'ay dit, d'environ la moitié de terreau, ou même on les peut remplir de terreau tout pur, car il est fort bon pour la premiere multiplication des racines, mais il le seroit moins pour les autres encaissemens; il faut être soigneux de bien presser ou fouler cette terre, tant dans le fond du pot, que dans le fond de la caisse, c'est assez qu'il en reste deux ou trois pouces de meuble par en haut.

Enſuite je prens de petits Figuiers tous enracinez, & & aprés avoir extrêmement racourcy toutes leurs racines je les mets environ trois ou quatre pouces avant dans ces pots, ou dans ces caiſſes, & ne leur laiſſe à chacun que quatre ou cinq pouces de tige : (les Figuiers en caiſſe n'en ſçauroient avoir trop peu.) J'enfonce ces pots ou ces caiſſes environ la moitié dans la couche : une bonne partie de ces Figuiers ainſi plantez prennent d'ordinaire, & font dés l'année même d'aſſez beaux jets, & en aſſez bon nombre, pourvû que, comme il eſt tres-neceſſaire, on les ait aſſez bien arroſé pendant l'Eſté, & qu'on ait deux ou trois fois réchauffé la couche ſur les côtez pour la maintenir toûjours raiſonnablement chaude.

Que ſi je me ſuis ſervi de pots, je dépote pendant l'Eſté même, ou au moins l'Automne, ou le Printemps ſuivant, je dépote, dis-je, ceux de ces petits Figuiers qui ont bien pouſſé dans ces pots, pour les remettre avec leur mote dans des caiſſes de ſept à huit pouces remplies de la terre preparée, laquelle ſur tout, comme j'ay déja dit, on aura bien preſſée dans le fond pour empêcher que cette mote, & les racines nouvelles qui ſe feront, ne deſcendent pas ſi-tôt & ſi aiſément dans ce fond, & même pour empêcher encore plus efficacement cette deſcente, je fais en les encaiſſant toute la même choſe que je fais en rencaiſſant des Orangers, à la reſerve des plâtras, qui ne ſont icy nullement neceſſaires, c'eſt-à-dire que je plante ces Figuiers de ſorte que la ſuperficie de la mote excede de deux ou trois pouces le bord de la caiſſe, & avec des douves miſes ſur les côtez, je ſoûtiens la terre & l'eau des arroſemens, ſi bien que rien ne tombe : la peſanteur de la mote, & ſur tout les frequens arroſemens, & le remuëment ou tranſport des Figuiers ainſi encaiſſez ne font que trop tôt deſcendre cette ſuperficie.

Or prenant grand ſoin d'arroſer ces jeunes Figuiers dans ces petites caiſſes ils commencent aſſez ſouvent à y donner quelque fruit dés l'année même de leur encaiſſement, tout au moins ſont-ils en état d'en donner les années ſuivantes : on les conſerve deux ans dans ces ſortes de petites caiſſes pour les remettre au bout de ce tems-là dans de plus grandes qui ayent environ treize à quatorze pouces en dedans, & pour cela il ne faut pas manquer de leur retrancher les deux tiers de leur mote, & particulierement comme je viens de dire les planter toûjours un peu haut, & presser autant qu'il est possible la terre dans le fond, ce sont toutes choses qui se doivent absolument faire à chaque changement de caisses.

Ils demeurent dans celles-cy jusqu'à ce qu'on soit obligé de les changer tout de nouveau, ce qui se doit faire quand on s'apperçoit que les Figuiers ne font plus de gros bois, & ce qui arrive d'ordinaire au bout de la trois ou quatriéme de leur encaissement; on les sort donc de cette caisse; & aprés avoir fait les operations cy-devant expliquées on les remet encore, soit dans la même caisse, si aprés avoir servi trois ou quatre ans elle assez est bonne, ce qui n'arrive pas souvent, car les grands arrosemens en pourrissent beaucoup, ou bien on les remet dans d'autres caisses neuves de pareille grandeur.

On laisse encore trois ou quatre ans ces Figuiers dans ces sortes de caisses qui ont treize à quatorze pouces en dedans, & ensuite dés qu'on voit par les marques cy-dessus expliquées qu'il y a necessité de les changer, on se sert des mêmes appareils que cy-devant pour les remettre dans d'autres caisses qui ayent dix-sept à dix-huit pouces: on les conserve aussi environ trois ou quatre ans dans celles-cy, & au bout de ce tems-là faisant encore les mêmes choses cy-dessus pratiquées on les remet pour un quatriéme changement, soit dans ces mêmes caisses, soit dans des caisses de pareille grandeur.

La difficulté du transport fait d'ordinaire que quand ces deuxiémes caisses de dix-huit pouces ne valent plus rien, je ne hazarde gueres de leur en donner de plus grandes, qui pourtant les accommoderoient bien, & c'est à dire qu'il leur en faudroit qui eussent vingt-un à vingt-deux pouces, mais celles-cy seroient veritablement les dernieres que je leur voudrois donner, à moins d'avoir de grandes facilitez, soit pour le transport, soit pour la commodité de la serre.

Or donc comme enfin ces Figuiers en caisse viendroient

en un tel point de grandeur & de pesanteur, qu'il faudroit trop de machines pour les remuer, & même une trop grande quantité d'eau pour les entretenir d'arrosemens, je les abandonne aprés les avoir ainsi cultivez pendant quinze ou vingt ans, & ne les regarde plus que pour les mettre en place, soit dans nos Jardins, soit dans ceux de nos amis à quoy ils sont encore assez bons, pourvû qu'on leur retranche une bonne partie de leur bois, & sur tout la plûpart de leurs racines, ou enfin à mon grand regret il faut se resoudre à les brûler; mais cependant pour avoir toûjours ma serre & ma Figuerie également fournies j'en éleve tous les ans de nouveaux de la maniere que j'ay élevé les premiers, & ceux-cy servent à remplacer les anciens, dont j'ay été obligé de me défaire.

Heureusement l'élevation en est facile, puisque premierement les pieds des Figuiers en place repoussent beaucoup de drageons enracinez. En deuxiéme lieu qu'on a la commodité de coucher ou marcoter des branches autour de chaque vieux pied, & qu'enfin on en éleve aussi par le moyen des boutures un peu courbées & mises en terre fraîche, & particulierement mises un peu à l'ombre; il est bon pour celles-cy de leur faire une petite entaille vers l'extremité, quoy que pourtant il y en a assez qui réüssissent sans cette entaille.

Voilà donc beaucoup de moyens, & tous fort faciles pour parvenir à faire une assez bonne provision de jeunes petits Figuiers; malheureux le Jardinier qui ne la fait pas, & qui ne met pas tout en usage pour multiplier un si bon Arbre; si bien que quand il a esté obligé de couper quelques branches de Figuiers, il n'essaye pas aussi tôt de les faire reprendre de bouture, comme il le peut, pourveu qu'elle ait un peu de bois de deux ans, car pour les branches coupées qui n'ont qu'un an seulement, elles sont beaucoup plus sujettes à se pourrir qu'à reprendre.

Le plus grand embarras qui accompagne les caisses, est celuy que j'ay annoncé cy-dessus, c'est à dire que pendant les mois de Juin, Juillet, Aoust & Septembre il y a une necessité indispensable de les arroser amplement chacune tous les jours, mais si bien arroser que l'eau perce par le fond

fond de la caiſſe ; au moins ſans y manquer faut-il les arroſer de deux jours l'un ſi ce n'eſt qu'il pleuve extrêmement, non pas que l'eau des pluyes penetre guéres le corps de la mote, mais c'eſt que pendant qu'il pleut il ne fait point de Soleil qui puiſſe au travers de la caiſſe alterer les racines, & voilà la ſeule raiſon qui empêche de continuer les arroſemens.

Il ne faut pas auſſi conter ſur les petites pluyes, elles ne ſervent de rien aux Figuiers, & ſouvent elles ſont cauſe de leur malheur en ce que le Jardinier aura crû qu'elles étoient ſuffiſantes pour tenir lieu d'arroſement, & cela n'eſt pas vray : les feüilles larges du Figuier empêchent que la terre, qui dans la caiſſe eſt fort ſerrée & fort dure par une infinité de racines, ces feüilles larges, dis-je, empêchent que cette terre ne puiſſe être humectée par une petite pluye, puiſque même elle ne le ſçauroit être par les grandes.

Or il eſt certain que les Fruits courent icy riſque de tomber & de perir, pour peu que les racines du Figuier ayans manqué d'humidité ayent auſſi ceſſé d'agir & de fournir aux Figues le perpetuel ſecours dont elles ont indiſpenſablement beſoin : ce qui arriveroit ſans doute, ſi on manquoit aux grands & frequens arroſemens que nous recommandons ; car les Figues qui ont le moins du monde manqué de nourriture demeurent molaſſes, & comme pleines de vent, au lieu de ſe remplir d'une bonne chair moëlleuſe ; ſi bien qu'enfin au lieu de meurir elles tombent, & voilà le plus terrible inconvenient qu'on ait à craindre, & par conſequent voilà une fâcheuſe ſujetion, qui fait qu'il n'eſt pas aiſé de réüſſir en Figuerie.

Les Figuiers en place n'ont point ces ſortes de ſujetions, puiſque les Figuiers plantez même en lieu tres-ſec ont d'ordinaire des Figues, & belles, & groſſes, & bonnes : les racines qui ont liberté de s'étendre dans le voiſinage, quelque aridité qu'il y ait, y trouvent cependant toujours de quoy faire leur fonction & leur devoir, & à l'imitation de ceux là quand le fond des caiſſes touche à terre il en ſort ordinairement des racines qui prennent dans cette terre & s'y multiplient d'une telle maniere, qu'ils peuvent ſe paſser de frequens arrosemens, mais aussi il y a d'autres inconveniens à craindre dont je parleray cy-dessous.

Reste à parler de la taille & du pincement que je pratique, soit pour les Figuiers en pleine terre, soit pour les Figuiers en caisse, tant pour avoir ces Arbres beaux de la beauté qui leur convient, que même pour les faire pousser un peu plûtôt les Figues chacune dans leur saison, c'est à dire & les premieres qu'on appelle Figues-fleurs, & les secondes qu'on appelle Figues d'Automne, autrement secondes Figues, & Figues de la seconde seve, &c.

A l'égard de la beauté qui convient aux Figuiers en caisses, il ne faut pas s'attendre qu'elle puisse être si reguliere que celle des Orangers qui sont pareillement en caisses, ny s'attendre aussi que la beauté des Figuiers soit en Buisson, soit en Espalier devienne aussi parfaite que celle des Poiriers en Buisson, ou celle des autres Fruitiers en Espalier: Nous avons assez expliqué ces sortes de beautez, chacune en particulier dans les Traitez faits pour cela, sans qu'il soit besoin d'en rien repeter icy; il suffira de dire que la beauté des Figuiers en caisse consiste particulierement à être de veritables Buissons, qui même n'ayent nulle tige, si faire se peut, & qu'enfin ils ne soient point élancez, c'est-à-dire trop haut montez, ou trop étendus & évasez avec de grandes branches fort dégarnies, car c'est ce qui leur arrive aisement, si on n'y prend extraordinairement garde.

Il n'est pas trop necessaire d'avertir qu'il faut à la fin de l'Hyver, ou à l'entrée du Printemps éplucher, c'est-àdire ôter tout le bois mort des Figuiers tels qu'ils soient, en caisse ou en place, tout le monde le sçait assez; ces sortes d'Arbres qui ont leurs branches extrêmement moüeleuses sont sujets à en avoir beaucoup de gâtées par les temps fâcheux qu'on a d'ordinaire en Hyver, jusques-là même qu'il ne laisse pas de s'en gâter, quoy que le froid ait esté fort mediocre: Nous l'avons souvent éprouvé, & particulierement l'Hyver de 1675. qu'il n'y eut pas seulement un demy pouce de glace nulle part, & cependant il perit un assez grand nombre de branches de Figuiers, comme si simplement l'absence de la chaleur étoit capable de les détraire : à plus forte raiſon en perit-il une grande quantité quand les Hyvers ſont tres-rudes & tres-longs, comme nous les avons eu en 1670. & 1676. En effet la gelée en a eſté ſi terrible, & par conſequent le malheur ſi grand pour nos Jardiniers, qu'il a fallu preſque par tout receper juſques dans le pied les plus gros Figuiers, quoyque même ils euſſent eſté paſſablement couverts, ſoit de fumier ſec, ſoit de paillaſſons, juſques-là que la neige qui eſt ſi ſouveraine pour conſerver beaucoup de plantes jeunes & tendres, par exemple des Pois, des Fraiſiers, des Laituës, &c. Cette neige, dis-je, n'a ſervi de rien pour la conſervation de ces bien-aimez & malheureux Figuiers, ou plûtôt a contribué à leur deſtruction.

Il eſt vray que quelques Jardiniers aſſez ſoigneux ont eu malgré leurs ſoins la diſgrace de voir perir une partie de leurs Figuiers, ſans que toutefois il y eût rien à leur imputer, & ç'a eſté quand les murailles où étoient plantez ces Figuiers, ne ſe ſont pas trouvées aſſez fortes pour empêcher, que la rigueur de la gelée ne penetrât au travers, car aſſeurement il en perit beaucoup par là ; heureux ceux qui ont leurs Figuiers adoſſez à de bons bâtimens, & particulierement à l'endroit des cheminées dont on ſe ſert actuellement, ou qui tout au moins les ont adoſſez à des murs épais d'environ deux bons pieds, & en même temps bien expoſez : heureux auſſi ceux qui les ont dans des ſituations ſeiches & élevées, & cependant en bon fond.

Et par conſequent malheureux tous ceux, qui n'ayans aucuns de ces grands avantages ſont affligez de tout ce qui eſt pernicieux pour les Figuiers, c'eſt-à-dire que les murailles de leurs Jardins ſont peu épaiſſes, que leur terrain eſt froid & humide, & que leur climat & leur expoſition ſont peu favorables.

Or donc puiſque les Figuiers ſont autant difficiles à conſerver, que leur Fruit eſt precieux & important, diſons exactement ce que nous eſtimons qu'il y faut faire, pour tâcher au moins de les défendre le mieux qu'il ſera poſſible de ce qui eſt capable de les détruire.

Les inconveniens dont ils ſont menacez n'empêchent point que, comme je l'ay dit dans le Traité du choix, &

de la proportion des Fruits, je ne conseille à tout le monde d'en planter raisonnablement, mais c'est à dire en place, quand on a quelque peu de l'exposition qui leur convient, quoy qu'on ait pas toutes les autres conditions qui sont à souhaiter pour eux, les Hyvers à qui on a donné le nom de grands ne reviennent pas si souvent, qu'il se faille dégoûter pour toûjours d'avoir de ces sortes d'Arbres qui donnent un si excellent Fruit.

Ce qui est icy de plus important à faire pour la culture, est premierement que pendant l'Esté & l'Automne on laisse leurs branches un peu en liberté, parce que les Fruits y viennent mieux, & sont meilleurs : car en effet il ne les faut pas gêner & palisser comme on fait les branches des autres Fruitiers qui sont en Espalier, il suffit de les soûtenir par devant avec des perches qu'on met simplement sur de grands crochets qu'il faut pour cela faire seller dans les murailles, de maniere qu'ils soient à trois pieds les uns des autres, & qu'à commencer par en bas il y en ait un rang à un pied de terre, & cela en eschiquier : ces crochets doivent avoir quatre pouces dans la muraille, & environ huit en dehors, & être faits comme il paroît dans la figure.

En second lieu, tous les ans dés que les feüilles des Figuiers sont tombées, c'est à dire que l'Hyver approche, de quelque maniere que cet Hyver se doive comporter, car il faut toujours craindre qu'il ne soit tres-violent, & cette apprehension doit faire en nous de fort bons effets, tous les ans, dis-je, il faut tout le plus qu'il est possible contraindre les branches de ces Figuiers prés des murailles, & cela se fait, soit avec des clous & des lanieres, soit avec des oziers, des échalas & des perches ; mais s'ils sont trop élevez, il faut essayer de coucher d'un coté ou d'autre les plus hautes branches, mais de maniere qu'elles n'en soient ny rompuës ny éclatées, & ensuite on y appliquera, soit de veritables paillassons de l'épaisseur de deux ou trois bons pouces, soit de la paille en forme de telles paillassons, soit encore plûtôt de grand fumier sec de l'épaisseur de quatre ou cinq pouces, & que de plus tout cela soit bien soûtenu de perches, la plûpart mises en largeur, & quelques-unes en croix, prenant garde qu'à l'Espalier il n'y ait pas un seul endroit de découvert & d'exposé: & outre tout cela il faut encore tenir prête une assez bonne quantité de pareil fumier tout auprés des Figuiers pour redoubler les couvertures en cas de besoin, car il ne faut qu'une seule nuit pour tout perdre: Les vents de Nord-est comme il y en eut l'hyver 1676. & les vents de Midy comme ceux de l'hyver 1670. sont quelquefois aussi mortels pour les Figuiers, & assez souvent le sont davantage que les vents du Nord tout pur, & ainsi il faut être également en garde contre tous,

Toutes les fois donc qu'on veut avoir des Figuiers, il faut être preparé à prendre les soins que nous venons d'expliquer, comme necessaires pour les conserver, mais si nonobstant tous ces appareils on est encore assez malheureux pour n'avoir pas réüssi, ce qui sans doute n'arrivera gueres souvent, pourvû que les murailles où ils sont exposez, ayent les conditions d'épaisseur cy-dessus expliquées, quand, dis-je, cela arrivera, je crois qu'on doit s'en consoler, puisqu'on ne peut pas se reprocher d'avoir manqué à rien de ce qui étoit au pouvoir de l'homme.

L'hyver étant passé, & même le mois de Mars presque tout entier, si les Figuiers sont en Espalier, il faut simplement ôter à demy toutes leurs couvertures, & sur tout celles que l'hyver peut avoir gâtées & pourries, & laisser encore les branches ainsi attachées prés du mur, & toûjours au moins à demy couvertes sans y rien changer jusqu'à la pleine Lune d'Avril, bien entendu même que si la pleine Lune de Mars qui arrive dans la Semaine sainte, paroît nous menacer de quelques gelées, comme elle y est tres-sujete, il ne faudra pas manquer au moindre signal de redoubler aussi-tôt les couvertures pour les y laisser jusqu'à ce que le temps paroisse bien assuré, & que les Figues soient à peu prés de la grosseur d'un gros pois; ce qui n'est d'ordinaire dans nos climats que vers les premiers jours de May: car, comme nous avons dit, ce n'est qu'en ce temps-là que la plûpart des grands froids seront apparemment passés, & pour lors il est bon de remettre en quelque petite liberté les branches cy-devant attachées & contraintes : mais cependant ce sera, comme j'ay déja dit, pour les soûtenir toûjours de quelques perches en travers, qui les empêchent seulement de tomber trop en devant : En effet je n'estime pas qu'il leur faille d'autre treillage, telles perches mises sur ces crochets soûtiennent fort bien les branches, & les empêchent non seulement de tomber, mais aussi d'être brisées & fracassées par les vents, & ainsi les Fruits s'y conservent sains & entiers.

Je ne veux pas oublier de dire que de grands draps sont assez propres pour couvrir pendant les nuits fâcheuses ou suspectes les Figuiers qu'on a prés des murailles, soit en place, soit en caisses, & pour cela il faut les attacher à des perches, de la même maniere à peu prés que sont attachez des voiles à des Navires, & mettre encore d'autres grandes perches presque droites par dessus les Figuiers, pour empêcher que ces draps agitez par les vents ne touchent aux fruits, parce que le frottement de ces draps ne manque jamais de les gâter ; si bien que pour cela il est encore expedient d'attacher ces draps prés de terre par le moyen de quelques crochets qui les arrêtent contre de telles agitations.

La troisiéme chose qui est importante à faire pour la culture de ces Figuiers, est d'ôter tous les ans à la fin de l'Hyver, ou même dés la fin de l'Automne la plûpart des drageons ou boutures qu'ils repoussent du pied sans y en conserver, si ce n'est peut-être quelqu'une qui peut y paroître necessaire, soit pour garnir les côtez, soit pour prendre la place des branches qui sont mortes ou moribondes : on a d'ailleurs soin de faire un bon usage de ces boutures arrachées, c'est-à dire qu'on a soin de les planter dans quelque rigole qu'on fait pour cela prés de quelque bonne muraille ; & soit qu'on la fasse là, soit qu'on la fasse ailleurs, on a soin de les couvrir si bien que le grand froid ne les puisse pas gâter.

Il n'est pas moins necessaire d'éviter tout le plus qu'on peut, que ces Figuiers ne montent en peu de temps en une grande hauteur, par exemple à deux ou trois toises, afin que les tenant mediocrement élevez ils demeurent par consequent toûjours pleins & bien garnis, & sur tout faciles à couvrir l'hyver, ce qui n'est pas quand ils sont fort haut montez : c'est pourquoy d'année en année il n'y faut guere jamais laisser de grosses branches nouvelles plus longues qu'un pied ou un pied & demy, ou deux pieds au plus, & c'est la seule taille qu'il y faut faire aprés les avoir, comme nous avons dit, épluchez de toutes sortes de bois mort.

Et de plus dés la fin de Mars il faut rompre le bout de l'extremité de chaque grosse branche, qui peut ne se trouver qu'environ d'un pied de longueur, cela s'entend, si l'hyver ne l'a déja gâtée, ce qui arrive d'ordinaire à celles qui n'ont été achevées que bien avant dans l'Automne, mais n'arrive gueres à celles qui ont esté aoustées de bonne heure ; quoy que ç'en soit, il faut couper proprement ce bout qui paroît noir & ridé, c'est à dire mort.

Cette maniere de pincer ou tailler, sert à faire fourcher plusieurs branches nouvelles au lieu d'une seule, qui regulierement seroit montée droite par la disposition de ce bout, car ce bout est en effet un veritable commencement de branche ; ce pincement donc promet une plus grande quantité de Figues, soit pour les secondes, & c'est l'ordinaire, soit pour les premieres de l'Esté de l'année d'aprés, étant certain que du nombril de chaque feüille il en doit immanquablement sortir une Figue, & quelquefois deux en même temps pour l'une de ces deux saisons.

Ce rompement, ou cette petite taille du bouton, lequel paroît à l'extremité, sert encore ce semble pour faire plûtôt sortir les Figues, & par consequent pour les faire plûtôt meurir, puisque les premieres sorties de chaque Arbre sont seurement les premieres meures de cet Arbre : Il sert aussi sans doute pour les faire grossir davantage, parce que la seve étant ainsi empêchée de monter aussi vîte qu'elle auroit fait sans cette taille, elle s'échape, pour ainsi dire, dans les parties voisines, & par consequent dans les Figues, & sans doute sert à les mieux nourrir qu'elles n'auroient esté.

La même operation que nous faisons de rompre ou couper aux mois de Mars & d'Avril les bouts des jets de l'année d'auparavant (cela s'entend de ceux qui sont gros & mediocrement longs, car pour les menus il est bon de les ôter presque entierement, & pour ceux qui sont fort gros & fort longs, nous avons dit cy-dessus de quelle maniere il les faut racourcir) la même operation faut-il faire au commencement de Juin sur les grosses branches poussées du Printemps, & cela en vûë pareillement de multiplier dans l'Esté même les branches qui ont à venir, & par consequent multiplier les premieres Figues de l'année suivante: car il ne faut pas conter que dans aucune des 2. saisons on puisse esperer beaucoup de Figues, à moins que par le moyen du pincement on n'ait beaucoup preparé de bonnes branches nouvelles ; or cela arrive infailliblement quand on prend soin de pincer, outre que cette même operation fait encore un merveilleux effet, qui est d'empêcher que l'Arbre ne monte trop & trop vîte, & qu'il n'ait de grosses branches trop longues & dégarnies, ce qui est icy grandement à craindre.

Si les années precedentes on a laissé longues quelques grosses branches, qui dans leur tems ont été bonnes & utiles & que cependant elles donnent lieu de craindre les inconveniens du dégarni, il faut au mois d'Avril & de May, si sur tout elles sont sans fruit les ravaller, c'est à dire les racourcir fort bas, jusques sur les bois plus vieux, avec esperance qu'il pourra venir de nouvelles branches de cette taille, mais cela n'est icy non plus infaillible qu'aux vieilles branches des Pêchers racourcies: tout au moins aura-t-on remedié à ne rien laisser de trop long qui puisse faire un endroit vuide & dégarni, & cependant la seve fera son effet sur quelques branches voisines, & quelquefois aussi sur la vieille qui a été racourcie ; mais il est vray que jamais les Figuiers ne poussent si bien qu'à l'extremité naturelle, c'est à dire à l'extremité non coupée des branches faites l'année d'auparavant.

Il en est en Figuiers à l'égard de leurs fruits tout au contraire des autres Arbres fruitiers, parce que les grosses branches des Figuiers, pourvû qu'elles ne soient pas de faux bois, car ils en ont aussi-bien que les autres especes d'Arbres, leurs grosses branches, dis-je, font icy le fruit, au lieu que ce sont les petites qui le font aux autres Fruitiers ; c'est pourquoy il faut autant détruire icy les petites qu'il faut ailleurs prendre soin de les conserver.

Ces branches de faux bois se connoissent icy par les yeux plats & fort éloignez les uns des autres, tout de même que sur les fruits à Pepin & à noyau : si bien que telles branches ont besoin d'être taillées un peu courtes ; ce qui n'est pas si necessaire pour celles, qui pour être heureusement venuës aux extremitez d'autres branches sont tres-bonnes & mediocrement longues, & qui comme telles ont les yeux gros, & fort prés les uns des autres.

Or il est particulierement à remarquer que pour la taille des grosses branches on a icy un grand combat à essuyer qu'on n'a pas aux autres Arbres, puisque, comme il a été dit tant de fois, sur ceux-là les grosses branches ne font jamais le fruit, & ne servent que pour la figure, au lieu que ce sont les grosses branches de Figuiers qui font en même temps & le fruit & la figure, aussi il semble que particulierement aux Figuiers en caisse, dont la principale beauté consiste à demeurer fort bas, il soit impossible de les avoir tout ensemble, & bien formez, pour être d'une Figure agreable & bien chargez de fruit, ce qui est cependant icy le point principal de l'affaire, car comme les Figuiers en caisse font naturellement peu de bois, & que tout Figuier qui n'a gueres de bois, n'a gueres de Figues, si on vient à racourcir leurs grosses branches en veuë de cette figure, on s'éloignera de l'abondance du fruit: mais le temperamment qu'on doit icy apporter, est en chaque Arbre d'en racourcir toûjours quelques-unes des plus grosses, soit vieilles soit nouvelles, & cela servira pour la beauté de la figure telle qu'on la peut esperer sur le pied que nous l'avons exprimée, & en même temps on hazardera de laisser longues toutes les autres pour avoir le fruit qui y paroît: que si le malheur est arrivé aux premieres figues, & qu'à la my-Avril, ou au commencement de May on veüille encore racourcir quelques-unes de ces branches qu'on avoit laissées longues pour fruit, on le peut, & ce faisant on en diminuëra d'autant le nombre des secondes Figues, mais en revanche on augmentera celuy des premieres de l'année d'aprés parce que les branches nouvelles qui doivent sortir de celles que nous aurons taillées, n'y sortiront pas assez tôt pour faire des Figues d'Automne, mais elle viendront assez heureusement pour les autres.

Dans les terrains chauds les Figues sont toutes sorties dés devant la fin de Mars, & les Arbres ont commencé à faire de beaux jets dés devant la fin d'Avril, aussi les premiers fruits y meurissent-ils dés la fin de Juin, & au commencement de Juillet, & les seconds dés le commencement de Septembre : mais dans les terrains froids comme Versailles les Figues ne sont bien sorties qu'environ la fin d'Avril, ou même vers la my-May, & les jets ne commencent gueres non plus que vers la my-May, aussi les premiers fruits n'y meurissent qu'à la my-Juillet, ou à la fin, & les seconds n'y meurissent que vers la fin de Septembre.

De chacun des yeux, qui en fait de Figuiers restent au Printemps sur les grosses branches de l'année precedente, on en doit seurement attendre une Figue, & quelquefois deux, mais regulierement il n'en faut laisser qu'une, laquelle peut venir à bien si la saison luy est favorable ; & même chacun de ses yeux peut donner en même tems une branche, ce qui toutefois n'arrive pas toûjours ; car cela dépend de la grosseur de la mere branche, & de la taille courte qu'on luy aura faite ; de plus chaque bonne branche pousse d'ordinaire jusqu'à six ou sept Figues, c'est-à-dire qu'elle peut s'être allongée de six ou sept yeux, soit depuis le mois de Mars jusqu'à la my-Juin, soit depuis la my-Juin jusques à la fin de l'Automne ; elle n'en fait gueres davantage, bien entendu qu'il ne vient jamais deux fois des Figues à un même œil, & que celuy qui en a poussé à l'Automne, soit qu'elles ayent meuri ou non, n'en pousse point d'autres au renouveau.

Or il faut bien plus se preparer à faire venir des premieres Figues que des secondes ; il n'en est toûjours que trop de celles-cy, parce que les Figuiers qui se portent bien, font d'ordinaire pendant le Printemps beaucoup de jets, & aſſez beaux, & que chaque feüille faite devant la Saint Jean doit communément une Figue, ſoit pour l'Automne de l'année qui court, ce qui eſt le plus ordinaire, ſoit pour l'Eſté de l'année prochaine, quand la Figue n'a pas paru pour l'Automne. Or cela étant il arrive preſque toûjours qu'on voit paroître une tres-grande quantité de ces Figues pour l'Automne, leſquelles viennent inutilement, parce que la plûpart du temps elles ne meuriſſent pas: les pluyes froides qui ſont frequentes & ordinaires en Automne, & les gelées blanches de la ſaiſon les font preſque toutes perir, ſoit parce qu'elles les font crever & ouvrir, & enſuite tomber, ſoit parce qu'elles les empêchent de venir en maturité, & pour celles-cy il ne faut pas attendre, que quoique l'hyver elles ſe ſoient conſervées vertes & bien attachées à l'Arbre, que cependant un renouvellement de ſeve au Printemps en puiſſe faire un bon uſage, elles tombent ſeurement toutes ſans venir à bien.

Mais pour les Figues qu'on appelle de la premiere ſeve, ou Figues de Saint Jean, comme on n'en a qu'à proportion des jets & des feüilles pouſſées depuis la Saint Jean juſqu'à la fin de l'Automne, & que ſouvent les Figuiers, & particulierement en caiſſe ne font que peu de branches, & regulierement courtes, parce qu'ils n'ont gueres de vigueur pendant l'Eſté, & que cependant ils ont leurs fruits à nourrir, il arrive par conſequent qu'ils ne font que peu de fruits pour le Printemps, les branches foibles n'étans ny propres à en faire dans ce tems-là, ny quand elles en font à les conſerver contre le froid de la ſaiſon; il faut donc avoir de grands égards pour faire en ſorte que les Figuiers, & particulierement ceux qui ſont en caiſſe, faſſent de beaux jets aprés la Saint Jean, ce qui dépend uniquement de la vigueur du pied, & ſur tout du ſecours qu'on luy donne dans cet état-là.

Si on conſerve quelques branches un peu foibles, il les faut tenir fort courtes, afin que ce qui reſte en ſoit mieux nourry, & que les Figues, s'il y en peut venir, y ſoient plus belles, à la charge toutefois que s'il en ſort quelques autres branches foibles, on les ôtera toutes pour n'en conserver aucune, si ce n'est peut-être la plus basse, qui par ce moyen pourra devenir raisonnablement grosse.

Le même soin qu'on a pour les Figuiers en caisse au sortir de l'hyver, c'est-à-dire de les ranger le long des bonnes expositions, le même pourroit-on prendre pour les y ranger pareillement le long des bonnes expositions à l'entrée de l'Automne, afin que pour la maturité des Figues de cette saison ils pussent profiter des chaleurs mediocres du Soleil; mais pour cela il ne faut pas qu'il soit sorti de racines de la caisse, parce que telles racines venans à être necessairement arrachées pour le transport de la caisse l'Arbre & le fruit en souffrent notablement, & ainsi on n'en a que du déplaisir.

Mais ce qui est à faire, quand le fond de la caisse a touché à terre pendant l'Esté, comme les racines du Figuier s'y sont fort multipliées, & que l'Arbre en effet s'en porte mieux, de maniere même qu'en tel cas il n'a pas besoin d'être si souvent arrosé (aussi arrive-t-il que les caisses en pourrissent plûtôt) si donc le fond des caisses a ainsi touché à terre, il faudra devant que de les mettre dans la serre, prendre soin de bien couper toutes ces racines, ou tout au moins on le fera au sortir de la serre, devant que de les remettre dans la place où elles doivent passer l'Esté: car tout ce qu'il en reste à l'air se gâte absolument: mais aprés avoir ôté ce qui est gâté, si on remet ces mêmes caisses, de maniere que le fond touche encore à terre, les racines s'y multiplieront encore plus que l'année d'auparavant, & il n'est point mal fait de sacrifier ainsi quelques caisses, & sur tout de celles qui commencent d'être vieilles, & desquelles les Figuiers sont vieux encaissez.

De plus comme les premieres Figues peuvent toûjours meurir en quelque exposition que ce soit, les chaleurs de l'Esté étant suffisantes pour cela, c'est ce qui fait que même je mets volontiers des Figuiers au couchant, & assez souvent aussi au Nort, & par ce moyen j'ay des Figues beaucoup plus long-temps, celles de ces expositions mediocrement bonnes meurissans aprés les autres, de maniere qu'elles remplissent presque l'intervalle, qui se trouve des premieres aux secondes, & ainsi je conseille volontiers de m'imiter à cet égard, à la charge toutefois que de telles expositions on n'attendra gueres de Figues d'Automne, à moins que la saison ne soit extraordinairement belle & séche, & quand on aura mis des Figuiers à ces expositions-là, il faudra avoir soin de les couvrir l'hyver encore mieux que les Figuiers des autres expositions.

Il y a sur tout une grande precaution à avoir pour les Figuiers en place, & c'est de ne les pas mettre d'ordinaire sous les égoûts des grands toits qui les peuvent menacer de trop d'eau; & particulierement de beaucoup de verglas, tant l'Hyver que le Printemps, & en cas que ce soit le seul endroit qu'on ait propre à y en mettre, il faut détourner ces égouts par le moyen de quelques chénaux de plomb, ou de quelques goutieres de bois.

A l'égard de la conduite & de la taille des Figuiers en Buisson, il n'y a rien à dire autre chose que ce que nous avons dit pour ceux qui sont ou en Espalier ou en caisse: Les Buissons donneront des Figues un peu plus tard que les Figuiers bien exposez, & même plus tard que ceux des caisses, lesquels étant de tous les côtez de la caisse échauffez par le Soleil meurissent, comme nous avons dit, un peu plûtôt que les Buissons, & même que les Espaliers; ces Buissons donneront aussi un peu de peine pour les couvertures d'hyver, & voilà pourquoi il est dangereux d'en avoir de ceux-là, à moins que ce ne soit dans de tres-petits lieux particuliers, & qui soient fort à l'abri des grosses gelées: ils menaceront aussi de confusion si étans en bonne terre on prétend les tenir bas, & les empêcher cependant de faire de grands jets: ils ont donc aussi besoin d'être soigneusement pincez d'avoir toûjours quelques grosses branches taillées courtes, & enfin d'être souvent éclaircis & déchargez, tant des vieilles branches usées que des boutures nouvelles.

Et pour cet effet il faut que ces Buissons soient fort éloignez les uns des autres, afin d'en coucher tous les ans beaucoup de branches, & que par ce moyen on puisse donner de l'air à tout le corps du Buisson, & le laisser croître en large autant qu'il pourra; pour ce qui est de leurs couvertures, on aura soin à la fin de l'Automne premierement de rassembler & approcher leurs branches avec des oziers, & des échalas fichez en terre, en sorte qu'ils fassent une maniere de boule ou de piramide, & ensuite on les envelopera de grand fumier sec, comme nous avons fait les Figuiers d'Espaliers, & on n'achevera pas même de les découvrir tout-à-fait si-tost que les autres qui ont un abri de bonnes murailles, & pendant le Printemps on ne manquera pas non plus d'en renouveller les couvertures.

Aprés avoir expliqué le mieux qu'il m'a esté possible la conduite que je tiens, tant pour tailler toutes sortes de jeunes Arbres pendant les quatre ou cinq premieres années qu'ils ont esté plantez, que pour ébourgeonner & pincer ceux qui en ont besoin, avoir aussi expliqué la conduite que je tiens pour la culture des Figuiers, tant ceux qui sont en pleine terre que ceux qu'on met en caisse; je viens presentement, comme je m'y suis engagé, à expliquer avec la même exactitude ce que j'estime devoir être fait à l'égard de la taille des vieux Arbres.

CHAPITRE XXXVII.

De la maniere de tailler les Arbres qui sont déja un peu vieux.

PUisque la taille doit pour ainsi dire être regardée comme une espece de remede à l'égard des Arbres fruitiers, & qu'en effet nous nous sommes servis des regles & des principes qu'on y pratique pour rendre les jeunes Arbres de nos Jardins plus agreables dans leur figure, & plus fertils en beaux & bons fruits, qu'ils ne seroient si on ne les tailloit pas; cela étant il me semble que voulant presentement traiter de ce remede pour l'appliquer aux Arbres fruitiers qui sont déja vieux, il me semble, dis-je, que pour me rendre plus intelligible je dois d'abord supposer deux choses, l'une à l'égard de leur vigueur ou de leur foiblesse, & il me semble aussi qu'il faut expliquer cette derniere partie devant que de venir à la premiere, parce que celle-cy est entierement fondée sur l'autre, & que ces Arbres vigoureux, doivent absolument être traitez d'une maniere differente de ceux qui ne le sont pas.

Pour ce qui regarde la vigueur ou la foiblesse des Arbres, nous avons à dire que ces Arbres sont ou tres-vigoureux, si bien qu'ils font une grande quantité de fort gros jets, ou qu'ils sont tres-foibles, si bien qu'ils ne font presque point de jets, ou n'en font que de tres-petits, ou enfin qu'ils ne pêchent ny du côté de l'excez de la vigueur, ny du côté de l'excez de la foiblesse, si bien qu'ils sont dans l'état que nous les pouvons souhaiter ; & voilà absolument les trois états differens où des Arbres peuvent être.

Quand ils sont tres-vigoureux, & pour ainsi dire furieux, soit qu'ils ayent déja une belle figure, soit qu'ils ne l'ayent point, toûjours doit-on se proposer que quand on se mettra à les tailler, il faudra particulierement leur laisser une grande charge, c'est-à-dire leur laisser beaucoup de sorties, non seulement en fait de branches à fruit, mais aussi en fait de branches à bois, ce qui se fait en deux manieres, dont la premiere est de laisser une longueur un peu extraordinaire aux grosses branches qu'on conserve pour l'établissement, ou pour la conservation de la belle figure, & la seconde est de ne leur ôter entierement presque aucunes des grosses branches nouvelles qu'ils ont faites, & sur tout de celles qui se jettent en dehors ; mais aprés avoir en chaque partie de l'Arbre choisi parmy les grosses celle qui pour contribuer à la figure paroît la mieux placée, & l'avoir choisie en intention de la racourcir honnêtement suivant la situation où elle est, ce que j'explique ailleurs, aprés cela, dis-je, on coupe fort court les autres qui sont voisines de celle-là, c'est-à-dire que si leur sortie regarde le dehors de l'Arbre, on les coupe, soit en talus, soit à un ou deux yeux prés du lieu d'où elles sortent, & si elles sont tout-à-fait en dedans, on les coupe à l'épaisseur d'un écu.

Quand je parle de laisser en taillant une longueur un peu extraordinaire à une branche à bois, cela veut dire une longueur d'un pied & demy, ou de deux pieds au plus, & rarement m'arrive-t-il de me servir de cette maniere, & quand je le fais, c'est toûjours en intention de reduire cette longueur extraordinaire à une plus mediocre d'abord que l'Arbre sera à Fruit.

Et pour entendre ce que c'est que racourcir honnêtement une grosse branche, il faut se souvenir que comme à l'extremité d'une grosse branche taillée il en doit sortir beaucoup d'autres nouvelles, il faut prévoir à laisser de la place , c'est-à-dire un endroit vuide , ou ces nouvelles branches se puissent aisément loger sans y faire de confusion, soit entr'elles, soit avec d'autres qui y sont déja, ou qui doivent y venir, & c'est sur cela que je prétens qu'il faut se regler pour la longeur honnête qui est à laisser à telles grosses branches qu'on a à tailler, mais toûjours regulierement sur un Arbre vigoureux on ne luy doit guéres laisser de grosses branches, qui n'ayent au moins six à sept pouces de longueur, & quelquefois en cas de besoin on luy en peut laisser jusqu'à onze ou douze, en intention cependant de la reduire à une taille ordinaire, c'est-à-dire plus courte, quand une fois l'Arbre nous satisfera par le fruit; ainsi il dépend de la prudence du Jardinier de donner plus ou moins de longueur à telle branche qui est à racourcir, & cela fondé, tant par la vigueur dont elle paroît, que sur la place qui est à remplir dans son voisinage.

Quand les vieux Arbres sont tres foibles, assez souvent le meilleur expedient qu'on puisse prendre, est de les ôter, & en remettre de jeunes en leur place , aprés avoir fait sur cela les apprêts qui sont necessaires ; mais si on ne veut pas prendre ce party, il faut se proposer de les décharger extrêmement, soit en leur donnant la figure qui leur est necessaire, & que peut-être ils n'ont pas, soit en l'entretenant, si déja ils l'ont acquise ; & pour cet effet on se resoudra de leur laisser tres-peu de branches à bois, & de les tailler toutes courtes, c'est à dire de cinq ou six pouces au plus, & on se resoudra même d'en laisser tres-peu de foibles, à plus forte raison d'ôter toutes les chifonnes, & sur tout celles qui paroissent usées, soit de vieillesse sans avoir fait de fruit, ce qui arrive quelquefois, soit à force d'avoir donné du fruit: car comme nous avons dit en plusieurs endroits, les branches perissent en fructifiant, & il en perit même quelques-unes sans avoir fructifié: c'est pourquoy il faut racourcir beaucoup, ou même ôter entierement ces branches quand elles paroissent tout-à-fait usées , & par consequent inutiles.

Mais

Mais quand les Arbres sont pour ainsi dire sages, si bien qu'ils ne pèchent, ny en excez de furie, ny en excez de foiblesse, & qu'au contraire ils font raisonnablement du fruit, & font aussi du bois à peu prés comme nous le pouvons souhaiter, & pour nous, & pour eux; pour lors si ces Arbres sont assez bien faits, il faut à leur égard suivre tant les regles que nous avons cy-devant prescrites sur le fait des jeunes Arbres, que celles que nous allons prescrire cy-aprés; & si ces Arbres sont mal façonnez, il faudra essayer de les mettre sur un meilleur pied, ce que nous ferons visiblement connoître, aprés avoir premierement expliqué ce qui concerne la figure que doivent avoir toutes sortes de vieux Arbres.

Or sur ce fait là il faut encore supposer que ces sortes d'Arbres sont ou déja defectueux en desordre, ou que peut-être au moins ils sont à la veille de le devenir; c'est la premiere reflexion qu'il faut soigneusement faire d'abord qu'on jette la vûë sur un Arbre qui est à tailler, tel qu'il puisse être, Espalier ou Buisson, afin de resoudre plus surement ce qui est à y faire pour ce qui regarde la figure.

Si les défauts sont déja arivez, c'est à dire qu'au lieu que l'Arbre devroit avoir une agreable figure selon l'idée que j'en ay cy-devant expliquée, il en a une vilaine & desagreable, soit en tout, soit en partie.

Par exemple si c'est un Buisson, au lieu qu'il devroit être bas de tige. A. & voilà sa premiere perfection, qu'il devroit être ouvert dans le milieu. B. & voilà la seconde, qu'il devroit être rond dans sa circonference. C. & voilà la troisiéme, & qu'enfin il devroit être également garni de beaucoup de bonnes branches tout autour de sa rondeur. D. & voilà la quatriéme, il est au contraire trop haut de tige. E. & voilà son premier défaut, il est plein & confus dans le milieu. F. & voilà le second, il a un côté haut. G. & l'autre bas G. oubien un côté plat. H. ou foible. H. pendant que l'autre est assez rond, & beaucoup chargé, & voilà les troisiéme & quatriéme défauts.

A. Premiere perfection de la figure d'un Buisson.

B. 2e. perfection.

C. 3e. perfection.

D. 4e. perfection.

E. Premier défaut d'un Buisson.

F. 2e. défaut.

G. 3e. défaut.

H. 4e. défaut.

Et si c'est un Arbre en Espalier, soit qu'il ait la tige haute, soit qu'il l'ait basse & courte, car sur le fait des branches, c'est la même regle dans l'un que dans l'autre, si dis-je c'eſt un Arbre en Eſpalier, qui au lieu qu'à droit & à gauche devroit être fourny de bonnes branches depuis l'endroit où il commence juſqu'à l'endroit où il finit, & que cela fût de maniere qu'il y en eût également des deux côtez, ſans qu'on y apperçût la moindre confuſion du monde, mais que plûtôt on pût aiſément diſtinguer & conter toutes les branches (en quoy conſiſte la grande perfection de la belle figure de l'Eſpalier) il eſt au contraire tout dégarni dans le milieu, & même entierement échapé, en ſorte qu'en deux ou trois ans il a atteint le haut de la muraille, qu'il ne devoit atteindre qu'en huit ou dix; & de plus il eſt peut-être confus & embroüillé à un de ces côtez, pendant que l'autre paroît vuide & tres-peu garny, & voilà les grands défauts de l'eſpalier.

Parcourons preſentement tous ces défauts les uns aprés les autres, à commencer par ceux des Buiſſons, afin de dire preciſement ce que nous penſons devoir être fait pour les corriger, s'i y a lieu de le faire.

CHAPITRE XXXVIII.

Des défauts de la taille en fait de vieux Buiſſons.

DAns le premier cas où un Buiſſon eſt trop haut de tige, il faut ce me ſemble peu s'embarraſſer de ce défaut ſi l'Arbre eſt planté depuis pluſieurs années, parce qu'on n'y ſçauroit remedier ſans tomber dans des inconveniens aſſez fâcheux, qui ſeroient de détruire entierement la tête du Buiſſon, & par conſequent l'éloigner pour trois ou quatre-ans de donner du fruit: le remede ſeroit violent, c'eſt pourquoy j'eſtime qu'il eſt à propos de laiſſer ce Buiſſon avec cette tige, quoique trop haute, & à cet égard defectueuſe, & je ne ſonge qu'à corriger les défauts de la tête.

Mais ſi l'Arbre n'eſt planté que depuis peu d'années, comme par exemple depuis deux ou trois ans, & que ſur tout ſa tête ſoit mal commencée, & mal entenduë; je conſeille volontiers de ravaller entierement ce jeune Arbre pour le reduire à la regle qui veut qu'il ſoit bas de tige, ainſi qu'il eſt marqué dans le Traité des Plans, & je prens

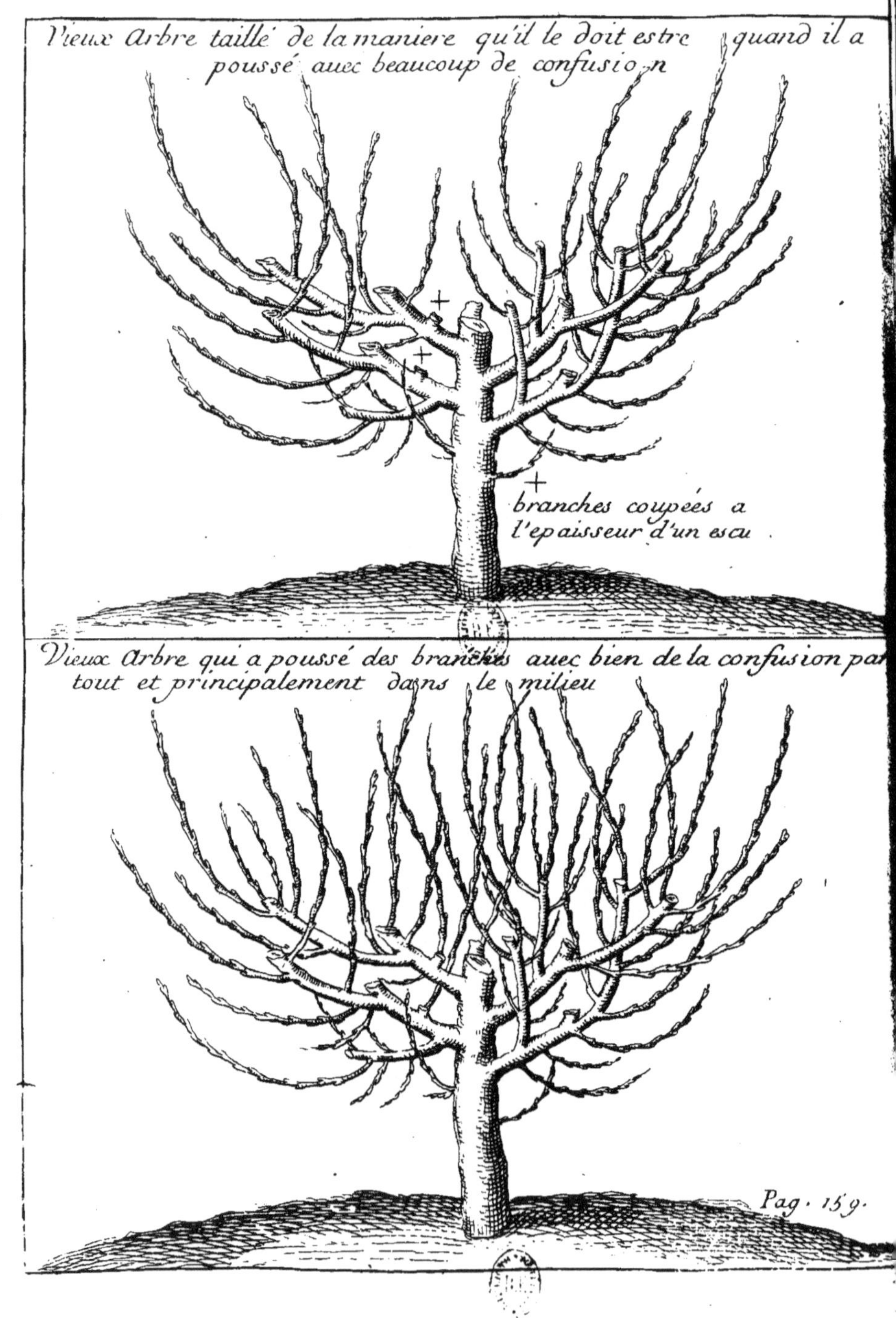
Vieux Arbre taillé de la maniere qu'il le doit estre quand il a poussé avec beaucoup de confusion
branches coupées a l'epaisseur d'un escu
Vieux Arbre qui a poussé des branches avec bien de la confusion par tout et principalement dans le milieu
Pag. 159.

ce party, plûtôt que de m'exposer à le laisser toûjours avec un tel défaut qui doit éternellement blesser la vûë : un Arbre bien repris, & ensuite étronçonné se remet dans fort peu de temps en état de donner du plaisir, de sorte que bien-tôt on se trouve non seulement consolé, mais même tres-content de l'avoir ravallé.

A l'égard du second défaut d'un Buisson, qui est celuy de la confusion dans le milieu, quand je vois un Arbre ainsi confus dans sa figure, & par consequent peu à fruit, pour l'ordinaire j'ose dire, qu'il me semble voir un grand Seigneur, qui veritablement a beaucoup de biens, mais qui cependant n'est point accommodé, & cela parce que ce bien est tout-à-fait embroüillé : la vente d'une Terre ; ou d'une Charge seroit capable de nettoyer ses dettes, & de le mettre à son aise ; & quand au contraire je vois un Arbre bien fait & bien disposé, il me semble voir un autre homme, qui dans une mediocrité de fortune sagement conduite se trouve tres-accommodé, vit à son aise, & fait bien ses affaires.

J'estime donc à l'égard de ce second défaut, qu'il le faut entierement corriger, tant pour donner de la beauté à l'Arbre, que pour luy faciliter les moyens de faire du fruit, & ce d'autant plus que le remede en est aisé, & le succez prompt, asseuré, & sans aucun risque.

Il n'y a simplement pour cela qu'à ôter tout à fait une grosse branche du milieu ; ou peut-être deux ou trois qui y font cette plenitude, c'est à dire cette confusion, & il les faut ôter si bien, que la seve qui les avoit formées, & qui les nourrissoit & les faisoit croître ne trouve plus de passage pour monter au même endroit, y faire les mêmes fonctions qu'elle avoit accoûtumé ; mais il faut prendre garde que cette seve dans sa même route, & à côté du premier passage qui luy est retranché, en trouve un autre aussi bon & aussi aisé, de maniere qu'elle puisse s'en servir, & par ce moyen entrer pleinement dans quelques grosses branches voisines, sur lesquelles on aura ravallé celles qui ont été retranchées, comme il paroît dans la figure.

Et ainsi on ne devra point craindre qu'il s'y fasse de faux bois, ny par consequent une confusion nouvelle, comme il s'y enferoit certainement, si en premier lieu on avoit ravalléces grosses branches d'en haut sur des branches foibles & menuës, & qui par consequent seroient incapables de recevoir dans leur petite embouchure toute la seve de celles qui ont été retranchées.

Ou si en deuxiéme lieu on avoit laissé une partie de ces mêmes grosses branches du milieu, qui devroient être ôtées entierement, & qui faute de cela y font une maniere de moignons.

Car le seve revenant toûjours du pied avec son abondance ordinaire, & revenant par le même canal qu'elle avoit accoûtumé de venir, soit la tige, soit quelque grosse branche, & ne trouvant point d'ouverture assez grande pour la recevoir, ou peut-être même n'en trouvant point du tout, cette seve, dis-je, creve necessairement tout autour de cette petite branche, sur laquelle a été fait le ravallement, ou tout autour de ce moignon, ou de ces moignons qu'on a laissés, & en crevant fait dans ce milieu beaucoup de branches nouvelles, & par consequent y forme le même défaut qu'on y aura voulu corriger.

J'ay montré cy-devant qu'en telles occasions il y a quelques fois de certains coups de Maître à faire, pour laisser pendant quelque temps une grosse branche au haut d'une autre grosse branche qu'il faudra ravaller, afin que comme en fait de fontaines jaillissantes on met quelques ventouses pour y faire sortir des vens, qui empêcheroient l'eau de faire un bel effet, aussi dans ces sortes de grosses branches laissées hors d'œuvre il s'y perde pour ainsi dire une quantité de seve, qui ruineroit de certaines dispositions à fruit qu'on voit toutes formées, ou d'autres qui pourroient se former; & aprés que l'Arbre paroît faire son devoir à l'égard du fruit, pour lors on peut sans scrupule ôter entierement telles grosses branches, qui sont inutiles pour la figure, & qu'on n'y a laissé deux ou trois ans que pour y consommer, comme nous venons de dire, une abondance de seve qui nous incommoderoit: d'ailleurs l'ouverture de l'Arbre étant faite par le moyen de quelques grosses branches du milieu qu'on aura ôtées, on se mettra ensuite à examiner les branches qui restent, soit bonnes, c'est à dire

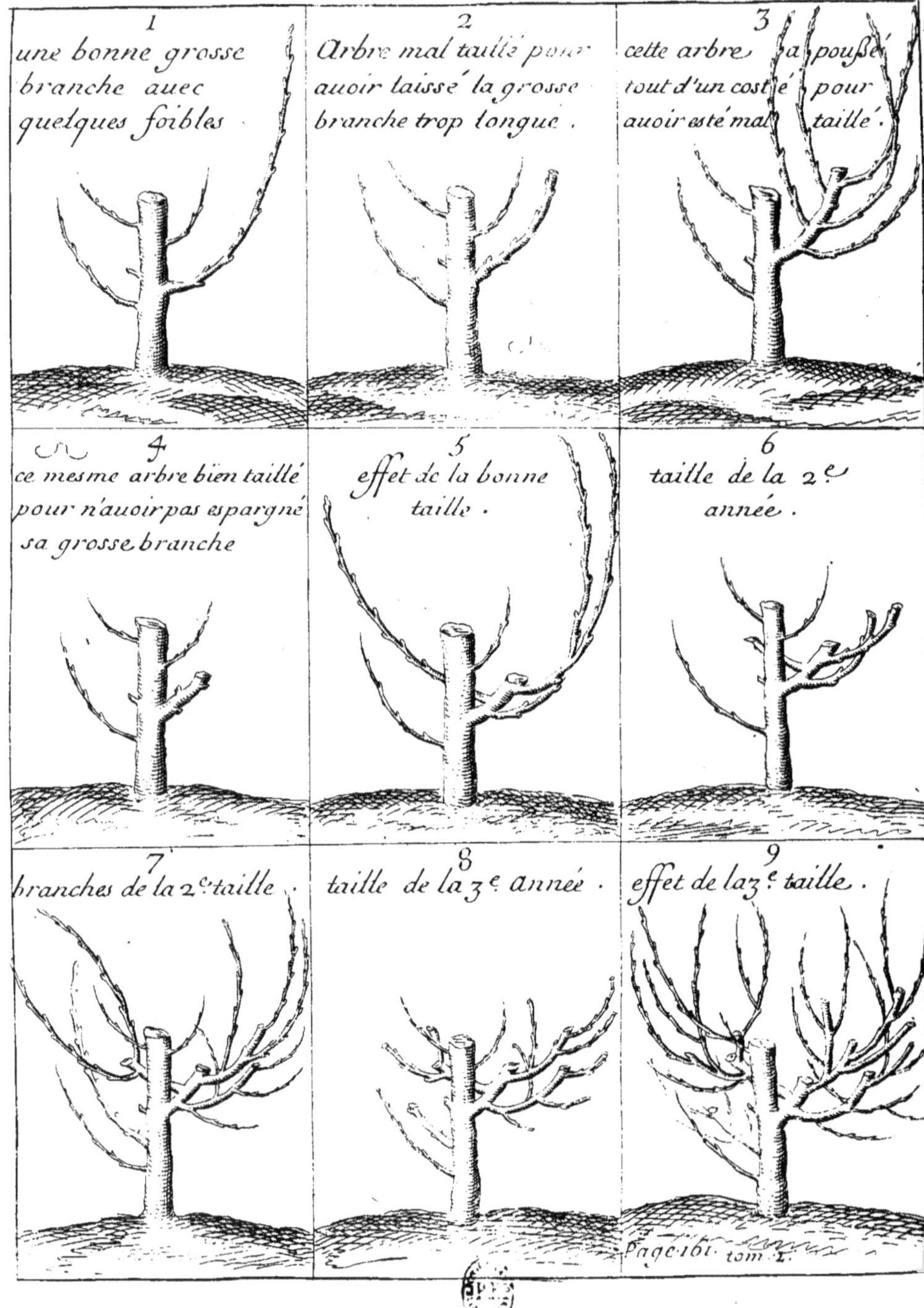
1
une bonne grosse branche auec quelques foibles.
2
Arbre mal taillé pour auoir laissé la grosse branche trop longue.
3
cette arbre a poussé tout d'un costé pour auoir esté mal taillé.
4
ce mesme arbre bien taillé pour n'auoir pas espargné sa grosse branche
5
effet de la bonne taille.
6
taille de la 2.e année.
7
branches de la 2.e taille.
8
taille de la 3.e année.
9
effet de la 3.e taille.
Page 161. tom. I.

venuës dans l'ordre le plus ordinaire de la nature, soit mauvaises, c'est a dire venuës contre cette ordre, & par consequent branches de faux bois, afin de conserver le plus qu'on pourra de ces premieres, qui peuvent utilement servir à bois ou à fruit, & en même temps regler à chacune la longueur qui luy peut convenir, & afin de ruiner aussi par ce même moyen les mauvaises, soit toutes, si la beauté de la Figure la demande conformement à la belle idée qu'on s'en sera faite, soit seulement une partie, ce qui peut arriver, si quelque grosse se trouve assez bien placée pour contribuër à cette Figure, qui sans cela seroit imparfaite.

Pour le troisiéme défaut qui est celuy de rondeur, il n'est pas si aisé d'en venir à bout que du precedent ; son origine vient de ce que, dés le commencement que le Buisson a esté formé, on n'a pas esté soigneux de faire en sorte qu'au moins à la tête de l'Arbre il y eût deux branches qui fussent à peu prés d'une égale force, ou d'une égale grosseur, l'une d'un côté, & l'autre de l'autre, pour y tenir en quelque façon la vigueur partagée, & pour ainsi dire en équilibre (s'il y en avoit trois ou quatre, comme il arrive quelquefois, la chose auroit esté encore plus aisée.)

Mais enfin deux peuvent être tres-suffisantes pour cela, parce que comme nous avons dit, chacune estant ensuite taillée de la maniere qu'elle le doit être, elle en pousse à son extremité d'autres sur les côtez, & ces autres estant aussi taillées à leur tour en poussent pareillement d'autres.

Et ainsi d'année en année à l'infini faisant toûjours une taille nouvelle, il se fait aussi toûjours de bonnes branches nouvelles qui contribuënt à former, & ensuite entretenir dans nos Arbres cette agreable rondeur, & cette abondance de beaux fruits que nous y souhaitons.

Ce défaut de rondeur est donc arrivé, de ce qu'apparemment l'Arbre nouveau planté n'ayant fait au commencement qu'une seule grosse branche d'un côté avec quelqu'autre foible à l'opposite, comme il paroît dans la Figure : au lieu que le Jardinier devoit avoir d'abord regardé cette grosse branche comme la seule qui fût capable de former une belle tête, selon ce que j'ay montré qu'il faloit faire en conduisant ces sortes d'Arbres quand ils sont nouveaux plantez, au lieu de cela, dis-je, il aura indifferemment coupé & cette grosse, & en même temps cette autre petite, leur laissant peut-être à chacune des longueurs égales, sans avoir aucune veuë pour former cette figure, que je tiens necessaire, & ainsi le fort de la seve continuant toûjours sa premiere route, qui le porte seulement sur la grosse branche, en produit toûjours de ce côté là beaucoup de nouvelles & de fort belles; & comme il n'entre qu'une fort petite quantité de seve dans la petite branche voisine, quoy qu'elle ait commencé d'être aussi-tôt que la grosse, il ne s'y fait aussi que fort peu de petites branches nouvelles qui perissent peu de temps aprés, c'est a dire aprés avoir peut-être donné quelque fruit; ainsi un côté se trouve toûjours vigoureux, & grandement bien fourni pendant que l'autre est toûjours foible, languissant, & fort peu garni, & par consequent l'Arbre n'étant bien que d'un côté il fait en tout une vilaine figure, moitié plate, & moitié ronde, c'est à dire qu'il n'a nullement celle que demande un Arbre pour être parfait, soit en soy, soit pour le plaisir de la veuë.

Bonum ex integrâ causâ, malum ex quolibet defectu.

De là il est aisé à juger que ce défaut de rondeur est grand, & même difficile à corriger, tout au moins pour être corrigé en peu d'années; cependant pourveu que le Jardinier prenne soin en taillant, comme il le peut aisément, de faire en sorte tous les ans que de la grosse branche qu'il taille il en vienne quelqu'une pareillement grosse qui sorte du côté qu'il faut remplir, fournir & arrondir, il pourra enfin au bout de quelque temps approcher de cette Figure ronde.

Or pour entendre comme cela se peut avec un peu de soin & de prévoyance, il faut se souvenir que, comme nous avons dit, toute branche taillée en pousse necessairement de nouvelles à son extremité, & cela plus ou moins selon la grosseur & la force dont elle est, & selon la longueur dont elle a esté laissée, c'est à dire que la grosse, & forte & courte en produit d'ordinaire plus grande quantité, & de plus belles, que ny la grosse & forte qu'on a laissée longue, ny la foible, de quelque maniere qu'on l'ait taillée.

Ainsi il est vray de dire qu'on peut si bien tailler d'année en année, que parmy les grosses branches nouvelles (qui sont à venir & qui doivent sortir des yeux, lesquels se trouvent à l'extremité de la vieille qu'on a taillée) que parmy ces grosses branches nouvelles, dis-je, il y en ait toûjours quelqu'une principale qui pousse vers le côté defectueux, & laquelle par consequent on aura soin de conserver, & de tailler encore avec les mêmes égards, & partant ce défaut diminuant petit à petit, il arrive qu'on introduit insensiblement la perfection de rondeur, qui manque à la figure.

Corrigeant le troisiéme défaut de ce Buisson on corrige en même temps le quatriéme, qui consiste en ce qu'il n'est pas également garni tout au tour de sa circonference ; si bien qu'on fait en sorte que ce Buisson, à qui on ôte le défaut qu'il avoit de manquer de rondeur, il acquiert en même temsla quatriéme perfection qu'il doit avoir, c'est à dire qu'il parvint à être autant garni à un endroit qu'à l'autre.

CHAPITRE XXXIX.

Des défauts de la taille en fait de vieux Espaliers.

A L'égard de l'Espalier qui est defectueux, il s'en faut prendre à ce que dans les premieres années on y aura manqué contre les mêmes principes de la taille, contre lesquels on a manqué en formant les Buissons que nous venons de corriger ; ce qui a empêché la rondeur de ceux-cy, est entierement la même chose que ce qui a empêché d'établir cette égalité de force, sans laquelle on ne peut garnir également les côtez d'un Espalier.

C'est à dire que l'Arbre d'Espalier doit avoir fait la premiere année quelques branches également fortes à l'opposite l'une de l'autre, ou s'il n'en a fait qu'une seule forte, il ne faut fonder sa beauté que sur celle-là, sans que les foibles qui sont venuës en même temps, puissent faire esperer rien autre chose que du fruit ; & leur mort ensuite.

Cette grosse qui est seule, étant au Printemps taillée un peu courte, c'est à dire de cinq à six pouces, ne manque point d'ordinaire, comme nous avons dit, d'en produire dans l'année même tout au moins deux grosses avec quelques petites, & ces deux grosses seront d'une force à peu prés égale, & toutes deux opposées l'une à l'autre.

Or chacune d'elles ayant un côté à garnir, s'en acquittera fort bien, pourveu que le Jardinier se rende toûjours le Maître de leur extremité, pour n'en laisser jamais échaper aucune, ainsi que nous l'avons amplement expliqué en conduisant nos jeunes Espaliers, & par consequent cet Arbre d'Espalier n'est d'ordinaire defectueux que par la negligence, ou plûtôt par la malhabilité du Jardinier, qui étant chargé de sa conduite n'a pas eu tous les égards que nous avons expliquez dans ce Traité pour la taille des grosses branches. Et partant comme c'est peut-être depuis plusieurs années qu'on a manqué dans ces Espaliers contre les bons principes de la taille, il s'ensuit que pour en reparer les défauts il y a autant d'inconveniens à craindre, que nous en avons fait voir à craindre pour reparer ceux d'un Buisson trop haut monté.

Si les Arbres ne sont pas bien vieux, je conseille volontiers de ravaller les grosses branches, qui sont par exemple échapées de deux à trois ans, soit en fait de fruits à pepin, soit en fait de fruits à noyau : ces grosses branches ravallées en produiront à leur extremité de nouvelles qui recommenceront la figure agreable que doivent avoir les Espaliers, & avec cette figure donneront non seulement beaucoup de beaux Fruits, mais en donneront long-tems, ce que ne sçauroient faire ces sortes d'Arbres échapez en Espalier, attendu que la hauteur ordinaire des murailles ne le peut permettre, & à l'égard des Arbres plus vieux on peut bien peut-être en ravaller quelques grosses branches, & l'expedient est assez seur en toutes sortes de Fruitiers à la reserve des Pêchers greffez ; car pour les Pêchers de noyau il est vray qu'ils vivent plus long-temps que les autres, mais aussi ne donnent-ils pas du fruit si-tôt; aussi ont-ils cela, qu'étant recepez ils poussent encore vigoureusement, ce que ne font pas les autres qui ont été greffez ; car ceux-cy au bout de dix ou douze ans sont d'ordinaire vieux ; & partant infirmes, & peu vigoureux :

voilà

voilà pourquoy ils ne ſçauroient preſque faire ſortir de nouvelles branches au travers de l'écorce dure & ſéche d'une vieille qu'on leur aura rabatuë.

Si bien que mon avis eſt de laiſſer ces vieux Pêchers en l'état qu'ils ſont, c'eſt à dire de n'y point faire le grand remede, qui eſt de ravaller ; il ne faut penſer qu'à les tailler de la même maniere que s'ils eſtoient bien conditionnez, afin d'en retirer du fruit auſſi long-temps qu'ils en pourront donner de beau, en intention d'achever de les détruire quand ils n'en donneront plus que de vilain : & cependant je conſeille d'ôter à leurs côtez la vieille terre qui y eſt, & que je crois uſée, ôter la plûpart des vieilles racines qu'on y pourra trouver en foüillant, y remettre enſuite de bonne terre neuve, & y planter en même temps d'autres Arbres, qui ſoient beaux & jeunes, & de ces bons fruits qu'on peut ſouhaiter.

Pour ce qui eſt des autres eſpeces d'Arbres recepez, ſoit Poiriers ou Figuiers, ſoit Abricotiers ou Pruniers, on ſe mettra à conduire leurs nouvelles branches ſelon les regles que nous avons établies cy-devant en conduiſant de jeunes Eſpaliers, & ſans doute on s'en trouvera bien.

Le premier défaut d'Eſpalier corrigé, qui, comme nous avons dit, conſiſte à n'être pas tellement garni de bonnes branches ſur les côtez, qu'il y ait de l'égalité ſans aucune apparence de confuſion ; le ſecond qui conſiſte à avoir de groſſes branches échapées, & qui n'eſt qu'une ſuite du premier, ou qui pour mieux dire eſt en quelque façon la même choſe, ſe trouvera pareillement corrigé.

Les groſſes branches qu'un Jardinier negligent ou malhabile a laiſſées trop longues, ont cauſé tout ce deſordre, pour n'avoir pas fait cette reflexion, que comme les branches nouvelles ne viennent d'ordinaire qu'à l'extremité de celles qu'on a taillées, & nullement au bas, il ſe doit infailliblement former un grand vuide, c'eſt à dire qu'il doit reſter un endroit tout dégarni dans le bas de celles qu'on aura laiſſées trop longues, par exemple longues d'un pied & demi ou davantage, & par conſequent un tel arbre avec une auſſi mauvaiſe conduite ne ſçauroit acquerir la beauté qu'un eſpalier doit avoir pour être veritablement en bon état.

Pour ce qui eſt de l'autre défaut, qui conſiſte à avoir un endroit confus, c'eſt à dire trop garni, pendant que l'autre ne l'eſt pas aſſez, il provient communément, ou de vieilles petites branches à demy ſéches & inutiles, que les Jardiniers mal-habiles ou negligens y ont laiſſées, ou il provient d'avoir laiſſé & coupé d'une égale longueur deux, trois, ou 4 groſſes branches fort prés les unes des autres, & cela contre une bonne maxime qui le défend, eſtant certain, que puiſque chaque branche taillée en produit de nouvelles, & ſouvent pluſieurs, eſtant, dis-je, certain que ſi on laiſſe beaucoup de branches coupées aſſez prés les unes des autres, il s'y en produira neceſſairement pluſieurs nouvelles, qui ne trouvans pas aſſez de places vuides à remplir feront de la confuſion à l'endroit où elles ſont ; pendant qu'un autre endroit de l'Arbre auquel on auroit pû faire aller ſa ſeve, qui fait icy un grand défaut, devient miſerable & abandonné, & pour ainſi dire meurt de faim.

La regle qui défend cette multiplité de groſſes branches voiſines, & également longues, veut qu'on en laiſſe ſeulement une en chaque endroit, & qu'on la laiſſe mediocrement longue, afin que les nouvelles qu'elle produira, puiſſent chacune en leur particulier garnir des places, qui ſeurement ſans cette prevoyance pourroient eſtre vuides & dégarnies ; & en cas qu'en un ſeul endroit on trouve à propos d'en laiſſer deux, ou peut-être trois, & cela à proportion du plus ou du moins de vigueur & de vuide qui paroiſſent en cet endroit-là, il faut qu'elles ſoient toutes grandement differentes de longueur, & que même elles regardent de differens côtez, leſquels il eſt expedient de garnir ; afin que les nouvelles qui doivent venir faſſent un fort bon effet au lieu de ſe trouver incommodes, en ſorte qu'il les faille ôter dés qu'elles ſont venuës.

Je viens de dire en gros ce que je penſe devoir être fait, pour remedier par la taille aux grands défauts qui ſont arrivez & arrivent encore tous les jours dans les vieux Arbres, ſoit en fait de Buiſſons, ſoit en fait d'Eſpaliers.

Il eſt preſentement queſtion de dire ce qu'il me ſemble devoir eſtre fait, pour remedier aux inconveniens qui ſont prêts d'arriver à de vieux Arbres.

Peut-être le voit-on assez par les remarques que je viens de faire, sans qu'il soit besoin d'avertir encore plus precisément, que de bonne heure on ait à establir l'égalité de vigueur, & que quand elle est une fois establie, on ait à la conserver, & que sur toutes choses on ait toûjours à se défier des grosses branches, qui ne manquent jamais de se rendre les maîtresses par tout où elles commencent à se former.

Dans la verité il n'y a que celles-là seules qui gâtent tout par le mauvais usage qu'on en fait ; ce sont elles qui font tous les défauts que nous venons de marquer & de combatre ; au lieu que ce sont les seules, qui par le bon usage qu'on en peut faire selon les regles que nous avons cy-dessus expliquées, doivent non seulement contribuer à la beauté de la Figure des Arbres & à leur durée, mais aussi à l'abondance du beau & du bon fruit qu'ils nous doivent donner. Et partant la premiere chose qu'on a à faire, est d'examiner d'abord si l'Arbre est conforme à l'idée de beauté qu'il devroit avoir, & qu'on doit tres-bien entendre, ou s'il ne l'est pas : au premier cas il n'est question que de bien suivre ce qui est étably pour les jeunes Arbres ; mais particulierement s'il paroît commencer de s'éloigner de la belle figure, il faut s'y opposer vigoureusement & exactement, de sorte que si un côté paroît s'affoiblir, il faut essayer de le fortifier en retranchant de grosses branches qui luy sont superieures, & cela s'entend si l'état de l'Arbre le peut permettre ; car comme un côté ne s'affoiblit point notablement que l'autre ne se fortifie en même temps, dés qu'on s'apperçoit que cet autre côté paroit se fortifier extraordinairement, en ce que quelque branche y aura notablement grossi, & en aura produit un grand nombre d'autres, il faut d'abord ravaller cette grosse sur une qui regarde le côté foible, & de cette façon on va à la source exterieure du défaut : on l'empêche même dans son origine, & par consequent, soit qu'il y ait une seule branche qui s'échape, soit qu'il y en ait davantage, on détourne le courant de la seve ; & comme necessairement cette seve doit avoir un cours, si on le luy bouche d'un côté, elle se le fera d'un autre, & ainsi ayant fait en sorte

Non numquam in arbore unus ramus cæteris est latior, quem nisi rescideris tota arbor contristabitur. *Columelle.*

qu'elle se soit partagée, nous avons contribué à establir l'égalité de vigueur, sans laquelle un Arbre ne sçauroit avoir la belle figure qui luy convient, & que nous devons tâcher de luy procurer.

Et voilà quant à present tout ce que j'ay à dire sur le fait de la taille des Arbres, tant en Buisson qu'en Espalier; passons maintenant à celle de la Vigne, qui n'est pas à beaucoup prés, ny si longue, ny si difficile à expliquer.

CHAPITRE XL.

De la taille de la Vigne.

DE tout ce que l'Agriculture assujettit à la taille, & qu'en effet on a coûtume de tailler tous les ans, il n'y a ce me semble rien qui ait plus besoin d'être taillé, ny gueres rien qui paroisse plus aisé à l'être que la Vigne. Deux propositions dont je suis persuadé, & que je prouveray cy-aprés; cependant on peut dire en passant que la terre ne nourrit gueres rien qui soit sujet à plus d'accidens, ny qui soit en effet plus souvent affligé que cette Vigne; mais aussi d'un autre côté on peut dire, qu'il n'y a rien sur la terre qui fût plus heureux qu'elle dans ses productions, si les souhaits de l'homme la pouvoient garentir de toutes sortes de malheurs: Il ne seroit pas trop à propos de vouloir faire icy son apologie, ce n'est pas l'intention de ce Traité, assez de gens la loüent tous les jours, si bien que même quand je la voudrois loüer, j'aurois peine à trouver quelque chose à dire en sa faveur qui ne fût pas fastidieux.

La preuve de la premiere proposition que je viens d'avancer, est fondée sur ce que constamment une Vigne qui manque d'être taillée perit en peu de temps, non pas à l'égard du pied qui travaille à son ordinaire sans avoir aucun égard à ce qui se passe sur sa tête, mais à l'égard du Fruit; c'est à dire qu'elle ne donne ce Fruit, ny si beau, ny si bien nourry, ny par consequent si bon que celle qu'on taille regulierement, parceque (vivace comme elle est, & peut-être plus qu'aucune plante que nous connoissons) quand elle se porte bien, elle a coûtume de pousser furieusement en bois jusqu'à pousser en un seul Esté plusieurs branches, & même assez grosses, chacune de quatre à cinq toises de long, & chacune faisant en même temps une infinité de méchantes petites branches tout du long des grosses; c'est une verité que tout le monde sçait assez.

Or telles petites branches en fait de Vigne, non plus que le trop grand nombre de grandes & grosses, & longues en fait de Poiriers, n'ont nullement le don de la fertilité, au contraire elles y demeurent inutiles, & consomment même mal à propos sur le pied où elles se trouvent, une quantité considerable de seve, qui pourroit estre employée à faire du fruit; il faut donc empêcher cette grande inutilité de tant de sortes de branches sur la Vigne, ce qui ne se peut faire que par la taille, & par consequent la Vigne a grand besoin d'être taillée, jusques-là même qu'il est moins pernicieux pour elle d'être mal taillée, que de ne l'être point du tout; car au moins cette taille, quoique mal faite, ne laisse pas de faire un grand bien, en ce qu'elle empêche une dissipation de seve qui se feroit dans de longues branches que la taille aura retranchée, & qu'en même temps sur d'autres endroits du pied elle fait sortir des branches qui seront plus heureuses & plus utiles: il s'ensuit de là que dans nôtre Agriculture nous n'avons rien qui ait tant besoin d'être taillé que la Vigne, aussi comme nous avons déja dit, est-ce à la Vigne à qui nous devons les premiers commencemens de la taille, qui se pratiquent si utilement, & par les Jardiniers, & par les Vignerons.

Ce qui m'a fait dire, que nous n'avons gueres rien qui paroisse plus aisé à être taillé que la Vigne (& voilà la seconde proposition) c'est qu'il n'y a ce me semble rien qui punisse moins qu'elle les défauts qu'on y fait en taillant: nous en avons mille exemples tous les jours dans les Vignobles ordinaires, où rarement y voit-on un Vigneron assez habile pour sçavoir au vray la maniere de bien tailler la Vigne, & sçavoir par consequent rendre une bonne raison de ce qu'il fait, & cependant ces Vignerons quelques ignorans qu'ils soient, ne laissent pas tous les ans de faire une assez bonne vendange, pourvû que de la part des saisons il ne vienne rien de mal à propos pour l'empêcher.

Nous voyons donc que la Vigne, quoy que mal taillée, pourvû que d'ailleurs le pied se porte bien, ne manque pas de produire beaucoup de beau bois, & par consequent beaucoup de fruit, si-bien que j'ay eu raison de dire que rien n'est plus aisé à estre taillé que la Vigne : car en effet comme ses racines sont extrêmement agissantes, elles font une tres-grande quantité de seve, laquelle par consequent fait de grandes branches nouvelles, & particulierement sur celles qui ont esté taillées l'année d'auparavant : Or chacune de ces branches nouvelles pousse ordinairement du fruit à son cinquiéme & sixiéme œil : & même assez souvent au septiéme, & ce qui est de particulier dans la Vigne, c'est qu'elle fait son fruit dans le même temps que ces branches sont produites ; car ce Fruit ne vient pas icy aprés coup, comme il fait aux branches des autres Plantes frugiferes : en effet on n'a que faire d'en esperer sur la Vigne, s'il n'est sorti au même moment que les branches sont sorties, c'est une verité que personne n'ignore.

Communement donc chaque bonne branche nouvelle fait au moins deux belles grapes, si-bien que rarement voit-on arriver le contraire, & voilà ce qui fait donner une assez honnête abondance de vin ; mais quand chaque branche, ou au moins la plûpart vont à faire trois grapes, ce qui arrive quelquefois, c'est pour lors que, comme on dit vulgairement, on a pleine année, autrement en terme de Vigneron on a pleine vinée ; supposé toûjours, que ny la grêle, ny la gelée, ny les mauvaises pluyes, ny sur tout celles, qui venans au temps de la fleur font couler le Raisin ; supposé, dis-je, que ces sortes d'ennemis de la Vigne n'ayent rien gâté dans ses productions.

Je n'ay que faire de dire dans ce Traité de la taille de la Vigne, de quelle maniere on la plante, & la on multiplie : outre que ce n'en est pas le lieu, c'est qu'il n'y a gueres rien au monde qui soit moins inconnu que ces deux articles ; je n'ay donc icy à parler que de la taille qu'on y fait, croyant être necessairement obligé d'en traiter à cause de quatre ou cinq sortes de Raisins, qui d'ordinaire ont entrée dans nos Jardins, & qui dans la verité en font un des principaux agrémens, je veux dire les Muscats, & voilà les plus considerables ; les autres sont les Chasselas, les Precoces, les Corinthes, les Bourdelais même n'en sont pas exclus, non pas veritablement par les mêmes raisons qui conviennent aux autres, mais par les raisons expliquées dans l'endroit qui traite du bon usage des murailles de chaque Jardin, & qui fait voir qu'on a besoin du Bourdelais pour les feüilles, & pour le Verjus.

Je commence ce petit Traité de la taille de la Vigne par dire, qu'entre des bons Raisins, qui font partie de nôtre Jardinage, & les Raisins ordinaires qu'on éleve dans les Vignes, il y a sur tout cette grande difference, que dans nos Jardins nous ne demandons rien moins que l'abondance de grapes, & l'abondance de grain à chaque grape.

C'est des grapes extrêmement claires que nous souhaitons pour y avoir peu de grains, pourvû qu'ils soient & gros, & fermes & croquans, afin que si la saison de la maturité est favorable, on ait le plaisir qu'on s'est proposé, ce qui n'arrive point quand le grain est trop pressé ; au lieu que dans les Vignes on a des vûës toutes contraires, & avec grande raison, c'est à dire qu'on y souhaite particulierement l'abondance, soit pour le nombre des grapes, soit pour la quantité des grains à chacune.

Je dis de plus que le terroir fort bon, & bien amandé n'est pas ce qu'il nous faut pour faire de bons raisins dans nos Jardins, & sur tout pour y faire de bons Muscats ; c'est plûtôt le Terroir mediocrement gras, pourvû qu'il ne soit pas trop usé, pourvû qu'il soit bien exposé, & pourvû enfin que les pieds ne soient ny trop vieux, ny trop jeunes, & que quand ils sont bien vigoureux, ils ne soient pas trop prés les uns des autres, en sorte qu'ils se puissent faire confusion, toutes conditions necessaires pour la bonté du Muscat ; & sans doute que pour y contribuer encore notablement c'est un grand secours que la taille habilement faite.

Or donc pour la faire habilement, j'estime que nous

avons deux principales choſes à examiner, premierement la vigueur de tout le pied qui eſt à tailler, & en deuxiéme lieu la groſſeur ou la force de chaque branche, ſur laquelle la taille ſe doit faire; car pour ce qui eſt du temps qu'il faut tailler il n'y a rien autre choſe à dire que ce qui a eſté dit pour le temps de la taille des Arbres, & en effet on doit faire à la taille de la Vigne toutes les mêmes conſiderations qu'on fait à la taille des Arbres fruitiers.

A l'égard du premier point dont il eſt icy queſtion, c'eſt à ſçavoir la vigueur du pied (laquelle ſe fait connoître par la groſſeur, & par le nombre des jets nouveaux) ce qu'il y a de principal à faire, eſt que conſtamment il faut laiſſer beaucoup de charge aux pieds qui ſont fort vigoureux, c'eſt-à-dire leur laiſſer beaucoup de courſons, je veux dire beaucoup de branches taillées, ſoit que ces pieds n'ayent encore qu'un ſeul bras, comme par exemple quand ils ſont encore fort jeunes, ſoit qu'ils en ayent pluſieurs, comme ils en peuvent avoir paſſé la cinq ou ſixiéme année de leur Plan; mais toûjours en l'un & l'autre cas il faut ſi bien ménager cette grande charge, qu'il n'y reſte aucune confuſion; & comme les pieds fort vigoureux doivent être grandement chargez, conſtamment auſſi il faut à proportion laiſſer peu de courſons ſur les pieds qui ſont mediocrement forts, & en laiſſer encore moins ſur ceux qui paroiſſent tres-foibles.

A l'égard du deuxiéme point qui regarde la groſſeur de chacune des branches ſur leſquelles la taille ſe doit faire, ſuppoſé toûjours les égards que je conſeille pour les mieux placées, & dont je m'expliqueray cy-aprés; mais cela fait j'eſtime, que regulierement en toutes ſortes de pieds il faut affecter de faire la taille ſur les plus groſſes branches, car en effet ce ſont les meilleures, tout au moins ne la faut-il jamais faire ſur les foibles: de maniere que ſi l'ébourgeonnement qu'il eſt neceſſaire de faire tous les ans dans le mois de May, n'avoit pas ôté une infinité de petits jets, qui ont coûtume de venir, ſoit ſur la ſouche, ſoit ſur quelque vieille branche, il les faut tous ôter dans le temps de la taille, les jets foibles ne produiſans pas à beaucoup prés comme font les gros.

Les

Les branches à tailler estant donc choisies, qui, comme nous venons de dire, doivent regulierement être, & les plus grosses, & les mieux placées, il est question de regler la longueur qu'il faut laisser sur chacune : or cette longueur doit communement estre faite à quatre bons yeux (qui sont les quatre premiers à les conter par l'endroit ou la branche a pris sa naissance) à moins qu'on n'ait dessein de faire que tout d'un coup, ou peut-être en deux ou trois ans de suite, le pied de cette Vigne monte beaucoup plus haut qu'il n'est, ou qu'enfin on n'ait dessein de faire qu'en peu de tems il garnisse quelqu'endroit éloigné ; car pour lors on luy peut laisser beaucoup davantage de longueur que celle que nous venons de regler, mais c'est à la charge, que quand une fois on sera parvenu, soit à cette hauteur, soit à cette distance proposée, il faudra en cas qu'on s'en trouve bien s'y maintenir toûjours, comme on le peut aisément par le moyen de la taille que je pratique, & pour cet effet on n'aura qu'à affecter tous les ans de faire la taille de cette mediocre longueur que je viens de marquer.

Et en la faisant aussi-bien que toute autre sorte de taille de Vigne, il y a ces deux precautions à prendre, qui sont assez importantes ; la premiere, qu'il faut couper à un grand pouce loin de l'œil qui doit se trouver le dernier, c'est à dire se trouver à l'extremité de la branche taillée, ou autrement cet œil, si la taille se faisoit plus prés, en seroit blessé, & ne feroit pas un si beau jet ; & la seconde, qu'il faut toûjours faire en sorte que cette taille ait sa pente, ou son talus tirant du côté opposé à ce dernier œil, afin que l'eau des pleurs, qui ne manque pas de sortir de l'endroit taillé quand la seve commence de monter, afin, dis-je, que cette eau des pleurs ne tombe pas sur ce dernier œil, car sans doute elle pourroit luy porter grand préjudice.

Or de ces quatre yeux ainsi laissez sur la taille d'un pied vigoureux, & sur tout s'il est en Espalier, on doit regulierement s'attendre que chacun fera une branche nouvelle, & que chacune de telles branches nouvelles se trouvera, comme nous avons dit, chargée de deux ou trois grapes de Raisins, c'est à dire que toute bonne branche taillée à quatre yeux, pourveu qu'il ne ſoit point arrivé d'accident à quelqu'une, ce qui arrive quelque fois ; toute bonne branche ainſi taillée, dis-je, peut produire quatre bonnes branches nouvelles, & cela avec huit ou dix, ou douze grapes de Raiſin pour l'Automne : ſi bien qu'un pied de Vigne, ſur qui au Printemps on aura laiſſé deux bonnes branches taillées, pourra donner dans l'année vingt ou vingt-quatre grapes ; & un autre qui aura quatre bonnes branches, pourra donner juſqu'à une quarantaine de grapes, ainſi cela pourroit, pour ainſi dire, aller juſqu'à l'infini : bien entendu qu'il faut proportionner à la vigueur de chaque pied la charge qu'il eſt bon de luy laiſſer en le taillant, & bien entendu auſſi que telle abondance ne peut convenir qu'aux pieds de Vigne qui ſont en Eſpalier.

Je repete encore que dans la taille il faut faire grande difference entre la branche venuë de la taille de l'année precedente, car de bonne foy la premiere ne doit être en quelque façon regardée que comme branche de faux bois, & par conſequent doit être entierement ôtée, à moins qu'il n'y en ait pas d'autre ſur tout le pied, ou à moins qu'elle ne ſoit neceſſaire, comme elle l'eſt aſſez ſouvent pour ravaller l'année ſuivante tout le pied ſur elle, y étant obligé, tant parce que nous voulons nous tenir à la hauteur que nous affectons, que parce que les vieux bois, c'eſt à dire les vieilles branches periſſent enfin au bout de quelque tems, & qu'ainſi le vieux bois étant, pour ainſi dire, devenu infirme il devient par conſequent inutile, c'eſt pourquoi il ne faut pas manquer de l'ôter dés qu'on l'aperçoit.

Or donc ſi par les raiſons ſuſdites on a trouvé à propos de conſerver quelques branches ſorties de la ſouche, par exemple, une ou deux dans un même endroit ; en tel cas il les faut racourcir à deux yeux, & s'attendre qu'il en pourra ſortir deux belles & bonnes branches, ſur leſquelles on aura lieu de faire tout le fondement des eſperances qu'on doit avoir pour le rétabliſſement d'un tel pied de Vigne, ſoit le pied tout entier, ſoit ſeulement une partie, & pendant cette année là on aura continué de faire ſa taille ordinaire ſur quelque branche plus haute, en vûë d'en avoir du Fruit pour l'année qui court, & en vûë de la ruiner entierement aprés ce Fruit cueilly.

Nous avons dit ailleurs, que le Muſcat a neceſſairement beſoin d'une aſſez grande chaleur, & avons ajoûté, qu'autant qu'il en craint la mediocrité ou le défaut, autant en craint-il auſſi l'excez : c'eſt pourquoy comme dans les climats mediocrement chauds, tel qu'eſt celuy de France, le Muſcat a beſoin de l'Eſpalier du Midy, ou au moins du Levant ; auſſi dans les Pays extrémement chauds, comme le Languedoc & la Provence, le Muſcat craint ces ſortes d'Eſpaliers, parce que la chaleur y eſtant trop vehemente le Raiſin y ſéche & brûle plûtôt que d'y meurir ; il ne vient bien là qu'en plein air, mais veritablement il y vient miraculeux, ſi bien que toute l'induſtrie de l'homme n'en ſçauroit faire venir de cette bonté dans les Pays un peu Septentrionnaux ; d'où vient que nous ſommes obligez d'avoüer, que comme nous pouvons nous paſſer des autres climats pour tout le reſte des Fruits, par exemple pour des Pêches, Prunes, Poires, Pommes, & même pour les Figues, Melons, &c. nous ſommes, dis-je, obligez d'avoüer de bonne foy, que dans nos climats nous ne ſçaurions approcher de la bonne fortune qu'on a dans les Pays Meridionaux en fait de Muſcat.

Il faut particulierement eſtre averti, que le Muſcat ne vient jamais bon en treille fort élevée, il y eſt toûjours ſerré, menu, & molaſſe, & voilà pourquoy je ne conſeille point d'y en avoir ; il ne faut pas auſſi, & particulierement en Eſpalier le tenir ſi bas, que les grapes puiſſent toucher à terre, ou que l'eau des égoûts y puiſſe faire rejallir du gravier ; c'eſt la raiſon pourquoy j'effecte une hauteur de trois, quatre ou cinq pieds au plus, & cela particulierement pour le Muſcat, en ſorte que le Fruit à l'Eſpalier ne ſe trouve, ny gueres plus haut, ny gueres plus bas ; voilà ce que j'ay pretendu dire cy-deſſus, quand j'ay parlé d'une branche, qui eſtant groſſe eſt bonne à tailler, pourvû qu'elle ſoit bien placée.

Cette hauteur eſt auſſi fort bonne pour les Chaſſelas, le Corinthe, le Raiſin precoce, &c. mais elle n'eſt pas ſi neceſſaire ; on peut bien veritablement, & on le doit auſſi, tenir toûjours beaucoup plus bas que cela le Raiſin qui n'eſt pas en Eſpalier, tel qu'il ſoit, mais cependant il ne faut jamais s'éloigner de la maxime, qui défend qu'un Raisin qui est pour manger cru, ne touche pas à terre.

La longueur de la taille de chaque branche de Vigne estant reglée, il est presentement question d'examiner plus à fond la charge qu'il faut laisser à chaque pied, & cecy est le plus difficile, & le plus important.

Or quand de la taille de l'année precedente il en est venu trois ou quatre branches, comme cela se peut, & arrive souvent; pour lors supposé que la Vigne soit à la hauteur que je viens de marquer, je commence par ôter entierement celles qui sont foibles, & à l'égard des autres, si la mere branche n'est extrêmement vigoureuse, je n'en conserve jamais que deux, & ce sont les plus grosses, parce que, comme nous avons dit, ce sont sans doute les meilleures, choisissant toûjours, autant que faire se peut, les plus basses, pourveu que la grosseur s'y trouve; car faute de cela je m'en tiens aux plus hautes: ensuite je les taille toutes deux, non pas veritablement pour les laisser l'une & l'autre d'une égale longueur, c'est à dire à quatre yeux, ce n'est que la plus haute des deux que je taille ainsi, & la nomme simplement la taille: à l'égard de la plus basse je ne luy laisse que deux yeux, & la nomme courson, & fait mon conte d'ôter entierement l'année d'aprés cette plus haute branche, & toutes celles qui en seront venuës, pour me reduire uniquement sur les deux qui me doivent venir du courson; mais cela s'entend, en cas que selon mes souhaits & les apparences, ce courson ait bien réüssi; car s'il luy étoit arrivé quelque accident, en sorte qu'il n'eût point fait deux belles branches, ou peut être n'en eût fait qu'une belle, je m'en tiens encore aux plus belles & plus basses de la taille, soit pour en garder deux, si le courson a tout-à-fait manqué, ou tout au moins en garder une pour la taille, si le courson en a fait une qui puisse servir de courson pour l'année d'aprés; voilà donc la maniere que je continuë tous les jours de tenter pour ne me pas écarter de hauteur que j'affecte comme bonne & necessaire.

Je répons qu'avec une telle conduite accompagnée de labours, & des façons ordinaires, c'est à dire de branches couchées de tems en tems pour se mettre en jeune bois, quand le vieux commence de paroître usé, c'est-à-dire aussi avec le secours de quelque peu de fumier, ou plûtôt de quelque renouvellement de terre, quand on s'apperçoit de quelque diminution de vigueur, je répons, dis-je, qu'avec une telle conduite on a reglément chaque pied de vigne toûjours en bon état, on l'a vigoureux & sans aucune playe, on a de belles grapes, & par consequent si la saison & le climat contribuent à donner la maturité necessaire, on en a le plaisir qu'on s'étoit attendu d'en avoir.

Mais quand le pied de Vigne, & sur tout le pied de Muscat est extraordinairement vigoureux, comme on en trouve assez souvent, si bien que les trois ou quatre branches qu'il a fait sur chaque taille, sont extrêmement grosses, j'affecte volontiers de les conserver toutes, les taillant les unes & les autres de la longueur cy-devant marquée, tant les plus hautes pour la taille, que la plus basse pour le courson, & afin d'avoir place à ranger sans confusion toutes les jeunes qui doivent venir de celles-là, j'arrache quelque pied voisin qui pourroit m'embarrasser, j'affecte aussi quelquefois de choisir pour ma taille celle de ces branches, qui est la plus mediore, faisant toûjours mon courson sur la plus basse des grosses, & ensuite je coupe à un œil prés les plus grosses voisines de cette mediocre, qui s'y pourra tailler : cela fait que sur ces manieres de moignons il se perd un peu de la furie du pied, & ainsi la branche mediocre que j'ay choisie pour la meilleure, n'en est pas incommodée pour donner de ce fruit trop pressé, qu'elle auroit sans doute donné si elle avoit reçû la vigueur de toutes ; si bien donc qu'en tel cas je ne ravalle point les plus hautes sur les plus basses, comme je fais, quand le pied est mediocrement vigoureux.

Lorsque nos Muscats sont en fleur, une des choses du monde que je leur souhaite le plus, c'est celle qui outre la gelée & la grêle doit estre la plus redoutable pour les Vignes, c'est à dire que je leur souhaite la pluye pour faire couler une partie des grains, qui sans cela pourroient encore être trop drus, comme aussi seroient-ils & trop menus, & peut-être trop molasses ; c'est pourquoy quand la nature ne me donne pas cette pluye que je voudrois, je tâche de la faire avec nos arrosoirs, & assez souvent je men trouve bien : veritablement l'embarras en est grand & incommode, à qui a beaucoup de pieds de Muscats, mais au moins on peut l'essayer sur quelque petit nombre.

Que si l'année est extraordinairement séche au temps de la maturité, & que mon terroir soit naturellement fort sec, j'arrose amplement le pied de mon Raisin, & sur tout comme le fruit commence à tourner, un tel arrosement qu'on fait à propos dans le mois d'Aoust, contribuë certainement à faire le Raisin mieux nourri, & par consequent plus ferme.

Quand la branche qui a du fruit, c'est à dire la branche nouvelle de l'année, quand dis je, cette branche n'est pas d'une grosseur furieuse, comme on en voit quelques-unes, je la ravalle dans le mois de Juillet jusqu'auprés du fruit, prenant cependant garde, que par le moyen de quelques feüilles voisines le fruit soit à couvert de la grande ardeur du Soleil, jusqu'à ce qu'il soit au moins à demi-meur ; car approchant de maturité, & cecy doit passer comme une regle generale, il est bon que le Raisin soit un peu découvert pour luy faire prendre le coloris jaune qui luy sied si bien ; le ravallement dont je viens de parler augmente la nourriture du fruit, & contribuë assez souvent à le faire plus gros, & plus croquant, mais cela n'est pas toûjours seur & infaillible, aussi ne le faut-il point pratiquer quand les branches sont fort grosses ; car autrement comme elles font l'Esté presque autant de petites branches nouvelles qu'elles ont d'yeux, il arriveroit que telles branches deviendroient grosses, & par consequent feroient une grande confusion, car même quoique les branches n'ayent été racourcies, elles ne laissent pas de pousser pendant l'Esté beaucoup de ces sortes de bourgeons qu'il faut soigneusement arracher comme fort inutiles.

Heureux ceux qui sont dans des situations, où tous les ans le Muscat meurit bien, je ne puis m'empêcher d'envier un peu leur bonne fortune ; heureux aussi ceux, qui ayans du Muscat dans un assez mauvais climat & un assez mauvais fond y sont favorisez d'un tel Esté, que celui que nous avons eu l'année 1676. car assurément cette année nous avons eu du Muſcat aſſés bon pour nous en contenter.

Mais ce n'eſt pas aſſez que nos pieds de Raiſins ayent beaucoup de grapes belles, & peu chargées de grains, & que la ſaiſon ſoit favorable pour les faire bien meurir, nous avons encore de grands ennemis à craindre pour ces mêmes Raiſins auſſi bien que pour les Figuiers, & ce ſont outre quelques gelées qui font tomber les feüilles, & outre quelques pluyes, qui eſtant longues & froides pourriſſent les grains; ce ſont, dis-je, outre cela les oyſeaux & les mouches de pluſieurs façons; à l'égard des premiers pour ſe défendre de leur inſulte, rien n'eſt meilleur qu'un raiſeau, qu'on étend au devant de ce Raiſin, par ce moyen les oyſeaux n'en ſçauroient approcher, mais le remede n'eſt pas trop aiſé, ſi on a beaucoup de Muſcats à mettre en ſeureté; à l'égard des mouches on a le remede des fioles qu'on remplit à moitié d'eau mêlée d'un peu de miel, ou d'un peu de ſucre, c'eſt un expedient aſſez connu à tout le monde; on met au col de ces fioles un peu de ficelle, avec quoy on les attache en differens endroits du voiſinage des Raiſins, ces inſectes ne manquent gueres d'y entrer, attirées qu'elles ſont par la douceur du miel ou du ſucre, & ſeurement y periſſent dés qu'elles y ſont entrées, parce qu'elles ne ſçavent pas retrouver le chemin d'en ſortir; il eſt certain que tout au moins on en détruit par ce moyen une bonne partie, ſi on ne vient pas à bout de les détruire toutes, qui eſt une choſe qu'on ne peut gueres pretendre, mais toûjours il ne faut pas manquer de vuider ces fioles, dés qu'il y paroît beaucoup de ces mouches priſes, ou autrement il ne s'y en prend plus., car la corruption & la puanteur qui s'y fait, empêchent les autres d'y venir; en même temps on renouvelle ces fioles d'eau qui ſoit compoſée comme la premiere, & on les attache toutes de nouveau aux endroits où elles peuvent être utiles.

On ſe ſert auſſi de ſacs de papier ou de toiles pour enveloper chaque grape; mais outre que la ſujetion en eſt aſſez grande & aſſez importune, ſi d'un côté elle ſert pour ſauver les grapes encloſes & contre les oyſeaux, & contre les mouches, de l'autre côté elle empêche que le Soleil n'y imprime ſon coloris roux, qui rend le Raiſin ſi agreable à voir, & qui contribuë à le rendre meilleur, & qui même marque plus visiblement sa parfaite maturité; car de croire que ce Raisin s'en conserve plus long-temps meur, j'ay éprouvé que non, & la raison en est que tout fut commence à pourir dés qu'il est parfaitement meur, assez souvent même devant qu'il le soit, & d'abord qu'un grain est pourri, il gâte son voisin, & ce voisin en gâte un autre, & ainsi à l'infini, inconvenient tres-fâcheux, & qui n'est pas si-tôt découvert à des grapes enfermées, qu'en celles qui ne le sont pas: car dés qu'un grain paroît pourri en celles-cy, on l'épluche, & par là on empêche qu'il ne fasse tort à ses voisins.

Je ne veux pas oublier d'avertir, que les années qu'il est un nombre infini de grapes, comme l'année 1677. il est bon d'en ôter une partie aux endroits où il en paroît trop; il est bon même d'éclaircir les grains aux grapes trop serrées, & de racourcir par l'extremité d'en-bas celles qui sont trop longues, car cette extremité est toûjours l'endroit qui meurit le moins bien, comme le haut est l'endroit qui meurit toûjours le mieux.

Je devrois encore avertir qu'on ne cueïlle point de Raisin, & sur tout de Muscat, à moins qu'il ne soit entierement meur, en effet la parfaite maturité est absolument necessaire pour y faire trouver la douceur & le parfum, sans lesquelles rien n'est moins agreable que ce Muscat, mais cet avertissement sera compris dans un des Chapitres de la Partie suivante, où j'examineray ce qui regarde la maturité de chaque fruit.

Fim de la quatriéme Partie.

CINQUIE'ME

CINQUIEME PARTIE DES JARDINS FRUITIERS ET POTAGERS.

CHAPITRE PREMIER.

Touchant les soins qu'il faut avoir, pour éplucher les fruits, quand il y en a trop.

OMME l'intention de nostre culture n'est pas seulement d'avoir beaucoup de Fruits, mais qu'elle est particulierement de les avoir beaux & gros, parce que nous esperons, que sans doute ils en seront meilleurs, la bonté ne manquant gueres d'y estre, quand la beauté & la grosseur s'y rencontrent ; & comme ny la taille, ny l'ébourgeonnement, ny le palissage, ny les labours, ny les amandemens ne sont pas toûjours suffisans pour nous donner cette beauté & cette grosseur ; il s'ensuit donc qu'il y a quelqu'autre chose à y faire, & c'est de quoy je veux icy parler.

Il est vray, que si on se trouve sans gelée & sans roux-vents dans les temps que les Arbres fleurissent, & que les fruits noüent, c'est à dire dans les mois de Mars, Avril, & May ; il est dis-je vray, qu'assez souvent en de certains endroits de chaque Arbre il y reste trop de fruits, pour pouvoir être fort beaux ; car premierement en fruits à pepin, soit Poires, soit Pommes il est constant que chaque bouton fait communement beaucoup de fleurs, & par consequent peut avoir beaucoup de fruits, c'est à dire jusqu'à des sept, huit, neuf & dix, &c. Et en second lieu pour les fruits à noyau, quoyque chaque bouton, à la reserve des Guignes, Cerises, Griotes & Bigarreaux, ne fasse veritablement qu'un fruit (car en effet un bouton de Pêcher ne fait qu'une Pêche & un bouton de Prunier ne fait qu'une Prune, &c.) Cependant comme chaque branche à fruit y est d'ordinaire chargée de grand nombre de boutons, & tous fort prés les uns des autres, il s'ensuit que sur chacune de ces branches il y peut par ce moyen rester un nombre excessif de fruits, & partant on y peut faire le même raisonnement que sur les boutons de fruits à pepin, qui est, que comme en ceux cy plus il noüe de fruits sur un même bouton, & plus petite est la portion, qui au sortir de la queuë de ce bouton se distribuë à chacun de ces fruits : si bien que s'il y en avoit moins, constamment la portion de chacun de ceux qui auroient resté, seroit plus grande, & par consequent les fruits étans mieux nourris, ils en seroient plus gros, & d'ordinaire meilleurs.

Tout de même plus il y a de fruits sur une branche de fruits à noyau, Pêchers, Pruniers, Abricotiers, &c. & plus petite est la portion de nourriture, qui se distribuë à chaque Pêche, & à chaque Abricot de telles branches ; si bien que si sur chacune il y en avoit eu moins, chaque fruit en auroit esté assurement mieux nourri, par consequent auroit esté plus gros, & d'ordinaire meilleur ; car en verité il n'est gueres possible d'avoir en même temps la grosſeur, la beauté & la bonté quand l'abondance ſe trouve trop grande, ſoit ſur un ſeul & même bouton, ſoit ſur une ſeule & même branche.

Il s'enſuit de là, qu'un Jardinier habile, qui prend ſoin de faire fleurir ſes Arbres (comme il en eſt en quelque façon le maître) il s'enſuit, dis-je, qu'il doit encore prendre plus de ſoin de ne laiſſer de fruits à chaque Arbre, & particulierement à chaque bouton & à chaque branche, qu'à proportion de ce qu'il peut juger, que l'Arbre, ou plûtôt la branche en pourront nourrir pour les faire beaux.

Je dis particulierement la branche, car comme la diſtribution de la nourriture qui eſt deſtinée à chacune, ſe fait à la premiere entrée de la branche ſelon la grandeur de ſon embouchure, & non pas ſelon la multitude des fruits qu'elle porte, & des beſoins qu'elle peut avoir; il s'enſuit que les fruits de chacune ne profitent que de ce qui vient à la branche où ils ſont, ſans profiter en rien de ce qui ſe fait dans les branches voiſines, chacune ayant ſes fonctions & ſes ouvrages ſeparez; & cela eſt ſi vray, qu'aſſez ſouvent un Arbre n'ayant qu'un fruit ou deux, ou enfin un fort petit nombre, ne les a pas pour cela plus beaux, que s'il en avoit beaucoup plus.

Il s'enſuit pareillement, que l'augmentation de ſeve ou de nourriture, qui peut arriver à chaque fruit en particulier, ne luy vient proprement que du retranchement qu'on fait du trop grand nombre de fruits qui eſtoient ſur le même bouton, ou ſur la même branche, ſur laquelle il ſe trouve; comme ſi en effet chaque bouton & chaque branche de fruits en particulier faiſoient des familles particulieres qui ont chacune leur revenu à part, & chacune leur domeſtique à nourrir; de maniere que comme l'une n'en eſt pas mieux dans ſes affaires, quoique l'autre ſoit dans l'opulence, auſſi les enfans de chacune ſont-ils mieux nourris, quand la même nourriture, qui par exemple auroit pû être partagée à dix, ne ſe trouve partagée qu'à deux ou trois.

Il eſt donc certain, qu'il faut laiſſer peu de fruits ſur chaque bouton & ſur chaque branche, ſi on veut qu'ils ſoient tous, & plus gros & plus beaux; & comme en taillant chaque Arbre je luy laisse autant, ou même un peu plus de bons boutons, & de bonnes branches à fruit, qu'il ne paroît capable d'en pouvoir nourrir, sçachant les hazards qui sont à craindre devant que les fruits soient en seureté ; aussi voulant que tous les fruits de chacun soient à peu prés d'une égale beauté, je ne manque pas aprés que les Fruits sont noüez, de faire une reveuë exacte de tout ce qu'il y en a sur chaque bouton, & sur chaque branche, pour n'en laisser à chaque endroit que la quantité honnête, qui peut apparemment y être grassement nourrie.

Il est pareillement certain, qu'assez souvent la nature, ce semble, prend elle-même le soin de se purger, ou de se décharger de ce qu'elle a de trop ; tout au moins arrive-t-il quelquefois au Printemps de ces gelées & de ces roux-vents dont nous avons parlé, & même assez souvent il en arrive jusques dans les mois de Juillet & d'Aoust ; ces sortes de roux-vents sont pour l'ordinaire de terribles abateurs de fruits ; ils en font tomber beaucoup, trop même quelquefois, & cela sans discretion ny mesure, soit à l'égard de tout l'Arbre, soit à l'égard de chaque branche, si-bien que dans telles années la disete des fruits est assez grande, & souvent excessive : mais cependant quelque malheur qu'il soit arrivé, il ne faut pas manquer de faire la reveuë de ce qui est resté, pour en ôter même encore de quelques endroits, si la prudence y en trouve trop.

Quelquefois aussi ces tems fâcheux ne surviennent point, si-bien que la plus grande partie des fruits qui ont noüé, reste sur les Arbres, & ainsi au milieu d'une grande abondance pour le nombre, on se peut dire effectivement pauvre pour la beauté & la bonté, parce qu'on n'a rien qui soit assez beau pour faire l'honneur de la culture.

En tel cas j'estime qu'il est tres-à propos de soulager la nature d'une bonne partie de son fardeau, & voicy les égards que je recommande d'y avoir.

Premierement il faut attendre que les fruits soient assez gros & bien formez, tant pour ôter ce qu'il y en a de trop, que particulierement pour conserver les plus beaux & les mieux faits ; car dans le grand nombre il y en a des uns & des autres, & pour cet effet il faut d'ordinaire a tendre à la fin de May, & au commencement de Juin; c'est pour lors que les fruits sont assez gros pour en faciliter le chois.

Il n'y a que sur le fait des Abricots qu'il faut commencer à éplucher plûtôt qu'aux autres fruits : aussi-bien à cet égard a-t-on un avantage, qui ne se trouve point aux autres Arbres, car on fait un fort bon usage des petits Abricots verts, & on ne le sçauroit faire des autres petits fruits verts, tout au moins n'en a-t-on pas encore trouvé l'industrie, ce qui peut-être seroit assez à souhaiter.

En second lieu il faut prevoir de laisser à chaque Fruit autant de place à peu prés, qu'il peut en avoir besoin pour loger la grosseur qu'on sçait luy devoir venir quand il approchera de maturité, & cela particulierement pour ces sortes de principaux Fruits à noyau, qui ont la queuë fort courte, sçavoir les Pêches, les Pavies, les Abricots, &c. autrement ils se nuisent en grossissant, & assez souvent ceux qui sont également gros se détruisent tous deux, ou au moins le plus fort l'emporte, c'est à dire le plus gros chasse le plus petit, & ainsi la nourriture qui est allée à ces malheureux pendant deux ou trois mois, est inutilement perduë ; au lieu qu'on auroit pû la mettre à profit, si de bonne heure on avoit pris soin d'en ôter quelqu'un, & toûjours les plus mal placez ; car par ce moyen on auroit fait aller à ceux qui seroient conservez, la nourriture de leurs voisins.

Il s'ensuit de là, qu'il ne faut jamais laisser tout auprés l'un de l'autre beaucoup de ces sortes de Fruits, qui cependant se trouvent d'ordinaire, en naissant plusieurs de compagnie, témoins les Abricots, ou tout au moins deux à deux, témoin les Pêches : car communement sur les Pêchers les boutons à fleur ne s'y forment que deux à deux, chacun de ces deux étant fort prés l'un de l'autre sans autre separation que d'un petit œil à bois, qui est un petit commencement de branche qui se met entre les deux, & qui souvent ne pousse que quelques feüilles & point de bois ; que s'il pousse vigoureusement, & qu'il fasse une assez belle branche, pour lors il n'est guéres necessaire d'ôter un de ces Fruits, qui des deux côtez tiennent compagnie à cette branche, ils seront assez écartez l'un de l'autre par leur situation naturelle, & sans doute ils seront tous deux beaux, pourveu que rien ne les géhenne d'ailleurs dans le temps qu'ils grossiront ; à quoy, comme j'ay dit, il faut soigneusement prendre garde ; mais si le jet n'est que foible & menu, cela ne doit point empêcher d'ôter une des deux Pêches, & même comme telles sortes de petits jets sont d'ordinaire aoustez dés le mois de Juin, il est tres-à-propos de les rogner dés ce temps-là à un œil prés, afin de sauver toûjours la nourriture qui y seroit inutilement venuë ; aussi-bien n'est-ce communement que de tels jets qui font la confusion ; c'est assez de laisser à chacun une feüille ou deux pour défendre la Pêche voisine de l'ardeur du Soleil, & celà pendant tout le temps de la tendre jeunesse de cette Pêche, l'ombre luy étant pour lors tellement necessaire qu'elle en pourroit perir, si elle étoit trop découverte, devant qu'elle ait sa grosseur.

Les Poires d'Automne & d'Hyver, & sur tout celles qui sont recommandables par leur grosseur, par exemple les Beurré, les Bon-chrêtien, les Virgoulé, &c ; ont aussi besoin de cet épluchement de Fruits ; autrement si sur les bouquets où elles sont, on en laisse une trop grande quantité, on n'en aura guéres jamais de fort belles ; c'est assez d'y en laisser une, ou tout au plus deux, & encore faut-il qu'elles paroissent assez grosses, eu égard à la saison, & que toutes deux soient d'une égale grosseur : car si l'une des deux est plus petite, elle demeurera toûjours petite, & par consequent vilaine, si-bien que non seulement elle n'a jamais merité d'être conservée, puisqu'elle n'a pû parvenir à la grosseur qu'elle devroit avoir, mais même elle a fait tort à sa voisine, qui en seroit devenuë beaucoup plus belle, si, pour ainsi dire, elle étoit restée la fille unique de ce bouton.

Pour ce qui est des Poires d'Esté, par exemple Petit-Muscat, Robine, Cassolette, Rousselet, &c. il n'est pas tant necessaire de les éplucher, il ne les faut traiter que comme les Prunes & les Cerises ; ce sont Fruits, dont la grosseur est mediocre, & assez reglée, & qui communement sont bons, de quelque taille qu'ils soient, pourvû qu'ils soient assez meurs, & point verreux.

En troisiéme lieu il faut sçavoir, que quand les branches des Pêchers, sur lesquelles en taillant on a laissé autant de fleurs qu'on l'a trouvé à propos, ce qui, comme nous avons dit, va toûjours à quelque sorte d'excez, quand ces branches, dis-je, ne paroissent pas au mois de May recevoir un notable secours de seve nouvelle, en sorte qu'on ne les voit point grossir, ny sortir de belles branches à leurs extremitez ; pour lors, comme j'ay dit plus amplement dans le Traité de la taille, non seulement on doit leur ôter une grande partie des Fruits qui y ont noüé, pour n'y en laisser qu'un tres-petit nombre, mais même on doit extrêmement racourcir la branche, & cela jusques sur l'endroit d'où l'on voit sortir le plus beau jet : car asseurement, ou les Fruits tomberoient presque tous avant que de meurir, ou au moins ils demeureroient tous petits, & par consequent mauvais, estant certain que particulierement en Fruits à noyau, s'ils n'approchent de la grosseur qui convient à leur espece, ils n'approchent point aussi de la bonté qu'ils doivent avoir, les Pêches demeurent veluës & vertes ; & leur noyau ne quitte point net, elles ont de l'aigreur & de l'amertume, la chair en est rude & grossiere, & souvent pâteuse, le noyau en est beaucoup plus gros qu'il ne devroit, toutes marques infaillibles de méchantes Pêches.

En quatriéme lieu, les Poires qui sont restées en trop grand nombre, sont sujettes non seulement à s'empêcher de grossir, mais aussi à se pourrir les unes & les autres, l'air, & les vents n'ayans pas le passage libre tout autour d'elles ; un tel inconvenient avertit assez qu'il en faut ôter une partie pour laisser les autres plus écartées, c'est à dire plus en liberté, & plus à leur aise.

Un grand avertissement, qui me paroît icy necessaire, c'est que sur tout pour les Poires de Bon-chrêtien d'Hyver, il faut dans les mois d'Avril & de May, qui sont les temps qu'elles commencent à paroître noüées, & formées, il faut, dis-je, pour lors être grandement soigneux de faire la guerre à de petites Chenilles noires, dont il en est beaucoup en cette saison là, afin d'en faire perir tout autant qu'il est possible, ou autrement elles entament l'écorce de ces Poires, & c'est ce qui d'ordinaire en fait un si grand nombre de cornuës & de raboteuses.

CHAPITRE II.

Pour apprendre à découvrir quand il faut certains Fruits qui en ont besoin.

LEs Fruits étant ainsi épluchez sur chaque Arbre, ils grossissent petit à petit sous la feüille, les uns plus, les autres moins, chacun selon son espece, & les uns plûtôt, les autres plus tard, chacun selon le temps que la nature a destiné pour leur maturité; mais comme le coloris rouge, ou incarnat est necessaire à de certains Fruits, lesquels ou peuvent en avoir, s'ils n'en sont pas empêchez, ou peuvent n'en avoir pas, s'ils le sont (car il y en a qui absolument n'en sçauroient avoir quelque chose qu'on y puisse faire, par exemple, les Pêches blanches, les Verte-longue, les Sucré-vert, les Figues blanches, &c. il y en a aussi, qui quelques cachez qu'ils soient, se chargent toûjours du coloris de leur espece, par exemple, les Cerises, les Framboises, les Fraises, &c.)

Comme, dis-je, le coloris à de certains Fruits est une condition grandement importante pour faire davantage valoir leur merite, & qu'ils ne peuvent avoir ce coloris en meurissant, à moins que les rayons du Soleil ne donnent immediatement sur eux, il est à propos en de certains tems de leur ôter quelques feüilles qui les tiennent trop cachez, & par consequent leur nuisent à l'égard de ce coloris; ils nuisent même à l'égard de la maturité, plus ou moins avancé de ces sortes de Fruits, estant certain, que generalement parlant, un fruit fort caché de feüilles ne meurit pas tout-à-fait si-tôt que celuy qui est plus exposé, & que même constamment il n'a pas tant de bonté.

Mais il faut en user icy avec beaucoup de prudence & de discretion, & ne découvrir les Fruits que quand à peu prés ils ont leur grosseur, & qu'ils commencent à perdre

dre du grand fond de verd qu'ils ont eu jusques-là ; les Fruits grossissent assez depuis le moment qu'ils sont noüez jusqu'environ la my-Juin, & ensuite, comme disent les Jardiniers, ils sont pendant un assez long-temps dans une espece de lethargie sans grossir au moins visiblement ; car je ne doute point qu'ils ne grossissent un peu, & que sur tout il n'entre de la matiere au dedans du corps du Fruit, puisque les racines en preparent incessamment, & qu'elles l'envoyent aussi-tôt ; cette matiere à la verité demeure pressée au dessous de l'écorce, & voilà pourquoy dans ces temps-là les Fruits sont si durs ; mais enfin le tems reglé de leur maturité approchant, cette même matiere toute condensée qu'elle est vient à se rarefier, & à s'étendre en peu de jours, & c'est ce qui fait que les Fruits commencent aussi à devenir pour lors, & plus tendres & plus gros, & que par consequent ils approchent de leur maturité.

Or ce n'est que dans ce tems-là qu'il fait bon les découvrir à deux ou trois reprises differentes, & pendant cinq ou six jours ; car si on les découvroit plûtôt, ou si même il arrivoit qu'on les découvrît tout d'un coup, la grande ardeur du Soleil feroit sans doute un grand desordre sur cette peau tendre, & qui n'est pas encore accoûtumée au grand air ; on n'a que trop d'experiences qui confirment cette verité, soit lorsque par l'ignorance d'un malhabile Jardinier, soit lorsque par une malheureuse gelée les Fruits viennent à être découverts devant ce tems-là ; par la même raison qui fait gercer la peau des fruits, on voit aussi la queuë sécher, & par consequent les fruits se faner & pourrir, comme il arrive assez souvent dans les Vignobles, qui au commencement d'Automne sont affligez de certaines gelées trop hâtives.

Revenons à ce coloris qui est à souhaiter à la plûpart des Fruits, & disons qu'il s'imprime en peu de jours à ceux qui ont été long-temps couverts, comme il paroît aux Pêches, aux Abricots, & sur tout aux Pommes d'Apy, &c. si-bien qu'on a grand tort, si pouvant avec un peu de soin faire un si grand bien à ces sortes de Fruits, on manque cependant de le faire ; & même pour rendre ce coloris plus vif & plus éclatant, il n'est point mal à propos qu'avec une maniere de seringue faite exprés, ayant plusieurs petits trous à la pomme, comme on en fait à la pomme des arrosoirs, il n'eſt, dis-je, point mal à propos, qu'avec de tels arroſoirs on les arroſe, ou ſeringue deux ou trois fois le jour, & cela pendant la grande ardeur du Soleil : un tel arroſement attendrit la peau, & réüſſit merveilleuſement bien pour un tel deſſein, & ſur tout en fait d'Abricots, & de Pêches, & même il reüſſit en fait de certaines Poires de bon-chrêtien, de Virgoulé, &c. qui demeurent un peu blanchâtres, & qui par conſequent ayant l'écorce fine ſont ſuſceptibles de ce beau coloris qui leur ſied ſi bien.

CHAPITRE III.

De la maturité des Fruits, & de l'ordre que la nature y obſerve.

ENfin les Fruits ayant atteint leur groſſeur, & leur coloris, & le temps de leur maturité étant arrivé, il eſt queſtion de profiter de ces riches preſens, dont la nature nous regale ; c'eſt une liberalité, ou plûtôt une profuſion qu'elle nous fait tous les ans, comme ſi elle prenoit plaiſir à recompenſer par là le ſoin & l'induſtrie de l'habile Jardinier qui la cultive.

Or dans chaque Fruit nous avons deux choſes à conſiderer, la chair du fruit, & la ſemence du fruit, la chair qui eſt propre pour la nourriture des hommes & la ſemence, qui étant dans le cœur de ce fruit comme dans un fourreau s'y perfectionne en même temps que la chair acheve de meurir ; cette perfection de ſemence devant apparemment ſervir pour la multiplication de l'eſpece de ce Fruit, quoyque, & cela ſoit dit en paſſant, il arrive ſouvent que cette ſemence ne ſert de rien.

Peut-être pourroit-on bien dire à l'occaſion de cette ſemence de Fruit, que la nature fait, ce ſemble, dans les Arbres à l'égard de ces fruits la même choſe à peu prés, qu'elle fait dans les animaux à l'égard de leurs petits ; perſonne n'ignore les empreſſemens extraordinaires, que les animaux prennent de nourrir, de choyer, & de conſerver leurs petits, & cela juſqu'à un certain point, c'eſt à dire juſqu'à ce qu'ils ayent la perfection de la grandeur, & de la force dont chacun a besoin, soit pour subsister de luy-même, soit pour travailler ensuite à perpetuer son espece dans les temps que la nature leur prescrit; en sorte que jusques-là ces animaux peres & meres ne souffrent qu'avec beaucoup de peine & de resistance, & quelquefois même de furie & de cruauté qu'on touche seulement, encore moins qu'on enleve leurs petits; mais quand les petits sont devenus grands, pour lors la nature cherchant d'un côté à occuper ses peres & meres du soin d'une nouvelle multiplication, & cherchant de l'autre à exciter ces enfans à faire, pour ainsi dire, quelque figure dans leur condition, elle fait que ces peres & meres cessans de fournir à leurs enfans, & la nourriture, & la protection, ils les abandonnent, de maniere que ces petits devenus grands font bande à part; cherchent à se nourrir eux-mêmes, & ne se trouvent plus à la compagnie des auteurs de leur être que comme des étrangers indifferens.

Ainsi voyons-nous que les Arbres, qui sont en effet les peres des Fruits, prennent soin un temps durant de nourrir ces Fruits, & de les conserver, comme si, pour ainsi dire, ils les alaitoient, & les couvoient, ou mitonnoient de leurs feüilles, & cela jusqu'à un certain point, c'est-à-dire jusqu'à ce qu'ils ayent atteint, & leur grosseur, & leur maturité: mais pour lors la nature voyant qu'ils sont en état non seulement de se passer du pere qui les a produits, mais aussi en état de perpetuer,& multiplier leur espece chacun en particulier, elle fait que l'Arbre paroît ne s'en soucier plus; en effet n'est-il pas vray, que devant ce temps-là il semble que les Arbres retiennent avec plus de force & de resistance les fruits qu'on essaye de leur arracher, mais qu'aprés cela ces fruits ne recevans plus le secours accoûtumé, duquel constamment ils n'ont plus que faire, & ainsi ne tenans plus à l'Arbre par l'endroit qui les y atachoit,ils se détachent de pere & de mere,ils tombent,ils font bande à part, & enfin ils sont abandonnez à eux-mêmes, &c.

A l'égard de la chair de ces Fruits, il faut sçavoir, que le degré le plus prés de ce qu'on appelle leur pourriture, c'est à dire leur destruction, que ce degré, dis-je, est la perfection de leur maturité,en sorte qu'ils ne sont parfaitement bons à manger , que quand estant parfaitement meurs ils sont prêts à se gâter ; c'est ainsi que la viande à manger n'est jamais si bonne que quand elle est plus mortifiée , c'est à dire plus prés de tourner à la corruption ; & partant si le Jardinier n'est soigneux de prendre les Fruits, & de s'en servir quand ils sont tout à fait meurs, il court risque de les voir inutilement perir pour luy, les uns par une pourriture qui commence d'abord en quelque partie de leur corps, comme à la plûpart des Pommes, les autres par devenir premierement pâteux, comme aux Pêches, quelques-uns par molir premierement,comme à beaucoup de Poires, c'est à dire sur tout à celles qui sont tendres & beurrées, quelqu'autres aussi par devenir premierement secs & cotoneux, comme à la plûpart des Poires musquées, tout cela étant autant de chemins qui conduisent à la pourriture & à la destruction. Que si cela arrive, il semble que l'homme ne puisse éviter quelque plainte de la part de la nature, pour luy reprocher, qu'il n'a pas sçû tirer avantage des liberalitez qu'elle luy avoit faites.

On pourroit bien demander icy ce que c'est que maturité, & comme quoy elle se fait, deux questions assez agréables, mais cependant peu utiles pour le Jardinier : à l'égard de la définition de maturité, peut-être que veu la grande proximité qui se trouve entr'elle, & la corruption on n'en sçauroit guéres donner une meilleure, que de dire que c'est un commencement de corruption.

Veritablement il semble , que pour parler d'une chose qui passe pour une perfection, il soit mal-séant de se servir d'un terme qui marque un défaut , & qui pour ainsi dire fait horreur & dégoût ; mais pour adoucir la signification de ce terme, il ne faut que dire, qu'il est de plusieurs degrez de corruption, beaucoup de fruits se corrompent, & se pourrissent sans avoir jamais esté meurs, telle corruption est un veritable défaut, qui n'est accompagné d'aucune perfection ; au contraire il y a d'autres fruits , qui ne commencent à se corrompre que du moment qu'ils ont atteint le dernier degré de la maturité parfaite, or telle corruption est veritablement un défaut pour le fruit, mais elle est en même temps une perfection pour l'homme ; ainsi peut-on dire, que le brin de bois qui devient cercle, reçoit un degré de corruption à son égard, puisqu'il cesse d'avoir la figure que la nature luy avoit donnée, mais il est perfectionné à l'égard de l'ouvrier qui le force à prendre ce pli dont il a besoin pour un bon effet.

A l'égard de la maniere dont la maturité se fait, la difficulté est bien plus grande & plus embarrassante; car quoique le Soleil luisant immediatement sur les Arbres paroisse l'unique Auteur de la maturité des fruits d'Esté par le moyen de l'air qu'il a convenablement échauffé, cependant nous ne pouvons pas dire en general, qu'il soit aussi l'unique & dernier Auteur de la maturité parfaite de tous les fruits, puisque ceux qui ont esté cüeillis sans être meurs, achevent d'eux-mêmes de meurir dans la serre, où le Soleil ne luit plus immediatement sur eux.

Il est donc plus vrai-semblable de dire, que le Soleil a veritablement commencé la maturité aux fruits qui ont resté sur l'Arbre jusqu'à un certain point de perfection, faute de laquelle les fruits se rident & se gâtent, sans avoir passé par les voyes d'une bonne maturité, & qu'aprés cela la plus grosse crudité ayant esté ainsi consommée par la chaleur du Soleil, comme tous les corps materiels sont sujets à pourrir, les uns plûtôt, les autres plus tard, une partie des fruits de la serre parviennent enfin au periode de leur durée, qui se trouve souvent le point d'une agreable maturité, une partie aussi trouve sa fin dans une pourriture precipitée, qui peut provenir, ou de trop de froid, ou de trop de chaud, ou de trop d'humidité, &c.

On pourroit encore se réjoüir à demander, si les fruits, qui sont le moins à meurir, ont plus de merite pour la santé de l'homme, que ceux dont la maturité est plus long-temps à venir; semblables questions se pourroient faire sur ceux qui ont du parfum, ou ceux qui n'en ont point, sur ceux qui sont à pepin, ou ceux qui sont à noyau, &c. Mais sans m'amuser à telles galanteries, il me sied icy mieux, comme il est plus utile pour mon dessein, de proceder à l'instruction que nous tâchons de donner pour apprendre à cüeillir les fruits à propos, que de perdre du temps à philosopher ainsi hors de saison.

Il faut donc ſimplement tâcher de bien connoître cette maturité, & ſçavoir que non ſeulement chaque eſpece de fruits a un temps, ou une ſaiſon reglée pour ſa maturité, mais que même de chaque fruit en particulier dans ſa ſaiſon les uns ont, pour ainſi dire, environ une ſemaine à être bons, & rien plus, comme les Rouſſelets, Beurré, Bergamotte, Vertelongue, &c. Les autres ſeulement ont un jour ou deux, & rien au delà, comme les Figues, les Ceriſes, la plûpart des Pêches, &c. Quelques-uns en ont beaucoup davantage, comme les Raiſins, les Pommes, & preſque tous les fruits d'hyver ; une Pomme par exemple, une Poire de bon-Chrêtien ſera bonne à manger un mois, & ſix ſemaines durant.

Il faut encore ſçavoir, que chaque fruit a ſes marques particulieres de maturité, ſoit ceux qui meuriſſent ſur l'Arbre, ſoit ceux qui attendent à meurir quelque temps aprés qu'on les a cuëillis.

Et quoy que le temps general de la maturité de chaque eſpece ſoit aſſez de la connoiſſance, & s'il eſt permis de parler ainſi de la competance des Jardiniers ordinaires, car communement ils ſçavent aſſés bien quels ſont les fruits d'Eſté, quels les fruits d'Automne, & quels les fruits d'Hyver, &c. Cependant il eſt vray de dire, que les marques ſingulieres de la maturité de chaque fruit en particulier, pour les prendre chacun à point nommé, c'eſt à dire dans le temps précis de leur maturité, ces marques-là, dis-je, ſont proprement le fait d'une honnête perſonne, qui s'y veut donner un peu d'application, faute de quoy rien n'eſt plus ordinaire que de voir ſervir, ou des fruits devant qu'ils ſoient meurs, c'eſt à dire devant qu'ils ſoient bons, ou des fruits paſſez, c'eſt à dire trop meurs, & par conſequent mauvais, & cela dans le temps qu'on en a ſans doute, qui ayans leur juſte maturité, feroient bien le perſonnage qu'ils ont envie de faire, & qui pour n'avoir pas été appellez à le faire quand il le falloit, ont eu le malheur de perdre toute leur bonté, & par conſequent tout leur merite, & toute la conſideration qui leur étoit duë.

Il ſemble qu'il y ait peu de choſe à dire ſur le ſujet de cette maturité de fruits, & neanmoins l'extrême application que j'y ay eu depuis long-temps, m'y en fait voir beaucoup, & ainsi comme toute la dépense, tous les soins, & toute la peine qu'on a prise pour faire venir des fruits, se trouveroient fort inutiles, si étant venu à bout de nôtre dessein nous ne sçavions pas en faire le bon usage que nous nous sommes proposé, je crois que je ne dois pas oublier la moindre circonstance, qui me paroîtra utile pour cet effet.

J'ay déja assez amplement expliqué dans le Traité du choix & de la proportion des fruits, quels sont les fruits non seulement de chaque saison, mais même quels sont ceux de chaque mois, si bien que peut-être seroit-il inutile, & même ennuyeux de le repeter icy; il n'est presentement question que de bien expliquer ce qui regarde le détail de la maturité de chaque fruit, & rendre, s'il est possible, tout le monde un peu plus éclairé pour la connoître, qu'on ne l'a paru jusqu'à present.

Je veux sur tout, que l'honnête Jardinier soit si habile en ce fait-là, qu'il ne presente jamais de ses fruits, & sur tout de ceux qui sont tendres & beurrées, soit Pêches, soit Figues, soit Prunes, soit Poires, qu'ils ne soient dans leur juste maturité, & que ceux à qui ils sont presentez puissent indifferemment prendre le premier venu, avec certitude de bien rencontrer, ou au moins puissent choisir des yeux sans être reduits à tâtonner beaucoup, c'est à dire à les gâter, devant que d'en avoir trouvé quelqu'un qui soit tel qu'ils le souhaittent.

Je pretens que ce tâtonnement, qui jusqu'à present peut avoir été pardonnable ou tolerable, ne le sera plus d'orénavant qu'à ceux qui vivent au cabaret, ou qui sont chez des gens grossiers, & peu curieux, ou chez des gens qui n'ont que des fruits du marché: encore veux-je que ces tâtonneurs ne tâtonnent jamais qu'auprés de la queüe, & que même ils tâtonnent doucement, & qu'ils s'en tiennent au premier fruit qui obeït à leur pouce, tant afin qu'au moins il n'y ait qu'un seul endroit de marqué par le tâtonnement (ce qui seroit ensuite un commencement de pourriture) qu'afin qu'ils soient asseurez, que tout fruit qui est meur auprés de la queuë, l'est suffisamment par tout ailleurs.

Un des défauts des plus considerables que j'ay icy à combattre, est la precipitation que je vois en beaucoup de nos curieux, pour commencer de bonne heure à faire manger les fruits de chaque saison, & rien n'est si ordinaire que de voir, que quand on a mal commencé, il arrive aprés cela, que pendant toute la saison on n'en mange presque plus que de mal conditionnez, parce que comme naturellement on veut continuer à manger des fruits, du moment qu'on a commencé de le faire, il arrive communement, qu'on fait à cueïllir la deuxiéme & la troisiéme fois les mêmes fautes qu'on a faites la premiere ; au lieu que si on attend à commencer de manger ceux qui sont de la saison, qu'on en ait suffisamment de murs à pouvoir donner, on a le plaisir de continuer ensuite à en manger toûjours de parfaitement bons.

Je veux donc d'abord exhorter les Jardiniers de ne commencer jamais à cueïllir, qu'il n'y ait une apparence bien visible d'une heureuse continuation.

J'ay encore un autre grand défaut à combattre, qui est celuy de ces curieux, qui ne servent presque jamais de fruits que quand ils sont passez. Le nombre en est extrêmement grand, la peur qu'ils ont de n'en avoir pas assez long-temps, ou assez pour quelque occasion qu'ils prevoyent, ou plûtôt le peu de connoissance qu'ils ont en ce fait de maturité cause tout ce desordre ; je veux donc, si je puis, remedier à ces deux défauts.

Mais premierement je ne puis m'empêcher d'admirer icy la providence de la nature, non seulement en ce qui regarde la succession de la maturité que nous voyons à l'égard de chaque espece de Fruits pour les faire meurir d'ordinaire, les uns dans une saison, & les autres dans l'autre, mais aussi en ce qui regarde l'ordre de la succession de maturité des Fruits de chaque Arbre en particulier, en sorte qu'elle ne les conduit en maturité que les uns aprés les autres ; comme si en effet elle vouloit que l'homme, pour la nourriture de qui elle paroît les avoir produits, eût le temps de les consommer tous, sans en laisser perir aucun : aussi est-il vray qu'elle garde pour la fabrique, & l'épanoüissement des fleurs aux Arbres & aux Plantes, qui

font

font du fruit, le même ordre que nous luy voyons garder aux plantes, qui ne font fimplement que des fleurs, par exemple aux Jacintes, Tubereufes, Oeillets, &c. dont les boutons ne fleuriffent que les uns aprés les autres, pour ce femble réjoüir plus long-temps les fens de la creature humaine.

En effet quoique chaque fleur d'Arbre ne foit d'ordinaire dans fa perfection que durant quatre ou cinq jours, cependant on voit chaque Arbre en fleur durant deux & trois femaines tout de fuite, ce qui provient affurément de ce que les fleurs n'ont efté originairement formées, & enfuite ouvertes que les unes aprés les autres ; les premieres faites font les premieres à fleurir, comme les premieres fleuries ont l'avantage de faire les fruits, qui font les premiers à meurir ; auffi les fecondes & troifiémes fleurs, qui font comme autant de cadettes formées fucceffivement aprés les aînées, & qui ce femble fe perfectionnent pendant que celles-là regallent la vûë de l'homme, ces fecondes & troifiémes fleurs, dis-je, à l'imitation d'une famille bien reglée ne doivent avoir leur tour de fleurir & de fe faire voir que quand les aînées ont achevé leur carriere ; fi-bien que ces aînées venans à fleurir pour faire les premiers fruits de leur faifon, les cadettes entrent en lice pour faire des fruits, qui feront les feconds & les troifiémes à meurir, &c.

Quoique dans chaque Arbre nous ayons remarqué de l'ordre dans la fucceffion de maturité des fruits les uns à l'égard des autres, nous ne voyons pas que ce même ordre de fucceffion de maturité s'obferve pour les fruits d'un autre Arbre d'une certaine efpece à l'égard des fruits d'un autre Arbre qui eft d'une autre certaine efpece, foit que tous deux ayent fleuri en même tems, foit qu'ils ayent fleuri l'un plûtôt, & l'autre plûtard ; car par exemple tous les Pêchers fleuriffent en même tems, & cependant il eft des Pêches qui meuriffent vers la my-Aouft, & il en eft qui ne meuriffent que vers la fin d'Octobre ; & pareillement les autres fruitiers, foit Poiriers, foit Pommiers, foit Pruniers, fleuriffent prefque tous dans un même mois, & ce n'eft pas toûjours la premiere efpece à meurir celle qui a efté la premiere à fleurir, la nature en a difpofé autrement, & je n'en sçaurois rendre de raison : la Poire de Naples, par exemple, est la premiere qui entre en fleur, & presque la derniere qui entre en maturité.

Et partant, puisqu'il est vray que les fruits meurissent les uns aprés les autres, aussi est-il vray, que comme l'approche du Soleil est annoncée par l'Aurore, ainsi la maturité des fruits est-elle annoncée par quelques marques particulieres, à la connoissance desquelles je me suis extrêmement estudié ; je veux croire que je feray plaisir à nos curieux de dire ce que j'en ay pû apprendre.

C'est assurément une chose assez difficile que de sçavoir à point nommé prendre la plûpart des fruits dans leur juste maturité ; rien n'est si ordinaire que de s'y tromper, comme nous avons dit, soit à les prendre trop tôt, soit à les prendre trop tard ; il y en a même dont le point de maturité est tellement passager, comme au Beurré blanc, à la Poire-madelaine, au Doyenné, à la Blanche-d'Andilly, &c. que, pour ainsi dire, on a beau être ajusté, & à la fust, on ne sçauroit presque parvenir à prendre juste ce point de maturité, tant il passe vîte du moment qu'il est arrivé ; aussi ne suis-je pas d'avis qu'on se charge beaucoup de ces sortes de fruits.

Comme rien n'est plus agreable que de manger les fruits bien conditionnez, rien ne l'est moins que de les manger, ou quand ils sont encore verds, ou quand ils sont déja passez ; ce n'est pas que selon moy ce dernier défaut ne soit moins suportable que le premier, parce que tout fruit passé, bien loin d'avoir aucun goût, est d'ordinaire insipide & pâteux, au lieu qu'un fruit qui n'est pas tout-à-fait assez meur, si d'un costé il agasse les dents, au moins de l'autre costé a-t-il fait sentir une partie de son merite par son goût relevé, & par sa chair à demy parfaite ; bien des femmes sur tout en cela seront de mon avis.

De plus comme sur ce fait particulier de la maturité nous avons de deux sortes de fruits, les uns qui sont bons du moment qu'on les cueille, par exemple tous les fruits à noyau, quelques Poires d'Esté, & tous les fruits rouges, &c. il s'ensuit qu'il ne faut jamais cueillir de ceux-là, qu'ils ne soient meurs, car pour le peu que leur maturité puisse durer, ils se conservent encore mieux, & plus long-temps sur le pied qu'ils ne se conservent estant cueillis; il y a d'autres fruits, qui ne sont bons que quelque temps aprés qu'ils ont esté cueillis, par exemple la plûpart des fruits à pepin qui sont beurrés, & seurement tous les fruits d'Automne & d'Hyver; il me semble, que voulant apprendre à se connoître en maturité de toute sorte de fruits, je dois commencer à parler icy de ceux qui sont bons à manger en les cueillant, j'attendray à parler des autres dans le Traité des serres ou fruiteries.

CHAPITRE IV.

De ce qui sert à juger de la maturité & de la bonté des fruits.

TRois de nos sens ont le don de juger des apparences de la maturité des fruits, & ce sont la vûë & le toucher pour la plûpart, & l'odorat pour quelques-uns; je dis seulement de juger des apparences, car le goût seul est l'unique & veritable juge, qui a droit de juger solidement & en dernier ressort, tant de la maturité effective, que sur tout de la bonté; on sçait assez, qu'il n'appartient pas à tous les fruits d'être bons & agreables au goût, quoy qu'ils soient actuellement meurs.

Quelquefois il ne faut qu'un sens tout seul pour juger seurement de l'aparence, & même de la verité; ainsi par exemple il ne faut que l'œil pour tous les fruits rouges, & pour le Raisin, &c. il juge, & avec certitude, qu'une Cerise, une Fraize, une Framboise, une Azerolle, une grape de Raisin rouge ou noir sont meurs, quand les uns & les autres ont par tout cette belle couleur qui leur est naturelle, & au contraire si quelque endroit en est dépourvû, l'œil juge par là, que c'est une marque infaillible, que tout le reste n'est pas encore dans sa juste maturité.

Ainsi pareillement le toucher seul juge fort bien de la maturité apparente & effective des Poires tendres, ou beurrées, telles qu'elles soient; si bien que les aveugles en peuvent juger par le tact, tout de même que les plus clairs voyans en jugent à les voir, & à les toucher.

Quelquefois il faut employer deux de nos sens, la veuë & le toucher, pour juger seulement de l'aparence de maturité, par exemple, aux Figues, aux Prunes, aux Pêches, & même aux Abricots; car il ne suffit pas que sur l'Arbre une Pêche paroisse meure par le beau coloris qu'elle a rouge d'un côté, & jaunâtre de l'autre, pour pouvoir juger de là qu'elle est bonne à cuëillir, ny il ne suffit pas non plus aprés qu'elle est cuëillie, qu'outre ce beau coloris elle soit encore sans queuë, ce qui est quelquefois une assez bonne marque, car la queuë ne manque pas de tenir toûjours à ces sortes de fruits, jusqu'à ce qu'estant meurs ils s'en détachent doucement, & la laissent attachée à l'Arbre; mais comme cette queuë peut avoir esté aprés coup arrachée de force, il s'ensuit que d'estre sans queuë à leur égard ce pourroit estre une fausse marque de maturité.

Il ne suffit pas, dis-je, de ces indices seuls en ces sortes de fruits, pour pouvoir à l'œil juger decisivement de leur maturité, il faut encore que la main s'en mêle, & qu'elle y donne son suffrage, non pas veritablement pour la tâtonner rudement sur l'Arbre (rien ne m'offense tant que ces tâtonneurs, qui pour en prendre une à leur gré en gâteront cent avec l'impression violente de leur mal-habile pouce) mais la main s'en mêlera de la maniere que je l'expliqueray cy-aprés.

La main aussi s'en mêlera, si la Pêche est cuëillie, & qu'on ne sçache pas que ç'ait esté par une main habile, mais ce ne sera que pour la tâtonner si peu que rien, & encore seulement, comme j'ay déja dit, auprés de l'endroit où estoit la queuë.

Que si c'est une Figue, soit cuëillie, soit non cuëillie, il est permis de la toucher doucement du bout du doigt, de la maniere à peu prés que font les Chirurgiens, qui cherchent la veine pour saigner; car si cette Figue, aprés avoir paru à l'œil d'une bonne couleur jaunâtre, d'une peau ridée & un peu déchirée, d'une teste panchée, d'un corps, pour ainsi dire, ratatiné & tout rapetissé, elle paroît bien moëleuse sous les doigts, & qu'étant encore sur l'Arbre elle vienne à quitter pour peu qu'on la ſouleve , ou qu'on l'abaiſſe ; en ce cas là on la peut hardiment cueïllir, ſans doute qu'elle eſt & meure & bonne ; mais ſi avec toutes ces belles apparences, & tout ce myſtere elle ne quitte pas facilement, il la faut encore laiſſer pour quelques jours, elle n'eſt jamais aſſez bonne quand elle a reſiſté au cueïlleur.

Que ſi cette Figue ayant toutes les bonnes marques de maturité a eſté cueïllie par d'habiles Jardiniers , & qu'enſuite elle ſoit ſervie, on peut hardiment, & ſans tâtonner rudement juger qu'elle eſt bonne à prendre & à manger.

Il faut dire la même choſe de la Prune cueïllie ; c'eſt à dire que ſi outre la fleur d'une belle couleur qu'elle doit avoir, & qui contente les yeux, & encore outre le moëleux que d'habiles doigts y ont aperçu ſans luy faire aucune violence, elle ſe trouve ſans queuë , & que même elle ſoit un peu ridée & fanée de ce côté-là, il faut inferer de là qu'elle eſt parfaitement meure, & par conſequent bonne à prendre.

Que ſi cette Prune eſtant encore ſur l'Arbre avec ſon beau coloris pour les yeux, & le moëleux pour les doigts, on vient à la tirer ſi peu que rien, & qu'elle vienne à la main ſans ſa queuë, elle eſt ſans doute dans ſa maturité ; mais ſi elle ne vient pas, c'eſt pour elle une marque ſemblable à ce que nous avons dit de la Figue.

Cette remarque ſur le fait de la queuë doit faire juger deux choſes, la premiere qu'à de certains Fruits elle doit quitter quand ils ſont meurs, par exemple à la Pêche, à la Prune, aux Fraizes, Framboiſes, &c. ſi-bien qu'il ne faut jamais manger de ces ſortes de Fruits ſi la queuë y tient beaucoup ; & la ſeconde choſe qui eſt à juger, eſt qu'à d'autres Fruits elle peut, & doit toûjours demeurer ; quelques meurs qu'ils ſoient, par exemple aux Figues ; aux Ceriſes, aux Poires, aux Pommes, &c. en ſorte même que la queuë y fait un agreable ornement, & que c'eſt une maniere de défaut, ſi elle n'y eſt pas.

Aprés avoir fait voir qu'en quelques Fruits, par exemple aux Fruits rouges la veüe ſeule ſuffit pour juger de leur maturité & en d'autres, par exemple aux Poires tendres,

& Beurrées le toucher seul, & avoir montré ensuite qu'en quelques-uns il faut employer la vûë & le toucher, par exemple aux Pêches, Prunes, Figues, &c. nous pouvons encore dire, qu'il y en a de certains où l'odorat peut estre admis avec la vûë pour faire une bonne fonction de juge, par exemple en fait de Melons, aprés avoir approuvé leur couleur, leur queuë & leur belle figure, & avoir examiné leur pesanteur, il n'est pas inutile de les flairer devant que les entamer, pour pouvoir, à ce qu'on croit, juger plus certainement de leur maturité & de leur bonté; à propos de quoy je puis dire, que seurement ceux qui sentent le mieux ne sont pas d'ordinaire les meilleurs; cette maxime n'est que trop bien establie.

Mais enfin generalement parlant, tous les signes que j'ay cy-dessus expliqué pour la maturité, peuvent encore n'estre pas certains & indubitables; ce sont des signes exterieurs qu'on pourroit appeller signes de phisionomie, & par consequent trompeurs; il faut icy quelque chose de plus, il faut, pour ainsi dire, des œuvres, il n'appartient, comme nous avons dit qu'au goût tout seul à decider sur cela; & s'il est permis de parler ainsi, c'est à luy seul à imprimer le sceau & le caractere du souverain jugement, qui est à prononcer, particulierement sur le fait de la bonté; car quelques favorables que soient les marques de dehors, si la Prune, si la Pêche, si le Melon ne plaisent au goût, aprés avoir plû aux autres sens, comme cela arrive quelquefois, tous les preliminaires sont inutiles; il faut donc se rapporter de tout à ce goût, avec ce scrupule pourtant qui me doit icy rester pour l'établissement de la veritable bonté, qui est que les goûts sont tres-differens entr'eux; & que ce qui est bon au goût de l'un, est souvent mauvais au goût de l'autre: mais ce n'est pas à moy à entrer dans cette discution, l'ancienne maxime (*de gustibus*) me le défend, & ainsi je ne puis icy parler que du mien en particulier, & applaudir cependant à ceux qui ont la bonne fortune de trouver bon ce qui me paroît ne l'être pas; il seroit fort mal à propos à moy de vouloir entreprendre de les desabuser, car aussi-bien seroit-ce vrai-semblablement de la peine perduë.

CHAPITRE V.

Des causes de la maturité, plus ou moins avancée en toute sorte de Fruits.

LEs Fruits meurissent plûtôt, ou plus tard, premierement selon que les mois d'Avril & de May sont plus ou moins chauds pour faire fleurir ou noüer.

En second lieu selon que ces Fruits sont à un bon Espalier, ou à un bon abri, c'est à dire exposé au Midy, ou au Levant, & enfin particulierement selon qu'ils sont dans un climat chaud & une terre legere.

Toutes considerations importantes pour la precocité des Fruits; car si les mois d'Avril & de May ont esté chauds, les Fruits ayant plûtôt noüé, regulierement aussi meuriront-ils plûtôt, témoin la maturité des Melons; personne ne peut douter de cette verité, les Fruits étans pour ainsi dire à l'égard de leur maturité, ce que sont & la viande & le pain à l'égard de leur cuisson, plûtôt ou pûtard commencée.

Que si ces Fruits estant noüez de bonne heure ils se trouvent cependant en plein air, ou simplement prés de quelques murailles exposées au Couchant, ou au Nord, &c. ils n'avanceront guéres faute du secours de la reflexion des chaleurs printanieres; ou si avec toutes les bonnes conditions d'une saison assez chaude, & d'une heureuse exposition ils sont dans un climat froid, ou que même estans dans un climat temperé ils se trouvent dans une terre grossiere (terre naturellement froide) ils meuriront de quelques jours plus tard que ceux qui auront toutes choses à souhait.

Par exemple en Languedoc & en Provence, qui sont des climats chauds, toutes sortes de Fruits y meurissent plûtôt que dans le voisinage de Paris; & à l'égard de ce canton de Paris les Fruits meurissent plûtôt dans l'enceinte de la Ville, & dans les Fauxbourgs Saint Antoine & Saint Germain, & même à Vincennes, à Maisons, Carriere, &c. où les terres sont legeres & chaudes, qu'ils ne meuriſſent à Verſailles, où le terroir eſt froid & groſſier.

Tous ces lieux-là ſont trop voiſins les uns des autres, pour s'en devoir prendre au Soleil, de ce que les Fruits y meuriſſent ſi differemment, & de plus on ne peut pas dire de ſa preſence immediate à l'égard de la maturité des Fruits, ce qu'on dit de la preſence immediate du feu à l'égard de la viande qu'il cuit ; car celui-cy cuit premierement les parties de dehors qui luy ſont les plus voiſines, devant que de cuire celles de dedans qui luy ſont plus éloignées, au lieu que le Soleil meurit premierement les parties du dedans, devant que de meurir les parties du dehors ; en effet c'eſt le dedans des Fruits qui meurit le premier, molit le premier, & ſe gâte d'ordinaire le premier.

Et s'il m'eſt permis d'en rendre la raiſon qui me paroît plauſible, je diray premierement que dans la maturité il y a deux cauſes qui la font, l'une prochaine & immediate, & c'eſt l'air échauffé, l'autre mediate & éloignée, & c'eſt le Soleil qui échauffe cet air ; la fonction du Soleil eſt donc d'échauffer l'air autant que les vents le luy permettent, & la fonction de l'air échauffée eſt de faire part de ſa chaleur à la terre, & à toutes les Plantes ; cette terre échauffée fait d'abord agir, & le principe de vie qui eſt voiſin de la racine, & la racine même, laquelle par conſequent prepare de la ſeve tout auſſi-tôt qu'elle eſt miſe en action, & cette ſeve va en même temps faire ſon devoir dans toutes les parties hautes où elle peut penetrer.

Je diray en ſecond lieu, que l'air de chaque climat eſt vray-ſemblablement composé ou au moins grandement mêlé des vapeurs & des exhalaiſons qui ſortent de la terre de ce climat, ſi-bien qu'à mon ſens c'eſt ce qui fait dire, que l'air d'un tel pays eſt bon, & l'air d'un autre tel Pays eſt mauvais.

Je diray en troiſiéme lieu qu'il s'enſuit de là, que cet air eſt plus ou moins facile à échauffer, ſelon que la terre d'où ſont ſorties telles vapeurs eſt plus ou moins froide & materielle, car ces vapeurs tiennent tout-à-fait de la nature de cette terre, & partant que dans les terres legeres l'air eſtant plus aiſé à échauffer, parce qu'il eſt fait de vapeurs plus ſubtiles, il échauffe par conſequent plû tôt, & cette terre, & tout le corps de l'Arbre & de la Plante qu'elle nourrit ; de là vient que c'eſt la racine plûtoſt échauffée en tel temps, & en telles terres, & par conſequent la ſeve plûtoſt preparée, qui par dedans le Fruit font les premiers degrez de maturité.

Il eſt donc vray de dire que l'air, ſelon qu'il eſt plus ou moins groſſier, il eſt auſſi plus ou moins prompt à être échauffé, & que ſelon ce plus ou ce moins de chaleur, il avance la maturité, ou ne l'avance pas, comme il a avancé la chaleur de la terre, ou ne l'a pas avancée.

Conſtamment donc la maturité plus ou moins avancée dépend des conditions cy-deſſus expliquées, en ſorte qu'abſolument elles doivent s'y rencontrer toutes, c'eſt à dire que les Fruits, pour meurir bien-toſt, doivent avoir eſté noüez de bonne heure ; ils doivent enſuite ſe trouver à une bonne expoſition, & dans un climat chaud, & une terre legere.

CHAPITRE VI.

Des marques particulieres de maturité en chaque ſorte de Fruit, & premierement en ceux d'Eſté, qui achevent de meurir ſur le pied.

DAns l'ordre naturel de maturité des Fruits de chaque année, l'honneur de la primauté appartient ſans contredit aux Ceriſes précoces, & enſuite aux Fraiſes, Framboiſes, Groſeilles, &c. Les premieres commencent d'ordinaire à paroître dans le mois de May, & cela un peu plûtôt, ou un peu plus tard, ſelon qu'elles ont plus ou moins favorables les conditions, dont nous venons de parler : les Fraiziers en bon lieu commencent à fleurir dés le my-Avril, ou un peu devant, & en lieu froid ils ne commencent qu'à la fin d'Avril, ou dans les premiers jours de May ; & ſi heureuſement pour lors il ne ſurvient point de ces petites gelées qui ſont ſujettes à noircir, & gâter ces premieres fleurs, on peut eſperer des Fraizes meures au bout d'un mois ; ainſi à l'égard des Ceriſes precoces qui ont fleuri dés la my-Mars, on peut esperer d'en avoir à l'entrée de May, non pas d'entierement meures, mais seulement de demi-rouges; elles servent avec cette demi-couleur, tout de même que si elles avoient une pleine maturité, la nouveauté faisant leur grand & unique merite, & particulierement vers les Dames; car au bout du conte ce n'est pour lors qu'un petit manteau coloré qui couvre peu de chair aigre sur un gros noyau, aussi ont-elles grand besoin du secours du Confiseur pour achever d'acquerir un agréement que le Jardinier, ou pour mieux dire, le Soleil n'a pas eu le temps de leur procurer.

Les Arbres d'un climat un peu froid fleurissent veritablement presque aussi-tost que ceux d'un climat un peu plus chaud, parce que l'ouverture de ces fleurs paroît se faire indépendamment de l'action des racines, témoin les branches qui fleurissent estant coupées (le seul effort de la rarefaction causée dans le bouton par la presence des premiers rayons du Soleil est capable de faire cet effet) mais pour la maturité de chaque Fruit elle ne se fait & ne s'acheve, que premierement par un grand concours de l'operation des racines, qui ne sçauroient agir si la terre n'est tout de bon échauffée; & en second lieu par un certain degré de chaleur qui doit se rencontrer dans l'air pour la perfection de ce chef-d'œuvre; or cette chaleur tant dans la terre que dans l'air ne peut regulierement venir que des rayons du Soleil; j'ose dire pourtant que j'ay esté assez heureux pour l'imiter en petit à l'égard de quelques petits Fruits; j'en ay fait meurir cinq & six semaines devant le temps, par exemple des Fraises à la fin de Mars, des Precoces & des Pois en Avril, des Figues en Juin, des Asperges & des Laituës pommées en Decembre, Janvier, &c. mais nous ne sçaurions trouver des facilitez à imiter cette chaleur en grand, pour faire meurir extraordinairement les gros Fruits des grands Arbres; il semble que la nature nous ayant abandonné la terre pour en pouvoir échauffer quelque portion, & par le moyen d'une chaleur étrangere & empruntée, luy faire en dépit d'elle produire ce qu'il nous plaît, se soit cependant reservée comme un cas particulier le ressort universel de la maturité des Fruits ; c'est cette maturité, qui à nôtre égard est l'accomplissement & la perfection des productions de la terre ; si bien que sans elles tous nos soins & toute nôtre industrie ne nous produisent d'ordinaire que quelques esperances la plûpart du temps trompeuses & illusoires.

J'ay dit cy-devant qu'on commence d'avoir quelques Cerises precoces au mois de May ; ces petits Fruits trouvent pour lors le champ libre, ils sont seuls à paroître dans nos Jardins, & à faire tout l'honneur des regales de la saison ; ils n'y sont traversez d'aucuns autres Fruits jusqu'à la fin du mois que se fait l'ouverture du grand Magazin des autres Fruits rouges ; ceux-cy se mettent en possession de durer tout le mois de Juin, & jusques vers la my-Juillet ; car les Cerises precoces, qui ne paroissent guéres que dans des pourcelaines, & en petite quantité, sont suivies de prés par les Fraizes avec cette difference, que celles-cy pour rencherir par dessus ces Cerises qui les ont precedées, se produisent avec une odeur charmante, & une abondance infinie, c'est à dire par pleins bassins, & ne croiroient pas faire leur devoir comme il faut, si elles venoient en aussi petit équipage que leurs devancieres.

De ces Fraizes il en est de rouges, & il en est de blanches, celles-cy ne sont bien meures que quand elles sont devenuës jaunâtres ; à l'égard des autres elles ne sont bonnes que quand elles sont parfaitement & universellement rouges ; mais ny les unes, ny les autres ne sont de mises, que quand elles sont d'une grosseur considerable.

Je puis dire en passant que les premieres Fraizes meures, sont aussi celles qui ont fleury les premieres, & que les premieres fleuries sont celles qui sont au bas de la tige, & par consequent les plus prés du corps de la plante, d'où pour les avoir toûjours & plus belles, & plus grosses, & meilleures, je tireray quelque instruction dans le Traité du Potager.

Or à ces Fraizes naturellement venuës, dont tant de gens sont charmez, il se mêle vers la my-Juin des Framboises, tant rouges que blanches, des Groseilles, tant rouges que perlées, des Guignes & des Cerises ; & de celles-cy il en est d'un peu plus hâtives, qui sont les moins bonnes, d'autres plus tardives, qui en effet ſont, & plus groſſes, plus douces, & meilleures, ſoit pour la compote & la confiture, ſoit pour être ſervies cruës ; les Bigarreaux ſe fourent auſſi de la partie, & même les Griotes : mais communement l'un & l'autre attendent, qu'à l'égard des autres fruits rouges la preſſe ſoit un peu paſſée ; ce n'eſt pas qu'ils ne puſſent fort bien ſe preſenter plûtôt, car en verité ce ſont d'admirables Fruits que les Bigarreaux & les Griotes : ceux-là ſont bons dés qu'ils ſont à demi-rouges, mais celles-cy n'ont leur perfection de maturité que quand elles ſont preſque noires ; il eſt pour l'ordre de la maturité de tous ces derniers fruits la même choſe que nous avons dite pour les Fraiſes ; ce qui a eſté en chaque Arbre le premier à fleurir, eſt auſſi le premier à venir en maturité.

Voilà le mois de Juin fourni, on l'appelle le mois des Fruits rouges, & on a raiſon : car de quelque coſté qu'on ſe tourne on ne voit en effet que de ces ſortes de fruits ; nous avons dit que les marques de leur maturité c'eſt cette couleur rouge qui les envelope par tout ; elle commence d'ordinaire par l'endroit qui eſt le plus immediatement veû du Soleil, & qui eſt auſſi le premier meur ; enfin petit à petit cette couleur acheve de ſe répandre par tout ; & quand ce rouge vif vient à s'y charger d'un peu de rouge obſcur, à la reſerve des Griotes, c'eſt pour lors que la corruption commence à s'y declarer.

Parmy les Fruits rouges ceux qui ſont à noyau, quelques meurs qu'ils ſoient, ils ne ſe détachent pas pour cela d'eux-mêmes de la branche qui les a faits, comme font tous les autres fruits ; ils s'y fanent, & s'y ſéchent plûtôt que de tomber, il faut, pour ainſi dire, les en arracher, & même avec quelque ſorte de petite violence.

Toutes ces ſortes de fruits rouges ſeroient ſeuls pendant tout le mois de Juin à remplir le theatre de la maturité des fruits de la ſaiſon, ſi quelques Eſpaliers du midy en terres chaudes & ſablonneuſes ne commençoient à produire ſur la fin de Juin des Poires de petit muſcat, & des avant-Pêches muſquées.

Ces petites Poires ont une grande bonté, ſi on leur donne le temps de meurir : les premieres marques de leur maturité se montrent en elles comme en toutes les autres Poires de chaque saison, c'est à dire auprés de la queuë ; il faut qu'à cet endroit là il paroisse quelque petite jaunisse, qui soit en quelque façon transparente, & qu'ensuite pour marquer pleine maturité, cette jaunisse se fasse un peu remarquer au travers d'un certain roux-gris, & d'un certain rouge qui occupe le reste de la peau, & qu'enfin elles commencent à tomber d'elles-mêmes sans aucune violence exterieure, pour lors il est bon de les cueïllir, & en même temps de les manger. J'ay assez dit dans le chois des fruits ce qu'il me semble de la bonté de cette Poire.

Quand on ne se donne pas le temps d'examiner ainsi le voisinage de la queuë des Poires pour juger de leur maturité, il faut, comme je viens de dire, que nous en jugions par la chute volontaire de ces sortes de Poires ; & pour cet effet, il faut que les vers ne s'en mêlent pas, & qu'elles ne soient venuës, ny sur un Arbre qui soit universellement malade, ny sur une branche qui le soit en particulier ; les Poires verreuses sont les premieres à tomber & à paroître meures sans l'être veritablement ; leur défaut n'est pas trop caché, il paroît d'ordinaire au milieu de l'œil de la Poire, & cela estant il n'en faut faire nul cas pour estre de bons fruits.

Ainsi toutes sortes de fruits, tant à noyau qu'à pepin, meurissent plûtôt sur des Arbres malades, que ne font pas ceux des Arbres bien sains ; mais icy il ne faut pas se tromper à la grosseur, car il arrive quelquefois, & sur tout en fait de Pêchers, que les fruits de ces Arbres languissans sont plus gros que ceux des Arbres vigoureux ; & pour lors on doit sçavoir, que telle grosseur nest, pour ainsi dire, qu'une bouffissure, ou une espece d'hydropisie, qui fait que dans la chair de tels fruits, qui sont plus gros qu'ils ne devroient, il ne s'y trouve rien qui ne soit ou insipide, ou amer, & enfin dégoûtant.

Nous devons dire des Pêches tombées le contraire de ce que nous venons de dire des Poires tombées ; car toutes Pêches qui d'elles-mêmes tombent, ou se détachent, sont d'ordinaire passées, & par consequent mauvaises ; si-bien qu'il ne faut gueres jamais les presenter pour bonnes, quand même elles ne feroient pas meurtries de leur chute, comme il arrive d'ordinaire.

Mais cette regle ne s'étend communément, ny aux Pêches de petite eſpece, ny ſur tout aux violettes hâtives & tardives, ny aux Pavies; ces ſortes de fruits, qui preſque jamais ne ſçauroient être trop meurs, ſont d'ordinaire tres-bons quand ils ſont tombez; ainſi leur chute quand elle n'eſt pas forcée eſt une bonne marque de leur maturité auſſi-bien que de leur bonté.

La même choſe ſe doit dire de la plûpart des Prunes, puiſque regulierement on ſecoüe les Pruniers pour avoir de bonnes Prunes; veritablement cette maniere eſt plus pour les communes, que pour le Perdrigon, Rochecourbon, & autres principales Prunes, dont une des meilleures qualitez conſiſte à avoir ce beau teint fleury, qui excite l'apetit des plus moderés; or une chute violente, auſſi-bien que d'être trop maniés, gâte cette fleur, qu'il faut ſoigneuſement conſerver; c'eſt pourquoy les veritables curieux ne les touche jamais que de l'extremité de deux doigts.

Revenons à nos avant-Pêches, & diſons que la premiere partie qui meurit en elles auſſi-bien qu'à tous les autres fruits, Poires, Pêches, Prunes, Abricots, Melons, &c. c'eſt ce qui eſt d'ordinaire en dedans, c'eſt à dire ce qui eſt le plus prés du noyau, & d'ailleurs ce qui à leur égard paroît aux yeux le premier meur: c'eſt tout le contraire de ce que nous avons dit des Poires, car icy tant s'en faut que ce ſoit le voiſinage de la queuë qui meuriſſe le premier, c'eſt d'ordinaire l'extremité qui eſt oppoſée à la queuë, parce que c'eſt cette partie qui eſt la plûtôt & la plus long-temps regardée du Soleil; bien entendu, que quand ſes rayons ne donnent ſur aucun endroit de ces avant-Pêches, il ſemble que par la chaleur qui regne dans tout l'air, elles meuriſſent également pat tout.

Nous commençons à juger de l'approche de leur maturité quand nous voyons qu'elles ſe mettent à groſſir notablement (ce qu'on appelle prendre chair) & c'eſt en même temps que non ſeulement leur verd vient à blanchir beaucoup, mais auſſi une partie de leur poil vient à tomber, & malheureusement pour ces pauvres petits fruits, ou plûtôt pour les goûts delicats & connoisseurs, on prend pour ainsi dire, au pied levé ces premieres apparences de maturité; comme si en effet c'étoit une bonne maturité; on les cueïlle, qu'elles sont encore aussi dures que des pierres, au lieu d'attendre qu'elles soient moëleuses, comme elles le devroient être; aussi hors quelques-unes des premieres qu'on produit assez mal-à-propos, la plûpart passent par le feu devant que de paroître sur les tables.

Je ne veux pas oublier d'avertir icy, que toute Pêche qui ne prend pas la grosseur que son espece requiert, tombe d'ordinaire devant que de venir en maturité, ou si elle parvient à faire semblant de meurir, elle demeure avec une peau veluë, une chair verte, une eau amére, un noyau plus gros que celles qui ont pris davantage de chair.

Je ne veux pas non plus oublier de dire, que comme peu de temps aprés que les fruits ont noüé, il en tombe d'ordinaire une assez grande quantité, aussi arrive-t-il souvent que le temps de la maturité des fruits approchant, il en tombe un assez bon nombre, & cela se fait quinze jours ou trois semaines devant cette maturité, comme si l'Arbre se sentoit de luy-même trop chargé, & comme s'il vouloit nous annoncer par là, que le bon temps va venir; ainsi pour lors on voit communement assez de gros fruits tomber, dont ceux qui restent n'en sont que plus beaux & meilleurs; & comme nous avons dit, ils s'en seroient de beaucoup mieux trouvez, si le Jardinier avoit fait ce que le temps vient de faire.

On est ravi de voir dés la fin de Juin ces premieres avant-Pêches meures, & d'en avoir assez long-temps, comme on le peut si on en a plusieurs Arbres en differentes expositions, elles sont merveilleusement bonnes quand elles sont bien conditionnées, tant pour la grosseur que pour la maturité; mais assez souvent on a le déplaisir d'attendre ensuite jusques vers la fin de Juillet, pour voir les premieres Pêches qui leur succedent, & ce sont celles qu'on appelle Pêches de Troye, Pêches, qui pourveu qu'elles soient bien meures charment tout le monde, tant elles ont la chair fine, l'eau parfumée, & le goût delicieux : ce qui annonce, ou declare leur maturité, c'est ainsi qu'aux autres fruits, premierement une augmentation nouvelle de grosseur : en second lieu un beau coloris rouge du côté du Soleil, & un clair jaunâtre transparent aux autres endroits : en troisiéme lieu une peau fine, qui au toucher paroit douce, moëleuse, & pour ainsi dire satinée ; que si une de ces marques luy manque, on peut dire avec verité, qu'on luy a fait tort de la cuëillir si-tost, n'estant pas en effet meure suffisamment.

On la traite assez souvent aussi mal que les avant-Pêches, & même que toutes les autres Pêches à l'entrée de leur maturité, c'est à dire qu'on les cuëille sur les moindres indices, sans attendre qu'elles ayent atteint le degré de bonté, qu'elles n'ont jamais que quand elles sont entierement meures ; tel défaut provenant, ou de l'ignorance & friandise de celuy qui cuëille par envie de manger, ou de la simple avidité du gain dans le cœur, & dans les yeux de celuy qui se presse de les porter vendre.

Le mois de Juillet donne encore avec les Pêches de Troye beaucoup d'autres sortes de fruits, mais le mois d'Aoust l'emporte sur luy pour l'abondance, car non seulement on voit une infinité de prunes, mais aussi grand nombre de fruits à pepin ; parmy ceux-cy regnent les Cuisse-madame, les Gros-blanquet, les Sans-peau, les Espargne, les Oranges, les Bon-chrêtien d'Esté, les Cassolettes, les Robine, les Rousselets, &c. dont la maturité se connoît, soit à leur chûte volontaire, soit au peu de resistance qu'on trouve en les cuëillant, soit enfin à un coloris jaune qui se découvre dans leur peau, & sur tout aux environs de la queüe, parmy les Prunes on conte les Perdrigon, les Mirabelle, Imperiale, Sainte-Catherine, Rochecourbon, Reine-claude, Prunes d'Abricot, &c. à ces Prunes se joignent vers la mi-Août quelques belles Pêches, sçavoir premierement les deux Madelénes, la blanche & la rouge, les Mignonne, les Bourdin, les Rossane, &c. & celles-là sont grosses ; sçavoir en second lieu les Alberges, tant la rouge & la jaune, les Pêches-cerises, l'une à chair blanche, l'autre à chair jaune, &c. il n'y a point d'autre marque particuliere de la maturité de toutes ces sortes de Pêches, & des autres qui viendront ensuite, que celles dont j'ay cy-devant parlé pour les avant-Pêches, & Pêches de Troye, & ce sont la grosseur raisonnable, le coloris rouge & jaunâtre sans aucun mélange de verd, & sur tout la facilité à les détacher, pour peu qu'une main adroite les baisse ou les souleve, ou les tire; tous ces fruits-là sont bons à manger en les cueillant, & ne demandent point la serre, tout au moins pour achever de meurir, car les Pêches ne meurissent point hors de l'Arbre qui les a produites, & ainsi il ne sert de rien de les cueillir devant qu'elles ayent leur maturité parfaite; mais comme j'ay dit ailleurs, un jour ou deux de repos dans la serre, bien loin de leur faire aucun tort, leur y procure un certain frais qui leur sied merveilleusement bien, & qu'ils ne sçauroient acquerir pendant qu'ils tiennent à leurs Arbres.

Le mois de Septembre est fameux pour la foule des principales Pêches, les Chevreuse, Violettes hâtives, Persigue, Admirable, Pourprée, Bellegarde, Blanche-dandilly, & de plus les Brugnons, Pavies-blancs, &c. Il y a même quelques Pommes de Calville d'Esté, & quelques sortes de bonnes Poires qui font icy compagnie à ces Pêches, & se peuvent manger dés le Jardin, sçavoir les Fondantes de Bresse, les Orange brune, &c. Tout au moins se gardent-elles peu, les Poires molissent, & les Pommes cottonnent, mais à dire le vray un peu de serre commence aussi d'être necessaire à ces fruits à pepin, & ce sera le pouce un peu appuyé prés de la queuë qui fera juger de leur maturité, s'il enfonce un petit.

Le mois d'Octobre a suffisamment encore de quoy se faire valoir par les dernieres Pêches admirables venuës en plein air, ou au couchant, par les Nivet, & Violettes tardives; & même par les gros Pavies rouges & jaunes, sans oublier les belles jaunes tardives, & tout cela venu aux bonnes expositions, les Beurré Vertelongue, Doyenné, Lansac, Sucrevert, Bergamotte, Poires de Vigne, Messire-Jean, &c. commencent icy à se signaler, mais ce n'est qu'aprés avoir fait quelque sejour dans les serres; nous en parlerons plus particulierement quand nous ferons le Traité de ces ſerres, & en attendant cela il eſt à propos de parler des moyens de conſerver & tranſporter ſains & ſauves les fruits tendres dont nous venons de parler.

CHAPITRE VII.

De la ſituation qu'il faut donner aux fruits cueillis pour les conſerver quelque temps.

POur achever ce que j'ay commencé, il ne me reſte donc plus qu'à parler des moyens de conſerver autant qu'on peut les bons fruits au ſortir de l'Arbre, & de parler enfin des moyens de les tranſporter, s'il en eſt beſoin; à l'égard de la conſervation j'entens particulierement ceux qu'on ne cueïlle que dans leur juſte maturité, & ceux qui étant extrêmement tendres & delicats ont achevé de l'acquerir hors du Jardin, les uns & les autres perdans infiniment de leur luſtre & de leur agrément, s'ils viennnent à être meurtris ou défleuris, écorchez ou tachez de marques noires; tels ſont les Figues & les Pêches avec leur beau coloris, & leur chair ſi fine; telles ſont les Prunes avec la belle fleur de leur teint, & les Poires beurrées qui ſont tout-à-fait meures; il n'eſt point icy queſtion des autres fruits, qui ne ſont, ny ſi precieux, comme les Cériſes, Griottes, Bigarreaux, &c. ny ſi faciles à ſe gâter, comme les Melons, les Pavies, les Poires dures & caſſantes, les Poires à cuire, toutes les Pommes, &c.

Je ſuppoſe, que chaque Figue, & chaque Pêche, & chaque Prune ayent eſté cueïllies avec toutes les precautions que j'ay cy-devant remarquées, en ſorte qu'en les détachant de l'Arbre rien ne manque à leur perfection; je ſuppoſe encore qu'en les cueïllant, on les ait miſes par exemple dans une Corbeille garnie de quelques feüilles tendres & delicates, comme feüilles de vigne, &c. & qu'on les ait placées chacune ſeparément de l'autre, ſans qu'elles ſe preſſent ſur les côtez, ou qu'elles ſoient les unes ſur les autres. La peſanteur de celles de deſſus eſt capable de meurtrir celles de deſſous, & cela particulierement en fait de Pêches & de Figues, car pour les Prunes elles ne ſont pas assés lourdes pour se blesser les unes les autres.

Or pour conserver quelques jours, c'est à dire deux ou trois, ces sortes de fruits, & sur tout les Pêches, il les faut mettre dans un cabinet, ou dans une serre qui soit seiche, propre, garnie d'ais, ayant toûjours les fenêtres ouvertes, à moins que ce ne soit dans le grand froid : j'expliqueray cy-aprés les conditions d'une bonne serre; il faut que sur ces ais on ait mis l'épaisseur d'un bon travers doigt de mousse, qui leur serve, pour ainsi dire, d'une maniere de matelas, prenant garde que cette mousse soit seiche, & n'ait aucune mauvaise odeur; cela estant, chaque Pêche ainsi placée sur la mousse se fait sa niche elle-même, en sorte qu'elle ne touche rien de dur dans sa place, & qu'elle ne presse, ny n'est pressée d'aucune de ses voisines; j'ose dire qu'il en est des Pêches comme des Melons, un jour aprés qu'on les a cueïllies, & qu'elles se sont, comme on dit, mitonnées loin du Soleil, elles sont meilleures qu'elles ne sont pas à les manger dans l'instant qu'on les cueïlle & qu'elles sont encore toutes tiedes; or quoy qu'elles craignent extrêmement d'être souvent touchées, aussi bien dans la serre que sur l'Arbre, cependant pourveu que ce soit une main adroite qui les touche, elles n'en reçoivent aucune mauvaise impression; c'est pourquoy pendant que ces Pêches sont dans la serre, il les faut soigneusement visiter une fois le jour, pour voir s'il n'y paroît aucune marque de pourriture, & ôter à l'instant toutes celles qui paroissent en avoir, ou autrement leur voisinage en gâte d'autres.

Il est important de bien placer les fruits dans la serre, ceux qui n'ont point ces sortes d'égards en perdent beaucoup par leur faute; la bonne situation des Pêches, est d'être placées, non seulement sur la mousse, mais que ce soit sur l'endroit de leur queuë, les autres situations les meurtrissent, celle des Figues est d'être couchées sur le côté, rien ne leur est si contraire que d'être placées sur l'œil, parce qu'elles se vuident par là de ce qu'elles ont de meilleur jus; à l'égard des Prunes, comme ce sont des corps d'une mediocre pesanteur, toute sorte de situation leur est indifferemment bonne, aussi-bien qu'aux Cerises.

La bonne situation des Poires, dont la figure est Piramidale, est d'y être sur l'œil, & d'avoir la queuë en haut; celle des Pommes, dont la figure fait presque un cube parfait, est indifferente, soit sur l'œil, soit sur la queüe, qui regulierement est fort courte; ces deux sortes de fruits se conservent assez bien sur le bois tout nud, & souffrent même d'y être pour un temps les unes sur les autres au sortir du Jardin, & jusqu'à ce qu'elles approchent de leur maturité; je ne leur veux sur tout aucun lit, ny aucune couverture de foin ou de paille, à cause de la mauvaise odeur qu'ils en prennent pour l'ordinaire; à l'égard du Raisin rien ne luy est si avantageux que d'être pendu en l'air attaché par un fil, soit à quelque cerceau suspendu, soit à des clous attachez aux solives, & cependant il n'est pas mal sur de la paille, bien entendu que pour en conserver jusqu'en Février, Mars & Avril, il le faut avoir cüeilli devant qu'il ait acquis une parfaite maturité, autrement il pourrit trop vîte, bien entendu cependant que de deux ou trois jours l'un il faut soigneusement éplucher les grains pourris.

La destinée de toutes sortes de Pommes les conduit volontiers jusqu'au mois de Mars, & en conduit quelques-unes jusqu'en May & Juin, par exemple les Reynettes, Apis, Pommeroses, Francatu, &c. prenant garde que la marque de leur grande maturité est d'ordinaire d'être un peu ridées, à la reserve des Pommes d'Api, & des Pommes-rose qui ne se rident jamais; on connoît qu'elles sont meures, quand tout le verd qui paroissoit à la peau s'est changé en jaune.

La destinée des Poires pour la durée est extrêmement partagée; celles qui vont le plus loin, sont les Bon-chrêtien, les Saint Lezin, les Martin-sec, les Martin-sire, les Poires à cuire, & sur tout les Double-fleurs, & quelques Franc-real, &c. J'en parleray plus amplement dans le Traité des serres.

Nous avons marqué ailleurs, qu'elles sont pour l'ordinaire les Poires de chaque mois, & ainsi il n'est pas necessaire de le repeter icy; les fruits rouges sont peu de temps à durer aprés qu'ils sont cüeillis, les Fraises, & Framboises n'ont guéres qu'une journée, les Cerises, Griotes, Bigareaux, Groseilles en ont peut-être une de plus ; les bons fruits pour être servis proprement sur table demandent la même situation qu'on leur donne dans la serre, à la reserve des Poires, qui demandent en cela quelque cimetrie agreable pour la construction des piramides.

Avec les précautions cy-devant remarquées, on conserve aisément, & sans aucun embaras les fruits autant qu'ils le peuvent être ; il n'y a que les grosses gelées d'Hyver qui soient fort redoutables, parce qu'elles peuvent penetrer dans la serre, & donner atteinte aux fruits, or un fruit une fois gelé ne conserve plus aucune bonté, & tourne aussitôt en pourriture ; ceux qui n'ont point de serre faite exprés avec tous les égards necessaires, tels qu'ils sont expliquez cy-aprés, & qui n'ont par exemple qu'un cabinet, ou quelque chambre à l'ordinaire, courent grand risque de perdre tous leurs fruits dans les temps facheux, s'ils n'ont un extrême soin de les couvrir amplement avec de bonnes couvertures de lit, ou les mettre même entre deux matelats, ou les porter dans quelque cave jusqu'à ce que le peril soit passé, & pour lors on sort ces pauvres prisonniers de leurs cachots, pour les remettre en liberté dans leur place ordinaire.

CHAPITRE VIII.

Du transport des Fruits.

LA difficulté dont il est icy question ne regarde, ny toutes les Poires quand elles sont nouvellement cueïllies, ny les Poires dures & cassantes, quoique meures, pourvû que si c'est des Bon-chrêtien d'Hyver, chaque Poire porte une envelope de papier, cette difficulté ne regarde non plus les Pommes telles qu'elles soient, ces sortes de fruits quoique mis pèle mèle dans des hottes, ou des panniers, ou autres vaisseaux souffrent aisément, & sans se gâter la voiture du cheval & de la charete : il n'en est pas de même des Poires tendres & Beurrées quand elles sont meures, ou comme on dit en certaines Provinces, quand elles sont faites, elles sont à cet égard de la condition des Figues, des Pêches, &c. leur naturel delicat & doüillet demande qu'on les traite d'une maniere douce, delicate & doüillette, comme si c'étoit, pour ainsi dire de belles jeunes Demoiselles, autrement l'agitation d'une voiture rude les meurtrit, ou les noircit, c'est à dire en un mot qu'elle leur ôte la principale partie de leur beauté, & même beaucoup de leur bonté.

Ce prelude nous conduit insensiblement à établir que les Pêches, les Figues, les Fraizes, les Griotes, &c. pour être transportées d'un lieu à l'autre demandent, soit la voiture d'eau, soit les bras ou le dos d'un Porteur qui aille rondement, & sans agiter violemment son corps en marchant, & que sur tout si ce sont des Pêches, qu'elles soient placées sur l'endroit de la queuë, & qu'elles ne se touchent point l'une l'autre, mais qu'elles soient premierement sur un lit de mousse, ou de feüilles tendres assez épais, & en second lieu, qu'elles soient envelopées chacune d'une feüille de Vigne, & si bien rangées qu'elles ne puissent branler de leur place, & enfin que si on en veut mettre plusieurs lits les uns sur les autres, il y ait entre deux une bonne separation de mousse, ou d'une raisonnable quantité de feüilles; le dernier lit sera pareillement assez bien couvert de feüilles, & le tout envelopé d'un linge bien attaché, qui tienne en état tout le contenu de la hote ou du panier; le plus seur seroit de faire pour les Pêches ce que je m'en vay dire pour les Figues, mais il y a en cela un inconvenient, qui est que par ce moyen on n'en peut guéres porter chaque fois; si ce sont des Figues, il faut avoir des Corbeilles plates qui n'ayent qu'environ deux pouces de profondeur, on mettra dans le fond de ces Corbeille un lit de feüilles de Vigne, & on rangera ces Figues sur le côté chacune envelopée d'une semblable feüille, prenant soin de les y ranger si proprement l'une auprés de l'autre, que le mouvement du transport ne les puisse point ébranler de leur place, avec cette precaution de n'en mettre jamais deux l'une dessus l'autre, mais ce premier & unique lit étant fait on le couvrira de feüilles, & ensuite d'une feüille de papier bien proprement rebordée tout autour de la corbeille, & encore arrêtée par une ligature de petite fiſſelle, en ſorte que ce Fruit ſoit dans ſa corbeille hors de tout peril d'en ſortir par une agitation mediocre.

Les bonnes Prunes étant rangées les unes ſur les autres ſans façon, ſoit dans un cuëilloir, ſoit dans une corbeille, ou autre pannier, en ſorte que le fond ſoit bien garni de feüilles, ou d'orties, on couvrira tout le deſſus avec d'autres orties, auſquelles on aura ôté tout le gros coton, & cela fait on envelopera le tout avec du linge, ou quelque feüille de papier, qui outre cela ſoit lié de quelque petite fiſſelle.

Les Prunes ordinaires ſe tranſportent dans de grandes mannes ou panniers, ſans autre façon que de mettre deſſus, deſſous, & à côté quelques feüilles.

On envoye des Prunes d'Abricot de Tours à Paris par les chevaux des Meſſagers avec une bien plus grande précaution, car on les met dans des boëtes pleines d'hoüate, & chacune envelopée encore ſeparément de hoüate, mais cet expedient eſt cher, & n'en fait guéres venir tout d'un coup.

Les Fraizes eſtant pareillement rangées en façon de dos de bahu dans des paniers faits exprés, & garnis de feüilles dans le fond, & tout autour, on ſe contente de les couvrir d'un petit linge fin moüillé, & on en porte comme cela pluſieurs dans des panniers, ou dans des évantaires couverts de quelque grand linge ſuivant la grandeur de ces panniers.

On tranſporte le Raiſin, ſoit Muſcat, ſoit Chaſſelas, ſoit Corinthe de la même façon à peu prés que j'ay cy-deſſus marqué pour les Pêches, ou même avec moins de precaution : car il n'eſt pas trop neceſſaire de ſeparer de feüilles chaque lit en particulier.

On envoye quelquefois du Muſcat dans des Provinces fort éloignées, & on les met dans des Caiſſes pleines de ſon, & portées par des Chevaux ou des Mulets, en ſorte que les grapes ne ſe touchent point l'une l'autre, mais c'eſt une dépenſe qui ne ſe fait que pour des Rois, ou de fort grands Seigneurs.

Pour le transport de nos principaux fruits, quand il n'est question que de les envoyer à une journée au plus, je me sers volontiers de certaines hottes quarées, divisées en dedans par plusieurs étages, qui sont eloignées l'un de l'autre autant qu'il le faut pour ranger nos Corbeilles pleines de fruit; ces hottes sont ou d'ozier bien serré, & cela étant il n'y faut point d'autre envelope pour les garentir de la poudre des chemins, ou d'ozier à claire voye, & cela étant il leur faut une envelope de toile cirée, & de plus ces hottes s'ouvrent, ou par dehors en forme d'un petit Armoire, ou par dessus, & cela étant on commence à garnir l'étage du fond tout le premier, on abat ensuite un petit couvercle, qui en même temps sert de clôture pour ce premier étage, & de fond ou planché pour le second, & ainsi jusqu'au dernier d'en haut; on y met quand on veut une petite serrure, sur laquelle on a fait faire deux clefs, l'une demeurant à ceux à qui les fruits sont envoyez, & l'autre à celuy qui les envoye, moyennant quoy les fruits font leur voyage en toute seureté.

CHAPITRE IX.

Des Serres, ou Fruiteries.

SI dans la saison que les Potagers charment le plus par la verdure & par la propreté qui les embelissent, il est cependant vray de dire que ce sont les Fruits qui en font la principale beauté; de quel avantage, ou plutôt de quelle consolation ne doivent point être ces fruits, quand au sort d'un Hyver triste & melancolique on s'en trouve une assez honnête provision, & qu'on s'en trouve même de beaucoup meilleurs que ceux que l'Esté a fourni; il n'en faut pas faire les fins, les fruits sont sans doute une des plus fortes passions de tous tant que nous sommes, qui croyons volontiers, que comme ils sont delicieux au goût, aussi sont-ils utiles à la santé; les Medecins qui nous doivent donner des regles contre les infirmitez, bien loin de combattre cette opinion, l'établisse comme infaillible, & souvent ordonnent l'usage des fruits comme des remedes

des souverains ; de là vient que, pour ainsi dire, c'est aujourd'huy la mode d'être curieux de fruits, & que tant de braves gens se font honneur de marquer de l'empressement à en élever, la nature prend, ce semble plaisir à favoriser cette curiosité, elle produit tous les ans grande abondance de fruits, nous n'en avons que trop l'Esté ; l'Automne en fournit suffisamment, mais la difficulté est d'en avoir pour l'Hyver, qui est une saison morte & infertile ; il s'agit donc sur tout de sçavoir garder de mauvaise fortune ceux qui ne sont bons que long-temps aprés être cueïllis, ils ont un grand voyage à faire, & en le faisant ils ont beaucoup de hazards à courre, il faut non seulement un homme soigneux, mais il faut aussi un lieu qui soit extrêmement propre à les conserver ; nous avons à combattre d'un costé le froid qui détruit ceux qu'il peut atteindre, & de l'autre nous avons à empêcher le mauvais goût, qui peut deshonnorer ceux que le mauvais temps n'a pas gâté ; ce lieu s'appelle tantost serre, & tantost fruiterie ; sans doute qu'il a ses regles & ses conditions, puisqu'il est si utile, & qu'il doit produire de si bons effets, vrai-semblablement je dois connoître ce qui en est, veu la grande & ancienne aplication que j'ay en fait de Jardins, & par consequent je ne manquerois pas d'être blâmé, si je ne m'étudiois à dire icy ce que mon experience m'a appris à l'égard des serres, soit pour éviter les défauts qu'on y peut craindre, soit pour parvenir au succez qu'on y doit esperer.

Que les autres curieux, dont le nombre est si grand, vantent tant qu'ils voudront leurs cabinets, qu'on invite tout le monde à les aller voir, qu'on prenne soin d'en faire de riches descriptions, je n'y trouve rien à redire, je suis même des premiers à les vanter, je les visite avec un singulier plaisir, & me recrie volontiers sur ce qu'on y voit de merveilleux, non seulement à raison de la matiere, mais aussi à raison de la main qui s'y est signalée ; qu'on vante donc tant qu'on voudra cet amas de miracles de l'Art, mais au moins qu'on laisse au curieux de Jardinage la liberté de vanter sa Fruiterie qui fait son cabinet ; ce n'est pas qu'il ait, ny Originaux, ny Antiques à y montrer, bien loin de là, il n'y fait voir que du Moderne tout pur, mais ce ſont des modernes excellens, c'eſt à dire que ce ſont des productions de la nature, qui ſe renouvelle & ſe rajeunit tous les ans; productions qui ne ſont veritablement, pour ainſi dire, qu'autant de copies des premiers Ouvrages qu'elle a faits à la naiſſance des temps, mais qui cependant ſurpaſſent le merite de ces originaux, parce que cette nature ayant eſté d'abord charmée de la beauté de ſes premiers coups d'eſſay s'eſt pleuë à les repeter autant de fois qu'elle a pû, comme ſi en effet elle s'étudioit à faire toûjours de mieux en mieux, juſques-là même qu'elle ſe laiſſe un peu conduire à la Culture, voyant certainement qu'elle contribuë tout de bon à la perfection de ſes nouveaux enfans.

Cela eſtant, on ne peut, ce me ſemble, diſconvenir que ce cabinet ne merite d'être veu, & dans la verité y a-t-il rien de plus agreable à voir que cette ſerre, où dés l'entrée de la porte on découvre premierement une maniere de chambre bien tournée, & dont la grandeur eſt proportionnée au beſoin qui la fait faire, où on découvre enſuite une belle table rebordée qui occupe le milieu de la place, & eſt commode & neceſſaire pour dreſſer les corbeilles, ou pourcelaines qu'on veut ſervir, où l'on découvre enfin les quatre murs garnis, de voir cette ſerre de tablettes bien ordonnées, ces tablettes dans l'Automne & l'Hyver chargées de beaux fruits; ces fruits diverſement placez avec des étiquetes volantes, pour marquer leur eſpece, & leur maturité par rapport à la ſuite des mois, ainſi voit-on les Bergamotes en un endroit, les Virgoulées en un autre, là les Ambretes, icy les Epines, là les Leſchaſſeries, icy les Saint-Germain, là les Bon-chrêtien, icy les Bugi, là les Poires à cuire, icy les Pommes avec les mêmes diſtinctions des Poires, là les fruits tombez, icy ceux qui ont eſté bien cueïllis; là ceux du Nord, icy ceux des bons Eſpaliers; là ceux des Arbres de tige, icy ceux des Buiſſons; là les fruits murs dans un tel mois, icy ceux qui ne le ſont pas ſi-tôt, &c. avec cet ordre perpetuel que ceux qui ont atteint leur maturité ſont toûjours à portée, tant pour la main que pour la veuë, & que les autres qui ne le ſont pas ſont encore logez plus haut, c'eſt à dire ſur des tabletes plus élevées, & c'est là qu'ils attendent la saison qui les doit meurir, & par consequent les faire descendre à la place de ceux qu'on ne voit plus ; ils ont disparu ces premieres, aprés avoir fait leur devoir, & fini leur quarriere, mais en voicy d'autres qui sont tous prêts à leur succeder, & de venir, pour ainsi dire chacun à leur tour servir le quartier qui leur est destiné.

Enfin cette largesse que nôtre curieux fait à ses amis (car il aime sur tout à donner de ce qu'il a) n'a-t-elle point quelque privilege qui éleve le merite de son cabinet au dessus de ces autres dont on ne rapporte que de simples idées, & où bien loin qu'on y fasse des liberalitez, tout au contraire le curieux fait profession d'être serré ; il n'en vient jamais à faire montre de son tresor que malgré qu'il en ait, on apperçoive en luy un fonds d'inquietude qui vient quelquefois de la peur d'estre volé, mais plus communement de la peur de n'estre pas crû aussi riche qu'il le pretend.

Venons maintenant à establir quelles sont les principales conditions d'une bonne Fruiterie ; il me semble que la premiere consiste à être impenetrable à la gelée ; le gros froid ; comme nous avons dit souvent, est l'ennemy mortel des fruits, ceux qui ont esté une fois gelez, ne sont plus bons qu'à jetter.

Il s'ensuit donc pour la seconde condition, que cette Fruiterie doit estre exposée sur tout au Midy, ou au Levant, ou du moins au Couchant ; l'exposition du Nord luy seroit tres-pernicieuse.

Il s'ensuit pour troisiéme condition, que les murs de cette serre doivent estre pour le moins de vingt-quatre pouces d'épais, une moindre épaisseur ne garentiroit pas de la gelée.

Il s'ensuit pour quatriéme condition, que les fenêtres outre les paneaux ordinaires doivent avoir de fort bons chassis doubles, & sur tout de papier, & qu'ils soient bien calfeutrez, & qu'en même temps il y ait une double porte pour l'entrée, en sorte que jamais dans les temps du peril, l'air froid de dehors ne puisse avoir liberté d'entrer, car il détruiroit l'air temperé qui est de longue main au dedans ; on ne ſçauroit icy avoir trop de précaution, il ne faut qu'une petite ouverture negligée, pour faire en une nuit de gelée un deſordre infini ; je n'approuve nullement qu'on faſſe du feu dans la Fruiterie, & cela par les mêmes raiſons que j'ay aſſez amplement eſtablies dans le Traité des Orangers.

Avec toutes ces conditions, qui peut-être n'ont pas été aſſez exactement obſervées, car la choſe eſt tres-difficile, on ne peut, & on ne doit avoir l'eſprit en repos, à moins d'avoir au dedans de la ſerre un petit vaiſſeau plat plein d'eau, c'eſt une ſentinelle fidelle & incorruptible, qui doit donner avis de tout ce qui peut nuire ; ſi cette eau ne géle point il n'y a rien à faire, mais ſi elle vient à geler tant ſoit peu, il faut auſſi-toſt courir au remede, les froids des mois de Decembre 1670. 1675. 1676. 1678. celuy de Janvier & Février 1679. & ſur tout celuy de Decembre 1683. & de Janvier 1684. qui de la derniere repriſe a duré ſans relâche un mois entier, doivent ſervir d'une grande inſtruction dans cette matiere, il a falu être bien ſoigneux & bien prevoyant pour ne s'y pas laiſſer attraper ; un bon grand Thermometre placé en dehors à l'expoſition du Nord eſt icy tres-neceſſaire ; il faut juger que le peril eſt grand, quand deux nuits de ſuite ce Thermometre continuë d'être au cinquiéme & ſixiéme degré, & même au ſeptiéme & huitiéme, une premiere nuit peut n'avoir point fait du mal, une deuxiéme doit faire tout craindre, & ainſi dés le lendemain d'une premiere nuit fâcheuſe, ſervons-nous de bons matelas, ou de bonnes couvertures de lit bien velues, ou de beaucoup de mouſſe bien ſeche pour y mettre nos fruits ſi bien à couvert, que la gelée ne les puiſſe atteindre, & même ſi nous avons une fort bonne cave, faiſons les y porter, pour ne les y laiſſer que pendant le gros froid, & en tous ces cas prenons ſoin de remettre ces fruits dans leur ſerre ordinaire, dés que le temps eſt radoucy, & continuons d'ôter ceux qui ſont murs, & ceux qui ſe gâtent ; la pourriture eſt un des fâcheux accidens à craindre pendant que les fruits ſont hors d'état de pouvoir eſtre ſouvent viſitez l'un aprés l'autre.

Aprés nous être munis contre le froid, il faut nous étudier à défendre nos fruits du mauvais gouſt, & c'eſt icy la cinquiéme condition ; le voiſinage du foin, de la paille, du fumier, du fromage, de beaucoup de linge ſale, & ſur tout de linge de cuiſine, &c. tout cela eſt extrêmement à craindre, & ainſi il faut que noſtre ſerre en ſoit tout-à-fait éloignée, un certain gouſt de renfermé, avec un odeur de pluſieurs fruits mis enſemble, font encore un grand deſagrément, & partant il faut, que non ſeulement la ſerre ſoit bien percée & aſſez élevée, une élevation de dix à douze pieds en doit faire la juſte meſure, il faut auſſi tenir ſouvent les fenêtres ouvertes, c'eſt à dire auſſi ſouvent que le grand froid n'eſt point à craindre, ſoit la nuit, ſoit le jour, un air nouveau de dehors, quand il eſt bien conditionné, fait des merveilles pour purifier, & rétablir celuy qui eſt renfermé de longue main.

Pour ſixiéme condition je crois pouvoir dire, que tant la cave que le grenier ne ſont pas propres pour faire une ſerre, la cave à cauſe d'un gouſt de moiſi, & d'une chaleur humide qui en ſont inſeparables, & font une grande diſpoſition à la pourriture ; & le grenier à cauſe du froid, qui peut aiſément penetrer au travers de la couverture, & ainſi un rez-de-chauſſée nous accommode tres-bien, ou tout au moins un premier étage accompagné de logemens habitez deſſus, deſſous, & aux coſtez.

Joint à cette ſixiéme condition, que la ſerre doit être ſouvent viſitée de celuy qui en eſt chargé, ce qui n'arrive point, quand au lieu d'eſtre à main ; c'eſt à dire d'être commodement placée, on n'a pas facilité d'y aller, parce qu'il y a, ou trop à monter, ou trop à deſcendre.

La ſeptiéme condition demande qu'il y ait beaucoup de tablettes tenans, & enchaſſées les unes dans les autres, afin d'y loger les fruits ſeparément les uns des autres, les principaux dans le plus beau coſté, les Poires à cuire dans le moins beau, les Pommes encore faiſant bande à part ; la diſtance raiſonnable de ces tablettes, doit être de neuf à dix pouces, avec une largeur raiſonnable de chacune, je les veux d'ordinaire de dix-ſept à dix-huit pouces, pour y en loger beaucoup enſemble, & en voir auſſi beaucoup d'une ſeule veuë.

Je veux aussi pour huitiéme condition, que les tablettes soient un peu en pente vers la partie de dehors, c'est à dire d'environ trois pouces dans leur largeur, & qu'elles soient bornées d'une petite tringle d'environ deux doigts, pour empêcher les fruits de tomber; on ne voit pas si bien d'un coup d'œil tous les fruits d'une tablette quand elle est de niveau, que quand elle est comme je la demande, & ainsi on ne s'apperçoit pas si aisément de la pourriture qui survient à quelques fruits, & se communique à leurs voisins, quand on n'y remedie pas d'abord.

Cette pourriture à craindre oblige pour neuviéme condition, que sans y manquer on visite au moins chaque tablette de deux jours l'un, pour faire exactement la guerre à tout ce qui est gâté.

Et oblige pour dixiéme condition, que les tablettes soient garnies de quelque chose, par exemple de mousse bien seiche, ou d'environ un pouce de sable fin, afin que chaque fruit posé sur sa baze comme il doit, se fasse une maniere de nid, ou de niche particuliere qui le maintienne droit, & l'empêche de toucher à ses voisins; car enfin il ne faut point souffrir que les fruits se touchent, il est plus propre & plus agreable de les voir tous rangez chacun sur leur baze, c'est à dire sur la partie où est l'œil à l'opposite de la queuë, que de les voir pêle mêle couchez sur le côté.

Je demande pour derniere condition, qu'on ait grand soin de nettoyer & ballier souvent nôtre serre, d'en ôter les toiles d'aragnée, d'y tenir de petits pieges contre les rats & les souris, & même il n'est pas mal à propos d'y laisser quelque entrée secrette pour les chats, autrement on a souvent l'affliction de voir les plus beaux fruits attaquez par ces maudits petits animaux domestiques.

Cette serre dont l'intention a esté particulierement pour les fruits d'hyver, sert aussi fort utilement, & pour ceux d'Automne, soit Poires, soit Raisin, & pour ceux d'Esté, soit Pêches, Pavies, Prunes, &c, ceux-cy à mon gré étans comme j'ay dit cy-devant, beaucoup meilleurs un jour aprés avoir été cueillis que le jour même qu'ils l'ont esté, ils acquerent dans la serre un certain frais, qui leur sied merveilleusement bien, & qu'ils ne sçauroient avoir pendant qu'ils tiennent aux Arbres.

Or comme generalement parlant, les fruits dignes de nostre curieux, ne viennent dans la serre que quand ils ont acquis l'une des deux maturitez qui leur conviennent, sçavoir pour les fruits d'Esté la maturité prochaine qui les fait expedier en peu de jours, & pour les fruits d'Automne & d'Hyver, la maturité éloignée qui les fait garder long-temps, les uns moins, les autres plus, & d'ailleurs, comme c'est la maturité prochaine qui est de plus grande consequence, tant pour ces bons fruits qui periroient miserablement, si on ne sçavoit les prendre à point nommé, que pour le maître, qui verroit devenir inutiles ses peines, ses soins & ses esperances, s'il ne sçavoit, comme on dit, prendre en cecy l'heure du Berger ; il s'ensuit de là qu'il faut achever de donner icy les marques infaillibles, qui peuvent faire connoître cette maturité ; j'ay cy-devant expliqué celle de la plûpart des fruits qui ne passent pas Septembre & Octobre, sçavoir pour le reste des Poires d'Esté, le reste des Prunes, les principales Pêches tardives, & les Pavies tardifs, &c. il reste à parler des Poires d'Octobre, & des autres qui se gardent depuis la Tousſaints jusques à Pasques, & au delà.

Les Vertelongue, les Beurré, les Poires de Vigne, les Messire-Jean, les Sucré-ver, &c. & aprés elles les Petit-oin, les Lansac, les Marquise, les Bergamottes, les Amadottes, & même les Besideri & les grosses queuës, &c. sont les premieres qui doivent passer pendant le mois de Novembre ; le pouce, comme nous avons dit, pour les Beurré, Vertelongue, Sucré-verd, & autres qui ont commencé de meurir en Octobre, fait sortir de la Serre ce qui vient à meurir chaque jour, à celles-cy, sçavoir aux Petit-oin, Marquise, Rousseline, Lansac, &c, parce que ce sont encore Poires tendres, & le coloris blanchâtre, qui se forme dans la peau des Messire-Jean, & le fond jaune des Amadottes, Grosse-queuë, Besideri, &c. & l'humidité sur la peau des Bergamottes avec un peu de jaune qui s'y declare, tout cela sont des marques certaines, qui enseignent sans aucune action de pouce ce que nous voulons sçavoir de ces dernieres sortes de fruits, il n'est question que de les examiner toûjours, ou au moins de deux jours l'un, & cette regle de reveuë pour la maturité doit estre suivie dans les mois suivans pour tous les autres fruits qui restent, afin de ne rien perdre de tout ce qui commence à se faire remarquer, cette reveuë estant de plus necessaire pour oster ceux qui viennent à pourrir.

Les Loüise-bonne, Espine-d'hyver, Ambrette, Leschasserie, Saint-Germain, Virgoulée, même les Martin-sec, & Bon-chrêtien d'Espagne, avec les Pommes de toute sorte, Capendu, soit gris, soit rouge, soit blanc, les Pommes de Fenoüillet, les Calville d'Automne, quelques Api, & quelques Reynettes, &c. Tous ces fruits marquent une maniere d'empressement à meurir, d'abord que le mois de Decembre est venu, il se mêle un peu de jaune & de rides aux six premieres especes, qui font juger, que si le pouce en faisant sa fonction ne s'y oppose pas, elles sont bonnes à servir, mais jusques-là il ne les faut pas hazarder, le coûteau en y entrant feroit un bruit de reproche à ceux qui les voudroient entamer plûtost, il y a beaucoup à craindre en ces sortes de Poires, du côté du défaut de mollir, auquel elles sont sujettes, & sans doute qu'elles surprennent souvent ceux qui ne les examinent pas rigoureusement tous les jours.

A l'égard des Martin-sec & des Bon-chrêtien d'Espagne, il en est de même dans ce mois de Decembre, que ce que je diray dans le mois de Janvier pour le Portail, tout aussitost qu'il paroît quelque tache de pourriture en quelques-unes, on peut hardiment les attaquer toutes, leur temps est venu, & elles sont menacées de passer bien-tost à la pourriture, avec cet avantage cependant, qu'elles se maintiennent assez long-temps en état de parfaite matutité.

Les Capendu, les Fenoüillet, & les Reinettes declarent leur maturité, d'abord qu'elles deviennent extrêmement ridées, les Api declarent la leur, quand ce qu'elles avoient de couleur verte se change en jaune.

Les Calvilles commencent ce semble à devenir plus legeres, & leur pepin à se détacher & à sonner en les secoüant, quand elles viennent à meurir, elles se peuvent

vanter

vanter d'eſtre long-temps bonnes auſſi-bien que les Reinettes qui ont jauni ſans ſe rider, & ce ſont des qualitez admirables en ces ſortes de fruits.

J'avertis icy qu'il ne faut pas ſe rebuter à tâter fort ſouvent les Poires tendres & fondantes de cette ſaiſon, les pareſſeux, & negligens tombent à cet égard dans de grands inconveniens.

Les fruits qui ont reſiſté au pouce pendant les mois de Decembre, viendront enfin à luy ceder chacune à leur tour dans les mois de Janvier & Février, bien entendu que les Epines-d'Hyver, qui même dans ces mois-cy ne peuvent parvenir à changer un peu de couleur, deviendront pâteuſes & inſipides, en un mot periront ſans avoir pû achever de meurir, perte cruelle pour nôtre curieux, car en verité c'eſt une des meilleures poires que nous ayons.

J'ay fait des obſervations importantes à ſon égard, & de quelques autres pareillement dans le Traité du choix, & de la proportion, &c.

Les Loüiſe-bonne ne jauniſſent guéres, non plus que les Vertelongues de Septembre & Octobre, mais elles ſe rident, & deviennent douces, moëleuſes, & agreables au toucher.

Il y a beaucoup d'Ambrettes qui molliſſent devant que d'avoir jauni, & ce ſont particulierement celles qui ſont venuës au Nord ou en Buiſſon, & ſur tout à des Arbres greffez ſur franc & trop touffus, celles-cy, auſſi-bien que toutes les autres des Eſpaliers du Nord, ont particulierement beſoin de ſucre, pour corriger le défaut de bon goût qui leur manque, ſans que pour cela elles ceſſent d'avoir bien de l'eau.

Les Gros-muſc d'hyver & les Portail ont quelques amis, l'un & l'autre ſe mocquent de l'habilité du pouce, mais la couleur jaune des premieres, & un peu de rides, ou de pourritures aux autres, invite leurs partiſans à ſe ſervir de leur merite tel qu'il ſoit.

Un des principaux ſoins que je prens en rangeant mes fruits dans la ſerre, eſt non ſeulement de mettre chaque eſpece en differentes tablettes, ou ſi j'en mets pluſieurs ſur une même , elles y ſont diſtinguées par des ſeparations de tringles , mais auſſi de faire cette diſtinction parmi les fruits d'une même eſpece, que premierement les fruits tombez avant le temps (car je ne les abandonne pas) ont un lieu particulier & hors de veuë ; ils ſont ſujets à eſtre vilains à voir, en ce qu'ils ſe rident beaucoup, veritablement les uns plus, les autres moins, & c'eſt à meſure qu'ils ſont tombez plûtoſt ou plûtard ; mais d'ordinaire ils meuriſſent enfin, & c'eſt aſſez long-temps aprés les autres de leur eſpece ; je ne puis m'empêcher de leur rendre cette juſtice, & de dire qu'aſſez ſouvent ils ont une bonté parfaite ſous une peau fanée, vilaine & ridée, & particulierement ſi leur cheute n'eſt que d'environ un mois devant le temps de la cueillette ordinaire.

En ſecond lieu, les Poires de Buiſſon ſont à part, celles des bons Eſpaliers le ſont auſſi.

Je ne manque pas à ſuivre cet uſage pour les fruits des Arbres de tige, & pareillement pour les fruits des Eſpaliers infortunez, qui ſont ceux du Nord, parce que regulierement les fruits des bons Eſpaliers meuriſſent les premiers ; ceux des Buiſſons vigoureux les ſuivent avec cet ordre, que ceux des Buiſſons greffez ſur Coignaſſier marchent devant ceux des Buiſſons greffez ſur franc, & que ceux des Arbres malades precedent les uns & les autres.

Enfin les fruits des Arbres de tige ſuccedent, & quelquefois même ſe mêlent à ceux-là, & ſont les meilleurs de tous, maxime univerſellement vraye, à la reſerve des Prunes & des Figues, comme j'ay déja dit ailleurs, les fruits du Nord, comme de raiſon viennent à meurir les derniers.

Les Bon-chrêtien-d'Hyver avec leur chair caſſante, & les Colmar pareillement avec leur chair tendre laiſſent paſſer devant elles toutes les Poires à chair Beurrée, pendant ce temps-là les autres ſe mettent à jaunir, & en jauniſſant à meurir, & à ſe rider ſi peu que rien vers la queuë: quand le Bon-chrêtien eſt parfaitement meur ; la chair en eſt preſque fondante, & quand il n'eſt pas aſſez meur, il demeure extrêmement pierreux, il s'en conſerve juſqu'en Mars & Avril ; les Bugi, & les Saint-Lezin, & les Martin Sire s'y joignent pour fermer le theatre de la maturité des Poires, les Bugi en Mars & Avril font un tres-grand plaisir avec leur chair tendre pleine de beaucoup d'eau, quoy qu'un peu aigrelette; les Saint-Lezin avec leur chair un peu ferme accompagnée d'un petit parfum, font encore quelque figure, mais il est bien difficile d'en conserver jusques-là, la moindre atteinte de froid les noircit entierement, & les rend aussi hydeuses à voir, que desagreables à manger.

Reste à dire pour les Poires à cuire, qu'en tout temps elles sont bonnes à remplir leur destinée, & particulierement quand elles commencent à jaunir, avec cette prevoyance de rebuter celles qui sont attaquées de pourriture, de peur qu'elles ne donnent un mauvais goust à celles qui estoient saines; ainsi ces Franc-réal, Petit-certeau, les Carmelites ou Mazuer, & sur tout les Double-fleur, qu'on doit regarder comme les principales parmy celles qui ne sont bonnes que cuites, sont presque toûjours prêtes à bien faire; les Poires de Livre & d'Amour, les Angober, les Catillac, les Fontarabie, &c. peuvent bien acquerir quelque bonté par l'assaisonnement du sucre, & la chaleur du feu, mais ce n'est jamais sans qu'il y reste un peu d'acreté, dont les goûts delicats ne s'accommodent gueres.

La compote fait des merveilles pour les Calvilles d'Automne & les Reinettes, mais elle n'est pas si heureuse pour les Capendu & Fenoüillet, la douceur de celles-cy est cause de ce défaut, & un petit goust relevé qui est aux autres fait leur principal merite au sortir du poëlon.

CHAPITRE X.

Des maladies des Arbres fruitiers.

IL paroît que c'est une loy universellement establie à l'égard de tout être vivant & animé, que chacun est sujet à quelques accidens, qui l'empêchent de joüir d'une santé perpetuelle, & toûjours également vigoureuse; de là vient, que ce n'est pas seulement parmy les hommes, & parmy les autres animaux, qu'on voit assez souvent de differentes maladies : la condition des Vegetaux, & particulierement celle des Arbres fruitiers les assujettit aussi à de certaines infirmitez qui les desolent, & qu'on pourroit bien baptiser du nom de maladies, des feüilles jaunes hors de saison, des jets nouveaux noircissans & mourans à leur extremité dans le mois d'Aoust & de Septembre, des fruits demeurans petits, ou tombans d'eux-mêmes, &c. ce sont, comme disent les Medecins autant de simptômes parlans, & indiquans l'indisposition du pied. Or parmy ces infirmitez il y en a qui peuvent estre gueries avec le secours de quelques remedes, & il y en a aussi qui paroissent jusqu'à present incurables, puisque tout ce qu'on y peut faire a toûjours été inutile ; peut-être qu'enfin se découvrira-t-il quelque habile homme, dont les lumiereres & l'experience nous délivreront de l'opprobre, qui nous rend à cet égard, ou dignes de mépris, ou moins dignes de pitié. cependant, puisqu'il n'est que trop vrai que nos Arbres ont à craindre differentes maladies, les Jardiniers seroient sans doute coupables s'ils ne les étudioient, pour se mettre en peine des remedes qui sont souverains à quelques-unes, & être en repos à l'égard des autres ; & si connoissans ces remedes ils n'étoient pas soigneux de les appliquer au besoin : car en vain auroient-ils élevé des Arbres dans leur Jardins, s'ils devoient avoir le chagrin de les voir détruire au fort de leur jeunesse faute de les sçavoir guerir, & remettre dans leur premiere vigueur.

Pour parler autant qu'il le faut de ces accidens qui arrivent à nos Arbres, sans y comprendre ceux qui proviennent des trop longues playes, du grand chaud, du grand froid, des orages, des tourbillons, des gresles, &c.

Je crois devoir dire premierement, qu'il y a des maladies communes pour tous les Arbres en general, & en second lieu qu'il y en a de particulieres pour chaque espece particuliere; les maladies communes consistent, ou en un défaut de vigueur, qui fait que les Arbres paroissent languissans, ou en une attaque de gros vers blancs, qui se forment quelquefois en terre, & s'attachent à ronger l'écorce des racines, ou l'écorce de la tige voisine ; ces méchans petits insectes, qu'on appelle des tons, font à la longue un si grand desordre ; que l'Arbre qui en est attaqué, & qui avoit toûjours paru vigoureux, vient tout d'un coup à mourir sans ressource.

Les maladies particulieres sont par exemple aux Poiriers d'Espalier, quand leurs feüilles sont attaquées de ce qu'on appelle tigres, aux autres Poiriers comme aux Robines, petit-Muscat, &c. quand il leur vient des chancres, tantost à la tige, & tantost à une partie des branches ; aux Arbres à noyau, & sur tout aux Pêchers quand ils sont pris de la gomme, qui d'ordinaire fait mourir la partie où elle se met, soit les branches, soit la tige, & si malheureusement elle attaque l'endroit de la greffe, qui assez souvent se trouve caché de terre, elle gagne insensiblement tout le tour de cette greffe sans que personne s'en apperçoive : car l'Arbre paroît toûjours en bon estat, pendant qu'il reste encore quelque petit passage à la seve ; mais enfin cette gomme empêchant qu'il ne monte plus aucune seve aux parties superieures de l'Arbre, fait que tel Arbre ainsi affligé meurt subitement, tout de même que si c'étoit une espece d'apoplexie qui l'eût suffoqué.

De plus certains Pêchers sont encore attaquez de fourmis & de puerons verds, qui s'attachent tantost aux jeunes jets, & les empêchent de profiter, tantost aux nouvelles feüilles, & les font premierement toutes recroquevillier, & ensuite secher & tomber ; n'avons-nous pas aussi des roux-vents qui broüissent en de certains Printemps, séchent, & pour ainsi dire brûlent tous les nouveaux jets, en sorte que les Arbres où cette malheureuse influence est tombée paroissent morts, pendant que d'autres du voisinage sont verds, sont garnis de belles feüilles, & continuënt à faire de beaux jets, d'un autre costé les Arbres les plus vigoureux ne sont-ils pas sujets à avoir la pointe de leurs nouveaux jets entierement coupée par un petit insecte noir & rond, qu'on appelle coupe-bourgeon, ou autrement lisete.

Les Figuiers craignent le gros froid de l'Hyver qui est capable de leur geler toute la tête, si on ne les couvre extrêmement : mais ce n'est pas assez de les avoir mis en seureté contre la gelée, ils ont encore à craindre dans la même saison d'Hyver d'avoir le bas de la tige rongé de rats, & & de mulots, ce qui les fait languir, & enfin mourir.

Ces mêmes animaux avec les laires, les perçoreilles, les colimaçons, font d'autres persecutions violentes & fâcheuses pour la principale partie de nos Arbres, c'est à dire pour les fruits qui approchent de maturité, & sur tout pour les Pêches & les Prunes; les Groseilliers n'ont-ils pas de leur côté des ennemis particuliers, qui sont une maniere de petites chenilles vertes qui se forment vers les mois de May & Juin au derriere de leurs feüilles, & les mangent d'une si estrange maniere, que ces petits Arbustes en sont entierement dépoüillez, & leur fruit n'ayant plus aucune couverture qui les puisse garentir des grandes ardeurs du Soleil d'Esté, vient à être avorté sans pouvoir parvenir à maturité.

Je pourrois parcourir les accidens qui arrivent à tout le reste du Jardinage, & y font des desordres infinis, par exemple les Fraiziers dans leur plus vigoureuse jeunesse, sont, pour ainsi dire, traîtreusement attaquez dans leurs racines par ces miserables tons qui les assassinent & les tuënt.

Les Plantes potageres, & sur tout les Laituës, les Chicorées, &c. ont toûjours, ou de ces tons, ou d'autres petits vers rougeâtres qui les rongent au colet, & les font mourir dans le temps qu'elles achevoient d'acquerir leur derniere perfection.

Les Artichaux combien ont ils à souffrir des petites mouches noires qui les attaquent à la fin de l'Esté, & des mulots qui rongent leurs racines l'Hyver.

Les Limaces, tant les longues jaunes, que les longues grises noirâtres, & les petites blanches, qu'on nomme vulgairement des loches, mangent entierement les Laituës & les Chicorées nouvellement plantées, & cela sur tout pendant les temps pluvieux.

L'Oseille est tourmentée dans les grandes chaleurs par de petits pucerons noirs qui percent toutes les feüilles, si bien qu'elles deviennent entierement inutiles.

Il n'est pas jusqu'aux Choux, qui ne soient, pour ainsi dire, deshonnorez par les Cheniles vertes qui percent &

gâtent toutes leurs feüilles ; mais presentement il n'est question que de traiter de ces sortes de maladies qu'on peut guerir en fait d'Arbres fruitiers, & non pas de celles qui sont incurables, non plus que de celles des Plantes potageres, celles-là viennent constamment, ou par le défaut de la terre qui ne fournit pas d'assez bonne nourriture, ou par le défaut de la culture & de la taille mal faite, ou enfin par le défaut de l'Arbre qui n'étoit pas bien conditionné, soit devant que d'être planté, soit en le plantant.

Il s'ensuit donc premierement que la terre peut contribuer à faire nos Arbres malades, ce qui arrive quand elle est naturellement infertile d'elle-même, ou que peut-être elle l'est devenuë à force d'estre usée, ou quand elle est trop seche ou trop humide, ou enfin quand quelque bonne qu'elle soit, elle se trouve en trop petite quantité.

Pour remedier à ces sortes d'inconveniens, je dis que si la terre est infertile, comme il y en a en beaucoup d'endroits où l'on ne voit qu'un sable tout pur, le Maître a tort d'y avoir fait des Plans, il n'en corrigera jamais le défaut par quelque fumier qu'il y mette, il n'y a que le seul expedient d'ôter cette terre, & y en faire porter d'autre qui soit meilleure, heureux ceux qui en peuvent trouver dans le voisinage, en sorte que le transport ne soit pas long, ny la dépense grande ; à l'égard de celle qui est usée, vrai-semblablement il y en a d'autre tout auprés dont on se peut servir, à moins qu'on ne veüille donner à celle-cy des deux & trois ans pour se rétablir par le repos, mais il est fâcheux de perdre un si long-tems; que si on prend le party de faire ce changement de terre, sans vouloir pour cela ôter l'Arbre qui n'est pas trop vieux, il faut en même temps retailler courtes la moitié des racines, se contenter de cela pour une premiere année, & au bout de deux ans on fera la même chose à l'autre moitié de cet Arbre ; rien n'use tant la terre que les racines d'Arbres qui sont long-temps dans un même endroit, ou sur tout les racines d'Arbres voisins, & particulierement de palissades de charme ou d'orme ; il faut de toute necessité que les Fruitiers languissent ou perissent si ce voisinage subsiste.

Que si la terre est séche & legere, le remede pour l'ameliorer eſt de l'humecter, ſoit par de frequens arroſemens, ou par des chûtes d'eaux artificielles, ſoit par ſçavoir profiter des pluyes, en diſpoſant des égoûts qui puiſſent mener les eaux pluviales dans les labours, ainſi que j'ay dit ailleurs dans le Traité des terres.

Si la terre eſt trop humide, il faut élever les endroits où ſont les Arbres, & faire des rigoles plus baſſes, qui reçoivent les eaux, & les ſortent du Jardin par pierrées ou acqueducs, comme j'ay fait au potager de Verſailles.

Si la terre eſt en trop petite quantité, il faut l'augmenter, ſoit du côté des racines, en y foüillant pour oſter le méchant fond, & y remettre quelque choſe de meilleur, ſoit par deſſus la ſuperficie, en la chargeant d'autre terre ; les terres étant ainſi racommodées, ſans doute que les Arbres y deviendront enſuite plus ſains & plus vigoureux.

Si l'Arbre ne paroît malade que parce qu'il jaunit, comme par exemple, les Poiriers ſur Coignaſſiers en certains fonds jauniſſent toûjours, quoique la terre y paroiſſe aſſez bonne ; c'eſt un avertiſſement certain qu'il les faut ôter, pour y en remettre d'autres ſur franc, ceux-cy ſont beaucoup plus vigoureux, & s'accommodent mieux d'un terrein mediocrement bon que ne font pas les autres.

Si les Pêchers ſur Amandiers gomment trop dans des fonds humides, il n'y en faut planter que ſur Prunier ; s'ils ne réüſſiſſent pas ſur Prunier dans les terres ſablonneuſes, il n'y en faut planter que de ceux qui ſont greffez ſur Amandier.

Que ſi d'autre côté l'Arbre paroît trop chargé de branches, en ſorte qu'il n'en faſſe plus que de fort petites, il le faut décharger juſqu'à ce que l'on voye qu'il ſe remet à faire de beaux jets, & que regulierement cette taille ſe faſſe en rabaiſſant les branches trop hautes, ou en ôtant une partie de celles qui font confuſion dans le milieu, & s'attachant de plus à ſuivre les maximes que j'ay établies pour la bonne taille.

Si la maladie vient de ce que l'Arbre étoit mal conditionné devant que de le planter ; que par exemple le pied en fut chancreux, chetif, & à demy mort de pauvreté, ou que même il fût trop foible, il n'y a que du temps à perdre,

dre, si on veut attendre qu'il se rétablisse à la longue, il le faut ôter au plûtôt, & en remettre un meilleur à la place.

Si l'Arbre étoit bon en soy, & qu'on l'ait planté ou trop avant, ou trop haut, ou avec trop de racines, le meilleur expedient est de l'arracher, luy tailler mieux ses racines, & le replanter suivant les regles.

Et un grand remede pour tout cela est d'avoir toûjours quelques douzaines de bons Arbres en manequins, pour en remettre de nouveaux tous venus à la place des infirmes qu'on doit ôter.

Quand les Arbres sont attaquez de quelques chancres, il faut avec la pointe d'un coûteau ôter jusqu'au vif toute la partie maltraitée, & ensuite y appliquer un peu de bouze de Vache avec une envelope de linge par dessus, il s'y fera une maniere de peau qui recouvrira toute la playe, & ainsi tel accident sera gueri.

Si ce sont des chenilles qui fassent tort aux Arbres, il faut avoir soin de les éplucher.

Si ce sont des rats qui attaquent l'écorce, il leur faut tendre des pieges, soit ratieres & souricieres, soit quatre de chifre.

Si on s'apperçoit que la maladie vienne des tons, il faut foüiller le pied de l'Arbre pour les ôter entierement, & y remettre ensuite de la terre neuve, aprés avoir taillé plus courtes les racines rongées.

Parmy les maladies incurables de nos Arbres, je conte premierement la grande vieillesse, quand par exemple un Poirier, ou Prunier a servi pendant les trente, quarante, & cinquante années, il faut conter qu'il a atteint une vieillesse décrepite, & qu'ainsi son temps est fait, & sa carriere parcouruë, il n'y a plus d'esperance de retour, il le faut ôter, sans laisser même aucunes vieilles racines dans la place où il étoit, y rapporter des terres neuves, & y replanter de nouveaux Arbres, si on en veut toujours voir au même endroit.

Je conte en second lieu les tigres, qui s'attachent au derriere des feüilles des Poiriers d'Espalier, & les dessèchent à force de manger toute la matiere verte qui y étoit; il n'y a sorte de lessive de choses fortes, acres, corrosives,

& puantes, comme de ruë, de tabac, de ſel, de vinaigre, &c. dont je ne me ſois ſervi pour laver les feüilles & les branches, j'y ay employé de l'huile par l'avis de quelques curieux, j'y ay fait des fumées de ſouffre par le conſeil d'autres, j'ay brûlé les vieilles feüilles, j'ay ratiſſé l'écorce des branches & de la tige où la ſemence s'attache, tous les jours même j'eſſaye d'imaginer quelque nouvel expedient, & enfin j'avoüe de bonne foy, & à ma grande confuſion, que je n'ay jamais réüſſi à rien; il reſte toûjours en quelqu'endroit quelque ſemence de ce petit inſecte; & quand les mois de May & de Juin ſont venus, cette ſemence éclot par la chaleur du Soleil, & ſe multiplie enſuite à l'infini, & partant de deux choſes l'une, ou il faut oſter entierement les Poiriers d'Eſpalier, ce qui eſt un remede tres-violent, & ſur tout pour les petit-Muſcat, Bergamote, Bon-chrêtien d'hyver, qui ne réüſſiſſent guéres bien hors de là, où il faut ſe conſoler d'y voir ces tigres, ſe contentant ſeulement de faire tous les ans brûler toutes les feüilles, & nettoyer les Arbres autant qu'il eſt poſſible.

Je conte en troiſiéme lieu pour maladie incurable la gomme qui ſe met aux Pêchers & autres fruits à noyau, ſi elle ne paroît qu'à une branche le mal n'eſt pas grand, il n'y a qu'à couper cette branche deux ou trois pouces au deſſous de l'endroit malade, & par ce moyen on empêche que cette maniere de cangréne ne gagne plus loin, comme elle feroit infailliblement; ſi elle eſt, ou dans l'endroit de la greffe, ou à toute la tige, ou à la plûpart des racines, le ſeul & unique expedient qu'on y puiſſe trouver, eſt de n'y plus perdre de temps, & par conſequent d'ôter entierement tel Arbre, & faire au ſurplus ce que j'ay conſeillé pour les changemens de terre & d'Arbres.

La gomme vient quelquefois d'un accident exterieur, par exemple d'une playe qui s'eſt faite par inciſion, par écorchure, & quelquefois elle vient d'une mauvaiſe diſpoſition interieure; au premier cas cette gomme n'eſt autre choſe qu'une ſeve extravaſée qui eſt ſujette à corruption & pourriture du moment qu'elle ceſſe d'eſtre renfermée dans ſes canaux ordinaires, qui ſont l'entre-deux du bois & de l'écorce, pour lors le remede en eſt aiſé,

& ſur tout quand le mal n'eſt qu'à quelque branche ; je l'ay dit dans l'article precedent, ſi le mal eſt à la tige, aſſez ſouvent il ſe guerit de luy-même par un calus ou ſuite d'écorce nouvelle qui ſe fait à la partie bleſſée, quelquefois auſſi il eſt à propos d'y mettre un emplâtre de bouze de Vache, avec une envelope de linge, pour y laiſſer le tout enſemble juſqu'à ce que la cicatrice ſe ſoit fermée ; ſi la gomme vient du dedans, pour lors je la trouve incurable, quand elle eſt à la tige ou aux racines.

TRAITE'
DES GREFFES DES ARBRES, ET DES PEPINIERES.

CHAPITRE XI.

Des Greffes.

Cultus, & in primis ſuccos emendat acerbos, &c. *Ovid. lib. de remedio amoris.*

Sponte ſuâ quæ ſe tollunt in luminis auras, infæcunda quidem, ſed læta & fortia ſurgunt. Quippe ſolo natura ſubeſt. Tamen hæc quoque ſi quis inſerat, &c. *Et paulo poſt.* Exuerint ſilveſtrem animum, &c. *Georg. lib. 2.*

JE ne puis penſer à ce qui s'appelle greffer des Arbres, & à l'avantage qui en revient pour l'embeliſſement de nos Jardins, qu'auſſi-tôt je ne me repreſente comme autant de ſauvageons à greffer, les jeunes gens qui ſont à inſtruire; il ſemble en effet que comme la plûpart des Arbres devant que d'avoir eſté greffez, ne produiſent naturellement que de méchans fruits, auſſi la plûpart de la jeuneſſe devant que d'avoir été inſtruite, ne ſe porte naturellement qu'à de méchantes actions, mais l'éducation venant comme une maniere de bonne greffe à leur inſpirer des ſentimens conformes à la raiſon; elle les diſpoſe, & les accoûtume inſenſiblement à la vertu, en même temps qu'elle les purge, & les dépoüille de leurs mauvaiſes inclinations; ſi bien qu'enſuite éclairez qu'ils ſont des bonnes maximes, on ne leur voit plus rien faire qui ne ſente ſon bien, & qui n'ait l'approbation des ſages; & partant comme l'éducation eſt le chef-d'œuvre de la morale, auſſi ne peut-on diſconvenir, que l'Art de greffer ne ſoit ce que nous avons de plus important dans le Jardinage.

L'Orateur Romain conformement à beaucoup d'autres Sçavans qui s'en étoient expliquez devant luy, s'eſt fait honneur de parler de cette invention en des termes ſi nobles & si éloquens, que toute la posterité en est charmée; en effet il marque agreablement l'estime singuliere qu'il en faisoit, sans que cependant il paroisse nulle part qu'il se soit arresté à louer son ancienneté, voulant apparemment nous donner à juger par ce silence, qu'à peine en sçait-on l'origine, & que sans doute ce n'est qu'au hazard tout pur à qui elle est deuë, aussi est-il vray que nos Livres d'Agriculture ne disent presque rien à cet égard qui soit capable de nous y donner d'agreables & d'utiles lumieres; car par exemple, que me sert-il de croire avec Theophraste, que ce qui a donné la premiere idée de greffer, est d'avoir veu, que du dedans du tronc d'un Arbre creux il en estoit sorti un autre Arbre d'une espece toute differente; cet Auteur, qui pour appuyer son sentiment veut faire valoir une telle avanture, prend plaisir d'en faire l'Histoire tout au long, c'est pourquoy il ajoûte, qu'un oiseau ayant avallé un fruit tout entier, l'avoit ensuite rejetté par hazard dans le creux de ce vieil Arbre, & que les pluyes mêlées avec quelque partie pourrie de cet endroit creux, l'y avoient fait germer & croître, en sorte qu'il estoit devenu un nouvel Arbre de la même espece de celuy d'où ce fruit étoit originairement venu, & qui par consequent étoit entierement different de cet Arbre creux, qui avoit donné naissance & nourriture à cét Arbre nouveau, tout de même que s'il eût germé en pleine terre.

Nec consitiones modo delectant, sed etiam insitiones, quibus nihil invenit Agricultura solertius. *Cic. de senectute.*

Que me sert-il aussi de croire avec Pline, que cette invention de greffer vient plûtôt de ce qu'un Laboureur qui estoit fort bon ménager, voulant conserver sa piece de terre contre le dégât qu'il devoit craindre de dehors, si son champ n'estoit pas bien clos, l'avoit fermé tout autour d'une palissade de perches vertes, & que pour garentir ces perches de pourriture, & par ce moyen les faire durer plus long temps, il s'estoit avisé de coucher en terre tout autour de ce champ des troncs de lierre, en intention de faire enchasser, comme il fit, l'extremité inferieure de ces perches dans le corps de ces troncs, d'où il estoit arrivé, que contre son attente la seve qui estoit dans les parties internes de ces troncs, avoit servi de nourriture à ces perches, tout de même que si ç'eût été un fond de bonne terre, en sorte qu'avec le temps elles y étoient devenuës de grands Arbres.

Or Pline sur cet exemple, & Theophraste sur l'autre, fondent les reflexions qui ont fait, disent-ils, la naissance de l'art de greffer; pour moy bien loin de m'y opposer, je consens volontiers à leurs raisonnemens, & veux fort bien que ce soit ces deux observations, qui ayent donné quelque vûë pour les greffes, & je dis en même temps, que ce sont sans doute les greffes en fente qui ont esté les premieres en pratique, à l'imitation des Perches vertes du Paysan cy-dessus allegué, leur succés a depuis ouvert l'esprit des Jardiniers, pour trouver les autres manieres de greffer, dont nous nous servons fort utilement; ainsi je demeure d'accord, que nous ne sçaurions trop loüer les premiers Auteurs de l'usage des greffes, ny publier assez que nous leur avons l'obligation de la plûpart des plaisirs innocens que donnent les Jardins fruitiers; car il est certain que sans cet admirable expedient nous serions encore tous pauvres en fait de matiere de fruits, & que communément chacun auroit été reduit à se contenter de ceux que son climat ou le hazard, luy auroient fournis bons ou mauvais, c'est l'adresse de greffer toute seule, qui a fait les premiers curieux, la facilité du commerce en a depuis augmenté le nombre à l'infini, en faisant que par un esprit honnête & desinteressé, on se communique volontiers les uns aux autres ce qu'on a de meilleur, veu que principalement de semblables liberalitez ne diminuënt rien du fonds ny de l'abondance des curieux; & dans la verité y a-t-il rien de si beau & de si commode, que de pouvoir premierement par une multiplication aisée, & dont on est le maître, de pouvoir dis-je, s'enrichir soy-même en fait de bons fruits, & de pouvoir en second lieu faire venir des pays lointains, & y envoyer reciproquement & à peu de frais, de quoy divertir les gens du grand monde, aussi-bien que les Solitaires des deserts, & de quoy réveiller la bonne chere des festins, & la delicatesse du gout, aussi-bien que charmer la curiosité des yeux, & l'avidité de l'odorat, mais sur tout, qui est-ce qui ne sçait

Sunt alii, quos ipse viâ sibi reperit usus. *Georg. 2.*

De tous les Arts le plus genereux & le plus honneste est celui de l'Agriculture. *Xenophon.*

pas, combien grande est la satisfaction des honnêtes gens, qui ont pris soin de greffer dans leurs Jardins ; celuy-cy par exemple aura greffé, pour faire changer de nature à quelque sauvageon, cet autre l'aura fait pour multiplier quelques bons fruits en l'un & l'autre cas, combien cet honnête curieux est-il ravi, quand venant à joüir du succés de son industrie, il fait voir l'ouvrage de ses mains, & gouter les fruits qui en sont provenus.

Ut gaudet insitiva decerpens pyra. *Horat. Epod.* 2.

L'histoire des grands hommes qui ont eu ce divertissement en a fait assez de mention, sans que j'en dise rien de plus particulier, je me contenteray seulement d'alleguer, que comme le grand plaisir du celebre Jardinier des Georgiques (que le Poëte ne craint point de faire aller de pair avec celuy des Rois) consistoit en ce que revenant le soir en sa maison il y trouvoit sans rien achepter de quoy se nourrir & regaler avec toute sa famille (personne ne doute que ce ne fut des fruits & des legumes de son Jardin, soûtenus apparemment de quelques profits de sa basse-cour) ainsi le plaisir de nos curieux est de remplir leurs Jardins de toutes sortes de bons Arbres qui ne leur coûtent rien, c'est à dire de leur pepiniere, sans conter l'avantage qu'ils ont d'en pouvoir faire à leurs amis des presens qu'ils estiment infiniment.

Regum æquabat opes animis serâque revertens nocte domum dapibus mensas onerabat inemptis. *Georg.* 2.

Ce qui peut être seroit à souhaiter sur le fait des greffes, est qu'on se fût contenté de profiter de cette belle invention sans l'avoir outrée, & s'être, pour ainsi dire, tourmenté à vouloir faire des monstres de fruits par une infinité d'entreprises aussi bizarres qu'inutiles ; nos Livres en ont assez voulu persuader le succés, mais les gens un peu éclairez n'y ont guéres ajoûté de foy ; il y en a peu sans doute, qui sur le rapport de quelques anciens se soient mis à greffer de la vigne sur des noyers, ou sur des oliviers, dans l'esperance d'y avoir des grappes d'huile, à greffer de nos bons fruits sur des platanes ou des fraisnes, & greffer des Cerisiers sur des Lauriers, des Maronniers sur des Hêtres, des Chesnes sur des Ormes, des Noyers sur des Arboisiers, & tout cela pour faire de nouvelles especes de fruits ; aussi sauf le respect qui est dû à l'autorité des grands hommes, je diray ingenuëment, que

Et steriles platani malos gessere valentes. *Georg.* 2.

Castaneæ Fagus, ornusque incanuit albo flore piry: glandemque sues fregere sub ulmis ! Et paulo superius inserItur vero ex fætu nucis horrida *Et alio loco.* & prunis lapidosa rubescere corna. *Georg. 2.*

toutes leurs tentatives ont esté la plûpart fautives ; il nous doit suffire, que chaque bonne espece de fruits peut heureusemenr être greffée sur des sauvageons, ou autres sujets d'une nature à peu prés semblable à la leur, & nous devons seulement profiter de toutes les visions des curieux qui nous ont precedé, pour ne pas tomber à perdre autant de tems & de peine, qu'ils en ont perdu à faire mille coups d'essay si extraordinaires.

Venerit insitio. Fac ramum ramus adoptet, stetque, peregrinis arbor operta comis! fissaque adoptivas accipit arbor opes. *Ovid. lib. 1. de remedio amoris.*

Presentement pour entrer en matiere, il faut sçavoir, que comme je l'ay déja dit ailleurs, greffer & enter sont deux termes sinonimes usitez seulement dans le Jardinage, ils sont sans doute d'institution purement françoise, & ce qui en fait ainsi juger, est qu'ils n'ont aucun rapport au terme latin *inserere*, qui apparemment les a precedez, & qui signifie la même chose qu'eux, avec cette difference, qu'il la signifie beaucoup plus intelligiblement ; mais cependant pour en donner une notion autant parfaite, que nous pourrons, nous sommes obligez de dire, que ces deux termes signifient tout de même que le terme latin planter une partie de quelque Arbre, dont on fait cas sur quelque endroit d'un autre Arbre, dont l'espece déplaît, cette maniere de planter est fort particuliere, & fait, que comme dit le Prince des Poëtes, la tête de ce dernier Arbre change d'espece en tout, ou en partie selon l'intention du Jardinier, c'est ainsi que d'un Amandier il s'en fait un Pêcher, d'un Coignassier un Poirier, &c. Un autre illustre Poëte du même siecle, quand par occasion il se met à parler de cette matiere de greffes, il dit assez plaisamment, & assez à propos, que c'est une maniere d'adoption introduite parmy les Arbres, par le moyen de laquelle on a facilité de multiplier les bons fruits, en se servant des mêmes souches qui n'en faisoient que de mauvais.

Et sæpè alterius ramos impune videmus vertere in alterius, mutatamque insita mala ferre pyrum. *Georg. 2.*

Or ce changement d'espece, ou cette adoption ne se peuvent faire sans quelques operations, dont les noms sont ce semble tous propres à faire horreur, des têtes à scier, des bras à couper, des corps à fendre, des ligatures, & des emplâtres à mettre, des incisions à faire, &c. L'explication de ce qui regarde cette matiere de gréfes de-

* Inutilesque falce ramos amputans fæ-

velopera

velopera nettement ce qui paroît icy de mysterieux.

Il faut donc sçavoir premierement, qu'on ne greffe pas tout le long de l'année, & que ce n'est seulement que dans de certains mois; en second lieu, qu'à l'égard des Arbres sur qui on greffe, il faut indispensablement couper & ôter beaucoup, c'est quelquefois sur le champ, & quelquefois cinq ou six mois aprés seulement, qu'on leur ôte une bonne partie, soit de leur tige, soit de leurs branches, sans pour cela toucher en façon du monde à ce qui s'appelle le pied de l'Arbre: ce pied ignorant, pour ainsi dire, le traitement qu'on vient de faire à sa partie superieure, & subsistant toûjours, c'est à dire continuant d'agir en terre à son ordinaire, quoy qu'il n'ait plus à nourrir, ny la tige, ny les branches qu'il avoit originairement produites, & qui étoient ses veritables enfans, ce pied, dis-je, obeïssant à l'industrie du Jardinier, se charge d'allonger, grossir, multiplier, & faire fructifier, soit les simples yeux, soit les branches étrangeres qu'on a substituées toutes petites sur sa tige, ou sur ses branches, & ce sont ces branches nouvelles, qui dans la suite occupans la place des retranchées, deviennent les enfans adoptifs de ce pied, & prennent avec luy une liaison si étroite & si parfaite, qu'elles paroissent entierement ses enfans legitimes; d'où il arrive que sa fonction n'est autre d'orénavant que de servir, pour ainsi dire, de mere nourrice à ces nouveaux nourrissons.

liciores inserit. *Horat. Epod.*

Tamen hæc quoque si quis inserat, &c. Cultuque frequenti in quascunque voces arres, haud tarda sequentur. *Georg.* 2.

Pour bien entendre cette description des greffes, qui paroît encore obscure & enigmatique, il est question de marquer premierement les differentes sortes de greffes, qui sont en usage; en second lieu, les temps propres à les faire, & enfin les manieres de les bien faire: il y a de grandes differences aux uns & aux autres, nous ajoûterons ensuite, quels sont les sujets qui ont disposition naturelle à recevoir certaines sortes d'especes de fruits, & ne sçauroient s'accommoder d'autres.

CHAPITRE XII.

Des sortes de Greffes qui sont en usage.

LEs sortes de greffes dont on se sert le plus ordinairement sont les greffes en flûte, les greffes à œil dormant, les greffes à la pousse, les greffes en fente ou en poupée & en couronne, les greffes entre le bois & l'écorce, les greffes à emporte-piece, &c.

Les greffes en flute sont pour les Maronniers, Chataigniers, Figuiers, &c.

Les Greffes à œil dormant, & à la pousse, sont pour toute sorte de fruits, tant à pepin qu'à noyau, & même on s'en sert quelquefois en d'autres Arbres, qui ne sont pas fruitiers.

Les greffes en fente ou en poupée, sont pareillement pour toute sorte de bons Fruitiers, & même pour d'autres grands Arbres, pourveu que les uns & les autres ayent au moins trois à quatre pouces de tour à l'endroit où se doit faire la greffe en fente : les fruits à noyau, & sur tout les Pêches réüssissent moins regulierement en fente, que les fruits à pepin : quoique les curieux de certaines Provinces de Guyenne assurent du contraire.

Les greffes entre le bois & l'écorce, & à emporte-piece sont particulierement pour les grosses branches, ou pour les grosses tiges des fruits à pepin étronçonnées, & ne valent rien pour les fruits à noyau, ny generalement pour toutes les branches, ou tiges qui sont de mediocre grosseur, & par consequent trop foibles pour serrer suffisamment leurs greffes.

CHAPITRE XIII.

Des temps propres à greffer.

LEs temps propres pour greffer, sont premierement le commencement de May, dans lequel la seve étant montée dans les Arbres, & sur tout dans les branches de l'année precedente, sans que les yeux ayent encore poussé, l'écorce s'en détache assez aisément, jusqu'à se laisser entierement dépoüiller, comme il est necessaire pour cette sorte de greffes dont est question : or ce mois de May n'est que pour la greffe en flute, qui, comme nous avons dit, ne sert que pour les Chataigniers, Maronniers, Figuiers, &c.

En second lieu, la my-Juin est propre pour la greffe d'Ecusson à la pousse, de laquelle on ne se doit servir qu'en fait de certains fruits à noyau, par exemple pour des Cerisiers ; Griotiers, Bigarrotiers sur Meriziers, pour des Pêchers sur vieux Amandiers, &c.

En troisiéme lieu, les mois de Juillet & d'Aoust pour greffer à œil dormant les Arbres, qui soit, par le peu de vigueur de leur pied, soit par la raison des chaleurs & sécheresses excessives qu'on a quelquefois en ce temps-là, paroissent diminuër notablement, ou entierement de seve, car il faut sçavoir que la greffe à œil dormant ne demande que peu de seve, particulierement de la part du sujet, sur lequel aprés y avoir fait l'incision necessaire il faut appliquer l'Ecusson, la trop grande quantité de seve de ce sujet est pernicieuse pour cet Ecusson appliqué, en ce que d'ordinaire il y est noyé de la gomme, au lieu qu'il ne doit simplement que s'y coler, sans que pendant le reste de l'année il y trouve rien qui soit capable de le faire pousser ; il n'a besoin que d'un tres-mediocre secours pour éviter la mort en attendant une maniere de resurrection vigoureuse, que le retour du Printemps luy promet au sortir de sa létargie ; à l'égard du rameau sur lequel on doit prendre l'Ecusson, il n'y sçauroit guéres trop avoir de seve, pourvû que l'écorce soit assez aoustée, c'est à dire assez bien nourrie pour se détacher aisément du bois qu'elle couvre, & emporter avec elle le germe interieur, qui fait la principale piece de cet Ecusson ; les sujets ordinaires sur lesquels on greffe pendant ces deux mois, sont les Pruniers pour des Prunes, ou pour des Pêches, les jeunes Amandiers plantez en méchante terre pour des Pêches, les Coignassiers pour des Poires, l'Epine-blanche pour des Azeroles, les Pommiers de Paradis, & les Sauvageons de

Pommiers pour les pommes, &c.

Le mois de Septembre est propre pour greffer en œil dormant des Pêchers, soit sur d'autres Pêchers bien vigoureux, soit sur de jeunes Amandiers de l'année plantez en bon fonds, les uns & les autres ont le don de conserver bien avant dans la saison une grande abondance de seve, & il n'y fait bon greffer, que quand cette seve est sur son declin.

On pourroit greffer en fente pendant Novembre, Decembre, & Janvier, mais il n'y a nulle avance à le faire, & au contraire il y a fort à craindre, que les greffes n'y séchent & n'y perissent entierement, parce que pendant ces trois mois elles ne reçoivent aucun secours d'un pied, qu'on peut dire à cause du froid perclus de toutes les fonctions vegetatives.

Tout le mois de Février, & même une bonne partie de Mars sont admirables pour les greffes en fente, & pour les greffes à emporte-piece, mais cela s'entend, quand à cause de la durée du froid d'Hyver, les années sont peu avancées, & que par consequent les Arbres ne sont pas encore entrez en seve, c'est à dire que l'écorce ne se détache pas du bois, car du moment qu'elle se détache, tels Arbres ne se peuvent plus de l'année greffer en fente: c'est donc pour ce temps-là particulierement, qu'il faut de bonne heure faire provision de greffes, de Poires, Pommes, Prunes, &c. & sur tout quand on en veut faire venir des Pays éloignez.

La fin de Mars pendant les Printemps doux & tendres, c'est à dire les Printemps, qui au lieu d'être accompagnez de neiges & de frimats, comme ils ont accoûtumé, sont chauds & humides, & particulierement la premiere quinzaine d'Avril donnent de grandes facilitez pour les greffes qui se font entre le bois & l'écorce, parce qu'il faut que la seve soit assés montée dans ces souches étronçonnées, pour pouvoir avec de petits coins de bois bien dur, comme peut être le bouys, l'ébene, &c. separer l'écorce d'avec le bois, & faciliter par ce moyen l'entrée des greffes qu'on a taillées exprés pour cela.

Le mois d'Avril n'est commode que pour greffer en

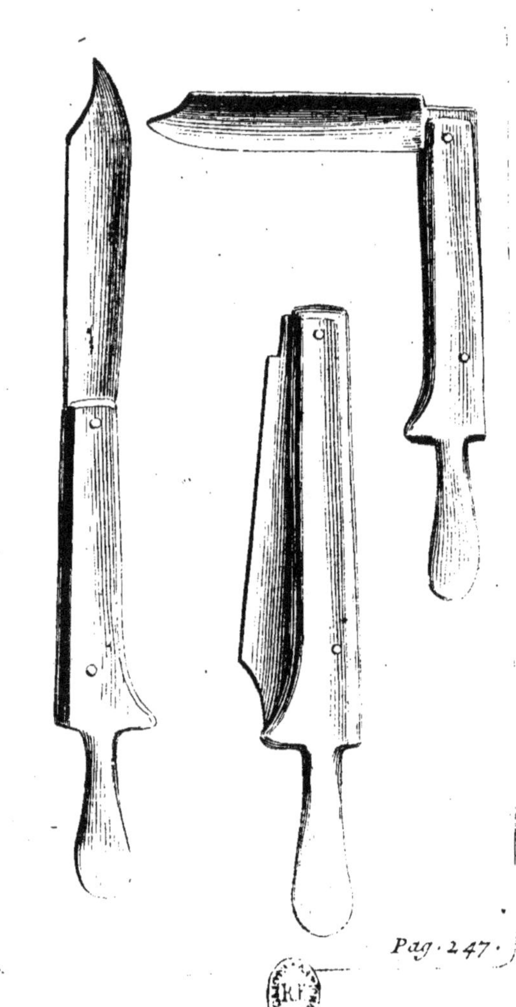

Pag. 247.

fente toute sorte de Pommiers, attendu que cette espece d'Arbres est plus difficile à s'émouvoir, & à se mettre en seve, que ne sont pas tous les autres Fruitiers, & comme j'ay déja dit cy-devant, il ne faut faire aucune greffe en fente que peu de temps devant que les Arbres commencent à fleurir & à pousser; ce même mois d'Avril est encore commode pour greffer la Vigne qu'on ne peut greffer qu'en fente & sur des souches couvertes de terre.

CHAPITRE XIV.

Des manieres de bien faire chaque sorte de Greffe.

APrés avoir expliqué les differentes greffes qui sont presentement en usage, & les differens mois de l'année qui sont destinez pour chacune d'elles, il reste maintenant à expliquer les manieres de les bien faire, & comme le greffoir est un instrument necessaire pour greffer, je commence par en faire la description.

Nec modus inserere, atque oculos imponere simplex, &c. *Georg. 2.*

Le Greffoir donc est un petit coûteau d'environ deux pouces de lame, ayant le manche assez menu, & d'environ un bon pouce plus long que la lame, ny que les coûteaux ordinaires, le surplus du manche est aplati par l'extremité, & arrondi par les bords de cette extremité, pour servir à détacher aisément la peau des Sauvageons, sur lesquels on doit appliquer les écussons; de ces Greffoirs les plus commodes sont ceux qui se plient comme les serpetes, & comme les petits coûteaux ordinaires de poche, & qui sont faits de cette sorte.

Or puisqu'en faisant l'ordre des greffes j'ay commencé par celle qui se fait la premiere dans la plus belle saison de l'année, c'est à sçavoir par la greffe en flûte, je crois qu'il faut aussi commencer ce Chapitre par la maniere de la bien faire; & partant je dis que pour y réüssir il faut premierement que le rameau dont on veut greffer, & qu'on doit avoir en main devant que de rien commencer pour mieux faire les comparaisons necessaires, qui se font du rameau avec la branche à greffer, & se font avec du fil, du jonc, du ruban, &c. il faut, dis-je, que ce rameau se trouve entierement de la grosseur de la branche, sur laquelle on doit greffer ; car s'il est plus gros, ou plus menu, la greffe ne reüssira pas. Ensuite il faut marquer sur ce rameau un bel endroit où il paroisse deux bons yeux, qui regulierement sont, l'un d'un côté, & l'autre de l'autre, & avec le greffoir, ou autre outil bien tranchant il faut couper jusqu'au bois circulairement, tant par haut que par bas l'écorce de la piece qui est à enlever pour la greffe ; il faut ôter à ce rameau toute l'écorce qui est à sa partie plus menuë, pour faire aisément sortir par là cette piece qui doit être enlevée aprés qu'en l'agitant, & la tordant doucement avec le pouce on l'aura déprise, & détachée de sôn bois ; hors devant que de l'enlever de sa place, il faut racourcir jusqu'à quatre ou cinq pouces de long la branche qui doit être greffée, & sans blesser le bois le dépoüiller entierement dans un endroit bien sain & bien uni jusqu'à la partie la plus basse où doit venir la greffe pour l'occuper si juste, qu'elle y paroisse plûtôt venuë naturellement, que par aucun artifice, & aussi-tôt pour ne pas laisser dessécher une petite humidité qui est autour de cet endroit dépoüillé, & qui est la seve nouvellement montée, on acheve de faire sortir de sa place la piece destinée à greffer, & aussi-tôt avec toute la diligence, & toute l'adresse possible on la fait entrer dans la branche dépoüillée jusqu'à l'endroit où elle doit demeurer, & enfin pour empêcher que l'air des pluyes ne puisse penetrer dans l'entre-deux du bois de la branche greffée, & de l'écorce nouvellement appliquée ; on entame dans le bois de la branche tout autour de l'extremité superieure de cette greffe de petits copeaux sans les détacher, & on les fait retomber en maniere de fraise, ou de bourlet sur l'extremité de cette écorce pour la couvrir, & la défendre des injures de l'air.

Huc alienâ ex Arbore germen includunt, udoque docent inolescere libro. *Georg.* 2.

Les greffes à la pousse, & les greffes à œil dormant ne different en rien l'une de l'autre que par les temps de les faire, comme il a esté dit cy-dessus ; du reste elles se font toutes deux d'une seule & unique maniere ; la premiere chose qui est à faire pour cela, est que sur les Arres dont on veut greffer, il faut prendre des rameaux de l'année bien aouftez , & où il paroiffe auffi de bons yeux bien aouftez, & ce font ceux qui ont été les premiers formez depuis le Printemps, les derniers formez font trop tendres pour réüffir tout auffi-tôt que ces rameaux font coupez, il en faut ôter les feüilles jufqu'auprés de l'endroit où elles tiennent à leur queuë, & par ce moyen les yeux ne fe fanent pas fi-toft; on peut conferver les rameaux jufqu'à trois & quatre jours, pourvû qu'ils ayent le gros bout dans quelque matiere humide, foit eau, foit glaife, foit fruits, & qu'avec cela ils ne foient longs que d'environ un bon demi pied; ainfi on peut fort bien couper en differens morceaux un rameau qui a deux pieds de long; avec ces deux précautions on envoye feurement à trente & quarante lieuës loin des rameaux fraichement coupez fur l'Arbre (*nota*, que fi ce font des rameaux de Pêchers il n'y faut guéres enlever d'Ecuffons, à moins que les yeux n'en foient doubles ou triples, c'eft à dire à moins qu'il n'y paroiffe un commencement de branches à venir, qui foit accompagnée de fes feüilles, & qui ait à droit & à gauche deux commencemens de boutons à fruit, ou d'autres branches à venir.) Pour tous les autres fruits, Poiriers, Pommiers, Pruniers, &c. un œil fimple fert-auffi bien que les yeux doubles & triples, &c.

Quand on eft fur le point de faire la greffe, on choifit fur la branche, ou fur le corps de la tige qui font à greffer, on y choifit, dis-je un endroit bien uni, cet endroit fe rencontre d'ordinaire dans l'intervale qui fepare un œil inferieur d'avec un autre qui eft immediatement au deffus, c'eft là qu'on fait deux incifions qui reprefentent un grand T Romain' c'eft à dire que la plus haute incifion eft Orientale, & la feconde commençant prés du milieu de la premiere fente defcend de haut en bas, jufqu'à ce qu'elle foit de la longueur d'environ un pouce, ou un pouce & demy; ces deux incifions fe peuvent faire devant que d'avoir enlevé l'Ecuffon qui eft à appliquer, pourvû qu'on ne déprenne la peau du Sauvageon qu'aprés avoir enlevé l'Ecuffon; car il eft neceffaire que l'Ecuffon venant à eftre appliqué, trouve un peu humide la place du Sauvageon, cette humidité provenant de la feve qui le doit coler avec ce Sauvageon ; autrement si la place est séche, la greffe y perit, c'est-pourquoy le plus seur est de commencer à enlever l'Ecusson devant que d'inciser le Sauvageon, or pour enlever cet Ecusson, & particulierement à l'égard des Pêches, on fait sur le rameau à l'endroit où il paroît un bon œil, une incision semblable à la figure A. qui est à peu

prés la figure d'un écusson d'armes de noblesse, d'où le Jardinage a emprunté ce terme d'Ecusson, & ensuite en appuyant un peu fortement du pouce sur les côtez de cette incision vers la partie voisine de l'œil, qui est contenu dans l'enceinte de l'incision, on le détache assez aisément du rameau, cela s'entend quand la seve y est abondante, car si cela n'est pas, fût-ce même en fait de Pêches, il faut enlever l'Ecusson avec un peu de bois, ce qui se fait en coulant le Greffoir au dessous de l'écorce depuis la tête de l'Ecusson jusqu'à la pointe, & mordant un peu dans le bois, sur tout à l'endroit de l'œil, &c.

A l'égard des Ecussons des fruits à pepin on ne sçauroit guéres les enlever d'une autre façon qu'avec un peu de bois, quand l'Ecusson est détaché de son rameau, on regrrde aussi-tôt si le germe interieur, qui est le canal par où se communique la seve pour la nourriture de l'œil, & pour la production d'une nouvelle branche, est resté comme il le faut absolument attaché à l'Ecusson enlevé, & cela étant on met à sa bouche cet Ecusson en le tenant seulement avec les levres par la queuë des feüilles qu'on luy a laissé, la salive pourroit luy faire tort, & cependant avec le bout applati du manche du greffoir on déprend petit à petit, & adroitement sans rien déchirer la peau des deux côtez longs de l'incision, prenant soin que l'incision vers la pointe soit un peu plus longue que l'Ecusson enlevé, & aussi-tôt reprenant

nant de la bouche cet Ecusson, & presentant la partie pointuë par aprés de l'incision Orisontale, on le fait descendre en coulant tout du long de l'incision, en sorte qu'il y entre tout entier, & que sur tout il occupe pleinement toute la place dépoüillée à la tête de l'incision, & qu'enfin les côtez de l'écorce qui sont détachez, viennent ensuite à couvrir tout l'Ecusson hors l'œil; cela fait on prend de la grosse filasse plate avec laquelle on lie doucement & proprement ensemble l'Ecusson, l'écorce détachée & la branche, afin de les faire mieux joindre l'un avec l'autre; & c'est là que finit le mystere des Ecussons, avec cette difference seulement, que si c'est une greffe d'Ecusson à la pousse, on racourcit sur le champ la branche, ou la tige qu'on a greffée jusqu'à deux ou trois pouces prés de l'Ecusson, afin que la seve étant empêchée de monter plus haut (comme naturellement elle y monteroit) elle soit forcée d'entrer dans cet Ecusson, & le faire pousser peu de temps aprés; les Meriziers greffez de cette façon-là réüssissent regulierement mieux qu'aucuns autres Fruitiers, & sur tout mieux que les Pêchers qu'on greffe à la pouce, soit sur d'autres Pêchers, soit sur de vieux Amandiers; car ils sont fort sujets à y perir de la gomme, & cela par une trop grande abondance de seve, qui étant en Esté dans les Arbres qu'on greffe, & ne pouvant assez trouver d'issuë par l'ouverture de l'œil de cet Ecusson sort par l'incision, s'y congele comme du sang hors des veines, & y détruit entierement cet Ecusson; & si c'est une greffe à œil dormant, on ne racourcit point sur le champ, ny la branche greffée, ny la tige greffée, on attend au mois de Mars suivant, qui est le temps que le renouveau fait monter la seve dans les Arbres, & c'est pour lors que se doit faire ce racourcissement semblable à celuy qui a été remarqué pour la greffe à la pousse, & cela par la même raison pour l'un que pour l'autre, bien entendu que devant ce temps-là, c'est à dire pendant l'Hyver il faut avoir proprement coupé la filasse qui lioit l'Ecusson, sans blesser autant que faire se peut, l'écorce couverte par cette filasse; car si on manque à couper ce lien, toute la partie liée, & ce qui est au dessus d'elle sont sujets à perir faute d'y avoir eu un paſſage ſuffiſant à la ſeve qui vouloit monter à l'extremité de la branche, & par ce moyen toute la peine priſe pour greffer eſt devenuë inutile, pendant que la partie qui eſt au deſſous de la greffe ſe met à pouſſer une infinité de jets ſauvages qui ne ſervent de rien.

Aut rurſum enodes trunci reſecantur, & altè finditur in ſolidum cuneis viâ: deinde feraces plantæ immittuntur; nec longum tempus, & ingens exiit ad cælum ramis fœlicibus arbos. *Georg.* 2.

La deſcription de la greffe en fente, que nous avons dans les Georgiques toute admirable qu'elle eſt, le ſeroit beaucoup davantage ſi elle étoit plus complete, mieux circonſtanciée, & plus inſtructive; elle dit ſeulement que pour faire cette greffe, on coupe la tête aux Arbres dans l'endroit où la tige eſt la moins rabouteuſe, c'eſt à dire la plus unie, qu'on fend cette tige aſſez avant avec des coins; & qu'enfin dans les fentes qu'on y a faites, on y fait entrer des rameaux d'autres meilleurs fruits, qui au bout de quelque temps viennent à faire de grands beaux Arbres.

La lecture de cette deſcription ne me paroît point ſuffiſante pour apprendre à un nouveau curieux l'Art de greffer de la maniere dont il eſt icy queſtion, elle manque en beaucoup d'articles, & premierement en ce qu'elle n'établit point, que nonſeulement on peut greffer ſur de groſſes tiges étronçonnées, mais qu'on le peut faire auſſi ſur pluſieurs branches d'Arbres, ſoit nains, ſoit de tige, même ſur des pied, de deux & trois pouces de tour, attendu que les uns & les autres peuvent ſouffrir la fente, & ſerrer ſuffiſamment la greffe.

Elle manque en ſecond lieu, en ce qu'elle ne dit point le temps propre pour cette ſorte de greffe, nous l'avons dit cy-deſſus.

Elle manque en troiſiéme lieu, en ce qu'elle ne fixe point quelle longueur doivent avoir les rameaux qu'on employe, nous la reglons d'ordinaire de deux ou trois pouces de long, ou plutôt nous la reglons ſur le nombre de trois bons yeux au moins que la greffe doit avoir.

Elle manque en quatriéme lieu, en ce qu'elle n'apprend ny à bien tailler les greffes, ny à les placer ſi juſte dans les ſeuls endroits qu'il leur faut, que la ſeve du pied y puiſſe ſeurement entrer, pour ce qui eſt de la taille de ces greffes, il faut pour la bien faire, qu'avec une ſerpette bien tranchante le gros bout ſoit coupé des deux côtez en forme de coin & de la longueur d'un bon demi-pouce, que des deux côtez qui bordent cette figure de coin, on y ait conſervé de l'écorce bien adherante au bois, que le côté qui doit ſe trouver en dehors ſoit un peu plus large & plus épais que l'autre qui eſt en dedans, & que preciſément au haut de cette écorce conſervée pour le dehors il y ait un bon œil qui ſoit auſſi haut que le bord de la tige étronçonnée, & que le haut de la fente; & pour ce qui eſt de bien placer ces greffes, il faut que le dedans de chacune de ces écorces, tant du ſauvageon que de la greffe s'affleure, & répond ſi bien l'un à l'autre, que la ſeve venant du pied, trouve autant de facilité à entrer dans l'entre-deux du bois & de l'écorce de la greffe, que dans l'entre-deux du bois, & de l'écorce de la tige, ou des branches greffées.

La deſcription manque en cinquiéme lieu d'avertir, que ſi la fente ne s'eſt pas faite bien nettement, comme il arrive aſſez ſouvent, on doit avec la ſerpete l'approprier, en ôtant ce qui pourroit empêcher la greffe d'entrer librement, & même ſi on a lieu de juger qu'il y ait à craindre que la greffe pour être un peu trop menuë à proportion de la tige doive être trop ſerrée, il eſt neceſſaire d'ôter proprement, & bien uniment un peu de bois des deux cotez de la fente, ce bois s'ôte avec la pointe de la ſerpette bien tranchante, en prenant de bas en haut, & faiſant tout cela ſi juſte, & ſi conforme à la figure de la branche qu'on a taillée pour la greffe en fente, qu'aprés avoir poſé cette greffe il n'y ait point de jour entr'elle & les côtez de la fente; & que cependant cette greffe tienne ſi bien, qu'il ne ſoit pas aiſé de l'ébranler,

La deſcription manque en ſixiéme lieu, en ce qu'elle ne dit pas combien de greffes on peut appliquer ſur un même ſujet, & comment le deſſus de la tige coupé doit être preparé; les groſſes tiges, ou branches qu'on veut greffer en fente, doivent être par deſſus unies & égales de tous les côtez, en ſorte que la tête ſoit orizontale pour y mettre pluſieurs greffes ſi elles s'y peuvent ranger, & que le ſujet le requiere, les menuës tiges, ou branches qui ne peuvent recevoir qu'une greffe, n'auront qu'une partie de la tête unie; ſi c'eſt celle où ſera la greffe, le reſte ſera coupé en pied de biche.

La deſcription manque enfin en ce qu'elle n'explique pas comment il faut empêcher que les injures de l'air, ſoit les pluyes, ſoit les chaleurs & la ſécheresſe ne portent préjudice aux Arbres greffez par l'ouverture des fentes, ſur quoy il faut ſçavoir que toutes les greffes en fente doivent être emmaillottées, ſoit avec de la ſimple bauge nouvellement faite, c'eſt à dire de la terre glaiſe mêlée d'un peu de foin, ſoit avec de la gomme preparée à cet effet, & qui eſt compoſée de poix noire, graſſe, fonduë dans un pot de fer, ou de terre avec un peu de cire jaune; il faut par le moyen d'un réchaud portatif tenir chaude & liquide cette gomme, pour l'appliquer avec une maniere d'eſpatule de bois, bien entendu, que devant que de mettre icy la bauge ny la gomme, il faut avoir couvert toutes les fentes avec quelque écorce, que ſur le champ on aura détaché de quelque branche de l'Arbre greffé; on en met communément en croix aux groſſes tiges, ou branches greffées, pour tenir les fentes entierement couvertes, en ſorte que rien n'y puiſſe entrer; & comme par deſſus la bauge, ou terre glaiſe on y met d'ordinaire un linge qui l'envelope, & la maintient ſur la tête greffée, & que cela peut avoir quelque raport aux poupées des enfans; de là vient qu'on donne aſſez ſouvent le nom de poupée à la greffe en fente: *nota*, que ſi le pied ne paroît pas ſerrer ſuffiſamment la greffe, il eſt à propos de le ſerrer avec un ozier, en ſorte que la greffe y ſoit bien aſſeurée.

Je finis ce qui regarde les greffes en fente, aprés avoir dit ſur le fait des coins ce que j'en puis dire, qui eſt, que devant que d'en venir à s'en ſervir pour ouvrir la fente, il faut que ſi c'eſt une groſſe ſouche, on ait commencé cette fente avec le tranchant d'un aſſez gros coûteau, qu'on ait appliqué ſur toute la largeur du tronc, ou de la branche, & ſur lequel on ait donné quelque coup de marteau, pour faire entrer ce tranchant un peu avant dans le bois, & marquer par ce moyen la fente dont eſt queſtion; les ſujets de mediocre groſſeur ſe fendent aſſez aiſément avec le ſimple tranchant du coûteau, ſans qu'il ſoit beſoin de coups de marteau.

Or les coins pour être commodes doivent être faits sur le modele de la figure icy marquée ; une des parties crochuës étant plus grosse & plus longue, & plus forte que l'autre, & celle-là doit servir aux grosses tiges, & l'autre étant plus courte, plus mince, & plus foible, pour servir aux petites ; pour se mettre donc à employer ces coins, on presente dans le milieu de la fente commencée celuy des deux, qui paroît le plus proportionné à la grosseur du sujet qui est à greffer ; & si pour avoir l'ouverture necessaire, on ne peut enfoncer assez ce coin, sans y donner quelque coup de marteau, on luy en donnera ; enfin la fente étant à peu prés assez ouverte, pour y faire entrer les greffes, on n'a qu'à baisser ou hausser de la main gauche la queuë de l'Outil qui sert de coin ; & cependant de la main droite presenter les greffes taillées à l'endroit où elles doivent demeurer, & ainsi on acheve d'ouvrir s'il en est besoin, ou bien on reserre la fente, quand la greffe ou les greffes sont placées comme elles le doivent être : il n'est pas necessaire de dire, qu'une seule fente sert pour placer deux greffes à l'opposite l'une de l'autre, & si on en peut placer encore deux, on fait sur la tige une seconde fente en croix toute semblable à la premiere ; & au surplus on fait la même chose qu'on a faite aux deux premieres greffes.

On appelle quelquefois greffer en couronne, quand on met quatre greffes en fente sur une tige qui est assez grosse pour les recevoir commodement ; mais plus particulierement la greffe ou couronne se dit, quand sur de fort gros sujets étronçonnez on met un plus grand nombre de greffes entre le bois & l'écorce, par exemple 6. 7. 8. cette sorte de greffes, donc, non plus que celle qu'on appelle à emporte-piece, ne se peuvent faire que sur des tiges, qui excedent trois à quatre pouces de diametre, & qu'il n'est pas possible de fendre; mais tant des unes que des autres il s'en fait assez rarement, parce que le succés en est fort incertain, & la peine de les faire assez grande; on prend pour cela des rameaux d'un bon demy pouce de tour, ayans dans leur longueur quatre ou cinq bons yeux, on les taille en pied de biche par le plus gros bout, en sorte que l'entaille ait prés d'un pouce de longueur, & que le haut de cette entaille soit coupé jusqu'auprés de la moële du rameau, pour aller finir presque à rien par le bas; & comme il faut que la seve qui commence à venir du pied, passe entre le bois & l'écorce de la greffe, il faut que ces côtez entaillez se mettent du côté de l'écorce de la tige étronçonnée, & par ce moyen la greffe devra prendre nourriture: mais devant que de placer ces greffes, il faut qu'avec un petit cizeau de Menuisier ont ait enlevé un peu de bois de la tige aux endroits où elles se doivent mettre, & qu'avec un coin de bois bien dur on ait détaché l'écorce, moyennant quelques coups de marteaux donnez à propos sur le coin, sans que l'écorce en soit endommagée; les greffes étans appliquées, on fait les mêmes choses que nous avons dit se devoir faire, pour défendre les greffes en fente des injures de l'air.

Pour ce qui est des greffes à emporte-piece, il faut faire des entailles dans l'écorce & dans le bois des tiges étronçonnées, prendre des rameaux, qui ayent à peu prés un pouce de tour, tailler les greffes de la même maniere qu'on fait pour la fente, & proportionner si bien le rameau taillé avec l'entaille de la tige, que ce rameau y entre avec un peu de peine, que les dedans des écorces se rencontrent bien les uns avec les autres, & qu'il ne paroisse aucun jour entre les côtez de la greffe, & les côtez entaillez de la tige; cela fait, on prend un ou deux gros bons osiers pour lier le plus ferme qu'on peut le tour de la tête greffée, en sorte que les greffes n'en puissent pas être aisément ébranlées, on fait au surplus pour garentir la tête des injures de l'air, ce que nous avons dit pour les greffes en fente, en couronne, &c.

Les Auteurs, & particulierement les anciens qui ont traité des greffes, ont tous parlé d'une inoculation, comme d'une sorte de greffe toute singuliere, disant que l'inoculation se fait en appliquant l'Ecusson, de maniere que son œil soit justement sur la place, où il y avoit un autre œil devant qu'on eût fait l'incision, & ils pretendoient que c'étoit la meilleure maniere d'écussonner; je crois même que leur pensée étoit, que la seve du pied greffé ne pouvoit entrer dans l'œil de l'Ecusson appliqué, à moins qu'elle n'y fût determinée par la figure interieure, qui reste sur le bois dépoüillé quand on en a ôté l'œil; à quoy je répons premierement, que l'experience journaliere de tous les Jardiniers dément assez cette opinion, sans que je dise rien de plus; en second lieu je répons, que non seulement il n'y a nul avantage dans cette inoculation, mais que de plus elle est presque impossible, & la raison en est palpable, en ce que pour faire que l'Ecusson réüniffe, il faut qu'il soit entierement colé sur l'endroit où il est appliqué, & par consequent il faut que cet endroit soit aussi uni que l'Ecusson: or cela n'est point, quand on applique une Ecusson sur un œil, qui est une partie éminente, & fait une maniere de bosse contraire à ce qui doit être plein & uni; j'ay plusieurs fois essayé de faire de ces inoculations, & j'ay toujours perdu mon temps & ma peine.

Nam quæ se medio trudunt de cortice gemmæ, & tenues rumpunt tunicas; angustus in ipso fit nodo sinus: hûc aliena ex arbore germen includunt, udoque docent inolescere libro. *Georg.* 2.

CHAPITRE XIII.

Quels sont les sujets, qui ont disposition naturelle à recevoir les especes de fruits chacune en son particulier, & n'en peuvent recevoir d'autres.

LEs fruits dont il est question sur le fait des greffes, se reduisent à ce que nous connoissons sous les noms de Poires, Pommes, Prunes, Pêches, Cerises, Figues, Azeroles, Pommes de coin, Raisins, Amandes douces: on y pourroit même ajoûter des Nêfles, quoy que peu d'honnêtes gens en ſoient curieux ; à l'égard des Oranges, Citrons & Grenades, j'en ay aſſez amplement écrit dans le traité des Orangers ; les Groſeilles, Framboiſes, Melons, Fraiſes, Avelines ne ſont point de cette categorie des fruits où la graiſſe puiſſe être de quelque utilité : les Poiriers ſe greffent heureuſement ſur les ſauvageons de Poiriers venus de ſouches dans les Bois & dans les Foreſts, & ce ſont les meilleurs fruits pour greffer, ſur tout en fente les Arbres nains, ils ne ſont pas propres pour être greffés en Ecuſſon, leur écorce eſt trop épaiſſe pour cela ; ces ſauvageons ſont bons auſſi pour les Arbres de tige greffez en fente. Les ſauvageons venus de pepin en pepiniere, & les rejettons qui ſortent de racines de vieux pieds de Poiriers dans les vergers ſont encore bons pour greffer des Poiriers, ſoit en Ecuſſon quand ils ſont fort jeunes, ſoit en fente quand ils ſont devenus gros ; mais ils ſont beaucoup meilleurs pour les Arbres de tige que pour les Arbres nains : les uns & les autres ſont trop vigoureux pour demeurer bas, & aſſujettis à la dureté de la taille.

Les Coignaſſiers, ſur tout ceux qui ſont bien ſains, qui ſont de grandes feüilles & de beaux jets, & ont l'écorce liſſé & noirâtre (on les appelle femelles, comme on appelle mâles ceux qui paroiſſent ridez & retirez ; pour moy je n'admets point en cela cette difference de noms, c'eſt un fait de vegetation, où je ne diſtingue que par le plus ou le moins de vigueur en chaque pied) ces ſortes de bons Coignaſſiers dis-je, réüſſiſſent auſſi merveilleuſement bien pour y greffer en Ecuſſon la plûpart des Poiriers qu'on veut tenir en Eſpalier ou en Buiſſon : ils vont même quelquefois juſqu'à devenir Arbres de tige, pourvû qu'on les plante le long des murs, autrement ils ſont ſujets à ſe décoler, c'eſt à dire ſe ſeparer net à l'endroit de la greffe par les grands orages de vents ; la fente n'eſt preſque jamais propre pour ces ſortes de ſujets, à moins que les Coignaſſiers ne ſoient aſſez gros pour pouvoir bien ſerrer la greffe, & encore ne s'en faut il ſervir que fort rarement ; *nota* qu'il y a quelques eſpeces de Poiriers qui ont peine à prendre ſur les Coignaſſiers, par exemple les Bon-Chrêtien d'Eſté muſqué, les Portail ; j'ajoûte enfin que les Poiriers greffez ont, pour ainſi

ainſi dire cette complaiſance les uns pour les autres, que de ſe ſervir reciproquement de ſujets pour le changement des greffes ; il y en a cependant quelques-uns qui ſont revêches & indiſciplinables à cet égard, par exemple les Poiriers de groſſes queuës ; on greffe quelquefois des Poiriers ſur des Pommiers, ſoit Sauvageons, ſoit Paradis, & ſur de l'Epine blanche, & ſur des Neffliers, mais communément, ou ils ne ſont point de durée, ou ils ne font que languir ; il y a ſans doute une maniere d'Antipatie à l'égard de leurs ſeves, ſi bien qu'elles ne ſe peuvent mêler enſemble, & ne ſouffrent aucun commerce de greffes.

La même choſe que j'ay dite, tant pour les Sauvageons de Poiriers, que les Coignaſſiers à l'égard des greffes de Poiriers qu'on y fait heureuſement, ſe doit dire des Sauvageons de Pommiers venus, ſoit de ſouche, ou de pepin, ou des rejettons des racines de vieux Pommiers, & pareillement des petits Pommiers de Paradis, à l'égard des Pommiers qu'on y veut greffer, avec cette ſeule difference, qui paroît ſurprenante entre les Coignaſſiers & les Paradis, que les Pommiers de Paradis, pour peu qu'ils ſoient gros, réüſſiſſent merveilleuſement à être greffez en fente, & rarement réüſſiſſent-ils à être greffez en Ecuſſon, au lieu que tout le contraire ſe pratique en fait de Coignaſſiers.

De plus les Sauvageons de Pommiers quels qu'ils ſoient, & de quelque maniere qu'on les greffe, ſont propres pour faire des Pommiers de tige ou de grands Ecuſſons échapez, mais ils ne le ſont nullement pour faire des Pommiers nains, il en eſt tout autrement des Pommiers de Paradis, & ainſi il ne faut jamais planter de Pommiers pour demeurer nains & occuper peu de place, à moins qu'ils ne ſoient greffez ſur Paradis ; ceux-cy font promptement du fruit, & pouſſent peu de bois, les autres ſont tres-long-tems à ne faire qu'une tres-grande quantité de gros bois, qui en fait des Arbres d'un volume exceſſif, & ne ſe mettent que tres-difficilement à fructifier ; les Pommiers qu'on hazarde de greffer ſur Poiriers, ou ſur Coignaſſiers, ſont auſſi malheureux pour la réüſſite, que les Poiriers qu'on hazarde de greffer ſur Pommiers, ou ſur Paradis, quoique le Poëte paroiſſe d'un ſentiment oppoſé ; mais je crois plûtôt qu'il prend indifferemmnnt pour tout ce qui regarde les fruits à pepin, les termes de *pirus*, *pirum*, *pomus*, *pomum*.

Inſere daphne pyros, carpent tua poma nepotes. *Virg. Georg.*

Les Pruniers ne ſe greffent, ny en fente, ny en Ecuſſon que ſur d'autres Pruniers, & particulierement ſur un petit nombre d'eſpece, par exemple ſur des Saint Julien, des Damas noir, des Cerizettes, &c. & réüſſiſſet fort peu ſur les bonnes eſpeces, par exemple ſur des Perdrigons, des Prunes d'Abricot, de Sainte-Catherine, &c, J'ay greffé quelquefois des Pruniers en fente ſur de gros Amandiers, & qui ont aſſez bien fait, mais pour un qui me réüſſiſſoit il y en avoit beaucoup de perdus, & ainſi il y a peu d'avantage à faire ces ſortes d'épreuves.

Les Pêchers pour bien faire à la greffe doivent premierement être greffez en Ecuſſon, & rarement en fente, au moins dans nos climats ; en ſecond lieu ils doivent être greffez à œil-dormant, & cela dans les temps propres & convenables, comme nous avons dit cy-deſſus, & que ce ſoit ſur des Pruniers de Saint Julien, ou de Damas noir, ou ſur des Abricotiers déja greffez, ou ſur de jeunes Amandiers de l'année, il n'en réüſſit guéres ſur des noyaux d'autres Pêchers ou d'Abricotiers ; les Pêchers n'ont pas plus de bonne fortune à être greffez ſur les principales eſpeces de Prunes que les Pruniers eux-mêmes, comme nous avons déja dit ; les Pêchers greffez à la pouſſe au mois de Juin, ſont plus ſujets à tromper l'eſperance du Jardinier qu'à la confirmer, car ou l'Ecuſſon perit de la gomme ſans avoir pouſſé, ou ſouvent il perit même aprés avoir pouſſé, ou enfin comme il ne pouſſe d'ordinaire que fort foiblement pendant ce premier Eſté. il perit l'Hyver enſuite par les frimats & par les glaces, & ainſi il n'en faut guéres greffer que par occaſion, & ſur des ſujets qui demeureroient inutiles ſans cela.

Parmy ce qu'on appelle vulgairement Ceriſes, nous comptons des Meriſes, tant blanches que noires, des Guignes blanches, des Guignes noires, autrement des cœurs de Ceriſes précoces, des Ceriſes hâtives, des Ceriſes tardives, des

Griots, des Bigareaux, des Ceriziers de pied, des Cérizes blanches.

Toutes ces sortes de Cerises se greflent à la reserve des Merises qui n'en valent pas la peine, mais en revanche les Merisiers, & sur tout les blancs qui naissent à la Campagne & dans les vignes des rejettons les uns des autres servent de fort bons sujets pour être greflez des autres principales especes ; sçavoir Cerises hâtives & tardives, Guignes, Griottes, Bigarreaux, &c. Les Cerisiers de pied font d'assez bonnes Cerises, & servent pour être greffez, particulierement de Cerises precoces, qui sont une espece de Cerise mediocrement grosse, qu'on ne met guéres qu'en Espalier, pour y faire promptement du fruit, c'est sa precocité toute seule, qui fait son merite par la nouveauté, on ne la regarde plus, dés que les belles Cerises qui viennent bien-tôt aprés ont commencé de paroître ; les Cerises precoces ne demandent pas des sujets fort vigoureux, comme font les Merisiers qui ont beaucoup plus de disposition à pousser une infinité de bois, qu'à faire promptement du fruit.

On peut greffer des Figuiers si on veut ; mais comme j'ay dit dans le Traité du choix des Figues, il y a peu d'avantage à les greffer.

Les Azeroles se greffent particulierement, soit en Ecusson. soit en fente sur l'Epine-blanche ; on en greffe aussi quelquefois sur de petits Sauvageons de Poiriers, qui réüssissent assez bien, & quelquefois sur des Coignassiers, & des Poiriers greffes, mais le succez n'en est pas trop certain.

A l'égard des Pommes de coin on ne s'avise guéres d'en greffer, attendu que les Coignassiers font si aisément du fruit d'eux-mêmes ; ils se peuvent cependant greffer les uns sur les autres. Ainsi on greffera des Coignassiers de Portugal sur ceux de France, on en peut greffer aussi sur des Poiriers, soit greffez, soit sauvageons.

La Vigne ne se greffe que sur de vieux seps d'autre Vigne, & ne se greffe qu'en fente ; on les étronçonne exprés pour cela, & quand la greffe est faite, il faut couvrir de terre l'endroit étronçonné, sans couvrir neanmoins les rameaux greffez, l'ardeur du Soleil, & la sécheresse feroient perir la greffe si on la laissoit à l'air comme les greffes en fente des autres Arbres ; il y a cela de particulier dans la greffe en fente de la Vigne, que cette greffe se met indifferemment, soit dans le milieu, soit sur les côtez de la souche étronçonnée, ce qui ne se peut pas faire à tous les autres Fruitiers greffez en fente, comme nous avons remarqué cy-dessus.

Les Neffliers se greffent, soit sur des pieds d'autres Neffliers, soit sur une épine blanche, soit sur sauvageons de Poiriers, soit sur Poiriers greffez, soit sur Coignassiers.

Les Amandiers, soit à coquille dure, soit à coquille tendre viennent plus ordinairement d'Amandes mises en terre ou en greffe, si on veut les uns sur les autres.

CHAPITRE XVI.

Des Pepinieres d'Arbres fruitiers.

IL est bon de dire au commencement de ce Chapitre que nos Pepinieres demandent une terre qui soit bonne, meuble en bon labour, & qui ait au moins deux pieds & demy de profondeur ; les rangs d'Arbres s'y mettent de deux à trois pieds de distance les uns des autres, selon que les Arbres en sont ou plus ou moins gros, & les Arbres s'y mettent dans les rangs à un pied & demy, deux & trois pieds les uns des autres, & toûjours suivant la proportion de leur grosseur ; les Amandiers sont de tous les sauvagèons ceux qu'on presse le plus dans les rangs ; or de ce que j'ay déduit dans le Chapitre precedent pour toutes les especes de fruits à greffer, il est facile de juger quelles sortes de sujets sont propres pour faire des pepinieres de chaque sorte de fruit.

Premierement pour les Poires il faut planter des sauvageons pris dans les taillis & dans les forêts, ou des sauvavageons venus de pepin, ou de ceux que les racines de vieux Poiriers poussent d'elles-mêmes, ou enfin planter des Coignassiers, & que tout cela paroisse bien conditionné ; tant par les racines que par la tige.

En second lieu pour la pepiniere de Pommiers si on en veut faire de tige, on plante d'assez gros sauvageons pris dans les bois & les forêts pour les greffer en fente, ou des sauvageons venus de pepin qu'on greffe en Ecusson quand ils ont la grosseur de deux pouces, & qu'on laisse venir grands ensuite, pour être Arbres de tige; & si on veut faire une pepiniere pour Buisson, il faut planter des Pommiers de paradis, & les planter seulement à un bon pied l'un de l'autre dans les rangs; la raison de cette proximité est fondée sur le peu de racines que font ces sortes de petits Pommiers, qui par consequent ne demandent pas grande place pour être élevez.

En troisiéme lieu pour faire la pepiniere de Pruniers, il ne faut uniquement que des rejettons de certains Pruniers, sçavoir Saint Julien, Damas noir, Cerisette; on greffe en fente ceux qui sont assez gros pour la souffrir, & on greffe en Ecusson les mediocres.

En quatriéme lieu, les bonnes pepinieres pour Pêchers, doivent être des Pruniers de Saint Julien, & de Damas noir qu'on greffe à œil dormant dans les mois de Juillet & Aoust, ou d'Amandiers jeunes, c'est-à-dire d'Amandiers venus d'Amandes mises l'Hyver en bonne terre, & devenus au mois de Septembre ensuite de la grosseur d'un demy pouce, pour être greffez à œil dormant dans ce temps-là, les vieux Amandiers de deux & trois ans sont presque toujours inutiles à greffer.

En cinquiéme lieu, pour faire pepiniere des fruits à noyau rouge, sçavoir Cerises, Griottes, Bigarreaux, il n'y a de sujets propres que les Merisiers à Merises blanchâtres, ceux qui les font noires ont d'ordinaire la seve si amere, que les greffes des bonnes Cerises n'y prennent pas, ou languissent toujours.

Les Cerisiers de pied peuvent veritablement servir pour greffer les bonnes Cerises, mais elles n'y sont pas si propres, que pour être greffées de Cerises précoces.

En sixiéme lieu, les pepinieres de Figuiers se font de petits rejettons sortis des pieds des vieux Figuiers, ou de branches de deux ans couchées en terre, & entaillées à l'endroit le plus courbé qu'on a couché dans cette terre.

En septiéme lieu pour la Pepiniere d'Azeroles il ne faut que de l'épine blanche, & quelque peu de Coignassiers.

En huitiéme lieu on ne fait point de Pepiniere de Vigne, ce n'est guéres que sur des vieux pieds en place qu'on s'avise de greffer.

Enfin pour les Neffliers personne ne fait guéres de Pepiniere particuliere, pour peu qu'on en ait, on en est suffisamment fourny, une douzaine au plus de Neffliers sauvages, ou d'épine blanche, ou de Coignassiers, sont capables de faire la provision des plus grands jardins.

Devant que de passer à la sixiéme Partie, je croy qu'il n'est pas tout-à-fait hors de propos de dire mon avis sur les differentes manieres de treillage, afin qu'on se determine d'abord à prendre celle que j'estime le plus, & qui franchement est aussi la plus noble & la plus commode.

CHAPITRE XVII.

Des differentes manieres de treillage, dont on se sert pour palisser.

DU moment que nous avons pensé à une clôture de murailles pour nôtre Jardin, sans doute nous avons voulu aussi y faire des Espaliers, & par consequent nous avons dû y preparer les choses necessaires pour palisser proprement & commodement les Arbres qu'on y doit planter.

La premiere observation que j'ay à faire à cet égard, est qu'on ne sçauroit avoir trop de précaution pour faire bien crépir les murailles, ou pour les faire enduire de plâtre, quand on en a la facilité telle qu'elle est aux environs de Paris; car enfin il faut empêcher qu'il ne reste nulle part de ces petits trous où se nichent les rats, les mulots, les laires, les colimaçons, les perçoreilles, & autres insectes qui desolent les fruits, & d'ordinaire attaquent les plus beaux & les meilleurs, & par là donnent des chagrins continuels à nos curieux.

Quand les murs sont crépis de plâtre, on a la facilité de palisser avec du clou & des morceaux de cuir de mouton ou de chamois coupé en laniere, ou avec des morceaux de lisieres d'étoffe, les unes & les autres larges d'un demy doigt, & pour s'en servir on fait un grand nombre de petits morceaux de ces lanieres, ou lisieres de la longueur d'environ un doigt, & s'étant muni d'un petit tablier à deux poches, on met ces morceaux ainsi taillez dans l'une, & du clou dans l'autre, on envelope la branche d'un de ces morceaux de laniere, on approche la branche de l'endroit où l'on la veut appliquer, ensuite on presente le clou aux deux extremitez de ces lanieres pliées & placées par le dessous de la branche, & avec un petit marteau qu'on doit avoir, on frappe de maniere que ce clou perçant la laniere, & entrant dans le plâtre y attache là cette branche pour faire la figure de nôtre Espalier, & cette maniere de palisser est assez agreable, mais elle est longue à faire, ces lanieres peuvent durer un an ou deux ; ce qu'on leur peut reprocher, est que quelquefois elles sont cause d'un accident, en ce que les perçoreilles s'y refugient de jour, & en sortent la nuit pour faire leur ravage.

Quand on n'a pas voulu se servir de ces lanieres, on a essayé trois ou quatre autres manieres de palisser, les uns en toute sorte, & sur tout en celles de terre ou bauge, comme on fait en Beausse & Normandie, on fait sceller de distance en distance des morceaux de chevron dans les murs d'environ deux pouces pour y attacher des lates, ou des échalas, ou des Perches, ou des Baguettes, les autres y ont fait sceller des os de cheval ou de bœuf, pour appuyer les Perches dessus, & les y lier, & c'est à ces Perches qu'ils attachent par ce moyen-là les branches de leurs arbres, les autres ont fait sceller une infinité d'os de pied de mouton fort prés-à-pres, & en ligne droite, & s'en servent pour lier à chacun une branche de leurs Espaliers; quelques-uns ont fait un treillage de lattes étroites clouées les unes aux autres par quarrés de dix à douze pouces chacun, & ce treillage étant fait par toises, ou demy toises separées, ils les appliquent & attachent aux murailles avec des clous à crochets, qu'on fait entrer dans les joints des pierres, c'est un ménage qui n'est pas mauvais, mais il n'est guéres ny honnête, ny noble.

Quelques-uns allans encore davantage au bon marché se sont avisez de faire un treillage avec du fil de laton, ou du fil de fer de moyenne grosseur, ce fil soûtenu par des clous à tête-plate, fichez ou scellez dans les murs; d'autres se sont contentez de mettre seulement des lignes droites de ce fil de fer, soit comme de simples montans, soit comme de simples traverses: ces dernieres manieres paroissent assez propres, mais elles ne sont guéres bonnes, tant parce qu'elles ne sont pas assez solides, si bien que les grosses branches qu'il faut quelquefois forcer, les rompent ou les allongent, que parce que ce fil est sujet à blesser & écorcher les branches qui sont jeunes, & par consequent tendres, & ainsi leur font venir de la gomme qui les fait perir, joint que les jeunes branches se glissent trop facilement derriere ces fils, d'où il n'est pas aisé de les retirer sans les gâter.

La meilleure maniere de toutes, la plus commode, & la plus noble, est de faire un treillage d'échalas, qui soit de bois de quartier, ou de cœur de chesne, chaque échalas doit être d'un pouce en quarré, & tant que faire se peut doit être sans nœuds; il faut qu'ils soient bien planes, & navrés, même aux endroits qui demandent de l'être; les échalas qui ne sont pas planez, sont grossiers & fort vilains à voir; j'avouë que ce treillage coûte d'abord plus que les autres, mais il est de plus longue durée, & est sujet à moins d'entretien: regulierement la toise quarrée de ce treillage revient à 25. 26. 27. & 28. sols pour le bois, la façon du bois, le fil, la peine de l'Ouvrier.

Pour bien faire ce treillage, il faut avoir des crochets de fer faits exprés pour cela, ils sont quarrez, leur épaisseur est d'environ un quart de pouce, & leur longueur est d'un demy pied, sans conter le bout qui remonte à angle droit à l'extremité de dehors, & qui doit avoir environ un pouce & demy de long; l'extremité qui doit entrer dans le mur doit être fenduë en deux petites branches écartées l'une de l'autre pour tenir plus solidement dans le mur, dans lequel elle doit entrer d'environ quatre pouces, c'est assez qu'il en reste deux en dehors.

Les crochets coûtent d'ordinaire un sol piece, on les espace

espace de trois en trois pieds, & toûjours en échiquier, à commencer le premier rang à un pied prés de la superficie de la terre, & continuer jusqu'au haut du mur; les rangs de crochets doivent être mis sur une ligne fort droite, & être tous paralelles les uns aux autres, & voilà tout ce qui regarde les crochets.

A l'égard des échalas, on n'a qu'à aller chez les Marchands de bois, on y en trouve de differentes longueurs, sçavoir de quatre pieds & demy, de six, sept, huit, & neuf; on en fait quelquefois de douze pieds, mais rarement, parce qu'il est trop difficile de fendre de si longues pieces de bois: on en prend de la longueur qu'on veut, suivant la hauteur des murs qu'on veut garnir; on les vend à la bote, celle de quatre pieds & demy coûte onze sols, & en contient quarante; celle de six coûte douze sols, & en contient vingt-cinq; celles de sept, huit, & neuf en contiennent aussi vingt-cinq, & coûtent un peu devantage.

Il est plus propre, & plus utile de faire les montans tous d'une piece quand on peut; mais il n'est pas mal de les faide deux ou trois échalas tels qu'on les peut avoir, & il en coûte beaucoup moins: on les joint fort proprement l'un à l'autre en aplanissant & proportionnant juste les extremitez qu'on veut marier l'une à l'autre, & aprés cela on les lie bien serré avec du fil de fer, & pour faire ce lien on se sert de petites tenailles faites exprés, avec lesquelles on tire à soy le fil de fer, & on le tord; on tourne en tirant jusqu'à ce que la ligature paroisse assez forte, & ensuite on rompt le bout prés du nœud, & avec la tête de la tenaille, on frappe ce nœud par en bas contre l'échalas, pour empêcher qu'il ne déborde, car autrement il pourroit blesser le Jardinier, ou la branche.

Dans la botte d'échalas il est à propos de prendre les plus droits, & les moins forts pour faire les montans qui paroissent toûjours en dehors, mettant cependant par en haut le plus gros bout de ce montant, & on employera les plus forts à faire les traverses qui soûtiennent tout l'ouvrage; regulierement les quarrez ou mailles de treillage doivent être de sept à huit pouces, ils sont vilains, si on les fait de dix & de douze pouces, & ils me paroissent trop petits pour des Espaliers, si on fait les mailles de cinq à six, on peut les employer pour ces ſortes de cabinets de Jardinage, qui depuis quelque temps ſont venus à la mode; un bon faiſeur de treillage doit toûjours avoir en main ſa meſure reglée pour ſes mailles, & l'appliquer ſoigneuſement chaque fois qu'il fait un quarré; il doit laiſſer un bon pouce de jeu entre l'échalas & la muraille, & ſi par hazard les crochets ſe trouvent trop courts, il doit ſe ſervir d'un coin de bois pour le tenir entre l'échalas & le mur, afin d'avoir plus de liberté pour y paſſer les fils d'archal.

Ce n'eſt pas aſſez que pour les yeux ce treillage paroiſſe proprement fait, il faut par deſſus cela qu'il ſoit ſolide, & on connoît s'il eſt aſſez, en prenant d'nne main un côté de maille, & la ſecoüant; car elle doit reſiſter pour donner lieu de dire que l'ouvrage eſt bon.

Je ne veux pas oublier d'avertir que dans les encoignemeures il ne faut qu'un ſeul montant pour joindre enſemble les deux treillages des deux murs qui ſe joignent, il y auroit de la mal propreté ſi on en mettoit deux, l'un pour un pan de mur, & l'autre pour l'autre.

La derniere perfection de nôtre treillage conſiſte à être peint en premier lieu d'une couche de blanc de ceruſe, & quand cette couche eſt ſéche, il en faut mettre une ſeconde qui ſoit d'un beau verd de montagne.

On ne ſe contente pas ſeulement de faire du treillage appliqué aux murs, on en fait quelquefois pour une maniere de contre-Eſpalier, & ce treillage ſe fait de quatre, cinq, ou ſix pieds de haut comme on veut; pour le rendre ſolide il faut que de ſix en ſix pieds il y ait des pieux de chêne de quatre pouces en quarré, & qu'ils ſoient enfoncez d'environ un bon pied avant dans la terre, & que l'extremité de dehors ſoit pointuë pour durer plus long-temps, car ſi elle étoit quarrée, l'eau de pluye s'y arrêteroit, & la feroit pourrir; du ſurplus pour la grandeur, & pour le lien du fil d'archal, les mailles doivent être ſemblables à celles des Eſpaliers, avec cette ſeule difference, qu'aux contr'*Eſ*paliers les échalas doivent être attachez avec des clous dans le corps du pieu, qui pour cet effet doit être entaillé pour recevoir ces échalas.

Fin de la cinquiéme Partie.

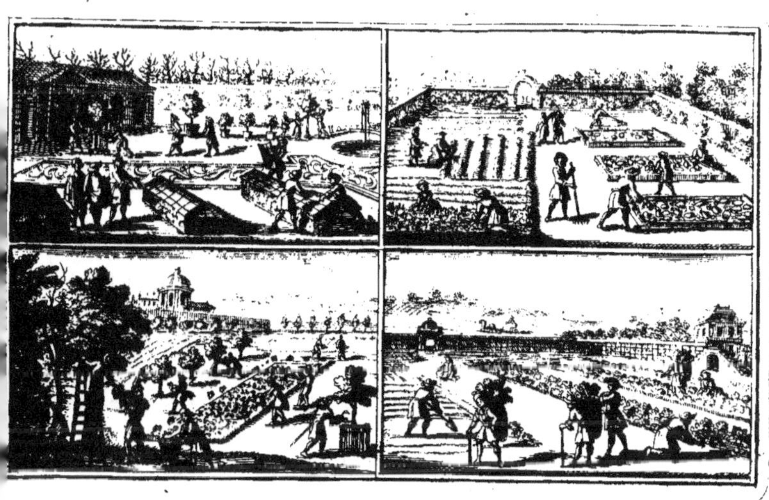

SIXIE'ME ET DERNIERE PARTIE DES JARDINS FRUITIERS ET POTAGERS.

De la culture des Potagers.

L n'y a rien, ce semble moins inconnu que tout ce qui regarde la culture des Potagers, elle a esté universellement pratiquée dans tous les siecles, & presque dans tous les climats du monde ; le soin de multiplier dans des lieux particuliers les Herbages & les Legumes que la nature avoit produits pêle mêle dans le milieu des champs, & que les premiers hommes avoient employez pour leur unique subsistance ; ce soin, dis-je, a fait &

continuë encore de faire l'occupation d'un grand nombre de toute ſorte de gens; en effet combien en voyons-nous, qui las & ennuyez, ſoit de la fatigue de la guerre & des Charges publiques, ſoit de l'oiſiveté des Villes, & de la Cour, ont pris le parti de ſe retirer à la Campagne, pour y aller, comme dit le Proverbe, planter des Choux; combien d'autres y en a-t-il qui ſe font un plaiſir extrême de faire manger des Salades & des Herbes de leurs Jardins, ſoûtenans hardiment qu'elles ſont beaucoup meilleures que celles des Marchez & des Jardiniers ordinaires; & ainſi puiſqu'il eſt vray que de tout temps on a fait des Potagers, n'ay-je pas lieu de craindre qu'il ne paroiſſe d'abord, ou ridicule, ou inutile, que j'en aye voulu joindre icy un Traité particulier.

Beatus ille qui procul negotiis, ut priſca gens mortalium paterna rura bobus exercet ſuis, &c. *Horat. Epod.* 2.

Je ne veux point diſconvenir, que preſque auſſi-tôt qu'il y a eu des hommes ſur la terre on n'ait eu quelque maniere de Potagers, & que dans la ſuite des temps la curioſité ne s'en ſoit extrêmement augmentée; je n'ay garde de vouloir avancer que ce ſoit ſeulement de nos jours qu'on ſeme des Salades & des Racines, qu'on plante des Choux & des Artichaux, & qu'on éleve des Concombres & des Melons, &c. Je ſçay trop bien que l'intelligence pour toutes ces ſortes de Plantes a été connuë de nos Peres, & qu'il n'eſt pas juſqu'à la plûpart des Païſans, & du menu peuple des Villes qui n'en ait quelque teinture; & même j'avoüe de bonne foy que la connoiſſance que j'ay ſur le fait des Potagers, me vient particulierement d'avoir eu de frequens entretiens avec ce qu'on appelle vulgairement d'habiles Maréchez : mais je dois ajouter que, comme le Potager pris en general comprend la culture d'un grand nombre de differentes ſortes de Plantes, il n'y a preſque point de Jardinier qui ait tâché de réüſſir generalement en toutes; il eſt d'ordinaire arrivé que l'un s'eſt appliqué ſingulierement à une partie, laquelle il a bien faite, & a negligé le ſurplus; l'autre s'eſt appliqué à ce qui avoit eſté negligé par ſon voiſin, & y a reüſſi, negligeant de ſon côté ce que ce voiſin faiſoit avec beaucoup de ſuccés : les differens appetits des hommes, & ſur tout les differens degrez de bonté des terroirs, & des climats ont été les veritables causes de ces differences d'affectations à l'égard de la culture des Plantes potageres.

Or comme il est sans doute necessaire que le Jardinier, qui est destiné à faire le Jardin dun homme, s'acquitte également bien de toutes les parties du potager, en sorte qu'il puisse fournir luy seul tout ce qu'un bon potager doit produire, sans qu'au moins il luy manque rien de ce qui en est le plus important, & que d'ailleurs il est expedient que cet homme sçache exactement ce que dans chaque mois de l'année il doit attendre de son Jardin par l'industrie de son Jardinier, & qu'il connoisse en même temps quel est l'ouvrage particulier de chaque saison; je me suis étudié à ne rien oublier icy de tout ce que l'un & l'autre doivent sçavoir, l'un pour contenter en s'acquittant fort bien de son devoir, & l'autre pour être content, quand en effet il a sujet de l'être; c'est ce qui fait que pour répondre à ceux qui voudront me demander qu'est-ce que je pretens dire de nouveau dans une matiere que j'avoüe être si connuë.

Je diray premierement la même chose que j'ay établie dans toutes les parties de mon ouvrage, c'est à sçavoir que je n'écris pas icy pour les Jardiniers qui le sont de profession, & qui y sont habiles; mais que j'écris autant pour ceux qui le veulent devenir, que pour les honnêtes gens curieux de Jardinage; je sçay seurement qu'il y en a beaucoup qui estiment que cette science (dont le détail leur est inconnu) n'est pas indigne de leur curiosité, & qu'ils sont même persuadez qu'elle pourra leur donner du plaisir aussi-bien que de l'utilité, je sçay encore, que sur tout ces honnêtes Jardiniers ne peuvent pas se donner autant de fatigue que je m'en suis donné pour y acquerir quelques lumieres, & que partant il leur sera assez doux de profiter sans peine de l'étude que j'ay faite, & de trouver icy un recüeil exact & fidele de tout ce qui regarde cette matiere.

Je répondray en second lieu, que mon dessein est d'abreger de grands chemins aux jeunes gens, qui cherchans à s'instruire au Jardinage, voudroient bien que ce ne fût pas seulement par voir faire, attendu que ce chemin est long & incertain, mais ils voudroient s'instruire par regles & par principes, ce que je crois se pouvoir faire en peu de temps, & par des voyes courtes & aisées.

Je répondray en troisiéme lieu, que je mets icy de certaines experiences particulieres, lesquelles j'ay faites avec succés, & qui ne me paroissent pas avoir encore jamais été faites: il me semble pouvoir dire qu'elles ont eu trop d'approbation, pour ne meriter pas d'être divulguées.

Je répondray enfin, que mon intention est de faire que le lieu qui est destiné à devenir potager, soit si bien ordonné en toutes ses parties, que non seulement chacune fasse son devoir à l'égard des productions, mais que même par l'œconomie de sa disposition le tout ensemble soit en état d'attirer des spectateurs, & de réjoüir en tout temps la veuë des curieux.

Voilà pourquoy je me propose de suivre icy exactement le plan que je me suis fait, & que j'ay expliqué à l'entrée de ces Traitez de Jardinage, & par consequent je m'en vais dire.

Premierement tout ce qui generalement parlant se doit trouver dans toutes sortes de bons Potagers, à quoy j'ajoûteray une description des graines, & autres choses qui servent pour la production & multiplication de chaque plante en particulier.

En second lieu j'expliqueray non seulement ce qu'on doit tirer d'un potager dans chaque mois de l'année, mais aussi quel doit être l'ouvrage des Jardiniers dans chacun de ces mêmes mois, & à ces deux articles j'en joindray un troisiéme, pour faire sçavoir ce qu'en tout temps on doit trouver dans quelque Potager que ce soit, & juger par là s'il n'y manque rien, ou s'il y manque quelque chose.

En troisiéme lieu j'expliqueray quelle sorte de terre, & quelle culture sont propres à chaque sorte de plantes, pour faire qu'elles y viennent excellentes, & comme il y en a qui se sement, les unes pour demeurer toûjours au même endroit, & les autres pour estre absolument transplantées & qu'il y en a aussi quelques-unes qui se multiplient ſans être ſemées, je marqueray en même temps ce qui regarde les unes & les autres, ſoit pour les ſaiſons de les ſemer & planter, ſoit pour la maniere de les perpetuer.

J'expliqueray en quatriéme lieu, combien de temps chacune occupe utilement ſa place, & qui ſont celles qui ont beſoin d'aller dans la ſerre pour fournir pendant l'hyver, & qui ſont celles qui par le ſecours de l'induſtrie ſont produites malgré les gelées.

En cinquiéme lieu j'expliqueray combien de temps chaque ſorte de graine ſe peut garder ſans devenir inutile, car en cela elles n'ont pas toutes la même deſtinée.

CHAPITRE PREMIER.

De tout ce qui doit eſtre dans un Potager raiſonnablement grand pour le rendre parfaitement bien garni.

TOut le monde convient, qu'il n'eſt gueres de jours dans l'année où l'on ſe puiſſe paſſer du ſecours des Potagers, ſoit que dans la belle ſaiſon les plantes tiennent encore à la terre qui les a produit, & qu'on n'ait qu'à les y aller prendre, ſoit que devant la rigueur de l'Hyver on en ait arraché quelques-unes, pour les refugier dans les ſerres comme dans des lieux de ſeureté, car enfin le grand froid rend non ſeulement la terre infertile pour un temps, mais même il détruit une grande partie de vegetaux, qui ſont aſſez malheureux pour ſe trouver en ſon chemin, il s'enſuit donc, que dans chaque jour de l'année il faut neceſſairement, ou prendre dans ſon Jardin les choſes dont on a beſoin, ou les avoir d'ailleurs, ſoit par la liberalité de ſes amis, ſoit plus communement par le commerce du marché.

Pour avoir tout d'un coup la connoiſſance de cet agreable ſecours qu'on peut tirer de ce potager, je commence à faire icy une maniere d'inventaire Alphabetique de tout ce qu'un tel Jardin doit & peut fournir pendant tout le cours de l'année.

A

ABſinthe pour les bordures.
Ache.
Ail.
Alleluya.
Alfange.
Anis.
Artichaux, tant verts que violets, ou rouges.
Aſperges.

B

BAulme.
Baſilic, tant le grand que le petit.
Beteraves.
Bled de Turquie.
Bonne-dame.
Bourdelais, autrement verjus, tant le rouge que le blanc.
Bourrache.
Bugloſe.

C

CApres ordinaires.
Capres capucines, autrement naſturces.
Caprons.
Cardes d'Artichaux.
Cardes de poirée.
Cardons d'Eſpagne.
Carottes.
Celeri.
Cerfeüil muſqué.
Cerfeüil ordinaire.
Champignons.
Chaſſelas,
Cherüis.
Chicorée blanche, qui eſt la domeſtique, tant la friſée, que celle qui ne l'eſt pas.
Chicorée ſauvage.
Chicons.
Choux de toutes ſortes, ſçavoir, Choux pommez, Choux fleurs, Choux pancaliers, Choux de Milan, Choux friſez, Choux verts, Choux blonds, choux violets, &c.
Ciboulles.
Citroüilles.
Cives d'Angleterre.
Corne de Cerf.
Coſtons d'Artichaux.
Concombres, ſoit verts, ſoit blancs, & tant ceux qui ſont bien faits, que ceux qui ne le ſont pas, & qu'on apelle cornichons.
Couches, tant pour les Salades & les Raves Printannieres, & pour les premieres Fraiſes, que pour les Melons, & Concombres, & Champignons, & même pour élever pendãt l'hyver quelques fleurs, & autres plantes à replanter en

en terre, & pour avancer de l'Oseille, des Laituës pommées, &c.

Cresson alenois.

E

Eschalottes.

Espinars.

Estragon, &c.

F

Fenoüil.

Feves, tant celles de marais, que de Haricot.

Fournitures de salades qui sont le Baulme, l'Estragon, la Passepierre, la Pimprenelle, les Cives d'Angleterre, le Fenoüil, le Cerfeüil, tant l'ordinaire que le musqué, le Basilic, &c.

Fraises, tant les rouges que les blanches.

Framboises, tant les rouges que les blanches.

G

Groseilles, tant les piquantes que les rouges & les perlées.

H

Herbes fines, sçavoir Thim, Marjolaine, Lavande, Rhuë, Absinthe, Hysope, &c. & cela se met en bordures.

L

Laituës de toutes sortes, suivant les Saisons, tant pour semer par rayons afin de les couper petites, que pour pommer, & pour lier, sçavoir la coquille, autrement laituë d'hyver, & la Laituë de la Passion, la Crêpe blonde, la Crêpe verte, la petite Laituë rouge, la Courte, la Royale, la Bellegarde, la Gennes, la Perpignane, la Laituë d'Aubervilliers, la Capucine qui est plus rougeâtre que l'Aubervilliers, l'Imperialle, & la Romaine, qui comprend les Chicons, tant les verts que les rouges, autrement nommés l'Alphange, & celles-là sont pour lier.

Lavandes en bordures.

Laurier commun.

M

Marjolaine en bordure.

Mâches.

Mauves & Guimauves.

Melisse.

Melons.

Muſcat, tant le blanc que le noir & le rouge.
Muſcat long, autrement paſſe-muſquée.

N

NAvets.
Naſturce.

O

OIgnons, tant les blancs que les rouges.
Oſeille, tant la grande & la petite, que la ronde.

P

PAnais.
Paſſe-muſquée.
Patience.
Perce-pierre.
Percil, tant le commun que le friſé.
Perſil-Macedoine.
Pimprenelle.
Poirée.
Pois verts depuis le mois de May, qui ſont les hâtifs, juſqu'à la Touſſaints.
Porreaux.
Pottirons.
Pourpier, tant le vert que le doré.

R

RAves pendant le Printemps, l'Eſté & l'Automne.
Réponces.
Rhuë en bordures.
Rhubarbe.
Rocambole.
Romarin.
Roquette, qui eſt une eſpece de fourniture de ſalade.

S

SCorſonnere, autrement Salſifix d'Eſpagne.
Salſifix commun.
Sariette.
Sauge en bordure.

T

THim pour les bordures.
Tripe-Madame.

V

VIolettes en bordures.
Vigne.

CHAPITRE II.

Contenant la deſcription des graines, & autres choſes qui ſervent pour la production & multiplication de chaque plante ou legumes.

A

ABSINTHE ne ſe multiplie que de graine, qui eſt aſſez bizarre dans ſa figure, étant un peu courbée par l'endroit le plus menu, & un peu ouverte par l'autre bout, qui eſt plus gros & plus rond, & ſur lequel il y a une petite tache noire; ſa couleur eſt jaunâtre par le gros bout, & ſon extremité pointuë tire un peu ſur le noir. On ſe ſert tres-rarement de cette graine, parce qu'elle eſt tres-difficile à vaner, étant tres-legere. C'eſt pourquoy lors qu'on a beſoin d'Abſinthe on ſe ſert plûtôt de ſes bouttures & marcottes qui ſont un peu enracinées.

ACHE ne ſe multiplie que de graine qui eſt rouſsâtre, aſſez groſſe, figure ovalle, un peu ronde, & plus élevée d'un côté que de l'autre, rayée dans ſa longueur.

AIL, l'Ail eſt produit par une maniere de cayeux, qui ſe produiſent en grand nombre dans la terre autour du pied, & font tous enſemble une eſpece d'oignon: on appelle ces cayeux des gouſſes d'Ail, chaque gouſſe eſt concave par la partie de dedans, & convexe par celle de dehors, ayant dans le bas une baſe platte, par laquelle elle tient à la ſouche du pied, & de laquelle ſortent les racines, & par en haut une extremité pointuë, par laquelle ſort le germe, quand au mois de Mars ou d'Avril on la met en terre pour faire ſa production.

ALFANCES ſorte de Laituës à lier, *Voyez Laituës.*

ALLELUYA eſt une eſpece de trefle qui ne ſe multiplie que par des traînaſſes, ou rejettons qui ſortent du pied, tout de même qu'il en ſort des Violliers, des Marguerites, &c. Il fleurit blanc, & ne graine point.

L'ANIS ne ſe multiplie que de graine qui eſt aſſez menuë, & d'un vert jaunâtre, longuette, en ovale rayée, cette ovale bossuë d'un côté, elle ressemble tout-à-fait à la graine de Fenoüil.

Artichaux ne se multiplient ordinairement que par des œilletons, qui sont une espece de cayeux qui naissent autour du cœur du pied, c'est à dire dans l'endroit qui separe la racine d'avec l'œil où se forme la tige qui produit la pomme d'Artichaux: ces œilletons ont commencé d'ordinaire à se former dés la fin de l'Automne, ou pendant l'Hyver quand il est doux : ces œilletons poussent leur feüilles au Printemps, c'est à dire à la fin de Mars, & dans le mois d'Avril, pour lors on foüille autour du pied de l'Artichaux, & on separe, ou detache du pied cet œilleton, & cela s'appelle œilletonner.

Il faut que pour être bon il ait le talon blanc avec quelques petites racines : les œilletons qui ont le talon noir, sont vieux, & ne font que de petites pommes d'Artichaux au Printemps, au lieu que les autres attendent à en faire vers le mois d'Aoust, de Septembre & d'Octobre, comme c'est l'intention du Jardinier.

On multiplie quelquefois les Artichaux avec de la graine qui se forme dans le cul de la pomme d'Artichaux, quand on le laisse vieillir, fleurir, s'ouvrir, & enfin se seicher vers la Saint Jean.

Quand à l'Automne on les lie, on les envelope de paille, ou de vieux fumier dans toute leur longueur, hors le bout d'en haut, on en fait blanchir le côton de la feüille, & cela fait des Cardes-d'Artichaux.

Asperges ne se multiplient que de semences, c'est à dire de graine qui est noire, un peu ovale, ronde d'un côté, & fort plate de l'autre, de grosseur d'une grosse tête d'épingle, & qui se forme dans une cocque, ou cosse ronde & rouge, de grosseur ordinaire; il y a quatre ou six graines dans chaque cocque, & ces cocques se forment l'Automne sur la tête des pieds d'Asperges qui sont assez beaux & assez forts; on seme quelquefois ces cocques toutes entieres, mais le mieux est d'avoir, pour ainsi dire, broyé, ou écrasé ces cocques pour en faire sortir la graine : le temps de les semer est à la fin de Mars.

B

BAUME ne se multiplie que de traînasses qui sont comme autant de bras qui sortent de la touffe, & prennent racine, il se multiplie même de bouture, il ne graine point.

BASILIC, tant celuy de la grande espece, que celuy de la petite, ne se multiplie que de graine qui est d'un minime noirâtre & fort menuë, un peu ovale, lice, & ne se multiplie point autrement.

BETE-RAVES ne se multiplient que de graines qui sont grosses comme des Pois mediocres, elles sont rondes, mais toutes graveleuses dans leur rondeur, elles sont jaunâtres, & si semblables à celles de la Porrée, qu'on ne les sçauroit guéres distinguer les unes d'avec les autres, si bien que souvent on croit avoir semé des Bete-raves, & on n'a que de la porrée : on en replante à part pour les faire grainer.

Le graine du BLED de Turc est d'un rouge obscur, grosse comme un pois ordinaire, fort lice, ronde d'un côté, & un peu plate de l'autre, par où elle tient à son épi.

BONNE-DAME ne se multiplie que de graine qui est extrêmement plate & mince, ronde, & roussâtre.

BOURRACHE ne se multiplie que de graine qui est noire, d'un rond un peu allongé en ovale bossée, ayant d'ordinaire un petit bout blanc du côté de la base, & ce bout tout separé du reste; la longueur est toute comme entaillée de rayons noirs qui vont d'une extremité à l'autre.

BUGLOSE ne se multiplie que de graine qui est si semblable à celle de la bourrache, qu'on ne les sçauroit distinguer.

C

CAPRES capucines, *Voyez Nasturce.*

CAPRONS, *Voyez Fraizes.*

CARDES de Porrée, *Voyez Porrée.*

CARDES d'Artichaux, *Voyez Artichaux.*

CARDONS d'Espagne ne se multiplient que de graine qui est longuette, ovale, de grosseur d'un beau grain de Froment, elle est verdâtre, ou couleur d'Olive, marquée de traits noirs dans sa longueur, & se seme depuis la my-Avril jusqu'à la fin.

CAROTTES ne se multiplient que de graines qui sont petites en ovale, les bords tous garnis comme de petits rayons ou pointes longuettes fort menuës, un côté du plat de la graine est un peu plus élevé que l'autre, & tous deux sont marquez de rayes en longueur, le coloris est de feüille morte.

CELERY ne se muliiplie que de graine qui est fort menuë, jaunâtre & longuette, rayée dans sa longueur, en ovale un peu bossuë.

CERFEÜIL ne se multiplie que de graine qui est noire, fort menuë, & assez longuette, rayée dans sa longueur: elle vient sur les pieds de l'Automne, & se forme, & meurit dans le mois de Juin.

CERFEÜIL musqué ne se multiplie que de graine qui est longuette, noire & assez grosse.

CHERUIS ne se multiplie que de graine qui est en ovale, longuette, assez menuë & étroite, rayée dans sa longueur, le coloris de feüille morte, d'un blanc grisâtre, plate par une de ses extremitez.

CHICORE'E blanche ne se multiplie que de graine qui est longuette, d'un gris blanchâtre, plate par une de ses extremitez & rondelette par l'autre, & se forme sur les pieds de l'année precedente : on la prendroit pour des brins d'herbe hâchée assez menu.

CHICORE'E sauvage ne se multiplie que de graine qui est longuette & noirâtre, & se forme de même que l'autre.

CHOUX de quelque nature qu'ils soient ne se multiplient que de graine qui est fort ronde, grosse comme des têtes d'épingle ordinaire, ou comme de la poudre à gyboyer, & est rougeâtre tirant sur le Minime brun.

CIBOULES ne se multiplient que de graine de grosseur de la poudre à canon ordinaire, un peu plate d'un côté, & à demy ronde de l'autre, & cependant un peu longue, en ovale, & blanche dedans.

L'OYGNON, tant le blanc que le rouge, & le Porreau ont leurs graines si semblables à celles des Ciboules, qu'il est tres-difficile de les distinguer les unes d'avec les autres, on seme de la Ciboule en tout temps.

CIVES d'Angleterre ne se multiplient que de petits rejettons qu'elles font autour de leur touffe qui devient fort grosse par le temps, on separe du pied une partie de ses rejettons pour les replanter.

CITROUILLES ne se multiplient que de graines qui sont plates en ovale, & assez larges, blanchâtres, & comme fort proprement rebordées tout autour, à la reserve de la baze par où elles tiennent à la mere Citroüille quand elles ont esté formées dans son ventre.

CORNE de Cerf ne se multiplie que de graine qui est une des plus menuës que nous ayons, elle est outre cela longuette & de couleur minime fort obscure, elle se forme dans une maniere de queuë de rat.

CRESSON alénois ne se multiplie que de graine qui est d'une ovale longuette, menuë, d'un jaune orangé.

CONCONBRES ne se multiplient que de graine qui est ovale, un peu pointuë par les deux extremitez dont l'une qui sert de baze l'est un peu moins que l'autre par où sort le germe, elle est mediocrement épaisse, de couleur blanchâtre, & se recuëille dans le ventre des Concombres, qui ont assez meuri pour être jaunes.

E

ECHALOTTES se multiplient de gousses ou de cahieux qui viennent dans le tour du pied, & sont de la grosseur d'une Aveline.

EPINARS ne se multiplient que de graine qui est assez grosse, cornuë ou triangulaire par deux côtez qui sont fort pointus & picquans, & le reste opposé à ces deux cornes pointuës est comme une bourse, la couleur grisâtre.

ESTRAGON ne se multiplie que de trainasses, ou de boutures.

F

FENOÜIL ne se multiplie que de graine qui est assez menuë, longuette, en ovale, bossuë, rayée d'un gris verdâtre.

FEVES, tant celles de Marais qui sont assez grosses, & assez longues, de figure ovale, ronde par un bout, & plate par l'autre, avec une raye noire assez épaisse, & assez large, de couleur d'un blanc un peu sale, la peau plus lice que celles de Haricot qui sont pareillement longues, en ovale, mais plus étroites, moins grosses, & moins épaisses, ayans une raye noire dans le milieu de l'un des côtez de l'ovale qui est ronde d'un costé, & un peu courbée de l'autre. Les Feverolles de Venise ne sont differentes que parce qu'elles sont un peu plus petites, les unes blanches, les autres rouges, les autres bigarrées de diverses couleurs : il y en a d'une espece fort petite ; tout le monde sçait que les unes & les autres viennent dans des cosses.

Les FRAISIERS, tant les blancs & les rouges que ceux qu'on nomme Caprons ne se multiplient que par traînasses qui se forment par le moyen d'une maniere de filets, qui sortans du corps du Fraizier, & rampans sur terre y prennent aisément racine à l'endroit de certains nœuds éloignez d'environ un pied l'un de l'autre. Ces nœuds venans donc à s'enraciner, font du plan nouveau, qui au bout de deux ou trois mois est assez fort pour être transplanté ; on en met toûjours trois ou quatre ensemble pour en faire ce qu'on appelle une touffe.

Les FRAMBOISIERS, tant blancs que rouges ne se multiplient que par des rejettons qui leur sortent du pied tous les ans au Printemps, & sont bons à replanter le Printemps suivant.

G

LES GROSEILLIERS, tant les roüges & les blancs qui viennent par grapes, & qu'on appelle d'Hollande, que les Picquans se multiplient, tant par des rejettons un peu

peu enracinez qui leur sortent du pied tous les ans au Printemps, que de simple bouture : on replante aussi des pieds de deux & trois ans.

H

HYSOPE ne se multiplie que de rejettons.

L

LES LAITUES de quelque sorte qu'elles soient ne se multiplient que de graine qui est longuette, un peu ovale, toute rayée en long, fort pointuë aux extremitez, & fort menuë, les unes l'ont noir comme l'Aubervilliers, & la plûpart l'ont blanche ; étant semées au Printemps, elles montent en graine au mois de Juillet ensuite, mais les Laituës d'Hyver qu'on appelle autrement coquille, aprés avoir passé l'Hyver dans la place où elles ont été replantées au mois d'Octobre, elles montent en graine dans le mois de Juillet ensuite.

LA LAVANDE se multiplie de graine & de vieux pieds replantez.

Le LAURIER commun se multiplie de graines qui sont noires, & se multiplie aussi de marcottes.

M

MARJOLAINE ne se multiplie que de graine qui est fort petite, & qui dans sa taille est faite à peu prés comme un Citron, plus pointuë par un côté que par l'autre : elle est marquetée dans de certains endroits de petites taches blanches, elle est aussi comme rayée de blanc par tout ; la couleur est d'un minime assez clair.

MASCHES ne se multiplient que de graine qui est fort menuë & orangée.

MAUVES, & Guimauves ne se multiplient que de graines qui se ressemblent assez pour la figure, mais sont cependant differentes, tant par la couleur, que par la grosseur, car la graine des Mauves est beaucoup plus grosse que celle des Guimauves, & celle-cy est d'une couleur brune, plus foncée que n'est pas celle des Mauves ; elles sont toutes deux triangulaires, & rayées par tout.

MELISSE ne se multiplie que de traînasses & de boutures.

Les MELONS ne se multiplient que de graine qui est semblable à celle des Concombres hors par la couleur qui est d'un jaune clair aux Melons, & est un peu moins large que l'autre, elle se recueïlle dans le ventre des Melons murs.

Muscat, *Voyez Vigne.*

N

NAVETS ne se multiplient que de graine, qui ressemble à peu prés à la graine de Choux.

NASTURE'E, vulgairement dit Capres capucines, ne se multiplie que de graine qui est une maniere de Pois, ou d'Haricot qui rampe, & monte le long des branches ou perches qui se trouvent dans son voisinage : la feüille en est assez grande & large, & la fleur orangée, la figure de la graine est un peu piramidale, divisée par côtes ou carnes, ayant toute la superficie gravée, & pour ainsi dire cizelée, le coloris est d'un gris tirant au minime clair ; on les seme sur couche à la fin de Mars, ou au commencement d'Avril, & ensuite on les replante le long de quelque muraille assez bien exposée ; la graine en tombe aisément dés qu'elle est meure, tout de même que fait la Bourache, & les belles de nuit, & ainsi il faut être soigneux de la ramasser.

O

OIGNON, tant le blanc que le rouge ne se multiplient que de graine, qui ressemble, comme j'ay dit, à la graine de Ciboule.

OSEILLE tant la petite, qui est l'ordinaire, que la grande ; l'une & l'autre ne se multiplient que de graine qui est fort menuë, lissée & triangulaire ovale, les extremitez pointuës d'une couleur de minime extrêmement obſcur.

OSEILLE ronde ne ſe multiplie que de rejettons, ou traînaſſes, ſi bien que d'une touffe on en fait aiſément pluſieurs pieds.

P

PANAIS ne ſe multiplient que de graine qui eſt plate, d'un rond un peu ovale, & comme bordée, rayée dans ſa longueur, couleur de paille un peu brune.

PASSE-muſquée, *Voyez Vigne.*

PATIENCE, eſpece de graine d'Oſeille, ne ſe multiplie que de graine qui reſſemble à celle de l'Oſeille, hors qu'elle eſt un peu plus groſſe.

PERCE-PIERRE vulgairement dite Paſſe-pierre, ne ſe multiplie que de graine qui eſt plus longue que ronde, aſſez groſſe, griſe verdâtre, rayée ſur le dos, & ſur le ventre; elle reſſemble par ſa figure au corps d'un lut.

PERSIL, tant le commun que le friſé, ne ſe multiplie que de graine qui eſt petite, fort menuë, d'un gris verdâtre, longuette, & un peu courbe d'un côté, & toute marquée de petites rayes éminentes d'un bout à l'autre.

PERSIL macedoine ne ſe multiplie que de graine qui eſt aſſez groſſe, en ovale, un peu plus enflée d'un côté que de l'autre, qui eſt un peu courbe, rayée dans ſa longueur, & a les entre-deux rayez en large.

PIMPRENELLE ne ſe multiplie que de graine qui eſt aſſez groſſe, un peu ovale à quatre côtez, & toute gravée pour ainſi dire, ou cizelée dans l'entre-deux de ſes quatre côtez.

POIRE'E ne ſe multiplie que de graine qui reſſemble à celle des Bete-raves, hors qu'elle eſt un peu plus terne dans ſa couleur: on en replante pour avoir de belles Cardes.

Les Pois ne ſe multiplient que de graines: il en eſt de gros & de petits, de blancs ou jaunâtres, & de verts. Tout le monde ſçait qu'ils viennent dans des coſſes, & qu'ils ſont à peu prés ronds, & quelquefois à demy plats.

PORREAUX ne ſe multiplient que de graine qui reſſemble entierement à celle des Ciboules, on les replante au mois de May bien avant dans la terre pour avoir la tige grosse & blanche, & on les seme en Mars, dés que les gelées le peuvent permettre : la graine se forme dans une maniere de grosse bourse blanche & ronde, qui vient au haut d'une tige assez longue, & cette graine se conserve assez long temps dans cette bourse, ou coëffe sans tomber.

POTIRONS espece de Citroüille plate, ne se multiplient que de graine qui est entierement semblable à celle de la Citroüille, & vient de la même maniere.

POURPIER, tant le vert que le doré ne se multiplie que de graine qui est noire, extraordinairement menuë, & d'un rond à demy plat ; pour élever de cette graine il faut replanter des pieds de pourpier à la fin de May, & les replanter à un bon pied l'un de l'autre, la graine vient dans une maniere de petites coques qui en contiennent beaucoup chacune, & pour la recueïllir on coupe toutes les têtes pour les mettre sur un drap seicher un peu au Soleil, & aprés cela on les bat, & on les vanne.

R

RAVES se multiplient de graine qui est ronde, mediocrement grosse & rougeâtre, minime ; elle vient dans une maniere de petites cosses qu'on nomme Coque-sigruës en Provence.

REPONCES ne se multiplient que de graine : ce sont une maniere de petites Raves qui se mangent en Salade, & viennnent sans soin à la Campagne.

RHUE se multiplie de graine, dont la figure ressemble à celle d'un roignon de cocq ; sa couleur est noire & raboteuse : on se sert plutôt de ses boutures & marcotes que de sa graine.

RHUBARBE ne se multiplie que de graine qui est assés grosse, triangulaire, les trois angles étant comme d'un papier fort mince, & ayant une grosseur dans le milieu ou est le germe.

ROCAMBOLE est une espece de petit Ail doux, on l'appelle autrement Ail d'Espagne, qui se multiplie de gousse & de graine, celle-cy grosse à peu prés comme des Pois ordinaires.

ROMARIN est un petit Arbuste fort odoriferant qui se multiplie de graine, & de branches enracinées.

ROQUETTE une des fournitures de Salade se multiplie de graine qui est extrêmement petite, & d'un minime ou tané obscur.

S

SCORSONNERE, ou Salsifix d'Espagne, ne se multiplie que de graine, qui est menuë, longuette & ronde dans sa longueur, blanche, & vient dans une maniere de boulle au haut de la tige montée, & a sa pointe garnie d'une maniere de barbe, comme les Pissenlis.

SALSIFIX commun ne se multiplie que de graine, qui ressemble presque en tout à celle de Scorsonnere hors par la couleur, qui est un peu plus grise, elle est fort longue en ovale, comme si c'étoit des petites cosses toutes rayées, & comme ciselées dans les entre-deux des rayes assez pointuës par les extremitez.

SARIETTE ne se multiplie que de graine, qui est extraordinairement menuë, ronde, lisse & grise.

SAUGE ne se multiplie que d'une maniere de crocettes un peu enracinées.

T

THIM ne se multiplie que de graine qui est fort menuë, & quelquefois on separe les pieds qui font plusieurs rejettons enracinez pour les replanter en bordure, car le Thim ne se met guere autrement.

TRIPE-MADAME se multiplie de graine, & de boutures, ou de rejettons; chaque pied fait plusieurs bras, qui étans separez & replantez prennent aisément. La graine en est grise, longuette, de la figure à peu prés de celle de Persil; il en vient beaucoup sur chaque montant, qui ressemble assez aux montans des Carottes, Panais, &c. Il s'en trouve sept ou huit à part dans une espece de petit calice ouvert, où elles viennent à meurir au sortir d'une fleur d'un jaune olivâtre.

V

VIOLLIERS, tant les doubles que les ſimples, & de quelques couleurs qu'ils ſoient, quoy qu'ils faſſent de la graine dans des petites coques rougeâtres, cependant ils ne ſe multiplient que de rejettons qu'ils font, chaque pied venant inſenſiblement à faire une groſſe touffe, qui ſe partage en pluſieurs petites, leſquelles étant enſuite replantées deviennent aſſez groſſes avec le temps pour être à leur tour ſeparées en pluſieurs autres petites.

VIGNE de quelque eſpece qu'elle ſoit, Muſcat blanc, rouge, noir, Chaſſelas, Bourdelais, Corinthe, Muſcat long, autrement Paſſe-muſqué, &c. ſe multiplient par marcottes, par crocettes, & ſur tout miſes ſur couche, & enfin ſe multiplie par greffe en fente.

CHAPITRE III.

Pour expliquer tout ce qu'on peut tirer d'un bon Potager dans chaque mois de l'année, & tout ce que le Iardinier y doit & peut faire dans chacun de ces mêmes mois.

L'Experience des pays chauds nous apprend bien que la terre priſe en general peut preſque en tout temps produire de toutes choſes ſans aucun ſecours extraordinaire, puiſque actuellement il n'eſt point de ſaiſon dans l'année qu'elle n'y produiſe; mais par une experience toute contraire, nous voyons icy que nôtre climat eſt trop froid pour nous donner une ſemblable fertilité; & cependant comme il n'y a gueres de jours que l'homme ne doive tirer de ſon Jardin une partie de ſa nourriture & de ſa ſubſiſtance, il eſt de l'induſtrie des Jardiniers de faire en ſorte, que pendant les cinq ou ſix mois que la terre agit aiſément par les faveurs du voiſinage du Soleil, non ſeulement elle produiſe pour lors de quoy ſatisfaire amplement à nos beſoins journaliers, mais auſſi qu'elle fourniſſe en même tems une proviſion ſuffiſante pour les cinq ou ſix mois qu'elle eſt, pour ainſi dire, percluſe de ſes fonctions ordinaires.

Or parmy les mois steriles & malheureux, ceux qui communément s'opposent le plus à la culture, sont la derniere quinzaine de Novembre, tout Decembre, tout Janvier, & la premiere quinzaine de Février; la violence des gelées, qui dans ce temps-là ont accoûtumé d'endurcir & de refroidir la terre, & l'abondance des neiges qui ont accoûtumé de la couvrir, font entierement cesser toutes les operations vegetatives, en sorte que la terre la plus fertile devient entierement semblable à celle qui l'est le moins.

Nonobstant tous ces empêchemens il y a encore assez d'ouvrages qu'on peut faire en Hyver, pour ne tomber pas tout-à-fait dans l'oisiveté, & il y a aussi beaucoup de secours qu'on peut en ces temps-là tirer de son Jardin, pour éviter la grande disette; j'ay resolu d'expliquer le détail de chacun de ses ouvrages, & de chacun de ses secours pendant chacun des douze mois de l'année, & ainsi je crois devoir commencer par celuy d'entr'eux, qui passant pour le premier fait le commencement & l'ouverture de l'année.

OUVRAGES QU'ON PEUT FAIRE dans un Potager pendant le mois de Janvier.

TAiller toutes sortes d'Arbres, soit en Buisson, soit en Espalier, en preparer quelques-uns pour les planter dés que la terre cessera d'être endurcie par les grandes gelées, ou d'être couvertes par les neiges.

Faire des tranchées pour planter des Arbres, faire des foüilles de terre pour les amander; foüiller aux pieds des Arbres, soit trop vigoureux pour leur tailler les grosses racines, & par ce moyen les mettre à fruit, soit aux pieds des infirmes pour les racommoder.

Faire des couches pour y semer des Concombres hâtifs, & des Salades, soit par rayon, soit sous cloche, faire des paillassons pour couvrir au besoin ces sortes de semences; les premieres couches pour le plan de Concombres se font dés les premiers jours du mois, & en même temps pour les Melons. On peut faire des couches à Champignons.

Réchauffer des Asperges.

Réchauffer des planches d'Oseille, de Patience, de Bourrache, &c.

Elever sur couche des Jacinthes, des Narcisses de Constantinople, quelques Tulippes, &c.

Faire du treillage pour des Espalliers.

Détruire les couches de l'année precedente, en prendre les fumiers pourris, & les porter sur les Terres qu'on veut amander.

Mettre les Terreaux à part, afin de les preparer pour les couches, & ainsi on peut nettoyer la place des couches, pour y en faire de nouvelles dans la saison.

Lier avec du pleïon le haut des feüilles des grandes Laituës qui n'ont pas pommé pour les faire pommer, & tout au moins blanchir, quand elles sont assez fortes pour cela.

Elever des Fraises sur couche, pour en avoir au mois d'Avril & de May.

Réchauffer des Figuiers, pour avoir des Figues de bonne heure.

Enfin avancer de faire petit à petit tout ce que le Printemps a accoûtumé de faire faire avec un empressement extraordinaire.

Emmanequiner des Arbres, empoter & encaisser des Figuiers, marcotter de la Vigne & des Figuiers, ôter aux Arbres fruitiers la mousse, s'ils en sont attaquez : cela se fait par les temps humides avec le dos d'un coûteau, ou autre outil semblable.

Ce seroit peu de chose de sçavoir ce qu'il faut faire si on ne sçavoit la maniere de le bien faire, c'est pourquoy j'avertis, que pour avoir l'intelligence de la maniere de tailler, il la faut prendre dans le Livre 4. qui en traite à fonds, & ainsi je n'en diray rien icy davantage.

Et pour ce qui est de la maniere de faire des couches, il faut premierement sçavoir qu'on ne les fait qu'avec de grand fumier de Cheval, ou de Mulet, & que ce fumier doit être ou entierement neuf, ou au plus mêlé à peu prés le tiers de vieux, pourveu qu'il soit sec, & point pourri ; car celuy qui est pourri, non plus que le fumier des Bœufs, des

des Vaches, des Cochons, &c. n'eſt nullement propre à faire des couches, tant parce qu'il a peu, ou point de chaleur, ce qui eſt le plus neceſſaire aux couches, que parce que d'ordinaire ces ſortes de fumiers pourris ſont accompagnez d'une méchante odeur, qui ſe communique aux plantes qu'on éleve ſur couche, & les rendent de mauvais goût.

Par grand fumier neuf, on entend celuy qui eſt nouvellement ſorti de deſſous les Chevaux, & ne leur a ſervi de litiere qu'une nuit ou, deux au plus.

Par grand fumier vieux, on entend celuy qui dans le temps qu'il a été neuf, a été mis en pile dans un lieu ſec, où il a paſſé l'Eſté, en attendant le temps d'être employé, ſoit à faire contre le froid de l'Hyver des couvertures aux Figuiers, aux Artichaux, aux Chicorées, &c. ſoit à faire des couches à l'ordinaire, & voicy comme on les fait.

Aprés avoir marqué & reglé la place où la couche doit être, & marqué auſſi avec un cordeau, ou des jallons la largeur qu'elle doit avoir, on y porte un rang de hottées de grand fumier à la queuë l'une de l'autre, à commencer ce rang à l'endroit ou doit finir la couche, ce qui étant fait, le Jardinier commence à travailler par l'endroit où finit le rang de hottées, afin que le fumier n'étant point embaraſſé de rien qui le charge, il y ait plus de facilité à l'employer promptement & proprement : le Jardinier donc prend ce fumier avec une fourche de fer, & s'il eſt un peu adroit, il le retrouſſe ſi habilement, en faiſant chaque lit de ſa couche, que tous les bouts du fumier ſe trouvent en dedans de cette couche, & que le ſurplus fait une maniere de dos en dehors : le premier lit étant fait quarément de la largeur reglée, qui eſt d'ordinaire de quatre pieds, & de telle longueur qu'il a été trouvé à propos, le Jardinier fait enſuite le deuxiéme & le troiſiéme, &c. les battant du dos de ſa fourche, ou les trepignant pour voir s'il n'y a point de défaut, afin d'y remedier ſur le champ, la couche devant être également garnie par tout, en ſorte qu'il n'y ait aucune partie plus foible l'une que l'autre : cela fait il continuë ſa longueur reſoluë, & toujours par lits, comme il a été dit, jusques à ce que la couche ait la longueur & la largeur, & la hauteur qu'elle doit avoir : cette hauteur est regulierement de deux à trois pieds quand on la fait, & se diminuë d'un grand pied quand elle est affaissée.

Or sur le fait de ces couches il y en a qui sont pour élever, & avancer en de certaines saisons de l'année quelques plantes que nôtre climat ne sçauroit produire en pleine terre ; par exemple pour élever des Raves, des petites Salades, des Fraises, des Concombres, des Melons, &c. & pour y parvenir on fait des couches pendant les mois de Novembre, Decembre, Janvier, Février, Mars, & Avril ; ces couches doivent être chargées d'une certaine quantité de terreau bien menu, comme il sera dit cy-aprés, & doivent avoir assez de chaleur pour en pouvoir communiquer à ce terreau, & aux Plantes qui y sont nourries ; ainsi ces couches qui sont une invention du Jardinier contre le froid, c'est à dire contre le cruel ennemy de la vegetation, doivent être bien faites.

En second lieu, il y a d'autres couches qui doivent servir à faire des Champignons dans toutes les saisons de l'année, & de celles-là on en peut faire à chaque mois, quoy qu'elles n'agissent qu'environ trois mois aprés qu'elles ont été faites, & c'est lors que leur grande chaleur ayant entierement fini, elles sont chancies en dedans ; on fait celles-cy dans la terre neuve & sabloneuse, dans laquelle on a fait une tranchée d'environ six pouces de profondeur, ensuite on les couvre de deux ou trois pouces de cette terre, on les fait en dos d'Asne, & par dessus la couverture de terre on y en met une autre de cinq à six pouces de grand fumier sec, qui sert en Hyver pour garentir les Champignons de la gelée qui les ruine, & en Esté pour les garentir du grand chaud qui les grille, & même pour éviter le desordre de ce grand chaud on fait encore deux ou trois fois la semaine de legers arrosemens sur ces couches à Champignons.

A l'égard de la largeur de ces couches, elle doit être en toutes de quatre pieds, & la hauteur doit être de deux à trois quand on les fait ; elle se baisse ensuite d'un bon pied, quand la grande chaleur de la couche est passée : pour ce qui est de la longueur, elle dépend de la quantité de fumier qu'on a pour y employer ; ainsi il s'en fait de plusieurs longueurs. Toutes les couches doivent être à peu prés semblables pour la hauteur & la largeur.

La difference qu'il y a d'ailleurs entre celles qui doivent produire des Plantes par leur chaleur, & celles qui doivent faire des Champignons, consiste premierement en ce que celles-là ne demandent point d'être enfoncées dans la terre comme les autres qu'on y enfonce d'un demy pied, à moins que ce ne soit pour être ce qu'on appelle couches sourdes, c'est à dire couches tellement enfoncées dans la terre, qu'elles n'excedent nullement la hauteur de la superficie de la terre voisine ; cette difference consiste en second lieu en ce que les premieres doivent regulierement être placées & unies par dessus, au lieu que les autres doivent être en dos d'Asne.

Cette difference consiste enfin en ce que les premieres doivent être chargées d'une assés grande quantité de terreau bien menu d'abord qu'elles sont faites, & il ne faut mettre que fort peu de terre sur les autres ; ce terreau par sa pesanteur contribuë à faire affaisser & échauffer plûtôt les couches. On y en met quelquefois plus, quelquefois moins, par exemple on y en met six à sept pouces, si c'est pour y semer des plantes ordinaires, sçavoir petites Salades, plan de Melons & de Concombres, ou pour planter des Laituës à pommer, & des Asperges à réchauffer, & on y en met un pied, si c'est pour y semer des Raves, & pour y replanter de l'Oseille & des Melons, & des pots de Fraisiers, &c.

Or devant que de semer ou de replanter quoy que ce soit sur une couche nouvellement faite, la premiere precaution qui est à avoir, c'est d'attendre six ou sept jours, & quelquefois dix & douze pour donner le temps à la couche de s'échauffer, & donner ensuite le temps à cette chaleur, qui est fort violente, de se diminuër notablement : cette diminution paroît quand toute la couche s'est affaissée, & qu'enfonçant la main dans le terreau on n'y trouve qu'une chaleur moderée, c'est pour lors qu'on doit commencer à dreſſer proprement le terreau dont on l'avoit chargée: pour dreſſer ce terreau on ſe ſert de quelque ais large d'environ un pied, & on le place ſur les côtez de la couche environ à deux pouces du bord, & tout joignant le terreau, cet ais ainſi placé on le ſoûtient ferme, tant de la main gauche, que du genoux, & de tout le corps, & enſuite avec la main droite on commence par un bout à preſſer ce terreau contre l'ais, & à le preſſer ſi bien qu'on luy faſſe acquerir une maniere de conſiſtance, en ſorte que l'ais étant ôté, quelque meuble que ce tereau ſoit de ſa nature, il ſe ſoûtienne cependant tout ſeul, comme s'il étoit un corps bien ſolide. Quand ce terreau eſt ainſi dreſſé de la longueur de l'ais, on change cet ais de place, pour faire à tous les côtez de la couche la même operation que je viens de dire, & ſi l'ais eſt un peu long, & que par conſequent il ſoit lourd, il faut être deux ou trois perſonnes à travailler tous de la même maniere, & en même temps pour dreſſer ce terreau, ou bien ſi le Jardinier eſt ſeul il faut ſoûtenir cet ais avec de petits bâtons fichez ſur le bord du fumier dreſſé; la choſe étant faite le terreau doit avoir en tout ſens un bon demy pied moins d'étenduë que le deſſous de la couche, & dans ſon quarré long il doit paroître auſſi uni que ſi c'étoit une planche dreſſée en pleine terre; enſuite on ſe doit mettre à employer les couches pour les beſoins qui ont obligé de les faire. Tout y periroit, ou tout y ſeroit en deſordre ſi on y ſemoit, ou ſi on y plantoit plûtôt, ou ſi on attendoit à y ſemer ou planter plus tard; la chaleur de la couche peut durer en état de bien faire dix ou douze jours aprés qu'elle a été ſemée ou plantée, mais ce temps-là paſſé ſi on s'apperçoit que la couche ſe ſoit trop refroidie, il y faut faire avec de bon grand fumier neuf des rechauffemens tout autour, tant pour y renouveller de la chaleur, que pour l'entretenir enſuite dans le bon état où elle doit être, & dans lequel elle étoit quand on a commencé d'y ſemer, ou d'y planter, en ſorte que les Plantes au lieu d'y fondre & d'y perir y augmentent, & profitent viſiblement comme elles doivent; il n'eſt pas trop neceſſaire de dire, qu'un ſeul réchauffement ſert pour deux couches voiſines, quand on en a deux, perſonne ne l'ignore, mais il eſt bon de ſçavoir que ce réchauffement d'entre deux couches doit être beaucoup moins fort, que quand il n'y en a qu'une ſeule, car comme l'intervalle ordinaire qu'on laiſſe entre deux couches, eſt la largeur d'un bon pied pour le ſentier, peu de fumier ſuffit pour remplir cet eſpace, & ce réchauffement eſt reciproquement entretenu dans ſa vigueur par le voiſinage des deux couches qui le bordent ; mais quand la couche eſt ſeule, le réchauffement doit avoir au moins deux pieds de large ſur toute la longueur & hauteur de la couche, & même il doit être aſſez ſouvent plus haut.

Quand on doit renouveller un réchauffement, il n'eſt pas toûjours neceſſaire d'en faire un nouveau, aſſez ſouvent ſans y mêler d'autre fumier neuf il ſuffit de remuer de fond en comble celuy dont eſt queſtion, pourveu qu'il ne ſoit pas trop pourri ; ce remuëment eſt capable de renouveller encore la chaleur pour huit ou dix jours ; il n'eſt beſoin d'y mêler du fumier neuf que quand la pourriture de tout le premier, ou au moins d'une partie fait connoître qu'il n'eſt plus aſſez propre à donner la chaleur neceſſaire aux Plantes qu'on éleve ſur les couches.

Si ce ſont Aſperges, ou Fraiſiers qu'on ait arraché de leurs planches, & enſuite replantez ſur ces couches, & que le froid ſoit à craindre, il les faut couvrir ſoigneuſement avec des cloches de verre, ou avec des chaſſis, & même pour empêcher que la groſſe gelée ne puiſſe pas penetrer au dedans, & y gâter ce qui ſe trouveroit au deſſous, on ſe ſert encore de couvertures de grand fumier ſec, ou de paillaſſons pour mettre par deſſus ces cloches ou, ces chaſſis ; les Plantes ne manquent pas de produire ſur des couches ainſi accommodées, & entretenuës de chaleur par des réchauffemens renouvellez de temps en temps.

Cette maniere eſt aſſez bonne, & aſſez commode pour l'Oſeille ; car étant animée par les chaleurs moderées de la couche elle y pouſſe pendant quelques quinze jours, tout de même que celle qui pouſſe en pleine terre au mois de May, & perit enſuite : mais elle n'eſt pas ſi bonne pour les Aſperges, parce que celles-cy ayant été arrachées, & de puis replantées elles ne font pas de si beaux montans que quand on les échauffe en pleine terre.

Il s'ensuit donc que le meilleur pour les Asperges, & même pour l'Oseille, est celuy de vuider entierement jusqu'à la profondeur de deux bons pieds la terre des sentiers d'entre deux planches (ces sentiers doivent avoir un grand pied de largeur) & ensuite il les faut remplir tout à fait de grand fumier chaud pour échauffer la terre voisine, & si c'est pour des Asperges, il faut couvrir toute la planche avec ce même fumier pour aider à échauffer la terre, & quand les Asperges commencent à pousser, on met des cloches sur chaque pied, ou bien on couvre toute la planche avec des chassis de verre ; il faut aprés cela entretenir la chaleur de ces sentiers, en remuant de fond en comble, ou renouvellant de temps en temps le réchauffement, couvrant de plus avec de grand fumier sec, ou avec des paillassons les cloches, ou les chassis de verre par les raisons cy-devant expliquées à l'occasion des Asperges, ou de l'Oseille sur couche ; les pieds de ces Asperges étant ainsi réchauffez, & trouvans sous ces cloches, ou sous ces chassis un air chaud tout de même que si on étoit au mois d'Avril ou de May, elles naissent d'abord rougeâtres, & enfin deviennent vertes & longues, comme celles que la nature pousse d'elle-même dans les temps chauds & temperez. Le seul inconvenient des réchauffemens est, que comme ils doivent être tres-violens pour pouvoir pénetrer une terre froide, ils alterent & gâtent ces pieds, si bien que les Asperges au lieu de durer une quinzaine d'années à toûjours bien faire, elles ne poussent plus que miserablement, & tout au plus les ayant laissez en repos deux ou trois ans aprés un premier réchauffement, peut-on les réchauffer encore une deuxiéme fois.

Les Fraisiers qu'on réchauffe sur couche commencent en Janvier à pousser leur montant, & enfin fleurissent en Février & Mars, & donnent du fruit en Avril & May ; la meilleure maniere pour les faire, est de les empoter au mois de Septembre dans de la terre assés bonne & assés legere pour les mettre ensuite sur couche au mois de Decembre ; on peut aussi en planter sur couches sans les avoir empotez ; il faut au mois de Mars leur ôter les traînasses, & quelques feüilles s'ils en ont trop, tenir la terre des pots toûjours meuble, & un peu humide, & s'il vient à faire des chaleurs excessives pendant quelques jours de Mars & d'Avril, il leur faut donner un peu d'air du côté du Nord, & les recouvrir la nuit.

Pour avoir de petites salades de Laituë à couper, mêlées de Cerfeüil, Cresson, &c. avec les fournitures de Baume, Estragon, &c. & avoir des Raves, &c. on fait des couches, comme je viens de dire, & on fait tremper dans l'eau un sachet de graines de Laituës environ vingt-quatre heures, aprés quoy on la sort, & on la pend au coin d'une cheminée, ou au moins en quelqu'endroit où la gelée ne puisse pas penetrer, cette graine ainsi moüillée s'égoûte & s'échauffe de maniere qu'elle vient à germer, & pour lors aprés avoir fait sur la couche des rayons enfoncés d'environ deux pouces, & larges d'autant, par le moyen d'un gros bâton qu'on appuye ferme sur le terreau, on seme cette graine germée sur ces rayons, & on l'y seme si épaisse, qu'elle couvre tout le fond du rayon : il en faut un boisseau pour occuper une couche de quatorze toises de long sur quatre pieds de large, & enfin on la couvre d'un peu de terreau qu'on y jette à la main fort legerement ; chaque coup de main fait adroitement, doit couvrir un rayon autant qu'il le faut, & par dessus cela on met, ou des cloches, ou du pleïon qui empêchent que les oyseaux ne la mangent, & que la chaleur ne s'évapore, & que la gelée en la détruisant ne gâte la semence ; on ôte ce pleïon quand la semence commence au bout de cinq ou six jours à bien lever, & enfin cette petite Laituë dix ou douze jours aprés est d'ordinaire assez grande pour être coupée au coûteau, & mangée en salade, cela s'entend si les glaces & les neiges, ou même la chaleur de la couche ne sont pas excessives. La même chose se fait pour le Cerfeuil & pour le Cresson, si ce n'est qu'on les doit semer sans les avoir mis tremper.

A l'égard du Baume, de l'Estragon, de la Cive, & autres fournitures on les plante sur la couche de la même maniere qu'en pleine terre.

Pour ce qui est des Raves on ne les met guéres germer,

leur peau eſt ſi tendre, qu'en moins d'un jour la graine deviendroit en boüillie.

J'ay expliqué la maniere de ſemer ces raves dans les Ouvrages de Novembre où il eſt parlé de préparer les ſecours de Janvier, Février & Mars.

Il eſt à propos d'avoir ſemé au commencement de ce mois, ou même en Novembre & Decembre quelque couche de Perſil pour en avoir de nouveau au Printemps, en attendant que celuy qu'on doit ſemer en pleine terre à la fin de Février ſoit venu en ſa perfection.

Pour marcotter la Vigne, les Figuiers, les Groſſeillers, &c. il n'y a autre choſe à faire qu'à en coucher des branches dans la terre, & les recouvrir dans le milieu de cinq, ou ſix pouces de terre, en ſorte que ces branches tiennent toûjours à l'Arbre qui les a produites, & que l'extremité ſorte dehors de cinq ou ſix pouces; les branches ainſi couchées demeurent en cet état juſqu'au mois de Novembre enſuite que s'étant enracinées on les leve, c'eſt à dire on les détache, ou ſévre de l'Arbre, & on les replante aux endroits où on en a beſoin.

Pour emmanequiner, empoter, ou encaiſſer des Arbres, on remplit de terre à demy ces mannequins, ces pots & ces caiſſes, on taille les Arbres de la maniere que j'ay décrite dans le Traité des Plans, & on les plante, mettant les mannequins & les pots tout-à-fait en terre, & laiſſant les caiſſes ſans les mettre en terre.

Pour empoter des oignons de Tubereuſes, Joncquilles, Narciſſes de Conſtantinople, Hyacintes, &c. on les met dans des pots, & ces pots dans des couches chaudes, & ces couches couvertes bien ſoigneuſement avec des chaſſis, des cloches, des paillaſſons, &c.

Pour réchauffer des Figuiers il en faut avoir en caiſſe, faire en Janvier une couche ſourde, mettre les caiſſes deſſus, avoir des chaſſis de verre qui ſoient quarrés, & hauts de ſix à ſept pieds, & qui ſoient faits exprés pour les appliquer contre un mur expoſé au Midy: ce fumier échauffé, échauffe la terre qui eſt dans la caiſſe, & par conſequent fait que le Figuier pouſſe: ou réchauffe cette couche ſourde quand elle en a beſoin, & on prend grand ſoin

ſoin de bien couvrir ces chaſſis pour empécher que le froid n'y pénetre.

Pendant tout le mois de Janvier on continuë de ſemer ſous cloche & ſur couche, des Laituës à replanter de la maniere expliquée dans les Ouvrages de Decembre, & on continuë auſſi d'en replanter ſous cloche, ſoit en Pepiniere, ſoit en place ; & à l'égard des ſemées on peut ne les pas couvrir de terreau ſi on veut, il ſuffit de frapper du plat de la main ſur la couche pour l'aprocher bien prés du terreau : on fait la même choſe à l'égard du Pourpier qu'on ſeme ſous cloche ſur couche, on ne ſçauroit jetter ſi peu de terreau pour couvrir ces petites graines, qu'on n'y en jette trop.

Pour avoir de belles petites Laituës pour la Salade, il faut ſemer ſous cloche de la Creſpe blonde, & la ſemer aſſez clair, & attendre qu'elle ait pouſſé ſa ſeconde feüille avant que de la cueïllir ; il faut ſemer aſſez clair ces graines de Laituës afin qu'elles puiſſent devenir grandes, & ſi on les voit trop épaiſſes quand elles levent, il les faut éclaircir; les principales de ces Laituës pour le Printemps, ſont la Creſpe-blonde, & aprés cela la Royale, la Courte, & ſur tout la Coquille, &c. on ſeme auſſi ſur couche deſſous cloche de la Porrée à replanter, de la Bourrache, de la Bugloze, de la Bonne-dame.

La bonne maniere de faire des tranchées & des foüilles de terre, n'eſt pas, comme on les faiſoit cy-devant, ou l'on jettoit hors de cette tranchée toutes les terres pour les y rejetter : c'étoit manier deux fois inutilement une même terre, & par ce moyen perdre du temps & faire de la dépenſe qui ne ſert de rien.

Ce qui eſt donc à faire, eſt de ſe faire d'abord une jauge de toute la largeur de la tranchée, & de la longueur d'une toiſe, c'eſt à dire jetter ſur l'allée voiſine toute la terre de cette jauge, ce ſera la ſeule terre qu'on maniera deux fois, en ce qu'à la fin de la tranchée il reſtera une jauge vuide, laquelle il faudra remplir de ces terres qui ſont ſorties de la premiere jauge ; cette premiere jauge étant faite, il faut y jetter pour la remplir les terres qui ſont a foüiller, mettant dans le fond ce qui étoit à la ſuperficie, & faiſant une ſuperficie nouvelle de la terre qui étoit dans le fond, ce remuëment fait un talus naturel devant l'Ouvrier, & en cas qu'on ait à fumer cette terre, il faut avoir fait porter le fumier ſur le bord de la tranchée, & qu'en même temps que trois ou quatre hommes foüillent la terre, & la jettent devant eux, il y en ait un ſur le bord de la tranchée qui répande le fumier ſur ce talus ; par ce moyen la terre eſt bien mêlée, & nullement trepignée comme elle eſt chez les Jardiniers, qui font premierement un lit de fumier, & puis un lit de terre, & labourent enſuite le tout, continuant cette maniere de faire des lits de fumier & de terre, & de les labourer l'un ſur l'autre, juſqu'à ce que la tranchée ſoit entierement remplie à demeurer.

OUVRAGES DE FEVRIER.

DANS ce mois cy on continuë de faire les mêmes Ouvrages que ceux du mois precedent, ſi on a eu la prévoyance & la commodité de les y commencer, ou au moins on ſe met à les commencer tout de bon.

C'eſt pourquoy on ſe met à labourer la terre ſi les gelées le permettent, & ſur la fin du mois, ou plûtôt vers la my-Mars, ou même plus tard, c'eſt à dire vers la my-Avril on ſeme en pleine terre ce qui eſt long-temps à lever, par exemple toutes ſortes de racines, Carottes, Panais, Cherüis, Beteraves, Scorſonneres, & ſur tout le Perſil.

On ſeme l'Oignon, le Porreau, les Ciboules, l'Oſeille, les Pois hâtifs, les Féves de marais, la Chicorée ſauvage, & même la Pimprenelle.

Si on a des Laituës à coquille en pleine terre ſemée dés l'Automne à quelque bon abri, on les replante ſur couche ſous cloche pour les faire pommer de bonne heure : on y replante ſur tout les Creſpe-blondes qu'on a ſemé dés le mois précedent, elles réüſſiſſent mieux que les autres.

On commence à la fin du mois à ſemer un peu de Pourpier vert ſous cloche, le doré eſt trop delicat pour y être ſemé devant le mois de Mars.

On replante des Concombres & des Melons, ſi on en a

d'assez forts, & tout cela sur couche à quelque bon abry, soit par des murailles, soit par des brises-vens.

On seme aussi à la fin du mois sur couche des fleurs annuelles à replanter à la fin d'Avril, & au commencement de May.

Et on seme aussi les premiers Choux pommés, si comme on doit, on n'en a pas en pepiniere à quelque bon abry de ceux qu'on doit avoir semé dés le mois d'Aoust, & replanté en Octobre en Pepiniere : on replante ceux-cy en place, prenant grand soin de n'en replanter pas un qui paroisse commencer à monter.

On commence à greffer en fente toutes sortes d'Arbres, on en taille, on en plante, on plante de la Vigne ; & proprement dés la my-Février, pour peu que le temps soit beau, se fait l'ouverture de toutes sortes d'Ouvrages.

On fait seulement les couches dont on a besoin pour Raves ; petites Salades, & pour élever tout ce qui doit être replanté en pleine terre.

On est soigneux pour entretenir les réchauffemens d'Asperges, & de cueïllir celles qui sont bonnes.

Pour entretenir les réchaufemens des Fraisirs sur couche.

On dépalisse entierement les Espaliers pou les tailler plus commodement, & ensuite on les repalisse de nouveau.

En quelque temps que ce soit qu'on cueïlle des Raves, il les faut mettre en botte, & les mettre tremper dans l'eau, ou autrement elles se fanent, & demeurent trop piquantes.

On continuë de planter des Arbres, quand le temps & la terre le permettent.

OUVRAGES DE MARS.

AU commencement de ce mois on s'aperçoit bien qui sont les Jardiniers qui ont été paresseux, en ce qu'ils ne fournissent rien de tout ce que les diligens & habiles fournissent, & en ce que leur terre n'est pas encore pour la plupart ensemencée si le temps a été assez favorable pour cela, il n'y a plus de temps à perdre pour les premieres semences qui sont à faire en pleine terre, & dont nous avons parlé pour les Ouvrages de la fin de Février ; les bons Jardiniers doivent couvrir de terreau les planches ensemencées de leurs graines, afin que les arrosemens, & les grandes Pluyes ne battent point trop la terre, & n'en endurcissent la superficie, de maniere que les graines ne puissent y lever, ils doivent reborder avec un Rateau leurs planches, afin que l'eau des pluyes & des arrosemens y tienne, & ne s'épande dans les sentiers : enfin pour peu qu'ils ayent l'esprit de propreté, ils ôtent sans y manquer toutes les pierres que le Rateau trouve en passant.

La maniere de faire que les graines soient bien couvertes de terre, est de herser, c'est à dire mouver extrêmement cette terre ensemencée, ce qui d'ordinaire se fait avec une fourche de fer.

On fait à la my-Mars sans plus tarder les couches pour replanter les premiers Melons.

On seme en pleine terre à quelque bon abry tout ce qui doit être replanté en pleine terre, par exemple des Laituës, tant du Printemps, que pour replanter à la fin d'Avril, & au commencement de May, sçavoir les Crepes-blondes, les Royale & Belle-garde, la Perpignane qui est verdâtre, l'Alfange, les Chicons, la Gene-verte, & la rouge & la blonde, elles sont prés de deux mois en terre, devant que d'être assez fortes pour replanter, & on seme des Choux pommez pour l'arriere saison, & des Choux-fleurs pour en planter en place à la fin d'Avril, & au commencement de May, & s'ils sont trop serrés, on en replante en Pepiniere pour les faire fortifier, &c.

On seme des Raves en pleine terre parmy toutes les autres semences qu'on fait, elles n'y gâtent rien, elles sont bonnes à cueïllir au commencement de May, devant que ny les Oseilles, ny le Cerfeüil, ny le Persil, ny la Ciboule, &c. soient assez fortes pour en être incommodées.

On seme de la Bonne-Dame en pleine terre.

On seme à la my-Mars des Citroüilles sur couche pour les replanter au commencement de May.

Il n'y a rien d'ordinaire de bon à replanter en pleine terre au sortir de la couche, que dans la fin d'Avril, ou dans le commencement de May si ce n'est des Laituës, *il* faut que la terre ſoit un peu échauffée pour y aller mettre ce qui vient de deſſus une couche, où les plans avoient encore un peu de chaleur, ou autrement tout y pourrit.

On acheve de tailler & de planter dans le cours de ce mois tous les Arbres des Jardins, & même les Groſeillers, Framboiſiers, &c. Il eſt fort à propos d'attendre à tailler les Arbres vigoureux juſqu'à ce qu'ils ayent commencé à pouſſer, tant pour leur faire perdre leur premiere force, que pour ne pas perdre quelques boutons à fruit, qui ne paroiſſent pas, & qui s'achevent au Printemps.

On enleve à l'entrée du mois en motte le plan des Fraiſiers, qu'on avoit en Pepiniere pour en faire des planches & des quarrez à demeurer, & pour regarnir ceux où il manque quelque choſe.

On ſeme dans quelque baquet plein de terreau, ou à quelque abri en pleine terre, de la graine de Paſſe-pierre; elle eſt d'ordinaire pour le moins deux mois à lever, & quand elle eſt aſſez forte, on en replante le mois de May, on attend même quelquefois à l'année d'aprés pour la replanter dans les pieds de murs.

On ſeme pour la troiſiéme fois un peu plus de pois, car aſſeurément il en faut ſemer un peu dans chaque mois de l'année, & ceux-cy doivent être de ces gros pois quarrés.

On a quelques Champignons, ſoit de couches faites exprés pour cela, ſoit de quelques endroits bien fumez.

On ſeme dés le commencement du mois quelque peu de chicorée fort claire, pour tâcher d'en avoir de blanche à la Saint Jean.

Quand on ſçait que les ſentiers des couches, ou des Aſperges ont été faits de fort grand fumier, & qu'il n'y paroît pas aſſez de chaleur, & qu'il fait grand chaud, il eſt à propos de les arroſer raiſonnablement, afin que cette paille étant ainſi moüillée ſe puiſſe réchauffer plus aiſément.

On ſeme à la fin du mois, ou plûtôt vers la my-Avril un peu de Celeri en pleine terre, pour en avoir de tardif au mois d'Aouſt & de Septembre, le Celeri eſt d'ordinaire prés d'un mois à lever, & on en ſeme en même temps un peu ſur couche, pour en avoir de hâtifs.

On laboure les pieds des Arbres fruitiers pour avoir achevé de les labourer devant qu'ils ſoient en fleur : la gelée eſt plus dangereuſe dans les terres fraîches labourées, que dans les autres.

On commence à découvrir un peu les Artichaux, & on ne commence gueres à les labourer que quand la pleine Lune de Mars eſt paſſée, elle eſt d'ordinaire fort dangereuſe, tant pour eux que pour les Figuiers, & ainſi à l'égard de ceux-cy, il ne faut pas encore les découvrir tout-à-fait, c'eſt aſſez qu'ils le ſoient à demy, & on leur ôte le bois mort, ſoit qu'il ait été gelé, ſoit qu'il ſoit mort d'une autre maniere.

A la my-Mars, ou même devant, ſi le temps eſt un peu doux, on commence à ſemer ſur couche ſous cloche du Pourpier doré, & on continuë d'en ſemer du vert.

On replante en place les Choux pommés & les Choux de Milan, qu'on doit avoir mis en Pepiniere à quelque bon abri dés le mois de Novembre, & on n'en plante aucun de ceux qui commencent à monter, c'eſt à dire à allonger leur tige.

On ſeme ſur quelque bout de planche en pleine terre de la graine d'Aſperges en Pepiniere, pour en avoir ſa proviſion, & cela ſe ſeme comme les autres graines.

On plante les quarrés d'Aſperges dont on a beſoin, & on prend pour cela, ou du beau plan d'un an, ou du plan de deux.

La maniere de planter le plan d'Aſperges eſt de mettre deux ou trois pieds enſemble, étendre proprement leurs racines ſans les rogner que fort peu ſi on ne veut, & enſuite les couvrir de deux ou trois pouces de terre, les planter en échiquer à un pied & demy l'un de l'autre : la planche doit avoir pour l'ordinaire quatre bons pieds de large pour y en mettre trois rangs, mais ſi on a deſſein d'en réchauffer l'Hiver, il ne faut faire les planches que de trois pieds; & il eſt à remarquer que ſi on eſt en terre ſéche, il faut creuſer la planche d'un bon fer de bêche, & par ce moyen élever les ſentiers en dos de bahu : cette terre ſert à recouvrir petit à petit, d'année en année le plan qui ſe fortifie, & sort pour ainsi dire de terre ; que si on est en terre humide & fort fraiche, le mieux est de ne point creuser la planche, & au contraire la tenir un peu plus haute que le sentier, afin que les eaux d'Hyver y descendent, & ne fassent pas pourrir le pied, qui ne craint rien tant que la trop grande humidité : il faut soigneusement sarcler pendant l'Esté les Asperges, tant jeunes que vieilles, & en ce mois de Mars devant qu'elles commencent à sortir de terre, il leur faut donner un petit labour d'environ un demy-pied de profondeur, pour donner plus de liberté de sortir aux jeunes Asperges.

Les Raves semées à champ sur couche, ne sont d'ordinaire ny si belles, ny si bonnes que celles qui sont semées dans des trous, & sont plus sujettes à devenir creuses & cordées.

On fait encore quelques couches pour des Raves, afin d'en avoir jusques à ce que celles de pleine terre commencent à donner à l'entrée de May : tous les autres mois de l'année en produiront assez en pleine terre, si on prend soin d'en semer de temps en temps, & peu chaque fois, & que sur tout on les arrose amplement.

Au commencement du mois ira le temps de replanter ce qu'on veut faire monter en graine, le Porreau, l'Oignon, & sur tout le blanc, les gousses-d'Ail, la graine & les gousses d'Echalottes, les Choux blancs, les Pancaliers, &c. On lie les Laituës qui devroient pommer, & ne le font pas ; ce lieu les fait en quelque façon pommer par force.

Semer la graine de Giroflée panachée sur couche devant la pleine Lune pour la replanter en May : semer les fleurs annuelles aussi sur couche pour les replanter à la fin de May, sçavoir les Passe-velours, les Oeillets d'Inde, les Rozes-d'Inde, les Belles-de-nuit.

On acheve de planter les Arbres, soit en place, soit en manequin.

On donne le premier labour à toutes sortes de Jardins, tant pour les rendre agreables pendant les Fêtes de Pâques, que pour disposer la terre à toutes sortes de plans & de semences.

On met en terre les Amandes qui ſont germées, & on leur rompt le germe devant que de les planter.

On ſeme dans les parterres de la graine de Pavos, & de pieds d'Alloüette, qui fleuriront aprés ceux qui ont été ſemez en Septembre.

On plante les Oculus-Chriſti.

On ſeme vers le vingt du mois ſur couche des Capres-Capucines, pour en replanter un mois aprés à quelque bonne expoſition, ou au pied de quelque Arbre.

OUVRAGES D'AVRIL.

IL n'y a point de mois dans le cours de l'année où il y ait plus à travailler aux Jardins que dans celuy-cy, la terre commence d'être tres-propre, non ſeulement à être labourée, mais à recevoir tout ce qu'on y peut planter ou ſemer, Laituës, Porrée, Choux pommés, Bourrache, Bugloſe, Artichaux, Eſtragon, Baume Violette, &c. Devant le mois d'Avril elle eſt encore trop froide, aprés le mois d'Avril elle commence d'être trop ſéche : on regarnit les places où les Arbres nouveaux plantés ne promettent pas un bon ſuccés, ſoit par la gomme, ſi ce ſont fruits à noyau, ſoit par de miſerables petits jets en toute ſorte de fruitiers : mais pour cette importante reparation il faut avoir élevé des Arbres en manequin, l'habile curieux n'y manquera jamais, il aura même le plaiſir de mettre de ces Arbres tout auprés de ceux qui ne ſont pas bien leur devoir, en cas que leur mort ne ſoit pas tout-à-fait aſſeurée ; ſi elle eſt évidente on les arrache abſolument, afin qu'ils faſſent place à ces nouveaux qu'on leur veut ſubſtituer, & pour cela on prend des temps ſombres & pluvieux.

On fait la ſeconde taille aux branches des Pêchers, j'entens uniquement les branches à fruit pour les racourcir juſques ſur l'endroit où il y a du fruit noüé, & ſi quelques-uns de ces Pêchers ont fait ſur des branches hautes de fort gros jets, comme il arrive quelquefois aprés la pleine Lune de Mars, on les pince pour les faire multiplier en en branches à fruit, & les tenir bas quand on en a besoin, qu'ils ne s'élevent pas si-tôt.

Les Pois semez en bonne exposition dés la my-Octobre doivent commencer vers la my-Avril au moins à faire leurs premieres fleurs, & par consequent il les faut pincer : la fleur vient d'ordinaire aux pois du nombril de la cinq ou sixiéme feüille, & du même endroit il en sort un bras qui s'allonge infiniment, & fait à chaque feüille une couple de fleurs semblable aux premieres, & ainsi pour fortifier les premieres on coupe ce nouveau bras immediatement au dessus de la seconde fleur.

On continuë de tailler les Melons & les Concombres, de réchauffer les vieilles couches, d'en faire de nouvelles, & de semer des Concombres pour en avoir à replanter en pleine terre qui puissent donner sur la fin de l'Esté, & sur le commencement de l'Automne.

On fait quelques couches de Champignons en terre neuve ; j'ay dit ailleurs la maniere de les faire.

C'est dans ce mois qu'est la Lune, qu'on appelle vulgairement la Lune rousse, elle est fort sujette à être venteuse, froide & séche, & il en perit beaucoup d'Arbres nouveaux plantez, si on n'a grand soin de leur arroser le pied une fois par semaine, & pour cela on fait un cerne de trois ou quatre pouces de profondeur au tour du pied, à l'endroit où on peut juger que sont les extremitez des racines, & on verse dans ce cerne une cruche d'eau, si l'Arbre est petit, ou deux & trois, s'il est plus grand, & quand l'eau est imbibée, on remet si on veut la terre dans le cerne, ou bien on le couvre de quelque fumier sec, ou herbes nouvellement arrachées, pour recommencer une fois la semaine pendant les grandes sécheresses.

On sarcle, c'est à dire on arrache les méchantes herbes qui viennent dans les bonnes semences, on fait la même chose aux Fraisiers, aux Pois, aux Laituës replantées, & même on serfoüit tout cela pour ameublir la terre, & donner de l'ouverture aux premieres pluyes qui viendront.

A la my-Avril on commence à semer un peu de Chicorée blanche en pleine terre pour y blanchir en place, pourveu qu'elle soit bien clair semée, rien ne monte si aisément en graine que cette Chicorée.

On ſeme en place à la my-Avril les premiers Cardons d'Eſpagne, & on ſeme les ſeconds au commencement de May ; les premiers ſont d'ordinaire un mois à lever, les autres ſont environ quinze jours.

On ſeme encore de l'Oſeille dans ce mois, ſi on n'en a pas ſa proviſion, & on la ſeme, ſoit en planche, & cela par rayons, ce qui eſt aſſez propre, ou à plein-champ, ce qui eſt le plus ordinaire, ou bien on en ſeme ſur le bord des quarrés pour ſervir de bordure.

On en replante auſſi par rayons de celle qu'on a d'ailleurs, & qui n'a qu'environ un an, & ſur tout de celle de la grande eſpece, ſoit que la neceſſité en ait fait détruire quelque planche, & qu'on ne la veüille pas perdre, ſoit qu'on le faſſe à deſſein.

On fait la même choſe pour du Fenoüil, pour de l'Anis, & ſi les grands vents & le froid ne l'empêchent pas, on commence à donner un peu de l'air aux Melons qui ſont ſous cloche, pour continuër de leur en donner petit à petit davantage juſqu'à la fin de May qu'on ôte tout à fait les cloches ſi on eſt en bon climat : on ſe ſert de trois petites fourchettes pour élever chaque cloche, autrement le plan s'y eſtiolle, & ſi aprés y avoir donné un peu d'air, le froid eſt capable de gâter les bras & les feüilles qui ſortent, on prend ſoin de les couvrir d'un peu de litiere ſéche.

A la fin du mois on replante des Raves priſes ſur les couches où on en a élevé, afin d'en preparer une bonne proviſion de graine, & on choiſit pour cela celles qui ont le navet le plus rouge, & le moins garni de feüilles ; on n'a qu'à faire dans une ou pluſieurs planches un trou avec un plantoir, & y fourrer la Rave, & preſſer enſuite la terre contre la Rave, les trous ſeront à un pied l'un de l'autre, & enſuite on les arroſe, ſi la pluye n'en épargne pas la peine.

On choiſit parmy les Laituës pommées, tant celles d'Hyver, qui ſont la Coquille & la Jeruſalem, que les Crêpe-blondes élevées ſur couche & ſous cloche, une partie de celles qui ſont les plus belles, pour les planter toutes enſemble dans quelques planches à un pied l'une de l'autre, afin qu'elles y montent en graine : cela ſe plante auſſi avec le plantoir.

On plante des bordures de Thim, Sauge, Marjolaine, Hisope, Lavande, Rhuë, Absinthe, &c.

On replante des Laituës du Printemps pour pommer, & voicy à peu prés leur ordre & leur suite, la Crêpe-blonde est la premiere & la meilleure comme la plus tendre & la plus delicate, mais il luy faut de la terre douce & legere, ou sur tout une couche pour y en planter sous cloche dés le mois de Février, & pendant tout le mois de Mars, & le commencement d'Avril, la grosse terre ne luy convient pas, elle n'y grossit point, & au contraire elle y fond: la Crêpe-verte, la Laituë-George, la Petite-rouge, la Royale, la Belle-garde, & la Perpignante suivent aprés: la Royale est une tres-belle & grosse Laituë, qui ne differe de la Belle-garde, qu'en ce que celle-cy est un peu plus crêpée, la Capucine, la Courte, & l'Aubervilliers & l'Autriche leur succedent, & ne montent pas si aisément en graine que les precedentes: enfin viennent les Alfanges, les Chicons & les Imperiales, qui sont Laituës à lier: la Laituë de Genne, tant la rouge que la blonde & la verte sont les dernieres pour l'Esté; il en faut replanter beaucoup dés le commencement de May pour être bonnes vers la Saint Jean, & tout le reste de l'Esté; c'est de toutes les Laituës celle qui resiste le mieux aux grandes chaleurs, & qui monte le plus difficilement, & ainsi pour en élever de la graine il en faut avoir semé sur couche, sous cloche dés la fin de Février pour en avoir de bonnes à replanter à la fin d'Avril.

La Royale recommence d'être bonne à replanter à la my-Septembre, pour fournir avec la Genne le reste de l'Automne: on seme dés la fin d'Aoust la Coquille, ou Laituë d'Hyver, pour en avoir à replanter au mois d'Octobre & de Novembre pour l'Hyver.

Il est difficile de faire des descriptions de chacune de ces especes de Laituës pour les faire connoître par là, leur difference ne consistant gueres qu'à avoir la feüille un peu plus, ou un peu moins verte ou frisée: c'est assez que les curieux en sçachent le nom pour en demander de l'espece à leurs amis, ou en acheter aux Marchands; l'usage apprend à les connoître, les deux Crêpées sont ainsi nommées à cauſe que leurs feüilles ſont friſées ; les Laituës qu'on nomme rouges ſont aiſées à connoître par leur couleur ; la Coquille a la feüille fort ronde avec une grande diſpoſition à ſe fermer en coquille.

Il y a une infinité d'eſpeces de Laituës ; les plus miſerables ce ſont celles qu'on appelle Langues de chat, elles ſont fort pointuës, & ne pomment point : la Laituë d'Aubervilliers devient extraordinairement dure, & n'eſt guere bonne pour les Salades, elle eſt meilleure pour le potage, elle a cependant une grande diſpoſition à être amere.

Il ne faut pas manquer de ſemer de quinze jours en quinze jours un peu de Laituë de Gennes, pour en avoir toûjours de bonne à replanter pendant tout l'Eſté juſqu'à la my-Septembre.

Il faut ſoigneuſement, & ſur tout pendant la pluye faire la guerre aux Limaſſons & aux Limaſſes qui ſortent des murailles, où ils ſe forment de nouveau, ils font un grand ravage à brouter les nouveaux jets des Arbres, des Laituës nouvelles plantées, & les Choux pareillement replantez tout de nouveau.

Si les Roux-vents regnent, comme c'eſt leur ordinaire pendant ce mois-cy, il faut arroſer amplement & ſoigneuſement tout ce qui eſt du Potager, à la reſerve des Aſperges.

On continuë de tailler les Melons & les Concombres, on en plante de nouveaux ſur des couches nouvelles au commencement du mois, & même on en ſeme en pleine terre dans de petites foſſes pleines de terreau, & qui ſoient ſemblables à celles dont j'ay cy-devant parlé pour les Cardons.

On cherche de jeunes Fraiſiers dans les bois pour en faire des Pepinieres à quelque endroit du Jardin, on en plante deux ou trois pieds enſemble à quatre ou cinq pouces l'un de l'autre, & cela ſi on eſt en terre ſéche, dans une planche creuſe de deux ou trois pouces pour retenir & conſerver l'eau des pluyes, & des arroſemens, ou à quelque planche voiſine des murs du Nord.

On œilletonne les Artichaux auſſi-tôt qu'ils ſont aſſez fort pour cela, & on plante tout ce qu'on a beſoin d'en planter, deux dans chaque foſſe creuſe de trois ou quatre pouces, & éloignée l'une de l'autre de deux bons pieds & demy ; chaque planche doit avoir quatre pieds de large, pour contenir deux rangées d'Artichaux sur les bords de la planche, & il faut qu'il y ait trois pieds de vuide dans le milieu pour servir à y planter de la Porrée à Cardes, ou même des Choux-fleurs à l'imitation des Maréchez qui sont bons ménagers de leur terre ; les deux pieds d'Artichaux que l'on plante dans chaque fosse, doivent être éloignez d'un bon demy pied l'un de l'autre.

On plante encore des Asperges, & on regarnit les places qui ont manqué, si on peut les connoître d'abord, & on prend soin d'arroser quelquefois les nouveaux pieds.

On lie encore des Laituës qui ne pomment pas comme elles devroient.

On tient les fenêtres des serres d'Orangers ouvertes pendant tous les beaux jours, pour les raccoûtumer au grand air.

On sort vers la fin du mois les Jassemins, & on les taille.

On taille la Vigne dés les premiers jours du mois, si on ne l'a fait dans la my-Mars, & on taille plûtôt celle des Espaliers, que celle qui est en plein air.

On a mis au mois de Mars en terre les Amandes qui ont germé de bonne heure, & on met en ce temps-cy celles qui n'ayant pas germé avec les autres avoient été remises dans du terreau, ou de la terre, ou du sable, &c.

Les Jardins dés le commencement du mois doivent être presque dans leur perfection, tant pour la propreté universelle, que pour voir la terre couverte, soit de toutes les graines qui ont dû être semées, & avoir levé, soit de tous les Plans qu'on y a mis, à la reserve des Chicorées, Celeri, des Choux-fleurs, &c. qu'on ne replante que vers la my-May.

Enfin si on a manqué de faire en Mars tout ce qu'on devoit avoir fait, il le faut faire dés le commencement de ce mois, & particulierement il faut semer le Persil, la Chicorée sauvage, les premiers Haricots : on séme les seconds à la my-May, & les troisiémes à la fin, c'est pour en avoir au bout de deux mois ; on seme aussi d'autres Féves dés la my-Avril.

C'eſt dans ce temps-cy que les Fraiſiers en pleine terre font leurs montans, & qu'il y faut extrêmement prendre garde pour arracher tous les coucous, c'eſt à dire les Fraiſiers qui fleuriſſent beaucoup, & ne nouënt point, je veux même qu'on arrache les Caprons, à moins qu'on n'ait une amitié particuliere pour eux, ils ſont faciles à connoître par leurs gros montans courts & velus, leur fleur tres-large, leur feüille grande, veluë, & preſque picquante, mais pour les coucous il eſt difficile de les connoître, & ſur tout juſques à ce que leurs montans ſoient faits: la plûpart d'entr'eux ſont Fraiſiers qui ont dégeneré, & ainſi les feüilles des bons & des mauvais ſe reſſemblent aſſez, mais ces pieds dégenerez en font enſuite par leurs traînaſſes une infinité d'autres qui ſont tres-beaux, & par conſequent fort trompeurs: ceux qui les connoiſſent s'apperçoivent bien qu'ils ſont un peu velus, & plus verdâtres que les bons, mais enfin ſi on n'eſt extraordinairement appliqué à faire la guerre à ce malheureux Plan, qui impoſe par ſa beauté, on ſe trouve en peu de temps reduit à n'en avoir plus d'autres, c'eſt à luy que convient particulierement le proverbe de *belle montre & peu de rapport*.

On ſeme les derniers Concombres vers le dix ou le douze du mois pour en avoir de tardifs, & pour en avoir à confire en Octobre, cela s'appelle vulgairement cornichons.

Il faut beaucoup pincer les montans de Fraiſiers, & en arracher même quelques-uns de ceux que les pieds foibles font en trop grande quantité; pincer c'eſt ôter les dernieres fleurs, & derniers boutons de l'extrêmité de chaque montant, pour n'y en laiſſer que trois ou quatre au plus de ceux qui ont paru les premiers ſur ces mêmes montans, & qui en effet ſont les plus prés de terre.

C'eſt particulierement vers la fin du mois que commence la Lune de May qui eſt ſi feconde, & ſi vigoureuſe en ſes productions, qu'il faut avec tout le ſoin poſſible parcourir les Eſpaliers, pour retirer de derriere les échalas les branches qui s'y ſont gliſſées, ſoit les menuës, ſoit particulierement les groſſes: c'eſt pendant ce même temps que ſe doit faire la troiſiéme taille des Pêchers, & des autres

Fruits à noyau : la deuxiéme s'eſt faite pendant la fleur pour ôter les endroits qui n'ont pas fleuri, comme on l'avoit eſperé. Dans celle-cy on conte que les fleurs qui doivent noüer ſont noüées, & partant il ne faut icy conter pour Pêches veritables que celles qui ſont bien noüées, & même qui ſont aſſez groſſes ; parce qu'enfin il en tombe aſſez juſques-là, quoy qu'elles paroiſſent être bien noüées ; il eſt donc à propos de racourcir toutes les branches qui ont été laiſſées longues pour fruit, & qui non ſeulement, ou n'en ont point retenu, ou n'en ont retenu que peu, & peut-être pouſſent foiblement, c'eſt à dire font de tres-petits jets, ou ne font ſimplement que des feüilles ; il faut reduire les plus foibles de ces branches à ne faire qu'un ſeul jet, ou deux au plus, & generalement racourcir toutes les branches qui ne paroiſſent pas vigoureuſes, ou paroiſſent brûlées par les roux-vents, & enfin proportionner à l'état naturel de chaque Arbre la charge qu'on luy doit ſelon ſon plus ou ſon moins de vigueur : & ainſi il en faut laiſſer beaucoup aux Arbres vigoureux, & ſur tout s'ils ſont venus de noyaux, & en laiſſer peu à ceux qui ſont foibles, & toûjours avoir en vûë de faire ce qui s'appelle un bel Arbre, prenant ſoin que tant que faire ſe pourra, chaque branche à fruit ait un fruit à ſon extremité : cette troiſiéme taille ſe doit faire devant que de paliſſer, ou au moins en paliſſant.

C'eſt auſſi en ce temps-cy qu'il faut pincer c'eſt à dire rompre à quatre ou cinq yeux les gros jets, qui en quelques Pêchers ſont venus ſur la groſſe taille de l'année, afin de leur en faire pouſſer trois ou quatre mediocres qui ſoient en partie pour fruit, au lieu d'une qui ſeroit reſtée ſeule, & à bois ; cela ſe doit faire particulierement ſur les fort groſſes qui pouſſent à l'extrêmité de l'Arbre haut monté, quand en effet il eſt déja aſſez élevé, cela ſe fait quelquefois, mais rarement ſur celles qui pouſſent en bas quand on a beſoin de garnir quelque vuide qui s'eſt fait auprés de tres-groſſes branches, ſoit jeunes ſoit vieilles qu'on aura racourcies à la taille d'Hyver ; ces groſſes ſont aſſez ſujettes à ne rien pouſſer, ou à devenir pleines de gomme, tant elles-mêmes que les nouvelles qu'elles produiſent au Printemps.

Il n'eſt pas à propos de pincer tous les autres Fruitiers à la reſerve des greffes, qui ayant été faites ſur de gros pieds ont commencé de pouſſer avec beaucoup de vigueur, les jets de telles greffes en deviendroient trop grands, & trop dégarnis, ſi cette operation ne les arrêtoit, & ne leur faiſoit produire beaucoup de branches qui ſe trouveront bonnes; au lieu d'une qui auroit pû demeurer inutile, on a beau pincer hors de telles occaſions, il n'en arrive aucun avantage; le pincer s'étend auſſi quelquefois ſur les Figuiers, mais cela ne ſe fait qu'à la fin de May, comme je l'expliqueray cy-aprés.

OUVRAGES DE MAY.

LEs effets de la vegetation pendant le mois de Mars n'ont été, ce ſemble, que de petits coups d'eſſay de la nature qui ſe prepare à quelque choſe de grand; des Arbres fleuris, des feüilles ſorties, des bourgeons commencés, &c. tout cela marque bien moins de la vigueur que de la foibleſſe. Nous avons vû enſuite augmenter les forces de cette même nature dans les productions d'Avril des Fruits noüés, des jets allongés, des ſemences naiſſantes, &c. mais enfin quand on eſt au mois de May c'eſt tout de bon que cette mer de la vegetation fait paroître ce qu'elle a de veritable vigueur pour s'y maintenir encore dans le mois de Juin & de Juillet, des murailles couvertes de nouvelles branches, des fruits groſſiſſans, la terre toute verdoyante, &c. Et c'eſt pour lors que les Jardiniers ont grand beſoin d'être ſur leurs gardes pour ne voir pas tomber leur Jardin en deſordre: car ſeurement s'ils ne ſont extrêmement ſoigneux & labourieux, tout eſt à craindre pour eux, les méchantes herbes auront en peu de temps étouffé toutes leurs bonnes ſemences, leurs allées deviendront en friche, leurs Arbres tomberont dans la derniere confuſion, & partant c'eſt à eux de veiller avec beaucoup d'application à ſarcler, labourer, nettoyer, ébourgeonner, paliſſer, & par ce moyen ils ſont les maîtres d'avoir la gloire de donner à leurs Jardins tout le luſtre & tout le merite qui leur eſt dû.

Les Pois verds qu'ils ont ſemé en coſtieres au mois d'Octobre vont commencer la recompenſe de leurs peines ; les voilà qui entrent en fleur dans les premiers jours de ce mois (les fleurs durent d'ordinaire huit & dix jours, devant que devenir en plateaux, & trois ſemaines aprés ils demandent à ſortir de leurs coſſes ;) cependant vers le ſept ou huitiéme du mois il faudra planter les Choux-fleurs, les Choux de Milan, les Capres capucines, & les Cardes, des Porrées, &c. ſi on les plante plûtôt, on les voit d'ordinaire monter, ce qu'il ne faut pas ; & enfin pour cela il ne faut pas aller plus loin que le quinze, non plus que pour ſemer les Choux d'Hyver. On acheve le plûtôt qu'on peut d'œilletonner les Artichaux qui ſont forts, & qui ont beſoin d'être déchargez & éclaircis ; on acheve d'en replanter de nouveaux : les œilletons ne laiſſent pas d'être bons, quoy qu'il ne paroiſſe aucune petite racine à leur talon ; pourvû qu'ils ſoient aſſez gros & blancs, on peut s'aſſeurer que la plûpart donneront de beaux fruits en Automne, & dans la verité il eſt à ſouhaiter qu'ils n'en donnent pas plûtôt ; car ceux qui viennent devant ce temps-là ſont d'ordinaire chetifs, & pour ainſi dire avortez ; ce n'eſt pas tout que de planter de bons gros jeunes œilletons, il en faut auſſi planter de mediocres, & ſur tout à quelque bon abry, pour n'y faire autre choſe que ſe fortifier pendant le reſte de l'année, afin qu'ils deviennent en état de pouvoir de bonne heure donner leurs premieres Pommes au Printemps : ceux qui en ont donné l'Automne ne vont pas ſi vîte que ceux-cy : enſuite la Porrée pour Cardes ſe doit planter preſque en même temps, elle eſt bien placée ſi on la met dans le milieu de ces Artichaux, c'eſt à dire un pied de Porrée entre deux pieds d'Artichaux, en ſorte qu'il y en ait dans un rang, & point dans l'autre ; car enfin il faut laiſſer une place libre pour aller arroſer, ſacler, labourer, cueillir, & même couvrir au beſoin.

Les premiers Melons commencent à noüer dans le premier quartier, ou à la pleine Lune de ce mois, mais ſur tout on en voit noüer au décours, ſi les couches ont été bien chaudes pendant la pleine Lune, & qu'elles le ſoient moins à ce décours.

On range en même temps les Figuiers dans la place de la Figuerie, pour les mettre dans la disposition qu'on veut: ils commencent pour lors à pousser leurs feüilles & leurs jets, & enfin leurs fruits grossissent à la pleine Lune.

Vers la fin du mois on commence à palisser diligemment & promptement les nouveaux jets des Arbres, si toutefois ils sont assez forts pour cela, & il est bon d'avoir achevé dans les premiers jours de Juin : car à la fin de Juin il faut recommencer le second palissage des premiers jets, & le premier de ceux qui n'ont pas encore commencé de l'être; on doit même pincer les gros jets qu'on trouvera, soit qu'aprés le premier pincement d'Avril ils n'ayent pas multiplié en branches dans leur étenduë, & au contraire n'ayent fait encore qu'un seul gros jet, soit qu'ils ayent multiplié, & qu'il soit venu quelque jet assez gros pour devoir être pincé, ou autrement ce gros jet seroit inutile & pernicieux, inutile en ce qu'il le faudroit ôter, ou au moins beaucoup racourcir, & pernicieux en ce qu'il auroit, pour ainsi dire, volé une nourriture, qui devoit aller à des jets necessaires: bien entendu qu'il faut en palissant coucher toutes les branches qui le peuvent & doivent être, sans en lier plusieurs ensemble, & sans en ôter, ou arracher aucune qui soit belle, à moins qu'absolument on ne la puisse pas coucher; ce qu'étant il la faut couper à l'épaisseur d'un écu du lieu d'où elle sort, en esperance que des deux côtez de cette épaisseur il en naisse quelques bonnes branches à fruit; il faut aussi éviter d'en croiser aucune, à moins que la necessité de remplir un vuide, & de faire de l'égalité n'y oblige.

Si on a des Arbres qui doivent monter, il faut disposer pour cela la branche qui paroît propre à le faire.

On lie les greffes, soit à leur souche, soit à des bâtons mis exprés, pour leur faire prendre la figure qu'on y veut, & empêcher que les vents ne les rompent.

On seme amplement de la Laituë de Genes, & on en replante, & d'autres aussi.

On ébourgeonne les Poiriers, soit pour ôter des faux jets, s'il y en paroît, ce qui se fait en les arrachant tout-à-fait s'ils font confusion, soit même pour en ôter de bons; mais comme ils pourroient faire cette confusion, qui est tant à craindre dans l'Arbre, il eſt neceſſaire de les ôter pour fortifier ceux qui doivent faire la figure de cet Arbre ; un ſecond jet deviendra bien plus vigoureux, ſi on luy ôte celuy, qui étant à l'extremité de la taille, étoit compté pour le premier.

On ſeme de la Chicorée pour en avoir de bonne à la fin de Juillet : celle-cy peut blanchir en place, c'eſt à dire ſans être replantée, ſi elle eſt clair ſemée & bien arroſée pendant tout le mois ; on prend le temps de quelques pluyes pour replanter les fleurs annuelles en place ; il ne manque guéres d'y en venir, comme auſſi prend-t-on ce temps-là pour remettre des Arbres en mannequin à la place des morts, ou de ceux qui rechignent, ou pour en mettre de ceux dont on n'a pas trop bonne eſperance : la maniere de s'y prendre eſt de faire un trou capable d'y ranger le mannequin, l'y mettre enſuite, garnir ſoigneuſement de terre tout le tour du mannequin, la preſſer même avec le pied ou avec la main, & auſſi-tôt y verſer tout autour deux ou trois cruchées d'eau pour marier parfaitement les terres de dehors avec celles de dedans, en ſorte qu'il n'y reſte pas le moindre vuide du monde : il eſt neceſſaire de recommencer ces arroſemens deux ou trois fois pendant le reſte de l'Eſté.

On replante encore de la Porrée, & on choiſit pour cela la plus blonde de celle qui eſt venuë des dernieres ſemences, elle eſt plus belle & meilleure que la verte.

On continuë la Pepiniere de Fraiſiers juſqu'à la fin du mois, & alors on connoît parfaitement les bons par les montans.

On lie encore des Laituës qui ne pomment pas comme elles devroient.

On ne ſème plus d'autres Laituës que de la Genes paſſé la my-May, toutes les autres montent trop aiſément.

On replante des Melons & Concombres en pleine terre, & cela dans de petites foſſes pleines de terreau ; on plante auſſi des Citroüilles dans de ſemblables trous éloignez de trois toiſes ; elles ont été élevées ſur couches, & afin qu'elles reprennent plutôt, on les couvre de quelque choſe pendant cinq ou ſix jours, à moins qu'il ne pleuve, le grand Soleil les fait faner, & souvent perir.

On continuë de semer un peu de Pois, & ce doit être de ceux de la grosse espece : on rame, si on veut, les autres qui sont forts aprés les avoir bien serfoüis : les Pois ramez donnent plus de fruit que les autres.

On sort les Orangers au premier quartier de la Lune de ce mois, si le temps commence d'être en seureté contre les gelées, & on encaisse ceux qui en ont besoin, il faut voir leur culture dans le Traité fait pour cela ; on a eu soin pendant tous les beaux jours d'Avril de laisser ouvertes les fenêtres de la serre, pour accoûtumer les Orangers au grand air.

On taille les Jasmins en les sortant, c'est à dire qu'on leur coupe toutes les branches à un demy pouce prés.

A la fin du mois on commence à faire les premieres tontures des palissades, des Boüis, des Filarias, Ifs, Espicias.

Sur toutes choses on arrose amplement si le Soleil est chaud, autrement toutes les plantes rotissent, & avec des arrosemens elles profitent toutes à veuë d'œil ; on arrose aussi les Arbres nouveaux plantez, & pour cela on fait un cerne creux de quatre à cinq pouces autour de l'extremité des racines, on y verse quelques cruchées d'eau, & quand elle est imbibée, on remet la terre dans le cerne, ou bien on le remplit de fumier sec pour continuer d'autres arrosemens, jusqu'à ce qu'on voye que les Arbres ont bien pris, & aprés cela on regale la terre.

On peut commencer à replanter du Pourpier pour graine sur la fin du mois.

On continüë de tailler les Melons, & on n'en replante plus passé le mois de May,

Mais on plante encore des Concombres.

On commence à planter du Celery à la fin du mois, & on a deux manieres de le planter, sçavoir dans des planches creuses, comme on fait les Asperges à trois rangs dans chaque planche, mettant les rangs & les pieds de Celery éloignés d'environ un pied, & c'est le mieux quand ils sont un peu forts, pour les pouvoir réhausser de terre par le moyen de celle qu'on a sorti des rayons, & qu'on a élevé sur les planches voisines : ou bien on le replante en pleine terre en la même distance que cy-devant ; & à la fin de l'Automne aprés les avoir liés de deux ou trois liens, on les éleve en mote, pour les replanter tout le plus prés qu'on peut les uns des autres, afin de les couvrir de grand fumier sec plus aisément, & que par ce moyen ils blanchissent mieux, & se deffendent de la gelée.

Vers la fin du mois on commence de lier la Vigne aux échalas, & de palisser les pieds qui sont en Espalier, aprés avoir premierement ébourgeonné tous les jets foibles, inutiles, & infructueux.

On plante des Anemones simples, qui fleurissent un mois aprés ; on a pû en planter tous les mois depuis le mois d'Aoust, & ceux-là fleurissent de même si le grand froid ne les empêche.

Dés le commencement du mois, ou au moins dés qu'il se peut on épluche les Abricots quand il y en a trop, pour n'en laisser jamais deux l'un auprés de l'autre, & donner le moyen de grossir à ceux qu'on y laisse ; on peut faire à la fin du mois le même épluchement aux Pêches & aux Poires si elles sont assez grosses pour cela, & qu'il y en ait trop ; & en ce temps-là, ou au commencement du mois qui suit, on seme les premiers Choux blonds pour l'Automne, & pour l'Hyver : les plus forts qu'on replante en Juillet, se mangent l'Automne, & les plus foibles qu'on replante en Septembre & Octobre, & sur tout ceux qui sont un peu verts, sont pour servir l'Hyver.

Pendant toute la Lune de May les jets des Arbres d'Espalier sont assez sujets à se glisser derriere les échalas, comme j'ay dit au mois d'Avril, & on aura peine à les en retirer sans les casser, si de bonne heure on ne les retire, & si de huit en huit jours on ne fait une reveuë exacte le long des murs, pour remedier à un si fâcheux inconvenient, contre lequel on ne peut avoir trop de précaution ; beaucoup de jeunes jets se broüissent, & beaucoup deviennent tous tortus, tous raboteux, rabougris, & recroquebillez, & leurs feüilles pareillement ; il faut vers la pleine Lune ôter ces feüilles broüies & recroquebillées ; il faut rompre le plus bas qu'on peut les jets rabougris, afin qu'il en vienne quelqu'autre meilleur & plus droit : il faut tailler, les Figuiers, & ſur tout ceux des caiſſes, il y a un Traité particulier pour cette taille.

On continuë à ſemer un peu de Raves parmy les autres ſemences, comme on a dû faire pendant les deux mois precedens.

On prend le temps de découvrir ce qui eſt ſous cloche, ou ſous chaſſis, s'il ſurvient quelques pluyes douces, ou un temps fort couvert, tant pour ſervir d'arroſement, que pour endurcir les planches au grand air.

Si on eſt dans une terre ſablonneuſe & ſéche, on tâche de faire écouler par de petites rigoles ſur les endroits qui ſont en culture, les eaux qui viennent quslquefois par averſe & par orage, pour ne les pas laiſſer inutiles dans les allées, & ſi on eſt dans des terres trop fortes, graſſes & humides, comme celle du Potager nouveau de Verſailles, on les fait ſortir des terres où elles incommodent, pour les faire perdre dans les allées, ou dans les pierrées qui les portent hors du Jardin, & pour cela il faut avoir élevé les terres en dos de bahu.

Pendant tout ce mois il eſt bon de marcoter les Giroflées jaunes, ſoit en plantant des boutures par tout où l'on veut, ſoit en couchant des branches qui tiennent encore à la plante.

Les curieux d'Oeillets pour en avoir de doubles, ſement vers le 5. 6. 7. ou 8. de la Lune de May leurs bonnes graines dans des terrines, ou dans des bacquets, afin qu'au moins elle ſoit germée devant la pleine Lune: cette Lune eſt quelquefois en Juin, & d'ordinaire en May: il faut que ce plan devienne aſſez fort pour être au mois de Septembre replanté en pleine terre, en ſorte qu'ils ayent pris terre devant l'Equinoxe: d'autres ſe contentent de ſemer leurs graines devant l'Equinoxe.

On doit replanter juſqu'à la fin de May des Crêpe-vertes, & des Aubervilliers pour en avoir tout le mois de Juin avec les Chicons & les Imperialles.

Il faut faire la guerre aux gros Vers-blancs, qui dans ce temps-cy détruiſent les Fraiſiers & les Laituës pommées: il faut auſſi ôter les Chenilles vertes qui mangent entierement les feüilles de Groſeillers, & font par là perir les Groſelles.

Il faut aussi à la fin de May éclaircir les racines qui levent trop druës, & replanter ailleurs les arrachées, sçavoir Beteraves, Panais, &c.

On peut planter des Marguerites, des Oreilles d'Ours, & des Narcisses blancs doubles, quoique tous en fleur, cela ne les empêche pas de bien reprendre.

OUVRAGES DE JUIN.

JE redis icy la même chose que j'ay déja redite au commencement des Ouvrages de chaque mois, c'est à dire qu'il faut faire dés l'entrée de celuy-cy tout ce qu'on n'a pu faire le mois precedent; & même il faut continuer tous les mêmes Ouvrages, à la reserve toutefois des couches qui ne sont plus necessaires pour les Melons, mais on en peut faire pour les Concombres tardifs, & pour les Champignons.

On peut encore replanter quelques Artichaux jusqu'au douze ou quinze du mois; ils serviront pour le Printemps suivant, étant bien arrosez; les arrosemens sont inutiles, si l'eau ne penetre pas jusqu'à la racine, & ainsi plus la plante fait des racines profondes, & plus faut-il faire des arrosemens amples, & sur tout dans les terres séches; car dans les terres humides & fortes, il faut arroser, & moins souvent, & plus amplement, par exemple les Artichaux dans les terres legeres ont besoin d'une cruche de deux jours l'un pour chaque pied, & dans les terres fortes une cruche peut servir à trois pieds.

Vers la my-Juin on replante le Porreau à demy pied l'un de l'autre dans un trou creux de six bons pouces, qu'on fait avec un plantoir, & on n'en met qu'un dans chaque trou, sans prendre soin d'aprocher la terre de ce Porreau, comme on fait à toutes les autres plantes qu'on met en terre avec un plantoir.

On continuë de semer de la Chicorée & de la Laituë de Genes, pour en replanter au besoin le reste de l'Esté: on recueille la graine de Cerfeüil qui est la premiere de l'année à monter sur le Cerfeüil semé d'Automne, c'est à dire qu'on coupe tous les montans, & qu'on les laiſſe ſécher : enſuite on les bat comme le Bled, & on vanne la graine de même.

La même maniere ſe pratique pour toutes les autres graines qu'on recueïlle chacune dans ſa ſaiſon, & ſur tout au mois de Juillet & d'Aouſt, prenant grand ſoin d'empêcher que les Oiſeaux, qui en ſont extrêment friands ne les mangent.

On replante des Cardes de Porrée pour en avoir de belles l'Automne, & elles ſont bien dans la place qui reſte dans l'entre-deux des rangs d'Artichaux : il les faut mettre à un pied & demy l'une de l'autre.

Il faut prendre grand ſoin d'ôter les méchantes herbes, qui viennent en abondance, & les ôter ſur tout devant qu'elles grainent, pour éviter la multiplication, qui ne vient que trop d'elle-même ſans ſemer.

Il faut faire ſans plus tarder toutes les tontures de paliſſades, & de boüis, en ſorte qu'elles ſoient faites au moins à la Saint Jean, pour avoir le temps de repouſſer encore devant l'Automne, & arroſer amplement toutes les ſemences des Potagers.

Arroſer amplement & tous les jours les Concombres ſur couche, & les Melons raiſonnablement deux ou trois fois la ſemaine à une demie cruchée pour chaque pied.

Dés la my-Juin on commence à greffer à la pouſſe les fruits à noyau, & ſur tout les Ceriſes en grand Arbre ſur bois de deux ans qu'on coupe à trois ou quatre pouces de l'endroit où ſe doit mette l'Ecuſſon : le bon temps eſt toûjours devant le Solſtice.

Il faut ſouvent labourer les groſſes terres pour ne leur pas donner le temps de s'endurcir, & de ſe fendre : on donne communément un labour univerſel dans tous les Jardins dans ce temps-cy, & le bon temps à labourer pour les terres ſéches eſt un peu, ou devant la pluye, ou immediatement aprés, ou même pendant qu'il pleut, afin que l'eau penetre promptement dans le fond, devant que la chaleur vienne à les convertir en vapeurs : & à l'égard des terres fortes & humides, il faut prendre le temps chaud & ſec, pour deſſécher & réchauffer : les Jardiniers ſoigneux ſon font des rigoles, pour faire entrer au travers de leurs quarrez les averſes d'eau qui viennent en ces tems-cy par les orages, & cela ſur tout ſi leurs terres ſont legeres : ils font le contraire, ſi leurs terres ſont trop fortes, pour faire écouler les eaux hors des quarrez, comme j'ay dit en parlant des ouvrages du mois de May.

Les curieux d'Oeillets ont dû commencer à mettre des baguettes à chaque pied pour ſoûtenir les montans, & empêcher que les vents ne rompent les boutons, & ainſi aux Cedum, &c. & s'ils ne l'ont fait ; ils le font pendant ce mois, & ôtent non ſeulement une partie des petits boutons qui viennent aux Oeillets en trop grande quantité, pour faire fortifier les principaux, mais auſſi la plupart des montans pour n'en conſerver qu'un des plus beaux & des plus propres à faire de belles fleurs.

On fait la guerre aux gros vers blancs, qui détruiſent les Fraiſiers & les Laituës pommées.

On cultive ſoigneuſement les Orangers ſuivant la maniere que j'ay expliqué dans le traité de leur culture.

Le Pourpier ſauvage commence à paroître au commencement de Juin, & dure juſques à la fin de Juillet, il faut prendre ſoin de le bien ratiſſer.

On ôte les Tulippes de terre à la fin du mois : leurs feüilles étant pour lors fanées.

On rame les Haricots.

On ſeme des Pois à la fin de ce mois, pour en avoir dans le mois de Septembre.

OUVRAGES DE JUILLET.

CE mois-cy demande pareillement une grande application, & beaucoup d'activité de la part du Jardinier pour faire ce qu'il n'a pû pendant le mois precedent, & continuer les mêmes ouvrages à la reſerve des couches ; les grandes chaleurs ſans les arroſemens font de grands dégats, & avec de frequens arroſemens font faire des belles productions.

C'eſt dans ce mois qu'on recuëille beaucoup de graines,

& qu'on seme des Chicorées pour l'Automne & pour l'Hyver : on seme de la Laituë Royale pour en avoir de bonne à la fin d'Automne.

On seme encore quelques Ciboules & de la Porrée pour l'Automne, & quelque peu de Raves dans des endroits frais, ou extrêmement arrosez, pour en avoir au commencement d'Aoust.

Si la saison est fort séche, on commence à la fin du mois, à greffer à Oeil dormant sur les Coignassiers & sur les Pruniers.

On commence à replanter des Choux-blonds pour la fin de l'Automne, & pour le commencement de l'Hyver.

On seme de la Laituë Royale.

On seme pour la derniere fois des Pois quarrés à la my-Juillet, pour en avoir en Octobre.

En ce mois particulierement les Pêchers font plusieurs jets ; on commence à la my-Juillet à marcoter les Oeillets, si les branches à marcoter sont assés fortes pour cela ; autrement il faut attendre au mois d'Aoust, & jusques à la my-Septembre.

OUVRAGES D'AOUST.

DEs la my-Aoust on commence de semer les Espinars pour la my-Septembre, & des Mâches pour les Salades d'Hyver, & de la Laituë à coquille, pour en avoir de pommées à la fin d'Automne, & durant l'Hyver.

On replante des Fraisiers en place qu'on a enlevés en mote.

On recueille les graines de Laituës & de Raves, d'abord qu'une partie des cosses paroissent séches ; ensuite on arrache le pied, & on met le tout sécher.

On recueille aussi la graine de Cerfeüil, de Porreau, de Ciboules, d'Oignons, d'Eschalottes, & de Rocamboles.

On seme des Raves en pleine terre pour l'Automne.

A la fin du mois on seme à quelque bonne exposition des Choux pommés, pour les remettre en pepiniere à quelque autre bon abri ; où ils doivent passer l'Hyver, & être replantés en place au Printemps.

On seme tout le long du mois des Laituës à coquilles à quelque bonne exposition, tant pour en replanter à la fin de Septembre, ou au commencement d'Octobre en place & à l'abri, que pour en avoir de toutes endurcies au froid à les pouvoir replanter aprés l'Hyver, soit en pleine terre au mois de Mars, soit sur couche dés le mois de Février, & s'il fait bien froid l'Hyver, il faut les couvrir un peu avec de grande litiere.

On peut semer quelques Oignons pour en avoir de bons l'année suivante dés le mois de Juillet, & il est bon de replanter ceux-là au mois de Mars ensuite.

On arrose beaucoup.

On replante beaucoup de Chicorées à un grand pied l'une de l'autre, & même des Laituës Royales, & des Perpignannes qui sont tres-bonnes l'Automne & l'Hyver.

On seme des Mâches pour le Carême.

On replante encore des Choux d'Hyver.

On tond les palissades pour la seconde fois.

On acheve de palisser, & on commence à découvrir petit à petit les fruits à qui on veut faire prendre beaucoup de couleur, sçavoir les Pêches, les Pommes d'api, &c.

On lie la Chicorée d'un lien ou de deux, ou de trois, si elle est bien grande: celuy d'en haut doit être toûjours plus lâche que les autres, autrement elle creve par le côté en blanchissant.

Dés la my-Aoust on commence à couvrir de terreau les Oseilles qu'on a coupées bien ras, pour les remettre en vigueur; c'est assés d'y mettre un bon pouce de terreau par tout, elles pourroient pourrir si on y en mettoit davantage.

On seme encore de l'Oseille & du Cerfeüil, & des Ciboules.

On arrache les traînasses des Fraisiers, pour conserver les vieux pieds plus vigoureux; & quand il n'y a plus de fruit, ce qui est de la fin de Juillet, ou au commencement d'Aoust, on coupe les vieux montans & toutes les vieilles feüilles, afin qu'il s'en fasse de nouvelles.

On coupe aussi tous les vieux montans d'Artichaux,

les Pommes en étant ôtées.

On seme encore des Epinars à la fin du mois pour le commencement de l'Hyver.

On sort les Oignons de terre, quand les montans commencent à seicher : & on les laisse dix ou douze jours à l'air pour se seicher devant que de les serrer dans le grenier, ou autre lieu sec, ou les mettre en liasse, autrement ils s'échaufferoient étant serrées devant que d'être secs, & se pourriroient.

On cueïlle les Echalottes dés le commencement du mois, & on sort l'Ail de terre.

A la fin d'Aoust les Fleuristes mettent en terre leurs Hiacinthes, leurs belles Anemones, leurs beaux Renoncules, leurs Jonquilles, leurs Totus Albus, & leurs Imperiales.

On fait la guerre aux Mouches ordinaires & aux Mouches guespes qui mangent les Figues, les Muscats & autres fruits ; & pour cela on attache aux branches des Fioles pleines d'eau détrempée avec un peu de miel : ces Mouches attirées par la douceur de ce miel entrent dans le goulot de ces Fioles, & y perissent dans l'eau ; il faut les changer d'eau, d'abord qu'on voit la Fiole presque pleine de ces petits malheureux Insectes.

Quand le premier Oeillet d'un pied est beau, il ne s'ensuit pas que tous les autres le soient : les beautez de l'Oillet sont d'être grand, bien garni, bien rangé, de belle couleur, bien panaché, & fort velonté.

On foule au commencement du mois les montans des Oignons, & les feüilles des Bete-raves, Carottes, Panais, &c. ou bien on ôte les feüilles pour faire grossir ce qui est dans la terre, en empêchant que la seve ne sorte en dehors.

Il fait encore tres-bon marcoter les Oeillets.

OUVRAGES DE SEPTEMBRE.

LA terre des Jardins doit être universellement couverte à la fin de ce mois-cy, en sorte qu'il n'y ait pas un seul endroit où il n'y ait des Plantes Potageres, soit semées, ſoit replantées, ce qui n'eſt pas ſi neceſſaire les mois precedens, tant parce qu'on en reſerve beaucoup pour les Plantes d'Hyver, ſçavoir Laituës, Chicorées, Pois, &c. que parce que certaines Plantes demandent un aſſez long-temps pour ſe perfectionner, & qu'elles n'en auroient pas aſſez devant la fin de l'Automne.

On fait la même choſe qu'au mois precedent.

On fait des couches à Champignons

On replante beaucoup de Chicorées, & lors plus prés à prés, que durant les mois précedens, c'eſt à dire qu'on les met à demy pied l'une de l'autre, parce que les touffes ne viennent plus ſi larges.

Il en faut replanter dans preſque toutes les places vuides dés le commencement du mois juſques vers le quinze, ou vingt; on ſeme à la fin du mois des Epinars pour la troiſiéme fois, & ceux-là ſeront bons en Carême, & même aux Rogations.

On replante encore des Choux d'Hyver, & ſur tout ceux qui ſont d'une eſpece plus verte.

On peut encore à la my-Septembre ſemer quelques planches d'Oſeille, ou en replanter de vieille, elle pourra être aſſez forte devant les premieres gelées.

Pendant tout le mois on met des Fraiſiers de la Pepiniere à la place des touffes mortes, & on les arroſe auſſitôt, comme il faut faire en tout temps les Plantes qu'on replante.

On en met dans les pots vers le vingt, ſi on en veut échauffer l'Hyver.

On greffe vers le quinziéme du mois les Pêchers ſur Amandier, & ſur d'autres Pêchers en place: la ſeve y eſt pour lors aſſez diminuée, pour ne pas noïer les Ecuſſons.

On lie avec de petit oſier, & enſuite on envelope ſoigneuſement vers le quinziéme du mois de grande litiere, ou paille neuve, quelques Cardons d'Eſpagne, & quelques pieds d'Artichaux, pour en avoir de blanchis au bout de quinze ou vingt jours, & il faut prendre garde en les envelopant de les tenir extrêmement droits, autrement ils ſe renverſent, & crevent ſur un des côtez, même pour empêcher que les grands vents ne les couchent ſur le côté, il les faut buter d'environ un bon pied de terre.

On replante sur la fin de ce mois des Choux à pomme en Pepiniere à quelque bon abry, pour en replanter en place incontinent aprés l'Hyver.

On replante depuis le quinziéme du mois jusqu'à la fin, & à la my-Octobre, les Laituës coquilles à quelque bon abry, & sur tout dans les pieds des murs du Midy & du Levant, pour en avoir de pommées au Carême, & dans tout le mois d'Avril ou de May.

On lie d'un lien ou deux par bas le Celery, & ensuite on le bute, soit avec du grand fumier fort sec, soit avec de la terre séche pour le faire blanchir, & on prend soin de ne le point lier que par un temps fort sec ; la même précaution doit être pour tout ce qu'on lie, ensuite on coupe les extremitez des feüilles, afin qu'il n'y monte plus de seve qui y seroit inutile, ainsi elle demeure dans le pied, & le grossit.

On lie aussi les feüilles de quelques Choux-fleurs, dont la pomme commence de paroître formée.

On couvre de terreau les Oseilles coupées.

On seme des Mâches pour le Carême, les Raiponses ne valent pas la peine d'être semées dans un Jardin ; on en trouve assés le Printemps dans les Bleds, & le long des Hayes.

C'est particulierement dans ce mois-cy & pendant tout l'Automne, que toutes sortes de Jardiniers souhaitent de la pluye.

On tâche de faire perir avec des fioles pleines d'eau emmielée, les mouches & les guepes qui mangent les Figues, les Muscats, les Poires, & autres fruits, &c.

On seme des Pavots & des Pieds-d'aloüette dans les Jardins à fleur, pour en avoir qui fleurissent en Juin & Juillet devant ceux qu'on seme en Mars.

Dans ce mois-cy, & le mois precedent on replante de la Chicorée parmy les Laituës à pommer : celles-cy doivent avoir fait leur devoir auparavant que les Chicorées ayent pris leur étenduë ; les arrosemens doivent être ordinaires pendant qu'il fait chaud & sec.

La bonne Chicorée pour l'Hyver, si c'est en terre sablonneuse doit avoir été semée depuis la my-Aoust jusqu'à la saint Lambert qui est le dix-sept de ce mois ; & si c'est en terre forte elle doit y avoir été semée un peu plûtôt, & en tout cas doit être semée fort claire, afin qu'au bout d'un mois elle soit assés grosse pour replanter, c'est à dire grosse à peu prés comme un doigt ; il la faut planter jusqu'à la my-Septembre, & l'espacer de six à sept pouces, afin de la replanter une seconde fois, & plus prés aprés au commencement de Septembre, sans rien couper à la racine qui a fait un peu de mote, deux ou trois doigts avant dans la terre séche & sablonneuse, ou au moins dans de la terre en pente, & la couvrir pendant la gelée, pour empêcher que le froid ne la gâte jusqu'au cœur ; cela étant elle se conserve jusqu'en Carême, au lieu que la Chicorée venuë toute grande devant les grands froids, ne sçauroit se conserver l'Hyver.

OUVRAGES D'OCTOBRE.

ON fait les mêmes Ouvrages qu'au mois precedent, à la reserve des greffes dont la saison est passée ; sur toutes choses on prepare le Celery & les Cardons ; on plante beaucoup de Laituës d'Hyver, & même sur des vieilles couches pour les y pouvoir réchauffer, & en avoir de bonnes vers la Saint Martin.

A l'entrée du mois jusqu'au dix ou douze on seme des Epinars pour en avoir aux Rogations.

Et on seme aussi le dernier Cerfeüil sur terre, afin qu'il soit levé devant les grandes gelées, & qu'il graine de bonne heure l'année suivante.

Dés l'entrée du mois, si on ne l'a fait à l'entrée de Septembre, on se met à défaire les couches, & à faire des meules du fumier le plus chanci, pour y élever des Champignons.

On replante des Choux d'Hyver sur ces meules ; on met à part tous les terreaux, pour s'en servir au besoin dans le temps des nouvelles couches ; & pour ce qui est du fumier le plus pourri, on le porte sur les terres qui sont à fumer.

A la my-Octobre on remet dans la terre les Orangers, les Tubereuses & les Jasmins, on les y range avec quelque ſymetrie agreable, on laiſſe les fenêtres ouvertes le jour, durant qu'il ne gele pas, & toûjours fermées la nuit juſqu'à ce qu'enfin on ferme & calfeutre ſoigneuſement les fenêtres & les portes.

On met les pots de Tubereuſes ſur le côté pour les égoûter, & empêcher que les Oignons n'y pourriſſent.

On commence de planter de toutes ſortes d'Arbres ſitôt que leurs feüilles ſont tombées.

On plante encore beaucoup de Laituës d'Hyver à de bons abris & de bonnes coſtieres à ſix ou ſept pouces les unes des autres, il en perit aſſez pour empêcher qu'on ne diſe qu'elles ſont trop druës.

Vers la my Octobre les Fleuriſtes plantent leurs Tulipes, & tous les autres oignons qui ne ſont pas encore en terre.

Il faut faire les derniers labours des terres fortes, & humides pendant ce mois, ſoit afin de faire perir les méchantes herbes, & donner un air de propreté aux Jardins pendant cette ſaiſon cy que la Campagne eſt la plus viſitée de tout le monde, ſoit pour faire prendre, pour ainſi dire, croûte à ces ſortes de terre, de maniere que les eaux d'Hyver n'y puiſſent pas ſi aiſément penetrer, & qu'au contraire elles puiſſent couler vers les endroits qui ſont dans une ſituation plus baſſe.

On continuë de faire la guerre aux Mouches guêpes qui détruiſent les Figues, les Raiſins, les bonnes Prunes, les bonnes Poires, &c.

On coupe le vieux Cerfeüil afin qu'il repouſſe des jets nouveaux.

Il eſt bon de commencer à ſemer à quelque bon abry au Midy ou au Levant, ou même ſur couche, à la charge de bien couvrir contre la rigueur du froid ce qu'on aura ſemé quand il en ſera temps.

OUVRAGES DE NOVEMBRE.

DAns ce mois cy on commence à faire le Printemps par le moyen des couches ſur leſquelles on ſeme des petites

petites Salades, c'est à dire Laituës à couper, Cerfeüil, Creisson, &c.

On plante des Laituës pour pommer sous cloche, ou sous chassis ; on y replante des pieds de Baume, d'Estragon, de Melisse : on y plante de l'Oseille, de la Chicorée sauvage, du Persil macedoine ; on y seme des Pois, des Féves, du Persil, Pimpernelle, & si le temps est encore assez beau, on acheve de planter des Laituës aux bons abris.

C'est proprement icy le mois du grand travail pour éviter la disette, qui est une compagne ordinaire de la saison morte pour ceux qui ont manqué de prévoyance ; car enfin ce froid ne manque pas de faire de grands ravages aux Jardins des paresseux, & ainsi dés le commencement du mois, quelque beau qu'il fasse, il faut faire porter de grands fumiers secs dans le voisinage des Chicorées, Artichaux, Porrée, Celery, Porreaux, Racines, &c. pour avoir facilité de les répandre en peu d'heures sur tout ce qui en a besoin pour éviter la destruction ; & même dés que le froid commence à se déclarer, il faut commencer tout de bon à la couverture des Figuiers.

C'est le temps propre pour faire toutes sortes de Plans d'Arbres, & de Groseilles, & de Framboises, & il fait bon continuër toûjours jusqu'à la fin de Mars, à la reserve quand il géle bien fort, ou que la terre est couverte de beaucoup de neige.

Pendant tout ce même temps on met des Arbres & Arbustes dans des mannequins qu'on place à quelqu'endroit particulier, & sur tout du côté du Nort ; on y en met de tige, aussi-bien que de nains, & on tient un bon Memoire pour l'ordre des especes : ces mannequins doivent être à demy pied l'un de l'autre, & enterrez si bien qu'il n'en paroisse au plus que le bord d'en haut ; on couche dans ces mannequins les Arbres qui sont destinez pour les Espaliers, tout de même que si on les y plantoit actuellement, & on plante tous droits, & dans le milieu du mannequin ceux qui sont destinez à mettre en plein air.

Dés que les gelées commencent de paroître, on commence d'employer les grands fumiers qu'on a eu soin de faire porter aux endroits où il en faloit, par exemple si c'est pour les Artichaux, on peut les tenir un peu élevez du côté du Nort, pour servir d'un petit abry en attendant qu'on couvre entierement, ou bien qùand on est d'ailleurs fort pressé d'ouvrages on les couvre d'abord, bien entendu que devant que de les couvrir on leur coupe toute la fane. Peu de ce fumier suffit d'abord contre les premieres attaques, & on redouble ces couvertures à mesure que le froid augmente: ceux qui n'ont point de ces sortes de fumiers secs, peuvent se servir de feüilles qu'on ramasse dans les bois voisins.

Si on veut faire blanchir pour Cardes quelques pieds des plus forts de ces Artichaux, on les lie de deux ou trois liens par bas, & ensuite on les envelope de grand fumier sec, ou de paille qu'on relie encore, ainsi que nous avons dit cy-dessus en parlant des Cardons.

Dans les terres séches on bute un peu les Artichaux, cela seroit pernicieux dans les terres humides, car les pieds en pourriroient.

Il est bon de laisser les Artichaux ainsi couverts jusqu'à ce que la pleine Lune de Mars soit passée, elle est d'ordinaire fort dangereuse, & beaucoup de Jardiniers sont cause de la perte de leurs Artichaux quand ils se laissent tenter à quelques beaux jours du mois de Mars, pour en venir à ôter entierement leurs couvertures & à les labourer; tout au moins si on les découvre ce ne doit être qu'un peu, & il faut toûjours laisser le fumier tout proche pour le remettre si la gelée revient.

Dés le commencement du mois, & devant que les gelées soient venuës, on acheve de lier les Chicorées qui sont assez fortes pour cela, & on les couvre de ce qu'on peut; on couvre aussi de la même maniere les autres Chicorées qu'on n'a pù lier, elles blanchissent ainsi toutes deux également, & il est fort à propos, si on a une serre, d'y en replanter en mote tout ce qu'on peut des plus fortes, ainsi que nous dirons cy-aprés.

On coupe les montans des Asperges la graine en ëtant meure, laquelle on prend soin de serrer si on en veut semer le printemps suivant; il seroit dangereux de couper plutôt ces montans, tant pour la graine qui en periroit, que pour le pied qui s'en pourroit avorter à faire de méchans petits jets nouveaux.

On prend un beau temps sec pour serrer tout ce qu'on veut garder pour l'Hyver, & pour cela on l'arrache les pieds en mote devant que les gelées y ayent mordu, & on les plante fort prés à prés dans la serre ; ce sont par exemple toutes les Racines, Carotes, Panais, Beteraves; ce sont les Artichaux qui ont des pommes, les verds sont plus propres pour cela que les violets, ceux-cy sont plus tendres, resistent moins à la gelée, & se pourrissent aisément du côté qui tient à la tige, les autres sont plus rustiques ; ce sont les Cardons d'Espagne, les Choux-fleurs, les Chicorées, tant les blanches que les sauvages, même le Porreau & le Celery, quoy que l'un & l'autre se puissent conserver en pleine terre étant bien couverts ; bien entendu, que quand le Celery est blanchi il le faut manger, autrement il pourriroit, & il faut être soigneux d'en élever de tardif qui demeure petit en terre sans être fort couvert, celuy-là sert pour la fin de Février, & le mois de Mars.

Les gens qui sont voisins des bois, font bien de faire ramasser des feüilles, non seulement pour s'en servir à couvrir, comme j'ay dit, mais aussi pour les faire pourrir dans quelque trou, le fumier en est fort bon, & sur tout pour servir de terreau.

On foüille les pieds des Arbres qui paroissent languissans, pour leur ôter les vieilles terres, retailler une partie de ce qu'ils ont de racines en méchant état, & y mettre ensuite de bonnes terres neuves.

On fait quelques couches à Champignon : la maniere de les bien faire est de choisir un endroit de terre neuve, & tant que faire se peut, qu'elle soit legere & sablonneuse, de creuser cinq ou six pouces la planche, la tenir large de trois à quatre pieds, & autant longue qu'on voudra ; il faut que le fumier soit de cheval ou de mulet, & qu'il soit déja un peu sec comme ayant esté mis en pîle depuis quelque temps : on fait ensuite la couche haute d'environ deux pieds, rangeant, & pressant le fumier autant qu'on peut, en sorte toutefois que la partie d'en haut ſoit diſpoſée en dos-d'Aſne pour faire écouler à droit & à gauche les eaux qui pourriroient les fumiers ſi elles y penetroient ; enſuite de cela on couvre toute la couche d'environ deux pieds de la terre voiſine, & par deſſus cette terre on met encore trois ou quatre pouces de litiere, qui pendant l'Hyver puiſſe garentir du gros froid, & pendant l'Eſté garentir du gros chaud les Champignons, qui doivent pouſſer au bout de quatre ou cinq mois.

On émouſſe les Arbres qui en ont beſoin.

Ceux qui ont de fort grands plans d'Arbres à tailler, doivent commencer de tailler les moins vigoureux.

On employe les grands fumiers ſecs, dont on doit avoir fait proviſion pendant l'Eſté pour couvrir les Figuiers, tant ceux qu'on a en Eſpalier, que ceux qui ſont en Buiſſon ; & pour cela à l'égard des derniers on leur lie avec de l'ozier le plus qu'on peut enſemble toutes les branches, pour les enveloper plus aiſément de cette couverture ; & à l'égard de ceux des Eſpaliers on tâche de laiſſer ſur les côtez autant qu'on peut les branches hautes, & d'en lier pluſieurs enſemble aux perches, ou crochets qui les doivent ſoutenir, & par ce moyen on les couvre auſſi plus aiſément, & à moins de frais ; on y laiſſe cette couverture juſqu'à ce que la pleine Lune de Mars ſoit paſſée, auquel temps on en ôte ſeulement une partie, en attendant que la pleine Lune d'Avril ſoit paſſée ; les gelées de ces deux derniers mois ſont dangereuſes pour le jeune fruit qui commence pour lors à ſortir, comme les groſſes gelées d'Hyver ſont dangereuſes pour le bois qui en eſt moëlleux.

Ceux qui ont des tigres à leurs Poiriers, font bien non ſeulement d'en ramaſſer les feüilles qui en ſont attaquées, pour les faire bruler ſur le champ, mais auſſi de ratiſſer les branches avec le dos de quelque couteau pour nettoyer le couvein de ce maudit inſecte qui y reſte attaché tout l'Hyver : ſi on ne parvient pas à tout faire perir par là, au moins eſt-ce toujours autant d'ennemis ruinez.

Comme les journées ſont fort courtes, les habiles Jardiniers travaillent à la chandelle juſques à l'heure du ſoupé, ſoit pour faire des paillaſſons, ſoit pour preparer des

Arbres qu'on doit planter dés que le froid le permettra, ſoit pour deſſiner, &c.

On met par rayons en terre les Arbres qu'on n'a pû planter, & on leur couvre ſoigneuſement le pied, tout de même que ſi on les plantoit en place, ſans laiſſer aucun vuide autour des racines, autrement les grandes gelées les gâteroient.

On peut commencer à la fin du mois à réchauffer des Aſperges, qui ayent au moins trois ou quatre ans, & ce réchauffement ſe fait, ſoit en place dans la planche, ce qui eſt le meilleur, ſoit ſur couche, ſi on a bien voulu en replanter, mais communément on attend à faire ces ſortes de tentatives vers le commencement du mois qui ſuit; c'eſt ce me ſemble en avoir aſſez long-temps que d'en avoir quatre mois durant par artifice, en attendant qu'il en vienne encor pendant deux mois par la ſeule vertu de la nature; ce n'eſt pas qu'on ne puiſſe commencer d'en échauffer dés le mois de Septembre ou d'Octobre.

La maniere de les réchauffer eſt premierement d'ôter la terre du ſentier d'environ deux pieds de creux, & d'un bon pied & demy de large, ſi originairement le ſentier n'en avoit que trois, car il faut qu'il reſte au moins ſix ou ſept bons pouces de terre prés de la touffe; ce ſentier ainſi vuide on le remplit de grand fumier chaud bien preſſé & bien trepigné, en ſorte que d'abord il ſoit plus haut d'un grand pied que la ſuperficie de la planche; enſuite de quoy il faut remuër ce fumier au bout de quinze jours; on y mêle d'autre fumier neuf, pour renouveller la chaleur dans les deux planches voiſines, ſi elle paroît trop amortie, en ſorte que les Aſperges ne pouſſent pas aſſez bien: ce même renouvellement de ſentier ſe doit faire enſuite autant de fois qu'il eſt neceſſaire, & pour l'ordinaire cela s'en va environ tous les dix ou douze jours: Que s'il eſt ſurvenu de grandes pluyes ou neiges qui ayent trop pourri ce fumier, en ſorte quil ne paroiſſe plus avoir de chaleur aſſez vehemente, il le faut ôter entierement, & y en mettre de nouveau à la place: car enfin il faut que ce ſentier ſoit toûjours extrêmement chaud; à l'égard de la planche où eſt le plan, on y fait un petit labour de quatre à cinq pouces de profond, d'abord qu'on a achevé de remplir le sentier (on ne le peut plûtôt à cause du transport de fumiers, qui ne se peut faire sans trepigner beaucoup la terre,) cela fait, on couvre cette planche de trois à quatre pouces du même grand fumier, & au bout de quinze jours, car il faut au moins ce temps-là pour mettre en train d'agir ces touffes d'Asperges, qui pour ainsi dire, sont comme mortes, ou au moins engourdies par ce froid de la saison; au bout de quinze jours, dis-je, on visite sous ce fumier pour voir si les Asperges ne commencent point à pousser, & en ce cas-là sur chaque endroit où il en paroît, on met une cloche de verre, qu'on prend grand soin de bien couvrir aussi de grand fumier, & sur tout les nuits, pour empêcher que les gelées ne penetrent le moins du monde jusques à l'Asperge; car enfin tendre & delicate comme elle est la moindre atteinte de froid la gâte entierement: que si pendant le jour il fait un peu de beau Soleil, il ne faut pas manquer d'ôter le fumier de dessus les cloches, afin que l'Asperge soit vûë de ces rayons qui animent toutes choses, joint que si on a des chassis de verre pour mettre par dessus les cloches, & couvrir ainsi doublement les planches entieres, cela est encore plus commode & plus avantageux, pour contribuer à l'effet de ce petit chef-d'œuvre; par ce moyen les Asperges venans à sortir de cette terre échauffée, & rencontrans un air chaud sous ces cloches viennent rouges & vertes, & de la même grosseur & longueur que celles des mois d'Avril & de May, & même beaucoup meilleures, en ce que non seulement elles n'ont senty aucunes des injures de l'air, mais qu'elles ont acquis leur perfection en bien moins de temps que les autres; je puis dire sans vanité, que j'ay esté le premier, qui par de certains raisonnemens plausibles me suis avisé de cet expedient, pour donner au plus grand Roy du monde un plaisir qui luy étoit inconnu.

J'ajoute icy que regulierement une planche d'Asperges bien réchauffée & bien entretenuë, produit assez abondamment pendant quinze jours ou trois semaines; & afin que le Roy ne manque pas d'avoir tout l'Hyver ce mets nouveau qu'il voit d'un si bon œil, d'abord que les premieres planches se mettent à donner, je commence à réchauffer autant de nouvelles, & continuë ainsi de trois semaines en trois semaines jusques à la fin d'Avril, que la nature m'avertit qu'il est temps de mettre fin aux violences que je luy ay faites, & qu'elle veut à son tour nous donner des plats de son mêtier.

Je puis dire encore que mes planchos ont quinze toises de long, que chaque fois j'en réchauffe six, qu'il y entre au moins cinquante charetées de fumier neuf, & que le seul chagrin que je trouve dans cet ouvrage, est d'y voir casser un nombre infini de cloches à les couvrir & découvrir tous les jours, quelque soin que je prenne pour l'empêcher.

On peut aussi enlever de vieux pieds d'Asperges de dedans les planches, & les mettre sur des couches chaudes, elles y poussent veritablement, mais outre qu'elles n'y viennent pas si belles, elles ont encore cet inconvenient de perir fort promptement.

On réchauffe de l'Oseille, de la Chicorée sauvage, du Persil-Macedoine, &c. Tout de même que des Asperges, mais d'ordinaire cela se fait plûtôt sur couche qu'en pleine terre, & le succés en est prompt & infaillible, & particulierement pour avoir dans une quinzaine de jours de l'Oseille aussi belle que celle du mois de May.

On doit faire les derniers labours des terres séches dans le quinziéme de ce mois-cy, tant afin de les rendre impenetrables aux pluyes & aux eaux des neiges, que pour faire perir les méchantes herbes, & donner un peu de propreté à tous les Jardins.

On conserve en place, ou plûtôt on replante en mote en quelqu'endroit seur, les Choux pommés dont on veut avoir de la graine, & si au mois d'Avril il paroît qu'ils ayent peine à percer, il y faut donner par haut une taillade en croix assez avant, & par ce moyen le montant percera mieux; on fait la même chose en May à l'égard de certaines Laituës pommées qui ont peine à monter.

Pour avoir des Raves de bonne heure, c'est à dire vers Noël, ou vers la Chandeleur, on en seme sur couche dés la my-Novembre; j'ay expliqué la maniere de faire des couches dans les ouvrages de Février ; ce qu'il y a de particulier pour les Raves, eſt qu'il faut battre avec un ais la ſuperficie du terreau pour le rendre un peu ſolide, & empécher qu'il ne s'éboule dans les trous qu'on y doit faire pour y ſemer les Raves, & enſuite afin que la couche ſoit proprement ſemée, on prend un cordeau froté de quelque poudre blanche, ſoit plâtre, ſoit chaux, &c. & étans deux à le tendre bien bandé, tant ſur la longueur de la couche que ſur la largeur ; on marque des lignes blanches à trois ou quatre pouces l'une de l'autre, autant que l'étenduë de la couche le peut permettre, & avec un Plantoir de bois rond de la groſſeur d'un bon pouce on fait des trous le long de chaque ligne éloignez pareillement de trois à quatre pouces ; on met trois graines ſeulement de Raves dans chaque trou, & s'il en échape davantage, on arrache les Raves qui naiſſent au delà du nombre de trois ; ceux qui nobſervent pas de marquer ces rayes blanches, & qui font leurs trous à la boulevuë, ont leurs couches mal propres ; ceux qui font leurs trous plus prés à prés, & qui laiſſent plus de trois Raves dans chaque trou, courent riſque d'avoir beaucoup de feüilles à leurs Raves, & peu de Navet ; il y a bien des Marêchez qui pratiquent de faire en Février & Mars des rayons de Laituës en travers de leurs couches de Raves, & pour cela il faut faire les trous éloignez de ſept à huit pouces ; ces Laituës par rayons ſeront cueïllies avant que les Raves ſoient bonnes à cueïllir.

S'il gele bien fort, on couvre la couche avec de grands pleyons pendant cinq ou ſix jours, & outre cela pour les deffendre des rigueurs de l'Hyver, on les couvre avec des paillaſſons ſoûtenus ſur des traverſes d'échalas, ou autres perches miſes fort prés de la ſuperficie du terreau, & on bouche même les côtez, & ſi la gelée augmente notablement, on met une nouvelle charge de grand fumier ſur les paillaſſons ; que ſi elle n'eſt que mediocre, on n'a que faire d'aucune couverture, la chaleur de la couche les défend aſſez ; ces Raves ainſi ſemées levent au bout de cinq ou ſix jours, & ſi les trous n'avoient de l'air, elles s'eſtiolleroient en perçant au travers du pleïon.

Il

Il ne faut pas manquer dés le commencement du mois de déplanter en mote le Celeri, qu'on avoit planté en distance raisonnable aux mois de Juin & de Juillet dans des planches particulieres, & l'ayant ainsi déplanté, on le porte dans la serre, ou bien on le replante dans quelqu'autre planche, le mettant fort prés à prés afin qu'il soit plus aisé à couvrir.

Dés que les gelées blanches commencent de s'opiniâtrer, il faut couvrir les Laituës d'Hyver qui sont plantées à des bons abris, & ce doit être non pas avec de fumiers secs comme les autres plantes, de peur qu'il ne reste de l'ordure dans le cœur de celles qui pomment, mais avec de la paille longue bien nette, sur laquelle on met quelque perche de longueur pour l'entretenir en place, & empêcher que le vent ne la dérange.

OUVRAGES DE DECEMBRE.

SI c'est à propos que j'ay dit au commencement de chaque mois, qu'il falloit soigneusement faire ce qu'on n'avoit pû achever dans le mois precedent, c'est particulierement à l'entrée de celuy-cy qu'il le faut dire par raport au mois qui vient de passer; dés que Decembre est venu il n'y a plus de temps à perdre, la terre des Jardins est entierement dépoüillée de ses agrémens ordinaires; la gelée qui ne manque guéres de se signaler dans ce mois-cy n'épargne personne, elle détruit tout ce qui est d'une nature assez delicate, pour n'être pas à l'épreuve de ses rigueurs, & partant en cas que la saison le puisse permettre, il faut achever de serrer, & de couvrir ce qui n'a pû l'être dans le mois de Novembre, sçavoir Chicorées, Cardons, Celeri, Artichaux, Racines, Choux-fleurs, Porrées, Porreaux, Figuiers, &c. & sur toute chose il faut s'étudier à conserver ce que l'on peut avoir commencé de nouveauté, sçavoir Pois, Féves, Laituës pommées, petites Salades, pour n'avoir pas le déplaisir de voir perir en une fâcheuse nuit ce qu'on avoit avancé en deux ou trois mois.

On peut encore dés le commencement du mois ſemer les premiers Pois ſur quelques ados, ou à quelque bon abri, particulierement du Midy, pour en avoir au mois de May; un ados eſt de la terre élevée en talus le long de quelque mur.

On porte les fumiers pourris dans tous les endroits qu'on veut fumer, & on les répand, afin que l'eau des pluyes & des neiges venant à les traverſer, porte leur ſel un peu au deſſus de la ſuperficie de la terre où ſe doivent faire les ſemences.

On met en terre les Amandes pour germer dans quelque mannequin; elles doivent être germées dans le mois de Mars, pour les mettre alors en place; il eſt bon que la groſſe gelée n'y donne pas, & pour cela il faut mettre ces mannequins dans la ſerre, ou bien en pleine terre, & les couvrir de grand fumier; la maniere de mettre germer ces Amandes, eſt de mettre au fond du manequin un lit de ſable ou de terre, ou de terreau d'environ deux à trois pouces d'épais, & de ranger là-deſſus les Amandes plates toutes les pointes en dedans, en ſorte que ce premier lit de terre ſoit couvert d'un lit de ces Amandes, enſuite ſur ce lit d'Amandes on met un ſecond lit de terreau ou de ſable de deux pouces d'épais, & puis un ſecond lit d'Amendes rangées de la même façon des premieres, & puis un troiſiéme, un quatriéme, &c. tant que le mannequin en peut contenir.

Il n'eſt pas encore mal de mettre ces Amandes par un ſeul lit en pleine terre, & de les couvrir d'environ trois pouces de terre; quand elles commencent de lever à la fin d'Avril, on les enleve en mote, on leur rompt le germe, & on les plante en place par rangs éloignez d'un pied & demy, & on met à demy pied l'une de l'autre les Amandes dans cette rangée.

On travaille à faire le treillage pour les Eſpaliers.

On peut tailler les Arbres pendant qu'il n'y a point de greſil ſur les branches, & que les fortes gelées ne regnent pas, car elles endurciſſent le bois, & la ſerpette n'y ſçauroit aiſément paſſer, bien entendu qu'il ne faut jamais tailler les Eſpaliers ſans les avoir dépaliſſez, autrement on y a trop de peine, & on ne fait pas si bien son ouvrage.

Un des principaux ouvrages de ce mois, est que vers son commencement il faut faire une couche de long fumier neuf, large de quatre pieds à l'ordinaire, & haute de trois ; & quand sa grande chaleur est passée, il y faut semer sous cloche de bonne laituë Crêpe-blonde, & dés qu'elle est un peu forte (ce qui arrive au bout d'environ un mois) il faut éclaircir la plus belle, & la replanter en pepiniere sur une autre couche, & sous d'autres cloches à vingt ou vingt-cinq sous chaque cloche ; quand elle s'y est raisonnablement fortifiée, on enleve les plus fortes avec une petite mote pour les replanter à cinq ou six sous chaque cloche, & pour y demeurer jusqu'à ce qu'elles soient tout-à-fait pommées : ce qui arrive d'ordinaire vers la fin de Mars, & on prend soin de les bien défendre du froid, tant par les couvertures de litiere, que par les réchauffemens.

On fait la même chose pour semer de ces Laituës pendant le mois de Janvier, & pour en replanter pendant Février, afin d'en avoir de bonne heure, c'est à dire vers la fin de Mars, & continuer jusques à ce que la terre en produise d'elle-même sans le secours des Fumiers chauds. En ce temps-cy à l'égard de ceux qui travaillent à faire des nouveautez, la plûpart de chaque journée se passe à couvrir le soir, & découvrir le matin, ou autrement tout perit.

Quand pendant tout l'Hyver on éleve des Laituës sur couche & sous cloche, il faut être fort soigneux de lever souvent les cloches pour ôter les feüilles mortes, car il en fond & perit beaucoup, & une pourrie en pourrit d'autres ; il faut même nettoïer le dedans de la cloche, où il se ramasse beaucoup d'ordure & d'humidité, & s'il vient à faire quelque beau Soleil, il ne faut pas manquer de lever les cloches, pour faire sécher l'humidité qui s'amasse sur les feüilles ; le principal de tout est de tenir les couches raisonnablement chaudes par le moyen de bons réchauffemens, qui doivent être renouvellés de temps en temps.

SECOURS QU'ON PEUT TIRER D'UN *Jardin Potager pendant le mois de Janvier.*

OUtre les bonnes Poires de l'Eſchaſſerie, d'Ambrete, d'Epine, de Saint Germain, de Martin-ſec, de Virgoulé, de bon-Chrêtien d'Hyver, &c. Outre les bonnes Pommes de Calville, Renette, Apis, Capendu, Fenoüillet, &c. & enfin outre quelques Raiſins, ſçavoir Muſcats ordinaires, Muſcat long, Chaſſelas, &c. chacun peut avoir des Pommes d'Artichaux.

Avoir toutes ſortes de racines, ſçavoir Bete-raves, Scorſonnere, Carotte, Panais, Salſifix commun, Navets, &c.

Avoir des Cardons d'Eſpagne, & des Cardes d'Artichaux blanchies.

Du Celeri blanchi,

Du Perſil-Macedoine blanchi.

Du Fenoüil, de l'Anis, de la Chicorée, tant celle qu'on appelle la Chicorée blanche, que celle qu'on appelle la Sauvage.

Des Choux-fleurs, &c. Tout cela ayant eſté mis dans la ſerre pendant le mois de Novembre & Decembre, de la maniere que je l'ay expliqué en parlant des Ouvrages qui ſe font dans les Jardins pendant ces mois-là.

On a de plus des Choux-pancaliers, des Choux de Milan, & des Choux-blonds, autrement à large-côte.

Ces ſortes de Choux ne vont point dans la ſerre, au contraire il leur faut les gelées du plein air, pour contribuër à les rendre tendres & delicats.

On peut avoir auſſi des Citroüilles & des Potirons par le moyen de la ſerre.

On peut avoir des Concombres confits, du Pourpier confit, des Champignons confits, des Capres-Capucines confites.

On peut avoir de l'Oignon, de l'Ail, de l'Echalote par le ſecours de la ſerre.

On peut avoir du Porreau, de la Ciboule, de la Pimprenelle, du Cerfeüil, du Persil, de l'Aleluya, &c.

On peut avoir de tres-bonnes Asperges rougeâtres & vertes, qui sont meilleures que celles qui viennent naturellement dans la fin d'Avril, & durant tout le mois de May.

On peut par le moyen des couches, ou des sentiers rechauffez avoir de belle oseille, soit la ronde, soit la longue.

Avoir du Persil, de la Bourrache, de la Buglose, &c.

Avoir des petites salades de Laituës à couper avec leurs fournitures de Baume, d'Estragon, de Cresson Alenois, de Cerfeüil tendre, &c.

On peut avoir même des petites Raves sur couches, pourvû que l'abondance des neiges, & la rigueur des gelées ne soit pas si terrible, qu'on ne puisse au moins pendant quelques heures du jour découvrir un peu les couches où elles sont, & qu'on puisse leur donner quelque réchauffemens, faute de quoy tout ce plan des couches est sujet à jaunir, & perir entierement.

On peut aussi avoir quelques Champignons par le moyen des couches faites exprés pour cela, & qu'on a soin de tenir bien couvertes de grand fumier sec, pour empêcher que les grosses gelées ne les gâtent.

On a naturellement peu de fleurs hors celles des lauriers, Thim, & des Perce-neiges; mais par le moyen des couches on peut avoir quelques Anemones simples, des Hyacinthes brumales, des Narcisses de Constantinople, des Crocus, &c. On a des feüilles de Laurier-rose pour mettre autour des plats qu'on sert à table.

SECOURS DE FEVRIER.

D'Ordinaire le temps commence à s'adoücir un peu en ce mois, & ainsi à l'égard des fleurs par le moyen d'un bon abry & d'une bonne exposition on peut avoir naturellement ce que j'ay marqué dans les Secours du mois precedent pouvoir être produit par le moyen des couches; & outre cela on peut avoir quelques Prime-veres, & même la chaleur des couches peut faire produire quelques Tulipes, & quelques Lotus albus.

Mais à l'égard des Potagers on n'a encore que toutes les mêmes choses marquées cy-devant, c'est à dire qu'on continuë sur tout à consumer ce qui est dans la serre, & qu'on a par le moyen des couches & des réchauffemens, sçavoir les petites Salades, l'Oseille, les Raves, les Asperges, &c.

SECOURS DE MARS.

ON a sur couche abondance de Raves, & de petites Salades, & d'Oseille, & des Laituës pommées sous cloche, & ce sont de ces Crêpe-blondes semées en Novembre & Decembre, & replantées ensuite sur d'autres couches. Les autres Laituës ne réüssissent point sous cloche.

On continuë d'avoir des Asperges réchauffées, & de consumer ce qu'on avoit conservé dans la serre, sçavoir Gardons, Choux-fleurs, &c.

A l'égard des fleurs, si le froid n'est point extraordinairement violent, on a par tout & naturellement, tout ce qui ne vient qu'aux bonnes expositions dans les mois precedens, & de plus on a des Violettes, des Hyacinthes, des Passe-tout, des Anemones simples.

Et sur la fin du mois on a des Narcisses d'Angleterre, des Narcisses d'Alger, des Iris d'Angleterre, des Narcisses nompareilles, des Giroflées jaunes, de l'Hepatique, tant la simple que la double, tant la rouge que la gris-de-lin, de l'Hellebore, quelques Jonquilles simples, dont on en fabrique quelquefois de doubles en mettant les feüilles de deux ou trois dans un même bouton.

On n'a plus besoin de forcer aucunes fleurs, si ce n'est des Jonquilles, soit simples, soit doubles, si le temps est fort dur.

Et si le temps est fort doux on a les Anemones doubles, les Oreilles d'ours, les Fritilliaires, quelques Tulipes printannieres, les Marguerites, les Flammes, les Iris de Perse, les Jonquilles à la fin du mois.

SECOURS D'AVRIL.

ON a amplement des Raves, des Epinars & des Salades, avec des fournitures & des herbages.

On a même dés l'entrée du mois des Laituës Crêpes-blondes pommées, si on en a élevé sur couche, autrement on n'en a point; car les Laituës d'Hyver ne sont pas encore pommées.

On a aussi dés l'entrée du mois des Fraises par le secours extraordinaire des couches & des chassis de verre, si on a pû ou voulu s'en servir.

On a des Asperges venuës sans artifice.

On a une infinité de fleurs, des Anemones, des Renoncules, Imperiales, Hyacintes, Narcisses de Constantinople, Narcisses d'Angleterre & d'Alger, Narcisses blanches, des Prime-veres, des Violettes, des Hepatiques, tant la gridelin que la rouge, & sur la fin du mois on a les belles Tulipes.

SECOURS DE MAY.

C'Est icy le regne de toutes sortes de verdures, & de Salades, & de Raves, & d'Asperges, & de Concombres pour l'abondance : les Pois, & les Fraises commencent à donner; on peut, ou on doit avoir de l'Alfange, & des Chicons blancs, pourveu qu'on en ait élevé sur couche, & qu'on en ait replanté de bonne heure soit sur d'autres couches, soit à quelque bonne exposition en pleine terre.

On a une infinité de toutes sortes de fleurs, Tulipes, Giroflées de toutes les couleurs, les Prime-veres, le Bleu-chargé, & le Bleu-pâle, les Muscares, les Marguerites, Flames, Chevre-feüilles printanniers, Roses de Gueldre, Anemones simples, &c.

On commence d'avoir des fleurs d'Orange, d'abord que les Orangers sont dehors de la serre à la my-May.

Des Narcisses blancs tant doubles que simples, des Pyvoines de couleur de chair, & l'autre fort rouge.

On commence d'avoir quelques pieds d'Aloüettes printanniers.

On a la Trefle jaune, qui est un arbrisseau ; les Lilas, tant l'ordinaire que celuy de Perse. Les Soucis, les Cedum, autrement Palmaria.

Les Giroufl'ées musquées blanches, tant la simple que la double, c'est à dire les Juliennes : les Ancolées, les Veroniques, les Hyacinthes à panache, les Martagons jaunes avec leur pendant couleur de feu, des Oeillets d'Espagne, &c.

On commence d'avoir à la fin du mois abondance de Fraises, & de quelques Cerises precoces.

SECOURS DE IUIN.

ON a l'abondance de toutes sortes de Fruits rouges, sçavoir Fraises, Groseilles, Framboises, Cerises, Bigarreaux, &c.

Quelques Poires, & sur tout celles de petit Muscat.

On a en pleine terre abondance de toutes sortes de Salades avec leurs fournitures.

Abondance de toutes sortes d'Herbes potageres.

Abondance d'Artichaux, de Cardes, de Porrée.

Abondance de Pois & de Féves, tant de marais que d'haricot.

Abondance de Champignons, & de Concombres.

On commence à avoir du Verjus à la fin du mois, & de la Chicorée blanche.

Abondance d'Herbes fines, sçavoir Thim, Sauge, Sariette, Hysope, Lavande, &c.

Et d'Herbes medicinales.

On a les Laituës Romaines, & les Alfanges blanches, avec l'abondance des Laituës de Genes.

On a les Pourpiers.

On a beaucoup de Fleurs, tant pour garnir les plats que pour en faire des vases, sçavoir des Pavots doubles de toutes les couleurs, de blancs, de gris-de-lins, de couleur de chair,

chair de couleur de feu, de couleur de pourpre, de violets & de panachez, des pensées jaunes & des violettes, des Pieds d'aloüette, des Juliennes, des Fraxilenes, des Roses de toutes les façons, les doubles, les Panachées, les Eglantiers doubles, des Roses de Gueldre, des Roses canelles, des Lis blancs, des Lis jaunes, des Matricaires, des Lis alphondeles, des Mufles de veau, des Virga aurea, des Jassec des deux couleurs, les Gladioles, des Veroniques, des Oeillets d'Espagne, des Mignards, des Verbascunes, des Coqueriers doubles, des Talaspi de deux especes, la grande & la petite des Muscipula, des Valerienes, les Toutes-bonnes, les Oeillets de Poëte blanc & l'incarnat, des Lysimachies jaunes, des Gands de nôtre-Dame, & vers la my-Juin du Chevre-feüille Romain, des fleurs d'Orange, des Tubercuses, des Anemones simples, de la Mignardise, de Viola-Marina.

On a encore de belles Pommes de reinete.

On commence de voir quelques Choux pommez.

On a aussi quelques Melons à la fin du mois.

Et de beaux Oillets, & des Croix de Jerusalem doubles.

SECOURS DE JUILLET.

ON a abondance d'Artichaux, abondance de Cerises, Griottes, Bigarreaux.

Abondance de Fraises, de Pois & de Féves.

Abondance de Choux pommez, de Melons de Concombres, & de toutes sortes de Salades.

Quelques Chicorées blanches, quelques Raves.

Quelques Prunes, sçavoir la jaune, la Cerizette.

De la Calville d'Esté.

Beaucoup de Poires, sçavoir les Poires Magdelaines, les Cuisse-Madame, les gros Blanquet, l'Orange verte, &c.

A la my-Juillet, ou à la fin du mois on a les premieres Figues.

On a des Pois, des Féves de deux sortes.

On a des Raves.

Abondance de Melons vers la my-Juillet.

On a du Verjus de grain.

A l'égard des Fleurs on en a encore beaucoup, & la plûpart de celles qui ſont marquées dans le mois precedent.

On a de plus les Geranium noche-olens, la Rhuë avec ſa fleur olivâtre, les Couquelourdes, les Croix de Jeruſalem, tant ſimples, que doubles, les Chovons, les Haricots d'Inde couleur de feu qui durent juſqu'en Novembre, les Cyanus blancs & violets clair, les Capucines, les Camomilles, les Staphiſagria, & vers la my-Juillet commencent les Oeillets.

SECOURS D'AOUST.

ON a abondance de Poires d'Eſté, & de Prunes, & de quelques Pêches Madelaine, Mignonne, Bourdin, &c.

De la Chicorée blanche.

Abondance de Figues.

On a l'abondance de Melons & de Concombres.

On a quelques Citroüilles aouſtées.

Beaucoup de Choux pommez.

On a du Verjus de grain.

On continuë d'avoir toutes les verdures, toutes les Racines du Potager, & les Oignons, l'Ail & l'Echalotte.

Abondance de pieds d'Aloüette, de Roſes d'Inde, & d'Oeillets d'Inde; abondance de Roſes muſcates, & des Roſes de tous les mois, du Jaſmin, des Pieds d'aloüette tardifs, des Tubereuſes, des Matricaires, & des Talaſpi grands & petits; de plus les Soleils vivaces, les Oculus-Chriſti, &c.

SECOURS DE SEPTEMBRE.

ON a l'abondance des Pêches violettes, Admirables, Pourprées, Perſiques, &c.

L'abondance des Rouſſelets, des Fondantes de Breſt, quelques Beurrées, &c.

L'abondance des Chicorées, des Choux pommez.

Sur la fin du mois commence l'abondance des ſecondes Figues.

A la fin du mois on a quelques Cardons d'Espagne, quelques Cardes d'Artichaux, quelques pieds de Celery, beaucoup de Citroüilles aoustées, beaucoup d'Artichaux, & encore des Melons.

Quelques Choux-fleurs.

On commence d'avoir de bon Muscat.

On a des feüilles de Vigne pour garnir les plats.

On a du Verjus de grain.

Et quelques Oranges.

Pour les Fleurs on a l'abondance des Tubereuses, on a des Astes, ou Oculus-Christi, des Passe-velous, des Amarantes, des Oeillets d'Inde, Roses d'Inde, Merveilles du Perou, Tricolor-volabilis, les Laurier-roses, tant le blanc que l'incarnat, les Roses d'outremer, des Giroflées ordinaires, sçavoir la blanche, la violette, &c. des Ciclamen, & quelques fleurs d'Orange avec des Anemones simples.

SECOURS D'OCTOBRE.

ON a l'abondance des secondes Figues.

L'abondance du Muscat & du Chasselas.

Abondance de Beurré, de Doyenné, de Bergamotte, de Poire de Vigne, de Lansac, de Crasane, de Messire-Jean,

Abondance de Chicorée & de Celery, de Cardons, de Cardes d'Artichaux, de Cardes de Porrées, de Champignons, de Concombres; encore même quelques Melons, si les gelées n'ont pas été fortes.

On a toutes les verdures des Potagers, Oseille, Porrée, Cerfeüil, Persil, Ciboules, les Racines, l'Ail, l'Oignon, les Echalottes.

Abondance de Pêches, sçavoir les Admirables, les Nivettes, les Blanches d'Andilly, les Violettes tardives, les Jaunes tardives, les Pavies de Ramboüillet & de Cadillac, les Pavies jaunes, les Pavies rouges.

Des Epinars, des Pois tardifs.

A l'égard des Fleurs on a des Anemones simples, des Tubereuses, du Laurier thym, des Passe-velous, du Jasmin, des Lauriers roses, des Ciclamen, &c.

SECOURS DE NOVEMBRE.

ON a encore dans les premiers jours quelques Figues, & quelques Pavies jaunes tardifs.

On a les Epines d'Hyver, les Bergamottes les Marquiſes, les Meſſire-jean, les Craſanes, Petit-oins, quelques Virgoulez, quelques Ambrettes, Leſchaſſeries, Amadotes, &c.

On a des pommes d'Artichaux.

On a l'abondance de Pommes de Calville d'Automne, & quelque peu de la Calville blanche.

Les Fenoüillets & Capendu commencent à meurir.

On a des Epinars, Chicorée, Celeri, Laituës, &c. Salades, & des Herbes potageres; on a quelques Artichaux, & des Choux de toutes façons; on a des Racines & des Citroüilles.

A l'égard des Fleurs on a preſque la même choſe que le mois precedent, & le commencement des Talaſpi ſemper virens.

SECOURS DE DECEMBRE.

ON a par le moyen de la ſerre toutes les mêmes choſes que nous avons cy-devant expliquées pour le mois de Novembre.

On peut commencer d'avoir quelques Aſperges réchauffées.

Et de l'Oſeille bien verte, & bien grande malgré les plus fortes gelées.

On a des Epinars.

On a des Choux-d'Hyver, tant les blonds qui ſont les plus delicats que les verts.

On a abondance de Poires de Virgoulée, d'Epines, d'Ambrettes, de Saint-Germain, de Martin-ſec, de Portail, &c.

Des Pommes d'Api, de Reinette, de Capendu, de Fenoüillet, & encore des Calvilles, &c.

Pour les Fleurs on a abondance de Lauriers-Thims, on a des Anemones, & des Ciclamen.

CHAPITRE IV.

Qui apprend à juger ſeurement à l'inſpection d'un Potager, s'il ne luy manque rien de ce qu'il doit avoir.

CE n'eſt pas peu d'avoir une connoiſſance certaine, non ſeulement du ſecours qu'un Potager bien tenu peut fournir en chaque mois de l'année, mais de ſçavoir auſſi quels ſont les Ouvrages qu'un Jaadinier habile y doit faire en chaque ſaiſon. Cependant ce n'eſt pas aſſez pour donner à un honnête homme le plaiſir de juger ſeurement à l'inſpection de ce Potager, ſi en effet il eſt ſi bien garni, qu'il ne luy manque rien de tout ce qu'il doit avoir : Car enfin il ne faut pas s'attendre d y trouver toûjours actuellement tous les avantages dont on luy eſt obligé ; on ſçait bien qu'il doit produire pour toute l'année, mais on ſçait bien auſſi qu'il ne produit pas tous les jours de l'année, par exemple dans les mois d'Hyver on n'y voit preſque aucune de ſes productions, la plûpart en êtant dehors, parce qu'on les a miſes dans des ſerres pour les conſerver, & d'ailleurs parmy les plantes qu'on y voit en d'autres tems, combien y en a-t-il, qui dans ces temps-là n'ont pas encore atteint leur perfection, & qui cependant doivent faire figure dans ce Jardin ; il leur faut peut-être des deux & trois mois, & quelquefois des cinq & ſix pour y parvenir, ainſi eſt-il dans le commencement du Printemps pour tous les Legumes & verdures, ainſi en eſt-il l'Eſté pour les principaux fruits des autres ſaiſons, & voilà pourquoy j'ay crû qu'il ne ſeroit pas inutile d'expliquer plus particulierement, en quoy conſiſte le merite d'un Potager, à le prendre ſur le pied de ce qu'on y doit trouver chaque fois qu'on y entre, & pour en donner une idée plus exacte, je tâcheray de faire à peu prés le portrait de celuy du Roy, il eſt en ſon eſpece le plus grand qu'on ait jamais vû, auſſi-bien que ſon Maître eſt le plus grand Prince qui ait jamais paru : ce portrait n'eſt pas fait pour engager perſonne à le copier ; mais cependant chacun y pourra faire le rapport du grand au petit, & prendre en suite les mesures qu'il jugera luy être convenables.

JANVIER.

Je commenceray ce Chapitre par le mois de Janvier, comme j'ay commencé les deux precedens, & je dis d'abord, que dans le mois de Janvier on doit être content du Jardin dont est question ; si on y voit premierement une quantité raisonnable de Laituës d'Hyver plantées en costiere, & couvertes de paille longue ou de paillassons ; si on y voit en second lieu quelques quarrés d'Artichaux & de Porrée bien couverts de grand fumier, & qu'il en soit de même pour du Celeri, des Chicorées, du Persil ordinaire, du Persil-Macedoine, &c. en troisiéme lieu des Choux-d'Hyver & des Ciboules, de l'Oseille, & des fournitures de Salades, & que ces deux dernieres ayent quelque sorte de couverture ; en quatriéme lieu des quarrés d'Asperges sans aucune façon, à moins que ce ne soit pour en réchauffer, comme je fais, & comme j'ay commencé dans le mois de Novembre & Decembre ; le surplus des Plantes Potageres doit être serré, les Racines, Oignons, Cardons, Pommes d'Artichaux, Choux-fleurs, &c. en cinquiéme lieu des Figuiers proprement couverts des Arbres commencés à tailler, toutes les places d'Arbres bien garnies, ou au moins des trous, ou des tranchées preparées pour en planter, ou des foüilles faites pour en raccommoder de languissans ; en sixiéme lieu des gens appliquez à nettoyer la mousse, & autres ordures qui gâtent les Fruitiers ; & si par dessus cela on y voit quelques couches pour les nouveautez du Printemps, sçavoir Fraises, Raves petites Salades, Pois, Féves, Laituës pommées, Persil, Plan de Concombres & de Melons, &c. Si on y voit même des Figuiers réchauffez, & quelques autres Arbres pareillement ; que ne doit-on point dire à la loüange du Jardinier, si particulierement il paroît d'ailleurs quelque propreté dans les allées, & qu'il n'y ait nulle part d'outils de Jardinage negligez.

Aprés avoir dit ce qui doit faire la beauté d'un Fruitier & Potager pendant le mois de Janvier, je ne crois pas qu'il soit necessaire d'ajoûter ce qui le rend imparfait & desagreable, non seulement à l'égard de ce mois, mais aussi à l'égard de tous les autres dont je parleray ensuite, puisqu'on voit assez de soy-même, que c'est le contre-pied de ce que je viens d'alleguer, c'est à dire la disette, la negligence, la mal-propreté, &c. Et voilà ce qu'il faut regarder comme les monstres des Potagers.

Dans le mois de Février il faut absolument commencer de voir un grand mouvement dans le Jardinage ; il faut trouver étably la plûpart de tout ce que je viens d'insinuer en passant sur le fait des couches pour le mois precedent, & même si sur la fin de ce mois le temps paroît assez temperé, & qu'il y ait eu un considerable dégel, qui vrai-semblablement promette la fin des grandes froidures, il faut qu'on commence à labourer les quarrez & les platte-bandes, dresser les planches, semer ces sortes de graines qui sont long-temps à lever, sçavoir le Persil, l'Oignon, la Ciboule, le Porreau, &c. Il faut qu'on taille tout de bon les Arbres, tant en Buisson qu'en Espalier, qu'on fasse le premier palissage à ceux-cy, qu'on fasse nommément des couches pour replanter & Melons & Concombres, pour avoir des petites Salades, Raves, Laituës pommées, &c. FEVRIER.

Dans le mois de Mars que le Soleil commence à donner des journées, & assez belles & assez longues, & que la nature entre visiblement en chaleur & en action, les Jardiniers aussi doivent faire paroître un renouvellement d'application & d'activité dans toutes les parties de leur Jardin, en sorte qu'on les voye infatigablement travailler à tous les Ouvrages dont j'ay fait cy-devant un traité particulier, si bien qu'il seroit inutile de les repeter ; de maniere que si l'étenduë du terrein est grande, & le nombre d'Ouvriers proportionné, on doit avoir le plaisir de voir d'un coup d'œil labourer, dresser, semer, planter, serfoüir, sacler, greffer, tailler, &c. Car enfin devant que le mois passe, la plûpart de la terre doit être occupée, soit de semence, soit de plan, & c'est ce qui doit servir de provision à toute l'année ; tout ce qui étoit couvert de fumier doit être défait de ses couvertures, qui sont devenuës hydeuses aussi-tôt qu'elles ont cessé d'être necessaires. Chaque chose doit, pour ainsi dire, respirer le bon air, qui vient réjoüir & les animaux & les plantes : on doit avoir au moins de quoy commencer à cueïllir, soit Salades, soit Raves de MARS.

la saison nouvelle, si déja les couches des mois precedens n'en ont pas donné le plaisir, mais particulierement la propreté doit briller de toutes parts, & servir de lustre, tant dans les allées que dans les labours, afin qu'avec la premiere pointe de ce vert naissant qui sort du sein de la terre, & le parfum des Plantes qui ont en partage d'être odoriferantes, & l'abondance des fleurs qui commencent à s'épanoüir de tous côtez, & l'armonie des Oiseaux, qu'une espece de gayeté fait badiner amoureusement, & chanter à l'envy les uns des autres, cette propreté concourt à faire un theatre universellement parfait, & à inviter les curieux aux divertissemens de la promenade.

AVRIL. Au mois d'Avril on ne doit presque plus rien trouver de nouveau à faire dans les Potagers, si ce n'est une augmentation de couches à Melons & à Concombres; la terre y doit paroître presque par tout ornée d'une decoration neuve de plantes naissantes; là se voit l'Artichaux qui ressuscite, là l'Asperge qui perce la terre en mille endroits, là se resserre en peloton la Laituë qui pomme; icy s'étend tout ce peuple de verdures & de legumes si differens en couleurs, & si differens en figure; ce sont là des mets innocens & naturels, qui se presentent pour la nourriture & le regal du genre humain; la Hyacinthe, la Tulippe, l'Anemone, la Renoncule, & tant d'autres fleurs, quel éclat ne font-elles pas dans les Jardins où elles sont? Ce qu'on doit icy remarquer, n'est que l'entretien ordinaire de ce qui est déja fait, c'est l'esperance de la recolte future des fruits qui doit occuper; chacun cherche à voir, soit aux Arbres qui défleurissent s'il noüe beaucoup de fruits, soit aux couches de Melons & de Concombres qui paroissent bien tenuës, si elles doivent amplement recompenser tant de peines qu'elles donnent.

MAY. Le mois de May venant, quel contentement n'a-t-on point dans les Jardins utiles, combien grandes sont les douceurs de la joüissance qu'on commence de goûter, on n'a plus lieu de demander d'où vient que tels & tels endroits de terre sont encore dénués; les Cardons d'Espagne, les Choux-fleurs, la Porrée, le Celeri, & même les Artichaux, & les Laituës pommées qui ne devoient pas si-tôt paroître,

&

& pour qui ces endroits-là étoient destinés, les sont venus occuper à la fin d'Avril, ou au commencement de ce mois; le Pourpier que la delicatesse de son temperamment avoit jusques à present retenu dans le Cabinet aux graines, vient dorer la terre, & s'offrir avec abondance pour le plaisir du Maître; la Fraise entrant en maturité fait l'ouverture aux autres fruits rouges qui la vont suivre immediatement; les Pois nouveaux sont tous prêts à satisfaire l'avidité du friand; les Champignons poussent en foule; enfin de toutes les choses qui sont contenuës dans l'Alphabet que j'ay mis à l'entrée de ce Traité, il n'y a guère que les Epinars & les Mâches qui attendent à faire leur devoir aux mois d'Aoust & de Septembre; car même on peut voir quelques petits commencemens de chiçorée, & si les Cerises precoces ont esté les premiers fruits qui ayent paru aux Arbres dans ce mois de May, les Abricots hâtifs, les petits Muscats, les avant-Pêches ne les laisseront pas longtemps seules à faire la richesse & l'ornement des Jardins:

Tous ces fruits-là s'apprêtent pour paroître aussi en peu de jours; les Melons ne tarderont guéres à les suivre, &c. Les Concombres cependant avec un nombre infini, tant de Laituës que d'autres plantes satisfont le goût, & le besoin comme les fleurs avec les Orangers qu'on a sorti à la my-May, font leur devoir à l'égard de la vûë & de l'odorat.

Les chaleurs du mois de Juin empêchent veritablement l'entrée du Jardin sur le haut du jour: mais quel charme n'y a-t-il point à les venir visiter le matin & le soir, quand la fraîcheur d'un doux Zephire y regne en souveraine; c'est à present qu'on s'apperçoit que toutes choses profitent à veüe d'œil: telle branche, qui cinq ou six jours devant n'excedoit pas la longueur d'un pied, s'est étenduë jusqu'à deux & trois; les Porreaux sont plantez, les quarrez de verdures font le tapis parfait; la fleur de la Vigne acheve d'embaumer l'air, qui étoit déja tout parfumé de l'odeur des Fraises; on cueille de toutes parts en pleine terre, & en même temps qu'on distribuë avec profusion, ces plantes devenuës si belles & si parfaites; on regarnit les places qu'on venoit de dépoüiller, en sorte qu'on JUIN.

n'y en voit presque jamais de vuides ; la nature ne demande pas mieux que de faire des miracles de fertilité, aydée qu'elle est par les chaleurs du Pere de lumiere ; elle n'a besoin que de l'être aussi par des humiditez convenables, humiditez que les nuës versent quelquefois abondamment, & d'autres fois c'est l'industrie & le travail du Jardinier qui les fournissent au besoin. Ces planches, & ces plattebandes si bien allignées, & si bien garnies de Laituës pommées, quel plaisir ne font-elles pas à voir ? cette forest d'Artichaux de differentes couleurs qui paroît dans un endroit particulier, n'appelle-t-elle pas les Curieux pour les venir admirer, & pour juger sur tout de leur bonté, & de leur delicatesse, en même temps qu'on juge de leur beauté & de leur âbondance ? les palissades si bien tonduës, & si raisonnantes de petits oiseaux qu'on trouve en allant à ce Potager, ont commencé le plaisir de la promenade, elles l'achevent en sortant, & inspirent un empressement d'y revenir au plûtôt.

Juillet et Aoust. Dans ces deux mois Juillet & Aoust, les Potagers doivent être si heureusement partagez dans leur condition, que pour lors sans faute on y puisse trouver amplement tout ce qu'il faut pour satisfaire en même temps au plaisir du present, & aux necessitez de l'avenir ; cela étant on n'a qu'à leur demander tout ce qu'on voudra, ils doivent être tous prêts à y répondre ; veut-on par exemple toutes sortes d'herbes, de racines, salades, parfums, &c. ils en fourniront sur le champ ; veut-on des Melons, ces premiers & principaux fruits de nos Climats, on les sent de loin, il ne faut que les aller visiter, se baisser, & en prendre ; veut-on des Concombres, Potirons, Citroüilles, Champignons, &c. ils en produiront abondamment ; veut-on encore des Artichaux ; veut-on des Poires, Prunes, Figues, &c. on est asseuré d'y trouver de tout cela considerablement ; veut-on aussi des herbes fortes, Thim, Sauge, Sariette, &c. comme aussi de l'Ail, de l'Oignon, de la Ciboule, du Porreau, de la Rocambole &c. on ne manquera pas d'y en trouver. Il semble que les quatre & cinq mois, qui viennent de passer n'ayent uniquement travaillé que pour ceux-cy, en sorte que tout doit bien aller en cette saison, si on est pourvû d'un Jardinier habile, & qui ait sur toutes choses le don du chois & du discernement à sçavoir cueïllir : les Oeillets ne font pas icy un mediocre ornement des Jardins, les Fleuristes travaillent à marcoter, & n'oublient pas de sortir les Oignons de terre pour les mettre à couvert & en lieu de seureté.

SEPTEMBRE ET OCTOBRE.

Si en Juillet & Aoust les Potagers se sont signalez par leurs Melons, leurs Concombres, & Legumes, & même par leurs Prunes, leurs premieres Figues, & quelque peu de Poires, &c. nous allons voir, que dans les mois de Septembre & Octobre qui leur succedent ; ils se vont rendre infiniment glorieux en fait de fruits ; & ce sera par l'abondance des Pêches, des Muscats, des Chasselas, des secondes Figues, des Rousselets, des Beurrés, des Verte-longues, des Bergamottes, &c. Aussi est-il certain que c'est la veritable saison des bons fruits, c'est le temps de l'année que la Campagne est la plus frequentée ; le temperamment qui se trouve entre les grandes chaleurs de la Canicule qui viennent de passer, & les grands froids que l'Hyver doit amenner, ce temperamment dis-je, fait sortir les Habitans des Villes, pour aller un peu de temps respirer l'air des champs, & assister au divertissement des Vendanges, & la cueïllette des fruits ; les Jardins doivent icy exceller par une quantité infinie de ce qu'ils ont accoûtumé de produire, il n'est pas permis d'y trouver un morceau de terre qui soit inutile ; si quelque quarré vient d'être depoüillé, par exemple celuy de l'Ail, Oignon, Eschalotte, &c. il doit avoir esté aussi-tôt rempli d'Espinars, de Mâches, de Cerfeüil, de Ciboules, &c. Il en est de même pour quelques planches de Laituës d'Esté, à la place desquelles doit avoir succedé un nombre infini de Chicorées & de Laituës d'Hyver, &c. Les Oignons de fleurs doivent être remis en terre, pour y commencer des racines qui les puissent défendre des rigueurs de la saison qui vient.

NOVEMBRE.

Les premieres gelées blanches de Novembre qui jaunissent les feuilles des Arbres, & les détachent du lieu de leur naissance qui morvent & pourissent les Chicorées, & les Laituës avancées, qui noircissent les pommes d'Artichaux,

&c. sont une maniere d'avant-coureurs cruels & redoutables, qui font presumer que l'Hyver cet ennemy commun & impitoyable de la vegetation approche; il faut par consequent se mettre de bonne heure à sauver dans la serre tout ce que le froid peut gâter dehors, & au surplus il faut couvrir de grand fumier sec ce qu'on ne peut aisément sortir de terre, & qui cependant court risque de perir sans le secours des couvertures; & ainsi dans cette maniere de débris, ou de démenagement precipité, je veux voir tout le monde extraordinairement occupé à faire son devoir, je veux même que nôtre Jardinier augmente le nombre de ses Ouvriers pour éviter la perte dont il est menacé. La Hotte & la Civiere doivent faire icy un manege infiniment animé, l'une allant, & venant chargée de ce qui doit sortir du Jardin pour garnir la serre, & l'autre chargée du fumier qui est destiné à couvrir ce qui reste sur pied: bref je ne sçaurois pardonner à ceux qui par paresse ou imprudence se laissent surprendre dans ces occasions importantes; je ne veux pas qu'ils soient un moment en repos jusqu'à ce que toutes leurs affaires soient faites; je veux voir la serre pleine & bien rangée; je veux que presque tout le Jardin prenne pour ainsi dire une étrange pareure nouvelle, pareure faite d'une chose qui dans un autre tems le rendroit vilain & desagreable, je ne crois pas qu'il soit necessaire de nommer icy l'étoffe dont elle est, on sent assez que ce doit être communément de grand Fumier.

DECEMBRE. Le mois de Decembre n'est pas sans avoir encore besoin d'un grand mouvement; il arrive assez souvent que le mois precedent a été trop court pour tout ce qui étoit à y faire, & partant il faut achever dans celuy-cy ce qu'on n'a pû accomplir dans l'autre, & cela particulierement si le froid n'a pas déja fait toute la destruction dont il est capable; il faut donc sur tout vacquer à faire exactement ce que j'ay marqué dans l'article des ouvrages de ce mois, si bien qu'on doit voir en ce temps-cy de l'empressement à preparer les nouveautez du Printemps, à nettoyer les places des vieilles couches, à se disposer au plûtôt d'en faire de nouvelles, à se mettre en peine non seulement d'avoir un magazin de bons fumiers, & beaucoup de cloches, mais auſſi à tenir ſes chaſſis bien reparez, &c. Je n'oublie pas icy pour les veritables curieux, qui ont moyen de le faire, le ſoin de réchauffer des Aſperges, & de veiller à renouveller les réchauffemens, dés qu'ils ont paſſé leur grande chaleur : la choſe n'eſt pas ſans peine ny ſans dépenſe, mais le plaiſir de voir au milieu des neiges, & des frimats une abondance d'Aſperges bien groſſes, bien vertes, & tout-à-fait excellentes, eſt aſſez grand pour n'avoir pas de regret au reſte, & dans la verité on peut dire qu'il n'appartient guéres qu'au Roy de goûter ce plaiſir, & que peut-être ce n'eſt pas un des moindres que ſon Verſailles luy ait produit par le ſoin que j'ay l'honneur d'en prendre ; auſſi eſt-il certain que c'eſt le ſeul endroit où l'on ait jamais veu forcer un terrein naturellement froid, tardif, & infertile à faire pendant le fort de l'Hyver ce que le meilleur froid ne produit que dans les ſaiſons temperées.

CHAPITRE V.

Quelle ſorte de terre eſt propre à chaque Legume.

IL eſt conſtant qu'il y a de certains fonds de terre, à qui il ne manque aucune des bonnes qualitez requiſes pour produire en chaque ſaiſon, & long-temps de ſuite toute ſorte de beaux & de bons Legumes, ſuppoſé toujours qu'on y faſſe une culture raiſonnable ; il y en a auſſi, qui par deſſus cela ont la faculté de les produire plus hâtifs les uns que les autres, & ce ſont ces fonds qu'on appelle vulgairement ſables noirs, dans leſquels ſe trouve le juſte temperamment du ſec & de l'humide, accompagné d'une bonne expoſition, & d'un ſel inépuiſable de fecondité, avec une grande facilité de labour & de penetration des eaux pluviales ; il n'eſt pas moins conſtant, qu'il eſt aſſez rare de trouver de ces terroirs parfaits, & qu'au contraire il eſt tres-ordinaire d'en trouver qui péchent, ſoit par être trop ſecs & trop legers & trop brulans, ſoit par être trop humides & trop peſans, & trop froids, ſoit par être dans des ſituations infortunées, les unes trop élevées, les autres en pente, & quelqu'unes trop enfoncées ; heureux des Jardiniers qui ont de ces premiers fonds admirables à cultiver, dans lesquels ils n'ont presque jamais de mauvais succez à craindre , & en ont d'ordinaire de bons à esperer : d'un autre côté malheureux, ou tout au moins dignes de compassion ceux qui ont en tout temps quelques-uns des grands ennemis de la vegetation à combattre, je veux dire, ou la grande secheresse, ou particulierement la grande humidité, parce que celle-cy, outre qu'elle est toujours suivie d'un froid qui retarde les productions, elle est de plus sujette à pourrir la plûpart des Plantes, & ainsi il est tres-difficile, & presque impossible de corriger, & encore plus de vaincre un si grand défaut: il n'en est pas entierement de même de la séchereſse, car pourvû qu'elle ne soit pas extrême, & qu'on ait la commodité de l'eau pour arroser, & du fumier pour amander, on est le maître des remedes souverains & infaillibles, qu'il y faut appliquer, & partant le soin & la peine peuvent assez souvent se rendre maîtres de ces terreins arides & ingrats, & les forcer de produire amplement ce qu'on leur demande dans les regles.

Il s'ensuit donc que quand on a de ces bons fonds de terre, on y peut indifferemment & semer & planter par tout quelque sorte de Legumes & de Plantes que ce puisse être avec une confiance certaine qu'ils y réüssiront. La seule sujetion qu'on y a, c'est premierement de sacler beaucoup, car telles terres produisent infiniment de méchantes herbes parmy les bonnes, & c'est en second lieu de changer souvent les legumes de place, ce qui est essentiel en toute sorte de Jardins: car il est à propos de ne pas remettre deux ou trois fois de suite les mêmes vegetaux dans un même endroit, la nature de la terre demande ces sortes de changemens, comme étant, ce semble, asseurée de retrouver dans cette diversité de quoy rétablir, & perpetuer sa premiere vigueur; or quoy que dans ces bons fonds tout y vienne admirablement bien, il est pourtant indubitable, que les expositions du Midy & du Levant sont icy comme par tout ailleurs plus propres que celles du Couchant & du Nort pour avancer & amelliorer les productions, témoins les Fraises, les Pois hâtifs, les Precoces, les Muſcats, &c. En revanche celles-cy ont quelques autres avantages qui les font estimer à leur tour, par exemple que pendant les grandes chaleurs de l'Esté, qui souvent grillent tout, & font trop tôt monter les Legumes en graine, elles sont exemptes de ces trop fortes impressions, que le Soleil fait sur les lieux qui luy sont pleinement exposez, & par consequent les Plantes s'y conservent plus long-temps en bon état.

Il s'ensuit aussi que si on a de ces fonds qui sont passablement bons, mais dont la bonté n'est pas égale par tout, soit de leur nature, soit à cause de leur situation & de leur pante; il s'ensuit, dis-je, que c'est pour lors que l'habileté & l'industrie du Jardinier se fait remarquer, en ce qu'il sçait donner à chaque Plante l'endroit où elle peut mieux réüssir en chaque saison, tant à l'égard de la hâtiveté, & même quelquefois de la tardiveté, qu'à l'égard de la beauté, & de la perfection interieure.

Generalement parlant, les terres qui sont mediocrement séches, legeres & sablonneuses, & celles, qui quoy qu'un peu fortes ont quelque petite pante vers le Midy, ou vers le Levant, & sont adossées à une montagne, ou à de grandes murailles qui les couvrent des vents froids, ces sortes de terres ont plus de disposition à produire les nouveautez du Printemps, que les terres fortes, grasses & humides; mais aussi pendant les Estés qui ne sont guéres pluvieux, ces dernieres font les Legumes plus gros & plus nourris, & demandent les arrosemens plus petits & moins frequens, & ainsi on peut en quelque façon trouver de quoy se consoler en toute sorte de fonds.

Cependant quoy qu'absolument parlant, tout ce qui peut entrer dans un Potager puisse venir en toute sorte de terres (pourvû qu'elles ne soient pas tout à fait steriles,) il a été observé de tout temps, que toutes sortes de terres ne conviennent pas également à toutes sortes de Plantes; les habiles Maréchez du voisinage de Paris le justifient assez par une experience bien convaincante: car on voit que ceux qui sont dans des sables ne s'attachent guéres à y élever des Artichaux, des Choux-fleurs, des Cardes de Porrée, des Oignons, des Cardons, du Celeri, des Bete-raves,

& autres racines, &c. comme font ceux qui sont dans les bonnes terres fortes; & en revanche ces derniers n'occupent point leurs terres en Oseille, Pourpier, Laituës, Chicorées, & autres menuës Plantes qui sont delicates & sujettes à perir de nuile & de morve, comme font les Jardiniers des terres legeres.

De tout ce que je viens d'avancer il resulte deux choses: la premiere, que le Jardinier habile qui a à cultiver un fond assez aride, ou une coline avec obligation d'avoir de tout dans son Jardin, y doit choisir les endroits qui sont les moins secs, pour y mettre ce qui veut un peu d'humidité pour bien venir, sçavoir Artichaux, Bete-raves, Scorsonneres, Salsifix, Carotes, Panais, Cherüis, Cardes de porrée, Choux-fleurs, & Choux pommez, Epinars, Pois ordinaires, Féves, Groseilles, Framboises, Oignons, Ciboules, Porreaux, Persil, Oseilles, Raves, Patience, Herbes fines, Bourrache, Buglose, &c. & à l'égard des lieux plus arides de ce même Jardin (supposé que les Secours cy-devant expliquez s'y trouvent, faute de quoy rien ne sera de belle venuë) il y mettra les Laituës de toutes les saisons, les Chicorées, le Cerfeüil, l'Estragon, le Basilic, la Pimprenelle, le Baume, & autres fournitures de Salades, le Pourpier, l'Ail, les Echalottes, les Choux d'Hyver, les couches de toutes sortes de Plan, & de petites Salades: il plantera dans ces mêmes endroits tout ce qu'il voudra avoir de Raisin, il y espacera les Legumes dans une distance mediocre, attendu qu'ils n'y deviennent pas d'un si grand volume que dans les lieux plus gras; & enfin il tiendra ses alées & ses sentiers plus haut que les labours, soit pour y attirer les eaux des pluyes, qui aussi-bien seroient inutiles & incommodes dans les allées, soit pour y profiter davantage des arrosemens qu'il y fera, & qui n'en pourront sortir: ce doit être là une de ses principales applications.

Il choisira dans ce même fond les lieux qui approchent le plus du bon temperamment entre le sec & l'humide, pour y élever les Asperges, les Fraises, les Cardons, le Celeri, &c. parce que ces sortes de Plantes languissent de sécheresse dans les lieux trop arides, & perissent de pourriture

riture dans ceux qui ſont trop humides ; il placera dans les pieds des murailles du Nort ſon Alleluya, ſes Fraiſes tardives, & ſon Bourdelais, & dans la plate-bande de ce Nort, il y fera les Pepinieres de Fraiſiers, & y ſemera du Cerfeüil tout l'Eſté (le Nort en toute ſorte de terrein doit ſervir aux mêmes Ouvrages) Et comme ce Jardinier devra être curieux de nouveautez, il regardera les pieds des murs du Midy & du Levant comme un azile merveilleux & favorable pour y en élever, pour avoir par exemple des Fraiſes & les Pois hâtifs au commencement de May, des Violettes à l'entrée de Mars, des Laituës pommées au commencement d'Avril ; il mettra dans les labours voiſins de ce Midy ou de ce Levant le plan de Choux pommez en pepiniere, & y ſemera les Laituës d'Hyver, c'eſt à dire les Laituës à coquille, pour y reſter pendant l'Automne & l'Hyver, juſqu'à ce que le Printemps enſuite il les replante en place ; il mettra dans les pieds de ces murs la Paſſepierre, qu'il ne ſçauroit gueres avoir autrement (il faut faire la même choſe en toute ſorte de Jardins) & même pendant l'Hyver il aura la prévoyance de rejetter ſur les labours de ces Eſpaliers, & particulierement de ceux du Levant les neiges voiſines, pour faire une maniere de magazin d'humidité, tant dans les endroits où rarement voit-on la pluye donner, que dans ceux où les chaleurs violentes de l'Eſté doivent être pernicieuſes.

La ſeconde choſe qui reſulte de ce que j'ay dit cy-devant, eſt que le Jardinier qui aura ſon Jardin dans un fond fort gras & fort humide, prendra pour tous ſes Legumes un parti contraire à celuy dont je viens de parler ; bien entendu que les lieux grandement humides, s'il ne trouve moyen de les deſſécher & de les ameublir, ne luy ſeront bons qu'à produire de méchantes herbes, & ainſi ceux qui le ſeront le moins, ſoit par leur ſituation & leur nature, ſoit par le ſoin & induſtrie de l'Ouvrier, ſeront toujours regardez comme les meilleurs pour toutes choſes ; il mettra dans les plus ſecs la plûpart de ce qui occupe la place les années toutes entieres, à la reſerve des Groſeilles & des Framboiſes, par exemple les Aſperges, les Artichaux, les Fraiſes, les Chicorées ſauvages, &c. il mettra dans les autres endroits ce qui en Esté demande moins de temps pour venir à sa perfection, c'est à sçavoir les Salades, les Pois, les Féves, les Raves, & même les Cardons, le Celery, &c. & comme toutes choses viennent grosses & grandes dans ces lieux gras & humides, il y plantera tous ses Legumes plus éloignez les uns des autres, qu'on ne fait pas dans les lieux secs : il tiendra ses planches & ses labours plus élevez que ses alées & ses sentiers, pour faire égouter de ses terres les eaux qui nuisent à ses plans ; & ainsi sur tout les planches de ses Asperges, de ses Fraisiers & de son Celeri, non plus que celles de ses Salades ne seront pas creuses comme elles le devoient être dans les lieux secs.

Je me suis bien rrouvé dans le nouveau Potager de Versailles où les terres sont grasses, Visqueuses, & comme glaisées d'y avoir un peu élevé dans le milieu certains grands quarrez, où les eaux des pluyes frequentes de l'Esté 1682. demeuroient sans pouvoir penetrer au de-là de sept à huit pouces, & d'avoir par le moyen de cette élevation donné à ces quarrez de la pente de deux côtez, au bas desquels, & tout du long j'avois fait en même temps des rigoles creuses d'environ un pied, tant pour separer les quarrez d'avec les plates-bandes, que particulierement pour recevoir les eaux importunes, qui dans leur sejour ruinent entierement les Plantes de ces quarrez ; ces eaux s'alloient ensuite perdre dans des pierrées que j'avois fait faire exprés pour les porter dehors ; j'ay fait la même élevation en dos de bahut à la plûpart des plate-bandes, afin que ce qui pouvoit y rester d'eau retombât dans les bords des allées, le long desquelles autres petites rigoles presque imperceptibles recevoient ces eaux, & les conduisoient dans les mêmes pierrées dont je viens de parler : je puis dire avec verité, que sans une telle précaution tout ce que j'avois dans de tels quarrez non seulement de Plantes potageres, même les plus rustiques, par exemple les Artichaux, les Porrées, &c. mais aussi les Arbres fruitiers perissoient à veuë d'œil, les Plantes de pourriture, & les Arbres de jaunisse ; outre que des coups de vents déracinoient aisément ces Arbres, parce qu'ils ne tenoient presque point dans ces terres qui étoient devenuës liquides & molles comme du mortier frais fait, & comme de la boüillie ; ma prévoyance, & mon application m'ont été en cela d'un tres grand secours & je conseille de bonne foy à ceux qui se trouveront dans les lieux aussi difficiles de faire la même chose, s'ils ne peuvent s'aviser de quelque meilleur expedient ; mon raisonnement a été, que comme la trop grande quantité d'eau délayoit, pour ainsi dire, ces malheureuses terres, pour les rendre ensuite dans le grand chaud aussi dures que des pierres, encore que dans l'un & dans l'autre de ces deux états elles étoient incapables de culture & de production, mon raisonnement, dis-je a été, que si je pouvois empêcher le premier inconvenient, qui est de rendre les terres liquides, ce seroit un moyen infaillible pour me garentir du second, qui est de les voir devenir dures, qarce que si mes terres ayant été une fois ameublies, pouvoient aprés cela demeurer passablement séches, comme il arriveroit, les eaux n'y pouvans plus rester, elles ne se lieroient plus ensemble pour faire une maniere de petrification, & ainsi elles deviendroient traitables comme d'autres terres. Ce succez s'est trouvé assez conforme au raisonnement que j'avois fait.

CHAPITRE VI.

Quelle sorte de culture convient aux autres Plantes en particulier.

C'Est beaucoup d'avoir mis d'abord tout son Jardin sur un bon pied, & d'en avoir sagement employé, ou au moins destiné toutes les parties selon les qualitez du fond, le merite des expositions, l'ordre des mois, & la nature de chaque Plante ; mais ce n'est pas tout, il les faut encore soigneusement cultiver, comme elles le demandent.

Or il y a une culture generale des Potagers, & il y en a de particuliers à chaque plante ; pour ce qui est de la generale, on sçait assez que la plus necessaire, & la plus importante consiste premierement a en bien amander la terre, soit qu'elle soit naturellement bonne, soit qu'elle ne le soit pas, car les Plantes potageres effritent beaucoup ; en second lieu à la tenir toûjours meuble, soit à force de labourer, tant les planches entieres pour y semer, ou replanter, &c. que dans les endroits où la bêche peut être employée, par exemple dans les Artichaux, dans les Cardons, &c. soit à force de bequiller, & de serfoüir aux endroits où la grande proximité des Plantes ne permet que l'usage des serfoüettes, par exemple dans les Fraisiers, les Laituës, les Chicorées, les Pois, les Féves, le Celeri, &c. elle consiste en troisiéme lieu à beaucoup arroser pendant le grand chaud toutes les Plantes, & sur tout dans les tertes sablonneuses, car celles qui sont fortes en demandent un peu moins, bien entendu que dans les unes & les autres les arrosemens ne sont pas si necessaires, ny pour les Asperges, ny pour les bordures de Thym, Sauge, Lavande, Hysope, Rhuë, Absinthe, &c. ausquelles peu d'humidité suffit pour les tenir en bon état. Elle consiste en quatriéme lieu à tenir la superficie nette de toute sorte de méchantes herbes, soit en les saclant, ou en les labourant, soit en les ratissant simplement quand les labours n'y sont pas vieux faits, en sorte que tant qu'il est possible, la terre en paroisse toûjours fraîchement remuée.

Je ne m'arrêteray point à rien dire davantage de cette culture generale, elle n'est ignorée de personne, ce sera seulement sur celle de chaque plante en particulier, que je tâcheray d'expliquer ce que j'en pense, & ce qu'en pratiquent les habiles Jardiniers.

Je commence par dire, que des Plantes potageres, il y en a qui se sement pour demeurer absolument en place, & d'autres pour être absolument transplantées, qu'il y en a qui réüssissent également bien des deux façons, qu'il y en a qui se multiplient sans être semées, qu'il y en a qu'on replante toutes entieres, & d'autres qu'on rogne pour les replanter, qu'il y en a qui pour le secours du genre humain produisent plusieurs fois de suite dans la même année, & durent même plus d'une année, d'autres qui ne produisent qu'une fois l'année, mais se conservent pour produire les années d'aprés ; & qu'enfin il y en a qui cessent d'être aprés leur premiere production.

Les plantes de la premiere classe sont les Raves, la plûpart des Bete-raves, Carottes, Panais, Cherüis, Navets, Mâches, Réponses, Scorçonnere, Salsifix, & de plus l'Ail, le Cerfeüil, la Chicorée sauvage, la Corne de Cerf, le Cresson Alenois, les Echalottes, les Epinars, les Féves, les petites Laituës à couper, le Persil, la Pimprenelle, la Porrée à couper, les Pois, le Pourpier, & la plûpart de l'Oseille, de la Patience, de l'Oignon, & de la Ciboule.

Les Plantes de la deuxiéme classe qui ne réüssissent point sans être transplantées, sont les Cardes de Porrée, le Celeri, la plûpart des Chicorées blanches, & des Laituës, tant à lier qu'à pommer, à moins que d'avoir esté semées fort claires, ou d'avoir esté ensuite fort éclaircies, tels sont aussi les Choux, la plûpart des Melons & des Concombres, les Citroüilles & les Potirons, les Porreaux, &c.

Les Plantes de la troisiéme classe, c'est à dire celles à qui il est indifferent d'être semées en place, ou d'être transplantées, sont les Asperges, quoy qu'ordinairement on les seme en pepiniere pour être transplantées un an ou deux aprés, le Basilic, le Fenoüil, l'Anis, la Bourrache, la Buglose, les Cardons, les Capres-Capucines, la Ciboule, la Sarriette, le Thym, le Cerfeüil musqué, &c.

Les Plantes de la quatriéme classe, qui se multiplient sans être semées, sont l'Alleluya, les Cives d'Angleterre, les Violettes, &c. parce qu'elles font de grosses touffes, qu'on separe en plusieurs, les Artichaux par le moyen de leurs Oeilletons, le Baume & l'Oseille ronde, la Tripe-Madame, l'Estragon, la Melisse, &c. par le moyen des branches qui s'enracinent aux endroits où elles touchent la terre; les deux dernieres ont encore l'avantage de se multiplier de graine; les Artichaux l'ont aussi quelquefois; les Fraises par le moyen de leurs trainasses; les Framboises & les Groseilles par le moyen de leurs rejettons, & des branches qui prennent de bouture; la Lavande, l'Absinthe, la Sauge, le Thim, la Marjolaine par le moyen de leurs branches qui prennent racines au colet, & outre qu'elles font encore de la graine; le Laurier commun par marcotes, & même par graine; le Raisin & les Figuiers par le moyen des rejettons, crocettes, boutures, soit enracinées, soit non enracinées.

En cinquième lieu, les Plantes dont on rogne une partie, soit des feüilles, soit des racines, soit de l'un, soit de l'autre, en même temps pour les transplanter sont les Artichaux, les Porrées, le Porreau, le Celeri, &c. les autres où l'on ne rogne rien des feüilles (car pour les racines il est toûjours bon de les rafraîchir un peu, & les Chicorées pour l'ordinaire, la Sariette, l'Oseille, &c.) sont toutes les Laituës, l'Alleluya, les Violettes, le Basilic, la bonne-Dame, la Bourrache, la Buglose, les Capres capucines, les Choux, l'Estragon, la Passe-pierre, les Fraises, la Marjolaine, les Melons, Concombres, Citroüilles, Potirons, le Pourpier, & les Raves pour graine, &c.

Les Plantes qui produisent plusieurs fois de suite dans la même année, & se conservent pour les suivantes, sont l'Oseille, la Patience, l'Alleluya, la Pimprenelle, le Cerfeüil, le Persil, le Fenoüil, toutes les bordures, la Chicorée sauvage, le Persil-Macedoine, le Baume, l'Estragon, la Passe-pierre, &c.

Les Plantes qui ne produisent qu'une fois l'année, & se conservent plusieurs années ensuite, sont les Asperges, & les Artichaux.

Enfin celles qui cessent d'être aprés leur premiere production, sont toutes les Laituës, la Chicorée ordinaire, les Pois, les Féves, les Cardons, les Melons, les Concombres, les Citroüilles, les Oignons, les Porreaux, le Celeri, la bonne Dame, tout ce qui n'est d'usage que par ses racines, sçavoir Bette-raves, Carottes, &c.

Pour expliquer presentement le détail particulier de la culture de chaque plante, il faut sçavoir que cette culture regarde la distance où elles doivent être l'une de l'autre, la taille en celles qui en ont besoin, la situation & la disposition qu'elles demandent, le secours qu'il faut à quelques-unes pour parvenir à la bonté qui leur convient, soit par être liées ou envelopées, soit par être buttées ou couvertes, &c.

Je commence par l'ordre de l'Alphabet.

Les pieds d'Absinthe, & de toutes les autres bordures de Thim, Lavande, Hysope, &c. se plantent au cordeau,

& se mettent à deux ou trois pouces de distance, & cinq ou six avant dans terre. Il est bon de les tondre tous les ans au Printemps, & de les renouveller de deux en deux ans, pour en ôter les plus vieux pieds; la graine s'en recueille vers le mois d'Aoust.

L'Ail se seme de gousse, ou autrement de Caïeux à la fin de Février, & se met trois à quatre pouces avant en terre, & de trois à quatre pouces de distance; on les sort de terre vers la fin de Juillet, & on les met seicher pour les garder ensuite d'une année à l'autre dans un lieu qui ne soit point humide.

L'Alleluya vieillissant se met en touffe, & comme c'est une plante qui vient dans les bois, & qui par consequent aime l'ombre, on la met le long des murailles du Nort, espacée d'environ un pied l'une de l'autre; plus on luy ôte ses feüilles, & c'est ce qu'elle a de bon, & plus elle en repousse de nouvelles : c'est assez de la mettre environ deux pouces avant dans la terre, elle dure trois à quatre ans sans être renouvellée, & pour la renouveller, c'est assez que de separer les grosses touffes en plusieurs petites, & les replanter aussi-tôt, ce qui se fait dans les mois de Mars & d'Avril; un peu d'arrosement dans les grandes chaleurs, & sur tout dans les terre sablonnéuses leur est de grand secours.

L'Anis & le Fenoüil se sement d'ordinaire assez clair, ou par rayons, ou en bordures, sa feüille sert dans les Salades avec les autres fournitures; il monte en graine vers le mois d'Aoust, & les tiges en étant coupées il repousse l'année d'apres de nouvelles feüilles, qui sont aussi bonnes que les premieres; il est à propos de le renouveller de deux en deux ans.

Les Artichaux, comme nous avons dit ailleurs, se multiplient par le moyen des Oeilletons que chaque pied pousse d'ordinaire tous les ans au Printemps autour de sa vieille racine, & qu'il faut ôter dés qu'ils sont assez forts, en sorte qu'on n'en laisse à chaque endroit que les trois meilleurs, & les plus éloignez; pour en planter on fait communément des petites fosses creuses d'un demy pied, éloignées de trois pieds l'une de l'autre, & remplies de terreau, &

on fait deux rangs dreſſez au cordeau dans chaque planche, qui doit être large de quatre bons pieds, & ſeparée de ſa voiſine par un ſentier d'un grand pied; ces foſſes ſe font à demy pied du bord de la planche, & en échiquier entr'elles; on met deux Oeilletons en ligne droite dans chacune eſpace d'environ neuf à dix pouces, il les faut renouveller tous les trois ans au moins, leur couper les feüilles à l'entrée de l'Hyver, & les couvrir de grand fumier ſec pendant tout le gros froid juſques à la fin de Mars il les faut pour lors découvrir, les œilletonner, ſi les Oeillettons ſont aſſez forts, ou attendre qu'ils le ſoient devenus au bout d'environ trois ſemaines ou un mois, les bien labourer & fumer de ce qu'il y a de plus pourri dans le fumier qui leur a ſervi de couverture; on les arroſe raiſonnablement une fois ou deux la ſemaine, en attendant qu'à la fin de May les Pommes commencent à ſortir, & c'eſt dés ce tems-là qu'il les faut arroſer amplement, c'eſt à dire deux ou trois fois la ſemaine, & continuer pendant l'Eſté à une demie cruchée d'eau dans chaque pied, & ſur tout dans les terres naturellement ſéches; ceux qui ſont plantez au Printemps, doivent faire du fruit à l'Automne enſuite s'ils ſont bien arroſez, & ceux qui n'en ſont point donnent les premieres Pommes au Printemps ſuivant, s'ils ſont aſſez forts pour reſiſter au froid de l'Hyver; les Artichaux n'ont pas ſeulement le grand froid & la grande humidité à craindre, ils ont encore les Mulots pour ennemis, ces méchans petits animaux rongent leurs racines pendant l'Hyver, qu'ils ne trouvent rien de meilleur dans les Jardins, & il eſt bon de planter un rang de Cardes de porrée entre deux rangs d'Artichaux, afin que les Mulots trouvans les racines de celles-là plus tendres s'y attachent au lieu des autres, comme ils ne manquent pas de le faire; il en eſt de trois façons, de verds, ou autrement blancs, & ce ſont les plus hâtifs, de violets qui ont la pomme un peu en piramide, & de rouges qui l'ont ronde & camuſe comme les blancs, & ces deux dernieres ſortes ſont les plus delicates.

Les Aſperges ſe ſement à l'entrée du Printemps comme les autres graines, c'eſt à dire qu'on les ſeme dans quelque planche

planche bien preparée ; il les faut ſemer aſſez claires, & pour les couvrir de terre on les herſe avec la fourche de fer, cela ſe fait un an aprés ſi elles ſont aſſez fortes ; ce qui ſera ſi la terre eſt bonne & bien preparée, ou au moins deux ans aprés on les doit replanter, ce qui ſe fait à la fin de Mars, & même pendant tout le mois d'Avril : & pour cela il faut des planches larges de trois à quatre pieds, & ſeparées d'autant les unes des autres : ſi c'eſt dans les terres ordinaires on creuſe ces planches d'un bon fer de bêche, mettant ſur les ſentiers ce qu'on enleve de la planche ; & à l'égard des terres fortes, & humides, je ſuis d'avis qu'on faſſe comme j'ay fait au Potager de Verſailles, c'eſt à dire qu'on ne les creuſe aucunement, & qu'au contraire on les tienne un peu plus élevées que les ſentiers, la grande humidité leur eſt mortelle : les Aſperges ainſi ſemées font des touffes de racines autour de l'œil, c'eſt à dire autour de l'endroit d'où doivent ſortir les montans ; ces racines s'étendent entre deux terres, & pour les replanter, ſoit en planche creuſe, ou en planche élevée, on donne un bon grand labour au fond de la tranchée, & ſi la terre n'eſt guéres bonne, on y met un peu de fumier, enſuite on y met encore deux ou trois pieds de ce jeune plan, & on les range proprement ſur la ſuperficie de la planche dreſſée, ſans avoir beſoin de leur rogner l'extremité des racines, ou au moins que tres-peu ; ſi l'intention eſt de réchauffer ces Aſperges quand elles ſeront aſſez fortes ; on les eſpace à un pied les unes des autres, & ſi elles doivent demeurer à l'ordinaire, on les eſpace à un bon pied & demy, & dans l'un & l'autre cas on les place en échiquier ; quand elles ſont ainſi placées, on les recouvre d'environ deux à trois pouces de terre. Que ſi quelqu'une manque de pouſſer, on peut un mois ou deux aprés les regarnir, ce qui ſe fait de la même façon qu'on a planté les autres, prenant ſoin à l'égard de ces nouvelles replantées de les arroſer quelquefois pendant les groſſes chaleurs, & de les tenir toutes en tout temps bien ſaclées, & bien bequillées, ou bien on marque avec de petits bâtons les endroits dégarnis, & on attend au Printemps enſuite pour les regarnir. Tous les ans on recouvre la planche entiere d'un peu de terre, qu'on prend dans le ſentier; parce que bien loin de s'enfoncer, elles s'élevent toûjours petit à petit : on les fume raiſonnablement de deux en deux ans : on les laiſſe pouſſer les trois ou quatre premieres années, ſans en cüeillir juſqu'à ce qu'on voye qu'elles viennent groſſes, & pour lors on en peut réchauffer ce qu'on voudra, ſinon on commencera d'en cüeillir pour continuer de même pendant une quinzaine d'années, ſans qu'il ſoit neceſſaire de les renouveller : tous les ans à la Saint Martin on coupe tous les montans, chaque pied en fait pluſieurs ; on prend de la graine des plus beaux pour en ſemer, ſi on veut dans le temps cy-devant marqué. Pour les arracher de la planche de pepiniere on ſe ſert d'une fourche de fer, la bèche eſt trop dangereuſe pour cette ſorte d'ouvrage, parce qu'elle bleſſeroit & couperoit ces petites plantes.

Il ne faut pas manquer tous les ans à la fin de Mars, ou au commencement d'Avril, c'eſt à dire un peu devant que les Aſperges commencent à pouſſer naturellement, il ne faut, dis-je, pas manquer de donner un petit labour de trois à quatre pouces à chaque planche, en ſorte que la bêche n'aille pas juſques à bleſſer ces plantes; ce petit labour ſert, tant pour faire mourir les méchantes herbes, que pour rendre la ſuperficie de la terre meuble, & faciliter par ce moyen, non ſeulement l'entrée des bonnes pluyes d'Avril & des roſées de May qui nourriſſent le pied, mais auſſi facilite la ſortie des Aſperges; l'ennemy particulier & redoutable des Aſperges ce ſont de petits pucerons qui s'attachent aux montans, les font avorter, & les empêchent de profiter, c'eſt particulierement pendant les années fort ſéches & fort chaudes ; car les autres années il ne paroît pas, on n'a point encore trouvé de remede à ce mal.

Le Baume étant une fois planté n'a beſoin d'autre culture particuliere que d'être coupé ras tous les ans à la fin de l'Automne, afin que le Printemps ſuivant il pouſſe beaucoup de jeunes jets bien tendres, qu'on fait entrer parmy les fournitures de ſalades pour les gens qui les aiment parfumées; il le faut renouveller tous les trois ans au moins, & le mettre toûjours en bonne terre; les branches prennent de boutures à l'endroit où elles sont couvertes, & ainsi d'une grosse touffe on en fait aisément plusieurs, qu'on plante à un bon pied l'une de l'autre : L'Hyver aussi on en plante de grosses touffes sur couche, & prenant soin de les couvrir de cloches, elles poussent fort bien pendant une quinzaine de jours, & aprés cela elles perissent.

Le Basilic est une plante annuelle assez delicate, on n'en seme guere que sur couche, & cela en plein champ comme le Pourpier, les Laituës, &c. On commence d'en semer ainsi dés le mois de Février, & on peut continuer toute l'année; ses feüilles tendres se mettent en petite quantité parmy les fournitures de Salades, & y font un agreable parfum; on en met même dans les ragoûts, & sur tout de séches, c'est pourquoy on est soigneux d'en garder pour l'Hyver; on recueïlle sa graine dans le mois d'Aoust, & d'ordinaire pour le faire gréner on en replante au mois de May, soit en pot, soit en planche; il en est de plusieurs façons, celuy qui fait les plus grandes feüilles, & sur tout quand elles tirent au violet, & celuy qui fait les plus petites sont les deux plus curieux, celuy qui les fait mediocres est l'ordinaire, autrement le commun.

Les Bete-raves sont plantes annuelles qui ne viennent que de graines; on en replante rarement, on les seme au mois de Mars, soit en plein champ, soit en bordures, & il les faut semer fort claires, ou moins si elles ont levé trop druës il les faut éclaircir beaucoup, autrement elles ne viennent pas belles; elles demandent la terre fort bonne, & bien preparée; les meilleures sont celles qui ont la chair la plus rouge, leur fane est pareillement fort rouge, elles ne sont bonnes à prendre qu'à la fin d'Automne, & tout l'Hyver pour en avoir de la graine, on en replante au mois de Mars quelques-unes de celles de l'année precedente qu'on avoit gardées de la gelée; la graine s'en recueïlle au mois d'Aoust & de Septembre.

La Bonne-Dame ne vient que de graine, on la seme des premieres du Printemps, & est des plus promptes à lever, & des plus promptes aussi à monter en graine dés le mois de Juin; on la seme assez claire, & pour en avoir de belles graines, il est bon d'en replanter quelques pieds à part, la feüille de cette plante eſt fort bonne en potage & en farce ; on s'en ſert preſque d'abord qu'elle eſt ſortie de terre, car auſſi-bien elle paſſe fort promptement ; pour en avoir de meilleure heure on en ſeme quelque peu ſur couche, elle vient en toute ſorte de terre, mais toûjours plus belle dans les bonnes que dans les mediocres.

Les Bourdelais, autrement Verjus, tant le blanc que le rouge eſt une eſpece de pied de vigne qui ſe taille au Printemps, & ſe provigne, ſe greffe, & ſe plante comme l'autre vigne pendant les mois de Janvier, Février, Mars; il faut prendre ſoin d'en lier les branches, ſoit à des échalas, ſoit à quelque treillage dés la my-Juin, autrement le vent les déſole tout à fait, il faut auſſi les ébourgeonner au Printemps pour leur ôter les branches foibles & inutiles, c'eſt aſſez de laiſſer en les taillant deux, trois, ou quatre belles branches au plus ſur chaque pied, & de ne les tenir longues que de quatre yeux, chacun deſquels communement pouſſe une branche, & trois ou quatre grandes grapes ſur chacune; je pratique en toutes ſortes de Vigne, & ſur tout au Muſcat de tenir les branches baſſes plus courtes de deux yeux que les plus hautes, pour tenir toûjours le pied bas, quand je ne les veux pas laiſſer monter en treille.

La Bourrache & la Bugloſe viennent, & ſe gouvernent de la même façon que la Bonne-dame, hors qu'elles ne levent pas ſi fortement; on en ſeme pluſieurs fois pendant un même Eſté, parce que leurs feüilles, en quoy conſiſte tout leur merite, ne ſont bonnes que pendant qu'elles ſont tendres, c'eſt à dire qu'il les faut jeunes ; leur petite fleur violette fait un ornement ſur les Salades, leur graine tombe auſſi-tôt qu'elle eſt meure, & ainſi il y faut ſoigneuſement prendre garde, & le plus ſeur eſt de couper les tiges, & les mettre ſécher au Soleil, dés que la graine commence à donner, & par ce moyen on n'en perd que fort peu.

Les Capres ordinaires ſont une eſpece de petit Arbuſte qu'on éleve dans des niches faites exprés dans des murailles bien expoſées; on les remplit de terre pour la nourriture du pied, & tous les ans au Printemps on en taille les branches qui pouſſent enſuite des boutons, & ce ſont ces boutons qu'on fait confire dans du vinaigre pour s'en ſervir enſuite l'Hyver ſoit en ſalade, ſoit en potage.

Les Capres capucines autrement naſturées ſont plantes annuelles qui ſe ſement d'ordinaire ſur couche au mois de Mars, & qu'on replante enſuite en pleine terre le long de quelques murailles, ou au pied de quelques Arbres ou leur montant qui eſt foible & vient aſſez haut, ſe puiſſe acrocher pour ſe ſoûtenir : on en plante auſſi dans des pots, & dans des caiſſes, & on y met quelques bâtons pour ſoûtenir leurs montans ; le bouton eſt bon à confire dans du vinaigre devant qu'il vienne à s'épanoüir ; ſa fleur eſt aſſez grande, d'une couleur orangée & aſſez agreable ; il faut prendre ſoin de les bien arroſer l'Eſté pour les faire pouſſer vigoureuſement & aſſez long-temps. Leur graine tombe à terre d'abord qu'elle eſt meure, auſſi-bien que celle des Bourraches & Bugloſes, & ainſi il la faut ſoigneuſement ramaſſer.

Caprons ſont une eſpece de groſſes Fraiſes peu delicates qui meuriſſent en même temps que les bonnes ; leur feüille eſt extraordinairement large, veluë, & d'un verd noirâtre, il n'en faut faire guéres de cas, on en trouve dans les bois comme d'autres Fraiſes.

Cardes d'Artichaux ſont les feüilles des beaux Artichaux qu'on a liées & envelopées de paille l'Automne & l'Hyver ; ces feüilles ainſi envelopées par tout, à la reſerve de leur extremité ſuperieure blanchiſſent, & par ce moyen perdent un peu de leur amertume, ſi bien qu'étant cuites on s'en ſert comme de veritables Cardons d'Eſpagne.

Ce qu'on appelle Cardes de Porrée, eſt le pied de Porrée replanté en planche bien preparée, de laquelle chaque pied étant eſpacé d'un bon grand pied de diſtance l'un de l'autre, pouſſe de grandes fanes qui ont dans le milieu un côton large, blanc & épais, & ce côton eſt la veritable Carde dont on ſe ſert pour les potages, & des entremets : Aprés avoir ſemé de la Porrée ſur couche, ou en pleine terre dans le mois de Mars, on replante de celle qui eſt la plus jaune dans des planches dreſſées exprés, & prenant ſoin de les bien arroſer pendant l'Eſté elles ſe fortifient pour pouvoir resister au froid de l'Hyver, en cas qu'on prenne soin de les couvrir de grand fumier sec, tout de même qu'on couvre les Artichaux ; aussi sont-elles bien placées quand on en replante un rang entre deux rangs d'Artichaux, on les découvre au mois d'Avril, on les laboure, & on les soigne, & moyennant cette culture elles poussent de ces belles Cardes pour le temps des Rogations, & les mois de May & de Juin ; en fin elles montent en graine, & on en recueille dans le mois de Juillet & d'Aoust pour en semer le Printemps suivant.

Cardons d'Espagne ne viennent que de graine, on en seme à deux fois ; la premiere est pour l'ordinaire à la my-Avril, ou à la fin du mois, & la deuxiéme à lentrée de May ; on les doit semer en bonne terre bien preparée, & dans de petites fosses pleines de terreau larges d'un bon pied, & creuses de six pouces : on fait des planches larges de quatre à cinq pieds, pour y mettre deux rangs de ces petites fosses en échiquier ; on met cinq ou six graines dans chaque trou, pour n'en laisser que deux ou trois en place ; si elles levent toutes on ôte le surplus, soit pour le jetter, soit pour regarnir d'autres endroits, qui peut-être n'auront pas réüssi, ou bien on en aura semé quelque peu sur couche à cette intention ; & quand au bout de quinze, ou vingt jours on ne voit pas que la graine ait levé, il faut foüiller pour voir si elle est pourrie, ou si elle germe, afin d'en remettre de nouvelle en cas de besoin ; les premieres graines sont d'ordinaire trois semaines à lever, les secondes quinze jours ; il ne faut pas semer les Cardons devant la my-Avril, de peur qu'étant trop forts ils ne montent en graine au mois d'Aoust & de Septembre : car cela étant ils ne sont plus bons ; il faut prendre grand soin de les bien arroser, & quand vers la fin d'Octobre on veut commencer à les faire blanchir, on prend un temps bien sec pour leur lier d'abord de trois ou quatre liens toutes leurs feüilles, & quelques jours aprés on les envelope entierement de paille, ou de litiere séche bien entortillée, en sorte que l'air n'y penetre, à moins que ce ne soit par l'extremité d'en haut qu'on laisse libre ; ces pieds de Cardons ainsi envelopez blanchissent au bout de quinze jours, ou trois ſemaines, & deviennent bons à manger ; on acheve de lier, & enveloper tout ce qu'on en a dans ſon Jardin quand on voit approcher l'Hyver, & pour lors on les enleve en mote pour les replanter dans la ſerre ; quelques-uns de ces pieds ſont bons à replanter en pleine terre au Printemps enſuite pour monter en graine dans les mois de Juin ou Juillet, ou bien quelques pieds reſtez en place ſerviront à cela trois ou quatre ans de ſuite.

Carottes ſont une ſorte de racine, les unes blanches, les autres jaunes qui ne viennent que de graine, & demandent les mêmes ſoins que nous avons cy-devant expliquez ſur l'article de Bete-raves.

Le Celeri eſt une ſorte de Salade qui vient de graine, & n'eſt bonne qu'à la fin de l'Automne, & pendant l'Hyver ; on en ſeme à deux fois pour en avoir plus long-temps, parce que le vieux ſemé monte aiſément en graine, & devient dur, on en ſeme donc d'abord ſur couche au commencement d'Avril ; & comme la graine en eſt extrêmement menuë, on ne peut s'empêcher de le ſemer trop dru, ſi bien que ſi on ne l'éclaircit de bonne heure, & qu'on ne le rogne pour le faire fortifier devant que de le replanter, il s'eſtiole trop, & demeure foible & élancé, au lieu de pouſſer beaucoup de feüilles de dedans le pied ; le plus ſeur eſt de le replanter en Pepiniere, mettant les pieds à deux ou trois pouces l'un de l'autre ; il ne faut pour cela que faire des trous avec le doigt ; on replante ce premier au commencement de Juin, on en ſeme pour la ſeconde fois à la fin de May ou à l'entrée de Juin, mais c'eſt en pleine terre, & on prend le même ſoin de l'éclaircir, de le rogner, & de le replanter en pepiniere que le premier ; il en faut planter d'avantage à la ſeconde fois qu'à la premiere ; il y a deux manieres de le replanter, l'une en tranchée creuſe d'un bon fer de bêche, & large de trois à quatre pieds pour y faire trois ou quatre rangs, & y eſpacer les Plantes d'un pied l'une de l'autre ; cette maniere de creuſer les planches pour buter le Celeri, n'eſt bonne que dans les terres ſéches, parce que les terres fortes ſont trop pourriſſantes ; la ſeconde maniere eſt de le replanter en ſimple planche non creuſée, & l'eſpacer tout de même que l'autre, prenant ſoin en l'un & l'autre cas de l'arroſer extrêmement pendant l'Eſté, car ſa principale bonté conſiſte à être tendre auſſi-bien qu'à être fort blanc ; les arroſemens contribuënt au premier degré de bonté, & à l'égard du ſecond, il faut ſçavoir que pour blanchir le Celeri on commence de le lier de deux liens quand il eſt aſſez fort, & on prend pour cela un temps ſec, & enſuite on bute entierement les pieds, ſoit en y abbatant de la terre, qui eſt élevée ſur le ſentier, ſoit en y mettant beaucoup de grand fumier ſec tout autour comme on fait aux Cardons, ou bien des feüilles ſéches : Le Celeri ainſi buté de terre ſéche, ou garni de grand fumier ſec, ou de feüilles ſéches juſqu'à l'extremité de ſes feüilles blanchit en trois ſemaines, ou un mois ; & comme étant blanchi il pourrit ſur pied ſi on ne le mange, il s'enſuit qu'il n'en faut buter, ny entourer de fumier qu'à proportion qu'on en peut conſommer ; il n'y faut point d'autre précaution pendant qu'il ne gele pas, mais ſi la gelée vient à donner, il faut couvrir entierement tout le Celeri, car la groſſe gelée le gâte auſſi-tôt, & afin de trouver plus de facilité à le couvrir aprés l'avoir lié de deux ou trois liens, on l'arrache en mote à l'entrée de l'Hyver, & on le replante dans une autre planche en preſſant les pieds tout autant prés qu'on peut l'un de l'autre, & pour lors il faut beaucoup moins de couverture, que ſi les pieds étoient reſtez dans leur éloignement ordinaire ; l'expedient pour en élever de la graine, eſt d'en replanter à l'écart quelques vieux pieds aprés l'Hyver, ils ne manquent pas de monter en graine vers les mois de Juin & de Juillet, & on recueille cette graine au mois d'Aouſt ; nous n'en connoiſſons que d'une eſpece.

Le Cerfeüil muſqué eſt une des fournitures de Salade, & pendant le commencement du Printemps que ſes feüilles ſont jeunes & tendres il eſt agreable, & propre à contribuer au parfum, mais il n'en faut plus mettre quand elles ſont dures & vieilles : il reſte pluſieurs années en place ſans ſe gâter à la gelée, ainſi il devient un aſſez gros, & grand pied, il monte en graine vers le mois de Juin, & c'eſt par là qu'il ſe multiplie.

Le Cerfeüil ordinaire, eſt une plante annuelle, ou plûtôt

plûtôt de peu de mois qui sert à beaucoup d'usage, & sur tout aux Salades quand il est jeune & tendre ; c'est pourquoy on en doit semer tous les mois un peu chaque fois à proportion des besoins & de la terre qu'on a ; il monte fort aisément en graine, & pour en avoir de bonne heure il en faut semer à la fin de l'Automne, & sans doute on en aura la graine toute meure vers la my-Juin ; on coupe les montans dés qu'il commence à jaunir, & on les bat comme les autres Plantes pour en faire sortir la graine.

Le Chasselas est une espece de bon Raisin fort doux, il y en a de blanc & de rouge, & celuy-cy est fort rare, l'autre est fort commun ; il demande les bonnes expositions du Midy, du Levant & du Couchant pour être plus jaune, plus croquant, & meilleur ; c'est de tous les Raisins celuy qui se conserve le plus long-temps, pourveu qu'on ne le laisse pas trop meurir devant que de le cueïllir, sa culture qui consiste à la taille, est semblable à celle du Bourdelais.

Cherüis est une espece de Racine qui se multiplie de graine, se seme & se cultive comme les autres racines au mois de Mars.

Chicons espece de Laituës à lier, voyez leur culture dans l'article des Laituës.

Chicorée est une sorte de tres-bonne plante annuelle, qui sert aux Salades, & aux potages d'Automne & d'Hyver pourveu qu'elle soit bien blanchie, & par consequent tendre & delicate ; elle ne se perpetuë que par le moyen de la graine ; il y a la Chicorée ordinaire & la Chicorée sauvage, l'ordinaire en contient de plusieurs façons, sçavoir la blanche qui est la plus delicate ; la verte qui est la plus rustique, & la plus capable de resister au froid, la frisée & la non frisée : les unes & les autres s'accommodent assez bien de toute sorte de terre : on ne commence guéres d'en semer que vers la my-May, & il la faut pour lors semer fort claire, ou l'éclaircir beaucoup pour la faire blanchir en place sans la transplanter, & encore en seme-t-on fort peu, parce qu'elle monte trop aisément en graine ; la saison d'en semer beaucoup est la fin de Juin, & pendant le mois de Juillet pour en avoir de bonne en Septembre: & on en ſeme enſuite beaucoup pendant le mois d'Aouſt, afin d'en faire grande proviſion pour le reſte de l'Automne, & une partie de l'Hyver : Quand elle leve trop druë, on la coupe ou on l'éclaircit pour la faire fortifier devant que de la replanter, & en la replantant pendant l'Eſté il la faut planter à un grand pied l'une de l'autre ; on en fait communément de grandes planches de cinq à ſix pieds de large, pour les replanter enſuite au cordeau. Cette plante demande de grands & de frequens arroſemens ; & quand elle eſt aſſez forte, il faut travailler pour la faire blanchir, & pour cet effet on la lie de deux ou trois liens ſelon ſa hauteur, & étant ainſi liée elle blanchit au bout de quinze ou vingt jours ; & comme elle craint extrêmement la gelée, du moment que le froid commence à venir, on la couvre de grand fumier ſec, ſoit qu'elle ait été liée, ſoit qu'elle ne l'ait pas été : quand on en eſt à la fin de Septembre, on la plante aſſez prés à prés, parce qu'elle ne vient pas ſi grande & ſi étenduë qu'en Eſté ; ſi on peut ſauver quelques pieds pendant l'Hyver, il les faut replanter au Printemps, pour en avoir de la graine qui puiſſe avoir le temps de bien meurir : Les gens qui ont une bonne ſerre, font fort bien d'en ſerrer, & pour cela on la plante fort prés à prés dans cette ſerre ; ceux qui n'en ont point, ſe contentent de la couvrir de beaucoup de grand fumier ſec, en ſorte que la gelée n'y puiſſe pas penetrer.

La Chicorée ſauvage ſe ſeme dés le mois de Mars en planche, & même aſſez druë, & en terre bien preparée ; on la fait fortifier autant qu'on peut pendant tout l'Eſté à force de l'arroſer & de la rogner, afin qu'elle ſoit bonne à blanchir pendant l'Hyver ; il y en a qui la mangent verte en Salade quelque amere qu'elle ſoit, mais pour l'ordinaire on la veut blanche, & pour la blanchir on la couvre beaucoup de grand fumier aprés l'avoir rognée tout prés de terre ; & cela étant, comme elle vient à pouſſer dans l'obſcurité & à couvert du jour, ſes jets ſont blancs & tendres ; il eſt plus propre d'empêcher par quelques traverſes d'échalas, que le grand fumier ne la touche, elle pouſſe tout de même ſous cette couverture, pourveu que

NOVEMBR[E]

[AGRI]CULTURE, JARDINAGE.

Dans ce mois, la nature achève de se dépouiller de sa verdure. On commence à couper les bois, on finit les semailles d'automne. On plante les arbres, la vigne. On pêche les étangs qu'il est possible de remplir d'eau en peu de jours. On fait le cidre, on soutire et encave les vins. On laboure le pied des arbres du verger.

Il faut songer aux provisions pour le fourrage des bestiaux, serrer les fruits d'automne, planter et provigner la vigne, couper les saules, émonder les arbres, couper le bois à bâtir. Préparer et mettre à portée le grand fumier sec pour le répandre promptement sur les légumes qui en ont besoin. Semer des raves pour janvier et février. Achever de lier les chicorées, et les couvrir pour qu'ils blanchissent. On peut encore planter des laitues d'hiver; on plante des asperges, de l'oseille, de l'estragon. On coupe les montants d'asperges lorsque la graine est rouge, et on serre celle-ci pour la semer au printemps. On plante les rosiers, les lilas et autres arbrisseaux qui ne craignent point la gelée.

Les feuilles sèches se ramassent pour recouvrir les plantes susceptibles de geler.

— Temps assez

Nouvelle Lun
à 6 h. 29 m. d
Tempscouvert et

ap. Ugine. *lundi ap. le* 11
de-Beauvoisin, Thones. *se*
Cluses. *les Mec.* la Roche
Décembre. 1 Thon
Exilles. 6 Viuz-en-Sallaz,

Prem. jeudi de chaque mo
Janvier. Le 2 Lave
Montfaucon. 12 Pradelles. 15
hac. 21 Tence. 23 St-Vincen
lien-Chapt. — *Jeudi ap.*
rois à Saugues. *Dern. lun. à*
Der. vend. Montfaucon.
Février. Le 1 Roche
Chambon. 18 Feumourette.
av. jeudi gras à Bresle,
Brioude. *mardi av. mardi g*
naval à Saugues. *lundi gras*
Foires mobiles du
dres, le merc. de mi-carême
Prem. jeudi de carême à C
mi-carême, merc. saint à
lundi de mi-carême et lundi
carême à Monastier, *Pr. m*
carême à Montfaucon, *sec.*
Sam. de mi-carême à Fay-
Tence. *le merc. saint à* Bl
vendr. saint à St-Paulien.
Mars. Le 12 St-Mauric
Vabre. 15 Saugues, St-Just-
23 Pradelles. 24 Roche-en-R
31 St-Julien-Chapteuil. —
Prem. mardi à Bas. *Prem.*
Avril. Le 8 St-Vincent
St-Pierre-du-Ch. 19 Fay-le-F
21 Goudet, Pradelles. 23 C
Bas, Labrosse, St-Jean-Lach
oude, Loudes. *Le dern. lund*
Foires mobiles apr
à Pont-de-Vabres, Tiranges.
Merc. ap. à Monastier. *jeudi*
Montfaucon, Saugues. *Len*
Jeudi ap. Quasim. à Lausso
Mai. Le 1 St-Pal-de-Ch
Voz, Langeac, Bouchet. 3 V
St-Didier, Fay-le-Froid, Vieil
Lamothe, Monastier, Labross
Retournac. 12 St-Jean-Lacha
St-Jeure et Ste-Sigolène. 16
Aleyras. 22 St-Paulien, St-J
tier, Goudet. — *Le prem. s*
Puy. *Le lundi ap. la trinit*
Foires mob. des R
Pent. *Jeudi avant les Rog*
rog. à St-Jeure. *Lundi des R*
Rog. au Puy. *mardi des Rog.*

les côtez soient si bien bouchez, qu'il n'y entre point de jour du tout, & pour lors ses jets sont plus propres, & sentent moins du fumier; ceux qui ont des serres y en peuvent transplanter l'Hyver, elle y pousse assez bien pour peu qu'elle soit obscurement placée; quand elle est verte, elle ne se gâte point à la gelée, & dés la fin de May elle monte en graine; beaucoup de gens en mangent les montans en Salade pendant qu'ils sont jeunes & tendres.

Choux sont de toutes les Plantes potageres celle qui étant transplantée reprend le plus aisément; comme aussi est-elle la plus connuë & la plus usitée de tout le Jardinage; elle se multiplie de graine; il en est de plusieurs especes, & de differentes saisons, il en est de pommez, qu'on nomme Choux blancs, & Choux capus, qui sont pour la fin de l'Esté & pour l'Automne; il en est de frisez & de pencaliers, autrement Choux de Milan, qui font de petites pommes pour l'Hyver; il en est de rouges, ou plûtôt violets; il en est qu'on nomme à larges côtes, dont les uns sont blonds & fort delicats pour le temps des vandanges, & les autres sont verts, & qui ne sont fort bons que quand ils sont gelez; enfin il en est qu'on nomme Choux-fleurs, & ceux-là sont, pour ainsi dire, les plus nobles & les plus importans; ils n'entrent point aux potages, mais servent aux entremets; ils ne peuvent souffrir la gelée, & d'abord que leur tête se forme, il la faut couvrir par le moyen de ses feüilles qu'on lie par dessus de quelque lien de paille, afin d'éviter les atteintes du froid qui les gâte, & les fait pourrir; ceux-cy sont pour l'Hyver, & il les faut refugier dans la serre, les y porter en mote, & les y planter, ils ont accoûtumé d'achever d'y former leur tête; tous les autres Choux grainent en France, mais pour ceux-cy ils n'y grainent point, il en faut faire venir la graine du Levant, c'est pourquoy elle est d'ordinaire assez chere; pour faire monter les Choux en graine on a accoûtumé tous les ans l'Automne, ou au Printemps d'en transplanter de ceux qu'on trouve les plus beaux & les meilleurs, & ils montent à graine dans les mois de May & de Juin, & se recueille en Juillet & Aoust.

Il faut en paſſant remarquer deux choſes, la premiere, que pour toutes les groſſes Plantes qui montent en graine, & s'élevent aſſez haut, par exemple Choux, Porreaux, Ciboules, Oignons, Bete-raves, Carottes, Panais, Celery, &c. il les faut ſoûtenir, ſoit avec des échalas debout, ſoit avec des traverſes de perche, pour empêcher que les vents n'en rompent les montans, devant que la graine ſoit aſſez meure.

Et la ſeconde choſe qu'il faut remarquer, eſt qu'on n'attend pas d'ordinaire que les graines ſéchent ſur pied, c'eſt aſſez qu'elles y meuriſſent, & pour lors on coupe les montans, & on les met ſécher ſur quelque linge pour les y batre, & enſuite les vaner, nettéyer & ſerrer quand elles ſont bien ſéches, ainſi fait-on du Creſſon, du Cerfeüil, Perſil, Raves, Bourrache, Bugloſe, &c.

Ciboules à proprement parler ſont des Oignons avortez ou degenerez, c'eſt à dire Oignons, qui au lieu de faire une groſſe tête en terre & un ſeul montant, ne font qu'une fort petite tête, & pluſieurs montans, & celles qui en font le plus, ſont les plus eſtimées, il faut particulierement s'étudier à conſerver de celles-là pour graine, & les planter à part dans le mois de Mars, on en recueïllira la graine au mois d'Aouſt. On ſeme des Ciboules preſque tous les mois de l'année hors pendant le grand froid que la terre ne peut pas être cultivée. Leur graine eſt entierement ſemblable à celle des Oignons; en ſorte qu'on ne les ſçauroit diſtinguer l'une d'avec l'autre, mais elle ne revient jamais à faire des Oignons, & particulierement de ceux qu'on arrache dedans les planches d'Oignons qui ſont ſemez trop drus, & qu'il faut éclaircir pour faire fortifier les autres qui reſtent en place: On éclaircit auſſi les Ciboules par la même raiſon, & on en replante qui réüſſiſſent fort bien, & ſe fortifient étant ainſi replantées: il eſt à propos d'arroſer quelquefois les planches de ces Ciboules pendant les Eſtez qui ſe trouvent extrrordinairement ſecs; à cela prés les arroſemens n'y ſont pas neceſſaires, mais toûjours il les faut mettre en bonne terre.

Les Citroüilles & les Potirons ſont comme tout le monde ſçait les plus groſſes productions que la terre faſſe dans nos climats, il y a peu de chose à faire pour leur culture; d'ordinaire on les seme sur couche vers la my-Mars, c'est la seule maniere de les conserver, & de les multiplier, & à la fin d'Avril on les enleve en mote pour les transplanter dans les trous qu'on fait exprés d'environ deux pieds de diametre, & d'un pied de profondeur, éloignez de deux toises l'un de l'autre, & qu'on remplit de terreau; quand leurs bras commencent d'être allongez de cinq à six pieds, ce qui arrive vers le commencement de Juin, on les charge dans le milieu de cette longueur de quelques peletées de terre, tant pour empêcher que les vents ne les rompent en les trainans çà & là, que pour leur faire faire quelque racine à cet endroit chargé, & par ce moyen le fruit qui vient au delà en est mieux nourry, & consequemment plus gros; il est de deux couleurs de Citroüilles, de vertes & de blanchâtres; elles ne sont bonnes à cueillir, ny les unes ny les autres, que quand elles sont aoustées, c'est à dire qu'elles jaunissent, & que leur écorce est devenuë assez dure pour pouvoir resister à l'ongle; on en conserve dans les serres jusques vers la my-Carême, quand elles ont été cueillies à propos, & bien défenduës du froid; toute sorte de situation en plein air leur convient, mais celles qui sont bien exposées meurissent plûtôt que les autres; on n'y taille rien du tout, on se contente de les arroser quelquefois quand les Estés sont trop secs: leur graine se trouve dans leur ventre.

Les Cives d'Angleterre, autrement nommées appetits, se multiplient en faisans de grosses touffes, qu'on separe en plusieurs petites, & qu'on replante à neuf ou dix pouces les unes des autres, soit en bordure, soit en planche; il leur faut d'assez bonnes terres, moyennant quoy elles durent trois ou quatre ans en place, sans avoir besoin de grande culture, il suffit de les tenir bien sarclées, & de les arroser quelquefois pendant le grand chaud; ce sont leurs feüilles seulement dont on se sert pour une des fournitures de Salade.

Corne-de-cerf est une petite plante annuelle, dont les feüilles entrent parmy les fournitures de Salades quand elles sont tendres, on les seme en Mars assez druës, car il n'est pas possible de s'en empêcher, tant leur graine est menuë, cette graine se recueïlle au mois d'Aoust, les petits oyseaux en sont extrêmement friands, aussi bien que des autres menuës graines potageres : quand on coupe les feüilles de cette plante il en revient de nouvelles, comme à l'Oseille, aux Cives d'Angleterre, au Persil, &c.

Costons d'Artichaux, ou Cardes d'Artichaux se cultivent comme les Cardons d'Espagne, mais ne sont pas si bons, & assez souvent le pied pourrit, & perit quand on le fait blanchir.

Les Concombres. *Voyez* leur culture dans l'article des Melons ; un pied de Concombre produit une grande quantité de fruit, & long-temps quand il est bien cultivé, & sur tout bien arrosé.

Couches, *voyez* dans les ouvrages de Novembre.

Cresson alenois est une des petites fournitures de Salade, & est plante de peu de durée : on en seme tous les mois comme du Cerfeüil pour en avoir toûjours de tendre, & on le seme fort dru, il ne vient que de graine, & il y monte aisément ; on commence d'en recueïllir à la fin de Juin, & dés qu'il en paroît quelqu'une de meure, on coupe les pieds pour les faire sécher, battre & vaner comme les autres graines.

Eschalottes, autrement Rocamboles, ou Ail d'Espagne, n'ont d'autre culture que l'Ail ordinaire, & ils ont cela de particulier, que leur graine est aussi bonne à manger, que la gousse prise au pied dans la terre ; elle est grosse, & sert à la multiplication tout de même que les gousses du pied.

Espinars sont une des plantes potageres qui demandent la meilleure terre, ou au moins la plus amandée, ils ne se perpetuënt que de graine ; on les seme en plein champ, ou par rayons dans des planches bien dressées, & c'est deux ou trois fois l'année à commencer vers le seiziéme d'Aoust, & finir un mois aprés ; les premiers sont bons à couper vers la my-Octobre, les seconds en Carême, & les derniers aux Rogations : ceux qui restent aprés l'Hyver montent en graine vers la fin de May, & on la recueïlle vers la my-Juin ; quand on les coupe ils ne repoussent pas comme l'Oseille ou le Persil ; toute leur culture consiste à être tenus bien nets de méchantes herbes, & si l'Automne est extraordinairement séche, il est assez bon de les arroser quelquefois : on n'en replante point du tout, non plus que du Cerfeüil, du Cresson, &c.

Estragon est une des fournitures parfumées de Salade : il se multiplie de pieds enracinés & de semence, il repousse plusieurs fois aprés avoir été coupé, il resiste à l'Hyver, & a besoin d'un peu d'arrosement pendant les grandes sécheresses de l'Esté : quand on le plante, il le faut espacer de huit à neuf pouces dans la planche où on le met ; le bon temps de le planter est en Mars & Avril, cela n'empêche pas qu'on n'en replante encore pendant l'Esté.

Fenoüil est une des fournitures de Salade, qui ne vient que de graine, & ne se replante guéres, elle resiste au froid de l'Hyver, on la seme en planche ou en bordures, elle repousse étant coupée, les jets les plus nouveaux sont les plus tendres & les meilleurs, on en recueille la graine dans le mois d'Aoust, elle vient assez bien dans toute sorte de terres.

Féves, tant celles de Haricot que de marais se sement en plein champ, & ne viennent point autrement : celles de Haricot se sement à la fin d'Avril, & pendant le mois de May, elles sont tres-sensibles à la gelée ; celles de marais se sement en même temps que les Pois hâtifs, soit en Novembre, soit en Février.

Fournitures, qui sont Baume, Estragon, Passe-pierre, &c. leur culture se trouve aux endroits de chacune de ces plantes.

Fraises, tant les blanches que les rouges, se multiplient & se perpetuent de trainasses, qui sortans des vieux pieds font racines ; on observe que le nouveau plan qui vient dans les bois, réüssit mieux transplanté que celuy qui vient de Fraisiers de Jardins : on en plante ou en planche, ou en bordure, l'une & l'autre bien preparée, amandée, & labourée de quelque maniere que ce soit ; si c'est en terre séche & sablonneuse, il faut que tant les planches que les bordures soient un peu plus enfoncées que les allées, ou les ſentiers, pour y retenir les eaux des pluyes, & des arroſemens : il en eſt tout autrement, ſi on en plante dans les terres fortes, graſſes, & preſque franches, car les grandes humiditez font pourrir les pieds : on les eſpace communément de neuf à dix pouces, & on en met deux ou trois petits en chaque trou qu'on fait avec un plantoir : le bon temps de les planter eſt pendant le mois de May, & le commencement de Juin, c'eſt à dire devant les groſſes chaleurs ; on en peut planter encore tout l'Eſté dans les temps pluvieux ; il eſt particulierement important d'en faire des pepinieres pendant le mois de May, & que ce ſoit en quelque endroit approchant du Nort, pour éviter la grande ardeur du Soleil d'Eſté ; on les plante pour lors à trois ou quatre pouces l'une de l'autre, & s'y étant fortifiées on les tranſplante enſuite dans le mois de Septembre pour en faire des planches, ou des quarrez ſelon le beſoin qu'on en peut avoir ; leur principale culture eſt premierement de les bien arroſer pendant la ſéchereſſe ; en ſecond lieu, de laiſſer mediocrement des montans à chaque pied, c'eſt à dire que trois ou quatre des plus forts doivent ſuffire. En troiſiéme lieu, de ne laiſſer ſur chaque montant que trois ou quatre Fraiſes, qui ſont les premieres venuës, & les plus prés du pied, & par conſequent il faut pincer toutes les autres fleurs, qui viennent preſque à l'infini de la queuë de celles qui ont déja fleuri, ou qui ſont encore fleur : rarement voit-on noüer, & venir à bien toutes ces dernieres fleurs ; il n'y a que les premieres qui en faſſent de belles, & quand on eſt ſoigneux de bien pincer, on eſt aſſez aſſeuré d'avoir toûjours de belles Fraiſes ; j'ay expliqué dans les ouvrages de Février la maniere d'avoir des Fraiſes hâtives ; les gens curieux ont des Fraiſes de deux couleurs, ſçavoir les rouges & les blanches, mais ils les mettent dans des planches ſeparées : les grands ennemis de ce plan, ce ſont les tons, qui ſont de gros vers blancs, qui pendant les mois de May & de Juin leur mangent le col de la racine entre deux terres, & par ce moyen les font mourir ; il faut être ſoigneux dans ces temps-là de parcourir tous les jours ſes Fraiſiers, & foüiller au pied de ceux qui commencent

cent à se faner, on y trouve d'ordinaire le gros ver qui aprés avoir fait ce premier mal passe à d'autres Fraisiers, & les fait pareillement mourir; les Fraisiers font fort bien l'année d'aprés qu'ils ont été plantez, si c'est au mois de May qu'on les a plantez, & ne font que passablement, s'ils n'ont été plantez au sortir des bois que dans le mois de Septembre, mais ils font merveilles la deuxiéme année, & passé cela ne font plus que miserablement : c'est pourquoy il est bon de les renouveller au bout de deux ans ; il est encore à propos de leur couper tous les ans la vieille fane quand les Fraises sont finies, ce qui arrive d'ordinaire vers la fin de Juillet : les premieres qui meurissent dans la fin de May, sont celles qu'on avoit plantées dans les pieds des murs du Midy, & du Levant, & les dernieres meures, sont celles qui ont été plantées le long du Nort.

Framboises, tant les blanches que les rouges commencent d'ordinaire à meurir dans les premiers jours de Juillet ; on les plante en Mars dans des planches, ou dans des bordures, espaçant le plan à deux pieds l'un de l'autre ; il en sort tous les ans pendant l'Esté beaucoup de boutures bien enracinées, & on en prend pour faire des plans nouveaux ; les vieux se renouvellent par ce moyen, car ils meurent dés que leur fruit est cüeilli : la seule culture qu'on y fait, est premierement de racourcir au mois de Mars à la hauteur de trois à quatre pieds les nouveaux rejettons qu'on conserve autour des vieux pieds (ce doit toûjours être les plus gros, & ceux qui sont de plus belle venuë) en second lieu, d'arracher tous les petits & les vieux qui sont morts.

Groseilles, tant les rouges & les perlées que les piquantes, on les nomme vulgairement Groseilles de Hollande, sont des especes de petits Arbustes à fruit, qui rapportent beaucoup ; elles produisent autour de leurs vieux pieds grand nombre de rejettons enracinez, qui servent pour les multiplier, outre que les branches, & particulierement les jeunes prennent aisément de bouture : on les plante au mois de Mars, & on les espace tout au moins de six bons pieds l'un de l'autre, soit qu'on en fasse des planches en tieres, ou des quarrés entiers, soit qu'on les mette dans l'intervalle des buissons, qu'on plante d'ordinaire autour des quarrez du Potager ou du Fruitier ; les unes & les autres ayment le fond un peu humide, pour pouvoir faire de gros jets, & par consequent de beau fruit ; les rouges & les perlées font des grappes qui sont meures en Juillet ; les piquantes n'en font point, mais font leur fruit tout le long des jeunes branches de l'année precedente, & cela dans chacun des yeux de cette branche : ce fruit sert particulierement en Mars & en Avril, pour des compotes & des sauces, & pour cela il faut qu'il soit fort vert, car dés qu'il est meur, il devient mou : la culture qu'il convient de faire aux unes & aux autres, & sur tout aux rouges & aux perlées, est de retrancher le vieux bois, pour ne conserver que celui d'un an, & celui de deux, la confusion y est desagreable & pernicieuse, outre que le vieux ne fait que de fort petit fruit, en sorte qu'il degenere entierement à ne plus faire que de petites Groseilles communes & fort aigres ; quand les vieux pieds ne font plus, ny de beau bois, ny de beau fruit, il faut se resoudre à les détruire entierement, & à en élever premierement de nouveaux en quelque autre bon endroit de terre nouvelle ; car un Jardin ne doit pas être sans belles Groseilles, & dés que les nouveaux sont en rapport, on détruit les vieux qui font un grand desagrément dans un Jardin.

Herbes fines, qui sont les bordures de Marjolaine, Thim, Sauge, Romarin, &c. leur culture se trouve aux endroits particuliers de chacune de ces Plantes.

Les Laituës sont de ces plantes qu'on voit le plus ordinairement, & le plus communément dans nos Potagers, & qui en effet en sont la manne la plus utile, & particulierement pour les Salades, desquelles constamment presque tout le monde est amoureux ; il y a beaucoup de chose à dire sur cet article, par exemple, qu'il est en premier lieu des Laituës de differentes saisons, en sorte que celles qui sont bonnes pour certains mois de l'année, ne le sont pas pour d'autres ; celles qui viennent bien au Printemps, ne viennent pas bien en Esté ; celles qui réüssissent l'Automne & l'Hyver, ne réüssissent ny l'Esté, ny le Printemps, comme on le verra cy-aprés ; en second lieu, qu'il en est, qui d'elles-mêmes avec le secours ordinaire de la culture generale acquierent la perfection qui leur convient, & font la nourriture & le plaisir de l'homme, & ce sont les pommées ; en troisiéme lieu, qu'il en est, qui ont necessairement besoin de l'art & de l'industrie du Jardinier, pour parvenir au degré de bonté qu'elles doivent avoir, & ce sont celles qu'on lie pour les faire blanchir, car autrement elles ne seroient, ny tendres, ny douces, ny bonnes ; telles sont les Laituës Romaines, &c. Je me suis même avisé d'en faire lier de celles qui doivent pommer ; quand j'ay veu qu'elles ne pommoient pas assez tôt, & par ce moyen on les fait pour ainsi dire pommer malgré qu'elles en ayent : je le pratique particulierement à l'égard de quelques Laituës d'Hyver, c'est à dire quand il y en a d'assez fortes de feüillage pour pouvoir pommer, & que cependant le défaut de chaleur les empêche de tourner, c'est à dire de durcir, & cet expedient est d'un tres-grand secours dans les fâcheux tems ; de plus le nombre des especes differentes de Laituës est plus grand que d'aucune autre sorte de plantes Potageres, cela se justifiera sur tout par l'ordre qui s'y trouve à l'égard des saisons. L'ordre des pommées est à peu prés celuy-cy.

Les premieres qui pomment au sortir de l'Hyver, sont celles qu'on nomme Laituës à coquille, par la raison que leur feüille est à peu prés ronde comme une coquille : on les nomme autrement Laituës d'Hyver, à cause qu'elles souffrent assez bien les gelées ordinaires, ce que toutes les autres Laituës ne sçauroient faire : elles ont esté semées en Septembre, & ensuite replantées en quelque costiere du Midy & du Levant, dans les mois d'Octobre & de Novembre, ou bien elles ont été semées & plantées sur couche & sous cloche dans les mois de Février & de Mars, & sont bonnes en Avril & May ; on a pour le même temps des Laituës un peu rouges, qu'on nomme Laituës de la Passion, & qui reüssissent fort bien dans les terres legeres, mais mediocrement dans les autres, qui étant plus froides & plus fortes les font aisément morver : l'une & l'autre doivent faire de fort grosses & bonnes Pommes, quand elles viennent à bien ; à celles-là succedent les Crêpe-blondes, qui ont accoûtumé de bien pommer dans le Printemps, c'est à dire pendant que les chaleurs ne sont pas encore grandes, mais il ne leur faut pas des terres fortes ; elles s'accommodent aussi fort bien sur couche, quand particulierement on y met des cloches, ou des chassis de verre : car ayant été semées à la fin de Janvier, & replantées d'abord qu'elles sont grosses, ou même étant laissées assez claires sous les cloches de pepiniere, elles pomment aussitôt que les Laituës d'Hyver, & sont tres-excellentes ; il y a en même temps deux autres especes de Laituës Crêpe-blondes, l'une qu'on appelle Laituës-Georges, qui sont plus grosses, & moins frisées que les Crêpe-blondes, & l'autre qu'on appelle Mignone qui est plus petite ; toutes deux demandent ces terres, qu'on apelle de bons sables noirs, mais leurs Pommes ne serrent pas assez, c'est à dire ne sont pas d'ordinaire dures & fermes comme les veritables Crêpe-blondes.

Les Crêpe-vertes sont à peu prés de la même saison que les precedentes, mais ne sont pas si tendres, & si delicates.

Il y en a aussi de petites rouges, & d'autres qu'on nomme Laituës courtes, l'une & l'autre ont toutes les bonnes qualitez necessaires, hors que leurs Pommes ne sont pas grosses, & qu'elles veulent aussi les bons sables noirs.

Les premieres Laituës fournissent amplement, comme j'ay dit, les mois d'Avril & de May, & le commencement de Juin : passé cela elles montent trop aisément par les temps chauds, elles sont suivies pour le reste de Juin, & le mois de Juillet de celles qu'on nomme Royales, & des Belles-gardes, & des Gennes-blondes, & des Capucines, & des Aubervilliers, & des Perpignannes, dont il y en a de vertes & de blondes, l'une & l'autre de ces Perpignannes, sont de tres-belles & de tres-bonnes Pommes, & réüssissent assez bien dans les terres fortes, pourveu que l'Esté ne soit pas trop pluvieux : les pluyes froides & trop frequentes les font morver, & par consequent perir ; les Capucines sont rougeâtres, pomment assez aisément, même sans être replantées, & sont assez delicates; les Aubervilliers sont des Pommes trop dures, & même quelquefois ameres, leur usage est plus pour cuire que pour les Salades; la difference qui paroît entre les Royales, & les Belles-gardes, est que celles-là sont un peu plus verdâtres, & celles-cy un peu plus blondes.

Parmy ces Laituës pommées se mêlent pourtant l'Esté celles qui sont à lier, sçavoir les Laituës Romaines qui sont ou vertes, & on les appelle chicons, ou blondes, & on les appelle Alphanges, celles-cy plus delicates que les chicons, tant pour être élevées que pour entrer dans les Salades: il y a aussi celles qu'on appelle Imperiales, qui sont d'une grandeur fort extraordinaire, & sont aussi fort delicates au goût, mais fort faciles à pourrir du moment qu'elles sont blanches; il y a de plus certains grands chicons rougeâtres qui se blanchissent presque d'eux-mêmes sans être liez, & sont bons dans les grosses terres, & réüssissent pour l'ordinaire assez bien en Esté: car pour les Chicons verds il n'en faut avoir qu'au Printemps, ils montent trop aisément: les Laituës qui se défendent le mieux des grandes chaleurs de la fin de Juillet, & de tout le mois d'Aoust, sont celles qu'on nomme Laituës de Genes, & sur tout la verte, car la Genes-blonde, & la Genes-rouge montent plus aisément, & ne peuvent guéres réüssir que dans les terres legeres: il faut donc preparer beaucoup de ces Genes vertes pour les jours Caniculaires, & jusqu'aux premieres gelées; on y peut aussi mêler quelque peu de Genes-blonde, & de Genes-rouge, & on y doit sur tout mêler des Alphanges, & beaucoup de Chicorées blondes, comme aussi beaucoup de Perpignannes, tant la blonde que la verte.

Les grands inconveniens qui arrivent aux Laituës pommées, sont premierement que souvent elles dégenerent à ne plus pommer, ce qui paroît en ce que leurs feüilles s'alongent en langue de chat, comme disent les Jardiniers, ou que leur couleur naturelle change en une autre plus verte, ou en une autre moins verte; il faut être grandement soigneux à n'élever de graines que celles qui pomment tres-bien, c'est pourquoy dans les planches de ces sortes de Laitues il faut d'abord marquer celles qui tournent le mieux, soit pour les laisser grainer dans la même place, soit pour les enlever en mote, & les mettre grainer à part.

En second lieu, c'est qu'aussi-tôt que la plupart sont pommées, il les faut employer, ou autrement on a le déplaisir de les voir inutilement monter, en quoy les Maréchez ont un grand avantage, qui est de vendre tout en un jour les planches entieres de ces Laituës pommées : car communément les planches qui ont été replantées en même tems, pomment aussi toutes ensemble, au lieu que dans les autres Jardins on n'en peut consommer qu'à mesure qu'on en a besoin ; c'est pourquoy il en faut planter souvent, & beaucoup plus qu'on n'en peut employer, pour en avoir la suite sans discontinuation, étant bien plus à propos d'en avoir à confusion que d'en avoir disette ; le plus seur est de s'attacher particulierement à ces especes plus rustiques, qui durent assez long-temps pommées devant que de monter ; telles sont les Coquilles, les Perpignannes, les Genes-vertes, les Aubervilliers, l'Austrichette, lesquelles veritablement aussi sont long-temps à pommer.

Le troisiéme inconvenient est, que la morve, c'est à dire la pourriture qui commence aux extremitez des feüilles, les acuëille quelquefois, & que la terre & la saison n'étant pas assez favorables elles demeurent maigres, & montent au lieu de s'étendre & de pommer : il n'y a guéres de remede pour empêcher la morve, parce qu'il n'y en a guéres contre les saisons froides & pluvieuses qui les causent ; mais à l'égard des défauts de la terre il y en a d'infaillibles, c'est à sçavoir qu'il la faut amander beaucoup avec du fumier menu, si elle est sterile, soit dans un fond sablonneux, soit dans un fond froid & grossier ; & même à l'égard de celuy-cy il luy faut donner un peu de pente, si la terre étant assez bonne les eaux y séjournent trop, & par leur séjour y pourrissent les plantes : le bon fumier bien consommé est l'ame ou le grand mobile des Jardins potagers ; sans luy, non plus que sans les frequens arrosemens, & les frequens labours on n'est jamais riche en beaux Legumes.

Il reste à sçavoir pour l'intelligence parfaite des Laituës, que celles qui deviennent les plus grosses, doivent être espacées de dix à douze pouces l'une de l'autre; cela s'entend des Laituës coquilles, des Perpignannes, des Austriches, de la Belle garde, des Aubervilliers, des Alphanges, des Imperiales : & à l'égard de celles qui font les pommes d'une mediocre grosseur, il suffit de les espacer de sept à huit pouces; cela s'entend des Crêpes-blondes, des Laituës courtes, de la Petite-rouge, des Chicons verds, &c. les bons ménagers peuvent semer des Raves dans les planches des Laituës, les Raves auront été enlevées devant que les Laituës ayent pommé, & même comme les Chicorées sont bien plus long-temps à se perfectionner que les Laituës, on peut replanter de celles-cy parmy les Chicorées, elles s'accommodent assez bien les unes & les autres, & ainsi on fait double moisson dans une même planche, & en une même saison, car les Laituës se cueillent les premieres, & les Chicorées achevent aprés de se façonner.

La Lavande sert en fait de Potagers à y faire des bordures, qui donnent de la fleur qu'on employe à parfumer le linge blanc sans les separer de leurs branches; elle se multiplie de graine, & de branches qui ont pris racine au colet.

Le Laurier commun est un Arbuste de mediocre usage dans nos Jardins, il suffit d'en avoir quelques pieds à l'abry du grand froid, pour y pouvoir prendre quelques feüilles au besoin.

Marjolaine est une plante odoriferante dont on fait d'agreables bordures, il en est d'Hyver, & c'est la principale, & il en est qui ne passe pas l'Esté : l'une & l'autre se multiplient de graine, & de branches qui ont pris racine au colet : le principal usage de la Marjolaine est d'être employée à faire des parfums.

Mâches sont une espece de petite Salade, qu'on peut dire Salade sauvage & rustique, aussi la fait-on rarement paroître en bonne compagnie; elle se multiplie de graine, qu'on recueille en Juillet, & n'est en usage que pour la fin d'Hyver; on en fait des planches, qu'on seme vers la fin d'Aoust, elle resiste aux rigueurs des gelées, & pour peu qu'on en ait, comme elle fait beaucoup de petites graines qui tombent aisément, elle se perpetuë d'elle-même sans qu'il ſoit beſoin d'autre culture que de la ſacler.

Les Mauves & Guimauves doivent faire partie du Potager, quoy que leur uſage ne ſoit pas honnête à expliquer dans ce Traité, & que ce ſoit moins des Plantes de Jardins, que Plante de Campagne inculte ; elles viennent d'elles-mêmes, & n'ont pas plus beſoin de culture que toutes les méchantes herbes qui incommodent les bonnes : quand on en veut avoir dans ſon Jardin, il faut être ſoigneux d'en ſemer à quelque endroit à l'écart.

Meliſſe eſt une Plante odoriferante, dont la feüille, quand elle eſt tendre, fait partie des fournitures de Salade ; elle ſe multiplie de graine & de branches enracinées comme la Lavande, le Thim, l'Hyſope, &c.

Le Muſcat eſt une eſpece de Raiſin, qui quand il a ſa bonté naturelle, eſt une des plus conſiderables parties du Potager : il y en a de blanc, de rouge & de noir, & d'ordinaire le blanc eſt le meilleur des trois ; il demande dans les pays temperez comme l'Iſle de France, l'expoſition du Midy & du Levant, & toujours une terre legere : on n'en voit guéres de bons dans les terres franches ; & ſi on ſe trouve dans des Climats chauds, & en terre graveleuſe & ſablonneuſe, il réüſſit fort bien en contre-Eſpalier, & même en plein air, ſa bonté conſiſte à avoir le grain gros, jaune, croquant, & clair ſemé dans la grape, & à avoir un goût de muſc aſſez relevé, mais pourtant qui ne le ſoit pas trop comme celuy d'Eſpagne ; la Touraine en produit d'admirable ; ſa culture eſt entierement ſemblable à celle du Chaſſelas à l'égard de la taille, & de la maniere d'être multiplié.

Le Muſcat long eſt un autre eſpece de Raiſin, dont le grain eſt plus gros & plus longuet que celuy du Muſcat ordinaire, la grape auſſi en eſt plus longue, mais le goût en eſt beaucoup moins relevé.

Navets ne ſont pas proprement Plantes potageres, mais cependant les grands lieux en peuvent ſouffrir, ils ne ſe multiplient que de graine, & ſe ſement fort clairs en planche, les uns en Mars, les autres en Aouſt ; on en recueïlle la graine dans les mois de Juillet & d'Aouſt : tout le monde ſçait aſſez leur uſage ſans que j'en parle icy.

Oignons ſont ou rouges ou blancs, ceux-cy ſont plus doux, & plus eſtimez que les rouges ; perſonne n'ignore à combien d'uſages ils ſont employez : ils ne ſe multiplient que de graine, & d'ordinaire c'eſt à la fin de Février, & au commencement de Mars qu'on les ſeme en planche de bonne terre bien preparée, & enſuite on y paſſe la fourche de fer pour les couvrir comme les autres menuës graines ; il les faut ſemer fort clairs, afin qu'ils puiſſent groſſir, & ſi on les voit lever trop épais, il les faut éclaircir dés qu'on en peut arracher, c'eſt à dire vers le mois de May, & ceux-cy on les replante pour ſervir en guiſe de Ciboules ; quoy que la ſaiſon ordinaire de ſemer des Oignons ſoit à la fin de l'Hyver, on en peut cependant ſemer en Septembre, & les replanter enſuite au mois de Mars, & par ce moyen on en a de tout formez dés le mois de Juillet, qu'on peut cüeillir, c'eſt à dire arracher de terre dés ce temps-là, les faire enſuite ſécher deux ou trois jours au grand Soleil pour les ſemer en lieu ſec, & en conſerver au beſoin tout le long de l'année ; il ne faut pas oublier de fouler les Oignons dés qu'ils paroiſſent aſſez gros ſur la ſuperficie de la terre, c'eſt à dire qu'ils approchent de maturité : fouler les Oignons, c'eſt leur rompre la tige, ſoit avec le pied, ſoit avec un ais appuyé un peu ferme ſur ces tiges : par ce moyen la nourriture du pied étant empêchée de monter, elle demeure dans ce qu'on appelle improprement, ce ſemble, la tête, & la fait groſſir davantage : j'ay dit ailleurs comment on en éleve de la graine.

Oſeille ſe met ſous le titre des verdures en fait de Potager, & eſt d'un grand uſage pour le pot ; il en eſt qui ont leur feüillage plus grand les unes que les autres ; on appelle celles-là Oſeille de la grande eſpece ; on en peut ſemer pendant les mois de Mars, Avril, May, Juin, Juillet & Aouſt, & même au commencement de Septembre, pourveu qu'elles ayent le temps de ſe fortifier aſſez pour pouvoir reſiſter à la rigueur de l'Hyver : on en ſeme, ou en plein champ, ou par rayons dans une planche, ou en bordure, & dans tous ces cas il la faut ſemer fort druë : il en perit aſſez de pieds, elle demande une terre qui ſoit naturellement bonne, ou au moins bien fumée, ſa culture conſiſte à être tenuë bien nette de méchantes herbes, fort arroſée pendant les chaleurs, & couverte d'un peu de terreau une ou deux fois l'année, aprés avoir été coupée bien ras; ce terreau ſert à luy redonner une vigueur nouvelle, & le temps de le mettre eſt dans les mois chauds de l'année; l'Oſeille ſe multiplie plus ordinairement de graine, & quelquefois auſſi on en replante qui fait fort bien: on recuëille la graine dans les mois de Juillet & d'Aouſt.

Il y a d'une eſpece particuliere d'Oſeille, qu'on appelle ronde, ſes feüilles en effet ſont rondes, au lieu que les feüilles de l'autre ſont pointuës; les feüilles tendres de celle-cy entrent quelquefois parmy les fournitures de Salade: ſon uſage ordinaire eſt de ſervir aux boüillons, elle ſe multiplie de bras qui rampans ſur la terre y prennent racine, & ces bras étant enſuite replantez font de groſſes touffes qui font à leur tour des bras enracinez, & ainſi à l'infini.

Panais eſt une de nos racines potageres qui eſt fort connuë dans les cuiſines, on les ſeme vers la fin de l'Hyver en pleine terre, ou en bordure, & on les doit ſemer aſſés clairs, & toûjours en terre qui ſoit bonne, & bien preparée, & ſi elles levent trop druës, il les faut éclaircir dés le mois de May, afin que ce qui reſte en place devienne mieux nourri & plus beau; ils ne ſe multiplient que de graine, & pour cela il en faut avoir le même ſoin que nous avons expliqué pour les Bete-raves, les Carotes, &c.

Paſſe-muſquée, *voyez* Muſcat long.

Patience eſt à proprement parler, une eſpece de fort grande Oſeille, & fort aigre; on ſe contente d'en avoir quelques bordures, ou peut-être une planche pour en mêler de fois à autre quelques feüilles avec celles d'Oſeilles; la maniere de l'élever eſt entierement ſemblable à celle de l'Oſeille.

Percepierre, ou Paſſe-pierre (l'un & l'autre ſe dit) eſt une de nos fournitures de Salade qui ne ſe multiplie que de graine, & qui étant fort delicate de ſa nature demande d'être plantée dans les pieds des murs expoſez au Midy, ou au Levant; le plein air, & le grand froid luy ſont pernicieux: on la ſeme communément dans quelque pot, ou dans quelque baquet plein de terreau, ou dans quelque costiere du Levant ou du Midy, & cela dans les mois de Mars ou d'Avril, & ensuite on les transplante dans les endroits que je viens de marquer.

Persil, tant le frisé que l'ordinaire sont d'un grand usage dans les cuisines tout le long de l'année, tant pour ses feüilles que pour ses racines; il est compris sous le tître des verdures, il ne faut pas manquer au Printemps d'en semer raisonnablement dans chaque Jardin, & de le semer assez dru, & que ce soit en bonne terre, & bien preparée; la feüille en étant coupée il en repousse de nouvelles tout de même qu'à l'Oseille; il resiste assez au froid mediocre, mais non pas à celuy qui est violent, & ainsi il est bon d'y mettre en Hyver quelque couverture pour le défendre; quand on en veut avoir qui ayent de grosses racines, il le faut éclaircir, soit dans la planche où il est semé, soit dans la bordure; il demande d'être assez arrosé pendant les grandes chaleurs; il y en a qui pretendent avoir d'une espece de Persil plus grosse que l'ordinaire, pour moy je n'en connois point; le Persil frisé paroît plus agreble à la veuë que le Persil ordinaire, mais il n'en est pas meilleur pour cela, on en recuëille la graine au mois d'Aoust & de Septembre.

Persil Macedoine est une de nos fournitures de Salade d'Hyver qu'il faut faire blanchir tout de même que la Chicorée sauvage, c'est à dire qu'à la fin de l'Automne on en coupe toutes les feüilles, & ensuite on couvre de grand fumier sec, ou de paillassons la planche où il est, en sorte que la gelée ne puisse pas penetrer, & par ce moyen ce qu'il repousse de nouveau est blanc, jaunâtre, & tendre; on le seme au Printemps assez clair, parce qu'il fait beaucoup de grands feüillages, & on en recüeille la graine à la fin de l'Esté; c'est une plante assez rustique, & qui se défend fort bien de la sécheresse sans demander de grands arrosemens.

Pimprenelle est une autre fourniture de Salade fort commune, & fort ordinaire qui ne se seme guéres qu'au Printemps, & se seme drüe, soit en planche, soit en bordure, qui repousse souvent aprés être coupée, dont il faut prendre la jeune pointe de la pouſſe pour les Salades, car les feüilles un peu vieilles ſont trop dures ; les arroſemens de l'Eſté luy font grand bien, il n'en eſt que d'une eſpece, la graine s'en recueïlle à la fin de l'Eſté.

Les Pois ſe peuvent mettre au rang des plantes potageres, c'eſt un Legume aſſez ruſtique, qui communément ſe ſeme en pleine campagne ſans avoir beſoin d'autre culture que d'être ſerfoüi pendant ſa jeuneſſe, c'eſt à dire devant qu'il commence à faire des coſſes ; quand on les rame, ils produiſent davantage que quand on ne les rame pas ; ils demandent la terre aſſez bonne, & un peu de pluye pour être tendres & delicats, il les faut ſemer aſſez clairs ; il en eſt de pluſieurs eſpeces, ſçavoir de hâtifs, de verds, de blancs, de quarrez, autrement à la groſſe coſſe, &c. on en peut avoir pendant les mois de May, Juin, Juillet, Aouſt, Septembre, Octobre ; il n'eſt queſtion pour en avoir aprés les premiers que d'en ſemer en differens mois pour en avoir trois mois aprés : ceux dont on prend le plus de ſoin dans les Potagers ſont les hâtifs, ſoit blancs, ſoit verds, qui ſont d'une mediocre groſſeur : on les ſeme à la fin d'Octobre à l'abri de quelques murailles du Midy, ou du Levant ; on fait même quelques ados exprés pour cela ; & afin qu'étant ſemez ils levent plus promptement, on les fait germer cinq ou ſix jours auparavant, ce qui ſe fait en les mettant tremper deux jours dans l'eau, & enſuite les mettant dans un lieu où le froid ne puiſſe pas penetrer, la premiere racine commence à ſortir ; le gros froid les gâte entierement, c'eſt tout ce qu'on peut faire d'en avoir de bons à la fin de May ; on en ſeme auſſi ſur couche à la fin de Février, pour en replanter dans les pieds des murs bien expoſez, en cas que ceux qu'on avoit ſemez à la fin d'Octobre ayent été gâtez par la gelée ; les derniers qu'on ſeme, c'eſt vers la Saint Jean pour être bons à la Touſſaints.

Porrée eſt une ſorte de plante, qui ſert, ou par ſes feüilles à mettre au pot, ou par ſes cardes à mettre en ragoût ; celles-cy doivent avoir été replantées en terre bien preparée, & cela dans les mois d'Avril & de May, & être eſpacées environ d'un pied & demy l'une de l'autre, pour s'y pouvoir étendre autant qu'elles peuvent : à l'égard des autres on les seme au mois de Mars en planche, & on les recoupe fort souvent pendant l'Esté, elles repoussent ensuite, comme font l'Oseille & le Persil ; le gros froid les fait perir, si on n'a soin de les couvrir assez bien ; on en seme sur couche au mois de Février, pour en avoir de bonnes à replanter au mois d'Avril, & il n'en faut replanter que de celles qui sont les plus blondes, car les vertes ne sont pas si tendres & si delicates que les blondes : communément on en replante des rangées parmi les Artichaux, tant pour profiter de la place, que pour y servir pendant l'Hyver de nourriture aux Mulots, qui sans cela rongeroient les pieds d'Artichaux, dont la perte est plus grande que celle des pieds de Porrée : on en recueïlle la graine dans les mois d'Aoust & de Septembre.

Les Porreaux se sement à la fin de l'Hyver dans des planches bien preparées, & se sement assez clairs, & ensuite pendant le mois de Juin on les arrache proprement, & on les replante dans d'autres planches, qui sont pareillement bien preparées ; on fait pour cela avec un Plantoir des trous creux d'environ quatre pouces, & espacez de demy pied ; & aprés avoir un peu rogné, tant leurs racines que leurs feüilles, on en fait simplement couler un pied dans chaque trou, sans qu'il soit besoin de le presser, comme on fait à toutes les autres plantes : on prend seulement soin de les serfoüir de temps en temps, & même de les arroser un peu pendant la sécheresse, afin que leur tige grossisse, & blanchisse devant l'Hyver ; quand les gelées sont tres-gaillardes, il est bon de les couvrir, ou de les mettre en terre dans la serre, il est même à propos de les arracher de leur planche, où ils sont plantez un peu au large pour les remettre plus prés aprés dans une autre planche de pepiniere, & les couvrir de grande litiere ; autrement pendant la grosse gelée on ne pourroit les arracher de terre sans les rompre ; on peut en laisser en place aprés l'Hyver pour y monter en graine, ou bien on en replante en quelque endroit à part pour cela ; la graine s'en recueïlle au mois d'Aoust, il en est d'une espece un peu plus grosse que l'ordinaire, & celle-là est la meilleure.

Potirons ſont une eſpece de Citroüille plate & jaune, dont la culture eſt entierement ſemblable à celle des Citroüilles.

Pourpier eſt une des plus jolies plantes du Potager, dont le principal uſage eſt pour les Salades, & même pour les Potages, il en eſt deux eſpeces, du verd & du doré ; celuy-cy eſt plus agreable à la veuë, & plus delicat à élever, en ſorte que dans les temps froids on a peine à le faire venir même ſur couche, & ſous cloche ; car pour la pleine terre il ne réüſſit guéres que vers la my-May, & encore faut-il que la terre ſoit bonne, douce, & fort meuble, & que le temps ſoit aſſez beau ; ainſi pour les premiers pourpiers qu'on ne doit commencer de ſemer ſur couche que vers la my-Mars, il ne faut uſer que du verd, attendu que le jaune fond dés qu'il eſt levé, à moins que la ſaiſon ne ſoit un peu avancée, & le Soleil un peu chaud, c'eſt à dire vers la fin d'Avril ; on le ſeme d'ordinaire fort dru, parce que ſa graine eſt ſi menuë, qu'on ne ſçauroit le ſemer clair ; quand on en ſeme ſur couche, ſoit quand il fait froid, & que par conſequent les cloches, ou les chaſſis ſont neceſſaires, ſoit quand le temps commence d'être doux, on ſe contente de battre le terreau avec la main, ou avec le dos de la pêle ; mais quand on en ſeme en pleine terre, qui doit avoir été bien preparée pour cela, on la herſe cinq ou ſix fois avec la fourche de fer pour faire entrer la graine dans la terre.

La maniere d'en élever la graine eſt d'en replanter d'aſſez fort dans des planches bien aprêtées, & de l'eſpacer de huit à dix pouces ; les mois de Juin & de Juillet ſont propres pour cela ; peu de temps aprés il eſt monté & fleuri, & dés qu'on apperçoit que quelqu'une des coques s'ouvrant fait voir de la graine noire, il faut couper tous les montans, les mettre quelque jour au Soleil pour achever de faire meurir toute la graine, & enſuite on les bat, & on les vane, &c. Il faut être ſoigneux de replanter les eſpeces à part pour ne s'y pas tromper quand on en doit ſemer ; les gros côtons de ce Pourpier montez en graine ſervent à faire confire dans du ſel & du vinaigre, afin d'être employez en Salades d'Hyver.

Les Raves quand elles ont la bonté qu'elles doivent avoir, c'est à dire qu'elles sont tendres, cassantes & douces, sont à mon gré une des plantes du Potager qui donne le plus de plaisir, & le donne aussi souvent, & aussi long-temps qu'aucune autre, je la regarde comme une maniere de manne de nos Jardins ; il semble qu'il n'y ait pas grand peine à les faire venir ; car en effet il n'est question que de les semer assez claires dans de la terre meuble bien preparée, & de les arroser beaucoup dans les temps secs, & moyennant cette culture elles acquierent toute la perfection qui leur convient ; mais il est premierement question d'avoir toujours de la graine de bonne espece, & en second lieu d'avoir des Raves sans discontinuation depuis le mois de Février jusques aux gelées de la my-Novembre ; pour ce qui est de la graine de bonne espece, c'est celle qui fait peu de feüilles, & le navet long & rouge ; car il y en a qui font beaucoup de feüilles, & peu de Navet, & quand une fois on est pourveu de la bonne espece, il faut être extrêmement soigneux de la bien multiplier pour ne la pas perdre, & pour cet effet dans le mois d'Avril il faut que parmy les Raves qui sont venuës de la semence de l'année on choisisse celles, qui, comme j'ay dit, ont le moins de feüilles, le plus de Navet, & le Colet le plus rouge, & les replanter toutes entieres dans quelque endroit de terre bien preparée, & les espacer d'un pied & demy l'une de l'autre ; étant ainsi replantées, elles monteront, fleuriront, & feront de la graine bonne à cueillir vers la fin de Juillet, pour lors on coupe les tiges, on les met sécher quelques jours au Soleil, ensuite on les bat pour faire sortir la graine de la cosse, on les vanne, &c. Les pieds qui montent en graine, allongent ce semble à l'infini leurs branches, & perpetuënt leurs fleurs, & à cause de cela il est bon de pincer ces branches à une longueur raisonnable, afin que les premieres cosses soient mieux nourries.

Ce n'est pas assez d'avoir soin d'élever de bonne graine, il faut aussi se mettre en état d'avoir de bonnes Raves huit ou neuf mois de l'année : les premieres qu'on mange, viennent sur couche, j'ay expliqué la maniere de les élever dans les ouvrages de Novembre, & par le moyen de ces couches on en doit avoir pendant le mois de Février, Mars & Avril, autrement on n'en a point, & pour en avoir le reste des mois on en doit semer parmy toutes sortes de semences; les graines en levent promptement, & ainsi on a le temps de les cueïllir, devant qu'elles puissent nuire aux autres plantes; les Raves craignent extrêmement le gros chaud de l'Esté, qui les fait venir, comme on dit, fortes, trop piquantes, cordées, & quelquefois trop dures, & en ces temps là il faut affecter de les semer en terre bien meuble, & ou le Soleil donne peu; & pour mieux faire, il faut avoir le long de quelques murailles du Nord une planche ou deux de terreau épais d'un bon pied & demy pour y semer ces Raves & les bien arroser; le Printemps & l'Automne, comme le Soleil n'est pas si chaud, les Raves réüssissent assez bien en pleine terre, & au grand air.

Réponces, sont une sorte de petites Raves douces, qui viennent d'elles-mêmes à la Campagne, & sur tout dans les bleds, & se mangent en salade au Printemps, elles ne se multiplient que de graine.

Rhuë est une plante d'odeur tres-forte, dont on fait quelques bordures dans nos Jardins; elle se multiplie de graine, & aussi de branches qui ont pris racine au colet; la Rhuë n'est guéres bonne que contre des vapeurs de Mere.

Romarin est une autre sorte de plante odoriferante, que nous mettons en bordure, & dont le principal usage est pour le parfum des Chambres, & pour des lave-pieds, il se multiplie de la même maniere que la Rhuë, & les autres bordures, & dure des cinq & six années en place.

Roquette est une de nos fournitures de salade qui se seme au Printemps comme la plûpart des autres; sa feüille est assez semblable à celle des Raves; la graine en est tres-menuë, & à peu prés comme celle du Pourpier, mais la couleur est rougeâtre, ou plutôt d'un minime obscur.

Salsifix d'Espagne, autrement Scorsonnere, est une de nos principales racines, qui se multiplie de graine comme les autres, & qui est admirable cuite, soit pour le plaisir du goût, soit pour la santé du corps; elle ne se multiplie que de de graine qui se seme au mois de Mars, il faut être soigneux de la semer assez claire, soit en planche, soit en bordure, ou au moins de l'éclaircir afin que les racines en viennent plus grosses ; la Scorsonnere monte en graine dans les mois de Juin & de Juillet, & on la recueïlle dés qu'elle est meure.

Le Salsifix commun est une autre sorte de racine qui a la même culture que la precedente, mais n'est pas d'un merite tout à fait si considerable ; elles passent aisément l'Hyver en terre, il est bon de les arroser l'une & l'autre pendant le grand sec, & de les tenir bien sarclées, & sur tout de les mettre en bonne terre bien preparée, & dont le fond soit tout au moins de deux bons pieds.

La Sariette est une plante annuelle un peu odoriferante qui ne vient que de graine, & entre par ses feüilles dans quelques ragoûts, particulierement dans les Pois & les Féves ; elle se seme au Printemps en planche, ou en bordure.

La Sauge est une plante à bordures, dont la culture n'a rien de particulier, & est semblable à celle des autres bordures de Romarin, Lavande, Absynte, &c. il y en a de panachée, qui paroît à quelques-uns plus agreable que la commune qui est d'un vert blanchâtre.

Le Thim autre bordure odoriferante, qui se multiplie également de graine & de branches, quand elles ont pris racine au colet ; la bordure de Thym fait un ornement assez grand, & assez necessaire dans nos Potagers.

La Tripe-madame est une des fournitures de Salade ; on ne s'en sert qu'au Printemps quand elle est tendre ; mais il n'en faut mettre que peu l'Esté, parce qu'elle est trop dure ; elle se multiplie de graine, & de branches de bouture.

Les Violettes, & sur tout les doubles servent dans nos Potagers à y faire de jolies bordures ; leurs fleurs font un agrément singulier étant sagement placées sur la superficie des Salades du Printemps ; tout le monde sçait qu'elles se multiplient de touffes, c'est à dire qu'une grosse touffe se divise en plusieurs petites, chacune desquelles devient à son tour grosse, & en état d'être aussi divisée en plusieurs petites.

CHAPITRE VII.

Pour sçavoir combien de temps chaque plante Potagere occupe utilement sa place dans un Potager. Qui sont celles qui ont besoin de la serre, pour fournir pendant l'Hyver. Qui sont celles qu'on peut faire venir malgré les gelées. Et enfin combien de temps chaque sorte de graine se peut garder sans devenir inutile.

IL est tres-important en Jardinage de sçavoir, combien de temps chaque plante occupe utilement l'endroit du Jardin où elle est, afin que la prévoyance d'un habile Jardinier sçache à point nommé en preparer d'autres, pour substituer à celles, qui n'étans, pour ainsi dire, que des plantes passageres n'occupent leur place que peu de mois : par ce moyen non seulement il ne reste jamais de terre inutile dans un Potager, mais même il semble qu'on a un sensible plaisir de joüir par avance des choses qui ne sont pas encore en nature.

Pour bien traiter cette matiere, j'estime qu'il est assez à propos de parler premierement des Plantes qui sont de longues durées, soit devant qu'elles arrivent à leur perfection, soit pendant qu'elles continuënt à se produire. Toute sorte de Raisins, les Capres & les Asperges tiennent sans doute le premier rang dans ce nombre ; car les pieds de Vigne & de Capre durent des vingt-cinq & trente années, & à l'égard des Asperges, à compter du temps qu'on les seme, ou qu'on les replante, on ne doit guéres commencer d'en cueillir que les montans ne soient gros, ce qui n'arrive que la troisiéme ou quatriême année aprés; mais ensuite pourveu qu'elles soient en bon fond, & qu'on prenne bien soin de les cultiver, on peut fort bien les laisser en place jusqu'à dix ou douze années, étant certain, que pendant ce temps-là elles pousseront amplement à tous les renouveaux, à condition cependant, que si on s'apperçoit plûtôt de quelque diminution, on les ruinera aussi plûtôt ; mais si au contraire elles continuënt de bien faire, on les conservera en place plus long-temps.

Les Framboisiers, & Groseliers durent aisément des huit & dix ans,

Les Artichaux demandent d'être renouvellés, c'est à dire de changer de place aprés la troisiéme année.

Les bordures d'Absinte, d'Hysope, Lavande, Marjolaine, Rhuë, Romarin, Sauge, Thim, Violette, &c. pourveu qu'un Hyver extraordinaire ne les endommage pas, peuvent subsister en place trois ou quatre ans, prenant soin de les tondre un peu ras tous les Estés.

L'Alleluya, le Baume, le Cerfeüil musqué, les Cives d'Angleterre, l'Estragon, l'Oseille, la Patience, la Passe-pierre, le Persil-Macedoine, la Tripe-Madame, &c. peuvent aussi fort bien subsister en place des trois & quatre années.

Les Fraisiers trois ans.

La Chicorée sauvage, l'Anis, le Persil ordinaire, la Pimprenelle, le Fenoüil, la Scorçonnere, le Salsifix commun, &c. durent deux ans.

La Porrée, soit à couper, soit à Cardes, & les Ciboules, &c. durent un an entier, c'est à dire d'un Printemps à un autre.

La Bourrache, la Buglose, les Bete-raves, Cardons d'Espagne, Carote, Cherüis, les Choux pommés, Choux de Milan, Choux-fleurs, Citroüilles, Corne-de-Cerfs, Potirons, Panais, Porreaux, &c. occupent leur place environ neuf mois, à compter du Printemps qu'ils ont esté semés jusqu'à la fin de l'Automne.

L'Ail, le Basilic, les Nasturces, les Concombres, les Melons, les Echalottes, les Oignons, les premiers Navets, &c. ne l'occupent que le Printemps & l'Esté, si bien que leur place peut avoir une autre decoration de plantes pendant l'Automne.

Les Bonnes-Dames, Cerfeüil ordinaire, Chicorées blanches, Cresson-alenois, toutes sortes de Laituës, soit à pommer, soit à lier, &c. l'occupent environ deux mois.

Les Raves, le Pourpier, le Cerfeüil ordinaire, &c. n'occupent leur place que cinq ou six Semaines, & ainsi on en doit semer l'Esté de quinze en quinze jours.

Les Pois hâtifs, & les Féves hâtives l'occupent six à sept

mois, à compter du mois de Novembre qu'on les ſeme, mais les Pois, les Féves ordinaires, & les Haricots ne l'occupent que quatre à cinq.

Les Eſpinars & les Mâches l'occupent l'Automne & l'Hyver, & ainſi on les met aux endroits où l'on a déja levé les Plantes, dont la durée ne paſſe pas l'Eſté.

Les Mauves & Guimauves ſe multiplient de graine, & ne paſſent pas l'Hyver.

A l'égard des Plantes qui ont beſoin du ſecours de la ſerre pendant l'Hyver, ce ſont les Cardons, le Celeri, les Pommes d'Artichaux, les Chicorées, tant les ſauvages que les blanches; ce qui eſt connu ſous le nom de racine, ſçavoir Bete-raves, Carotes, &c. De plus les Porreaux, les Citroüilles, les Potirons, les Oignons, l'Ail, l'Echalotte; tout le reſte reſiſte aſſez aux injures de l'Hyver, ſçavoir les Choux, le Perſil, le Fenoüil, les Ciboules, & même l'Eſtragon, le Baume, la Paſſe-pierre, la Tripe-Madame, la Meliſſe, les Aſperges, l'Oſeille, &c. Mais elles ne pouſſent qu'au Printemps, ou par le moyen des couches; les autres Plantes ne connoiſſent point ces ſortes de ſecours, ou plûtôt de violence, par exemple toutes les racines, l'Ail, l'Oignon, le Porreau, les Choux, &c. ajoûtez à cela, que par le même moyen des couches on éleve pendant la rigueur du froid des petites ſalades de Laituës avec leur fourniture de Creſſon, Cerfeüil, Baume, &c.

Reſte à ſçavoir combien de temps chaque graine peut être conſervée bonne; generalement parlant la plûpart des graines periſſent aprés un an ou deux au plus, & ainſi il faut toûjours affecter d'en avoir de nouvelles, ou autrement on court riſque de ſemer inutilement au Printemps; il n'y a guéres que les Pois, les Féves, & les graines de Melons, Concombres, Citroüilles, Potirons, qui durent des huit & dix ans; les graines de Choux-fleurs en durent trois & quatre, celles de toutes ſortes de Chicorées, cinq & ſix; de toutes les graines, ſur tout il n'y en a point qui ſe conſervent ſi peu que celles des Laituës, elles ſont cependant meilleures la ſeconde année que la premiere, mais elles ne valent plus rien la troiſiéme.

Fin de la ſixiéme & derniere Partie.

TABLE DES CHAPITRES contenus dans la quatriéme, cinquiéme, & ſixiéme Partie des Jardins Fruitiers, & Potagers.

QUATRIE'ME PARTIE.

On s'est mépri dans les chifres suivans.

CINQUIE'ME PARTIE.

Traité des Greffes des Arbres, & des Pepinieres.

SIXIE'ME ET DERNIERE PARTIE des Jardins Fruitiers & Potagers,

Fin de la Table des Chapitres des Jardins Fruitiers & Potagers.

TRAITÉ DE LA CULTURE DES ORANGERS.

PREFACE.

ARMY les Jardiniers fleuriſtes, dontle nombre eſt grand, & rempli de gens habiles, il s'en trouve aſſez ſouvent pluſieurs, qui voulans en quelque façon pretendre, qu'il n'appartient qu'à eux ſeuls de ſe mêler d'Orangers, pretendent auſſi faire acroire, que la culture de ces ſortes d'Arbres eſt le veritable Chef-d'œuvre du Jardinage, & ſur ce fondement font de grands monſtres de la preparation des terres, & de la recherche de tous les ingrediens, qu'ils diſent devoir entrer dans leur compoſition; ils n'en font pas moins ſur l'encaiſſement, ou empottement, ſur l'arroſement, ſur l'entrée, ſur la ſortie, ſur l'expoſition, &c.

Il y en a même parmy eux qui veulent encore porter le myſtere plus loin : ils publient que la quantité d'eſpeces d'Orangers eſt grande, & preſque infinie, ils en nomment en effet un nombre qui ſeroit capable de faire peur aux curieux, quelque veritable qu'il puiſſe être ; ſi comme ils le diſent, chaque eſpece demandoit abſolument des ſels particuliers, c'eſt à dire une culture particuliere ; cela s'appelleroit veritablement une Mer, ſur laquelle preſque perſonne n'oſeroit s'embarquer, tant le voyage paroîtroit dangereux, & le naufrage inévitable.

Mais comme dans nos fruitiers & potagers, où le nombre des eſpèces eſt bien plus grand qu'il ne peut être parmy les Orangers ; l'experience nous a apris, qu'une même culture à peu prés ſert pour toute ſorte de fruits à pepin, une même pour toute ſorte de fruits à noyau, une même pour toute ſorte de verdures ; cette experience nous a fait auſſi preſumer, qu'il ne faut qu'une même culture pour toute ſorte d'Orangers ; & en effet nous en avons des preuves entierement convaincantes.

Je ne m'arrêteray donc point à tant & tant de difficultez, dont les uns & les autres ont épouvanté grand nombre de nouveaux curieux, dans la paſſion qu'ils avoient pour les Orangers, paſſion qui me paroît raiſonnable, & tres-bien fondée, parce qu'en effet dans tout le Jardinage il n'y a ny plantes, ny Arbres qui donnent tant de plaiſir, & en donnent ſi long-temps, n'y ayant jour de l'année que les Orangers ne puiſſent, & ne doivent avoir de quoy réjoüir ceux qui les aiment, ſoit par la verdure de leur beau feüillage, ſoit par l'agrément de la figure qui leur convient, ſoit par l'abondance & le parfum de leurs fleurs, ſoit enfin par la beauté, bonté, & durée de leurs fruits, &c. J'avoüe qu'on ne peut pas en être plus charmé que je le ſuis, auſſi voulant favoriſer l'inclination que je vois preſque generale pour en avoir, je prens un troiſiéme parti tout à fait contraire à la doctrine des Miſterieux, & cela pour dire, qu'aprés l'avoir amplement, & long temps examiné, il ne me ſemble pas, que dans tout le Jardinage il y ait rien de ſi aiſé que la culture des Orangers ſoit pour les élever dans leurs premiers commencemens, ſoit pour les entretenir enſuite

& les conserver en bon état, quand une une fois on les y a mis n'y ayant que le seul rétablissement des malades qui soit en effet difficile & fâcheux : & partant il me semble qu'on peut hardiment se mettre à avoir des Orangers chacun selon ses moyens & ses facultez, pourvû qu'on se soit muni d'un Jardinier qui soit sage, & d'une serre qui soit bonne : sans quoy j'ose dire, que personne absolument ne doit donner dans cette curiosité ; car je suis persuadé que le Jardinier Orangiste est entierement coupable, soit par son ignorance grossiere, soit par son inaplication & sa paresse, soit par sa doctrine trop mysterieuse, si ses Orangers sont en mauvais état quand la serre n'y a point contribué ; le défaut en proviendra sans doute, ou de la mauvaise terre, dans laquelle on les aura mis, ou de la trop grande charge qu'on leur aura laissé à la tête eu égard à la force du pied, ou de l'encaissement qui aura été defectueux, soit pour avoir été mal fait, soit pour n'avoir pas été fait dans le besoin, ou principalement du trop frequent usage du feu & de l'eau : du feu en Hyver dont il ne faut point du tout, & de l'eau en Esté dont il faut user tres-modérement.

J'expliqueray cy-aprés les conditions d'une bonne serre, mais ce ne sera qu'aprés avoir dit ce que je pense en general sur la facilité de la culture des Orangers ; cette facilité de culture que je publie ne plaît pas à beaucoup de nos Docteurs Orangistes, & leur fait dire, que ceux qui la croyent, & qui la publient ne la comprennent pas eux-mêmes ; cependant sans me laisser décourager par de tels discours, je hazarde de dire icy mon sentiment sur cette matiere.

CHAPITRE PREMIER.

De la grande facilité qu'il y a dans la culture des Orangers.

POur établir la preuve du contenu en ce Chapitre, j'avance cinq grandes propositions, que je tiens indubitables. La premiere est que nous n'avons guéres, ny Plantes, ny Arbres qui reprennent avec tant de facilité. La seconde, qu'il n'y en a point qui s'accommodent si aisément de toute sorte de nourriture. La troisiéme, que ce sont les Arbres qui vivent le plus long-temps. La quatriéme, qu'il n'y en a point qui soient sujets à moins d'infirmitez : Et enfin la cinquiéme, qu'il n'y en a point qui ayent si peu d'ennemis particuliers que les Orangers.

Les Tons qui tuënt les Fraisiers par la racine, & les Chenilles qui les gâtent par la feüille ; le Chancre qui les décole à fleur de terre ; les Mulots & les Moucherons qui détruisent les Artichaux ; la gomme, les Fourmis, les Pucerons qui ruinent les Pêchers ; les Tigres qui desolent les Poiriers ; tous les accidens qui affligent les Melons, & ceux qui affligent toutes les Plantes Potageres ; c'est ce qu'on peut appeller de veritables ennemis en fait de Jardinage, mais ennemis redoutables, ennemis invincibles,& par consequent mille fois plus dangereux, que tout ce qui peut menacer les Orangers ; cependant comme ils en ont aussi quelqu'uns,car il n'est point de plantes qui n'en ayent, je les examineray d'abord, & parleray en même temps des remedes qu'on a pour les en deffendre. Les ennemis particuliers des Orangers sont les Fourmis,les Punaises,les Perce-oreilles, &c. Mais le mal que ces insectes peuvent faire n'est pas mortel,il n'y a rien de plus aisé que de les garentir de leur guerre & de leur insulte ; car premierement pour ce qui est des Fourmis, qui quelquefois se jettent en foule sur un Arbre, & rongent ses feüilles ; elles ne viennent communément aux Orangers, que parce qu'elles y sont amorcées par le couvein des punaises ; ce couvein que tous les Orangistes connoissent assez, sans que j'en fasse une description plus particuliere,ne paroît faire d'autre préjudice aux Orangers,si ce n'est de les rendre sales,hideux,mal propres par tout,& desagreables à voir,eux qui demandent principalement de la netteté & de la propreté,tant en leur bois qu'en leurs feüilles ; il provient donc de quelques meres Punaises qui volent,& qu'on ne connoît aussi que trop, tant par leur couleur verte, que par l'extrême puanteur qui sort de leur corps quand on les écrase ; ces meres Punaises font leur couvein en Automne, & de la même maniere à peu prés que les Vers à soye font le leur, elles le font particulierement autour du bois maigre,& sur le dessous des feüilles sales & confuses ; on le prendroit au commencement

mencement pour de petites taches de rousseurs ; or pour peu que d'abord il y en ait sur un Arbre, ce couvein venant à sentir les chaleurs de l'Esté suivant, il croît, il s'étend, il s'enfle jusqu'à être de la grosseur & grandeur d'une lentille, & enfin il éclôt, ainsi le nombre des Punaises se multiplie, pour produire à l'Automne une quantité infinie d'autres couveins; mais comme ce couvein n'est ny errant, ny fugitif, ny volatile, il est visible & attaché, & par consequent aisé à ôter ; si bien que prenant soin de le nettoyer en quelque temps qu'on s'en apperçoive, & sur tout au sortir de la serre, comme on le peut facilement, soit avec les doigts, soit avec une petite brosse, on sera aussi-tôt en seureté contre les Fourmis, car elles cessent d'attaquer les Orangers tout aussi-tôt que les Punaises en sont ôtées.

A l'égard des Perce-oreilles, qui sont de petits insectes, longuets, rousâtres, fort vifs dans leur marche, & qui venans quelquefois à s'addonner aux Orangers, en rongent les fleurs & les feüilles, & en gâtent la principale beauté; la persecution en est un peu plus fâcheuse que celle dont nous venons de parler ; mais outre qu'elle n'est pas mortelle n'allant point jusqu'aux racines, & qu'elle arrive assez rarement, on a quelques expediens assez bons pour s'en défendre ; le remede des cornets de papier, & des ongles d'animaux à pieds fourchus est assez souverain ; si bien que prenant soin de mettre plusieurs de ces cornets, ou de ces ongles en differens endroits de chaque Arbre, ces méchans petits insectes qui ne font leur ravage que dans l'obscurité de la nuit, ne manquent pas de s'y aller cacher, dés que le jour paroît, ainsi visitant leur retraite de temps en temps il est aisé de les y prendre, & de les écraser, & par ce moyen on vient à les détruire.

On a encore l'expedient des vases, soit de terre ou de bois, soit de plomb ou de cuivre ; leur figure est carrée, ou en façon d'assiette creuse, & on en fait de deux sortes, les uns sont pour mettre autour de chaque tige, & les autres pour mettre aux quatre pieds de chaque caisse, ceux qui sont destinez pour la tige, sont de deux pieces qu'on recole, ou qu'on ressoude aisément quand ils sont en place, & qu'ils embrassent cette tige, sans y laisser aucun vuide entr'eux & cette tige, & aprés cela on les remplit d'eau ;

les autres ſont tous d'une piece, & on met au dedans de ces vaſes les pieds des caiſſes, enſuite on les remplit d'eau auſſi bien que les premiers; & cela étant, les Perce-oreilles qui ne ſçavent pas nager, n'hazardent guéres de faire le trajet de l'eau contenuë dans telles ſortes de vaſes; ainſi on empêche ſûrement que ces Perce-oreilles ne parviennent juſqu'aux Orangers, & ne les deſolent: les mêmes vaſes ſont auſſi un obſtacle invincible contre les Fourmis, s'il s'en trouve d'aſſez opiniâtres pour venir à ces beaux Arbres, quoy qu'il n'y ait plus de ce couvein qui les amorce ſi puiſſamment.

Il y a bien plus, car il n'eſt pas ſeulement queſtion de défendre les Orangers de ces méchans petits animaux, il peut encore leur arriver pendant qu'ils ſont dehors, d'autres inconveniens fort grands & fort fâcheux, qui leur ſont communs avec tous les autres fruitiers; ce ſont de grands vents, une gelée blanche aſſez forte, & ſur tout une groſſe grêle &c. Mais outre qu'il eſt aſſez rare de voir arriver de tels malheurs; un Jardinier eſt grandement à plaindre, & nullement à condamner quand il en eſt ſurpris, & particulierement à l'égard de la grêle; c'eſt un mal qui ſe forme à nôtre inſceu, & qui vient tout d'un coup accabler, ſi bien qu'il n'eſt pas poſſible de s'en garentir, quelque ſoin qu'on en puiſſe prendre; il faut donc être preparé à s'en conſoler en cas qu'il arrive.

A l'égard des vents qu'on a à craindre, comme ce ne ſont d'ordinaire que ceux d'entre le Couchant & le Midy, leſquels ne ſoufflent guéres que dans les commencemens d'Automne, on a dû avoir cette précaution de placer les Orangers en lieu où ils ſoient à l'abry de la fureur de ces vents; ce qui ſe peut aiſément par le moyen de quelque maiſon, ou de quelque muraile, ou de quelque bois qui leur ſoit opoſé, & où cependant les Orangers puiſſent au moins une partie du jour être vûs des agreables rayons du Soleil.

Et pour ce qui eſt de gelées, comme on ne ſort guéres les Orangers que vers la my-May, & qu'on les ſerre communément vers la my-Octobre; ce ſont des temps où pour lors on eſt apparemment hors du peril du mal qu'elles pourroient faire, la ſaiſon de ces ſortes de gelées printannieres, leſquelles ſont des ſuites d'Hyver, finiſſant d'ordinaire à la my-May, & le temps de celles qui annoncent ſon cruel retour, n'étant pas encore revenu à la my-Octobre ; car pour certaines petites gelées blanches, qu'on voit quelquefois, tant vers la my-May, que dans les premiers jours d'Octobre, elles ne ſont pas ſuffiſantes pour faire aucun tort conſiderable à des Orangers qui ſe portent bien ; veritablement les infirmes en peuvent ſouffrir, parce qu'ils ſont incommodez de tout, mais ils n'en auroient nullement ſouffert, s'ils avoient été vigoureux ; cela veut dire, s'ils avoient été habilement conduits.

Or puiſque je ſuis perſuadé, que la beauté, & la conſervation des Arbres dont eſt queſtion, dépend en premier lieu d'une bonne ſerre, ſi bien qu'on ne peut attendre que du déplaiſir, quand on s'embarque à avoir des Orangers, ſans commencer par une précaution ſi neceſſaire ; il s'enſuit donc, que devant que d'en venir à expliquer tout ce qui regarde leur culture & leur conduite, la ſerre eſt la premiere choſe dont il faut icy parler, comme la premiere condition dont il ſe faut aſſeurer.

CHAPITRE II.

Des conditions d'une bonne ſerre.

POur faire qu'une ſerre ſoit bonne, elle doit ce me ſemble avoir cinq conditions principales, qui ſont premierement d'être bien expoſée ; en ſecond lieu d'être bien percée, & munie cependant des ſecours neceſſaires pour pouvoir bien fermer ces ouvertures au beſoin ; en troiſiéme lieu, que les murs en ſoient épais, & bien conſtruits ; en quatriéme lieu elle doit être bien couverte ; & enfin il faut que le ſol n'en ſoit pas creux ; examinons preſentement chacune de ces conditions.

Pour ce qui eſt de la premiere condition il n'y a perſonne qui ne convienne, que la meilleure de toutes les expoſitions eſt celle du Midy ; en ſorte que le Soleil donne dans cette ſerre depuis les neuf à dix heures du matin, juſqu'à ce qu'il ſe couche, ou qu'il ſoit prêt de ſe coucher ; l'expoſition du Levant qui reçoit le Soleil depuis ſon lever juſqu'à Midy, ou un peu plus eſt encore fort bonne ; celle du

Couchant, qui a le Soleil depuis Midy jusqu'au soir, se peut souffrir faute des deux autres ; à l'égard de celle du Nord elle est tres-dangereuse & tres-mauvaise, ne voyant que fort peu le Soleil , soit le matin, soit l'aprés-dîné.

La seconde condition d'une bonne serre, qui est d'être bien percée, demande que les portes soient si bien faites, que les Orangers y puissent aisément passer, & que de plus les fenêtres soient grandes, tant en hauteur, qui doit être à peu prés la même que celle du plancher, à la reserve de l'apuy, lequel est d'ordinaire d'environ trois pieds, qu'en largeur, qui peut être de cinq à six pieds, afin que les ouvrant en Hyver chaque fois qu'il fait un beau Soleil, comme il est important de le faire, tous les Arbres en soient veus, & pour ainsi dire rejoüis de l'aspect de ses rayons ; & que s'il y a quelque peu d'humidité au dedans elle en soit ôtée par le moyen de cette belle lueur, qui a le don de dessecher l'humidité, ces fenêtres doivent encore avoir par dedans un Chassis de papier double, c'est à dire un chassis qui soit colé de papier des deux côtez de son épaisseur, & par dehors un chassis de verre ; je compte pour fort peu de chose les contre-vents de bois, si les chassis dont je viens de parler nous manquent ; ces contrevents trompent beaucoup de curieux ; ces chassis doivent être bien calfentrez en Hyver, pour empêcher que l'air froid du dehors ne puisse par aucune ouverture penetrer au dedans : car sans doute il est capable d'alterer l'air chaud & temperé qui étoit resté dans la serre depuis les beaux jours des saisons precedentes, & sans lequel les Orangers ne peuvent conserver leur embompoint.

En troisiéme lieu toutes les murailles de la serre, & sur tout celles qui regardent le Nord, doivent avoir été bien construites de bon moîlon & de bon mortier, soit à chaux & à sable, qui est sans contredit le meilleur, soit en plâtre qui n'est pas mauvais, pourvû que la muraille ait été faite avec tant de soin, qu'il n'y soit point resté de petits vuides entre les pierres : dans les lieux où la pierre n'est pas commune, elles doivent être faites, soit de bauge, c'est à dire de terre détrempée & mêlée de foin, de chaume, ou de paille, soit d'une double cloison de bois, avec tout plein de terre, ou de sable dans le milieu ; de maniere qu'enfin tout au moins tant les unes que les autres de ces murailles ayent par tout une épaiſſeur d'environ deux pieds, ou deux pieds & demy ; heureux ceux, qui outre cela ont encore du côté du Nord leur ſerre adoſſée à quelqu'autre bâtiment, ou à quelque montagne bien ſéche, ou méme à quelque bois de haute futaye.

En quatriéme lieu, comme le froid & l'humidité peuvent auſſi-bien penetrer par la couverture que par les côtez, le plancher d'en haut doit être bien épais, & même pendant l'Hyver doit être couvert de foin ou de paille, à moins qu'il ne ſerve de plancher à quelque logement habité, ou à quelque gallerie dont les fenêtres ſoient tenuës ſoigneuſement cloſes durant le froid, ou à moins qu'il ne ſoit ceintré fort materiellement, & couvert encore de beaucoup de terre, ou d'autre choſe, comme nous venons de dire.

En cinquiéme lieu, le ſol de la ſerre, laquelle ne ſçauroit jamais être trop ſéche, devroit, ce ſemble, être un peu plus haut, ou au moins égal au rés de chauſſée de dehors ; mais ſur toutes choſes il ne doit être de guéres plus bas, autrement la ſerre ſera menacée de ſervir d'égoût aux eaux de dehors, & par conſequent menacée d'humidité, qui eſt un mal plus dangereux même que le froid, attendu qu'il y a peu de remedes contre celle-là, & qu'au moins il en eſt quelques-uns contre celuy-cy.

Ceux qui n'auront pas veu ce que j'ay dit cy-deſſus contre le feu qu'on fait quelquefois dans les ſerres, croiront d'abord, que parlant icy d'un remede contre le froid, cela ſe doit entendre du feu du charbon qu'on peut faire en pluſieurs endroits de la ſerre: mais à Dieu ne plaiſe que ce ſoit jamais mon avis, puiſqu'au contraire je ſuis fort perſuadé, & même convaincu que telle chaleur de feu n'eſt pas moins nuiſible aux Orangers que le froid & l'humidité le leur peuvent être, ainſi que j'eſpere le prouver.

Aprés avoir parlé de la hauteur du ſol de la ſerre, reſte à dire, qu'il peut être, ou de terre endurcie, ou de ſalpêtre battu, ou d'une aire de plâtre, ou d'un plancher de bois, &c. celuy-cy ſeroit le meilleur de tous.

De ce que nous avons dit pour la hauteur du ſol de chaque ſerre ; il s'enſuit que les caves ſont tres dangereuſes,

& souvent mortelles, tant aux Orangers, Citronniers, Jassemins, Mirthes, &c. que generalement à tous les Arbrisseaux encaissez ou empottez qu'on y serre, parce que les lieux bas & creux sont d'ordinaire humides, & hors de la portée des rayons du Soleil, sans lesquels rayons la serre ne peut jamais être bien conditionnée.

A l'égard de la profondeur de la serre, c'est à dire de la longueur, ou de la largeur en dedans, il seroit à souhaiter qu'elle ne fût pour l'ordinaire que d'environ quatre toises, mais cependant elle peut fort bien être de cinq à six, ou même d'un peu plus; la serre n'en sera guéres moins bonne, pourveu que d'ailleurs elle soit bien haute & bien séche, & que le froid, non plus que l'humidité ne la puissent pas penetrer; ce ne sont pas les rayons du Soleil donnans immediatement sur les feüilles d'Orangers qui leur sont essentiellement salutaires, puisque rarement donnent-ils sur la plûpart de celles qui sont dans le milieu de la tête, quelque bien exposé que soit cette tête; mais ce sont les rayons du Soleil, donnans dans la capacité d'une telle serre, qui empêchent que l'humidité ne s'y forme, & par consequent n'y fasse aucun préjudice: Aprés avoir établi en general, que supposé qu'on ait une bonne serre, il est facile d'avoir de beaux Orangers, il faut presentement expliquer en détail ce que je pense de leur culture.

CHAPITRE III.

Des differentes parties qui regardent la culture des Orangers.

POur en parler le plus clairement qu'il me sera possible, il me semble qu'il faut examiner cinq principaux Articles, dont l'intelligence est pour les nouveaux curieux, que je veux instruire, c'est à dire pour ceux qui n'ont aucune connoissance de cette matiere, & la veulent acquerir.

Le premier Article qui est tres-important, & doit desabuser de grands scrupules, regarde la composition de la terre ou terreau, qui est propre pour la nourriture des Orangers qu'on met en caisse, ou en pot.

Le second Article regarde la maniere de les élever de semence, & ensuite de les greffer, & regarde sur tout la premiere chose qu'il faut faire aux Orangers gros ou menus, quand les ayant nouvellement venus du pays, soit qu'ils soient tous dépoüillez, & sans mote, c'est à dire comme d'autres Arbres fruitiers, soit qu'ils ayent des feüilles avec une mote, &c. quand, dis-je, les ayant en cet état on les veut mettre en pot ou en caisse.

Le troisiéme regarde la grandeur & la façon des caisses dont on se sert pour cela, il regarde aussi l'operation qui est à faire à la mote, & aux racines de ceux qu'on rencaisse de nouveau, & la maniere de faire les rencaissemens, deux points principaux & essentiels pour nôtre culture; enfin il regarde l'usage & la maniere des arrosemens.

Le quatriéme regarde ce qui est à faire à la tête de ces Orangers, soit pour rétablir ceux qui ont été long-temps negligez, ou mal conduits, ou ceux qui ont été gâtez par la gelée, ou par les humiditez d'Hyver, soit pour parvenir à avoir des Orangers, qui soient en tout temps beaux & agreables dans leur figure, & qui soient toujours bien sains & bien vigoureux : en sorte qu'il ne leur arrive point de se dépoüiller.

Le cinquiéme article doit expliquer la situation necessaire au lieu où on met les Orangers au sortir de la serre, & doit marquer ce que tout le monde sçait assez, c'est à dire le temps qu'il les faut serrer, & celuy qu'il les faut sortir; il marque aussi ce qui est à faire pendant six ou sept mois, que les Arbres sont serrez, sur quoy particulierement je diray ce que je pense à l'égard du feu, que beaucoup de gens font dans leur serre.

CHAPITRE IV.

De la composition des terres propres à encaisser des Orangers, Citronniers, &c.

COmme les Orangers & Citronniers sont à nôtre égard des Arbres étrangers, si bien que, pour ainsi dire, ils ne viennent que par artifice dans les climats sujets à de grands Hyvers, comme celuy de l'Isle de France, & autres un peu Septentrionnaux, au lieu qu'ils viennent naturellement & aisément dans les pays chauds; cette consideration a fait qu'on s'est allé imaginer, que ce pouvoit être en partie la faute de la terre qu'on y a, aussi bien que la faute de l'air qu'on y respire, qui faisoit que ces Arbres souffroient icy quelques incommoditez ; d'où vient que sur cela chaque Jardinier se fait un grand mystere de quelque composition particuliere de terres, & c'est une matiere où les opinions paroissent tres-differentes, & fort partagées.

Les uns font consister l'importance de la composition, tant à la pluralité des ingrediens, & sur tout s'ils sont difficiles à trouver, qu'à la dose de chacun ; les autres la font consister à remuer tres-souvent ces terres ainsi mélangées ; en sorte que sans ce remuëment ils croyent le reste inutile ; il y en a qui donnent principalement à l'antiquité de la composition ; ceux-cy voulans que les plus vieilles faites soient les meilleures, comme les autres veulent que ce soit les plus remuées ; la plupart enfin ne font cas que des matieres legeres pour leur composition, sçavoir de poudrette, de marc de vin, de terreau, de vieille couche, &c.

Je n'aurois jamais fait, si je voulois entrer dans le détail des manieres de chaque Orangiste ; il est tres-certain qu'il n'y en a point qui ne pretende avoir quelque secret particulier & inconnu à tous les autres : si bien que pour rien du monde il n'en voudroit faire part à personne.

Je veux bien supposer qu'ils ont tous lieu d'être satisfaits de leur façon de faire ; ainsi ce n'est pas à moy à y trouver à redire ; & en effet on ne m'a jamais vû condamner personne sur cela ; cependant comme je crois avoir choisi une maniere simple & aisée, qui me paroît tres-conforme & à l'ordre general de la vegetation, & à la nature particuliere des Arbres dont est question, je la veux expliquer à tous les curieux, & leur faire entendre, comme quoy depuis long-temps je m'en sers tres-heureusement : il y a aussi beaucoup d'honnêtes gens, qui pour leurs Orangers ont trouvé bon de suivre en cela ma methode, & qui ensuite ne manquent pas d'en rendre de bons témoignages.

Mais devant que d'en venir à cette explication, je crois pouvoir dire encore une fois, que de tout ce que la terre nous produit, soit plantes, soit Arbres, il n'y en a point, qui en fait de leur culture paroisse, pour ainsi dire, d'une complexion, ou d'une constitution plus aisée, & plus accom-

mo da ble

modante que les Orangers, & les Citronniers : les differentes manieres dont ils sont gouvernés en differens endroits le justifient assez visiblement ; on peut ce semble à cet égard les comparer à de jeunes gens qui sont bien sains, & bien vigoureux, mais qui en même temps sont abandonnez au dereglement & à la débauche ; la vigueur de la jeunesse dans la plûpart repare & rétablit tous les desordres d'une vie dereglée, mais ce n'est que pendant un certain temps, comme si le corps d'un jeune homme s'accoûtumoit à ce qui enfin le doit absolument détruire, ou qui au moins doit alterer ce qu'il a de robuste, & de bien composé : ainsi nos Orangers sont d'un naturel extraordinairement vivace & vigoureux, si bien que par là ils réparent & rétablissent facilement tout ce qu'une nourriture, qui est peu conforme à leur espece seroit capable d'y gâter & de corrompre ; en effet il n'en est pas de ces Arbres-là comme de certains vegetaux, dont les uns ne peuvent absolument vivre que dans une terre séche & legere, les autres dans une terre humide & grasse ; les Orangers vivent dans l'une & dans l'autre ; mais veritablement ils réüssissent mieux dans l'une que dans l'autre.

Ce que j'ay crû être singulierement à observer pour la culture de ces Orangers, qui, comme nous avons dit, sont pour nos climats des Arbres étrangers, a été de bien regarder quelle est à peu prés la terre dans laquelle on les voit naturellement bien venans, & d'essayer de leur en donner icy une qui paroisse en approcher ; dans cette recherche j'ay trouvé que c'est dans des terres fortes, grasses, ou lourdes ; que communément la nature les fait venir beaux, grands & parfaits, & de là j'ay conclu, qu'il étoit à propos, que l'art qui doit toûjours imiter cette nature, leur preparât une terre qui fut pareillement grasse & lourde ; mais comme ces Arbres étans en caisse, cette terre grasse & lourde qui les y doit nourrir, & qui n'y reçoit aucun secours de son voisinage, seroit sujette à sécher, & à s'endurcir, & pour ainsi dire à se petrifier, de maniere, que comme si cette terre étoit inutile à la vegetation, les racines ne sçauroient s'y étendre, à moins qu'on ne leur donne quelques secours, il s'ensuit qu'il faut être soigneux non seulement de luy aider par les arrosemens, mais aussi de faire en sorte que l'eau de ces arrosemens la puisse aisément penetrer par tout ; j'ay donc crû qu'il falloit trouver un moyen pour faire que cette terre fût aussi-bien meuble par nôtre industrie, qu'elle est lourde de sa nature.

On m'objecte d'abord à l'égard de cette terre lourde & materielle dont je fais cas, que le Soleil qui ne nous voit qu'obliquement, ne peut pas faire icy sur elle les mêmes effets qu'il fait sur celle des Climats où ses rayons portent directement, & voilà l'objection la plus ordinaire que nos Orangistes me font ; à quoy j'ay à répondre premierement, que comme tout le monde voit, & comme l'experience le confirme, la chaleur que nous avons icy pendant les quatre ou cinq mois que les Orangers sont dehors, est assez grande pour les pouvoir faire vivre tres-long-temps, & même avec beaucoup de vigueur ; en second lieu, que la terre des caisses étant en l'air, & par consequent veuë de tous côtez par le Soleil, elle reçoit les impressions de sa chaleur, presque aussi facilement que celle, qui étant en plein champ n'en est veuë que du côté de la superficie ; & enfin que la terre étant meuble, aussi-bien qu'elle est lourde, elle est par ce moyen-là renduë convenable à l'action des racines, & à la penetration de l'eau : à plus forte raison est-elle renduë facile pour recevoir toute l'impression de la chaleur dont elle a besoin ; si bien que même telle qu'elle est par nôtre art, elle pourroit en recevoir trop dans les pays plus chauds.

Sur le fondement d'un tel raisonnement en quelque païs que je me trouve, je cherche de la meilleure terre naturele & commune, & de la moins pierreuse qui soit dans le voisinage, c'est à dire de la terre assez lourde, & assez solide, non pas de celle qu'on appelle terre glaize, que je regarde comme morte, mais de celle où toutes sortes de plantes paroissent venir naturellement fort bien ; je n'ay pas de grands égards à sa couleur, quoy que d'ordinaire pour le plaisir de la veuë la noire soit la plus agreable, & la plus approuvée ; je prends par exemple de la terre à Cheneviere & à bon Bled, de la terre de pré, de la terre de grand chemin quand il est en bon fond, ou qu'étant dans une situation basse il sert d'égoût à quelque bon fond plus elevé, je prens de cette terre, autant que je puis en avoir besoin.

& sans me mettre en peine de prendre celle de dessus, quoy que dans la verité elle soit bonne, & que d'ordinaire ce soit la plus estimée par beaucoup de gens, j'affecte plûtôt de prendre celle qui est au dessous, pourvû qu'elle me paroisse de la même qualité de celle de dessus ; je cherche toûjours la plus neuve, c'est à dire celle qui peut-être n'aura jamais été éclairée du Soleil, & qui par consequent n'aura encore servi à la nourriture d'aucune plante ; si bien que non seulement il est à presumer qu'elle a encore tout le premier sel qui luy a été donné dans la creation du monde ; mais qu'elle a de plus une grande partie de celuy qui luy est venu des terres superieures ausquelles elle a servi d'égout.

Ensuite je cherche dans les Bergeries du crotin de Mouton sec, & à peu prés reduit en poudre ; il est peu de pays où il ne s'en trouve, ou faute de cela je cherche d'ancien fumier de ces Moutons reduit en terreau ; je n'estime pas qu'il y ait rien de meilleur & de plus souverain pour les Arbres dont est question ; mais si malheureusement je n'en puis recouvrer, je me sers, ou de terreau de feüilles d'Arbres bien pourries, ou de terreau de vieille couche, qui n'a pas été extraordinairement arrosée, sans me servir jamais de marc de vin par les raisons que je diray cy-aprés.

Et comme mon intention, ainsi que j'ay dit cy-devant, est que la terre que je veux preparer soit lourde & meuble, afin que d'un côté étant lourde & materielle, il s'y puisse faire de grosses racines plus sûrement qu'il ne s'en fait dans une terre legere, & que d'ailleurs étant meuble, l'eau des arrosemens, & la chaleur du Soleil la penetre plus aisément qu'elle ne feroit si elle étoit absolument lourde & grossiere ; aprés avoir regardé à peu prés combien j'ay d'Arbres à encaisser ; je fais ma composition, de maniere que de cette bonne terre naturelle qui s'est trouvée dans le voisinage, il y en entre au moins de quoy faire la moitié, & voilà ce qui donne la pesanteur que je crois necessaire ; à l'égard de l'autre moitié de la composition, je la fais particulierement de crotin de Mouton reduit en poudre, si j'en ay suffisamment, ou celuy-cy me manquant entierement j'ay recours aux autres ingredians cy-devant marquez, c'est à dire au terreau de vieille couche, & au fumier de feüilles pourries, & tout cela par portions à peu prés égales pour faire la moitié de ma composition ; voilà ce qui fait la legereté que j'y souhaite : je fais ce mélange le jour même que je m'en dois servir, si je n'ay pû le faire quelques jours auparavant, n'estimant pas qu'il soit necessaire de l'avoir fait beaucoup plûtôt.

Et ce qui me le persuade est en premier lieu, que constamment chaque partie de terre a en soy son sel particulier pour l'usage de la vegetation ; en second lieu, que constamment aussi un grain de terre n'entre point dans un autre grain, encore moins dans le corps des racines, ainsi c'est seulement l'eau ordinaire, qui baignant toute cette terre empruntée, pour ainsi dire, du sel de chaque partie, en prend plus ou moins, selon que la terre en a plus ou moins ; si bien que telle eau étant ainsi penetrée & assaisonnée du sel de ces bonnes terres ; c'est elle seule, qui, comme nous avons dit en tant d'endroit, sert aux racines pour en former leur nourriture ou leur seve, sur quoy nous avons à dire que cette seve se trouve d'autant meileure que les terres où l'eau aura passé auront été plus fecondes & sur tout moins lavées.

Or cela étant, il s'ensuit que l'ancienneté de composition, non plus que les frequens remuëmens n'y font rien pour rendre cette composition meilleure ; au contraire il semble qu'il seroit à souhaiter, que cette composition étant une fois faite, & les terres mises en un tas, elles fussent à couvert des pluyes, de peur que les eaux en passant au travers, & s'écoulant plus loin, elles n'en tirassent une partie de ce qui est de meilleur, & le répandissent inutilement sur les côtez, ou au dessous de la masse.

Et afin de faire cette composition avec plus de vîtesse & de facilité, & même avec plus de justesse, aprés avoir fait mettre par tas assés prés les uns des autres tout ce qui doit y entrer ; je prends autant de gens qu'il doit y avoir de differens ingrediens dans la composition, je les mets avec des pêles, ou bêches tout auprés de chaque tas, & ordonne à chacun de jetter également, & pêle mêle dans un lieu voisin, & separé une quantité égale de la matiere qui fait le tas, auprés duquel je l'ay posté ; en sorte que par exemple, si je n'ay qu'un tas de bonne terre, & un tas de crotin de mouton, il ne me faut que deux hommes qui jetteront également chacun de leur tas dans le nouveau tas qui est à faire

& si avec le tas de bonnes terres j'ay deux ou trois autres tas des autres ingrediens cy-dessus proposez, je mettray autant d'Ouvriers auprés du seul tas de la bonne terre, qu'il y en aura tout ensemble auprés de tous les autres tas, & ainsi en même temps qu'il sortira une peletée de matiere de chacun de ces deux ou trois tas separez, il en sortira aussi en même temps deux ou trois du seul tas de la bonne terre; ainsi ma composition se trouve tout d'un coup faite & parfaite sans qu'il soit besoin de perdre du temps, & faire un plus grand mélange ou remuëment des ingrediens qu'on y aura mis.

De ce que je viens de dire, il paroît que je ne me soucie pas de chercher, ny de vieilles terres d'égoût, ny de vieilles bouës séches & consommées, ny de cureures de mares, ou de fossez, ny de fumier de pigeon, &c. tant parce que je puis fort bien m'en passer, quand j'ay les autres matieres dont je me sers, & qui ne me font pas de peine à recouvrer, (la facilité en Agriculture ayant pour moy des charmes infinis) que principalement parce que je les estime beaucoup mieux; si bien que je ne me sers des autres qu'au défaut de celles-cy, c'est à dire à la derniere extremité.

Il paroît encore, que je ne plante pas dans du terreau tout pur, encore moins dans la poudrette toute pure, comme font quelques Jardiniers; il est bien vray que les Orangers poussent assez bien dans cette poudrette pendant un an ou deux : mais il est vray aussi qu'ils n'y font aucune mote; ainsi ils sont tres-difficiles à changer de caisse, & dans ce changement courent toûjours risque de demeurer sans aucune vieille terre autour des racines, & par consequent sont sujets à ne rien faire l'année du recaissement, & à se dépoüiller l'année d'aprés, au lieu que ceux qui ont été encaissez dans les terres dont je me sers, font une tres-belle & bonne motte, de laquelle en rencaissant on peut, comme on doit, retrancher une grande partie, en sorte que tant les vieilles racines que la vieille terre soient notablement diminuées sans que l'Arbre coure aucun risque de se dépoüiller, mais qu'au contraire il devienne plus vigoureux & plus beau, & commence dés l'année même à faire beaucoup de jets nouveaux.

Il paroît aussi que je fais peu de cas du marc de vin, &

cela premierement parce que l'eau qui auroit le goût & la qualité de vin, comme en effet, si ce Marc contenoit encore quelque sorte d'humeur, cette eau qui le laveroit seroit capable de le prendre; parce que dis je, cette eau ayant le goût & la qualité du vin, non seulement n'est pas bonne pour aucunes Plantes, mais que même elle leur est pernicieuse; En second lieu, parce que ce marc n'étant en effet composé que de trois choses, qui ne contiennent plus aucun suc, sçavoir de pepin, d'écorce de raisin & de rape il ne peut fournir aucun secours pour la vegetation: car d'un côté le pepin demeure d'ordinaire dur comme de petites pierres, si bien qu'il ne pourrit presque point pour se reduire en terre; & de l'autre côté l'écorce & la rape ayant été extrêmement pressurées dans le pressoir, il ne leur reste plus rien qui puisse aider à la nourriture.

Ce que nous connoissons en ce que l'eau, dans laquelle à trempé long-temps du marc de vin, ne paroît pas au goût en avoir emprunté quoy que ce soit; au lieu que l'eau qui a lavé du fumier de Mouton, ou du terreau de vieille couche, &c. paroît en avoir emprunté quelque chose d'extraordinaire, soit par son acreté, soit par son goût.

Et enfin quelque soin que j'en aye pû prendre, je n'ay jamais pû remarquer que le marc de vin servît d'engrais aux terres; il sert au contraire à les rendre seulement plus legeres sans leur donner aucune autre bonne qualité, & c'est particulierement ce que j'évite pour les terres d'Orangers, dans lesquelles, outre que je ne veux pas une grande legereté; je veux sur tout, que que ce qui leur en doit autant donner qu'elles en ont besoin, ait encore en soy quelque chose d'utile, & même de souverain pour la nourriture des Plantes: joint que si le marc de vin étoit necessaire aux Orangers, que pourroient faire, ou plûtôt qu'auroient fait ceux qui en ont, & qui se trouvent dans des Pays où les Vignobles ne réüssissent pas.

J'ajoûteray icy, que pour ce qui est des climats froids & humides, & même pour les autres lieux où la terre est trop forte, & aproche trop prés de la nature de la glaise, il faut que dans la terre des Orangers il entre un peu plus de crotin de Mouton, ou de ces autres matieres qui sont legeres, & par consequent faciles à échauffer, ce que nous ne faisons pas, soit dans les climats chauds, ou au moins temperez, soit dans les bonnes terres des autres pays ; ainsi en telles occasions cela pourroit bien aller jusqu'aux deux tiers de ce crotin ; j'ajoûteray enfin que cette derniere composition de terre peut être bonne pour tout ce qu'on peut élever d'autres Plantes, soit en pot, soit en caisse.

CHAPITRE V.

De la maniere d'élever les Orangers de pepin, & ensuite de la maniere de les greffer ; de la premiere culture qui est à faire à ceux qu'on nous apporte tout de nouveau des Pays où ils viennent aisément, & sans artifice, soit qu'on les ait apportez tous dépoüillez & sans mote, soit qu'on les ait apportez en mote, & avec quelques feüilles.

A L'égard du premier article nous avons à dire, que quoy qu'il soit vray qu'en certains climats les branches d'Orangers, & sur tout celles de balotin reprennent de bouture ou de marcote, aussi facilement que font icy les Groseillers, Figuiers, Coignassiers, &c. Cependant en ce Pays icy où nous n'avons pas cette facilité, on n'éleve d'ordinaire les Orangers que de pepin, c'est à dire de la graine qui se trouve dans les Oranges bien meures, & même pourries ; c'est au mois de Mars qu'on en met dans des vases ou dans des caisses pleines de terreau, soit de Mouton, soit de vieille couche, autant qu'on trouve à propos d'en semer, & là on les met deux ou trois doigts avant dans ce terreau, soit par rayon, soit dans des trous separez d'environ deux pouces ; on les met ainsi assez prés les uns des autres, ne pouvant juger s'il en levera beaucoup, mais toûjours ayant intention de les éplucher pour en ôter une partie, s'il en leve trop, & pour faire par ce moyen, que ceux qu'on laisse profitent davantage, & en moins de temps.

Quend on veut ainsi semer, on choisit pour cela de bonnes especes d'Oranges, & principalement des Bigarades ; de cela il en vient des sauvageons, qui au bout de deux ans sont bons à être replantez separément pour devenir plus gros & plus grands, & au bout de cinq ou six ans, quand on a pris soin de les bien cultiver, soit par de frequens petits labours, soit par les arrosemens ordinaires, soit en les élagant proprement, &c. ils deviennent assez grands & assez forts pour pouvoir être greffez.

On en greffe de deux façons, la premiere & la plus ordinaire est de les greffer en Ecusson à œil dormant dans les mois de Juillet, Aoust & Septembre; ces sortes de greffes se font de la même façon qu'aux autres Arbres fruitiers, & toûjours autant que faire se peut, tout auprés de la superficie de la terre, afin de faire des Arbres bien droits sur le jet qui doit sortir de cet Ecusson. La seconde maniere de greffer les Orangers est ce qu'on appelle en approche, & cela se fait dans le mois de May, mais pour telle maniere de greffer il faut que le sauvageon soit assez gros, parce qu'il le faut couper en tête, & y faire une incision ou entaille, ou même quelquefois une fente, afin d'y pouvoir apliquer, ou aprocher la branche de l'Oranger, dont on veut avoir de l'espece par le moïen de la greffe, & pour lors il faut couper un peu de l'écorce & du bois des deux côtez de cette branche, & ensuite il la faut inserer, ou faire entrer bien proprement dans le milieu de l'entaille, enveloper l'un & l'autre premierement de cire ou de terre glaise, & en second lieu d'un peu de linge, & enfin lier le tout ensemble assés ferme, pour pouvoir resister à l'effort des vents, jusqu'à ce qu'enfin vers le mois d'Aoust voyant la greffe prise, ce qui paroît en ce qu'elle pousse assés vigoureusement, on separe ce sauvageon greffé d'avec l'Arbre qui avoit été aproché, ce qui se fait en sciant, ou coupant la branche aprochée immediatement au dessous de l'endroit où s'étoit faite l'aproche.

On éleve des Citronniers de la même maniere que je viens d'expliquer pour les Orangers, & on greffe indifferemment les Orangers sur les Citronniers & Orangers, aussi-bien qu'on greffe les Citronniers sur les Orangers & Citronniers; mais il est certain que les Orangers réüssissent mieux sur les sauvageons d'Orangers que sur les Citronniers & Balotins.

Il n'est pas difficile de démêler les Orangers & Citronniers les uns d'avec les autres; car les Citronniers & Balotins ont l'écorce jaunâtre & les Orangers l'ont grisâtre, outre que les feüilles d'Orangers sont accompagnées d'un petit cœur auprés de la queuë, ce que les Citroniers n'ont pas; les

les Orangers greffez ſur des ſauvageons de leurs eſpeces, pouſſent d'ordinaire plus vigoureuſement, & ſont moins ſujets à ſe dépoüiller, que ceux qui ont été greffez ſur des Citronniers ou Balotins.

Icy aux environs de Paris nous n'avançons guéres de ſemer de ces pepins, ny de les greffer, il n'y a qu'un peu de curioſité qui puiſſe l'engager à l'éprouver.

Les Marchands Genois nous peuvent aiſément ſoulager de cette peine, en ce qu'ils la prennent en leur pays avec un ſuccès facile & heureux, tant pour leur profit, que pour nôtre ſatisfaction; tous les ans ils nous amenent icy dans les mois de Février, Mars, Avril, May une grande quantité d'Orangers, & Citronniers aſſez forts, & aſſez grands, & les donnent à un prix fort raiſonnable, tant ceux qui viennent ſans mote, que ceux qui viennent bien enmotez.

Il eſt particulierement queſtion, ſoit les uns, ſoit les autres de les acheter bien conditionnez, tant pour la tige qui doit être droite, ſaine, ſans écorchure, & d'une bonne hauteur, c'eſt à dire depuis un pied & demy ou deux pieds juſqu'à trois ou quatre, &c. que pour les racines, en ſorte que ces Orangers ſoient auſſi ſains, que ſi on venoit de les arracher de la terre où ils ont été élevez, & pour cela il faut que ſur les chemins à venir de Genes à Paris ils n'y ayent ſouffert ny du grand froid, ny d'une trop longue ſécheresſe, ny de trop d'humidité, un ſeul de ces trois défauts peut les avoir entierement gâtez, & par conſequent les faire rebuter; or on connoît s'ils ſont defectueux, en coupant ou écorchant un peu, tant de la tige & des branches que des racines; les unes & les autres doivent avoir l'écorce un peu ferme, & d'un verd jaunâtre, il faut auſſi que cette écorce ſe détache un peu du bois qui doit paroître un peu humide, & comme huyleux, la ſeve qui s'y doit être conſervée faiſant ce bon effet: Que ſi cette écorce eſt tres-mole, ou comme pourrie & en boüillie, ou ſi même elle eſt tres-dure & ſéche; en l'un & l'autre cas ce ſont marques aſſeurées de mort; & pour lors d'ordinaire le bois au deſſous de l'écorce paroît noirâtre & marbré, & par conſequent les Arbres ne ſont bons qu'à jetter au feu.

A l'égard de ceux qui ſont venus ſans mote, & qui cependant ont les bonnes marques, il y a à travailler, tant à leur tête qu'à leurs racines, à leur tête, c'est à dire à leurs branches, qui sont d'ordinaire toutes dépoüillées de leurs feüilles, il les faut extrêmement racourcir, & les disposer en veuë, que de leurs extremitez il en puisse vrai-semblablement sortir de nouveaux jets qui soient capables de former une belle tête, c'est à dire une tête qui soit ronde, & pleine, ainsi que nous l'expliquerons plus amplement cy-aprés : A l'égard de leurs racines on prendra soin de leur éplucher tres-bien le chevelu, qui d'ordinaire se trouve sec ; on prendra aussi soin de leur racourcir les racines, pour ne laisser aux plus grosses qu'une longueur de quatre à cinq pouces, & aux plus petites à proportion : on ôtera les endroits gâtez ou écorchez ; & ensuite on mettra tremper tout le pied cinq ou six heures au moins dans de l'eau ordinaire ; aprés quoy on les plantera dans des petits mannequins, ou dans de petites caisses, ou dans des vases qu'on aura remplis d'un terreau un peu plus leger que celuy que je viens de composer pour les Orangers qu'on a de longue main, & qui ont une mote ; en sorte que pour ce premier plan il n'y ait tout au plus dans la composition du terreau que le quart de grosse terre, tout le reste étant des ingrediens cy-dessus marquez.

Cela fait, on met ces caisses, ces mannequins, ou ces vases dans des couches fort mediocrement chaudes, & faites en lieu où le Soleil ne donne que peu, ou bien si on les met en lieu où le Soleil donne beaucoup, & où par consequent il puisse incommoder ce nouveau plan, c'est à dire l'alterer & dessécher pendant les premiers mois ; en ce cas là on couvre cette couche, soit avec des paillassons, soit avec des toiles pendant les grandes chaleurs d'Esté pour les découvrir dans les temps sombres & pluvieux ; on prend cependant soin de les arroser honnêtement, c'est à dire mediocrement, & de temps en temps, en sorte que la terre demeure toûjours un peu humide, & on prend soin aussi, que la terre de telle caisse, &c. conserve toûjours un peu de chaleur ; bien entendu que pour peu qu'il y en ait il y en aura suffisamment, & même il vaut beaucoup mieux qu'il n'y en ait point du tout, que d'y en avoir plus que de raison.

Avec de tels soins on sauve d'ordinaire une bonne partie

de tels Orangers ainsi encaissez , empotez ou emmannequinez, on les laisse toute l'année dans ces mêmes couches jusques vers la my-Octobre, qu'on vient à les serrer pour l'Hyver dans une serre telle que nous la demandons, ou bien on leur fait une couverture de fumiers secs, & de paillassons, &c. en sorte que telle couverture soit suffisante pour les garantir de la rigueur du froid ; & l'année d'aprés à la fin d'Avril, ou au commencement de May on les sort de cette premiere caisse, ou de ce prémier pot, sans rien ôter de leur mote, ou bien s'ils sont en mannequins, lequel vrai-semblablement se trouve presque pourri au bout d'un an, sans se mettre en peine d'ôter ces restes de mannequins de peur d'éventer les nouvelles racines, en l'un & l'autre cas on les met chacun dans une caisse proportionnée à leur grandeur, pour leur donner ensuite la culture ordinaire, & telle que nous l'expliquerons cy-aprés, s'étudiant à commencer de leur former la tête pour parvenir à la beauté dont ils sont capables, & voilà quant aux Orangers, & Citronniers qui sont venus sans mote & sans branches.

Que si les Arbres sont venus avec une mote, des branches & des feüilles, il faut premierement examiner si cette mote est bien naturelle, car souvent ce sont des motes de glaise faites à plaisir, & appliquées aprés coup ; ce qui est assez aisé à connoître par la maniere dont les petites racines y tiennent, car elles y doivent assés bien tenir si elles s'y sont naturellement formées ; de maniere que si elles n'y tiennent guéres, c'est une marque de supercherie en telle mote : si donc il paroît constamment, que telle mote ait été en effet appliquée, j'estime qu'il la faut ôter entierement, comme au contraire si elle est visiblement naturelle, j'estime qu'il n'en faut ôter que tres-peu ; car apparemment elle ne doit être guéres grosse, & en ce cas-là il faut simplement rafraichir, c'est à dire racourcir les racines, comme en l'autre cas il les faut traiter de la maniere que nous avons expliqué pour les jeunes Orangers, qui sont arrivez sans mote,

Ayant fait à la mote ce qui nous aura paru necessaire, il faudra venir à travailler à l'égard de la tête, & ce sera pour s'étudier à lui donner le commencement d'une figure agreable, ce qu'on fera en luy ôtant une grande partie des petites branches menuës & confuses que cette tête peut avoir, en luy ôtant aussi ce qu'elle en a de grosses, qui ne paroissent pas placées avec assez d'ordre & de simetrie, pour pouvoir faire une tête parfaitement ronde & pleine,

Cela fait, j'estime qu'il faut mettre tremper cette mote pendant un bon quart d'heure, c'est à dire tout autant de temps, qu'étant entierement couverte d'eau on en verra sortir des boüillons d'air; aprés cela on la mettra égoûter pendant autant de temps à peu prés qu'on l'aura fait tremper, & ensuite on l'encaissera de la même maniere que nous encaissons ordinairement les Orangers au sortir d'une vieille caisse.

CHAPITRE VI.

De la grandeur, & des autres conditions qui sont à souhaiter aux Caisses pour être bonnes.

IL ne me semble pas qu'il y ait grand chose à dire à l'égard de la grandeur & de la façon des caisses, car pour la grandeur on la doit d'ordinaire regler sur la grandeur des Arbres qu'on y doit encaisser; un petit Arbre paroît trop ridicule dans une grande caisse, tout de même qu'un grand le paroît trop dans une petite caisse; mais cependant avec cette difference que celuy-cy courroit risque de languir, & peut-être de perir faute de nourriture, parce qu'il n'est pas possible qu'un grand Arbre avec toutes ses racines puisse suffisamment trouver à vivre dans un vaisseau qui ne sçauroit contenir que peu de matiere, au lieu que le petit Oranger qui se trouve dans une grande caisse ne peut craindre un pareil accident: car en effet on peut dire qu'il est dans cette grande caisse tout de même que s'il étoit en pleine terre.

Et je ne vois pas grande raison de dire avec quelques curieux, que les grandes caisses empêchent les petits Arbres de profiter, à moins que de soûtenir qu'ils seroient mal s'ils étoient veritablement en pleine terre, on se trompe extrêmement si l'on croit qu'une racine ne puisse rien produire de soy; quelque échauffée qu'elle soit, elle ne fera jamais rien, à moins qu'elle ne soit animée par le principe de vie, ainſi que nous l'avons prouvé dans un des Chapitres du traité de mes reflexions ; or l'impreſſion qui doit mettre ce principe en train d'agir vient plus facilement, & même plus vrai-ſemblablement par la ſuperficie que par les côtez.

Ce qui reſte à dire ſur le fait des caiſſes, c'eſt que leur figure, laquelle tout le monde ſçait être quarrée, quoy qu'on en faſſe quelquefois de petites rondes, & d'autres longuettes, c'eſt, dis-je, que leur figure eſt deſagreable, à moins que la hauteur, ſans y comprendre le pied, ne réponde à la largeur ; car d'être large ou baſſe, ou d'être haute & étroite, cela ne plaît nullement à la veuë ; le pied doit être d'ordinaire de cinq à ſix pouces de haut pour les caiſſes, qui ont depuis un pied & demy juſqu'à deux & trois pieds ; elles peuvent avoir quelques pouces de moins, ſi elles n'ont que huit, dix, & douze pouces de large, & en avoir quelques-uns de plus, ſi elles vont juſqu'a trois pieds & demy, ou quatre pieds ; on n'en voit guéres de plus grandes, que celles qui vont juſqu'aux quatre pieds.

Le meilleur bois à faire des caiſſes eſt le Chêne, parce qu'il dure long-temps, le Sapin, le Hêtre, le Chategnier, &c. n'y ſont point propres.

Les caiſſes peuvent être de vieilles douves, ou de merrein neuf, quand elles n'ont environ que juſqu'à vingt ou vingt-deux pouces ; mais ſi elles excedent cette grandeur, j'eſtime qu'il les faut faire de bois d'aſſemblage, c'eſt à dire de bois qui ait environ un bon pouce d'épaiſſeur, ou autrement elles ſeront fort ſujettes à ſe rompre & à ſe gâter, par la difficulté qu'il y a de les remuer avec des leviers quand elles ſont grandes, & pleines de terre, & par conſequent fort lourdes.

La grande importance des caiſſes, eſt d'avoir premierement des pieds de chêne qui ſoient carrez, & fort à proportion de la grandeur de ces caiſſes ; en ſecond lieu, d'avoir un fond qui ſoit bien materiel, & ſoutenu de bonnes barres bien cloüées & bien attachées ; en ſorte qu'il puiſſe long-temps porter la peſanteur du fardeau, & reſiſter à la pourriture que cauſent les frequens arroſemens ; il ſeroit extrêmement à ſouhaiter que les Arbres puſſent être longues années dans une même caiſſe ſans qu'on fut obligé de les changer ; ils ſouffrent regulierement chaquefois qu'on les change, ainsi il est grandement necessaire de prendre garde que les caisses ne s'effondrent pas, & même pour les mettre en état de mieux resister à la pourriture dont elles sont menacées, & par consequent de durer plus long-etmps; je suis d'avis qu'on leur donne en dedans une bonne couche de peinture à l'huile; il n'importe pas de quelle couleur elle soit, ou même qu'on en donne jusqu'à deux, cela pourra paroître une vision nouvelle, je le veux bien; mais tout meurement examiné, on trouvera qu'elle n'en est pas moins bonne; je m'en sers du depuis que je l'ay imaginée, & m'en trouve tres-bien; car dans la verité, outre que c'est une épargne considerable en ce que les caisses en durent beaucoup plus; il est encore certain que les Orangers en valent mieux, en ce qu'on n'est pas obligé de les changer si souvent, pourvû que d'ailleurs on ait les égards que j'ay tant recommandez pour encaisser haut, & pour batre la terre dans le fond de la caisse devant que de rencaisser.

On sçait assez que le fond doit être percé de plusieurs grands trous de terrier si on la fait solide, ou qu'il doit être disposé de maniere que les ais qui le font soient assez separez les uns des autres, pour donner quelque petite sortie au superflu de l'eau des arrosemens.

Dés qu'une caisse va jusqu'à deux pieds & demy, j'estime qu'il la faut ferrer dans toutes les encoigneures, & même par les dessous des barres d'en bas, afin que les leviers dont on est necessairement obligé de se servir pour remuer de si gros fardeaux, ne rompent rien à ces barres; j'estime aussi qu'il faut qu'elles soient à guichets, c'est à dire que deux des côtez se puissent ouvrir, & fermer par le moyen de quelques barres de fer, & de quelques crochets qui soûtiennent ces barres, non pas afin que par là on puisse donner des demy rencaissemens, c'est une maniere que je n'approuve nullement, & que je ne mets point en usage, j'en diray cy-aprés les raisons; mais afin que quand il en faut venir aux rencaissemens des grands Orangers, on fasse sortir par ces guichets la plus grande partie de la terre qui compose leur mote, & que par ce moyen on puisse plus facilement sortir les Arbres de la vieille caisse, ce qu'on ne sçauroit faire à moins que de la rompre; expliquons presentement ce qui est à faire pour bien rencaisser.

CHAPITRE VII.

Des rencaissemens, & de ce qui est à faire pour les faire bons.

POur en venir à rencaisser un Oranger, il faut qu'il y ait, ou necessité de la part de la caisse, ou necessité de la part de l'Arbre.

Au premier cas c'est une caisse toute rompuë, soit de vieillesse, soit d'autre accident, en sorte qu'elle ne peut plus être transportée avec l'Arbre qu'elle contient, ou bien c'est une caisse trop petite, pour pouvoir plus longtemps nourrir son Oranger.

Au second cas c'est l'aprehension d'un déperissement prochain pour cet Arbre, apprehension fondée sur ce que les jets en sont foibles & languissans, les feuilles jaunes & miserables, les fleurs petites & chifonnes, &c. ou sur ce qu'enfin une des principales conditions de la beauté d'un Oranger étant à mon sens, qu'il fasse tous les ans de beaux jets nouveaux, s'il a manqué d'en faire au dernier Printemps; il est à présumer qu'il luy manque quelque chose, & ainsi quoy que peut-être il ait conservé ses feüilles le verd qu'il avoit des deux années auparavant, il paroît cependant qu'il ne trouve plus dans sa caisse autant de nourriture qu'il en a besoin; & partant, soit que ce soit par avoir la terre trop vieille, & trop usée, ou par avoir la caisse trop petite, eu égard à la quantité de ses racines, en l'un & l'autre cas il en faut venir au rencaissement.

Heureux les Orangers, ou plutôt heureux le Maître, qui ayant des Orangers les a mis entre les mains d'un Jardinier assez habile, & assez éclairé pour ne pas attendre à les rencaisser, qu'ils soient devenus infirmes & langoureux; car s'il a soin de les rencaisser devant que la maladie les ait entierement accüeillis, & qu'il le fasse avec tous les égards requis & necessaires, il est asseuré en premier lieu, que regulierement ses Arbres ne se depoüilleront pas, & voilà une grande partie du chef-d'œuvre, il est asseuré en second lieu, que l'année même du rencaissement ils pousseront à peu prés autant que s'ils n'avoient pas été rencaissez de nouveau, en quoy consiste l'autre avantage d'un bon rencaissement ; il est asseuré en troisiéme lieu, que supposé que la tête soit conforme à l'idée de la beauté cy-devant expliquée, il n'a presque rien à faire à l'égard de cette tête, c'est à dire qu'il n'a pas besoin de luy retrancher de ses branches, quoy qu'il ait été obligé de luy retrancher environ les deux tiers de sa mote, & voilà le comble de perfection à l'égard d'un Oranger nouvellement encaissé.

Il est donc tres-important de se resoudre à rencaisser dés qu'on s'apperçoit, que quoique l'Arbre ait été habilement & soigneusement cultivé, cependant il a passé un Esté sans pousser assez vigoureusement, comme il avoit accoûtumé de faire ; au lieu que si on ne rencaisse que quand les Arbres sont actuellement malades & en mauvais état, on est asseuré, que vrai-semblablement l'année même, ou au moins certainement l'année d'aprés ils se dépoüilleront, que pendant l'année de leur rencaissement ils ne feront aucuns jets, ou les feront jaunes & miserables, que leurs fleurs seront rondes & petites, tombans presque toutes sans s'épanoüir, & que particulierement il leur faudra ôter une tres-grande partie de leurs vieilles branches, & quelquefois même presque toutes ; ainsi on sera long-temps dans le chagrin de voir ces Arbres miserables, & long-temps à attendre qu'ils se rétablissent, & reviennent en état de donner quelque peu de contentement.

Il est à propos de dire icy, que quelquefois un Oranger encaissé, soit qu'il soit nouvellement venu des Païs chauds, soit que simplement il soit nouvellement changé de caisse, qu'un tel Oranger, dis-je, demeure quelquefois des deux & trois ans sans pousser, ny en racines, ny en branches, quelque soin qu'on prenne de le bien cultiver, ce qui est tres-desagreable ; mais quand telle chose arrive, il ne faut pas pour cela regarder cet Oranger comme un Arbre desesperé, c'est à dire comme un Arbre à jetter ; car pourveu que sa tige & ses branches demeurent toûjours vertes, il donne par là d'assez bonnes marques de vie, si bien qu'on a lieu d'en attendre un bon succés : il ne faut pas même se mettre en peine de le changer de caisse, & au contraire continuant de le cultiver comme il faut, on le verra enfin se mettre en train de répondre à la culture, comme

comme il arrive aſſez ordinairement, cette maniere d'engourdiſſement ou de létargie venant enfin à être vaincuë par je ne ſçay quoy qui nous eſt inconnu : mais quand un Oranger encaiſſé, par exemple de trois ou quatre ans, étant toûjours bien cultivé ceſſe une année de pouſſer, il faut, comme nous avons déja dit, le regarder comme un Arbre qui commence à tomber en infirmité, & ainſi ſans y manquer il faudra ſe diſpoſer à le rencaiſſer l'année d'aprés : or pour en venir à bien faire ce rencaiſſement, la premiere choſe qu'il faut ſe propoſer, eſt de retrancher environ les deux tiers de la vieille mote ; ce retranchement paroît terrible, à qui ne ſçait pas la culture des Arbres encaiſſez, & cependant il eſt indiſpenſablement neceſſaire chaque fois qu'on rencaiſſe, & ſur tout ſi l'Arbre eſt encaiſſé de quatre ou cinq ans ; à plus forte raiſon s'il eſt encaiſſé de plus long-temps, car quelquefois il eſt expedient d'aller même juſqu'à retrancher la moitié de la mote, quand par la negligence, ou l'imprudence des anciens Jardiniers elle ſe trouve exceſſivement groſſe, pour n'avoir pas été aſſez retaillée aux rencaiſſemens precedens, la ſeconde choſe qui eſt à faire pour bien rencaiſſer, eſt qu'il faut devant que de commencer à décaiſſer faire deux obſervations importantes, l'une à l'égard de la terre de la mote, & l'autre à l'égard du bon & du mauvais état de la caiſſe ; pour ce qui eſt de la terre, ſi on voit qu'elle paroiſſe fort legere, en ſorte qu'elle donne lieu de juger, qu'il ſe ſera fait tres-peu de mote, pour lors il faut extrêmement arroſer un jour devant que de commencer à rien faire, afin que l'eau de l'arroſement attache davantage la terre aux racines, ou autrement on court riſque de voir tomber toute cette terre, & par conſequent voir les racines toutes nuës quand on ſortira l'Arbre de la caiſſe, ce qui eſt une menace trop certaine, que l'Arbre s'en dépoüillera plûtôt ; que ſi au contraire la terre paroît ſolide & materielle, en ſorte qu'on ait lieu de juger, qu'il ſe fera une bonne mote, pour lors on n'a que faire d'arroſer devant que de commencer à decaiſſer, la terre tiendra aſſez aux racines, pour y pouvoir travailler ſans aucun peril.

Pour ce qui eſt de la vieille caiſſe il faut avoir conſideré ſi elle eſt aſſez bonne pour pouvoir encore ſervir, & cela étant il faut tâcher de la conserver, ou si elle ne vaut plus rien, & cela étant il n'y a rien à ménager. Or ce qui est à faire pour conserver la caisse, soit caisse à guichets, soit caisse ordinaire, est que tout autour de la mote, & tout prés des quatre côtez de la caisse il faut avec quelque houlette de fer en retirer autant de la vieille terre, & couper en même temps autant des vieilles racines qu'il sera possible sans faire tort au tiers de la mote qui est à conserver; cette operation étant necessaire afin de parvenir à ébranler & déprendre ce qui reste de cette mote, & qu'on n'auroit pû autrement arracher; cela fait on la sort de la caisse, soit à force de bras, quand elle n'est pas excessivement grande & materielle, soit par le moyen d'une gruë, d'une polie, & de quelques cordages, quand ce sont de tres-grands Arbres; & ainsi sans avoir rien rompu de la vieille caisse, on la conserve en son entier, & on l'employe tout de nouveau, soit peut-être à rencaisser le même Arbre, soit à en rencaisser un autre, si on a lieu de juger, qu'avec quelques petites reparations dont elle a besoin, elle puisse étant employée durer encore tout au moins quatre ou cinq ans.

Que si cette caisse ne vaut plus rien qu'à brûler, en ce cas-là il ne faut que la rompre à force de coignées, & pour lors la mote paroissant toute entiere, il en faut comme à la precedente retrancher environ les deux tiers, & même quelquefois davantage; bien entendu qu'en l'un & l'autre cas ces retranchemens se doivent faire, non seulement sur les quatre côtez, mais aussi dans la partie du dessous; il faut ensuite grater encore tout autour un peu de la vieille terre, afin que jusqu'à l'épaisseur de deux pouces les extremitez des racines qu'on aura taillées, paroissans découvertes, elles viennent ensuite à être revêtuës des nouvelles terres du rencaissement, comme il faut tâcher de les en regarnir, ainsi qu'il sera dit cy-aprés; & que par ce moyen elles en produisent à leur extremité de nouvelles, qui soient bonnes & vigoureuses, & par consequent capables de rétablir l'Arbre, &c.

J'avertis icy en passant, qu'en coupant les racines, qu'on trouve toutes entortillées & entrelassées les unes dans les autres, il faut extrémement prendre garde de bien arracher tout ce qui eſt coupé, de peur que ſi on en laiſſoit quelque partie elle ne vint à ſe pourrir, & en pourrir d'autres voiſines, ce qui eſt aſſez dangereux.

Enfin ce retranchement, tant des terres que des racines étant fait, je ſuis toûjours d'avis, que ſi la groſſeur & la peſanteur de telle mote le peuvent permettre, on la mette tremper dans quelque vaiſſeau plein d'eau, ou dans quelque baſſin de fontaine (l'un & l'autre ayant aſſez de profondeur pour y pouvoir plonger la mote toute entiere) & qu'on la laiſſe tremper dans cette eau, tant & ſi longuement, qu'étant entierement plongée & couverte d'eau, on ne voye plus de boüillonnement tout autour d'elle; ce boüillonnement ſe faiſant, parce que l'eau penetrant petit à petit juſques dans les endroits de la mote, où les arroſemens ordinaires n'ont pû penetrer, & où par conſequent la ſécheresse étoit exceſſive & préjudiciable; cette eau, dis-je, penetrant par tout fait ſortir l'air, qui ayant pris la place de l'ancienne humidité, y cauſoit de l'alteration & du deſordre.

Ce boüillonnement donc fini, on ſort de l'eau cet Arbre ainſi trempé, & l'ayant mis ſur quelque corps un peu élevé de terre, par exemple ſur un billot de bois, ou ſur une caiſſe couchée, on laiſſe égouter ſa mote juſqu'à ce qu'il n'en ſorte preſque plus d'eau; la raiſon de cet égoutement, eſt que ſi pendant que cette mote eſt ainſi ruiſſelante, on la mettoit dans la terre nouvelle d'une caiſſe, il s'y feroit un mortier tres-pernicieux à l'Arbre, parce que comme on eſt neceſſairement obligé de battre, c'eſt à dire de preſſer la terre ſur les côtez de la mote, pour en faire entrer dans la caiſſe, autant qu'il eſt poſſible, ſoit tout autour des racines dépoüillées, ſoit dans tous les endroits où il peut s'y rencontrer du vuide, cela ne ſe pourroit faire, que la terre moüillée étant ainſi batuë & preſſée il ne s'y fit du mortier, qui viendroit enfin à s'endurcir, & pour ainſi dire à ſe petrifier; ce qu'il faut abſolument éviter.

Que ſi la mote eſt trop groſſe pour la pouvoir plonger dans l'eau, il faut quand le rencaiſſement eſt fait, prendre un bâton pointu qui ſoit dur, & aſſez gros, ou plûtôt une cheville de fer faite exprés, pour tâcher par ce moyen de percer cette mote en pluſieurs endroits, & enſuite verſer de l'eau petit à petit, & à pluſieurs repriſes dans les trous de cette mote, jusqu'à ce que voyant que l'eau ne s'imbibe presque plus, on ait lieu de juger qu'elle a penetré dans toutes les vieilles terres de cette mote.

Acomodons presentement nôtre nouvelle caiſſe, quelle qu'elle soit, petite, mediocre, ou grande ; l'usage est, & j'estime que c'est un tres-bon usage dont il ne faut nullement se départir, tant pour le bien des racines, que pour la conservation du fond de la caiſſe, je dis donc, que l'usage est de faire un lit de platras au fond de chaque caiſſe, afin que les eaux des arrosemens s'échapent par là, & qu'il n'y croupisse aucune humidité capable de pourrir les racines, & le fond de la caiſſe : je veux que ces platras soient bien rangez, & que même ils soient aſſez gros, & cela s'entend à proportion de la grandeur de la caiſſe ; les plus gros cependant ne doivent avoir que trois à quatre pouces d'épaiſſeur, & les plus petits en doivent avoir tout au moins deux.

Cela fait on se contente d'ordinaire d'y jetter par deſſus autant de terre preparée qu'il en faut pour y pouvoir placer la mote de l'Oranger; en sorte que la superficie de cette mote réponde au bord de la caiſſe; on acheve simplement & doucement de remplir les vuides qui peuvent être sur les côtez, & puis on fait un grand & ample arrosement: voilà au vrai la maniere ordinaire d'encaiſſer toutes sortes d'Arbres.

Mais comme je me suis aperçû que les terres mises de cette façon s'affaiſſoient en peu de temps, & que par consequent les racines touchoient bien-tôt le fond des caiſſes, dont il en arrivoit de grands inconveniens pour la beauté des Orangers, c'est à dire qu'ils jauniſſoient, qu'ils faisoient de petits jets & de petites fleurs, qu'ils se dépoüilloient souvent, & qu'enfin on étoit obligé de les rencaiſſer tous les quatre ou cinq ans, je me suis avisé de faire quelque chose de plus, & je m'en suis bien trouvé pour les Orangers, mais en même tems j'ay fait ce grand soulevement parmi quelques-uns des Jardiniers Orangistes, qui sur cela auſſi-bien que sur la composition des terres, m'ont regardé comme un Novateur, & pour ainsi dire comme un perturbateur du repos public, comme si je deshonorois en même temps, & eux, & leurs Anceſtres ; le succés de ma maniere de faire décide le procés à la confusion des envieux.

Voicy donc ce que je fais en rencaiſſant, aprés avoir mis

ſur ce lit de platras un pied de terres preparées, leſquelles je veux être ſéches, ou au moins tres-peu humides ; je les fais beaucoup batre avec le poing fermé, ou avec quelque billot de bois quand ce ſont de petites caiſſes ; ou je fais entrer quelqu'uns dans les caiſſes ſi elles ſont grandes pour trepigner beaucoup les terres, afin que par ce moyen elles prennent tout d'un coup preſque tout l'affaiſſement que leur propre peſanteur avec l'agitation du tranſport leur feroit prendre à la longue au grand préjudile de l'Oranger, dont la mote deſcendroit trop tôt au fond de la caiſſe, ce que je veux empêcher avec tous les ſoins poſſibles, comme je m'en ſuis cy-devant expliqué.

Et comme mon intention eſt premierement, qu'en rencaiſſant la ſuperficie de la mote excede de trois, ou quatre pouces le bord de la caiſſe, parce que je ſçay certainement, que nonobſtant le trepignement, cette mote à moins de trois ou quatre ans ſera tellement deſcenduë, qu'elle ſera, comme on dit, à fleur de caiſſe, c'eſt à dire qu'elle ſera à cet égard de la maniere que dans l'uſage ordinaire on a accoutumé de les mettre au moment qu'on les encaiſſe, ſans que pour cela le deſſous de cette mote en ſoit mal placé ; & comme en ſecond lieu je veux que cette mote rencontre trois ou quatre pouces de terre bien meubles, dans laquelle les racines dépoüillées puiſſent entierement & aiſément s'inſinuër ; de là vient que ſur ces deux conſiderations je me regle, ſoit pour mettre autant de terre qu'il en eſt de beſoin, afin de remplir entierement juſqu'à l'endroit où touchera le fond de la mote, ſoit pour bien batre, ou bien trepigner à differentes repriſes, & par differents lits toute cette terre que je mets dans la capacité de la caiſſe ; bien entendu que les trois ou quatre derniers pouces ne ſeront nullement trepignez.

Aprés toutes ces précautions je plante ma mote de maniere que la tige ſe trouve bien au milieu de la caiſſe, & qu'elle ſoit bien droite, pour cela il faut ſoigneuſement aligner en diagonale de coin en coin de la caiſſe, juſqu'à ce que l'œil ſoit ſatisfait de la ſituation droite & à plomb, que l'Arbre doit avoir ; enſuite pour remplir les places qui ſont vuides autour de la mote juſqu'à la hauteur de la ſuperficie de cette mote, je fais entrer à force, & avec des bouts de douve, je fais, dis-je, entrer à force autant de terre preparée qu'il en faut, & par ce moyen j'asseure si bien mon Arbre, que sans perdre son à plomb il est dés le premier jour capable de resister aux vents ordinaires, & aux remuëmens, ou transports des caisses.

Or pour empêcher que cette terre, qui excede de beaucoup les bords de la caisse, ne vienne à tomber, & que sur tout les arrosemens se puissent faire utilement & commodement sans que l'eau s'épanche par les côtez, je donne ordre, que sur les quatre côtez de la caisse on y mette des douves de quatre à cinq pouces de hauteur, & qu'on les fasse entrer à force en dedans, & tout prés du bord (on appelle cela mettre des hausses en terme de Jardinage) la veuë n'en est nullement blessée, quand ces douves sont proprement placées; je sçay bien que si on les met grossierement elles ne sont pas trop agreables à voir; mais quoy que ç'en soit, la necessité qui les demande, & l'utilité qui en revient, font qu'on les souffre aisément, & qu'on s'y accoûtume sans peine; aussi bien n'est-ce que pour peu d'années qu'elles doivent demeurer: car dés que la mote est descenduë elles deviennent inutiles, & ainsi on ne manque pas de les ôter.

Enfin l'Arbre étant planté, & les douves mises, je fais un petit cerne enfoncé de deux ou trois doigts dans le haut de la terre, & cela dans les extremitez de la mote, & cette nouvelle terre; ensuite à diverses reprises, & petit à petit je fais verser de l'eau dans ce cerne pour arroser amplement cette terre, qui doit être jointe & unie à l'extremité des racines coupées, afin que se trouvans par tout bien garnies de cette terre, elles soient en état de commencer au plûtôt leur fonction, qui est d'en produire de nouvelles, &c. Je parleray dans le Chapitre suivant de ce qui regarde les autres arrosemens qui se font ensuite de ce premier.

Il est à propos de dire icy, qu'au lieu de caisse on se sert quelquefois de vases, & même de nôtre temps on a voulu persuader que certains vases d'une fabrique particuliere valoient incomparablement mieux que les caisses: j'avouë de bonne foy que ce n'est pas mon avis fondé sur la longue experience que nous avons tous du bon usage des caisses, & sur les grands inconveniens des vases; je ne condamne point que pour des Arbres mediocres on se serve de vases, & particulierement de ceux de cette nouvelle fabrique; car outre qu'ils sont en effet agreables à la veuë, tant par leur figure que par la diversité de leur coloris, on y peut mettre assez de terre pour nourrir pendant quelque temps de ces sortes d'Arbres mediocres, sans être assujeti, soit à de grands & frequens arrosemens, lesquels je ne puis approuver, soit à de frequens changemens, lesquels je n'approuve pas davantage.

Mais pour ce qui est des Arbres, qui étant grands ont par consequent beaucoup de racines, avec le don d'en faire une grande quantité de nouvelles, quand ils se trouvent heureusement plantez; je n'estime pas que les vases, qui ne sçauroient être d'une grandeur convenable pour leur fournir suffisamment de matiere, & les entretenir long-temps en bon état, puissent leur être aussi propres que nos caisses ordinaires; à l'égard des inconveniens qui viennent de l'usage de ces vases, ils consistent en ce que les Arbres qui ayans de grandes têtes ont besoin d'une assiete assés grande pour pouvoir resister à l'impetuosité des vents, ne sçauroient avoir cette assiete dans des vases, qui regulierement ont le pied d'une largeur mediocre, & ainsi ils sont fort sujets à être renversez, & par consequent à être gâtez, aussi-bien que les vases à se briser; c'est pourquoy ces Arbres sont menacez d'une sujetion dangereuse pour des rencaissemens inopinez, & hors de saison.

Enfin sans entrer davantage en discussion de tout ce qu'on a voulu faire de raisonnemens Philosophiques, pour établir la necessité de l'usage de ces vases, & sur tout par la consideration d'une douce Antiperistase que je n'ay pû comprendre; je suis convaincu, que generalement parlant cette nouveauté n'est pas fort bonne, & qu'asseurement les caisses valent beaucoup mieux, & sont d'un service mille fois plus commode, quoy que dans de certains Manuscrits qu'on fait courir depuis quelques années, on ait voulu publier que c'est une erreur ridicule de s'en vouloir toûjours tenir aux caisses.

CHAPITRE VIII.

De tout ce qui regarde la maniere & l'usage des arrosemens.

JE viens maintenant à l'usage, & à la maniere des arrosemens ordinaires qui se font aux Orangers, soit pendant l'Hyver qu'ils sont dans la serre, soit particulierement pendant l'Esté qu'ils en sont dehors ; c'est icy à mon sens une difficulté bien plus importante qu'elle ne paroît ; car comme si la chose ne demandoit pas de fort grands égards, la plûpart des Jardiniers persuadez qu'ils sont de la necessité des arrosemens, mais les regardans principalement sur le pied de la fatigue qu'il y a pour le port de l'eau, ils les confient d'ordinaire au dernier, & au plus miserable de leurs garçons, & se contentent de les ordonner frequens & amples ; frequens, c'est à dire jusqu'à trois & quatre fois la semaine, & même quelquefois plus souvent ; amples, c'est à dire jusqu'à ce que l'eau sorte abondamment par le fond des caisses, en sorte que le voisinage de ces caisses est d'ordinaire si moüillé, qu'il en est presque inaccessible.

Je veux bien que ces Jardiniers ayent quelque raison de moüiller beaucoup à cause de la grande legereté des terres dont ils se servent pour leurs encaissemens, c'est à dire que selon moy ayant fait une premiere faute qu'ils ne connoissent pas, ils y remedient aussi sans y penser par une seconde, qui toute faute qu'elle est à la considerer en soy, empêche cependant pour un temps que la premiere soit aussi pernicieuse qu'elle seroit sans la seconde.

Quant à moy je suis fort scrupuleux, & fort retenu sur ces arrosemens ; je conseille sans doute d'en faire, parce qu'ils sont absolument necessaires, & sur tout pendant les grandes chaleurs des mois de May, Juin & Juillet, que les racines sont, pour ainsi dire, plus vivantes, & plus animées que pendant les mois precedens ; aussi ont-elles pour lors plus de besoin d'agir, la saison étant venuë que les Arbres doivent fleurir, & pousser leurs nouveaux jets, &c. mais je ne conseille point d'arrosemens excessifs, & tant de fois réïterez ; ce que je veux, est que pendant les mois cy-devant marqués comme les plus importans pour la vegetation on en on en faſſe ſeulement deux grands la ſemaine, & je me fixe à ce nombre, parce que je ſçay certainement que dans les terres lourdes & graſſes dont je me ſers, il n'y a aucune neceſſité de les faire ſi grands & ſi frequens ; je ſçay de plus qu'ils ſeroient tres-préjudiciables aux Arbres qui les recevroient ; & j'oſe même eſperer que nous verrons du changement dans l'uſage accoûtumé de ces arroſemens grands & frequens, ſi on veut bien en apporter dans l'ancienne compoſition des terreaux.

Il eſt certain, que les terres qui ſont legeres, & qui, comme on dit n'ont point aſſez de corps & de conſiſtance ; il eſt, dis-je, certain, que ces terres venans à être arroſées de quelque maniere que ce ſoit ne reſtent point quelque temps humides, comme il eſt à ſouhaiter ; mais qu'au contraire elles ſe ſéchent promptement par la grande facilité que l'eau trouve, tant à paſſer au travers de ces terres, qu'à ſortir hors de la caiſſe, & ainſi les Orangers qui n'y trouvent plus le ſecours, dont leurs racines ont abſolument beſoin pour agir, ſont ſujets à s'y faner aiſément, ſi les arroſemens ne ſont ſouvent reïterez ; c'eſt pourquoy dans telles terres il y a neceſſité indiſpenſable de les faire ; mais comme ce n'eſt que le défaut d'humidité qui fait ainſi faner les Orangers ; ſans doute que s'ils ſe trouvoient dans des terres telles que nous les avons cy-devant décrites, comme ce ſont terres, qui pour peu qu'on les ait arroſées, ſe conſervent naturellement fraîches & humides, ces Orangers ſeroient exempts de cette infirmité, ſi bien qu'agiſſans pour lors ſelon l'extrême activité dont la nature les a doüez, ils feroient beaucoup de bonnes racines, & par conſequent de beaux jets, de grandes feüilles, de belles fleurs, &c. c'eſt à dire en un mot, qu'ils ſe porteroient auſſi bien qu'ils le devoient ſans être ſi ſouvent, & ſi amplement arroſez.

Les regles que je pratique en fait d'arroſemens, regardent premierement ceux qui ſe font immediatement, ſoit aprés l'entrée, ſoit aprés la ſortie des ſerres, & regardent en ſecond lieu ceux qui ſe font pendant tout le temps que les Orangers ſont dehors, deſquels arroſemens j'en fais les uns grands & les autres mediocres ; j'appelle grands ceux qui ſe font de maniere que du fond de la caiſſe l'eau en ſorte, mais que ce ſoit ſi peu que rien, & ceux-là ſont bons, pourveu qu'il ne s'en fasse pas trop souvent ; j'appelle mediocre ceux qui ne sont que pour renouveller dans la partie superieure de la mote l'humidité qui a été consommée, tant par la chaleur & l'aridité de l'air, que par l'action des racines.

Pour ce qui est des arrosemens qui se font immediatement aprés l'entrée dans les serres, j'en veux un grand d'abord qu'on a placé les Orangers à l'endroit où ils doivent rester pendant tout le temps qu'ils demeureront serrez ; ce qui autorise ce grand arrosement, est qu'il est necessaire pour raprocher des racines la terre, qui en peut avoir été separée dans le transport : car comme dans le mouvement & l'agitation de ce transport la tige a été ébranlée, les racines par consequent l'ont été dans leur mote, & ainsi il pourroit rester du vuide, c'est à dire de l'air entre la terre & les racines, ce qui feroit un obstacle invincible à l'action de ces racines ; attendu, que comme nous avons dit tant de fois, cette action des racines ne se fait en aucune plante, que quand les racines & la terre humide sont immediatement unies : or un bon arrosement fait le bon effet de cette réünion, & remedie aux desordres qui sont à craindre, quand l'Arbre n'est pas en état d'agir selon l'ordre de son temperamment.

Ce grand arrosement étant fait à ces Orangers serrez, je ne leur en donne presque plus d'autres, si ce n'est peut-être quelques-uns de mediocres au commencement & à la fin d'Avril, que la saison venant pour lors à se radoucir les Orangers serrez s'en ressentent en même temps ; aussi est-il vray qu'on ne manque pas à ouvrir souvent les portes & les fenêtres de la serre ; ainsi la chaleur du Soleil s'augmentant petit à petit, & ses rayons, ou au moins l'air tout de nouveau échauffé donnant sur une partie des Orangers, il arrive que leurs terres en sont en même temps un peu plus alterées, & aussi un peu plus échauffées, ce qui fait que leurs racines recommencent à pousser, ou plûtôt à augmenter leur action, je dis augmenter leur action, car certainement, comme nous l'avons dit ailleurs, les Orangers, aussi-bien que tous les Arbres verts agissent en tout temps, c'est à dire agissent encore dans la serre, autrement & leurs fruits & leurs feüilles tomberoient infailliblement, les uns & les autres ne se tenant attachez, que parce qu'ils reçoivent incessamment quelque rafraîchissement de seve qui les nourrit & les entretient en état, &c. mais veritablement ces Arbres agissent moins dans un temps, c'est à dire en Hyver, & plus dans un autre, c'est à dire quand étans dehors la chaleur du Soleil, qui est le pere de tous les êtres vivans, les favorise notablement ; hors ce temps-là du mois d'Avril je cesse absolument d'arroser pendant tout l'Hyver, & en cela je ne dis rien de nouveau ; tous les Jardiniers sages le pratiquent ainsi, il m'arrive même fort rarement d'arroser dans le commencement de May, parce que comme on est à la veille de sortir, je n'estime pas qu'il faille appesantir par des arrosemens les caisses qu'il faut remuer, & qui déja sont assez lourdes, assez difficiles à transporter.

Je veux dire icy en passant, que je ne fais nul cas de certains jets que quelques Orangers font quelquefois pendant l'Hyver ; aussi dans la verité ne sont-ils pas bons, leurs extemitez ne manquent guéres de perir, & toutes leur feüilles de tomber, si bien qu'au lieu de me laisser par là persuader qu'il faut en Hyver arroser de tels Orangers pour les aider à mieux faire, je me détermine plus volontiers à arracher de tels jets comme venans mal à propos, & par ce moyen je fais que la seve qui se seroit perduë à les continuer inutilement demeure dans les anciens, & les grossit, & les fortifie, tant en leur bois qu'en leur feüillage.

Ce que je demande d'ouvrage auprés des Orangers serrés, est qu'en veuë d'une grande propreté qui leur est necessaire, on acheve de nettoyer ceux où il paroît encore quelque ordure de Punaises qu'on n'aura pû, & qu'on aura oublié d'ôter, & que si quelqu'un par cy par là est menacé de se faner, on luy donne quelque peu d'eau, mais en tres-petite quantité : ce n'est apparemment que quelques racines de la superficie qui souffrent ; car l'arrosement fait à l'entrée de la serre, aura sans doute conservé assez d'humidité dans le corps & dans le fond de la mote, attendu que n'y ayant pour lors ny hâle, ny grande chaleur du Soleil capable de les dessécher, il ne s'y est pû faire si-tôt aucune alteration, & constamment peu d'eau fera remettre ces feüilles fanées ; à l'égard de ceux qui dans la serre se tiennent toûjours bien vigoureux, ayant leurs feüilles de la couleur & grandeur qui leur convient, & en même temps bien droites & bien ouvertes, ils n'ont besoin que d'être regardez & admirez.

La même chose que je viens de dire pour l'arrosement des Orangers serrez, se doit entendre, & même avec beaucoup plus de rigueur & d'exactitude pour l'arrosement de tous les Arbres & Arbustes qui sont pareillement serrez, par exemple des Jassemins & des Grenadiers, &c. les frequens arrosemens leur gâteroient les racines, & par consequent feroient tort à tout l'Arbre, aussi-bien ne sont-ils pas si agissans que les Orangers, Citronniers & Mirtes, ces derniers marquent aussi quelquefois par leurs feüilles qui se fanent, le besoin qu'ils peuvent avoir d'un peu d'eau.

Je demande encore pour toutes ces sortes d'Arbres encaissez, soit qu'ils soient dans la serre, soit qu'ils en soient dehors; je demande, dis-je, que la terre de dessus paroisse toûjours fraichement remuée ou labourée; car outre que ces petits labours sont un merveilleux secours pour faire penetrer l'eau des arrosemens; il est certain qu'ils font un grand agrément pour les yeux, attendu qu'une terre qui se fend, ou qui paroît avoir fait une maniere de croûte, est fort desagreable à voir; je demande enfin qu'elle paroisse un peu humide pour réjoüir davantage la vuë.

Il reste de parler des arrosemens de dehors, ce sont ceux-cy qui demandent encore particulierement beaucoup de sagesse, & qui cependant sont, ce me semble, faits d'ordinaire avec moins de raison.

J'estime donc, que dés qu'on a sorti les Arbres, & qu'ils sont rangez dans la place où ils doivent demeurer, il faut aussi-tôt leur donner à chacun un grand arrosement pareil à celuy que nous venons d'expliquer à l'occasion de l'arrosement de l'entrée; il faut que cet arrosement y soit grand & ample, & même afin qu'il soit meilleur & mieux fait, il faut avec de grosses chevilles de fer, ou du bois dur percer la mote en differens endroits, & la percer avec quelque effort, en sorte pourtant qu'on évite autant qu'il est possible, d'écorcher les racines; ainsi par les differens trous que ces chevilles auront faits, l'eau penetrera plus avant, & plus amplement dans toutes les parties de chaque mote, où il est necessaire qu'elle penetre.

Outre ce premier grand arrosement, j'en fais donner encore deux assés grands chaque semaine, pendant que je vois les Arbres fleurir & pousser, c'est à dire dans les mois de May, Juin, & Juillet; & si ensuite de ces trois mois jusqu'à la my-Octobre, qui est le temps de serrer, la sécheresse, & la chaleur de l'Esté sont grandes, & que quelque Oranger fasse voir par ses feüilles à demy closes, ou baissées & molasses, qu'il a besoin d'un peu de secours, & qu'en effet foüillant la terre un peu avant, elle paroisse séche; je veux encore qu'environ de dix en dix jours on fasse un grand arrosement, & que même quelquefois on en fasse un second qui soit mediocre, & sur tout pendant le mois d'Aoust, que d'ordinaire les Orangers se remettent à pousser, à condition toutefois qu'on ne fera point ce dernier arrosement, si la terre paroît assez humide; car ce n'est pas toûjours la sécheresse de la terre qui fait faner les feüilles, elles se fanent assez souvent dans les temps qu'il se prepare quelque orage en l'air, ou quand l'Oranger n'étant pas encore bien établi en racines, il est trop exposé au grand Soleil; & par consequent il s'ensuit, que dans ces temps-là il ne faut qu'observer les terres, pour voir si elles sont, ou séches, ou humides, & regler surcela les arrosemens, c'est à dire qu'il en faut faire si les terres sont séches, & qu'il n'en faut point faire, si elles sont passablement humides; il n'y a personne qui n'ait éprouvé, que certains Orangers ne laissent pas de paroître toûjours fanez quelque quantité d'eau qu'on leur donne.

Il est bien vray qu'assés souvent ayant à cet égard remarqué deux choses; la premiere, que quand quelques Jardiniers ont l'eau à commandement, ils sont sujets à trop moüiller leurs Orangers, soit par eux, soit par leurs garçons, & la seconde que quelques autres sont sujets à ne les pas assez moüiller, quand ils ne peuvent avoir d'eau qu'avec beaucoup de peine, la paresse faisant en cela violence à leur naturel porte toûjours à beaucoup arroser, ou à léur mauvaise habitude; il est, dis-je bien vray, qu'au premier de ces deux cas j'exhorte volontiers à ne faire que de mediocres arrosemens, étant certain qu'en telles occasions on en feroit pour l'ordinaire de trop grands; & au deuxiéme cas, j'exhorte à faire tout le contraire, c'est à dire d'arroser beaucoup, y ayant grand lieu de craindre, que n'ayant l'eau qu'avec assez de peine, on n'arrosât pas suffisamment. Je sçay bien que les Jardiniers sages n'auront que faire de tels ordres si opposez ; mais enfin pour concilier ces deux avis, je me fixe à la regle cy-dessus prescrite, suposé que les terres soient composées de ma façon, & ainsi arrosant regulierement deux fois la semaine en de certains temps, qui sont les temps chauds, les temps de la fleur, & de la grande pousse, & cela de maniere que parmy ces arrosemens il y en ait au moins toûjours un mediocre entre-deux grands, & arrosant seulement une fois tous les huit ou dix jours dans les autres temps, on aura ses Arbres en tres-bon état, pour ce qui concerne les arrosemens ; sur quoy on pourroit dire que les Orangers ont cela de commode, qu'à cet égard ils sont presque comme les hommes sages sur le fait de la boisson ; car comme ceux-cy ne demandent ordinairement à boire qu'au besoin, c'est à dire quand ils sont alterez ; si bien que de les faire boire quand ils n'en ont pas de necessité, bien loin de leur faire plaisir, on ne fait que les incommoder ; ainsi assez souvent les Orangers marquent ce semble eux-mêmes le temps qu'ils ont besoin d'être arrosez, en sorte que surement on leur fait tort quand on les arrose mal à propos, au lieu que pour ainsi dire, on leur fait plaisir quand on les arrose dans le temps que leurs feüilles molasses & pliées donnent à connoître que le pied a cessé d'agir faute d'humidité. Mais ce qui est vray sur le fait de cette comparaison, est que le Jardinier sage & habile ne doit jamais attendre que son Oranger soit reduit à luy donner un tel signal pour l'avertir de son devoir ; aussi ne doit-il pas manquer à y répondre, si le signal n'est pas trompeur, ainsi que nous l'avons cy-devant expliqué. Mais comme il y a des arrosemens bons & salutaires, il y en a aussi de mauvais & pernicieux ; je m'en vais expliquer ce que je pense de ceux-cy, pour y apporter la moderation que j'estime convenable.

CHAPITRE IX.

Des inconveniens qui arrivent aux Orangers, tant par les trop grands arrosemens, que par le feu qu'on fait dans les serres.

IL ne m'a pas été difficile de remarquer que l'eau étant donnée avec trop d'abondance aux Orangers encaissés y fait d'ordinaire deux grands desordres ; il est bien vray, qu'on ne s'aperçoit pas du mal au moment qu'il commence à se former, mais enfin la suite ne le fait que trop sentir, quand il n'y a plus moyen de l'empêcher.

Le premier desordre consiste en ce que ces grands & frequens arrosemens de l'Esté accoûtument, pour ainsi dire, ces Arbres à une maniere de vie, qui quoy que peu propre pour eux, ne laisseroit pas cependant de les faire subsister, si elle pouvoit leur être continuée l'Hyver ; la grande facilité qu'ils ont à s'accommoder de toute sorte de nourriture, leur produiroit cet avantage si singulier ; mais comme on sçait bien que de tels arrosemens leur seroient mortels pendant le froid, on ne manque pas de les leur retrancher, & ainsi pour éviter l'inconvenient de la mort, qui est en effet le plus grand de tous, on vient à tomber dans un autre, qui n'est pas sans de grands desagrémens, c'est à dire presque tous les ans ces Orangers ont le malheur de se dépoüiller : or on ne peut faire reflexion sur un changement si fâcheux, qu'on ne vienne en même temps à conclure, qu'il provient sans doute de ce que les racines, faute d'avoir eu pendant les sept mois de serre la nourriture qu'elles avoient accoûtumé d'avoir les cinq mois precedens, ont entierement discontinué d'agir à leur ordinaire ; & voilà pourquoy les feüilles se trouvans sans le secours d'une seve perpetuelle dont elles avoient besoin, n'ont pû se maintenir dans le poste où la nature les avoit mises au moment de leur naissance ; si bien que leur chute en est infailliblement survenuë, & pour lors ne connoissant pas suffisamment la cause de ce mal, on fait beaucoup de faux raisonnemens pour s'en prendre à d'autres choses, qui peut-être n'y ont nullement contribué, supposé toûjours que la serre fût bien conditionnée.

En second lieu (& cecy est le plus important) comme la

qualité des jets dépend entierement de la qualité des racines, & que les racines dépendent particulierement de la qualité de la nourriture ; il est indubitable, que quand celle-cy est mauvaise & peu solide, les racines nouvelles qui s'en font ne peuvent être que foibles & petites, & par consequent la seve qu'elles fabriquent étant d'une miserable constitution, elle ne peut faire que des jets menus, courts, fluets, & des feüilles petites, molasses, & souvent jaunes ; de là vient que ces Orangers, qui faute de bonne nourriture pendant l'Esté étoient déja devenus infirmes, achevent, pour ainsi dire, de tomber en langueur & en misere ; quand le froid, qu'ils craignent sur toutes choses vient les attaquer ; le grand fond de la vigueur qui leur est naturelle, les aura fait resister long-temps à la mauvaise culture qu'on leur aura faite ; mais enfin ce fond venant à s'épuiser à la longue, ils seront venus dans un état si languissant & si miserable, que pendant quelques années ensuite, on aura grand peine à les rétablir, & que peut-être ils en mourront.

Nous avons dit ailleurs ce qu'il n'est pas hors de propos de repeter icy, que ce n'est pas de la substance materielle de la terre, que les racines composent la seve qui sert de nourriture à toutes les parties de l'Arbre, ce n'est purement que de l'eau, qui ayant passé au travers de la terre a pris une partie du sel, ou de la qualité, dont cette terre étoit révetuë ; de maniere que si cette terre, dont sans doute le sel n'est pas infini, vient à être trop souvent lavée par de grands & frequens arrosemens ; il arrive enfin, que par ce moyen elle perd tout ce qu'elle avoit de sel, & ainsi au bout d'un peu de temps les racines ne trouvans plus de sel dans l'eau qui humecte la terre, ou au moins n'y en trouvans que fort peu, elles n'en peuvent faire de bonnes racines nouvelles, & par consequent, ny de bonne seve, ny de bonnes branches, ny de bonnes feüilles, ny de belles fleurs, &c. comme elles en font quand elles se trouvent dans une terre qui est bonne, & mediocrement humide ; d'où je conclus, & ce me semble avec assez de raison, que pour faire les arrosemens à propos, il faut beaucoup plus de sagesse qu'il n'en paroît dans la conduite ordinaire de la plûpart des Jardiniers.

D'un autre côté par l'usage du feu que la plûpart d'entr'eux affectent de faire dans les serres, les Orangers, & Citronniers

Citronniers courent d'autres inconveniens, qui ſont encore tres-pernicieux, une longue experience me l'a appris, & voicy un raiſonnement qui m'y a confirmé, ce feu eſt ou grand ou petit; s'il eſt petit, ſa chaleur ne peut agir que ſur ce qui eſt bien prés de luy, & n'agit nullement ſur ce qui en eſt éloigné, par exemple ſi on le met en bas, & en peu d'endroits, comme c'eſt l'ordinaire, il ne peut agir, ny ſur les têtes un peu élevées, ny ſur les côtez qui ſont oppoſez, ou éloignez de ce feu; & ſi on le met en lieu élevé, il ne peut agir ſur les branches baſſes, ainſi ſuppoſé qu'il pût faire quelque bien, ce que je ne crois pas, toûjours eſt-il vray, qu'étant petit il n'en fait que peu, & en peu d'endroits, & par conſequent ſon ſecours n'eſt pas conſiderable, ou plûtôt il eſt inutile.

Que ſi d'un autre côté ce feu eſt grand, comme le propre de tel feu eſt de deſſécher ce qui eſt humide par tout où ſa chaleur ſe peut étendre, il deſſéchera ſans doute l'écorce des Arbres & des branches, & ſur tout l'endroit où les feüilles tiennent, & par conſequent il retreſſira & bouchera les canaux de la ſeve, qui doivent toûjours demeurer humides & ouverts, pour ſervir de paſſage & de conduite perpetuelle à la ſeve de ces Arbres, attendu que comme j'ay dit cy-deſſus, il eſt indiſpenſablement neceſſaire, que ſans aucune diſcontinuation il leur vienne de la ſeve, tant à la tige, & aux branches qu'aux fruits & aux feüilles, ſi bien que le deſordre ne manque pas de leur arriver, dés que le ſecours diſcontinuë, la ſeve étant ſans doute à cette ſorte d'Arbres ce que l'eau eſt aux Poiſſons, ce que l'air eſt à tous les vivans terreſtres, & même ce que les fondations ſont aux Edifices, & ce que la main eſt aux poids qu'elle tient ſuſpendus en l'air.

En tout cas ce feu, comme diſent les Philoſophes, altere l'air, c'eſt à dire qu'il y cauſe un changement notable; car il fait à ſon égard la même choſe qu'il fait d'ordinaire à l'égard de l'eau; l'experience nous apprend, que ſi l'eau qui vient de boüillir, ſe trouve bien-tôt aprés dans un lieu ou elle ceſſe d'être échauffée, elle eſt, pour ainſi dire, bien plus ſenſible au froid, c'eſt à dire qu'elle eſt bien plûtôt glacée qu'une autre qui n'aura pas été prés du feu; ainſi pour les impreſſions du froid en ce qui regarde l'air, ce feu dans la ſerre fait, que l'air de cette ſerre eſt beaucoup plus ſuſceptible de la gelée qui l'environne de tous les côtez, que celuy qui n'aura ſenti nulle chaleur de cette nature; ces ſortes de chaleurs cauſées par du charbon allumé, ſoit dans un poêle caché, ſoit dans des terrines, quoy qu'elles ſoient capables d'empêcher certains effets du froid à l'égard des animaux, qui n'en prennent qu'autant qu'ils ſentent en avoir beſoin; cependant elles ne l'empêchent pas aſſez à l'égard des Orangers; ces Arbres n'ont pas le don de connoître au vray le degré de chaleur étranger qui peut leur convenir contre le froid des Hyvers, & dans la verité, pour pouvoir tirer avantage du feu artificiel en faveur de nos ſerres; il faudroit premierement que nous connuſſions la juſte meſure du beſoin que ces Arbres en ont, ſoit pour être abſolument défendus de l'attaque du froid, ſoit pour retrouver ſi bien la chaleur perduë, que dans la ſuite il ne leur en reſtât aucune infirmité; mais nous n'avons point cette connoiſſance: un Oranger qui a ſenti la gelée, perd infailliblement ſes feüilles, & devient infirme pour long-temps; il faudroit en ſecond lieu, que dans toute l'étenduë de la ſerre cette chaleur fût toûjours en même état, ce qui n'eſt point, & ne peut pas être; car elle ne peut jamais être, ny juſte dans ſa durée, ny, comme diſent les Philoſophes, être reglée dans ſon intenſion; cela veut dire, que comme tout le monde l'éprouve aſſez, elle ne peut avoir une durée perpetuelle & uniforme, & principalement pendant la nuit, qui eſt le temps que le froid agit le plus vivement, & que le Jardinier dort avec le plus de tranquilité; par conſequent un feu, qui dans le commencement que le charbon s'allume eſt mediocre, qui devient aprés fort grand, & enfin la matiere venant à être conſommée diminuë notablement, ou finit tout-à-fait; un tel feu, dis-je, fait aſſurément un grand deſordre dans cette ſerre, puis qu'il y gâte les branches voiſines, qu'il y deſſéche les feüilles, & que ſur tout il altere l'air, qui fait icy tout le bien & tout le mal, ſelon qu'il eſt bien ou mal conditionné.

J'eſtime donc, que les veritables remedes pour conſerver les Orangers ſerrez contre le froid qui leur eſt ſi funeſte ſont, comme nous l'avons expliqué cy-deſſus, une bonne expoſition, des portes bien épaiſſes, & bien cloſes, des fenêtres bien fermées, avec de bons chassis doubles, & bien calfeutrez, & principalement de fort bonnes murailles; mais en cas que les serres dont on se sert, n'ayent pas esté bâties d'abord pour être ce qu'elles sont, comme il arrive assez ordinairement, car par exemple ce sont des lieux qui auront servi, ou de Sale, ou de Celier, ou d'Ecurie, &c. & à l'occasion de la curiosité, qui aura pris pour des Orangers, on se sera resolu de les faire servir pour un temps d'Orangerie; en tel cas, dis-je, le plus sur est de faire bâtir, soit en dedans, soit en dehors, (selon que les lieux le permettront) quelque contre-mur d'un bon pied d'épais, & cela de la hauteur, & longueur de toutes les murailles suspectes; ce contre-mur doit être de massonnerie bien faite, ou même dans un besoin on le peut faire de fumier grand & sec, & bien batu l'un sur l'autre; en sorte que pour le tenir toûjours en état, & empêcher qu'il ne tombe, on ait soin de planter en terre environ de quatre en quatre pieds de grosses perches, ou des chevrons, tous joignans ce contre-mur de fumier sec.

Ces fumiers en dedans ne sont pas sans doute agreables, ny à la vûë, ny à l'odorat, & même ils menacent de servir de retraite aux Rats & aux Souris, qui sont capables de ronger l'écorce, ou les racines de nos Arbres; mais outre qu'on a beaucoup de moyens & de facilitez de détruire une bonne partie de ces animaux; ils ne sont pas à beaucoup prés si funestes & si pernicieux aux Arbres serrez que les gelées, contre lesquelles tels contre-murs de fumiers sont emploïez, en attendant qu'on fasse une bonne serre; & cecy doit pareillement servir de réponse à l'objection faite en faveur de la veuë & de l'odorat; je souhaite extrêmement qu'on n'en vienne point à une telle extremité, & qu'on ait toûjours commencé à bâtir exprés une bonne serre.

Que si outre toutes ces precautions on s'aperçoit de quelque glace dans la serre, & cela par le moyen de quelque linge moüillé, ou de petits vases pleins d'un peu d'eau, lesquels pendant l'Hyver il est necessaire de mettre dans cette serre en differens endroits, & sur tout auprés des portes & des fenêtres, & sur le bord des caisses, afin d'observer, si le froid, contre lequel on doit icy être toûjours en garde & en inquietude, aura esté capable d'y penetrer; en ce cas-là un remede infaillible pour avoir une chaleur douce, uniforme, & qui dure autant qu'on le peut ſouhaiter, c'eſt d'y allumer des flambeaux ou des lampes, de la durée deſquels on ſoit aſſuré, & les mettre ainſi allumés, ſoit dans l'entre-deux des chaſſis oppoſez aux fenêtres; ſi c'eſt par là que le froid a penetré, ſoit auprés des portes, ſoit dans toute l'étenduë de la ſerre, prenant ſi bien ſes meſures, que la flamme ne touche point aux Arbres, & qu'il n'arrive point de ceſſation d'une telle chaleur, comme on le peut aiſément faire; l'experience d'une bougie allumée dans un Carroſſe bien fermé, ou de pluſieurs dans une chambre pareillement bien cloſe, ſervira pour confirmer cet expedient, comme elles m'ont ſervi pour me le faire imaginer.

CHAPITRE X.

Pour ce qui eſt à faire à la tête des Orangers, tant pour rétablir ceux qui ont été long-temps negligez, ou mal conduits, ou même gâtez, ſoit par le froid, ſoit par l'humidité, ſoit par la grele, que pour parvenir à avoir des Orangers, qui ſoient en tout temps beaux & agreables dans leur figure, & qui ſoient toûjours bien ſains, & vigoureux.

POur ſatisfaire à l'importance & à l'étenduë de ce Chapitre, j'eſtime qu'il faut icy d'abord propoſer l'idée que je me ſuis faite de la beauté d'un Oranger, ſoit grand, ſoit petit, ſoit mediocre; car il en eſt de beaux des uns & des autres, auſſi-bien que parmy les animaux de chaque eſpece il en eſt de beaux de tout âge & de toute taille; mais ce qui eſt vray, c'eſt que rien n'eſt plus rare que de trouver des Orangers qui ſoient en même temps fort grands, & parfaits, au lieu qu'il en eſt aſſés de mediocres qui ſont beaux, & accomplis; il faut pareillement dire, que veritablement il eſt de beaux Orangers en buiſſon (on appelle Orangers en Buiſſon ceux dont les branches commencent dés le bas) mais que ceux qui ont une tige belle, bien droite & haute, environ depuis deux pieds & demy juſqu'à trois ou quatre, ou tout au plus juſqu'à cinq, ont beaucoup plus d'agrément, & pour ainſi dire ont plus de nobleſſe & de majeſté que les Buiſſons; je ne ſuis pas trop pour les tiges qui paſſent cette hauteur, quoy que d'ailleurs elles ayent leur beauté, & qu'elles ayent en effet quelque chose de royal; elles seroient, ce me semble, admirables pour des Arbres en pleine terre, mais pour des Arbres en caisse elles entraînent de trop grandes sujetions & de trop grands embaras, tant pour le transport, & le remuëment, que particulierement pour la hauteur des portes, & des serres: une serre de quinze à seize pieds est d'une belle grandeur, & peut assez bien s'accommoder à la portée de toutes sortes d'honnétes curieux, mais dés qu'il en faut qui ayent des vingt, vingt-deux, & vingt-quatre pieds de haut, comme il en faut pour des Arbres, qui ayans des huit, neuf, ou dix pieds de tige, ou même davantage doivent avoir des têtes à proportion, & des caisses de quatre à cinq pieds de haut; je vous avoüe que cette hauteur me fait peur, y ayant, ce me semble, peu de gens qui puissent parvenir à faire de tels bâtimens; à peine même voit-on des portes de Villes qui ayent une telle élevation; cependant nous devons grandement loüer l'habileté de celuy, qui de nos jours a osé élever de tels Arbres, & nous devons même esperer, que comme ils paroissent dignes de la curiosité du plus grand Monarque du monde, nous les verrons bien-tôt faire un ornement extraordinaire dans ses Jardins.

Or donc, pour pouvoir dire que la teste d'un Oranger, quel qui soit, possede toute la beauté qui luy convient, j'y demande six conditions principales.

La premiere, que cette tête soit d'une figure ronde, mais de maniere que cette rondeur soit large, étenduë, presque plate, & aprochant de la figure d'un Champignon nouveau né, ou d'une calote, & que cependant ce ne soit point une rondeur affectée, comme celle qu'on donne à des Mirtes, des Ifs, des Filarias, des Chevres-feüilles, des pieds de Bouys, &c. ou l'on ne voit rien que de forcé & de contraint; mais je veux que ce soit d'une rondeur naturelle, & qui, pour ainsi dire, ait un air libre, & sans art, comme nous en voyons d'ordinaire aux Marronniers d'Inde, aux Tilleulx, aux Chateigniers, &c.

La seconde condition est, que cette tête soit pleine, sans avoir cependant aucune confusion par dedans, c'est à dire, que dans le milieu elle ne doit pas être vuide, comme nous affectons que nos Arbres fruitiers le soient, mais elle doit être garnie d'une quantité raisonnable de branches toutes belles, toutes bien nourries, toutes presque égales en grosseur, & enfin toutes faciles à voir, & même à compter tout d'un coup, si on le veut; c'est icy une des principales conditions de la beauté des Orangers; mais en même temps elle est une des plus rares, car beaucoup de gens ne content pas cette confusion pour un aussi grand défaut qu'il me le paroît.

La troisiéme condition est, que les branches qui composent la tête de l'Arbre, soient si bien nourries, & si vigoureuses, que leurs extremitez au lieu de pancher du côté de la terre, comme on en voit une infinité qui le font, se soutiennent, & se redressent du côté de l'air, & que ces branches ainsi redressées soient chargées de belles feüilles bien vertes & bien grandes; & qu'enfin la derniere longueur, qui est arrivée à chacune de ces branches, n'excede pas d'ordinaire un demy pied; les raisons de cette troisiéme condition sont premierement, que si les branches sont panchantes, c'est en elles une marque de foiblesse si grande, que jamais ils ne sçauroient se redresser, & comme les nouveaux jets ne viennent qu'aux extremitez des vieux, desquels ils suivent naturellement la situation, il arrive que tout ce que des jets ainsi foibles, & panchés viennent à pousser, se trouve encore plus foible, & plus renversé, & par consequent fait enfin un fort vilain effet; les raisons de cette troisiéme condition sont en second lieu, que si les feüilles sont petites & jaunes, elles marquent beaucoup d'infirmité dans le pied, attendu que le naturel de cet Arbre est de les avoir grandes, larges, vertes, épaisses, &c. elles marquent par consequent, que bientôt elles viendront à tomber, & à laisser cet Oranger sans l'ornement qui le doit toûjours accompagner; enfin les raisons de la troisiéme condition que j'ay proposée, sont que si la derniere longueur est excessive, c'est à dire d'un pied, ou davantage, comme les feüilles ne sont tout au plus que trois, ou quatre ans attachées à la branche qui les a produites, (& encore pour cela faut il que tel Arbre soit tres-vigoureux) car à la plûpart de ceux que nous voyons, elles n'y restent guéres qu'un an ou deux; comme, dis-je, les feüilles ne vivent que trois ou quatre ans, il arrive qu'enfin ces feüilles venans à tomber à leur tour il paroît de longues branches dépoüillées qu'il ne faudroit point voir, & ainsi il se fait quelque chose de dégarny, qui déplaît entierement à la vûë; c'est pourquoy si quelque jet au Printemps prend le train d'exceder la longueur du demy-pied, il faut aussi-tôt le pincer pour l'assujetir à cette mesure.

La quatriéme condition demande principalement, que l'Arbre fasse, ou soit en état de faire tous les ans beaucoup de beaux jets au Printemps, autrement s'il n'en fait point, ou qu'il n'en fasse que de fort petits & de fort menus, il a du défaut dans le pied, & ainsi dans l'année d'aprés il court risque de se dépoüiller, ce qu'il faut éviter par tous les soins imaginables; or les jets ne sont beaux que quand ils sont un peu longs, & un peu gros; & que par consequent comme nous venons de le dire, ils se soûtiennent d'eux-mêmes sans pancher leur extremité, étant infaillible que pour lors ils ont ces feüilles grandes, & bien vertes que nous souhaitons, & avec cela on évite seurement l'inconvenient du dépoüiller, puisque les feüilles qui ont trois ans passez, venans à tomber selon le cours de la nature, on a toûjours celles des deux dernieres années avec celles de l'année courante, pour soûtenir l'ornement & la décoration de l'Arbre.

La cinquiéme condition veut qu'il fasse tous les ans, non pas une quantité infinie de fleurs, mais une quantité raisonnable de celles qui sont belles, c'est à dire qui sont grandes, longues, larges & lourdes, & qui ensuite donnent suffisamment de beaux fruits; sur quoy je dois dire, que les Orangers font au Printemps de deux sortes de fleurs, les unes viennent sur le bois de l'année precedente, & communement celles-là sont petites & rondes, & viennent par confusion, de sorte qu'il en tombe beaucoup sans achever de fleurir, ce sont les premieres à paroître au Printemps; malheur à l'Arbre qui s'en charge trop, & qui appartient à des gens qui l'en trouvent plus beau; c'est une beauté de peu de durée, la suite n'en sera que fâcheuse, & dégoûtante.

Je sçay bien que mes sentimens en cecy ne seront pas au goût de tout le monde, y ayant beaucoup de curieux, qui croyent qu'un Oranger ne sçauroit avoir trop de fleurs; je ne puis m'empêcher de declarer qu'à mon sens c'est un erreur, dont eux-mêmes se gueriroient par le temps; je serois volontiers de leur avis, s'il étoit possible de marier la grande quantité de ces sortes de fleurs avec les autres conditions, dont il est vray que je fais plus de cas, la beauté de l'abondance des fleurs n'étant qu'une beauté d'environ quinze jours, au lieu que les autres sont des beautez de toute l'année, & par consequent préferables.

Les autres fleurs d'Orangers viennent à l'extremité des jets de l'année, & communément celles-là ont toutes les belles & bonnes qualitez requises; elles ne viennent pas en confusion, elles sont grandes, longues, & bien nourries, & ne commencent que dans la fin de Juin, ou dans les premiers jours de Juillet; il est à souhaiter d'en avoir suffisamment de celles-cy.

Enfin la sixiéme condition de la beauté d'un Oranger demande qu'il soit net de toutes sortes d'ordures, de poussiere, & particulierement de Punaises, & de Fourmis; nous avons déja fait connoître au commencement de ce Traité, que rien n'est plus aisé que d'en venir à bout.

Aprés avoir proposé l'idée que je me suis faite d'une belle tête d'Oranger, & avoir principalement supposé, qu'on n'a pas manqué de faire à l'égard du pied, tout ce qui étoit necessaire pour le mettre en état de bien pousser; car de là dépend tout le reste; il faut examiner presentement ce qui est à faire pour parvenir à cette idée, soit à l'égard des Arbres qui n'ont pas encore commencé leur tête, & sont nouvellement encaissez, soit à l'égard des autres qui n'ont reçû aucune conduite, ou pour ainsi dire aucune éducation.

Premierement, pour ce qui est de la rondeur, & de la plenitude de la tête je supose, qu'aprés l'avoir bien imaginée, ou au moins approuvée, on s'appercevra aisément des défauts qui luy sont contraires, si bien qu'on ne sera pas content de voir un Oranger vuide dans le milieu, ny un qui soit plat par quelqu'un des côtez, ou trop alongé par quelqu'autre, ny un qui monte en piramide comme un Ciprés, ou de qui les branches pour être trop foibles panchent vers la terre, comme sont d'ordinaire celles de ces Ceriziers, qu'on appelle tardifs; on ne pourra pas même souffrir aucune branche, qui excedant les autres défigure la rondeur commencée.

Et

Et ainſi pour remedier au vuide, comme ce n'eſt pas un défaut qui ſoit ordinaire à l'Oranger, lequel au contraire eſt naturellement plein & confus, auſſi-bien que la plûpart de tous les autres Fruitiers, on doit croire qu'il n'eſt vuide, que parce que quelque faux habile Jardinier aura affecté de le faire, ou parce que malheureuſement & inopinement quelque branche du milieu aura eſté rompuë : dans l'un & l'autre cas il n'eſt queſtion que de conſerver d'autres branches, que la nature ne manquera pas d'y pouſſer ſi l'Arbre eſt bien vigoureux, ou s'il n'y paroît pas aſſez de diſpoſition pour cela, attendu que l'Arbre eſt devenu malade, & languiſſant, il ne faut que ſe reſoudre de bonne heure à ravaler une ou deux des plus groſſes branches voiſines de ce milieu, & être aſſeuré qu'étant ainſi ravalées elles en pouſſeront d'autres, qui corrigeront en peu de temps le défaut dont eſt queſtion.

A l'égard d'un Oranger imparfait dans ſa rondeur, qui par exemple ſe trouve plat par quelqu'un des côtés, ce défaut peut venir de deux cauſes ; c'eſt à ſçavoir, ou de quelque accident qui aura rompu quelque branche, laquelle naturellement contribuoit à la rondeur, & en ce cas il faut neceſſairement ravaler la partie conſervée juſqu'à l'endroit, où un Jardinier ſege & habile juge que la rondeur ſe peut le mieux rétablir.

Ou il vient de ce que le Jardinier negligent, ou malhabile aura laiſſé pouſſer en liberté une, ou deux groſſes branches, dans leſquelles toute la vigueur de l'Arbre paroiſſoit prendre ſon cours, pendant que la partie la plus foible demeuroit, pour ainſi dire, abandonnée, au lieu qu'il devoit pincer à une hauteur raiſonnable telles groſſes branches dans le temps qu'elles pouſſoient, ou au moins les tailler courtes l'année d'aprés au Printemps.

Telles branches eſtant pincées, ou taillées à propos, n'auroient pas manqué de pouſſer tout autour de leur extrémité pluſieurs autres branches, qui auroient fait un Arbre rond ; ainſi pour corriger un tel défaut qui eſt grand à mon ſens, il en faut neceſſairement venir à une operation qui paroît cruelle, c'eſt à dire à ravaler toutes les branches échapées, & reduire tout l'Arbre à commencer une rondeur agreable à l'endroit que l'on juge le plus à propos, ce qui communement peut aller aux environs de l'endroit foible d'un tel Arbre, ou bien il faut commencer la figure sur l'extremité de telles branches échapées, s'il y a apparence que l'effet en doive être agreable, & cela étant on abandonnera tout ce qui étoit resté bas & foible.

Si la figure d'un Oranger paroît defectueuse en ce qu'un côté se sera trop allongé, il n'y a d'autre remede que celuy de retrancher entierement toute la partie, qui pour ainsi dire, est sortie de son rang, en s'alongeant plus qu'il ne falloit.

La même chose est à faire pour celuy qui paroît pointu, c'est à dire qu'il faut retrancher tout ce qui est emporté, & qui empêche que la tête n'ait cette rondeur un peu plate, que nous souhaitons.

Mais quand la plûpart des branches ont leurs extremitez qui panchent en bas, c'est un défaut qui leur vient de ce qu'elles sont trop foibles, car naturellement toutes les branches se soûtiendroient droites si elles étoient assez grosses, & assez fortes pour porter le poids de leurs feüilles; or ce défaut de foiblesse est causé, tantost par la mauvaise nourriture, & tantôt par le grand nombre de branches qui sont à nourrir, eu égard à la vigueur du pied quelle qu'elle soit, grande ou petite, cette vigueur ne pouvant enfin aller que jusqu'à un certain point; c'est pourquoy il faut que le Jardinier soit assez habile, premierement pour sçavoir donner une bonne terre, le Chapitre cy-dessus en traite amplement; & en second lieu ayant fait son devoir de ce côté-là, il faut qu'il sçache connoistre certainement la charge que son Arbre peut porter, afin de ne luy laisser de branches qu'autant qu'il en peut nourrir de belles, & bien soûtenuës.

Voyant donc un Arbre avec ce défaut de branches trop panchées, lequel je suppose ne pas venir de la nourriture, j'estime qu'il faut commencer par luy oster une grande partie de telles branches, c'est à dire toutes les foibles, & sur tout celles qui ne contribuënt pas à rendre la figure agreable, pour ne conserver que les fortes qui se trouvent bien placées.

Or telle operation se doit particulierement faire dans le temps de la pousse des Arbres, & pour cet effet il est necesſaire de remarquer, que d'ordinaire en fait d'Oranger (il n'en eſt pas de même à la plûpart des autres Arbres) une branche qui naît, de quelque endroit qu'elle naiſſe, ſoit du corps de l'Arbre, ſoit d'une autre branche, elle eſt accompagnée d'une ſeconde, & ſouvent d'une troiſiéme, ſur quoy on a cette reflexion à faire, que ſi la ſeve qui eſt partagée en deux ou trois canaux, étoit toute reduite à un ſeul, c'eſt à dire à une ſeule branche, cette ſeule branche qui ſe trouveroit avec une bien plus grande portion, en ſeroit aſſeurement mieux nourrie, & par conſequent & plus groſſe, & plus forte, & plus capable de ſe ſoûtenir droite, & de porter ſon poids.

Or on eſt le maître de raſſembler en un cette ſeve partagée, n'y ayant pour cela autre choſe à faire qu'à ébourgeonner, c'eſt à dire qu'à diminuër notablement le nombre de ces petits jets, juſqu'à n'en laiſſer d'ordinaire à chaque endroit qu'un ſeul, qui ſera celuy qu'on juge le plus propre & le mieux placé, en ſorte qu'il puiſſe contribuer à la belle figure qu'on s'eſt propoſée; il faut faire cet ébourgeonnement tout le plûtoſt qu'il eſt poſſible, afin qu'on ne laiſſe pas inutilement aller de la ſeve à des branches, qu'on ne doit pas conſerver; & afin qu'en même temps cette ſeve trouvant non ſeulement ſon paſſage bouché, mais en trouvant un autre ouvert tout auprés, elle y entre pleinement, & le fortifie d'un conſiderable ſurcroît de nourriture, ce qui eſt auſſi immanquable dans le ſuccés, que la choſe eſt facile à executer.

Et il faut faire ſon compte, qu'il vaut beaucoup mieux n'avoir qu'un ſeul jet bien vigoureux, que d'en avoir deux ou trois mediocres; le ſeul qui eſt vigoureux, & qui par conſequent a de belles & grandes feüilles, remplit bien davantage que beaucoup de petits, qui ne ſçauroient avoir que de petites feüilles.

Il arrive enſuite aſſés ſouvent, qu'une telle branche à qui on a fait venir la nourriture de deux ou trois, devient en peu de jours d'une grande longueur, ſi bien qu'elle excede de beaucoup ſes voiſines, & par conſequent ruine nôtre ſimétrie; en ce cas là j'eſtime qu'il la faut neceſſairement pincer, pour ne luy laiſſer à peu prés que la longueur d'un demi pied, c'eſt la longueur que je voudrois pouvoir regler à la pousse de tous les Orangers, pour faire que leur tête crût au moins tous les ans d'un pied de large en diametre, mais non pas davantage, c'est à dire un demy pied de chaque côté dans toute la rondeur; je ne veux pas qu'il en soit de même pour la hauteur, un bon demy pied me suffit, on doit être content de cette augmentation d'étenduë en diametre : puisqu'elle promet une toise de plus en six ou sept ans; c'est quelque chose de tres-considerable, quand on y peut parvenir, & il faut croire que l'Oranger ne fait pas son devoir, s'il n'y parvient pas, & la faute en doit être imputée au Jardinier.

Que si toutes les branches pincées en repoussent bientôt aprés d'autres, & qu'elles soient en assez grand nombre, & toutes assez bien placées, pour augmenter également par tout la circonference de nostre Oranger; c'est une bonne fortune dont il faut profiter, mais elle arrive rarement, & partant s'il n'y a que quelque peu de branches, qui ayant esté pincées repoussent des jets nouveaux à leur extremité, il n'en faut conserver aucun, à moins qu'il ne contribuë à la beauté de la figure, ainsi il faudra ôter toutes les autres en les ébourgeonnant; & si le Jardinier mal-habile, ou mal-soigneux n'a pas fait l'operation du pincer que je viens de recommander, & qui se fait en Esté dans le temps que tels jets étans fort tendres ils se cassent plus aisément que du verre, il en faudra venir à la taille, & se servir du coûteau, quand ils seront devenus durs, soit qu'on le fasse à la fin de l'Esté devant que de serrer les Orangers, comme il est tres-bon de le faire, soit qu'on le fasse au Printemps quand on les met dehors; car enfin il ne faut pas absolument laisser aucune branche qui déborde & gâte la rondeur que nous devons chercher.

La taille des Orangers a un avantage, que la taille de beaucoup d'autres Arbres n'a pas, & particulierement à l'égard des Pêchers; il arrive assez souvent, qu'une branche de ceux-cy estant taillée ne repousse rien, parce que la gomme la fait perir, mais en matiere d'Orangers quelque branche que ce soit qu'on ait coupée ou pincée à un arbre vigoureux, soit foible, soit grosse, elle ne manque pas d'en repousser beaucoup d'autres, & cela selon qu'elle est plus, ou moins forte & vigoureuse.

Je dois dire à propos du pincer en fait d'Orangers, qu'il ne faut jamais souffrir de longues branches nouvelles, si ce n'est à ceux qui sont nouveaux plantez, & qui n'avoient simplement que la tige sans aucunes vieilles branches ; il est necessaire que ces sortes d'Arbres en fassent promptement d'assez grandes & d'assez dégagées pour former une tête qui soit proportionnée à la grosseur & à la hauteur de leur tige, ils ne la feroient pas, mais au contraire ils en feroient une petite & pleine de confusion, si suivant les regles cy dessus établies on pinçoit court les jets vigoureux qu'ils font d'ordinaire les premieres années.

Le temps de la grande pousse des Orangers est aux environs du Solstice d'Esté, c'est à dire dans le mois de Juin, & c'est pour lors qu'il faut estre soigneux d'ébourgeonner, & de pincer aussi-bien que d'arroser un peu plus qu'à l'ordinaire, c'est à dire une fois ou deux la semaine, pour ayder à cette premiere & grande action, & la faire durer plus long-temps : il se fait aussi quelquefois un considerable redoublement de pousse vers la fin de Juillet, & au commencement d'Aoust ; il faut y avoir les mêmes égards qu'à la pousse du mois de Juin ; mais si ce redoublement ne vient que vers la fin du mois d'Aoust, ou au commencement de Septembre il n'en faut pas faire grand cas ; les jets de cette saison-là periront dans la serre, parce qu'ils n'auront pas eu le tems de s'aouster, ainsi le plus seur est de les arracher dés qu'ils paroissent, partant la seve qui les commençoit, demeurera dans les corps des branches où se faisoit ce redoublement, & les rendra plus fortes & plus vigoureuses.

Si on voit que quelque branche, qu'on aura laissée assez grande en rencaissant, ne pousse cependant dans toute son étenduë que beaucoup de petits jets jaunâtres, foibles & langoureux, au lieu de quelques forts & vigoureux, qu'on s'étoit attendu de voir sortir de son extremité, & & dont on croyoit avoir besoin pour la beauté de la figure, pour lors il ne faut faire aucun scrupule de la tailler dans le fort de la seve ; tout ce qu'on conservera s'en portera beaucoup mieux.

J'ose même dire, qu'il n'est pas possible d'avoir des Orangers qui répondent à l'idée que je m'en suis faite, à moins qu'on n'ébourgeonne dans le temps de la premiere pousse,

& ſur tout pour les Arbres qui n'ont pas encore atteint cette grandeur de tête qui leur convient ; conſtamment ceux qui n'ébourgeonnent point du tout, ou qui attendent à éplucher leurs Arbres que les fleurs en ſoient paſſées, ont veritablement plus de fleurs, mais auſſi ils n'ont pas de ſi beaux Arbres.

Les premiers ſont les plus à condamner, en ce que toutes les branches de leurs Arbres ſont toutes pleines de toupillons, & par conſequent d'ordure & de Punaiſes, & même n'ont que de fort petites fleurs ; les autres s'expoſent aſſez ſouvent auſſi-bien que les premiers à voir dépoüiller les leurs, attendu qu'ils auront laiſſé entrer une partie de la vigueur de leurs Arbres dans des branches qui ſont à ôter, au lieu de la ménager pour celles qui ſont à conſerver, & qui en auroient été plus belles, plus fortes, & garnies de plus grandes fleurs & de plus grandes feüilles.

L'ébourgeonnement & le pincement ne contribuënt pas ſeulement à arondir, remplir & étendre la tête d'un Oranger ; mais ils donnent encore toutes les autres perfections, dont les Orangers ont beſoin ; ils font que les jets en ſont beaux, gros, vigoureux & ſoûtenus ; que les feüilles en ſont grandes, larges & bien vertes, & que l'Arbre eſt capable de faire tous les ans au Printemps beaucoup d'autres jets nouveaux ; ils font produire une quantité raiſonnable de belles fleurs, & de beaux fruits enſuite ; & enfin ils empêchent qu'il ne s'engendre ſur la tête une ſi grande quantité de Punaiſes & de Fourmis qu'on en voit ſur les Orangers trop touffus, & par conſequent procurent cette netteté, qui réjoüit & qui charme.

Et partant, ſi ſupoſé toûjours la bonne ſerre, un peu de ſoin & d'induſtrie nous fournit le moyen infaillible de faire qu'en tout temps les Orangers ſoient beaux & agreables dans leur figure, & qu'ils ſoient particulierement toûjours bien ſains & bien vigoureux pour tout le reſte ; ne s'enſuit-il pas de là, qu'il n'eſt pas difficile de ſçavoir ce qui eſt à faire premierement pour eſtablir ceux, qui peut-être ne ſont defectueux que du côté de la figure, étans d'ailleurs aſſez vigoureux, comme auſſi pour rétablir ceux, qui veritablement ne manquent pas par la figure, mais par le principal, qui eſt le défaut de vigueur, & enfin pour rétablir ceux, qui ayans ces deux défauts en même temps sont miserables & prests à perir.

Or en general le grand desordre des Orangers leur peut arriver en quatre manieres differentes; premierement du costé de l'encaissement, qui peut-être aura esté mal fait, & en de méchante terre, ou qui n'aura pas esté renouvellé au besoin; en second lieu il peut venir du costé de la serre pour y avoir esté gâtez par le feu, le froid, ou l'humidité; en troisiéme lieu il peut venir de dehors pour avoir esté tourmenté par la grêle, par les grands vents, ou par quelque accident inopiné; en quatriéme lieu, enfin il peut venir pour avoir esté mal taillez, ou longtemps mal traitez de trop grands & trop frequens arrosemens sans necessité, ou de trop peu d'arrosemens pendant les mois de May, Juin & de Juillet; car voilà, ce me semble, les principales manieres, dont les Orangers peuvent être reduits en miserable état.

Ce qui fait peur à cet égard, & donne même beaucoup de chagrin au Jardinier, est que pour rétablir ces Orangers, il en faut necessairement venir à de terribles abatis, tant du costé des racines que du costé de la tête, abatis, que peu de gens sont capables de faire à propos, & que presque tout le monde condamne à la premiere inspection, quelque bien-faits qu'ils soient, mais veritablement on doit esperer qu'au moins les Curieux habiles les approuveront, & que particulierement le succés, quoy qu'un peu lent & tardif, les justifiera.

Et premierement à commencer par ce qui est à faire à l'égard des racines d'un Oranger, ou Citronnier infirme, si ces Arbres paroissent vieux encaissez, si bien qu'on a lieu de juger que les racines touchent le fond de la caisse, & qu'ainsi ils n'y ont plus assez de nourriture, pour lors il faut se resoudre de les décaisser entierement pour leur ôter les deux tiers de leur mote, & d'abord il faut examiner si la terre de cette mote paroist fort legere; car si cela est, il la faut arroser extrêmement trois ou quatre heures devant que d'en venir au décaissement, afin que la terre étant bien moüillée les racines y tiennent un peu davantage, & qu'ainsi on puisse plus facilement être le Maître de n'en ôter que ce qu'on trouvera à propos; ce qui n'est point, quand les terres sont legeres & séches, parceque pour peu qu'on y touche, il en tombe beaucoup plus qu'on ne voudroit; mais si la terre paroît assez materielle, on pourra en décaissant se passer des arrosemens, dont nous venons de parler; que si ces Arbres ne sont encaissez que d'un an ou deux, & qu'ils soient cependant encaissez trop bas, pour lors il faut encore examiner, si les terres sont trop fortes, ou trop legeres, si elles sont trop legeres, il faut commencer par une espece de demy-rencaissement; c'est à dire, qu'il faut leur mettre le plus qu'on pourra de terres mieux conditionnées, & mieux preparées que les precedentes, & cependant prendre garde de ne point ébranler l'Arbre, & de ne point découvrir les racines, car cela sans doute leur seroit préjudiciable; mais si les terres sont trop materielles, ou si même elles ne le sont pas trop, je suis d'avis qu'on fasse un entier décaissement pour retrancher une partie de la mote, la mettre ensuite tremper, & puis la rencaisser de la maniere cy-dessus expliquée; car en verité tout ce qu'on pourroit faire à la tête ne serviroit guéres de rien, si on ne commençoit par le pied, qui est icy le fondement de tout, & le seul ouvrier capable de fournir au rétablissement, à l'entretien, & à la conservation de la tête.

Aprés avoir fait au pied ce qu'il y falloit faire, il faut en second lieu venir à travailler à la tête, & d'abord faire son compte, que ce qui est de plus affligé, ce sont les extrémitez des branches, ausquelles depuis quelque tems la nourriture ne peut presque plus parvenir; si bien qu'elles sont alterées des sécheresses, soit parce que la seve est beaucoup diminuée dans le pied, soit parce que la tête est trop chargée, eu égard à la vigueur du pied; cecy estant à peu prés semblable aux eaux des fontaines jallissantes, qui ne sçauroient plus monter à la hauteur ordinaire, soit parce que les sources sont affoiblies, soit parce qu'elles sont trop partagées. Il faut donc rogner & ravaller ces extremitez de branches, & les rogner même notablement, parce que la prudence veut, qu'aprés avoir traité le pied comme un infirme, on ne luy laisse plus de charge qu'à proportion de ce qu'il en peut porter, c'est à dire à proportion de ce qu'il est capable de faire: or suposant, qu'il est constamment infirme, comme nous venons de le voir dans les racines, on a été a esté obligé de luy retrancher une grande partie, c'est à dire, que le nombre des Agens qui travailloient bien pour faire vivre tout le corps de cet Arbre, estant de beaucoup diminué par les grands retranchemens des racines, quoy que veritablement ce soit pour un plus grand bien, il faut aussi à proportion diminuer beaucoup la charge de la tête.

De plus, comme on doit s'attendre, que vray-semblablement il se fera de nouvelles branches aux extrêmitez des vieilles qu'on a racourcies, il faut s'être fait une idée si juste de la beauté de la figure qu'on prétend former, qu'il ne vienne aucune branche nouvelle, qui par sa situation ne puisse contribuer à cette beauté.

Or dans cette idée il faut être également sage & hardy, sage pour ne couper qu'autant qu'il en est besoin, hardy pour ne conserver cependant rien d'inutile ; il faut être pleinement le maître de son operation, sans avoir rien qui gêne, ou qui inquiete, autrement si on ne travaille qu'en tremblant, par l'aprehension d'être blâmé d'en avoir trop coupé ; on tombe d'ordinaire dans l'inconvenient de n'en couper pas d'abord assez ; si bien qu'on est enfin reduit à en couper encore davantage deux & trois années tout de suite, & ainsi on perd beaucoup de temps, dont on a grand sujet de s'en repentir.

Ce n'est pas que quelque habile qu'on soit à couper, on n'ait encore quelquefois de certaines extrémitez coupées, lesquelles meurent sans avoir rien poussé, & sur tout en fait d'Arbres affligez de longues maladies, si bien qu'on est encore obligé de les couper plus bas, ce qu'il faut faire du moment qu'on s'aperçoit qu'il n'y a plus rien à esperer (la sécheresse accompagnée de noirceur ou de quelque fente le fait connoître bien aisément,) & pour lors on n'a point à se reprocher d'avoir trop abatu, qui est un reproche qu'on ne doit jamais avoir lieu de se faire.

Car enfin, quoy qu'en faisant de tels rencaissemens, il faille couper beaucoup, il faut cependant être grandement discret & retenu pour conserver tout ce qui merite d'être conservé, & sur tout à l'égard des grosses branches ; il n'en est pas de même des menuës, qui par quelques feüilles qui y restent, semblent devoir donner quelque consideration, au contraire il faut, pour ainsi dire, être dur & impitoyable à leur égard, telles feüilles ne manquans guéres de tomber peu de jours aprés qu'on a rencaiſſé, & ainſi on n'a pas avancé beaucoup de les avoir conſervées.

Mais en cas qu'on n'ait pas eſté aſſez hardy pour ôter ces petites branches en rencaiſſant, il faut ſûrement les ôter tout auſſi-tôt qu'on les voit ſe dépoüiller, quand même on en verroit ſortir quelques jets paſſablement beaux, parce qu'en effet il ne faut conter pour beaux jets, que ceux qui ſont gros & vigoureux, & qui naiſſans de quelque bon endroit de l'Arbre, ſoit des branches, ſoit de la tige, doivent contribuër à la beauté de la figure ; juſques-là, que ceux qui viennent à naiſtre ſur de méchantes branches foibles des années precedentes, ne doivent, pour ainſi dire, être conſiderez que comme la fauſſe monnoye, qui a belle apparence, & rien davantage.

Je dois icy dire, qu'il n'en eſt pas aux Orangers comme aux autres fruits, ſoit à pepin, ſoit à noyau, en ce qui regarde toute ſorte de branches ; car par exemple les groſſes qu'on appelle de faux bois, ſont d'ordinaire pernicieuſes aux Arbres fruitiers ; en effet en quelque endroit qu'elles s'y preſentent, il leur faut preſque toûjours faire la guerre pour les ôter. parce que rarement font-elles du fruit, qui eſt particulierement ce que nous y cherchons, & voilà pourquoy nous y conſervons avec tant de ſoin celles qui ſont foibles ; mais aux Orangers, comme il ne faut viſer qu'à avoir un Arbre qui ſoit de belle figure, & qui marque beaucoup de vigueur, tant dans ſes feüilles que dans ſes jets, ſans ſe mettre beaucoup en peine de fleurs, qui ne viennent d'ordinaire qu'en trop grande quantité ; de là vient qu'il y faut conſerver tout le plus qu'on peut de groſſes branches, même celles de faux bois, pourvû que les unes & les autres ſe trouvent bien placées ; en effet il n'y a que celles-là qui ſoient capables d'en faire d'autres groſſes autant que nous en avons beſoin, & par conſequent de faire de grandes feüilles & de grandes fleurs, telles que nous devons les ſouhaiter.

Il eſt encore à propos, que je faſſe remarquer icy pour la conſolation de nos curieux, que les premiers jets qui ſe font au bout des vieilles branches de ces Orangers qu'on a rencaiſſez malades, que ces premiers jets, dis-je, bien loin de paroître sains & vigoureux, ils paroissent eux-mêmes malades & moribonds, mais cela ne doit nullement inquieter, ils sont d'ordinaire comme la premiere eau qui sort des tuyaux d'une fontaine nouvellement faite ; cette premiere eau est sale & bourbeuse, comme se sentant des ordures du lieu sale où elle a passé ; le tuyau n'est pas net d'abord, c'est elle-même qui le nettoye, & qui est poussée par les vents, que les belles eaux nouvelles de la source chassent devant eux, & ensuite on n'en voit plus que de belles ; aussi les premiers jets de l'Oranger malade sont jaunâtres & langoureux ; parce que tel Arbre n'avoit dans ses branches qu'un reste de seve, pour ainsi dire malade, comme étant provenuë des racines malades, & malades de long-temps ; ainsi il ne faut pas s'attendre que tel Arbre fasse si-tôt de nouveaux jets vigoureux, & des feüilles grandes & vertes ; il ne s'en fera point, qu'il ne se soit fait premierement de bonnes racines nouvelles par le moyen du retranchement des vieilles par le moyen de la bonne terre nouvelle qu'on luy a donnée en rencaissant, & par le moyen de la bonne culture ; il faut observer que ce qui viendra de bon jets nouveaux même, se fera d'ordinaire au pied, & au dessous de ces premiers, qui sont venus jaunes & malades, & qui par le seul effort de la rarefaction du Printemps ont esté produits indépendamment des racines nouvelles faites ; mais ces derniers jets, qui poussent plus bas en approchant du gros de l'Arbre, se font par l'operation des racines nouvelles, lesquelles agissans daus la bonne terre neuve qu'on leur a donnée, se preparent une bonne seve, & consequemment font de beaux jets, &c.

Or tels Arbres nouvellement rencaissez sont quelquefois longues années sans pouvoir bien faire, & on pourroit dire, qu'ils ressemblent assez à quelques animaux, qui ayans vécu long-temps d'une fort mauvaise nourriture, ont ensuite beaucoup de peine à se rétablir quand ils en trouvent de fort bonne ; il semble que comme à ces animaux l'estomac, les muscles, les boyaux, &c. se sont retrecis par la faim & par la misere ; tout de même à ces Orangers la peau qui couvre & la tige & les racines, & le siege du principe de vie se soit rendurcie, de maniere que la chaleur qui doit reveiller & animer ce principe de vie, par lequel tout doit être mis en action, & réveiller en même temps les vieilles racines, pour commencer d'agir ne puisse penetrer jusqu'à eux, ny rarefier l'ancienne seve, & amolir la vieille écorce, pour donner passage aux nouvelles racines qui en doivent sortir.

Mais quoy que tels Arbres nouveaux encaissez, soient quelquefois un assez long-temps sans rien faire, comme si en effet ils étoient engourdis; cependant il n'en faut rien desesperer, tandis qu'on y remarquera quelque apparence de vert; j'en ay veu être des trois & quatre ans sans rien pousser, & faire ensuite des merveilles.

Tous les Arbres font regulierement plûtôt des jets nouveaux que des racines nouvelles, comme nous l'avons expliqué dans le Traité des Plans; mais souvent les Orangers, aussi-bien que les Figuiers font plûtôt des racines que des branches, & font aussi plus grande quantité de racines que de branches; on peut vrai-semblablement juger aux uns & autres, qu'il s'est fait des racines nouvelles quand on y voit des jets nouveaux, & si quelques-uns meurent, aprés avoir ainsi commencé à pousser, c'est une marque que les nouvelles racines ont peri, ce qui n'arrive que rarement.

Il faut encore icy observer, que si sur les vieilles branches de ces sortes d'Orangers dont nous parlons, il en sort de nouvelles en plusieurs endroits, & que les plus belles de ces nouvelles sortent dans les parties plus voisines du corps de l'Arbre; en tel cas il faut entierement raprocher sur ces plus belles, & abandonner les autres, afin de suivre la vigueur & la force par tout où elle se declarera.

Je ne pense pas qu'il soit trop necessaire d'avertir, qu'il faut couvrir avec de la cire preparée les endroits coupés, soit aux grosses branches, soit à la tige; c'est à quoy on ne manque guéres, tous les Jardiniers en sont d'ordinaire fort soigneux, plût à Dieu le fussent-ils autant du reste de la culture: cette cire preparée empêche que l'ardeur du Soleil n'altere rien à la playe, & elle se fait moyennant une tres-petite quantité d'huile qu'on met fondre avec de la cire jaune neuve, en sorte que telle cire demeure aprés cela un peu mole & facile à manier & à s'étendre; les Epiciers en vendent d'ordinaire de toute aprêtée, & pour la faire valoir davantage ils la colorent à peu de frais, soit de rouge, soit de vert, soit de bleu, mais telles couleurs y sont absolument inutiles.

Aprés avoir dit ce qui à mon ſens eſt à faire en recaiſſant un Oranger malade, il reſte à dire ce qui eſt à faire à un Oranger, qui étant beau & vigoureux a eſté battu & gâté par la grêle, ou par les vents, ou par quelque accident inopiné.

Ce n'eſt pas icy une operation terrible, comme celles que nous venons d'expliquer ; le plus grand mal eſt d'ordinaire ſur les feüilles que la grêle aura hachées & dechiquetées ; les racines qui ſont le point principal de l'affaire, n'en auront pas ſouffert, & ainſi il n'y aura pour cela aucune obligation de rencaiſſer : je ſuis donc d'avis, qu'en tel cas on ſe contente ſimplement d'ôter les feüilles, & s'il y a quelques jets rompus, on les coupera au deſſous de l'endroit rompu : Que s'il y en a beaucoup de rompus d'un côté, en ſorte que l'Arbre en dût paroître défiguré, en tel cas il faut ſe reſoudre à en couper autant ſur les côtez qui n'ont pas été gâtés qu'on aura coupé ſur les autres: l'Arbre étant vigoureux, comme je le ſupoſe, on le verra bien-toſt rétabli par tout : mais s'il eſt langoureux, cet accident doit faire avancer le rencaiſſement ; en ſorte que ſi la grêle a donné dans la fin de May, ou dans les premiers jours de Juin, comme c'eſt d'ordinaire la ſaiſon la plus dangereuſe pour la grêle, on le faſſe tout auſſi-tôt avec un notable retranchement de branches : Que ſi elle n'a donné que ſur la fin de Juillet, on ſe doit ſimplement contenter de leur retrancher ce qu'il y a de gâté, tant aux feüilles qu'aux branches.

CHAPITRE XI.

De ce qui eſt à obſerver pour tranſporter les Orangers, & les bien placer au ſortir de la ſerre. Du temps qu'on les doit ſerrer, & du temps qu'on les doit ſortir. De ce qui eſt à faire en les entrant, en les ſortant, & pendant qu'ils ſont dans la ſerre. Et enfin de l'ornement, ou agrément qu'on peut faire pendant l'Hyver dans les ſerres.

AUtant que le tître de ce Chapitre paroît long, autant la matiere en eſt elle courte & ſuccinte : ce n'eſt pas qu'on ne la puiſſe embaraſſer de quelque petite difficulté, qui eſt de ſçavoir de quoy je dois premierement parler, ou de ce qu'il faut faire en sortant les Orangers, ou de ce qu'il faut faire en les entrant ; car d'un costé la partie suppose qu'on les a premierement entrez, mais aussi l'entrée suppose, que comme on les avoit ; soit de succession, soit de nouvelle acquisition, ils avoient déja esté placez dehors, & ensuite serrez, c'est à peu prés la difficulté de l'œuf & de la poule, & comme à mon sens ce n'est pas un point bien important, j'en laisseray la decision aux gens de loisir, & qui cherchent à plaisanter.

Je viens donc à mon affaire, & aprés avoir supposé, que pour le transport des caisses petites & mediocres tout le monde sçait se servir de civieres, ou de gros bâtons, qui avec de bons crochets embrassent le fond des caisses des deux côtez, ou avec des cordes envelopent les quatre pieds, & que pour transporter les grans Arbres, tout le monde sçait pareillement se servir de chariots fort bas, sur lesquels à force de leviers on fait monter les caisses, & ensuite, soit par des hommes, soit par des chevaux on les conduit dans les lieux destinez.

Cela, dis-je, suposé, je dis pour satisfaire au reste de la premiere partie de mon tître, que comme ces Arbres aiment le chaud, & que comme depuis la my-May qu'on les sort jusqu'à la my-Octobre qu'on les serre, il fait seurement le temps qu'ils demandent, ils se trouvent bien placez en quelque endroit qu'on les mette, pourvû que le Soleil y donne au moins une partie du jour, en sorte qu'ils sont heureusement placez d'être dans le voisinage d'un mur, ou d'un bois exposé au Nord ; & même cette situation est celle de toutes, qui depuis la fin d'Aoust jusqu'au temps qu'on les doit rentrer, leur est en effet la plus convenable ; parce qu'elle les met à couvert des vents du Midy, & du Couchant qui soufflent en ces temps-là, & qui d'ordinaire tourmentent horriblement les Arbres encaissez.

Si bien que si on en avoit la commodité, il seroit à souhaiter, qu'aprés les avoir exposez au Levant ou au Midy pendant les mois de May, Juin, Juillet, Aoust qui sont en effet les expositions les plus favorables pour eux au sortir de la serre, on les peut ensuite exposer au Nord jusqu'à la my-Octobre qu'il les faut serrer : les expositions du Levant & du Midy couvrent les Orangers des vents du Nord qui ſont froids, & les couvrent ſur tout des vents de galerne, leſquels regnent d'ordinaire au mois de May, & ſont ſouvent accompagnez de gelées blanches, capables de leur faire tort.

Pour ce qui regarde les temps de ſerrer & de ſortir, tout le monde ſçait, que comme ils ne craignent rien tant que le froid, il les faut garentir de cet ennemy dans tous les temps qu'il paroît, & que par conſequent il leur peut nuire; or les nuits ne ceſſent d'ordinaire d'être froides & dangereuſes qu'environ la pleine Lune d'Avril, qui ſe trouve vers les huit, dix ou douze de May, & ainſi il fait bon les ſortir pour lors ſans attendre plus tard, & ſur tout s'il paroît quelque diſpoſition à pluye dans le temps de cette pleine Lune; car ſi au contraire les vents froids regnent il faut attendre que le temps ſe ſoit remis au beau; de plus les nuits commencent à devenir froides vers le quinze Octobre, & ainſi pour lors il eſt veritablement temps de ſe mettre à ſerrer les Orangers, tout au moins de les approcher le plus qu'on peut des ſerres, afin que ſi la ſaiſon ſe trouve extrêmement belle, on puiſſe differer pour quelques jours à les mettre dedans; car en effet tant qu'il fait beau dehors, il eſt avantageux aux Orangers d'y demeurer, & ſur tout pour ceux qui allongent encore leurs jets; mais auſſi pour peu qu'un changement de vents vienne à nous menacer de froid, on puiſſe commodement & promptement les mettre à couvert.

J'obſerve particulierement au commencement de May de ne point ſortir, comme je viens de dire, que la pleine Lune d'Avril ſoit paſſée; on a d'ordinaire quelques gelées à craindre juſqu'en ces temps-là, & je prends garde que l'air paroiſſe être devenu fort doux & fort temperé, & ſur tout qu'il y ait quelque apparence d'une petite pluye douce & chaude; ces obſervations me déterminent à ſortir quelquefois devant la my-May, toûjours eſt-il certain que quoi que les Orangers marquent, pour ainſi dire, de l'impatience de ſortir par les jets qui commencent à ſe former dans la ſerre, en ſorte que ſeurement ils ſeroient beaucoup mieux dehors, où l'air eſt en effet plus doux, qu'ils ne ſont dedans où l'air eſt pour lors un peu plus froid, n'ayant receu depuis ſi long-temps aucun favorable regard du Soleil ; cependant comme la gelée d'une seule nuit pourroit leur faire un notable préjudiee, par exemple roüir beaucoup de feüilles, & ruiner l'extremité des jets tendres & nouveaux ; je suis d'avis qu'on ait de fort grands égards à la disposition de la saison, & que plûtost on se mette au hazard de manquer par les sortir un peu trop tard qu'un peu trop tost ; telle année qui est douce & pluvieuse, il n'est pas mauvais de hâter la sortie, telle autre année qui est séche, froide, & venteuse, la sagesse veut qu'on la differe, & même dans les lieux bas il se faut moins presser de sortir que dans les lieux élevez, parce que d'ordinaire le grand air, & un peu de vent qui y souffle, font que les gelées y sont bien moins à craindre.

Or comme une pluye douce est à soûhaiter dans le temps qu'on les sort, afin sur tout que les feüilles en soient lavées & nettoyées de la poudre, qui peut les avoir accueillis dedans la serre ; par la même raison en est il à souhaiter une autre un peu devant que de serrer, afin qu'il ne reste sur les feüilles aucune poussiere du dehors ; toutefois il ne faut point serrer pendant la pluye ; autrement si les feüilles sont humides en serrant, elles deviendront en peu de temps sales & vilaines à cause de la poudre qui s'arrestera dessus ; toûjours les faut-il arroser une bonne fois aussi-tost qu'on les a arrangez dans la serre, comme nous avons dit cy-dessus dans le Chapitre huit, où nous avons aussi amplement parlé des arrosemens qui sont à faire dehors.

Il n'est pas necessaire de repeter icy, qu'il faut avoir de tres-grands soins, tant pour empêcher que le froid ne penetre dans la serre, que pour ouvrir les fenêtres dés qu'il fait un beau Soleil ; il en faut avoir aussi pour empêcher le dégât des rats & des souris ; nous en avons assez parlé en traitant des conditions d'une bonne serre.

Il reste seulement à dire, que necessairement il faut laisser quelque espace entre la muraille & les caisses, soit pour empêcher que les branches ne touchent au mur, & par consequent ne s'y gâtent, soit pour pouvoir de temps en temps visiter chaque Arbre, & l'arroser s'il est besoin ; il reste encore à dire, que si on a une serre assez grande pour y pouvoir faire deux rangs d'Arbres, & y ranger avec ornement & symetrie, tout ce qu'on en a de toutes façons, en sorte en sorte qu'on y puisse laisser une allée au milieu, pour joüir en se promenant de la beauté des Arbres serrez; il reste, dis-je seulement à dire, qu'il est tres à propos de s'étudier à le faire, & à embélir le lieu par plusieurs vases pleins de fleurs de la saison, par quelque figure ronde & enfoncée, qu'on peut faire en face de la porte, par l'arrangement de petits Arbres & Arbustes au dessus des grands, par l'élevation même des grands sur quelques billots, comme sur autant de pieds d'estaux, afin de cacher autant qu'on peut les murailles; & cela estant, on cachera ensuite ces billots avec des vases, ou de petites caisses, en sorte que le lieu quel qu'il soit, paroisse plein & touffu: les Citronniers, les Limes, les Jassemins, les Mirtes, les Lauriers-Thins, les Lentisques, quelques Lauriers cerises, & une infinité de simples sont tous propres pour cela; cette diversité de feüillages réjoüit, mais pour ce qui est des Grenadiers, & des Lauriers rose, la figure dépoüillée des premiers fait peur, & fait même mal juger des Orangers, & les petites feüilles pointuës & grisâtres des seconds déparent en quelque façon le reste du theâtre.

Je demande aussi autant qu'il est possible, que mettant dehors ce qui estoit si bien rangé dedans, on le dispose de maniere qu'il s'en fasse une figure agreable, pour servir de decoration à l'endroit où on vient de l'exposer; & je veux sur tout, que s'il est possible, on fasse en sorte que dans cette disposition la veuë en soit agreablement surprise, & même trompée en ce que le nombre paroisse plus grand qu'il n'est en effet.

Nous avons, ce me semble, assez parlé de la figure des Orangers, de leurs fleurs, de leurs feüilles, & de leurs jets; disons presentement un mot des fruits, pour marquer ceux qui sont les plus à souhaiter, en quel temps il en faut conserver, & en quel temps il les faut cueïllir.

CHAPITRE XII.

Des fruits des Orangers & Citronniers.

TOutes les Oranges sont doüces, ou aigres, ou aigres douces, c'est à dire mêlées d'aigreur & de douceur; les aigres sont pour les sauces, les autres sont pour manger cruës, ainsi que d'autres Fruits: Dans la premiere classe il y en a de douçâtres, & pour ainsi dire fades, qui par consequent sont desagreables, partant il faut éviter d'en avoir autant qu'on peut: les meilleures des douces sont les Oranges de Portugal, & celles d'une autre sorte de grosse Orange à écorce fine qui viennent des Indes: les petits Orangers de la Chine sont aussi fort agreables,

Dans la classe des Oranges aigres les Bigarades sont les meilleures, les plus belles, & les plus considerables; celles des Orangers qu'on appelle Riche-dépoüille, & celles des Orangers communs, soit greffez, soit sauvages sont aussi fort bonnes.

Il y a des Orangers, dont les fruits ont l'écorce extrêmement grosse & épaisse; ceux-là ont fort peu de jus; il y en a dont l'écorce est cornuë & bossuë, comme celles des Bigarades; il y en a enfin dont l'écorce est douce, fine, & déliée.

Les bonnes Oranges à laisser nouër, sont celles qui viennent sur les jets de l'année, & fleurissent dans la fin de Juin, ou jusqu'à la my-Juillet; je n'estime pas qu'il en faille gueres laisser de celles qui viennent des jets de l'année precedente, aussi-bien sont-elles fort sujettes à tomber sans pouvoir venir en grosseur.

Il n'en faut gueres laisser deux ensemble à une même extremité, tant parce qu'elles s'empêchent de grossir les unes & les autres, que parce que leur pesanteur est capable de rompre le jet qui les porte.

Telles Oranges noüées en Juin ou Juillet, ne sont d'ordinaire bonnes à cueillir, que quatorze ou quinze mois aprés, & c'est pour lors qu'elles commencent à jaunir.

Les feüilles de l'Oranger nommé Cedrat ont le même goût que l'Orange même, & pourroient contribuër à faire de la limonade.

Parmy les Citronniers & Limiers il y a des differences de douceur & d'aigreur aussi-bien que parmy les Orangers.

Il y en a aussi parmy les Poncyres, & à l'égard des uns & des autres il y a à dire toutes les mêmes choses que nous venons de dire pour les fruits des Orangers.

CHAPITRE XIII.

Des Orangers & Citronniers en pleine terre.

PUisqu'il est vray que les Orangers, & Citronniers viennent naturellement en pleine terre dans les Pays chauds & temperez, & que ce n'est que par artifice qu'on en éleve en pots, ou en caisses dans les Climats, qui sont sujets à de grands Hyvers ; il s'ensuit que ces sortes d'Arbres ont plus de disposition à réüssir de la premiere façon, dans laquelle leurs racines en liberté peuvent de tous costez prendre beaucoup de nourriture que de la seconde, où ces mêmes racines étant reduites en tres-peu d'espace, & étant pour ainsi dire en prison, & entourées d'un air capable de les gâter, n'en peuvent avoir qu'une petite quantité,

Pour les planter & cultiver, il n'y a point d'autre mystere à faire que pour planter d'autres Arbres fruitiers ; tout l'embaras qui est à essuyer pour cela, ce sont les couvertures d'Hyver, lesquelles, outre qu'elles doivent être si bien faites, & si épaisses, que le froid ne les puisse pas penetrer, sont encore susceptibles de tres-grands agrémens par dehors, quand des gens habiles, propres, & éclairez en prennent soin ; ce qu'on voit, & qu'on admire tous les ans dans les Jardins de Trianon, peut servir de regle & d'nstruction à ceux qui seront en état de le pouvoir imiter.

Fin du Traité des Orangers.

TABLE DES CHAPITRES du Traité des Orangers.

Fin de la Table des Chapitres du Traité des Orangers.

REFLEXIONS SUR QUELQUES PARTIES DE L'AGRICULTURE.

PREFACE.

LA méme application qui m'a fait connoître les défauts de Jardinage, que j'ay cy-devant expliquez, & ausquels j'ay tâche de remedier ; la même m'a donné lieu de faire de temps en temps quelques observations sur les Plantes, & quelques meditations sur la Physique ; & comme ces observations & meditations sont le veritable fondement, & la preuve essentielle de mes instructions ; J'ay crû, qu'aprés les avoir reduites en un Traité particulier, sous le titre de Reflexions, je devois aussi les donner au Public.

Il se pourra bien faire, qu'elles ne seront pas au goût de quelques-uns de nos Philosophes, ma pretention seroit trop grande, si elle alloit jusqu'à vouloir plaire à tout le monde; mais peut-être que parmy les habiles gens de nostre illustre siécle il y en aura quelqu'un, qui trouvera icy de quoy porter ses grandes lumieres plus avant que je n'ay sçeu pousser ma petite capacité; & c'est ce que je souhaite passionément, & que je crois même avoir raison de devoir esperer, parce qu'en effet m'étant si fortement appliqué depuis plusieurs années à penetrer dans les productions ordinaires de la nature, pour tâcher d'en tirer quelques secours capables de perfectionner la culture de nos Jardins; il n'est point possible ce me semble, que mon travail paroisse entierement inutil & infructueux, & que par consequent la sincerité de mon intention ne trouve au moins un petit nombre d'aprobateurs; on sera sans doute content de la bonne foy, avec laquelle j'auray ingenument declaré l'ordre & le progrez de mon étude, avec la foiblesse, & les bornes de mon raisonnement; il n'en faut pas davantage à mon ambition pour la satisfaire.

Je m'en vais donc commencer par l'endroit qui a esté le premier à réveiller ma curiosité, & à m'inspirer le dessein de faire des reflexions.

CHAPITRE PREMIER.

Reflexion sur les deux états differens, où paroissent les Arbres fruitiers eu égard à la difference des deux saisons, l'Automne, & le Printemps.

Frigidus & sylvis Aquilo decussit honorem. *Ovid.* Turpis sine gramine campus, & sine crine caput, & sine fronde nemus. *Idem.*

AVoir les Arbres fruitiers sur la fin de l'Automne, quand ils viennent d'être dépoüillez de l'ornement de leurs fruits & de leurs feüilles; en sorte qu'ils sont reduits à ne donner plus, pour ainsi dire, aucun signe de vie, & à voir pareillement ceux qui ont esté plantez tout de nouveau, qu'on prendroit moins pour de veritables Arbres, que pour de simples marques d'alignemens: il semble dans le verité, que les uns & les autres soient tellement dépourveus du principe de vegetation, qu'il ne leur reste pas la moindre esperance de ressource.

Mais aussi à considerer à l'entrée du Printemps, & les vieux, & les nouveaux, quand de tous costez ils commencent, ou à fleurir, ou à pousser des bourgeons & des branches, ne semble-t-il pas, que ce soit une espece de resurrection, qui leur arrive, ou qu'ils n'ayent jamais esté dans l'état pitoyable, où nous venons de les considerer.

Deux choses, qui seroient sans doute infiniment surprenantes, aussi bien que tant d'autres, que nous voyons tous les jours, si elles

elles étoient moins ordinaires dans le cours de la nature, & si nous n'étions pas autant accoûtumez que nous sommes à ces sortes de miracles continuels : toutefois il ne se peut que quand on se met à les regarder avec attention, on n'en soit grandement ébloüy, & qu'on ne devienne en même temps curieux d'en rechercher la cause & les raisons par tous les moyens imaginables.

Et en effet, c'est ce me semble une belle matiere à faire deux reflexions importantes & curieuses. La premiere, pour connoistre d'où vient cette cessation d'action, qui est cause, que tout d'un coup ces Arbres paroissent morts, quoy qu'ils ne le soient pas : Et la seconde, pour juger comment se fait ce changement si merveilleux, qui quelques mois aprés les remet en train d'agir tout de même qu'auparavant ; en sorte que les vieux plantez deviennent en peu de temps aussi beaux que jamais, & à leur imitation les jeunes produisans d'un costé beaucoup de racines, & de l'autre beaucoup de branches, font voir clairement, que bien loin d'estre ce qu'ils paroissent, ils sont demeurez Arbres veritablement vivans ; mais toûjours avec cette sujétion aux vicissitudes de la nature, & pour les uns, & pour les autres, que comme l'Automne & le Printemps reviennent tous les ans chacun à leur tour, il se fait aussi tous les ans dans les Jardins comme autant de changemens de Theatre, & de Scenes nouvelles. Ces Arbres à la premiere rigueur des gelées rentrent veritablement dans le même état de désolation, d'où nous les avons déja veu sortir ; mais aussi dés que le temps se radoucit au renouveau, paroissans comme victorieux de l'ennemy, qui les avoit en quelque façon détruits, ils se representent à nos yeux avec ce même éclat, & ce même agrément, qui nous avoient tant de fois charmez.

Pour expliquer avec plus de netteté ce que je pense sur ces états si differens de nos Arbres : j'ay crû ne le pouvoir mieux faire, qu'en me servant de comparaisons simples, vulgaires & palpables.

Et voilà pourquoy je me represente icy un Arbre artificiel, de quelque matiere solide qu'il puisse estre, par exemple de fer, ou de cuivre : je me le figure droit sur son pied, & representant un Arbre veritable par le moyen des differens tuyaux qui le composent, le plus gros servant à faire la tige, & les mediocres à faire d'un costé les branches, & de l'autre costé les racines.

Je me represente aussi ces tuyaux remplis de lait, soit en toute leur étenduë, soit seulement dans une partie.

Cela posé, je conçois icy cette liqueur calme, & pacifique dans sa consistance naturelle, n'occupant de place, qu'à proportion de sa quantité ordinaire, & n'en occupant jamais plus dans une heure, que dans une autre, & cela seulement pendant tout le temps qu'il n'est point parvenu de chaleur étrangere jusqu'au voisinage de ces tuyaux ; mais d'abord que celle du feu a commencé d'en approcher de prés, soit par une des extremitez, soit par le milieu du corps de cét Arbre artificiel, je vois qu'il se fait aussi-tôt de l'émotion dans cette liqueur, si bien que se rarefiant, comme disent les Philosophes, ou boüillonnant, & se gonflant, comme le vulgaire le peut dire, elle vient aussi-tost à s'élever plus haut que de coûtume, & à occuper en effet beaucoup plus de place qu'auparavant; en sorte que si quelques parties de ces tuyaux étoient vuides, cette liqueur montant, à mesure que sa chaleur augmente, vient en même temps à les remplir, ou si les tuyaux estoient entierement pleins, la liqueur se répand en dehors par les extremitez; jusques-là même, que si elle ne les trouve pas ouvertes, elle creve les tuyaux, & se fait passage, pour sortir des lieux où elle ne peut pas se contenir.

Le bois vert mis dans le feu, & jettant une maniere d'écume par les extremitez, d'abord qu'il commence à brûler, peut, ce me semble, representer assez visiblement ce que je viens de proposer.

Or il est certain, que si en sortant cette liqueur de Lait ainsi rarefiée avoit le don, ou la faculté de devenir solide, elle produiroit, ou plûtost elle seroit convertie en quelque espece de corps nouveau, qui ne discontinuëroit point de croistre, tandis qu'à la place de la premiere liqueur échauffée, & devenuë solide, il s'en substituëroit une autre toute pareille; si bien qu'arrivant à celle-cy une chaleur telle qu'à la precedente, il en sortiroit aussi insensiblement une suite ordinaire d'autres effets à peu prés semblables.

Je pretens icy que les tuyaux representent l'écorce des Arbres, & que la liqueur pacifique dans ces Tuyaux represente l'état où est pendant l'Hyver la seve dans les Arbres: (la rigueur du froid, qui fixe le mouvement des matieres liquides, & empêche les effets naturels de la chaleur, avoit épaissi cette seve; & l'avoit tellement arrêtée, que faute d'avoir son impression ordinaire, elle estoit restée comme immobile, je veux dire sans aucune apparence d'action.)

Le feu réchauffant ces Tuyaux, & au travers de leur solidité échauffant cette liqueur renfermée, represente l'air & la terre échauffées, & échauffans aussi-tost le corps des Arbres veritables.

Voicy ce me semble l'ordre & la suite de cette operation merveilleuse, qui se fait au Printemps. L'air est le premier à se ressentir de cette chaleur par la reflexion des rayons du Soleil; & en même temps d'un costé l'écorce des Arbres, & de l'autre la terre voisine des racines de ces Arbres, se trouvent penetrées de cette chaleur, l'une & l'autre échauffées communiquent aussi-tost ce qu'elles ont receu de chaleur à toutes les parties de la plante qu'elles tiennent renfermées.

La seve donc répanduë dans toutes les parties des Arbres, & particulierement entre le bois & l'écorce; qui est le lieu où elle fait sa residence, & sa fonction principale, & où elle avoit esté en quelque façon morte pendant l'Hyver, parce que pour lors elle étoit exempte de toute sorte d'agitation ; cette seve, dis-je, ne sent pas plûtost au Printemps les premieres atteintes de cette chaleur du Soleil, que commençant à se mouvoir dans son lit, & pour ainsi dire, à boüillonner en soy-même, elle s'étend, & cherche aussi-tost à se donner plus de place qu'elle n'en occupoit ; si bien qu'estant ainsi agitée, & continuant à se gonfler, ou rarefier, à mesure que la chaleur du Soleil augmente dans l'air & dans la terre, elle se pousse vers toutes les extrémitez de l'Arbre, pour sortir des lieux, où desormais elle se trouve trop étroitement serrée : c'est ainsi qu'elle commence d'entrer en action.

Mais son premier mouvement, ou sa premiere action commence à paroître vers les extrêmitez de dehors, qui sont pour lors les premieres échauffées comme plus voisines de l'air échauffé, & ne vient qu'au bout de quelque temps aux parties, qui étant renversées dans la terre, & par consequent plus éloignées de cet air échauffé, ont été les dernieres à ressentir l'impression de la chaleur.

Or par tous où cette seve agitée peut parvenir, elle fait aussi-tost paroître ce qu'elle sçait faire, ayant ce don merveilleux de prendre de la consistance, & de la solidité à tous les endroits où elle se fait des issuës.

Ce qui à la verité est infiniment difficile, & à comprendre, & à expliquer, tant à cause des allongemens, quand il n'y auroit qu'à les considerer en soy, & dans la liaison imperceptible, qui se fait tous les ans du vieux avec le nouveau, qu'à cause principalement de cette justesse de productions reglées & simetriques, qui sont observées dans l'étenduë de chaque branche ; car enfin sur toutes on voit des feüilles tenans à des yeux, qui sont espacez avec un ordre perpetuel & immanquable ; ainsi celles de certaines plantes les ont toûjours diametralement opposez, & celles d'autres plantes les ont simplement en forme de degrez inferieurs les uns aux autres : il y en a qui de distance en distance ont des nœuds, qui separent la partie basse d'avec la partie haute, en sorte qu'on pourroit dire qu'elles ne sont que contiguës les unes aux autres, comme on voit à la Vigne, au Figuier, au Sureau, &c. & par tout, que n'y a-t-il pas à admirer pour l'origine des Fleurs & des Fruits, pour les differences de couleur, de goût, de figure, de senteur, &c. pour la diversité des feüilles, écorces, &c.

Suivons autant que nous pourrons le fil des actions de cette seve échauffée : nous avons déja dit que ses premiers effets à l'entrée du Printemps sont d'ordinaire du costé des parties de l'Arbre, qui sont exposées à l'air, parmy lesquelles nous avons la tige, & nous avons les branches, dont les unes sont grosses, & les autres menuës ; voicy à mon sens quelles sont les operations de la seve pour chacune d'elles.

Les foibles & menuës, comme ayans l'écorce plus mince & plus déliée, sont plus aisément penetrées, que celles qui sont plus fortes, & plus materielles ; & voilà pourquoy ces menuës, & particulierement les boutons à Fruit qu'elles soûtiennent, sont comme les avant-coureurs de l'arrivée du Printemps ; ce qui paroît sur tout à l'égard de tous les Fruits à noyau, dont les boutons ont esté achevez de former au dernier declin de seve de l'année precedente.

La premiere action de la seve aboutit icy à enfler aussi-tost ces boutons à Fruit, & peu de jours aprés à les épanoüir ; & enfin si la rigueur du temps ne s'y oppose, elle fait que dans le cœur de ces boutons on y voit noüer ces Fruits, qui aprés avoir esté l'objet de l'esperance, & de l'inquietude des Jardiniers, les doivent combler de plaisirs, & recompenser des dépenses, & des fatigues passées.

Pour ce qui est des yeux ordinaires, qui se trouvent sur ces petites branches, & particulierement en Fruits à pepin, la seve en allongera peut-être quelqu'un vers l'extremité, où se fait son principal effort ; & entrant sagement dans les autres, qui sont le long de la branche, elle y commence en même temps par tout de petites feüilles, & commence en quelques-uns des boutons à Fruits pour le temps à venir : elle continuë même d'y achever pour le Printemps, suivant ceux qu'elle y aura trouvés avec de certains commencemens un peu avancez dés l'année precedente.

A l'égard de la tige, & des grosses branches, la premiere action de la seve, qui au sortir de l'Hyver a esté échauffée, cette premiere action, dis-je, aboutit uniquement en ce temps-cy á y allonger d'abord les yeux, qu'elle y rencontre tous formez, & à y commencer en effet de nouvelles branches, & souvent même quelques boutons à fruit, sans qu'il y soit encore venu aucun secours de la part des racines. C'est pourquoy la pluspart des branches coupées, & des Arbres plantez de nouveau paroissent au Printemps pousser quelque peu, & donner de certaines marques de vie, sans que, pour ainsi dire, ils soient encore veritablement vivans : ces petits commencemens de branches nouvelles ne nous rassеurent de rien pour la reprise des Arbres, à moins que du costé du pied, où est le principal nœud de l'affaire, & la plus grande difficulté, il ne s'y fasse ensuite de bonnes racines nouvelles ; c'est icy le grand chef-d'œuvre de l'Arbre, pour lequel il faut des efforts beaucoup plus considerables, que pour ces petites productions, qui se font du côté de l'air.

Voyons ce qui se passe dans l'autre élement, d'abord que cette même chaleur du Printemps en a temperé le froid naturel, & que la Terre échauffée a communiqué sa chaleur aux anciennes racines.

Nous devons concevoir, & être persuadez, que comme la seve étant agitée dans la tige & dans les branches, ne peut se contenir dans la place qu'elle occupoit, estant pareillement agitée dans les racines, elle ne peut absolument s'y contenir; & que comme le premier mouvement de seve a paru dans les petites branches, devant que de paroistre sur les grosses, le même ordre de mouvement se pratique à l'égard des petites racines, & à l'égard de celles qui sont plus grosses: la seve donc venant icy dans son gonflement à rompre l'écorce qui la renfermoit, elle en sort par toutes les issuës qu'elle est capable de s'y faire; & pour lors de liquide qu'elle étoit devant que de sortir, se trouvant solide au moment de sa sortie aussi-bien dans la terre, qu'elle l'est devenuë en sortant du côté de l'air; elle prend dans terre l'estre, la forme, & la nature de racines, tout de même que dans l'air celle des branches prend la nature de feüilles, de fruits, & d'autres branches, &c.

CHAPITRE II.

Reflexion sur l'origine, & sur l'action des racines.

C'Est donc ainsi que se fait le premier commencement de la plus importante operation des vegetaux, c'est à dire la production des racines, à l'égard desquelles il est bon de sçavoir qu'en naissant elles paroissent toutes blanches, & comme bouffies d'une certaine matiere molasse, & fluide, & que même elles demeurent en ce même estat pendant les premiers jours de leur allongement; mais quelque temps aprés cette blancheur qui sent pour ainsi dire l'enfance, vient à se changer premierement en couleur vive & rougeastre, comme si elle representoit l'âge viril, & c'est en effet le temps de la grande action de ces racines: enfin aprés quelques années il succede une autre couleur terne & noirâtre, qui marque justement l'âge decrepit; aussi est-il vray, que telles racines n'étant plus capables d'agir, ou au moins que mediocrement, elles deviennent non seulement inutiles, mais même incommodes & pernicieuses: on pourroit peut-être assez à propos les comparer aux dents gâtées des animaux, lesquelles comme il est expedient de les arracher au plûtost, parce qu'elles ne font plus qu'affliger, & causer des infirmitez; tout de même aussi ne sçauroit-on trop tost décharger de leurs vieilles racines les pieds de nos Arbres qui commencent à languir: nous avons dit ailleurs quel est l'effet d'un tel retranchement de vieilles racines pour remettre les Arbres dans leur premiere vigueur.

De ces premieres racines qui se font, il y en a de foibles, c'est à dire de menuës, & il y en a de fortes, c'est à dire de grosses:

celles qui naissent menuës, & qu'on appelle chevelu, viennent communement de l'extremité d'autres menuës, & ne changent guéres jamais de condition, ny de classe; elles demeurent d'ordinaire toûjours menuës & foibles, chaque racine n'agissant qu'à proportion de la force, ou de la foiblesse dont elle se trouve en naissant; & on peut dire avec verité que ces menuës sont de miserables ouvrieres, & de peu de durée : aussi quelque faveur, & quelque protection qu'elles ayent auprés de la plûpart des Jardiniers, si je les honore quelque peu, pendant qu'elles sont dans le sein de la terre, je leur fais une guerre mortelle & impitoyable, quand elles en sont dehors, c'est à dire quand les Arbres sont arrachez, & que j'en fais des plans nouveaux : je tâche de justifier mon procedé à l'endroit où je traite à fond cette matiere.

A l'égard des racines qui naissent grosses, c'est à dire fortes & bonnes, & provenantes d'un principe vigoureux, car elles ne sçauroient provenir d'un qui soit foible; celles-cy sont pour ainsi dire le nerf principal des Arbres; ce sont elles qui en s'allongeans, & se grossissans fournissent incessamment de la matiere propre à monter dans tout le corps de l'Arbre, soit pour produire de nouveau, soit pour allonger, & grossir les nouvelles productions qui se font du costé de l'air; & c'est à de telles racines qu'on est particulierement obligez, quand on a des Arbres beaux, grands, & vigoureux.

On doit icy sçavoir, que nous avons de certains Arbres, & de certaines Plantes, ausquelles ce qui sort en branche, par la raison qu'il est sorti sur la teste, seroit sorti en veritables racines, si la partie qui leur a donné naissance, s'estoit trouvée couverte de terre; & c'est ce qui s'appelle marcoter, ou provigner : reciproquement ce qui a pris la nature de racines, parce qu'il est sorti dans la terre, auroit pris la nature de branches, s'il étoit sorti d'une partie exposée à l'air : plust à Dieu que telle facilité de faire racines en marcotant fust commune & naturelle à toutes sortes d'Arbres, aussi-bien qu'elle l'est aux branches de Vignes, de Figuier, de Coignassiers, de Groiseliers, de Mirte, &c. Les avantages que nous en tirerions, seroient d'un raport & d'une commodité infinie; c'est une verité qui n'a pas besoin de grande déduction, pour estre confirmée.

Mais ce que je trouve à propos d'ajoûter est, que si parmy les ouvertures que la rarefaction fait dans la racine, il s'en trouve quelqu'une tournée du costé superieur de la terre, au lieu d'estre comme les autres tournée vers la partie inferieure, ou au moins orisontalle; en tel cas au lieu de racines nouvelles il se fera des rejettons d'Arbres nouveaux : cette observation n'est pas moins asseurée que la precedente; & je trouve si difficile à expliquer, d'où vient que des ouvertures, qui ne sont differentes que par leurs situations, fassent cependant des effets si differens, que javoüe de bonne foy n'avoir pû parvenir à en rendre aucune raiſon capable de me ſatisfaire.

Je reviens à la production de nos racines ; & je dis qu'à l'égard de l'alongement, & de la groſſeur des branches on peut bien aiſément s'imaginer d'où vient la matiere qui les fait, & cela par la comparaiſon d'un ruiſſeau qui s'allonge, ſe groſſit, & ſe fortifie à meſure que la ſource de la fontaine, d'où il tire ſon origine, luy produit abondance d'eaux nouvelles ; car c'eſt ainſi que la ſeve venant inceſſamment des racines aux parties ſuperieures de l'Arbre y eſt employée pour la facture merveilleuſe de tout ce que nous voyons s'y faire de nouveau.

Mais pour trouver quelque comparaiſon materielle, qui repreſente au moins groſſierement, comme quoy ces racines ſont naiſſantes & agiſſantes en même temps, & ſur tout à l'égard des Arbres qui ſont nouveaux plantez ; il eſt certain, que juſqu'à preſent je n'en ay pû imaginer aucune : je craindrois de profaner la maniere d'être des Anges, ſi j'oſois en tirer quelque paralelle, pour m'expliquer plus intelligiblement : car en effet, comme ces eſtres ſpirituels agiſſent avec toute la perfection poſſible dés le premier moment que la création leur a donné l'être, auſſi ces racines nouvelles ne ſont pas plûtoſt ſorties de la vieille, qu'elles agiſſent pour chercher leur nourriture, & par leur action, qui commence au même moment que commence leur être, elles contribuënt à s'augmenter elles-mêmes de groſſeur, de longueur & de nombre : elles font par même moyen que l'Arbre qu'elles ſoûtiennent, augmente pareillement de groſſeur, de longueut, & de multiplicité de branches & de Fruits ; & enfin au grand étonnement de l'eſprit humain elles font, & tout d'un coup, & d'une même action leur propre bien, & le bien de tout l'Arbre.

La premiere partie des racines nouvelles, qui par l'effort de la rarefaction vient de ſortir de la vieille, s'eſt non ſeulement employée à nourrir, tant elle-même, que l'Arbre d'où elle dépend, mais a contribué au même inſtant à faire ſortir immediatement à ſon extremité une ſeconde partie de racines toute ſemblable à elle-même, pour ſervir à l'alongement & à la groſſeur d'elle qui étoit la premiere partie : en ſorte que de ces deux parties jointes enſemble cette racine en devient, & plus groſſe, & plus forte, & plus longue ; & ce qui eſt admirable, cette ſeconde partie, qui doit ſa naiſſance à la premiere, contribuë à ſon tour à nourrir & fortifier cette premiere ; & par un enchainement d'actions toutes ſemblables, ces deux parties de racines enſemble devenuës plus fortes, & plus capables d'agir, en produiſent à leur extremité une troiſiéme ſi bien liée, ſi unie, & ſi étroitement incorporée avec les deux precedentes, qu'on ne ſçauroit plus les démêler l'une avec l'autre ; les trois parties enſemble ne faiſans plus qu'un ſeul corps de racines plus vigoureux dans ſon action, qu'il n'étoit un moment auparavant.

Et aprés que, pour ainsi dire, ces deux premieres parties ont donné l'estre à cette troisiéme, elles reçoivent reciproquement d'elle le même secours, que la premiere seule avoit receu de la seconde ; & ainsi en augmentant à tous momens de parties nouvelles à l'infiny, elles se prêtent, & se rendent tous ces bons offices mutuels, qui les faisans vivre & subsister, font encore, comme nous avons dit, vivre & subsister toutes les parties de cet Arbre.

Je ne sçaurois, à dire le vray, assez clairement comprendre ce miracle perpetuel de la nature dans les vegetaux : je vois bien que par le moyen de la rarefaction on peut comprendre à peu prés l'estre des premieres parties de ces nouvelles racines dans le point de leur naissance, & de leur origine ; mais en qualité de racines animées, & de racines agissantes, je trouve une difficulté tres grande à bien comprendre leur action si subite, soit à l'égard de la premiere & de la seconde partie, soit consequemment à l'égard de toutes les autres ; car enfin ces racines naissantes ne demeurent pas un moment inutiles, à moins que par quelque accident impreveu elles ne viennent à mourir ; & pour lors la mort de l'Arbre s'ensuit indubitablement.

L'action qui se fait dans le flambeau qu'on allume, n'auroit-elle point quelque rapport à celle qui se fait icy dans la premiere production de ces racines ; & n'en pourrions-nous pas tirer quelque secours pour l'intelligence de ce premier point de nostre vegetation : En effet ce flambeau demeureroit inutile, & sans aucune action dans la place qu'il occupoit, jusqu'à ce que luy ayant esté communiqué d'ailleurs un peu de premier feu, & de premiere flamme, il s'est en même temps trouvé en estat de commencer de luy-même à brûler & à éclairer ; ce premier feu, & cette premiere flamme s'estant aussi-tost augmentez eux-mêmes par leur propre operation.

Ainsi l'Arbre dans la terre demeuroit inutile, & sans aucun mouvement de vegetation, jusqu'à ce que par un secours estranger, c'est à dire par l'effort de la rarefaction, son principe de vie ayant fait produire de petits commencemens de nouvelles racines aux extremitez de celles qui luy estoient restées, il a commencé en même temps de faire toutes les fonctions d'un Arbre vivant, ces nouvelles racines s'estant aussi tost augmentées & accruës par leur propre operation.

Et comme l'augmentation du premier feu, & de la premiere flamme de ce flambeau est provenuë, de ce que leur action ayant fondu necessairement une plus grande quantité de la matiere voisine, qui est propre pour leur entretien, elle a fourny par là une plus grande nourriture nouvelle à l'un & à l'autre, & par consequent les a rendus plus capables d'agir chacun à leur maniere.

Tout de même nostre premiere racine estant animée par le secours

secours qui l'a produite, elle a commencé de s'augmenter elle-même, à mesure que preparant par son action necessaire une plus grande quantité de seve nouvelle, & devenant par là plus forte & plus vigoureuse dans cette même action, elle a produit plus grande quantité d'autres racines, par le moyen desquelles cet Arbre est devenu generalement plus beau, plus grand & plus vigoureux.

Nous voyons bien que dans nostre flambeau c'est la plus grande chaleur qui fond la plus grande quantité de matiere combustible; nous voyons ensuite que cette matiere étant fonduë, elle sert à augmenter cette même chaleur, par qui de solide qu'elle estoit, elle a esté renduë liquide; si bien que la chaleur étant augmentée, elle a davantage de force pour mieux subtiliser la matiere sur qui elle agit, c'est à dire pour la convertir en vapeurs & exhalaisons plus subtiles, & par consequent plus propres à faire une plus grande flamme; la flamme augmentée augmente reciproquement la chaleur par qui elle est produite, & ainsi c'est une maniere de circulation qui se fait icy entre la chaleur, la flamme & la matiere combustible.

Et comme à proportion que les flambeaux agissent sur une plus grande quantité de matiere, à proportion aussi éclairent-ils mieux; ainsi à proportion que nos Arbres font de meilleures racines; & en plus grande quantité, à proportion aussi produisent-ils plus de branches, & sont en état de vivre plus long-temps.

C'est pourquoy comme les Arbres de plein vent font une plus grande quantité de racines que les Arbres d'Espalier, parce que ceux-là en produisent tout autour de leur circonference, au lieu que ceux-cy n'en peuvent faire qu'au tour de la moitié. De là vient que d'ordinaire la grandeur, la grosseur, & la durée des Arbres de plein vent surpassent de beaucoup celle des Arbres d'Espalier.

Et quoy que le principe de vie qui fait agir ces racines, soit au commencement le même dans l'un que dans l'autre, ainsi que le feu qui a allumé un grand flambeau, est le même que celuy qui en a allumé un petit; cependant ce principe de vie paroist se fortifier davantage dans tel Arbre, qui produit plus de racines, qu'il ne fait dans tel autre qui en produit moins; comme si à mesure que chaque racine commence d'estre, elle devenoit en quelque façon un agent particulier: en sorte que se servant avantageusement du secours qu'elle a receu, & qu'elle continuë de recevoir du principe de vie, sans lequel elle demeureroit privée de toute fonction, elle agit de jour en jour plus vigoureusement, & augmente veritablement sa capacité d'agir, à proportion qu'elle devient, & plus grosse, & plus longue, & plus multipliée: c'est ainsi que le premier feu & la premiere flamme du flambeau sont fortifiez par la nourriture nouvelle qu'ils se preparent, en augmentant a tous momens, & leur chaleur, & leur lueur; mais veritablement plus dans le grand, & moins dans le petit, avec cette difference pourtant à l'égard de nos Arbres, que ce premier feu, & cette premiere flamme perissent tous deux en même temps que la premiere matiere, qui en leur donnant l'être s'est consommée, & pour ainsi dire anéantie ; au lieu que le principe de vie de nos Arbres subsiste toûjours, quand même ils viennent à perdre une partie de ces racines, par le moyen desquelles nous leur avons veu faire de si grands progrez pour l'augmentation de leur beauté, & de leur étenduë.

Il faut donc convenir necessairement comme d'une verité tres-constante dans l'ordre de la nature, que dans chaque plante il y a un certain principe de vie, qui soûtenant l'effet de cette rarefaction, soûtient en même temps & l'être & l'action de ces racines naissantes : il faut que ce soit ce principe interieur, qui cooperant avec chacune d'elles dans l'employ que la nature leur a imposé, aide chacune à faire ce qui leur seroit impossible sans son secours, & par consequent c'est ce principe seul, qui fait que ces racines seules sont capables d'attirer ou de recevoir.

J'expliqueray cy-aprés ce que je pense sur ce grand problême de l'action des racines : je me contenteray presentement de dire, qu'il y a tres-peu de ces racines qui puissent agir toutes seules, quand une fois elles ont esté separées de l'Arbre, avec lequel elles ont pris naissance ; je dis simplement separées ; car de racines une fois arrachées, & depuis replantées, je n'en sçache point qui soient capables de reprendre & d'agir ; & partant si les racines d'Orme, de Rozier, de Vigne, de Figuier, de Framboisier, & de quelques autres Arbustes infiniment vivaces se peuvent vanter de produire quelquefois ; en sorte que de la partie de leur extremité, qui ne tient plus à cet Arbre, duquel elles estoient les membres principaux, il en naisse des Ormes, des Roziers, de la Vigne, &c. il est certain que c'est un Privilege singulier, qui leur est uniquement accordé, si bien qu'on n'en sçauroit tirer de consequences generales pour le reste des Arbres & des Plantes ; c'est donc un principe de vie, qui dans chacune fait agir leurs racines, & donne la derniere perfection à ce qu'elles ont esté capables de faire.

Il faut même avoüer, qu'à l'égard de ce principe de vie il y a de notables degrez de difference d'Arbre à Arbre, aussi-bien qu'il y en a de fond de Terre à fond de Terre ? la chaleur du Soleil estant égale dans son principe, échauffe par exemple également un petit quartier de Terre également bonne, & également exposée, & échauffe aussi également tous les Arbres qu'on y a plantez ; & cependant quoy qu'ils parussent tous bien conditionnez, quand on les y a mis, on en voit tel qui pousse de tous côtez avec vigueur, & tel autre qui n'y fait rien du tout, ou n'y fait que languir.

Tels défaut ne peuvent regulierement venir d'ailleurs que de la part des Arbres, puis que la part de la Terre nous l'avons supposée avec toutes les bonnes qualitez qui luy sont necessaires ; & que le Soleil qui agit également, ne peut recevoir aucun reproche de son costé.

Les Arbres plantez agissent donc dans la Terre, premierement par leur principe de vie ; puisque c'est luy, qui étant animé par la chaleur, fait que les vieilles racines en produisent de nouvelles, à l'action desquelles ensuite chaque Arbre est obligé de la nourriture, qui le fait subsister & croistre. L'usage a établi de donner à cette nourriture le nom de seve, & ainsi ce sera le terme dont nous continuërons de nous servir plus ordinairement, quand nous parlerons cy-aprés de cette matiere.

CHAPITRE III.

Reflexion sur la nature de la seve.

DEvant que de faire entendre ce que c'est à mon sens que cette seve, laquelle on pourroit dire estre à l'égard des plantes, ce que le chile ou le sang sont à l'égard des animaux : comme en effet l'eau dans les entrailles de la Terre est à l'égard de ces mêmes plantes, ce que les alimens dans l'estomac sont à l'égard de ces mêmes animaux : il est à propos de remarquer, que comme le propre de la Terre est de servir à la production & nourriture des vegetaux, parce qu'elle a en soy l'esprit, ou la qualité de fecondité necessaire pour de tels ouvrages ; aussi est-il vray qu'elle n'en sçauroit faire la fonction, à moins qu'elle ne soit raisonnablement humectée ; c'est ainsi par exemple que le Sené qui a une qualité purgative, ne la sçauroit exercer, si ce n'est par le moyen d'un peu d'eau, ou d'autre liqueur, dans laquelle on l'infuse, & à laquelle cette infusion la fait communiquer ; mais aussi tout de même que cette qualité purgative devient presque inutile, si la quantité d'eau est excessive à proportion de la quantité du Sené, tout de même nostre Terre deviendra infertile, & pourrissante tous les Arbres fruitiers ; aussi bien que pour la plûpart des plantes, si elle est en quelque façon neïée d'eau ; elle veut un peu d'humidité, mais elle n'en veut pas excessivement, la trop grande abondance luy est aussi préjudiciable, que la trop grande disette le peut estre.

A l'égard de cette disette d'eau, il est vray aussi de dire qu'elle n'est jamais dans la Terre que la sterilité ne s'y trouve inseparablement : c'est pourquoy tout ce qui s'appelle bonne Terre, est d'ordinaire accompagnée de toute sorte d'humidité, qui n'est autre chose que de l'eau veritable répanduë dans toutes les parties de cette Terre : ce sont pour la plûpart les pluyes & les neiges, les ruisseaux & les fontaines voisines, & quelquefois les arrosemens artificiels qui la fournissent & la supléent ; & comme cette eau par sa pesanteur penetre au travers de toutes les parties de la Terre, elle devient en terme de Philosophes impregnée du sel nitre de cette Terre, c'est à dire du sel de fecondité, ou en terme de Jardiniers elle devient assaisonnée des qualitez de cette Terre, jusqu'à en prendre le goust quel qu'il puisse estre, en sorte même qu'elle communique aux plantes qu'elle nourrit : l'experience des Vins qui sentent le terroir, aussi-bien que de beaucoup de fruits qui le sentent pareillement, nous confirment assez cette verité.

Une partie de cette humidité avec tout cet assaisonnement sensible ou insensible, sert à faire des mineraux & des fontaines ; & une partie, comme nous avons déja dit, sert à la production & nourriture de mille sortes de vegetaux : celle-cy dans chaque Terre est originairement d'une substance égale pour toute sorte d'Arbres & de plantes, & n'est en effet que cette eau, dont nous venons de parler, mais elle se trouve en un moment tres-differente, & de couleur & de goût, & de consistance, d'abord que par l'action des racines elle est entrée dans chaque plante en particulier, & qu'elle a cessé d'y estre de l'eau pure & simple.

Car premierement de liquide qu'elle étoit, devant que d'entrer dans ces racines, elle devient ensuite par succession de temps presque toute solide, & pour ainsi dire métamorphosée, soit en nature de fruits & de feüilles, soit en nature de bois, d'écorce, & de moëlle, & y fait un corps plus ou moins dur & serré, selon qu'il convient plus ou moins à la destinée de chaque fruit, de chaque Arbre, & de chaque plante en particulier.

C'est ainsi peut-être que la simple rosée répanduë sur certaines fleurs des Jardins & des Prairies se trouve changée, partie en Miel, partie en Cire, & partie en matiere de petites logettes, d'abord que nos Abeilles l'ayant ramassée avec leur industrie ordinaire, l'ont façonnée en elles-mêmes, suivant les talens qu'elles ont receu de la nature.

Cette solidité nouvelle qui survient à la seve, ne seroit-elle point un effet singulier, qu'on pourroit assez à propos attribuër à la vertu de la peau dans les fruits, & à la vertu de l'écorce dans le bois ; l'une & l'autre sont vray-semblablement composées des parties les plus grossieres de cette seve, & il semble qu'elles ayent, pour ainsi dire, le don de luy communiquer de la condensité, quand elle vient à les baigner chacune par leurs parties internes, ce qui se fait dans le temps, par exemple, que cette seve passant entre l'écorce & le bois, se porte par une espece de filtration naturelle & vigoureuse, non seulement jusqu'au sommet de chaque plante, mais même, si son abondance le peut permettre, se porte par dessus ce sommet pour l'allonger & pour l'étendre.

Ce seroit donc la vertu de cette écorce, qui dans le bois y feroit cette matiere si dure & si épaisse, que la dissolution n'en peut arriver que par la force du feu, ou par la longueur d'une humidité pourrissante, & ainsi ce seroit la peau, qui dans les Fruits y feroit simplement une maniere de congelation agreable, mais congelation facile à dissoudre quand on veut, soit par la mistication ordinaire, soit par toute sorte de chaleur, ou de compression violente.

Le sel ordinaire qu'on applique auprés d'un vase remply de liqueurs, & entouré de glace, a tout de même la proprieté de congeler ces liqueurs au dedans de ce vase ; & c'est de là que l'industrie des bons Officiers a trouvé moyen de fournir pendant les plus ardentes chaleurs de la Canicule toutes ces differentes manieres de neiges artificielles, & de rafraichissemens si delicieux.

Mais aprés tout cela il reste une grande difficulté pour expliquer comment la peau & l'écorce deviennent elles-mêmes solides, & comment elles ont le don de procurer de la solidité, & même de se multiplier, & de s'étendre ; cette difficulté passe ma portée, aussi-bien que la plûpart de ce qui se fait dans la vegetation.

Ce n'est pas assez que cette eau devenuë séve par l'action des racines se voye successivement changer en un corps solide, elle éprouve encore beaucoup d'autres changemens, qui ne sont pas moins admirables ; une partie devient puante quand elle vient à faire l'Oignon, le Porreau, l'Absinthe, &c. Une autre devient odoriferante dans la Jonquille, le Baume, le Jasmin, &c. Celle-cy est mortelle dans l'Aconit & dans la Ciguë, & celle-là devient contre-poison dans l'Antorat & dans la Rubarbe ; l'une devient amere & visqueuse dans le bois des Fruits à noyau, l'autre est laitée & gluante dans les Figuiers, & dans les Titimales : celle-cy paroist huileuse dans les Maronniers d'Inde, & cette autre est claire & douce dans les Meuriers, dans les Fruits à pepin, dans les Saules, & sur tout dans la Vigne, & dans celle-cy y fait le Vin, qui ce me semble peut bien estre regardé comme un veritable chef-d'œuvre que la nature commence, & que l'industrie perfectionne.

Sur quoy peut-on s'empêcher d'estre profondement estonné ? quand on vient à considerer, que ce qui n'a qu'une liqueur douce, simple, & de mediocre goust, durant qu'elle est separée dans chaque grain de Raisin en particulier, parvient cependant à faire une liqueur si precieuse, si forte, & si noble, quand elle est sortie de ces petits grains.

Chose étrange en effet, que cette simple liqueur au sortir de ce petit reduit, dans lequel elle a pris naissance avec cette aigreur insupportable que tout le monde connoist, & dans lequel elle s'est enfin adoucie par la chaleur du Soleil, qui l'a conduite jusqu'au temps de la maturité, au sortir dis-je de ce petit reduit naturel cette simple liqueur se trouvant rassemblée en plus grande quantité, & renfermée dans un plus grand vaisseau artificiel, elle éprouve ce changement merveilleux, qui la rend les delices du genre humain ; car enfin elle n'est pas plûtost dans ce grand vaisseau, que d'elle-même elle s'y échauffe extraordinairement jusqu'à boüillir, comme si elle y étoit forcée par la proximité d'un feu étranger, & là en s'agitant avec violence, elle trouve moyen de se purifier, si bien qu'elle acquiert cette perfection qu'on n'auroit jamais crû luy pouvoir arriver, si l'experience ne nous avoit convaincu du contraire.

Il y a bien plus; car cette seve, qui par exemple dans tous les pieds des Arbres à pepin est insipide, & d'un semblable goût pour chacun en particulier, devient tres-differente à chacun des Fruits differens, que chaque Arbre a le don de produire; elle est parfumée dans les uns, & ne l'est pas dans les autres ; elle est douce & sucrée dans la Bergamotte & le Bon-chrétien ; aigre & revêche dans le Franc-real & l'Angober, &c. Et celle qui dans le Coignassier faisoit naturellement un Fruit dur, acre & insipide, si en sortant de la tige de ce Coignassier elle entre d'un costé dans une greffe de Beurré ou d'Ambrette, elle y fera des Fruits tendres & sucrez; si d'un autre costé elle entre dans une greffe d'Amadote, de Robine, & de gros Musc, elle y fera des Fruits cassans, & parfumez ; les differentes greffes faisans en quelque façon dans certains Arbres à l'égard de la seve qui vient des racines, ce que dans les fontaines jallissantes font differens ajustoires à l'égard de l'eau qui vient d'une source élevée ; l'eau de chaque fontaine étant de soy indifferente à representer quelque figure que ce puisse être, se laisse facilement determiner à la representation d'un verre, d'une couronne, d'une fleur de lys, &c. selon la difference de l'ajustoire, par l'ouverture duquel sa propre pesanteur la forçant de sortir, l'éleve dans les airs.

Pareillement la seve du pied de chaque Coignassier étant indifferente à faire tel ou tel fruit, se laisse determiner par le moyen des greffes, pour faire celuy-cy plûtost que tout autre.

La deduction de toutes les differences qui arrivent à la seve selon les differentes especes d'Arbres où elle entre, n'est pas moins admirable qu'infinie.

Le Charlatan, qui avec de l'eau simple qu'il beuvoit, faisoit en même temps sortir de sa bouche tant de sortes d'eaux, & de si differentes en couleur, en goût & en senteur, faisoit artificiellement quelque chose à peu prés de semblable à ce que la nature fait dans les pieds des Arbres qu'on a greffez de differens fruits.

Or de cette seve, qu'on peut dire en effet n'estre que de l'eau preparée par les racines, il en peut bien veritablement entrer quelque peu dans toute la masse de l'Arbre, pour maintenir le dedans, qui est déja fait; mais la plus grande partie monte principalement entre le bois & l'écorce, pour faire quelque effet nouveau, par exemple, pour grossir & pour allonger tout l'Arbre, pour faire les feüilles, les fleurs & les Fruits, &c.

CHAPITRE IV.

Reflexion sur le passage de la Seve.

LEs preuves convaincantes que nous avons, que cette seve monte principalement entre le bois & l'écorce, sont fondées sur un grand nombre d'experiences incontestables, dont la premiere est celle des greffes; car enfin il est cerrain que ces greffes ne peuvent estre heureusement appliquées, qu'entre ce bois & cette écorce, & qu'elles ne sçauroient réüssir, à moins que l'Ecusson, ou la petite branche qui doit servir de greffe n'ayent chacun leur écorce, & que l'un & l'autre ne soient si adroitement placez, que la seve qui monte du pied, rencontre justement dans son chemin le dedans de l'écorce de ces greffes.

Il n'y a que la Vigne seule qui se greffe sans cette sujetion de rencontre d'écorce; aussi à proprement parler n'a-t-elle point d'écorce, son bois estant si poreux, que la seve monte abondamment au travers, & par toutes les parties, tant de la tige que des branches: elle est en effet de toutes les plantes que nous connoissons, celle qui paroist au Printems attirer le plus de nourriture, & même elle a le don de la façonner: de maniere qu'au sortir du sep, d'où elle sort aisément par la moindre incision qu'on y fait en ce temps-là; elle se conserve long-temps sans se corrompre, en cela tres-differente de la seve des fruits à noyau, qui au sortir de l'Arbre ne se conserve pas plus long-temps que le sang des animaux extravasé; car elle devient gomme, pourriture, & espece de cangrene, tout aussi-tôt qu'elle est hors de ses vaisseaux naturels.

Il n'y a, dis-je, que la Vigne qui se puisse greffer en fente dans le milieu, sans assujetir, comme j'ay dit, à faire rencontrer écorce à écorce; car pour la greffe en Ecusson elle ne peut absolument s'en accommoder; tous les autres Arbres pourroient estre greffez de la même maniere que la Vigne, si tout de même qu'à elle il leur montoit par le milieu de l'Arbre suffisamment de seve, pour pouvoir incorporer & unir individuellement chaque greffe au corps de l'Arbre greffé, ce qui n'est pas.

De là vient aussi, que comme il ne sort jamais de nouvelles branches d'aucun endroit des costez de l'Arbre qui manquent d'écorce, aussi n'en sort-il jamais du milieu d'une tige étronçonnée, ou du milieu d'aucune branche coupée, & non pas même du milieu d'aucun sep pareillement étronçonné ; au lieu que regulierement au tour de l'extremité de chaque tronçon garni d'écorce, qui est l'endroit où se vient rendre tout ce qui se prepare de seve dans le pied, il se fait plusieurs branches qui percent cette écorce, & qui en naissans s'attachent à la partie du corps de l'Arbre la plus voisine de cet endroit d'écorce percée ; mais cette union n'est pas à beaucoup prés si forte que celle qui se fait quand la nouvelle seve vient à l'extremité de la vieille branche pour en faire l'allongement.

La seconde experience, qui prouve que la plus grande partie de la seve monte entre le bois & l'écorce, est fondée sur cette quantité d'eau qui sort par les extremitez d'une piece de bois qui brûle, & sur tout si elle brûle peu de temps aprés qu'elle a esté separée du pied qui la nourrissoit ; cette eau sortant comme une maniere d'écume blanchâtre & boüillonnante paroist naistre d'entre le bois & l'écorce, & de là on la voit ensuite tomber, & se convertir en eau veritable.

Sur quoy, ce me semble, on ne peut pas dire que ce soit autre chose qu'une resolution de la seve, qui faisoit originairement la nourriture de l'Arbre ; elle étoit premierement entrée par le canal des racines agissantes, mais avec cette difference d'elle à elle-même, qu'aprés avoir été en entrant façonnée par l'action de ces mêmes racines, pour prendre la nourriture, & la qualité de seve propre pour telles especes d'Arbres, elle s'étoit ensuite un peu épaissie, depuis que la branche qu'elle devoit nourrir & allonger avoit esté separée du corps vivant, dont elle faisoit partie, ou depuis que l'Arbre même tout entier avoit esté arraché de sa place ; elle y étoit veritablement restée dans une maniere d'assoupissement, à pouvoir être conservée les années entieres sans alteration, pourvû que l'Arbre, ou la branche se trouvassent en lieu raisonnablement chaud & humide : si bien qu'au bout de ce temps-là cet Arbre, ou cette branche venans à retrouver tout ensemble le secours d'une bonne terre, ou d'un bon pied d'Arbre, & le secours des rayons favorables du Soleil, se remettant au même train des autres vegetaux qui ne sont pas sortis de place : l'experience que nous avons des Arbres & des greffes qui nous viennent sains & sauves des Païs lointains, ou que nous y envoyons si heureusement en de certains temps de l'année, justifient assez cette verité.

Mais enfin si cet Arbre & cette branche au lieu d'être replantez, ou employez en greffe, viennent à être mis au feu, nous voyons que la partie de seve, qui n'avoit pas été encore convertie en bois, & s'étoit simplement épaissie faute d'action, se trouvant fortement échauffée par la proximité du feu, elle se refond, & se rarefie jusqu'à sortir par les extremitez en façon de milles petites sources, & cette eau, qui devant que d'entrer pour estre

seve

ſeve, n'étoit effectivement que de l'eau, & qui entrant dans chaque Arbre s'étoit laiſſée déguiſer en tant de differentes manieres, ſoit pour le gouſt & la couleur, ſoit pour la conſiſtance, & la proprieté, reprend quand elle en ſort, la même ſimplicité naturelle, qu'elle avoit devant que d'entrer, ſans qu'on y remarque les moindres reſtes de ces grands changemens qu'elle avoit ſoufferts, à la reſerve de quelque peu d'acrimonie en fumée, qui n'eſt ſeurement qu'un accident de ce feu, par lequel telles pieces de bois viennent d'eſtre détruites.

Je ſçay bien que ce n'eſt pas ſeulement d'entre le bois & l'écorce que le feu fait ainſi ſortir de cette eau rarefiée, mais qu'il en fait encore ſortir de toutes les parties du corps du bois ſucceſſivement, & circulairement les unes aprés les autres; ce qui ſe fait à meſure que la chaleur penetrant plus avant, attaque auſſi ſucceſſivement & circulairement les parties interieures de ce bois.

Mais bien loin de detruire ce que nous avons allegué, pour prouver que la ſeve monte principalement entre le bois & l'écorce, la verité de cette propoſition n'en paroiſt que davantage eſtablie & fortifiée; parce que chaque partie interne de ce bois ayant eſté en ſon temps voiſine de l'écorce, & partant amplement baignée de la ſeve qui avoit ſon paſſage par là, n'étant même compoſée que de cette ſeve devenuë épaiſſe; il n'eſt pas trop étrange de voir, que dans ſa deſtruction elle ſoit reduite à la même matiere dont elle étoit originairement fabriquée; & pour appuyer encore mieux cette opinion, nous avons deux autres preuves qui me paroiſſent fortes, & plauſibles.

La premiere que comme c'eſt la ſeve qui étant venuë à s'épaiſſir, & pour ainſi dire à ſe refroidir pendant un certain temps, cole & attache fortement l'écorce au corps de chaque Arbre, de maniere que pour lors on ne ſçauroit que difficilement les détacher l'un d'avec l'autre; auſſi quand cette ſeve vient à eſtre échauffée, ſoit par les rayons du Soleil à l'entrée du Printemps, & en Eſté, ſoit en une autre ſaiſon par la chaleur violente de noſtre feu ordinaire, elle déprend & détache fort aiſément cette écorce du corps de l'Arbre: c'eſt une obſervation qui n'eſt ignorée de perſonne, & qui nous eſt ſenſiblement repreſentée par l'uſage de la cole forte, dont les Ouvriers ſe ſervent tous les jours en tant de rencontres.

A l'egard de la ſeconde preuve il n'y a qu'à conſulter la compoſition interieure de cette écorce, du coſté qu'elle joint au bois, auſſi bien que la partie exterieure du bois, du coſté qu'elle touche immediatement à l'écorce; on y appercevra de part & d'autre une infinité de petits ſillons & de petits canaux, qui dans leur aſſietre ſont ſeparez les uns des autres par autant de petites areſtes, & apparemment que ces areſtes, tant de la part de l'écorce que de la part du corps de l'Arbre, ſont autant d'areſtes, ou de ſillons reciproques destinez par l'ordre de la nature à s'entrelasser les uns dans les autres, pour attacher ensemble & le bois à l'écorce, & l'écorce au bois ; en sorte que la seve y trouve suffisamment de passage, pour s'élever par là jusqu'au sommet des plantes, c'est à dire, s'il m'est permis de parler ainsi, pour aller à tous momens rafraichir toutes leurs parties d'une nouvelle nourriture, & allonger & grossir, autant que la saison le permet, celles qui peuvent estre ou allongées ou grossies.

Je ne sçay si à voir tous les rayons, qui dans chaque piece de bois sortent d'auprés de la moëlle, pour venir jusqu'à l'écorce, comme si c'étoit autant de lignes droites tirées du centre d'un cercle à sa circonference, & qui tous ensemble representent assez bien le corps du Soleil, de la maniere à peu prés que les Peintres l'ont representé ; (cette figure se voit clairement en coupant une rave par le milieu :) je ne sçay, dis-je, si au lieu d'établir, qu'au travers de la masse de l'Arbre il monte de la seve de bas en haut le long des fibres qui composent le corps de l'Arbre ; nous ne pourrions point assez vray-semblablement juger par ces rayons, que ce sont les veritables canaux, par lesquels la seve, (qui comme nous avons tant de fois repeté, a son lit & son action principale entre le bois & l'écorce) penetre & s'insinuë pour continuër de nourrir les parties les plus internes de chaque plante, ne sçachant precisement à quel autre usage peuvent servir des rayons faits avec tant d'art & de justesse.

Nous avons dit cy-devant en parlant de cette eau, qui dans la terre est devenuë seve par l'operation des racines, qu'elle éprouve un nombre infini de changemens dans les plantes differentes où elle est receuë.

CHAPITRE V.

Reflexion sur la cause de la difference des seves, & sur l'effet des greffes.

L'Opinion de la Philosophie moderne, qui attribuë à la seule diversité des pores cette grande difference, tant de seve que de corps sublunaires, est veritablement ingenieuse & agreable ; mais j'avouë de bonne foy que je ne suis pas capable de l'entendre : je ne puis en effet concevoir, qu'un suc de mortel qu'il étoit devienne salutaire, ou d'insipide devienne sucré, ou du puant devienne agreable à sentir, si simplement sans autres circonstances il luy arrive un changement de demeure, c'est à dire, si au sortir de pores faits d'une telle figure, qui le faisoient estre ce qu'il estoit, il entre dans d'autres pores faits d'une figure differente, qui le feront estre tout le contraire.

Ce n'est pas que volontiers avec tant d'honnestes gens, qui font profession de cette doctrine, je ne l'eusse pareillement embrassée, & sur tout, s'il est vray que par cette doctrine de pores ils pretendent donner d'assez bonnes raisons, pour expliquer intelligiblement le grand changement qui se fait dans les Arbres par le moyen des greffes; je demeure d'accord que la comparaison de l'ajustoir paroist en quelque façon favorable à leur dessein : elle a d'abord quelque maniere d'éclat qui éblouït, & qui touche; mais j'ose dire qu'il ne va pas, ce me semble, jusqu'a persuader & convaincre : le mystere des greffes est certainement trop obscur, & trop envelopé, pour estre par là suffisamment éclaircy? le nombre des grandes disparitez qui s'y trouvent surpasse de bien loin cette petite convenance, qui a fait d'abord un si grand bruit : expliquons en quelques-unes, & voyons ce que cette explication operera pour aider à nous instruire.

Un ajustoir à force de servir s'use à la longue, se mine, & se gâte entierement : nostre Ecusson au contraire se fortifie d'autant plus qu'il est employé à faire sa fonction.

Chaque ajustoir ne peut representer qu'une certaine figure : chaque Ecusson produit une infinité d'effets separez les uns des autres, & tres-differens entr'eux, sçavoir une écorce, du bois, des feüilles des fleurs, des fruits, &c, & ces fruits mêmes differens par leur couleur, leur figure, leur goût, leur chair, leur graine, &c. joint que par là on pourroit dire, que nostre Ecusson qui produit une infinité d'autres Ecussons, produiroit en effet une infinité d'ajustoirs, ce qui ne peut en façon du monde convenir aux ajustoirs ordinaires des fontaines, lesquels sont incapables de se multiplier ; joint aussi que toutes sortes d'ajustoirs peuvent servir à toutes sortes d'eaux; & que cependant chaque Ecusson est restraint & limité à une espece de fruits particuliers ; ceux par exemple, qui sont à pepin ne pouvans servir qu'à pepin, ny tous les autres pareillement chacun dans le détroit de leur categorie ne pouvant servir à des especes étrangeres.

Et partant, qui est-ce qui peut estre clairement convaincu par cette comparaison, comme quoy il se peut faire qu'un petit nombre de pores tout seul ait le don de faire changer par luy-même toute la disposition d'un grand nombre d'autres pores tous differens?

Et pour augmenter icy nostre difficulté, il me semble qu'il est vray de dire, que ce petit nombre de pores est comme estranger & foible, & en quelque façon alteré dans la greffe qu'on applique; au lieu que s'il est permis de parler ainsi, le grand nombre est comme chez soy, & soûtenu d'un pied fort & vigoureux sur lequel cette greffe étrangere vient à estre appliquée ; si bien que vray-semblablement le petit nombre devroit s'accommoder au grand, & ceder à l'impression, que le fort selon l'ordre de la nature peut donner au foible; & cependant voicy une occasion où le grand cede presque honteusement, & le petit a tout l'honneur & tout l'avantage de son costé: un miserable Ecusson dépaïsé, & dépourvû du secours de ses parens, dont il sembleroit avoir necessairement besoin, pour se pouvoir au moins conserver dans son être specifique, ce petit Ecusson n'ayant avec soy qu'un peu de seve paternelle vit, & non seulement se maintient dans son espece, mais se trouve assez le maître, pour mener comme en triomphe cette grande quantité d'autre seve étrangere, parmy laquelle il se vient mêler: c'est un petit ruisseau, qui arreste au milieu de sa course un torrent impetueux & violent, & le reduit à se contenter pour un temps de son petit lit, au lieu de suivre cette route furieuse où il étoit emporté.

Le pied vigoureux d'un Arbre par la détermination du secours ordinaire de son action, & par le moyen de la seve que ses racines ont preparée, alloit à faire un certain Fruit d'un tel goût, d'une telle couleur, d'une telle figure, &c. cette seve trouvant en son chemin une ou plusieurs petites greffes qui luy étoient inconnuës, plie d'abord sous leurs ordres, & se laisse déterminer à faire des Arbres differens, & des Fruits differens.

C'est ainsi qu'un Coignassier qui étoit en train de faire des Pommes de Coin, que tout le monde sçait être un Fruit dur, revêche, pierreux & desagreable, fait cependant un, ou plusieurs Poiriers, & un nombre infini de Poires tres-bonnes & tres-douces: un Amandier, qui n'alloit qu'à faire des Amandes fait des Pêches, des Prunes, des Abricots, &c. tout cela par l'entremise de quelques petits Ecussons, qui estant pour ainsi dire revestus d'un caractere dominant, se presentent au passage de cette seve, en sorte qu'elle est entierement obligée de prendre la route qu'ils luy prescrivent, & par là est soumise & assujetie à ces changemens si grands & si surprenans qui nous arrivent tous les jours par le moyen de nos greffes.

A voir de quelle maniere, & avec quelle autorité cette petite greffe se sert avantageusement de la chose même qui seroit capable de la néïer & de la détruire, ou au moins de luy faire changer de parti; ne semble-t-il pas que ce soit un enfant foible & étranger qu'on vient mettre à la teste d'une armée qui combat, & dans le temps même qu'il combat; je vois cette armée toute en feu, & continuant vigoureusement ce qu'elle avoit commencé par l'ordre d'un premier General, je vois cet enfant qu'on luy vient mettre à la teste, exprés pour luy donner des ordres nouveaux, & luy faire employer sa force & son courage à l'execution d'un dessein tout different: en effet, cet enfant, tout enfant qu'il est, dispose sur le champ cette armée à faire une entreprise toute contraire: il faut bien que ce soit par quelque caractere Royal qu'il porte en sa personne; & voilà pourquoy cette armée toute nombreuse, toute vigoureuse, & toute agissante qu'elle étoit pour un autre ouvrage, reconnoissant d'abord cette autorité souveraine, suit aveuglement, & execute sans aucune repugnance tout ce que cet enfant veut bien luy ordonner ; mais veritablement ce n'est peut-estre pas pour long-temps qu'elle luy obéït : il pourra bien venir quelque nouveau Commandant, qui aura le même avantage sur ce dernier, que ce dernier s'est trouvé avoir dans la conjoncture que nous venons d'expliquer ; & ainsi cette seve aprés avoir passé par les ordres de celuy-cy, deviendra elle-même avec toute sa nouvelle livrée l'instrument d'obéissance & d'execution pour un autre.

Certes on peut dire, que quoy qu'il n'y ait rien de plus ordinaire & de plus aisé dans le monde que de greffer ; cependant dans toute la production des vegetaux il n'y a rien qui soit plus digne d'admiration, ny gueres rien de plus impenetrable à l'entendement de l'homme.

Il semble que la nature ait icy voulu borner le cours de nos curiositez, & confondre la vanité de nos petites lumieres : il semble qu'elle se soit contentée de nous avoir inspiré la maniere d'apliquer l'agent au patient, sans nous vouloir laisser découvrir les ressorts qu'elle remuë dans une telle application, pour en faire sortir cette quantité innombrable d'effets si surprenans ; & dans la verité quand nous le sçaurions, peut-être n'en deviendrions-nous pas pour cela plus capables de greffer, que nous le sommes sans le sçavoir : peu d'experience a esté suffisante, pour sçavoir la maniere & le succés de toutes sortes de greffes en toutes sortes de Fruits : contentons-nous de profiter de ce que nous sçavons de longue main en cette matiere, & sans perdre icy de temps à vouloir foüiller plus avant : regardons ailleurs d'autres choses que nous ne faisons qu'avec peine, & encore ne les faisons-nous guéres bien, & cherchons ce qui nous peut rendre habiles à les faire plus parfaites, & avec plus de facilité.

De tout ce que nous avons dit cy-devant sur cette matiere de greffes, je ne puis m'empêcher de conclure, qu'il faut bien sûrement qu'il y ait en cela quelque autre chose de plus extraordinaire, que ce qu'on vient d'attribuër à une simple rencontre de certains pores figurez d'une telle, ou d'une telle autre maniere.

CHAPITRE VI.

Reflexion sur les differens effets de la seve dans chaque plante, & sur l'opinion qui admet les pores.

De plus quand je vois dans chaque Arbre qu'une certaine quantité de seve, qui de soy est indifferente à faire bois, feüilles, fruits, écorce, &c. monte par exemple dans une branche de Noyer, de Maronnier, d'Oranger, de Cerisier, &c. Et que dans de certains endroits de telles branches cette quantité de seve, aprés y avoir fait premierement des fleurs, qui sont le commencement des fruits, vient paisiblement, & sans aucune distinction de parties à entrer toute entiere dans la queuë de chacune de ces fleurs, quelque menuë qu'elle soit; & quand aprés ces premieres démarches de seve je vois qu'immediatement au sortir de la queuë cette quantité de seve se partage si habilement, que dans la Noix par exemple une partie va faire au dehors une écorce verte, épaisse & amere, une partie va faire une coquille dure avec les pellicules internes qui luy sont adherantes, une partie fait au dedans de cette coquille des separations & cloisons justes & reglées, comme autant de petits appartemens propres à former & loger le corps de cette Noix, une partie fait la peau qui luy sert d'envelope, & enfin une autre fait cette Noix douce, & exempte de toute sorte d'amertume, quoy qu'elle en soit entourée de tous costez, & quelle en soit, pour ainsi dire, sortie & derivée.

Quand j'examine encore tous les autres Fruits, & que pareillement au sortir de la queuë j'y vois faire une espece de separation & de partage de seve pour la fabrique & composition de chacun de ces Fruits, & cela conformement à leur naeure ; tellement que dans l'un ce qui à nostre égard vaut le mieux, se presente le premier au dehors, & le moins bon se cache au dedans, comme il arrive aux Pêches, Cerises, Prunes, &c. Et à l'autre ce qui est de meilleur se forme au dedans, & le plus mauvais luy sert par dehors comme d'une maniere de rampart, par exemple aux Chataigniers, Noisetiers, Orangers, &c. Et quand d'un autre costé je vois des Fruits precieux, tels que sont les Figues, les Perdrigons, les Pêches, &c. exposez à toutes les injures, tant de l'air que des animaux sans autre défense qu'une petite peau fort mince & fort déliée qui les envelope, pendant que des Chataignes, des Noix, du Glan, des Avelines, &c. sont défenduës par tant de piquants, tant de peaux & tant d'écorce.

Quand, dis-je, considerant cette œconomie constante & immuable dans chacun des vegeraux, je la veux expliquer par une multitude infinie de pores indifferemment figurez ; je ne puis m'empêcher d'avoüer, que je me perds entierement dans cette meditation, & cela faute de pouvoir assez clairement penetrer dans mille difficultez, qui en foule & tout d'un coup se presentans à ma curiosité, me broüillent & m'étourdissent entierement.

Sçavoir par exemple, comme quoy se font tous ces pores, par qui, en quel endroit, & en quel temps ils se font, car apparamment ils ne sortent pas tout à fait du dedans de la terre, & ne sont pas pesle mesle renfermez dans cette eau, dont les racines ont sçeu former de la seve,.

Sçavoir s'ils sont tous faits en même temps pour pouvoir estre ensuite separez, ou si le premier fait a le don & le pouvoir d'en faire d'autres au besoin, & ce seroit ce me semble prendre le grand chemin de l'infini.

Sçavoir bien l'origine & la situation de ce premier tel pore, qui au sortir d'une queuë petite & menuë en doit engendrer, ou trouver en son chemin un si grand nombre d'autres qui soient propres, les uns pour cette écorce & cette chair, les autres pour cette graine & ce parfum, &c.

Sçavoir si cette petite queuë est veritablement la matrice où se forment tous ces pores, ou bien si elle n'est simplement que le canal, par lequel, sans y laisser rien du leur, ils ne font que passer pour aller faire ces Fruits si beaux, si bons, si tendres, si parfumez, &c.

Sçavoir comment se determine ce nombre de pores, pour finir justement à un certain point la longueur de cette queuë dans les Fruits & dans les feüilles, pour finir cette petite demie feüille en cœur, qui se trouve immediatement devant la grande feüille des Orangers, pour finir la grandeur de cette coquille à la Noix & à l'Amande, les intervalles de longueur dans les plantes qui sont en soy separées par differens nœuds, comme aux Roseaux, à la Vigne, au Sureau, au Bled, &c. & faire sur chacune tous ces effets d'une mesure toûjours si juste, & si bien compassée.

D'ailleurs, quand au mois de Janvier ou de Février, ayant semé par exemple une trentaine de graines de Melons sur une couche, elles ne germent, ny ne levent pas à beaucoup prés toutes ensemble, & qu'il y a quelquefois des trois, quatre, cinq & six semaines d'intervalle des premieres aux dernieres sur cela.

Je demanderois volontiers à ceux qui veulent que la vegetation se fasse par une introduction violente de petites parties de la terre dans les pores de la plante.

Premierement si les petites parties introduites ont des pores, ou si elles n'en ont pas; supose qu'elles en ayent, il se fait donc une introduction de pores en d'autres pores, où est-ce que cela nous conduiroit?

Secondement, si les pores sont tous faits dans la graine devant que d'estre semée, ou si la chaleur de la couche les forme; le dernier ne se peut dire: mais à l'égard du premier je demande en

Troisiéme lieu, si ces pores sont toûjours ouverts & prests à recevoir, ou si c'est la chaleur de la couche qui les ouvre.

En quatriéme lieu, supose que ces pores fussent ouverts, je demande s'il y avoit quelque chose dedans cette ouverture, ou rien du tout.

En cinquiéme lieu, supose encore qu'ils fussent ouverts, je demande pourquoy il ne se fait pas d'introduction, aussi-bien, &

aussi-tost dans une graine que dans l'autre.

En sixiéme lieu, supose cette introduction, pourquoy constamment ces corpuscules, qui viennent apparemment de bas en haut, n'entrent dans la graine que pour sortir & descendre aussi-tost en bas, afin d'y estre convertis en racines.

En septiéme lieu, je demande s'il se fait aussi des pores dans ces racines, & si les corpuscules viennent seulement par ces pores nouveaux, ou si ils continuënt de venir par le même endroit de la graine, par où ils ont commencé d'entrer pour les faire?

Je voudrois bien encore sçavoir, s'il y a du bois plus poreux l'un que l'autre; j'avoüe bien qu'il y en a qui ont les pores plus grands les uns que les autres, par exemple le Liege en comparaison de l'Ebene; mais je ne pense pas qu'il y en puisse avoir qui en ayent plus les uns que les autres, attendu que le bois ne se fait que par la jonction de plusieurs petites parties qui viennent successivement les unes aprés les autres,

Si chaque racine a autant de pores l'une que l'autre, d'où vient qu'il y en a qui agissent plus les unes que les autres? la Vigne & le Figuier, par exemple font infiniment plus de racines qu'aucun autre Arbre.

Pourquoy ne pas attribuer ces grands effets à une activité qui se trouve plus grande dans le Figuier & dans la Vigne qu'elle n'est pas dans tous les autres vegetaux? tout de même que nous voyons beaucoup plus d'activité dans un tel homme que dans un tel autre; & dans un animal d'une telle espece, que dans un autre d'une autre espece.

Je voudrois bien aussi sçavoir, pourquoy il arrive quelquefois que certains Arbres nouveaux plantez sont long-temps en terre, par exemple des trois & quatre mois, & méme trois & quatre années sans aucune apparence d'action, tout de même que certains Noyaux, & certaines Graines qui sont pareillement en terre des années entieres sans germer, &c.

La vision des Filieres choque ce me semble, en ce que comme aux veritables Filieres il faut quelqu'un qui tire à soy, & non pas quelqu'un qui pousse devant soy, tout de même dans ces racines comparées aux Filieres il faudroit quelque agent au dessus des racines, qui tirât à soy ce qu'on n'a garde d'admettre; aussi est-il impossible de le comprendre, par exemple, dans nostre graine de Melons, & nostre noyau qui germe, & dont la premiere action est de commencer à descendre, devant que de commencer à monter.

C'est asseurement une matiere tres-épineuse & tres-obscure.

Disons donc encore un coup, que sans doute il y a icy quelque chose de plus qu'une simple rencontre de pores grands ou petits, figurez d'une telle, ou d'une telle maniere; il faut bien prendre de plus loin cette determination, qui arrive dans les Arbres, & dire que ce principe de vie qui les anime, comme nous

nous avons dit, est un agent necessaire & forcé ; j'expliqueray cy-aprés plus au long cette pensée ; c'est luy qui en cette qualité par une chaleur étrangere, & une humidité convenable se trouve determiné à former telle & telle quantité de parties pour la peau de ce Fruit, pour sa chair, son eau, son goust, son parfum, sa graine, sa queuë, son bois, &c. C'est luy, qui par le moyen de la seve qu'il fait preparer dans les racines, rend les Arbres capables de recevoir un nombre infini de changemens, tout de même que l'humidité de la terre rend cette terre capable de produire, ou plûtost de servir à la production de tant & tant de plantes, & toutes si differentes.

Le pied vivant de chaque Arbre est en effet à l'égard de certaines greffes ce que chaque terre est à l'égard d'une certaine quantité de semences & de Plantes, & même en quelque façon ce que l'air est à l'égard des differens instrumens de Musique, & ce que l'eau est à l'égard des differens ajustoirs des fontaines jalissantes : c'est à dire que la seve qui se trouve dans le pied de chaque Arbre, est indifferente à servir pour la composition de tel, & de tel effet, & par consequent elle est susceptible de grandes varietez selon les differentes greffes qu'on y peut appliquer, & qui ont cependant quelque rapport & quelque convenance avec elle ; mais malheureusement aprés tout cela il ne me reste encore que de l'embaras & de la confusion dans l'esprit, en sorte que je ne vois rien qui satisfasse ma curiosité quand je la pousse un peu trop avant.

Je me serois encore volontiers accommodé de cette opinion nouvelle, si j'avois pû ensuite parvenir à quelque connoissance certaine, qui m'eust non seulement appris, quelles sont toutes les figures incomparables de ces pores, mais qui m'eust particulierement appris à disposer cette nature quand je voudrois, pour faire des pores convenables à mes intentions, & pour l'empêcher d'en faire qui luy fussent opposez : Mais comme il n'y a pas grande apparence que cette Philosophie nous produise un tel avantage, puisqu'en effet personne encore n'a pû y parvenir, & qu'aussi bien, quelque chose qu'on puisse dire, il faut toûjours remonter à la Providence divine, & avoüer, que s'il est vray que dans le sentiment de ces Messieurs chaque Fruit par exemple est purement & simplement d'un tel goust, d'une telle grosseur, d'une telle espece, &c. par la raison qu'il a les pores d'une telle & d'une telle figure ; il faut dis-je avoüer que c'est cette divine Providence toute seule qui a ordonné que telle figure de pores seroit positivement un tel & un tel Fruit : cela étant, trouve-t-on que cette opinion contente davantage, pour penetrer dans l'individu de chaque chose, que ce qui étoit établi pour reconnoistre d'une autre maniere les ordres prochains de la toute-Puissance.

Que si pour établir davantage cette opinion, on veut dire qu'il se pourra un jour faire de si bonnes Lunettes, ou Microscopes, que par leur moyen on pourra découvrir ce petits pores, & que ce n'est que faute d'experience & de loisir, qu'on n'a pû encore y parvenir, ne peut-on pas aussi esperer qu'il s'en fera, qui serviront par exemple à découvrir le mouvement atractif des racines, contre lequel on est si soulevé.

Joint qu'à dire le vray je ne sçaurois comprendre ce que peut faire un assemblage de pores, & comment chacun peut tenir à ses voisins, à moins que d'établir quelque chose, qui ne soit point pore, & qui serve de lien & d'union à tout ce qui l'est: je demeure bien d'accord, que dans chaque ouvrage de la nature il y en a plusieurs, & même de plus grands dans les uns, & de plus petits dans les autres; mais comme les pores ne peuvent estre que de petits corps, c'est à dire de petites parties figurées, vuides de matiere solide par dedans, & entourez de leurs costez, il faut bien que ces costez soient solides, & qu'ils soient joints les uns aux autres par quelque chose, qui soit different de ce qu'ils sont; ainsi il faut tomber dans un abysme, & dans une discussion plus difficile à démêler, que l'idée des accidens & des facultez; & c'est beaucoup dire, parce qu'il n'est pas plus possible que plusieurs pores ensemble fassent un corps palpable, sans estre determinez par quelque chose de solide, qu'il est possible que dans l'Arithmetique plusieurs zero ensemble composent un nombre effectif, à moins qu'ils n'ayent à leur teste un de ces neuf principaux caracteres, ausquels le consentement de l'homme a donné le pouvoir de les determiner.

L'opinion qui veut que tous ces changemens ne puissent estre attribuez qu'a differentes qualitez que l'Auteur de la nature a trouvé bon d'établir en chaque corps, revient beaucoup davantage à ma portée, & à la foiblesse de ma conception.

Je ne pretens point décider icy en Maître, laquelle des deux opinions est la plus claire & la plus raisonnable: je pretens seulement déveloper, si je puis, ce que mon étude & mes remarques sur la vegetation me font rouler de pensées dans la teste, & fais sur cela volontiers les mêmes souhaits que j'ays fait sur tout ce Livre en particulier.

Il est bien vray que j'ay fait quelquefois des reflexions sur d'autres ouvrages de la nature, par exemple sur les testes de tous les oyseaux d'une certaine espece, qui sont embelies chacune d'une hupe, ou d'une crête, pendant que tous les oyseaux d'une autre espece sont marquez de quelque autre diversité dans leur plumage ou dans la composition de leur corps.

Il est vray encore que j'ay souvent admiré, comme quoy les Rossignols & les Serins ont une disposition miraculeuse à réjoüir les hommes de leur chant, pendant que les Pyes, les Geais, les

Corneilles, &c. les étourdissent de celuy que la nature leur a donné ; mais comme je me sens l'esprit en repos, quand à considerer toutes ces merveilles, & une infinité d'autres, je viens simplement à concevoir que l'Auteur de la nature a pris plaisir d'établir toutes ces belles differences, qui font l'agréement de cette merveilleuse machine du monde, sans m'aller imaginer qu'avec une diversité de pores on en puisse rendre aucunes raisons bonnes & convaincantes.

Aussi me soumettant entierement à l'ordre de la Providence pour toute la varieté qui se trouve parmy nos Fleurs, nos Fruits & nos Graines, &c. Je me contente de penser, & de dire que telle a esté la disposition du grand Ouvrier, lequel aussi bien dans ce qui nous paroist petit, que dans les grands ouvrages de la creation du Ciel & de la Terre, a voulu faire voir sa puissance, non seulement infinie, mais même (s'il nous est permis de parler en ces termes) il nous la voulu faire voir infiniment ingenieuse.

CHAPITRE VII.

Autre Reflexion sur l'action des racines.

JE reviens à l'action des racines de nos Plantes, pour voir si j'y comprens quelque chose, & si de là je puis tirer quelque bonne instruction pour nostre Agriculture : examinons à peu prés si effectivement ces racines ont un don, ou une faculté attractive, par le moyen de laquelle, à l'imitation de ce que font dans les intestins les veines mezaraïques, elles succent & attirent par leur extremité cette eau imbibée du sel de la terre, ou si ces racines sans avoir besoin d'aucune faculté attractive, étant à peu prés faites comme le couvercle des encensoirs reçoivent simplement par leurs pores des vapeurs & des exhalaisons qui sortent incessamment des entrailles de la terre.

L'une & l'autre de ces deux opinions a ses patrons, & ses partisans, elles sont toutes deux fort problematiques, & soutenuës de raisons belles, & apparemment bonnes ; mais comme je ne fais icy qu'un simple recueil de mes reflexions d'Agriculture, je ne seray pas moins retenu sur cette matiere, que je l'ay été sur celle des pores ; ainsi je prendray le parti d'avoüer ingenument, que je ne me sens pas assez éclairé pour prononcer décisivement en faveur d'aucune des deux opinions.

Toutefois quoy qu'il soit tres-difficile d'expliquer, ou de faire une idée de ce qui s'appelle dans les êtres sublunaires faculté, ou qualité ; je ne puis m'empêcher d'avoüer que mon panchant va plûtost à approuver les facultez vivantes & attractives que les Filieres inanimées : en effet il me paroist assez naturel de donner ſimplement & uniquement de l'action à ce qui a beſoin d'agir, c'eſt à dire aux Plantes, afin qu'elles puiſſent attirer la nourriture qui leur eſt neceſſaire, tant pour ſe conſerver dans leur individu, que pour croiſtre & multiplier leur eſpece, & de là je conclus volontiers qu'il faut donc qu'elles agiſſent.

Certainement la terre ne devroit point s'effriter comme elle fait, ſi les vegetaux ne la ſuççoient de la même maniere que les petits animaux ſuccent les tettes de leur mere, & comme ceux-cy n'attendent point que le laict les vienne chercher ; auſſi nos racines n'attendent-elles point que ces vapeurs ou ces exhalaiſons viennent ſe preſenter à leurs pores : il s'en éleve ſans ceſſe des entrailles de toute ſorte de Terre, ſans que pour cela ces Terres ceſſent d'être neuves, c'eſt à dire propres à faire heureuſement toute ſorte de productions ; & comme il n'eſt pas vray que la bonté des bonnes Terres s'uſe jamais, ou ſe diminuë le moins du monde, à moins qu'elles ne ſoient employées à la nourriture de quelques Plantes étrangeres : il s'enſuit neceſſairement, que quand ces Terres ceſſent d'être fecondes à leur ordinaire, comme nous les voyons en effet devenir ſteriles : cette ſterilité leur vient de l'action des racines, qui par leur mouvement attractif les ont dépoüillées du ſel de fecondité, dont la nature les avoit pourvûës ; auſſi à voir de quelle maniere les racines d'une plante encaiſſée ſortent en abondance par les ouvertures qui les approchent de la terre du dehors pour y aller croiſtre, & ſe multiplier : je ne ſçay aprés tout, ſi on ne ſeroit point aſſez bien fondé pour leur donner quelque eſpece de mouvement local.

En effet c'eſt ſur le fondement des raiſons qui me determinent en faveur de l'attraction que je trouve mon compte à laiſſer peu de racines aux Arbres que je plante ; il n'y a pas de doute, que ſi j'avois lieu de penſer que la ſeve, ſans avoir beſoin d'aucune action de la part des vegetaux, entrât ſimplement dans les racines par des trous ou pores qu'elle y trouvât ouverts, comme il eſt certain que les Arbres ont d'ordinaire beſoin de beaucoup de ſeve, je devrois croire, que plus je leur laiſſerois d'anciennes racines, & plus auſſi laiſſerois-je d'ouvertures capables de recevoir cette ſeve, & d'animer ces Arbres, & qu'ainſi il en monteroit davantage dans le corps de ceux à qui j'aurois laiſſé beaucoup de racines, que dans le corps de ceux à qui j'en aurois laiſſé moins.

Ce qui pourtant eſt entierement contraire à mon experience, par laquelle je ſçay ſeurement que quelque bon Arbre que ce ſoit, planté en bonne terre avec peu de racines, & raiſonnablement courtes, il devient plus beau, & le devient en moins de temps, qu'un autre également bon, planté à la même heure, & dans une terre ſemblable à qui on aura laiſſé une grande quantité de racines, & toutes longues.

Il faut poſer cette experience pour un fondement certain & infaillible ; je ne l'avance qu'aprés une application de plus de trente années, & dans laquelle sans aucune prévention, je me suis toûjours de plus en plus fortifié.

De là est venu que j'ay étably cette maxime, que plus on laisse de racines à un Arbre en le plantant, & moins en fait-il, & de moins bonnes aprés estre planté, & que tout au contraire moins on luy en laisse, pourvû qu'elles soient bonnes & passablement courtes, plus aussi en fait-il de nouvelles, & de mieux conditionnées. Voicy à quoy j'attribuë cette difference si notable & si essentielle.

CHAPITRE VIII.

Reflexion sur le principe de vie des plantes.

JE pose pour un autre fondement qui me paroist certain, duquel j'ay cy-devant parlé, & pretens cy-aprés en parler plus à fond ; c'est à sçavoir que dans chaque Arbre & dans chaque Plante il y a un princ pe de vie, qui seul aidé cependant de toutes les circonstances necessaires, c'est à dire de bonne terre, d'humidité suffisante, des rayons du Soleil, &c. fait agir toutes les parties de chaque Arbre & de chaque plante ; en sorte que l'Arbre ou la Plante viennent immanquablement à perir, d'abord que ce principe vient à estre détruit, & qu'elles se conservent aussi avec toute la rigueur necessaire, pendant qu'il n'arrive aucune alteration à ce principe.

Or ce princepe de vie n'a pas une même & semblable situation dans toutes les Plantes ; en quelques-unes il est scitué dans cet œil exterieur de la Plante, qui est le premier à paroistre hors de la terre, & à la distinguer des autres Plantes, comme nous voyons par exemple aux Melons, aux Pois, aux Laituës, aux Raves, & à toutes les Fleurs annuelles : ce premier œil osté, tout le bas de ces Plantes meurt aussi-tost & sans ressource.

A d'autres Plantes il est seulement dans les Bulbe, ou Oignon, comme aux Tulipes, Jacintes, Imperialles, Anemones, &c. Ces sortes de Plantes ne perissent que quand leur Oignon vient à estre corrompu par le chaud, par le froid, par les humiditez, ou par quelqu'autre sorte d'accident qui le coupe, ou qui l'ecrase : ainsi cet œil exterieur de la premiere pousse étant osté, la Plante ne laisse pas de vivre.

A d'autres Plantes, outre qu'il est principalement à l'endroit que nous marquerons cy-aprés pour tous les grands Arbres, il s'en trouve encore comme quelque semence dans toutes les parties externes qui les composent, comme il paroist aux branches de Vigne, de Figuier, de Coignassiers, de Groseillers, de Saules, d'Ifs, de Girofflées jaunes, & à toutes les autres qui prennent aisément de bouture ou de marcote.

Enfin à d'autres comme à tous les Arbres, tant ceux que nous appellons Fruitiers, que ceux qui ne le sont pas, le principe de vie me paroist estre seulement entre la tige qui monte & la racine qui descend ; on a beau couper la tête, on a beau racourcir les racines, pourvû qu'il n'arrive rien de fâcheux à l'endroit, où est établi le siege de ce principe de vie, tant s'en faut que l'Arbre en devienne moins vigoureux, qu'au contraire cette operation contribuë à le faire repousser plus abondamment, tant à l'extremité de la tige racourcie, qu'aux extremitez des racines taillées.

Ce qui a contribué à me faire juger de l'endroit où ce principe de vie me paroist étably, n'est autre chose que d'avoir fait germer par exemple des noyaux d'Amandes & de Pêches, ou des graines de Melons, de Laituës, & d'autres graines potageres, &c. & d'avoir vû, que quand elles ont esté suffisamment humectées & échauffées dans la terre, la substance qui étoit renfermée dans les uns & dans les autres étant gonflée & rarefiée par cette chaleur humide, & ne pouvant plus par consequent se contenir, ny dans ses coquilles, ny dans ses pellicules, il se fait une ouverture par la partie, que ces noyaux ou ces graines ont la plus pointuë en quelque situation que les uns ou les autres se trouvent ; de là il en sort d'abord un commencement de racine [illegible]che assez grosse à proportion du corps d'où elle sort, ce commencement de racine s'allonge en descendant vers le centre de la terre, se grossit & se multiplie en d'autres mediocres racines qui sortent dans toute son étenduë, devant qu'il paroisse encore quoy que ce soit, qui prenne le chemin de monter vers la surface.

Mais enfin quand cette racine s'est en quelque façon assez établie, pour estre capable de nourrir la tige de l'Arbre dont elle fait le fondement ; pour lors du même endroit d'où nous l'avons veu naistre ; nous voyons que pour donner passage à la tige qui se prepare, ce noyau acheve de s'ouvrir entierement, & c'est pour lors que la tige commence à se presenter, & à sortir du même point d'où nous avons veu la racine prendre son origine ; ensuite secouruë de l'action des racines, elle monte insensiblement, perçant au grand étonnement de tout le monde la condensité & la pesanteur de la terre qu'elle trouve en son chemin ; si bien qu'enfin au bout de quelques jours hors de la superficie de cette terre on découvre de petites feüilles, qui marquent precisement l'espece & l'extremité de cette tige ; & quand elle a tant fait que de pércer toute cette masse de terre, qui par sa dureté paroissoit devoir s'opposer invinciblement à la sortie de feüilles si tendres & si delicates, pour lors elle croist quasi à veuë d'œil, & monte jusqu'à faire ces Arbres si prodigieux, qui estonnent presque la nature elle-même,

Je pretens donc que dans les Plantes il y a un certain principe de vie, & c'eſt ce que les Philoſophes nomment l'ame vegetante ; & je pretens que ce principe de vie eſt un agent neceſſaire & forcé ; de maniere qu'en de certains temps il ne peut s'empêcher d'agir viſiblement, ny s'empêcher même de ſuivre quelquefois une determination exterieure que l'homme eſt capable de luy donner.

Mais pour cela, il faut premierement que la partie des vegetaux où ſe fait la principale reſidence de ce principe ſoit exempte de toute ſorte d'infirmitez : il faut en ſecond lieu que ce principe ſe trouve meu & animé par une chaleur qui ſoit convenable à ſon temperament ; & il faut enfin que ſi la plante a des racines elle les ait ſaines & placées dans une terre qui ſoit bonne & ſuffiſamment humectée ; pour m'expliquer plus intelligiblement, je crois eſtre obligé de dire que nous avons icy quatre choſes eſſentielles à conſiderer.

La premiere, que le ſiege du principe de vie doit eſtre bien conditionné, parce que s'il eſt alteré de chancres, de pourriture, de gelée, de ſechereſſe, ou d'autres accidens fâcheux, il ſera tout-à-fait incapable de profiter de la chaleur dont les plantes ont beſoin, n'étant plus en effet qu'un corps defectueux preſque inanimé, & peut-être entierement mort.

La ſeconde, que cette chaleur convenable doit ſe faire ſentir à propos, tant dans la terre que dans l'air, parce que certaines plantes ſont faciles à être promptement échauffées ou animées, comme il paroiſt a toutes les fleurs Printannieres, aux Maronniers-d'Inde, aux Framboiſiers, aux Aſperges, & à la plûpart dès Plantes Potageres, &c. & comme il paroiſt particulierement aux Oignons de Couronne Imperialle & de Tulipe, &c. Les uns pouſſent leurs racines, & les autres leur tige, ſans être même plantez dans terre ; & cela dans le temps qu'on pourroit en quelque façon dire, que l'inſtinct de la vegetation ſe reveille dans ces Plantes, c'eſt à dire dans le mois d'Aouſt.

Certaines autres ſont d'un temperamment plus froid & plus difficile à émouvoir, ainſi que nous le remarquons aux Muriers, aux Figuiers, aux Narciſſes du Japon, aux graines d'If, de Cerfeüil muſqué, &c. & c'eſt ce qui fait qu'il ne faut pas trop s'étonner, ſi toutes les Plantes n'entrent pas en action dans un même temps, quoy que la chaleur en ſoy ſe trouve égale pour toutes, autant dans l'air que dans la terre, & que par conſequent en ce qui eſt de ſon fait, elle ſoit propre & ſuffiſante à les échauffer & animer toutes également : c'eſt la difference des temperamens, qui ſeul fait cette difference d'actions promptes ou tardives.

La troiſiéme conſideration qui eſt icy à faire, eſt que l'action de ce principe eſt reſtrainte & limitée dans la circonference d'un certain temps ; en quelques Plantes elle eſt plus longue, comme aux grands Arbres, & particulierement à ceux qu'on appelle Arbres verds, sçavoir Ifs, Espicias, Houx, &c. & aux Orangers pareillement, dans la plûpart desquels Arbres elle n'a presque aucun intervalle de cessation, ny l'Esté, ny l'Hyver, en sorte que cette action subsiste toûjours en exercice, tandis qu'aucune des quatre conditions necessaires ne luy manque : en d'autres cette action est plus courte, & ne peut estre prolongée au delà des termes qui luy sont prescrits, comme aux Laituës, Pois, Tulipes, Anemones, Jacintes, &c. lesquelles n'ont que peu de temps à paroistre en action, & paroissent aussi la plûpart mortes quelques mois aprés qu'elles ont donné de veritables marques de vie.

La quatriéme chose que nous avons à considerer, est que les racines doivent être non seulement saines, mais aussi placées dans une terre qui soit bonne, & suffisamment humectée ; parce que si premierement les racines ont de la corruption, de la secheresse, ou quelque grand défaut ; ou si en second lieu étant saines, elles sont entourées d'une terre qui soit mauvaise & usée, ou enfin si la terre étant veritablement bonne, elle manque de l'humidité qui luy convient, en ces trois cas il ne se fera aucune action visible de la part de ces Plantes.

C'est une verité assez connuë de tout le monde, sans qu'il soit besoin de la vouloir plus amplement établir ; nous en voyons de grandes preuves, particulierement en Esté, soit aux Arbres qui sont en caisse, soit à ceux qui sont nouvellement plantez ; parce que si les uns & les autres viennent à manquer de l'humidité, sans laquelle ils ne peuvent agir, & qu'ils soient par consequent incommodez d'une chaleur excessive, ou d'une aridité mortelle : ils paroissent d'abord comme pâmez & moribonds ; mais il est vray aussi qu'on ne leur a pas si-tost donné le secours qui leur est necessaire, c'est à dire de l'eau, soit par pluye, soit par arrosemens, que presque en même temps ils éprouvent le même changement qu'on voit si souvent arriver aux hommes quand ils souffrent des défaillances de cœur.

En effet comme ceux-cy de demy morts qu'ils étoient reviennent en santé, d'abord par exemple qu'ils ont pris quelque peu de vin, ou d'autre liqueur precieuse, ce qui se fait, parce que la faculté nutritive venant à agir sur cette nouvelle nourriture, elle s'en sert utilement à racommoder tous les membres affligez, en leur faisant part à chacun du remede qui luy vient d'arriver dans l'estomac ; tout de même aussi cet Arbre, qui étant en caisse, ou nouvellement planté, souffre de la disette d'humidité, n'est pas plûtost secouru par la presence de l'eau qui vient moüiller toutes ses racines, & particulierement vers les extremitez, qu'aussi-tost le principe de vie, qui ne cesse d'animer ces mêmes racines pendant qu'il est suffisamment échauffé, les fait agir sur cette terre humectée, & de leur action prompte en retire abondance de seve ; si bien que cette seve montant, & se partageant dans

dans tout ce qui compose l'Arbre, tant branches & feüilles, que fleurs & fruits, elle les remet tous dans le bon état d'où ils avoient commencé de sortir au moment, que faute d'humidité les racines avoient cessé d'agir.

Bien entendu que cette cessation d'action ne doit pas avoir esté trop longue, parce qu'autrement elle seroit devenuë mortelle, le principe de vie ne pouvant absolument subsister, s'il n'a toûjours un peu d'humidité pour l'entretenir ; & cette humidité ne pouvant provenir que de l'action des racines, tout de même que les longs évanoüissemens, où les abstinences trop longues sont d'ordinaire mortelles à l'animal, n'étant pas possible qu'il fasse longue vie sans nouvelle nourriture.

Bien entendu encore que les fleurs, les fruits & les feüilles, qui sont toutes parties delicates & passageres, ont beaucoup plus besoin d'un perpetuel secours de seve pour se maintenir dans leur être & dans leur beauté, que n'ont pas les Oignons & les autres parties de l'Arbre, qui étant plus solides, & plus materielles, se conservent aussi un assez long-temps en vie, quoy que les racines ne fassent aucune action qui leur soit avantageuse.

Or il faut tenir pour constant, qu'encore que la plûpart de la seve qui se prepare par ces racines, monte aux parties superieures de l'Arbre, neantmoins elle ne les allonge pas toutes en tout temps ; quelquefois elle ne fait au plus que les fortifier imperceptiblement, les grossir, & les mettre en estat de faire de plus beaux Jets, d'abord que la seve montant en plus grande abondance, se trouvera suffisante pour faire les allongemens, ainsi que nous remarquons assez souvent à certains redoublemens de seve qui se font dans les Solstices & les Equinoxes d'Esté.

Je pretens enfin, que c'est ce principe de vie, qui étant mû & animé, comme il doit être, sert aussi en même temps à animer, encourager, & à donner de la vigueur à ces racines, de maniere que leur action forte ou foible dépend entierement du mouvement, ou de l'impression forte ou foible, qui leur vient de la part de ce principe ; & comme le fond de vigueur ou d'activité, qui est dans ce principe n'est pas infini, mais proportionné à la nature de l'Arbre qu'il fait vivre, il se partage necessairement dans toutes les racines qui en dépendent, & qu'il doit faire agir ; il les anime toutes chacune selon l'étenduë de son pouvoir, comme étans autant d'instrumens qui luy sont necessaires pour faire sa fonction.

CHAPITRE IX.

Reflexion sur le peu de racines qu'il faut laisser aux Arbres qu'on plante.

DE là il est facile de conclure, que plus est grand le nombre des racines dépendantes de ce principe, & plus petite aussi est la portion du mouvement & de l'impression qui arrive à chacune.

Il doit donc estre vray, que quand trois ou quatre racines reçoivent pour elles seules toute l'impression d'une certaine vigueur, laquelle auroit pû être distribuée à une plus grande multitude, chacune de ces trois ou quatre s'en trouvant mieux pourvûë, est par consequent capable de plus grandes productions, que si l'impression avoit esté partagée à une douzaine.

Il n'est pas moins vray que cette impression ne pouvant jamais être inutile dans la partie qui l'a receuë; celle-cy agit à proportion de ce qu'elle est en soy, c'est à dire qu'elle y agit fortement, si elle est forte, & foiblement si elle est foible; or l'effet de cette impression dans la racine, n'est autre chose que la production d'autres racines, & par consequent si l'impression est petite & foible, elle ne produira que de petites & foibles racines.

C'est de là que dépend la bonté ou la vigueur de ces racines, & la beauté de la durée de tout l'Arbre; en sorte que quand leur operation est grande & heureuse, l'Arbre ne sçauroit manquer de produire amplement du costé de la tige & des branches; & quand au contraire elle n'est que petite & miserable, l'Arbre aussi ne croist que mediocrement & miserablement.

Passons plus avant, & disons que l'intention de celuy qui plante en bonne terre étant d'avoir le plûtost qu'il pourra un Arbre qui soit vigoureux, & capable de durer long-temps: il doit en le plantant s'étudier uniquement à le disposer, de maniere qu'il parvienne promptement à faire de ces sortes de bonnes racines nouvelles, comme les seules choses qui soient capables de faire ce qu'il souhaite.

Pour y parvenir plus aisément, il doit être averti premierement, qu'il faut à la verité, que la plûpart des Arbres qu'on plante ayent des racines; mais quelque quantité qu'ils en ayent, elles ne leur serviront de rien, si elles n'en produisent de nouvelles à l'endroit où on les plantera.

Il doit être averti en second lieu, que ce seront les grosses & fortes racines nouvelles, qui feront que les Arbres deviendront beaux, grands, touffus, & bien attachez à la terre; les petites & foibles n'y font que de tres-petits efforts, & laissent toûjours des marques de langueur & d'infirmitez, soit aux feüilles, soit aux branches.

Il doit sçavoir en troisiéme lieu, que ces grosses & fortes racines nouvelles ne peuvent sortir que de deux endroits, c'est à dire, ou de la tige même, ce qui arrive rarement, ou bien d'autres anciennes racines qui soient grosses & fortes; ce qui arrive d'ordinaire, les petites & foibles n'en pouvans produire que de semblables à elles-mêmes, c'est à dire d'autres petites & foibles, & consequemment peu utiles.

Il doit sçavoir en quatriéme lieu, que parmy ces racines anciennes, grosses & fortes, desquelles il faut esperer qu'il en sortira de nouvelles qui soient bonnes, il y en a de beaucoup meilleures les unes que les autres: les bonnes & principales sont les dernieres faites au pied de cet Arbre; il est aisé de les connoistre par une peau unie, & une couleur rougeâtre qui les distingue d'avec les vieilles; celles-cy paroissent en effet noires, ridées & raboteuses: (toutes marques du rebut qu'il en faut faire.)

Il doit sçavoir en cinquiéme lieu, qu'il ne se peut faire de ces sortes de bonnes racines, si ce n'est par le secours de l'impression qui doit venir du principe de vie, & que cette impression sera d'autant plus forte & vigoureuse, que plus mediocre sera le nombre des racines conservées, ausquelles elle sera partagée.

Il doit même sçavoir, que cette impression sera d'autant plus efficace, qu'elle se fera dans une distance plus proche du principe qui l'a produit; cette proximité ne se doit pas entendre à la derniere rigueur; mais comme on entend quand on dit que les yeux bien clair-voyans distinguent mieux les objets proches que les objets éloignez, étant certain que tout excez est vicieux, comme disent fort bien les Philosophes.

En sixiéme lieu, il doit être averti que communement ces bonnes racines nouvelles, qui attachent fortement les Arbres à la terre, & les nourrissent amplement, viennent à l'extremité de ces anciennes, lesquelles on a laissé en plantant, pourvû qu'elles ne soient que mediocrement longues, & que cette extremité ne soit qu'environ un pied avant dans la terre.

De maniere que parmy ces racines qui se forment tout de nouveau, les plus éloignées du corps de l'Arbre sont d'ordinaire les plus grosses & les plus vives, & valent par consequent beaucoup mieux que celles qui sont sorties plus prés de la tige, lesquelles on remarque toûjours être un peu plus menuës que les autres.

Enfin puisque cette extremité de vieilles racines ne doit pas être fort éloignée de la tige ou qu'autrement l'Arbre ne pourroit pas parvenir à se mettre en état de resister à l'impetuosité des vents, il doit sçavoir, qu'il est important de les racourcir raisonnablement les unes & les autres, & toutes à proportion de leur force & de leur foiblesse, c'est à dire racourcir davantage les plus foibles, & racourcir moins les plus fortes, ayant pour maxime, que la plus grande longueur des plus fortes, & pour les grands Arbres, ne doit être au plus que de neuf à douze pouces d'étenduë, & que pour les plus foibles il suffit de leur en laisser aux unes deux, aux autres cinq, ou six au plus.

Cela presupposé, nostre Jardinier doit conclure premierement, que pour planter heureusement un Arbre dans une bonne terre, il ne faut donc conserver de racines que celles qui paroissent bonnes, jeunes, & assez grosses, & que par consequent il faut entierement retrancher toutes les chifonnes, comme toutes celles à qui on donne le nom de chevelu, & toutes celles, qui étant vieilles paroissent usées ou pourries, ou même abandonnées; cet abandonnement se connoist aisément, quand au dessus des anciennes il s'en est produit de plus jeunes, de plus grosses, & de plus belles.

En second lieu sans prendre, comme j'ay dit, ma maxime à la rigueur & au pied de la lettre; il conclut, que pour mediocre que soit le nombre des racines conservées, il sera suffisant pour recevoir tout le mouvement du principe de vie de l'Arbre, & par consequent pour être capable d'en produire de nouvelles, qui soient bonnes & utiles; ainsi il se contentera quelquefois d'une seule, si toutes les autres ne valoient rien; quelquefois il n'en gardera que deux ou trois, & quelquefois aussi il en laissera quatre ou cinq au plus, bien separées les unes des autres, & faisans toutes ensemble ce que nous appellons un lit, ou un étage de racines: en ce cas là elles pourront être si bien disposées en plantant l'Arbre environ à un pied de profondeur, que du côté de la surface de la terre elles se trouveront hors de l'inconvenient de perir par le chaud, ou par le froid, ou par le fer de la Bêche; (huit ou neuf pouces de terre suffisent pour les en garentir,) & se trouveront cependant en état de profiter de la chaleur vivifiante du Soleil, & de l'humidité necessaire & nourrissante qui doit être dans la terre.

Enfin pour derniere conclusion il doit se fortifier dans cette pensée, que si l'Arbre nouveau planté avec peu de racines, & toutes courtes, n'a pas assez heureusement profité les deux premieres années, il n'auroit pas mieux certainement réüssi, quand on luy en auroit laissé davantage, & de plus longues, attendu que les racines ne pouvans absolument agir qu'en vertu de l'impression du principe de vie bien conditionné & animé par la chaleur, il ne se seroit rien fait davantage pour le succez du plan, quand il y en auroit eu douze, que n'y en ayant que deux ou trois; ainsi sans perdre temps à attendre inutilement l'effet de quelque esperance, dont tous les Jardiniers sont extrêmement susceptibles, il se resoudra promptement à planter selon les mêmes principes un autre bon Arbre à la place de celuy, qui, comme disent les Jardiniers en terme assez significatif, n'a fait que languir & rechigner depuis qu'il est planté.

Voilà donc nôtre Arbre nouveau planté suivant toutes les regles que je me suis proposées, tant à son égard qu'à l'égard de la terre: il pousse de bonnes racines nouvelles, & reçoit par leur moyen la nourriture, qui le fait croistre de tige & de branches, le fait subsister avec vigueur, & produire tous les ans des feüilles & des fruits.

CHAPITRE X.

Reflexion sur le mouvement que fait la seve, du moment qu'elle est preparée dans les racines.

OR pour bien faire entendre de quelle maniere cette nourriture, qui commence d'entrer au Printemps dans chaque racine, se separe au même instant dans la tige, & dans toutes les branches, feüilles & fruits de l'Arbre, afin de nourrir, grossir, fortifier & allonger chaque piece en particulier: je ne crois pas me pouvoir servir d'une comparaison plus juste & plus instruisante, que de celle d'un flambeau, qui étant allumé au milieu d'une Caverne obscure, éclaire en un moment, & tout d'un coup dans toute sa circonference tous les endroits de la Caverne, où sa lumiere peut penetrer.

La seve dans les Arbres étant une chose liquide, legere, & subtile, laquelle aussi bien que les vapeurs & les exhalaisons paroist tenir de la nature de l'air, & avoir par consequent son centre dans les parties hautes, plûtost que dans les parties basses: cette seve, dis-je, me donne lieu d'esperer, que le rapport de subtilité de matiere qui paroist se trouver entr'elle & la lumiere, pourra faire souffrir la comparaison dont je me sers.

Mais cependant toute juste qu'elle est en certain sens, j'y remarque d'ailleurs cette grande difference, que les principaux effets de la lumiere se faisans dans les parties de l'air les plus voisines du corps lumineux, qui en est & la source & la cause, ses autres effets diminuënt notablement, à proportion que les autres parties de l'air se trouvent plus ou moins éloignées de cette source, & cela fondé sur l'ordre de la nature, qui veut que chaque agent ait la sphere de son activité reglée, & agisse d'ordre plus efficacement sur ce qui est raisonnablement proche, que sur ce qui en étant beaucoup plus loin, se trouve en quelque façon hors de sa portée.

Au lieu que les plus considerables effets de la seve se font dans les parties les plus éloignées des racines, qui en sont la veritable source ; cette seve voulant, pour ainsi dire, se porter avec impetuosité vers les extremitez de l'Arbre où est son centre, ne fait que passer brusquement & legerement par toutes les autres parties qui la conduisent à ce centre.

Ces extremitez de branches sont donc les premieres parties de l'Arbre qui reçoivent abondamment la seve que les racines preparent dans la terre, & les autres parties de ces branches, quoy que plus voisines de la tige, ne profitent de cette seve, qu'à proportion qu'elles sont plus ou moins éloignées de la source qui l'a produite : le plus grand avantage que le bas de ces branches en reçoive, luy vient seulement du séjour que cette seve qui monte incessamment vers ces extremitez, est contrainre quelquefois de faire dans le voisinage de ces parties basses : ce sejour arrive quand ce qui étoit déja monté de premiere seve, ne pouvant pas assez tost sortir dehors, pour estré employé à faire des branches, des feüilles & des fruits, sert d'obstacle à l'effort de celle qui est montée la derniere ; & par consequent l'arrêtant en chemin pour quelque temps, fait qu'elle demeure un peu loin de ces extremitez, en attendant que le passage s'y rende libre pour la laisser sortir comme la precedente.

Il me semble qu'il se fait en cecy la même chose à peu prés que ce qui arrive à un ruisseau, qui coulant vers sa pente est arresté dans son chemin par l'obstacle de quelque chaussée : ce ruisseau s'empressant d'aller à son centre, qui est au delà de cette chaussée, s'y porte incessamment avec toute la vitesse que sa propre pesanteur luy peut donner ; & cependant toute l'eau nouvelle, qui continuë à tous momens de couler de la même source, par laquelle l'une & l'autre ont esté produites : cette eau nouvelle, dis-je, cherchant à suivre naturellement le cours de celle qui a pris le devant, comme la premiere sortie, elle se trouve arrêtée en chemin par cette premiere, en sorte qu'elle ne peut pas même arriver jusqu'à la digue, par la raison que la premiere s'étant, pour ainsi dire, saisie de ce principal poste, l'empêche de passer outre, tout de même que la digue empêche cette premiere de couler plus avant.

De là il arrive premierement que l'une & l'autre étant ainsi arrêtées, il se fait un grand amas d'eau dans une certaine étenduë de païs : en second lieu, que les parties de cette eau, qui sont les plus éloignées de la digue, s'étendent ensuite à droit & à gauche, & par consequent moüillent, nourrissent, & néient même quelquefois les Plantes qui se trouvent sur les costez, & qui n'auroient été presque ny arrosées, ny nourries : si cette eau au lieu de trouver la digue dont est question, avoit pû librement parvenir jusqu'où sa pente la devoit conduire.

Tout de même aussi la seve, dont la source est aux racines, voulant selon son inclination parvenir à l'extremité des branches.

où elle tend comme à ſon centre, eſt, comme nous avons déja dit, arreſtée quelquefois aſſez loin de ſon but par celle qui étoit montée la premiere, & qui n'a pas eu encore le temps de ſe pouſſer entierement dehors, pour achever de faire ſon devoir.

Si cette derniere montée fait tant ſoit peu de ſejour à l'endroit où elle eſt arreſtée : elle ne manque pas aſſûrement d'y faire quelque choſe de nouveau, qui marque qu'elle y a été arreſtée, ſa demeure ne pouvant jamais être inutile en quelque endroit qu'elle ſe faſſe, & voicy ce qu'elle opere.

Quand elle eſt abondante, comme il arrive ordinairement dans la tige & dans les groſſes branches : ce qu'elle a de plus violent, & qui aproche le plus de la premiere montée s'y prepare en quelque façon pour y aider la premiere à produire de nouvelles branches, plus ou moins groſſes, & plus ou moins nombreuſes ſelon ſon abondance (nous expliquerons cy-aprés l'ordre de la ſortie de ces branches) & ce qu'elle a de moins impetueux fait tout autour d'elle la même choſe que la petite quantité paroîſt faire dans les branches mediocres, c'eſt à dire que l'une & l'autre enflent & arondiſſent les yeux qui ſe rencontrent auprés de leur paſſage & de leur ſejour, & par ce moyen y commencent des boutons à fruits, aſſez ſouvent même y en achevent quelques-uns, lors que heureuſement elle ſe trouve dans la juſte meſure qui eſt neceſſaire pour les achever ; de là vient que j'ay avancé cette maxime, les boutons à fruit ſe forment quelquefois ſur le foible du fort, & quelquefois ſur le fort du foible.

CHAPITRE XI.

Reflexion ſur la production des boutons à fruit.

POur entendre la maxime que je viens d'avancer, il faut ſçavoir que la premiere partie eſt pour les boutons à fruit, qui veritablement ſe forment quelquefois ſur les groſſes branches ; mais ils ne ſe forment que dans les parties éloignées de l'extremité de ces branches, c'eſt à dire en bas : Et la ſeconde partie de la maxime eſt pour les boutons qui ſe forment ſur les branches foibles en un lieu tout contraire de celuy des groſſes, c'eſt à dire à l'extremité de ces foibles.

Il y a donc, comme nous avons dit ailleurs, deux ſortes de branches, de fortes & de foibles, ſur chacune deſquelles il ſe forme des boutons à fruit, il me ſemble qu'il n'y auroit pas grand inconvenient de pretendre que la ſeve qui ſe trouve dans toute l'étenduë de ces branches, y fait, pour ainſi dire, un corps de ſeve : cette maniere de m'expliquer m'eſt neceſſaire, pour faire nettement entendre ma maxime.

De cette seve il est constant & indubitable, comme j'ay déja di que toûjours il en vient beaucoup plus à l'exrremité de toute sorte de branches, qu'il n'en demeure dans toutes les autres parties.

Or je donne le nom de fort, tant à toute la branche qui est grosse & forte, qu'à la partie de toute sorte de branches quelles qu'elles soient, où se trouve assemblée la plus grande abondance de cette seve.

Et je donne le nom de foible, tant à toute la branche menuë & foible, qu'à la partie de toute sorte de branches quelles qu'elles soient, où se trouve la plus petite quantité de cette seve.

Celà posé, il est certain que dans les branches grosses & fortes, où se trouve par consequent un grand concours de seve, le fort de cette seve se portant toûjours vers leur extrémité, elle s'y rend par consequent en grande abondance : cette abondance quelque ample qu'elle soit est veritablement propre à y faire beaucoup de branches, mais nullement à y former des boutons à fruit, l'experience certaine nous apprenant, qu'ils ne se forment jamais qu'aux endroits, où il se trouve une certaine quantité de seve, qui soit presque également éloignée, & de l'excez du trop, & du défaut du trop peu.

C'est apparamment par cette raison-là que nous ne voyons jamais de boutons à fruit à l'extremité de la taille d'une grosse branche, à moins que la seve par quelque obstacle inconnu n'ait été detournée d'y venir toute ensemble selon son cours ordinaire : mais cependant sur les parties basses de cette grosse branche, où la seve n'est, ny si abondante , ny si agitée, il s'y en forme assez souvent quelqu'un par la suite des temps.

Voilà pourquoy j'ay crû pouvoir dire en termes de maximes que les boutons à fruit se forment quelquefois sur le foible du fort, c'est à dire sur la partie foible de la branche forte ; voulant que par cette partie foible on entende la partie basse de cette branche forte, parce que dans cette partie basse, y ayant en effet beaucoup moins de seve que dans la partie haute, c'est à dire à l'extremité, il s'y trouve par consequent une disposition prochaine à y faire quelquefois de ces beaux boutons à fruit que nous y admirons.

La premiere partie de la maxime bien entenduë ; la seconde ne souffrira pas ce me semble grande difficulté ; ainsi disant que les boutons à fruit se forment quelquefois sur le fort du foible, on verra bien que cela veut dire qu'ils se forment à l'extremité des branches, dans lesquelles, comme à tout prendre, il y a veritablement une quantité de seve assez mediocre par comparaison de celle qui se trouve plus abondante dans les grosses : il y en a cependant plus à leur extremité qu'il n'y en a pas aux autres endroits de ces mêmes branches ; & c'est pourquoy il s'y en trouve suffisamment de quoy faire la juste mesure, qui est necessaire pour la la fabrique, facture, ou conformation de ces boutons à fruit.

De là vient en effet que les branches d'une certaine taille mediocre, qu'on peut dire n'être ny grosses, ny chifonnes, sont d'ordinaire les premieres à se charger de boutons à fruit : elles commencent les premieres années d'en avoir à leur extremité, & continuent d'année en année à en produire dans toute leur longueur ; mais successivement de partie en partie, & en raprochant de cette grosse branche d'où elles sont issuës, jusqu'à ce que enfin elles achevent d'en former à la derniere partie, qui approche le plus de l'endroit qui leur a donné naissance.

CHAPITRE XII.

Reflexion sur le peu de durée des branches à Fruit.

NOus disons ailleurs en vuë de suppléer aux accidens qui suivent ces sortes de branches à fruit, qu'elles ne sont jamais de longue durée en aucune sorte d'Arbres, mais qu'en fruits à noyau, & sur tout en Pêches elles n'en donnent jamais deux fois de suite en un même endroit ; elles perissent d'ordinaire la même année qu'elles ont fructifié, qui est l'année d'aprés qu'elles ont été produites, & si quelques-unes ne perissent pas, c'est qu'étant devenuës un peu plus grosse, qu'elles n'étoient, elles ont poussé à leur extremité quelques autres branohes à fruit pour l'année suivante, mais enfin au bout de ce temps-là elles deviennent séches & inutiles, & par consequent il les faut ûter.

A l'égard des fruits à pepin ces sortes de branches durent un peu plus long temps, & continuënt de fructifier dans toute leur longueur jusqu'à cinq & six années tout de suite, & enfin tombent dans la condition commune des branches à fruit, qui est de perir en fructifiant.

Il semble que sur cette maniere de perir pour ces branches à fruit on en pourroit presque dire la même chose qui se dit communement de tous les fruits qui se gâtent en certain temps, le rapport qu'il y a des uns aux autres ne paroist pas trop mal fondé pour souffrir la comparaison ; car tout de même que le premier degré, ou la premiere marque de corruption en matiere de fruits est la perfection de leur maturité, c'est à dire qu'ils ne sont jamais si prés de se corrompre, que quand ils ont atteint leur maturité parfaite, tout de même aussi la premiere marque de destruction aux mêmes branches est le commencement de leur fructification, c'est à dire que justement elles commencent à se détruire au moment, comme disent les Jardiniers qu'elles commencent de se mettre à fruit.

Or pour rendre quelque raison apparente de cette destruction particuliere, on ne peut pas dire, que cette branche à fruit se détruise elle-même, attendu qu'elle n'a point d'action separée de l'action generale de la plante, dont le grand but est de se conserver: il est donc bien plus à propos de dire, comme je le pense, que les endroits par où s'échape le peu de seve qui fait le fruit, c'est à dire les branches foibles, ces endroits, dis-je, ne se trouvans pas pourvûs d'une assez grande quantité de seve pour se fortifier, & pour resister aux injures de l'air, elles séchent insensiblement, & enfin perissent en peu de temps, au lieu que les autres endroits, où est cette abondance de seve, c'est à dire les branches fortes, grosses & vigoureuses, ayans tous les jours des rafraichissemens de seve nouvelle, & ayans par consequent de quoy se fortifier de plus en plus contre les injures de l'air, elles ont aussi la bonne fortune de la longue durée.

CHAPITRE XIII.

Reflexion sur la composition interieure des boutons à fruit.

TOute la Philosophie se tourmente beaucoup, pour pouvoir expliquer la facture interne de ces boutons à fruit; il est vray que la composition & l'arrangement de ces petites feüilles envelopées les unes dans les autres, qui font ces boutons, & les distinguent des autres parties de l'Arbre, font la matiere d'une belle, mais difficile meditation; je voudrois bien penetrer solidement dans la connoissance de ce chef-d'œuvre.

Mais aprés y avoir long-temps travaillé fort inutilement, je tâche de me consoler, & de contenter ma curiosité, en disant grossierement & ingenuëment, que ces boutons se peuvent bien former à peu prés comme se forment les Choux à pommes & les Laituës pommées: voyons si nous entendons le mystere de ceux-cy, & si de là nous pourrons passer à l'intelligence des autres.

Pour bien entendre nostre comparaison, il faut se souvenir, que parmy les Plantes, les unes ne produisent d'ordinaire que pour les dehors, c'est à dire pour allonger & étendre leurs extremitez, & ce sont, tant celles qui s'élevent dans l'air, comme par exemple, les Arbres, les Asperges, les Artichaux, &c. que celles qui rampent sur la terre, comme les Melons, les Citroüilles, le Lierre, &c. les autres pendant un certain temps produisent seulement pour le dedans, & pour se ramasser davantage en elles-mêmes, jusqu'à ce qu'enfin elles prennent le chemin de ces premieres; & ce sont toutes celles qui pomment, comme Choux & Laituës pommées, & même celles qu'on lie pour les faire blanchir, comme Chicorées, Chicons, Alfanges, &c. Les premieres Plantes ne poussent qu'aux extremitez de ce qu'elles ont une fois poussé: les autres ne pouſſent d'ordinaire qu'immediatement autour de leur cœur, & de la même maniere à peu prés qu'on croit voir l'eau naître dans la ſource d'une fontaine.

Cela poſé, nous diſons, que tout de même que, ny les Choux, ny les Laituës ne ſçauroient pommer, ſi leur pied eſt trop vigoureux, la grande vigueur les faiſant d'abord monter en tige, tout autant que leur force le permet; & les faiſant enfin convertir en graine, quand la force eſt fort épuiſée : tout de même auſſi il ne ſe peut guéres former de boutons à fruit ſur les Arbres, ou ſur les branches trop vigoureuſes, la grande vigueur les faiſant allonger en bois, au lieu de s'arrondir, comme il ſeroit neceſſaire pour devenir en effet boutons à fruit.

Il faut donc une certaine mediocrité de vigueur dans ces ſortes de plantes, pour y former leurs pommes, de la même maniere qu'il faut une certaine mediocrité de ſeve dans les Arbres fruitiers, pour y former leurs boutons à fruit.

Or pour entendre de quelle maniere ſe forment ces pommes dans ces Choux & dans ces Laituës; il faut ſçavoir premierement, que les envelopes externes ſont d'ordinaire les premieres productions que ces plantes ont formées, & qui ont auſſi-tôt commencé d'être, que les plantes même; en ſecond lieu, que de toutes ces feüilles la premiere production il n'en reſte d'ordinaire qu'une petite quantité, qui croiſſant à proportion de la qualité du Choux & de la Laituë ſervent comme de Remparts & de Baſtions au dehors, pour conſerver le plus precieux qui eſt au dedans, & qui eſt en quelque façon comme le cœur & le Magazin de la place.

De là il arrive enfin que quelques-unes de ces vieilles feüilles exterieures venans par l'ordre de la nature, & quelquefois par l'induſtrie du Jardinier à approcher leurs extremitez fort prés les unes des autres, elles forment un ceintre naturel, & comme une eſpece de calote, qui renferme & couvre entierement le cœur & le dedans de ces Plantes : ce cœur qui eſt le ſiege du principe de vie de la plante, ſecouru de l'action des racines qu'il anime, & ſemblable, comme nous avons dit, à la ſource d'une fontaine, ſe voit auſſi-bien qu'elle naiſtre ſans ceſſe autour de ſoy une infinité de petites productions, qui ſont autant de jeunes feüilles; celles-cy étant empêchées de s'étendre, s'entrelaſſent & s'envelopent pour un temps les unes dans les autres, en attendant qu'elles puiſſent être aſſez fortes pour forcer & pour rompre les barrieres, qui les reſſerrent ſi étroitement : Or comme elles ne ſont point expoſées aux injures de l'air elles demeurent tendres, blanches & delicates; de plus, comme elles ſont en grand nombre & en peu de place, elles ſe preſſent ſi fort les unes des autres, qu'elles font enfin un corps dur & ſolide; & voilà ce qu'on appelle de pommes de Choux, & de pommes de Laituës.

N'y a-t-il pas quelque apparence que les boutons à fruit denos Arbres se forment absolument de la même maniere que ces sortes de pommes? sans doute que c'est en partie la forme & la figure, qui font la difference de leurs dénominations; aux Arbres la petite rondeur noirâtre & pointuë, qui fait & renferme la fleur, est mieux batisée par le nom de bouton, qu'elle ne le seroit par le nom de pomme ; pour ce qui est des Choux & des Laituës, leur grosseur, & leur rondeur leur fait donner plus à propos le nom de pomme que celuy de bouton.

A l'égard de ces boutons d'Arbres, nous ne voyons d'abord que les envelopes exterieures d'un bourgeon, qui bien serrées les unes contre les autres mettent à couvert de toutes les injures de l'air ce qui incessamment, interieurement & insensiblement vient à naître dans le cœur de ce bourgeon.

Les Oignons au dedans de la terre se font encore apparemment de la même maniere à peu prés que les pommes de Choux & de Laituës se forment au dehors de cette même terre.

Or tout de même que ces Oignons, ces Choux & ces Laituës ayans reçû, pour ainsi dire, une espece de renfort par une augmentation de seve, viennent à s'ouvrir & à pousser au dehors, ce qu'ils avoient long-temps tenu caché dans leur enceinte : tout de même aussi ces boutons à fruit de nos Arbres venans à recevoir au Printemps quelque augmentation interieure, tant par la premiere rarefaction, que par la nourriture nouvelle, ils crevent, & laissent enfin sortir & épanoüir cette fleur, qui porte en soy le commencement du fruit.

Ce commencement du fruit est un petit aiguillon renfermé dans le cœur de cette fleur ; c'est luy qui contient veritablement en soy la semence de ce fruit : l'un & l'autre n'avoient été formez que dans le déclin des chaleurs, & de la seve de l'Esté precedent ; une chaleur temperée au renouveau aide à l'Arbre à perfectionner ce qui n'étoit proprement qu'ébauché ; & si les injures de l'air n'y viennent rien détruire, le Jardinier y trouve la matiere agreable de ses souhaits & de son esperance, aussi-bien que la nrture y trouve de quoy multiplier quelque espece d'Arbres.

Quotque in in flore novo pomis se fertilis arbos induerat, totidem Autumno matura tenebat. *Virg. Geor.* 4.

Voilà jusqu'où mon estude m'a conduit, pour commencer à penetrer tant soit peu dans la costruction interieure des boutons à fruit : j'avoüe de bonne foy, que ce n'est pas avoir beaucoup avancé, veu particulierement cette grande difference qui se trouve parmy les uns & les autres, en ce que les boutons des fruits à noyau n'envelopent qu'une Fleur chacun, & les boutons des fruits à pepin en envelopent jusqu'à dix & douze, & qu'il y a tant de differences dans leur couleur, grandeur, &c.

CHAPITRE XIV.

Reflexion sur d'autres effets de la seve, tant pour grossir que pour allonger.

JE viens encor à parler des effets qui doivent leur naissance & leur être au sejour que fait la seve dans certaines parties des Arbres; & je dis qu'ils sont, ce me semble, visiblement justifiez par l'exemple de ces têtes de Saules qui grossissent extraordinairement au prix de leur tige, ce qui provient asseurement de ce que les branches de leur sommet étant souvent coupées proche du lieu d'où elles sortent, la seve qui s'y rend toûjours à son ordinaire, ne pouvant pas sortir d'abord qu'elle y est arrivée, se trouve cependant contrainte d'y séjourner quelque peu de temps, & ainsi s'attachant & s'incorporant en partie à l'endroit où elle est arrestée, fait que cette tête devient beaucoup plus grosse que tout le reste où la seve ne fait que passer.

J'estime qu'on peut dire avec assez de vray-semblance, que la seve fait la grosseur des branches d'Arbres, & de toutes sortes de Plantes, de la même maniere à peu prés que la cire fonduë fait la grosseur des bougies, & de toute sorte de flambeaux, avec cette seule difference, qui cependant n'altere en rien la comparaison que la seve monte de bas en haut entre le bois & l'écorce, parce qu'elle va chercher le centre des êtres qui sont legers; & qu'au contraire la cire fonduë se répand de haut en bas le long de la méche suspenduë, parce que tout de même elle va chercher le centre des corps qui ont de la pesanteur; & s'il arrive qu'une partie de cette cire fonduë fasse plus de sejour en un endroit qu'à un autre, elle ne manquera pas d'y faire le même effet que fait la seve aux extremitez des Arbres étronçonnez: Je ne trouve dans nos mecaniques rien de plus juste que cette cire fonduë, pour representer au naturel de quelle façon la seve qui est quelque chose de liquide, sert pourtant à grossir un corps solide par la solidité qu'elle acquiert elle-même; elle se grossit en effet, comme si c'étoit autant d'enveloppes appliquées successivement les unes sur les autres, & lesquelles il n'est pas trop difficile de démeler à la vûë, quand on vient à considerer l'extremité de quelque tronçon d'Arbre, ou les Oignons, les Raves, & autres racines coupées par la moitié.

Mais à l'égard de l'allongement des branches, & de toute sorte de Plantes, lequel se fait aussi, parce que les parties nouvelles venans à s'approcher des anciennes, il s'y fait d'une année à l'autre une sorte d'union si étroite, & en terme de Philosophes, une sorte d'incorporation si intime, & si individuelle, qu'il n'est pas possible, ny de les distinguer à la veuë, ny de les déprendre, ou detacher les unes d'avec les autres : à l'égard de cet allongement, dis-je, il faut bien que la seve nouvelle ait en quelque façon la proprieté d'amolir & de fondre l'extremité dure de chaque branche ; & de chaque tige de l'année precedente, pour pouvoir marier le liquide nouveau avec le solide vieux, en sorte qu'il s'en fasse ensuite un corps entierement semblable, sans qu'on y puisse remarquer la moindre difference de l'un à l'autre.

Je ne puis m'empêcher de dire que cecy est pour moy un autre sujet d'une grande admiration : l'industrie des hommes n'est point ce me semble encore parvenuë à rien faire qui soit semblable à cet allongement imperceptible de branches ; quoy que les couleurs des Peintres appliquées en divers tems, & la soudure qu'employent les Orfévres & les Fondeurs, fassent veritablement quelque chose, qu'on peut dire en approcher ; il faut recourir à quelqu'autre effet de la nature, pour nous pouvoir representer nettement cette union si parfaite ; & ce sera à la glace, qui par la rigueur du froid se forme sur toute sorte d'eau, & par exemple dans le bassin d'une Fontaine : il est vray que la partie de la superficie de cette eau qui aura esté gelée aujourd'huy, ne pourra absolument estre distinguée de la partie interieure de cette eau même, qui gelera demain, & ainsi successivement de partie en partie, à mesure que le froid continuë de les penetrer ; mais la comparaison des Goutieres, où les glaçons s'alongent à mesure que le froid de l'air s'augmente, represente encore plus clairement cet allongement de branches que nous avons de peine à comprendre dans les Arbres, quoy que pourtant, & ces nœuds & ces yeux si artistement placez par certains intervalles, & accompagnez de feüilles & de fruits, fassent à nos conceptions des difficultez jusqu'à cette heure impenetrables.

D'ailleurs nous ne sçaurions guéres profiter de ces deux comparaisons, à moins que dans l'intervalle d'un jour à un autre il n'y ait quelque cessation sensible de froid, en sorte qu'il y ait apparence certaine, que pendant un certain temps il aura cessé de geler ; car quand la gelée continuë sans relâche, elle ne fait à l'égard de l'eau pendant le grand froid de l'hyver, que ce que la seve fait pendant les chaleurs du Printemps & de l'Esté à l'égard des branches allongées, toute la difficulté roule sur le premier allongement qui se fait au sortir de l'Hyver, & cela par le moyen d'une seve liquide qui monte tout de nouveau à l'extremité des branches dures & solides de l'année precedente.

A la verité l'Arbre se fend aisément dans sa longueur, c'est à dire du pied à la tête, comme si dans cette situation les fibres, ou parties de bois qui en composent le corps, n'étoient en quelque façon que des fils colez les uns aux autres, mais pour ce qui regarde la largeur à le prendre à travers d'un côté à l'autre, il est impoſſible de le fendre, les parties ſont tellement compactées & liées enſemble les unes aux autres que chacune paroiſt faire un petit tout parfait en ſoy, & que ſans le ſecours d'un inſtrument bien tranchant la ſeparation n'en peut être aucunement faite.

Les effets de ce ſejour de ſeve à l'égard de nos Arbres fruitiers ſont encore juſtifiez par le contraire de ce ſejour, c'eſt à dire par quelque paſſage trop precipité de la ſeve, comme il arrive quand la ſeve, & ſur tout des Fruits, ſoit à pepin, ſoit à noyau, étant pour ainſi dire débauchée, au lieu de ſuivre ſon cours ordinaire, qui eſt de venir d'un pas reglé aux extremitez des branches, ſe fait en chemin des ſorties extraordinaires dans quelqu'autre partie de l'Arbre, & y produit en peu de jours ce que nous appellons des branches de faux bois : cette ſeve ainſi dereglée s'échapant avec quelque ſorte de fureur & de violence, creve & monte impetueuſement, & ne fait pendant ce premier effort aucun ſejour dans ſon paſſage.

De là vient que les yeux qui ſont les plus prés de cette ſortie, ſont fort éloignez les uns des autres, ſont plats & mal nourris, & à peine même paroiſſent-ils marquez ; au lieu qu'aprés que la violence de ce premier effort s'eſt un peu ralentie, la ſeve n'allant plus que ſon train ordinaire, il ſemble qu'elle ait ſes pauſes reglées ; & ainſi vers l'extremité de cette même branche elle fait ſes yeux plus prés à prés, & mieux nourris, ſi bien que le bas ne pouvant ſelon ſon merite recevoir que le nom honteux de faux bois, le haut cependant peut à juſte titre ſe conſerver le nom honorable d'un bois veritablement bon & bien conditionné.

Cette comparaiſon des effets de la ſeve dans les branches avec les effets de la lumiere dans un lieu nouvellement éclairé, nous a peut-être porté un peu trop loin ; mais je n'ay pû expliquer en moins de termes ce que je penſois de la promptitude, avec laquelle cette ſeve preparée par les racines paroiſt ſe porter ſubitement à toutes les extremitez des branches : je ſouhaite ſeulement que j'aye été aſſez heureux pour me faire entendre.

CHAPITRE XV.

Reflexion ſur d'autres effets du plus & du moins de la ſeve.

JE reviens encore à une autre parité de raiſon, que je découvre entre la lumiere du flambeau, & les racines de nos Arbres, pour appuyer davantage mon ſentiment ſur l'operation differente des racines à l'égard de la ſeve qui groſſit, allonge & étend cet Arbre.

Tout de même que plus le corps lumineux eſt gros & éclairant, plus loin auſſi fait-il aller ce qu'il répand de lumiere, tout de même plus les racines qui agissent sont grosses, fortes & vigoureuses, & plus loin aussi se porte la seve, ou nourriture qu'elles preparent.

Ainsi il est facile d'expliquer d'où vient qu'on voit mourir les extremitez de certains Arbres, ou de certaines branches, ne croyant point en effet qu'il y en ait d'autre raison à rendre, si ce n'est que sûrement au pied de ces Arbres il ne se fait plus de grosses & vigoureuses racines, & par consequent il ne se prepare plus une assez grande quantité de seve, pour estre capable de monter aussi haut qu'elle avoit accoûtumé de faire, soit dans les années precedentes, soit même dans la saison où on remarque ce défaut.

La seve par exemple montoit peut-être autrefois jusqu'à la hauteur de trois & quatre toises, & presentement elle ne sçauroit plus monter que jusqu'à dix ou douze pieds, ce qui paroist assez en ce qu'il ne se fait plus de branches nouvelles ailleurs que beaucoup au dessous de l'ancienne extremité des vieilles.

D'un autre costé la seve dans le commencement de l'année avoit poussé des branches jusqu'à la hauteur de deux ou trois pieds, & sur la fin de l'Esté le bout de ces branches noircit, & meurt de la longueur de cinq ou six pouces : la racine paroissoit avoir assez bien travaillé dans le Printemps, où la terre étoit dans un temperamment de chaud & d'humide propre à la vegetation ; mais la chaleur de l'Esté ayant par son excez consommé cette humidité, ces racines qui n'étoient que menuës & foibles, n'ont pû se défendre de son attaque, comme font celles, qui en d'autres Arbres sont grosses & vigoureuses : nous avons parlé ailleurs des remedes qu'il faut employer contre de tels accidens.

Or d'autant plus que la racine est vigoureuse, d'autant plus aussi agit-elle vigoureusement, & par consequent d'autant plus attire-t'elle de nourriture, & d'autant plus en fait-elle monter ; c'est la vigueur de cette racine, qui fait que la seve s'élevant jusqu'au sommet des Arbres, les allonge encore plus qu'ils ne l'avoient jamais esté ; comme la foiblesse, qui est cause que cette seve n'étant pas assez abondante pour monter bien haut, s'arreste beaucoup plus bas qu'elle n'avoit accoûtumé de faire.

Il est bien vray qu'il semble, que comme chaque animal a sa grandeur reglée, & comme chaque fontaine eu égard à la quantité de ses eaux, & à la grandeur du tuyau qui les conduit, ne les peut élever que jusqu'à une certaine hauteur, par rapport au dernier lieu de repos d'où elles décendent.

Tout de même aussi la hauteur, & la circonference de chaque Plante paroist être reglée, en sorte qu'il y a un certain terme, jusqu'où la seve peut veritablement parvenir pour faire de nouvelles branches, mais ne sçauroient absolument monter plus haut pour y faire aucune production ; ainsi pourveu qu'un Arbre qu'on qu'on a par exemple reconnu ne pouvoir aller que jusqu'à la hauteur de douze pieds, soit ravalé de cinq ou six, autant de fois qu'on le voit parvenu aux douze, il paroistra toûjours vigoureux, parce qu'il travaillera pour remonter jusqu'où sa force se peut élever, & par consequent ne tombera jamais dans l'inconvenient de se voir deshonnorer par aucune marque de mort à ses extremitez.

Le Jardinier habile doit s'être rendu sçavant en cette connoissance par les observations qu'il aura été capable de faire, soit dans la conduite des Arbres, soit dans la culture de sa terre ; la difference du bon & du mauvais fond contribuë beaucoup à decider du pouvoir & de la vigueur de cette seve ; en tel fond qui est veritablement bon, un Arbre se portera vivement jusqu'à cinq ou six toises de hauteur, & ainsi à proportion pour sa circonference, & en tel autre fond, qui est beaucoup moins fertile, un Arbre de pareille espece aussi bien conditionné que le premier, ne pourra passer une hauteur de dix ou douze pieds, tel fond est propre à faire produire, sans être presque cultivé, tel autre n'est propre à rien, si son infertilité n'est corrigée par tous les soins, & tous les secours du Jardinage.

CHAPITRE XVI.

Reflexion sur l'ordre de la sortie des branches nouvelles.

Ayant expliqué de quelle maniere la seve entrée dans les racines me paroist ensuite monter, & se répandre dans toutes les parties superieures de l'Arbre ; je croirois être presentement obligé de dire comment je pense, que les branches nouvelles sortent à l'extremité des branches de l'année precedente : & d'où vient que cette sortie paroist d'ordinaire si reglée, que les plus hautes ont communément quelque avantage de grosseur & de longueur sur les plus basses.

Je me serviray de la même comparaison que j'ay déja faite de l'eau d'un ruisseau, qui étant pour quelque temps arrétée par une digue, ne peut continuer sa course vers le centre de sa pente ; cette eau qui s'est ramassée jusqu'à faire un corps considerable, comme on voit aux grands Estangs, venant ensuite à trouver dans un moment quelques ouvertures égales, tant au corps de la digue, qui soûtenoit principalement son grand poids, qu'en quelques parties des murailles des costez, qui ne servoient simplement qu'à l'empêcher de s'étendre trop loin ; cette eau, dis-je, ayant fait, ou trouvé toutes ces ouvertures sortira en même temps par chacune d'elles, mais sortira d'ordinaire en beaucoup plus grande quantité, & avec plus de violence par la brêche de la digue, qu'elle ne fera par les brêches des costez, & encore en fortira-t-il à proportion davantage par celles des costez, qui ayant une ouverture semblable approcheront le plus prés de cette digue, que par celles qui en seront plus éloignées ; le poids de l'eau qui tend toûjours à son centre, & qui augmente sa pesanteur à mesure qu'elle approche davantage de ce centre, fait cette difference considerable, qui est connuë à tout le monde.

La seve dans nos branches y fait à peu prés les mêmes effets ; car y ayant trouvé plusieurs ouvertures égales, & c'est ce que nous appellons les yeux, elle sort en même temps par celles qui sont les plus hautes, mais sort en plus grande abondance par la derniere, c'est à dire par l'œil qui est à l'extremité, & où se fait le plus grand effort de la seve, que par les autres qui en sont éloignées ; ensuite si elle est assez abondante, & assez pressée de sortir par la nouvelle faite, elle se décharge dans les yeux plus bas, mais proportionnément davantage dans ceux qui approchent le plus de cette extremité, & moins dans ceux qui en sont plus éloignez.

Et tout de même quil arrive quelquefois que l'eau de ce ruisseau qui trouve une digue en front, & qui trouve des murailles sur les costez, se faisant elle-même des sorties en fait une plus grande par l'un des costez que par la principale digue, & ainsi sort en plus grande abondance, par où apparemment elle devoit sortir en plus petite quantité : de même aussi voyons-nous quelquefois dans nos Arbres, que les branches nouvelles qui sortent à l'extremité de celle qui a esté taillée, au lieu d'être plus grosses que toutes les autres qui en sont en même temps sorties, se trouvent cependant du nombre des plus foibles.

Pour expliquer autant que nous pourrons la cause d'un effet si contraire à l'ordre du naturel de la seve, nous disons que ce changement provient de ce que la seve cherchant par l'effort de son activité naturelle à faire sa principale sortie par l'extremité de cette branche, a trouvé quelque obstacle interieur que les Jardiniers ne connoissent pas toûjours ; cet obstacle l'empêchant de parvenir toute en corps à cette extremité, n'y en a laissé passer qu'une partie, & cependant ce fort de l'abondance s'étant jetté sur quelqu'un des yeux qui étoient au dessous du plus haut, la seve a commencé d'y faire son principal effet ; & à l'égard de tous les autres yeux elle s'y est jettée plus ou moins abondamment, selon qu'ils se sont trouvez plus ou moins voisins de celuy qui a servi de passage au torrent de la seve.

Le peu de seve qui a passé à l'œil, ou aux yeux plus haut, n'y ayant fait que des branches mediocrement grosses, leur a communiqué ce qu'elle a accoûtumé de faire à toutes les branches foibles, c'est à dire une disposition prochaine à faire promptement des boutons à Fruit ; c'est pourquoy dans la taille je regarde toûjours cette branche comme une des plus importantes & des plus precieuses à conserver pour le Fruit.

Or de bien comprendre comment ce plus, & ce moins de seve font des effets si differens ; j'avoüe de bonne foy, que ny mes observations, ny mes meditations n'ont encore pû m'en donner une intelligence suffisante : je vois bien que cela est, & j'en tire cette maxime si paradoxe, que le Fruit est une marque de foiblesse, mais je n'ay pû encore aller jusqu'à découvrir la maniere dont cela se fait, ny les raisons pour lesquelles cela se fait.

Je ne sçaurois non plus comprendre d'où vient que la terre s'use & s'effrite en nourrissant des Plantes qui luy sont en quelque façon estrangeres, par exemple du Bled, des Arbres, & des Legumes, & ne paroist pas s'effriter en nourrissant des Chardons, des Horties, & une infinité d'autres sortes de méchans Herbages.

Aprés tant dobservations n'est-il pas permis de conclure, que de toutes les manieres sur lesquelles l'esprit de l'homme exerce ses raisonnemens & ses conjectures, peut-être n'y en a-t-il aucune où il soit plus difficile de raisonner juste que celle de la vegetation ? c'est un champ d'une vaste étenduë, un champ ouvert à tout le monde, où chacun a la liberté d'entrer & de foüiller autant que bon luy semble ; mais où peu de gens réüssissent à deffricher heureusement, tant est grand le nombre des singularitez qui le composent : rien n'est si aisé, ny si ordinaire que d'y tomber dans de grandes erreurs, quand on pretend tirer beaucoup de consequence de plante à plante, & établir en même temps beaucoup de maximes generales.

CHAPITRE XVIII.

Reflexion sur la difference des effets de la seve dans les parties exterieures des plantes.

IL est bien vray qu'à l'égard de ce qui se passe dans les entrailles de la terre, la production des racines, & la nourriture de toutes les plantes s'y font apparemment d'une égale maniere : nous l'avons cy-devant expliqué au Chapitre des Plants ; mais en ce qui paroist au dehors, il semble que ce soit comme autant de petites Republiques, qui se gouvernent differemment les unes des autres, & qui dans leur façon de faire n'ont rien de commun avec leurs voisines, la politique de l'une étant assez souvent tout-à-fait opposée à la politique de l'autre : c'est ainsi par exemple que tous les Oiseaux qui conviennent à la verité dans leur maniere de se multiplier, c'est à dire par les œufs, different cependant si notablement dans leur taille, dans leurs couleurs, dans leur ramage, dans leur façon de vivre & de faire, &c.

La nature a mis dans les vegetaux une si grande diversité en chacun ; qu'on pourroit vrai-semblablement dire, qu'elle n'a pas moins eu l'intention de nous faire admirer les sources inépuisables de ses productions differentes, que de confondre l'esprit de l'homme, quand il aspire à pouvoir penetrer dans tous ses secrets, & rendre raison de chacune de ses operations.

De tout temps il y a eu de grands esprits, qui ont travaillé pour se rendre intelligens dans cette matiere, dans nôtre siecle nous en voyons beaucoup qui l'étudient avec empressement; mais aprés avoir examiné quelqu'un des vegetaux, s'il arrive peut-être que hors les qualitez medecinales on y ait fait quelque legere découverte, on est assez enclin à se flatter aussi-tost, jusqu'à croire qu'on est parvenu à le connoitre entierement, soit dans sa cause, soit dans sa maniere d'être; & de là on ne fait pas grande difficulté de tirer des consequences pour les autres, & cependant pour peu qu'on veüille pousser ses reflexions plus loin, il se presentera au même instant un grand nombre d'autres vegetaux tous contraires, qui éblouïssent, & qui sont par consequent capables de renverser tous les raisonnemens déja faits, ou de donner au moins de grandes atteintes à la plûpart des maximes generales qu'on aura voulu establir.

Par exemple, à considerer d'un costé la maturité des Poires, des Pommes, des Raisins, &c. & à considerer de l'autre costé l'ordre des Fleurs aux Tubereuses, aux Lys, aux Jacinthes, aux Pieds-d'Alloüettes, &c. Pour juger à l'égard des uns lequel endroit de chacun est le plûtost meur, & à l'égard des autres, lequel calice est le plûtost épanoüy; on trouve infailliblement que tant dans ces fruits que dans ces feüilles, tout ce qui est le plus prés de la queuë, & par consequent le plus prés de la tige & des racines, & par consequent encore le plûtost fait, formé & façonné, a l'avantage d'estre le premier à acquerir, ce qui à nostre égard luy convient de plus parfait, mais qui à son égard approche le plus de sa fin & de sa destruction: sur cela on ne manque pas de vouloir conclure en terme de maximes generales, que dans les plantes, plus une partie se trouve voisine de l'endroit d'où luy vient la nourriture, & plûtost aussi parviennent-elles à sa maturité & à sa perfection.

Mais si en même temps on considere les Figues, les Melons, les Pêches, les Prunes, les Abricots, &c. on trouvera que la premiere partie meure, & la meilleure, est celle qui se trouve la plus éloignée de la queuë, & par consequent la plus éloignée de la tige, & des racines.

Si on regarde aux Orangers, aux Jassemins, aux Oeillets, aux Rosiers muscats, &c. les premieres Fleurs sont celles des extremitez de chaque branche, & pour achever d'embarrasser nostre Phisicien, il n'a qu'á considerer les Framboisiers & les Lauriers roze, parce que ny dans les uns, ny dans les autres il n'y paroist rien de reglé, soit pour l'ordre de la maturité des Fruits, soit pour l'ordre de l'ouverture des fleurs; c'eſt quelquefois ce qui eſt le plus éloigné qui meurit ou fleurit le premier : & c'eſt quelquefois auſſi ce qui eſt le plus prochain; ces inégalitez, ou ſi vous voulez ces deſordres ſont aſſez difficiles à fixer par des maximes.

Que deviendra donc icy celle qu'on a crû pouvoir établir en general de la maturité des Fruits : & de l'épanoüiſſement des Fleurs ? il faut donc neceſſairement faire de differentes maximes ſelon les differentes eſpeces & des fruits & des fleurs que la nature nous produit.

Si au Printemps on examine l'endroit d'où naiſſent beaucoup de fruits, comme Poires, Pommes, Pêches, Prunes, Abricots, Ceriſes, Groſeilles, &c. on trouve que c'eſt ſur de certaines branches, qui ſont au moins faites une année ou deux auparavant; c'eſt là que dans l'Eſté precedent ſur le declin de la ſeve les boutons à fruit ont eſté façonnez.

Dés qu'on a acquis cette connoiſſance, ne croit-on pas pouvoir ſur cela établir affirmativement, que les Fleurs ont precedé les fruits d'aſſez long-temps; mais ſi d'un autre coſté on regarde la Vigne, le Noyer, le Maronnier, le Meurier, le Coignaſſier, le Framboiſier, l'Azerolier, &c. on trouvera qu'icy la nature agit tres-differemment de ce que nous venons de luy voir faire ſur d'autres ſujets : les Fleurs n'y ſont anterieures que de peu de jours à leurs fruits ; puis que les uns & les autres ne ſe formans que ſur des branches produites dans le Printemps même, ces Fleurs & ces fruits naiſſent avec le bois qui les doit ſoûtenir : il y a cependant cette difference entr'eux, que les uns ſe font aux extremitez, comme les Noix, les Marons, les Azeroles, les Coins, & ceux-là d'ordinaire arreſtent la branche entierement, en ſorte qu'elle ne s'allonge plus, ſi ce n'eſt peut-être aux Noyers & Chataigniers, ſur leſquels nous voyons quelquefois, qu'aprés les Noix & les Marons formez à l'extremité d'une branche, il y vient une aſſez grande quantité de ſeve pour la faire encore notablement allonger ; les autres ſont formez au bas de la branche, & ne l'empêchent jamais de s'allonger, par exemple, la grappe de Raiſin, & quelquefois la Meurre, &c. peut-on rien voir de plus oppoſé pour la naiſſance des Fruits.

Si à la plûpart des Arbres on regarde à l'Automne l'endroit des branches qui ſe dépoüille le premier, on trouve que c'eſt d'ordinaire leur extremité qui commence à paroiſtre dénuée, comme ſi les racines n'agiſſans plus pour lors ſi vigoureuſement, ou la chaleur de l'air n'eſtant plus ſi proportionnée à leurs beſoins, la ſeve ne pouvoit plus par conſequent continuër de monter juſqu'en haut ; ſi au contraire on regarde aux Pois, aux Féves, aux Artichaux, aux Choux, & à la plûpart des autres Legumes, & même aux Amandiers & Pêchers fort vigoureux, on trouvera que la partie basse est la premiere séche & fanée, durant que l'extremité est encore verte & poussante : comment ajuster deux effets de seve si contraires l'un à l'autre.

Si on regarde les fleurs des Fruits, tant à pepin qu'à noyau, on trouve que le Fruit se trouve au même endroit où étoit la fleur, parce que celle-cy en se passant paroist faire place à l'autre, pour lequel elle a fleuri ; mais si on regarde aux Noyers, Chataigniers, Noisetiers, comme aussi au Bled de Turquie, &c. on trouve qu'il n'y a nul Fruit où étoient les fleurs ; & qu'au contraire pour ces sortes d'Arbres le Fruit se forme à l'extremité de la branche, sur laquelle il n'a paru aucune fleur ; & que pour le Bled de Turquie la fleur se forme au haut de la tige, & le Fruit sort du nombril de chacune des feüilles inferieures.

Si on regarde l'ordre de la production des Fruits, on trouve que reglement la nature commence par des boutons à fleur, qu'elle fait paroistre, & comme nous avons dit aux Arbres à pepin chaque bouton contient plusieurs fleurs, & consequemment plusieurs Fruits ; aux Arbres à noyau chaque bouton ne contient qu'une fleur, & consequemment un Fruit unique ; or d'un petit éguillon, qui se trouve dans le milieu de chaque fleur, le Fruit se forme trois ou quatre jours aprés qu'elle est épanoüie, & cela s'entend, si le temps est favorable, c'est à dire si le froid ne gâte pas ces precieux commencemens ; ainsi chaque Fruit est d'ordinaire precedé de sa fleur ; mais la Figue naist tout d'un coup parfaite sans fleurir, & pour les Melons, Concombres, Citroüilles, &c. le Fruit est la premiere chose qui paroist, & c'est seulement quelques jours aprés la naissance de ce Fruit, qu'à son extremité on voit une fleur achever de se former, & ensuite s'épanoüir : veritablement c'est de la bonne fortune de cette fleur que dépend la perfection de ce Fruit ; en sorte que si elle n'est pas capable de resister au froid & à ses autres ennemis, ce Fruit vient à mourir presque aussi-tost qu'il a pris naissance.

De plus, quoique d'ordinaire il ne reste rien de la fleur avec le Fruit ; en sorte que celui-cy n'ait accoûtumé de paroistre que quand la fleur est entierement passée : cependant au Grenadier pour la construction ou composition du Fruit il reste une partie de la Fleur, ou plûtost une partie du Fruit, naist en même temps que la fleur, & luy sert pour ainsi dire de berceau ou de coquille, tant pour la conservation de cette fleur, que pour servir d'enveloppe à une maniere de liqueur congelée, & aux grains ou pepins, qui sont l'essence & la substance de ce Fruit.

Et au Gland la premiere chose qui paroist, c'est encore une maniere de coquille entre ronde & plate, qui est produite sur la fin de Juillet, & qu'on peut dire luy servir de fleur ; puis qu'elle n'en a point d'autre ; en effet c'est du milieu de cette coquille que sort peu de jours aprés ce Fruit, qu'on pretend avoir eſté la nourriture des premiers hommes.

Et comme chaque Arbre eſt composé de pluſieurs branches, les unes fortes & les autres foibles, ſi on regarde à quel endroit ſe forment regulierement la plûpart des fruits; on trouve que d'ordinaire ce n'eſt point ſur les groſſes branches, mais au contraire ſur les foibles que la nature prend ſoin de fructifier.

Si toutefois on regarde à quel endroit de la Vigne ſe forment les grappes, & à quel endroit des Figuiers ſe forment les Figues, on trouve que rarement en vient-il ſur les branches foibles, & que communement il s'en fait beaucoup ſur les groſſes, fortes & vigoureuſes; comment faire pour reduire ſous une ſeule maxime ce choix de differentes ſituations à faire du fruit.

Si on regarde la maniere dont les Arbres s'allongent, tant par leurs tiges que par leurs branches; on trouve que durant la grande action de la ſeve, c'eſt à dire au Printemps & en Eſté, ce qui eſt extremité dans un premier moment, ne l'eſt pas à l'autre moment qui le ſuit, la ſeve qui monte inceſſamment a formé de nouveau bois, auſſi-bien que de nouvelles feüilles par deſſus cette extremité precedente; & à ſon tour ce nouveau bois doit incontinent recevoir d'une nouvelle ſeve le même traitement qu'il avoit fait luy-même à l'extremité du bois precedent.

Si en même temps on regarde aux Artichaux, aux Aſperges, aux grappes de Raiſins, à toutes les feüilles & tous les fruits, aux Tulipes, aux Oeillets, & a la plûpart des fleurs, on trouve que ce qui eſt une fois extremité, demeure toûjours extremité, en ſorte que leur augmentation ſe fait par dedans & nullement par dehors, comme il ſe fait à l'extremité de l'allongement des branches d'Arbres, l'Aſperges, l'Artichaut, la Tulipe, & la plûpart des fleurs paroiſſent ſortir toutes entieres du cœur de la Plante; mais veritablement petites, & croiſſent enſuite interieurement par le ſecours d'une nouvelle nourriture; à voir comme elles s'élevent inſenſiblement de tige, & qu'elles ſont pouſſées en haut par cette nouvelle ſeve, ne ſemble-t-il pas que cela ſe faſſe de la même maniere à peu prés que ce qui eſt dans un tuyau ou dans un canon, qui eſt pouſſé ou chaſſé par la partie baſſe, pour aller ſortir à la partie ſuperieure?

Si on regarde d'où viennent la blancheur & la delicateſſe des Laitnës liées, du Celeri, des Cardons d'Eſpagne, des Porreaux, &c. on trouve qu'elle vient de ce qu'on a étouffé ces legumes, ſoit avec du fumier ſec, ou des feüilles ſéches, ſoit avec de la terre ou du terreau, en ſorte que le grand air a perdu la liberté de les pouvoir rafraichir & penetrer à ſon ordinaire; ainſi ces parties étouffées n'étant plus immediatement éclairées des rayons du Soleil, ont non ſeulement perdu leur couleur verte avec ce qu'elles avoient de dur, d'amer & de deſagreable, mais auſſi ont acquis une certaine blancheur avec cette bonté, cette delicatesse que nous souhaitons, & si d'un autre costé on regarde le blanc & le vert des Asperges, on trouve que le plus mauvais & le plus dur est justement tout ce qui estant privé de l'aspect du Soleil par la terre, ou par le fumier qui l'environne est entierement demeuré blanc, au lieu que le meilleur & le plus delicat est la partie qui se trouve verte & rougeâtre: chose à mon sens assez difficile à comprendre & à expliquer, que dans les Plantes l'air en attendrisse l'une, & endurcisse l'autre dans le même temps.

Aux Margueritte & Giroflées rouges panachées, la naissance est blanche pour un temps, & enfin par les rayons du Soleil cette premiere couleur d'enfance vient insensiblement à se changer au plus beau rouge du monde.

Aux Oeillets, aux Tulipes, &c. le beau vif qui les accompagne en naissant, les abandonne quand le Soleil les a quelque temps éclairées.

La plûpart des Poires sont colorées en fleurissant, & aprés la fleur les unes deviennent vertes ou grises, les autres blanches, ou jaunes, quelques-unes sur la fin reprennent une couleur plus vive que jamais.

Les Abricots en approchant de leur maturité, de vert qu'ils étoient, deviennent premierement blancs, & passent de là à ce beau vermillon qu'on y admire.

Les rayons de ce Soleil blanchissent les avant-Pêches, noircissent les Meures, rougissent d'une couleur éclatante les Cerises, les Fraises, les Framboises, &c. & d'une couleur de pourpre la plûpart des Pêches, & enfin donnent un nombre incroyable de diverses teintures, tant aux Prunes & aux Fruits, qui à toutes les fleurs qui paroissent sur la terre: voilà beaucoup de differences bien essentielles.

Si on regarde aux feüilles de chaque Plante, communément on ne trouve qu'une feüille à chaque queuë, & ces feüilles sont attachées aux branches par petits estages, comme par degrez éloignez les uns des autres en forme d'échiquier, & cependant en certaines Plantes on trouve des queuës chargées, l'une de trois, cinq & sept feüilles, comme le Sureau, le Noyer, le Rosier, les autres de sept, neuf, onze, comme le Frêne; quelques-unes en ont même jusques au nombre de dix-sept, dix-neuf, & vint-un, comme l'Acacia, & toûjours par nombre impair, & pour lors quand il se trouve une si grande quantité de feüilles sur une seule queuë, bien loin d'estre par degrez en forme d'échiquier, comme nous avons dit cy-dessus, elles naissent diametrallement opposées l'une à l'autre.

Aux Muriers nous voyons au mois de May, que de chaque œil ou bouton des branches de l'année precedente il sort quelquefois quatre & cinq Meures, & même par fois il en sort une branche plus ou moins longue selon l'abondance de seve qui parvient à ce bouton.

Aux

Aux Figuiers du nombril de chaque feüille poussée depuis le Printemps jusqu'à la my-Juin, qui est à peu prés le temps du Solstice, & par consequent du redoublement de seve dans nos Plantes, il en sort pour lors regulierement une Figue pour l'Automne; & c'est ce que nous appellons les secondes Figues, donr le nombre ne passe guéres en ces Climats-cy celuy de cinq ou de six, ou de sept au plus sur chaque bonne branche.

Je dis bonne branche, car chaque branche n'a pas cet avantage d'estre bonne: les foibles ne l'ont pas, ny les gros rejettons nouveaux du pied, ny toutes les branches sorties de la taille faite sur le vieux bois, ny même les grosses branches qui naissent en faux bois du corps de l'Arbre; si bien qu'il n'y a de bonnes branches que celles qui naissent raisonnablement grosses, & suivant l'ordre naturel, dans lequel sont produites les branches en toute sorte d'Arbres, ainsi que nous l'avons cy-devant expliqué.

Les Figues qu'on appelle de la premiere seve, naissent à la my-Avril, & naissent tout d'un coup assez grosses devant qu'il paroisse encore aucune feüille; elles naissent de l'ancien nombril de la queuë de certaines feüilles de l'année precedente, c'est à dire d'auprés l'endroit où étoient les feüilles, qui l'Esté precedent avoient esté poussées, & n'avoient point produit ce qu'on appelle Figues secondes pour l'Automne. Une grande partie de ces Figues de la premiere seve, sont d'ordinaire asseurées de meurir à la fin de Juillet, & pendant le mois d'Aoust, s'il ne survient point de fraicheurs qui les fassent tomber; & si pendant ces mois de chaleur elles ne sont point gâtées, ou par trop de pluye, ou par des ardeurs extraordinaires; mais pour les secondes nous ne devons esperer de voir meurir que celles qui estant nées dés la my-Juin se trouvent presque en grosseur devant la fin de Juillet, & encore faut-il que ce soit dans un terroir assez chaud & sec, & que l'Automne soit accompagnée de chaleur, & par consequent exempte de gelées & de pluyes froides, comme nous l'avons eu l'année 1670. & 1676.

Ce n'est pas seulement les Figues, qui naissent du nombril des feüilles; c'est une condition qui leur est commune avec la plûpart des autres Fruits, & même au Gland & au Jassemin; mais le Raisin naist à l'opposite, & de l'autre costé de la feüille, ce qui paroist une chose tres-singuliere, & encore plus, de ce qu'à la plûpart des Vignes il ne sort d'ordinaire qu'au trois, quatre & cinquiéme nœud d'en bas de la branche; au lieu que tous les autres fruits naissent dans toute l'étenduë de la branche, que nous appellons branche à fruit, & naissent même plûtôt vers son extrémité, que dans son commencement.

Les Coignassiers font leur fruit de la même maniere que les Framboisiers, Azerolliers & Grenadiers font le leur, c'est à dire à l'extremité des petites branches qui sortent des grosses aux mois de Mars & d'Avril ; & cependant les Poiriers greffez sur Coignassier ne font du fruit que sur les branches produites un an auparavant.

La plus grande abondance de seve, comme nous avons souvent dit, monte communement à toutes les Plantes entre le bois & l'écorce, & peut-être aussi en monte-t-il quelque peu au travers du bois ; mais à la Vigne, qui, pour ainsi dire, n'a point d'écorce, la plus grande abondance, comme nous l'avons déja dit, monte absolument au travers du bois.

La grosseur des Fruits se fait par la nourriture, c'est à dire par la seve, qui au sortir de la branche coulant par le canal de la queuë, parvient au dedans de ce fruit entre le cœur & la peau, & s'y épaissit enfin conformement à la nature de chacun : la grosseur du bois, & de chaque tige se fait apparamment de la même maniere.

L'ordre de la production des fruits est, que communement les plus beaux soient à l'extremité des branches, & sur tout de celles qui sont foibles, & qu'il ne s'en fasse qu'une fois chaque année aux endroits qui peuvent fructifier ; mais la nature pratique le contraire pour les Figues, car premierement elle en produit deux fois par an ; en second lieu elle ne les produit guéres que sur les grosses branches, en sorte que particulierement pour l'Automne elle n'en fait que sur les Arbres qui ont assez de vigueur ; & en troisiéme lieu elle place les premieres & les plus grosses dans les parties les plus éloignées de l'extremité, & les autres à proportion qu'elles en sont plus ou moins éloignées : aussi communement est-ce le même ordre qu'elles suivent en meurissant.

La maniere dont le Figuier d'Inde s'y prend à faire ces productions, tellement que sans avoir ny tige ny branches, il se sert de ses feüilles pour se multiplier & s'accroistre, n'est pas à mon sens la moins estonnante de toutes celles que nous admirons tous les jours.

Regulierement toutes nos Plantes fleurissent assez long-temps devant que de faire & de perfectionner leurs graines, le Pourpier toutefois fait la sienne, sans avoir presque aucunement fleuri ; dés que le pied est assez gros, il s'éleve un peu en differentes tiges, & fait d'abort cette graine blanche, tendre, & tout ce semble détachée l'une de l'autre, il la tient bien renfermée dans plusieurs petites coques, & enfin meurissant il la noircit & endurcit ; pour lors les coques s'ouvrans elles nous font voir ce petit tresor, qu'elles avoient si soigneusement caché.

Les Fleurs des fruits ont entre-elles de grandes differences de couleurs ; les Poiriers, Abricotiers, Cerisiers, Orangers fleurissent blanc, les Pommiers rougeâtre, les Grenadiers orangé, les Pêchers violet clair : & parmy toutes ces Fleurs il y en a de doubles & de simples, il y en a de grandes, de mediocres, & de petites.

La Dentelure que la nature a, pour ainsi dire, pris plaisir de faire autour des feüilles de la plûpart des vegetaux, & laquelle estant si differemment taillée dans chaque espece, doit avoir donné lieu aux hommes premierement d'en faire, & ensuite d'en faire de tant de façons, & de tant de manieres; cette Dentelure, dis-je, merite bien de trouver quelque place parmy nos meditations.

Ce qui se passe à l'égard de nos Oignons de Tulipes, paroist devoir mettre toute la Philosophie à bout : au mois d'Octobre on les met en terre, ils y font leurs racines, & du milieu de chacune il en sort au mois de Mars suivant, une tige chargée de sa fleur, jusques-là rien d'extraordinaire; il en est de même aux Couronnes Imperialles, aux Jacinthes, Tubereuses, Jonquilles, &c. Mais cette tige qui a paru sortir du milieu de cet Oignon de Tulipe, tout de même que la tige de ces autres Oignons est sortie du milieu des leurs, se trouve enfin placée en dehors, & à costé de l'Oignon, ce qui ne se fait point aux autres Plantes : comment comprendre ce changement de place? l'Oignon se referoit-il tout de nouveau, ou se montant passeroit-il imperceptiblement au travers d'un des costez de cet Oignon, &c. En verité c'est icy un mystere de vegetation, qui ne peut estre regardé avec assez d'étonnement & de confusion.

Ce recueïl d'observations iroit à l'infini, si j'en voulois icy rapporter tant d'autres qu'e j'ay faites dans nos vegetaux; c'est assez, ce me semble, qu'il soit constant, qu'il y a en chaque Plante une determination particuliere, certaine & infaillible pour le commencement & la durée de son action, pour sa maniere d'estre en dehors, pour la qualité de la terre qui luy convient, pour le goust, la couleur & la grosseur de son Fruit, pour la figure, grosseur, & couleur de sa graine, pour la difference de ses feüilles & de sa tige, pour l'endroit de l'Arbre où se fait le fruit & la graine, &c.

Et que comme j'ay dit plusieurs fois, il soit tres-difficile d'expliquer toutes ces differentes singularitez par un grand nombre de pores, & de diverses figures, & par des corpuscules proportionnez, qui viennent à les penetrer.

Je n'en diray pas davantage pour le present, & finiray aprés avoir seulement expliqué quelques reflexions qu'il m'est autrefois arrivé de faire sur la pretenduë circulation de seve dans les Plantes.

CHAPITRE XVIII.

Reflexion sur l'opinion qui admet la circulation de seve.

COmme je suis persuadé, que premierement dans les vegetaux il se fait au Printemps une rarefaction certaine, qui commence le premier mouvement de la vegetation ; & qu'en second lieu il y a dans chaque Plante un principe de vie, qui étant un agent necessaire & forcé, soûtient les premiers effets de la rarefaction, ainsi que j'ay cy-devant expliqué : le mouvement des Pendules peut, ce me semble, servir à me faire entendre ; dés qu'on a monté le peson, on donne un petit branle à la Pendule, & tout le monde sçait ce qui s'ensuit : Or il ne me paroîst guéres possible de marier cette circulation avec l'action des racines que nous voyons se grossir & s'allonger elles-mêmes dans le même temps qu'elles attirent la nourriture, & voicy mes difficultez.

C'est que premierement je ne puis m'imaginer quand commence cette circulation, ny en quel endroit elle commence ; en second lieu je ne vois, ny sa necessité, ny son utilité : en troisiéme lieu, supposé qu'il y en eust, je ne sçay s'il faut dire qu'il n'y en a qu'une generale dans chaque Arbre, ou qu'il y en a autant qu'il y a de branches, &c.

A l'égard du temps & de l'origine, s'il estoit vray qu'il y eust une circulation ; il faudroit necessairement qu'elle ne commençât que dans le moment que les racines commencent d'agir, & que ce fust par ces racines qu'elle commençât, ainsi il y auroit un temps où il ne s'en feroit point, puisque les racines n'agissent pas toûjours & comme la principale raison, qui fait que dans l'animal on admet la circulation, est pour la purification du sang, que l'on pretend devoir estre au hazard de se corrompre, à moins qu'il ne soit dans un mouvement perpetuel : il faudroit conclure de là, que la seve dans les Plantes se corromproit pareillement, d'abord qu'elle cesseroit de circuler, & qu'ainsi on verroit perir tous les Arbres d'abord qu'ils seroient sans action, soit pour estre empêchez par le froid, soit pour se trouver hors de leur terre ; & qu'à plus forte raison les branches separées de l'Arbre qui les a produites, periroient sur le champ ; tout de même que les membres d'un animal perissent d'abord qu'ils sont separez de cet animal ; cependant rien n'est plus contraire à l'experience de tous les plans, & de toutes les greffes, qu'on envoye si souvent & si heureusement dans les Pays éloignez, sans qu'il leur arrive le moindre accident, pourvû que la chaleur ne les altere pas.

Mais de plus, supposé que cette circulation fust veritable, & qu'elle ne commençât qu'au moment que les racines commencent d'agir : par où sauvera-t-on la production des branches qui se font au Printemps independamment des racines ? Or on ne peut douter qu'il ne s'en fasse, puis que beaucoup d'Arbres nouveaux plantez en font au Printemps, sans qu'ils ayent produit aucunes racines; & puisque la plûpart des Arbres arrachez en Hyver, & laissez sur la terre, & même la plûpart dés branches coupées en ce temps-là, & mises par une de leurs extremitez dans la terre, poussent de petits jets au renouveau, sans avoir encore rien fait dans cette terre.

Mais enfin comment expliquer cette circulation, quand les Amandes des Noyaux, ou les graines ordinaires germent dans la terre, & qu'il en sort pendant quelques jours une racine qui s'allonge en descendant, sans qui'l paroisse aucune production qui monte ; quand vers le mois d'Aoust l'Oignon d'Imperialle sans être enterré, pousse tout de même ses racines, & ne pousse point de tige; quand les autres Oignons poussent leur tige en Automne & au Printemps, & ne poussent point de racines; quand les Tulipes, les Tubereuses, & particulierement les Asperges montent; en sorte que ce qui a d'abord paru extremité le demeure toûjours, & ainsi la partie monte toute entiere de bas en haut, quand les branches à l'extremité de celle qui a esté occupée ou pincée, sont produites avec cette difference de grosseur & de longueur que nous avons cy-devant expliquée, en sorte qu'il s'y fait une distribution de seve fort inégale, quand sur les branches foibles les boutons à fruit se forment seulement à l'extremité, & sur les grosses se forment seulement au bas : il me semble qu'il est bien difficile de trouver de la circulation dans tous ces exemples, & dans un nombre infini d'autres tous semblables que je pourrois icy alleguer.

Or si on peut assez bien prouver qu'en quelques plantes il n'y en ait point, ne peut-on pas absolument conclure, qu'il n'y a nulle raison pour en admettre dans les autres ?

Joint que pour faire voir l'impossibilité de la circulation, il est vray de dire, qu'elle supposeroit en chaque branche trois chemins distincts & separez, deux pour l'aller & le revenir de la seve imparfaite, & un troisiéme pour le retour de la parfaite, sçavoir le premier pour la premiere route, l'autre pour servir de passage au retour, & la troisiéme pour conduire la seve parfaite à l'endroit où elle devroit demeurer : je ne dis pas qu'il faudroit des chemins pour monter & pour descendre, parce que souvent les extremitez des branches sont pendantes, & regulierement celles des fruits le sont toûjours; à parler aussi proprement, on ne pourroit pas dire que la seve monte, quand en effet elle descend; mais je dis simplement qu'il faudroit plusieurs chemins pour aller & revenir.

Or je demande, comment par exemple on pourroit trouver ces trois chemins dans une queuë de Cerise ? comment cette seve qui auroit son premier mouvement pour monter aux extremitez, d'où elle devroit descendre aussi-tost vers les racines : comment, dis-je, elle seroit determinée à descendre vers ce Fruit qui pend, & de la determiner jusqu'à l'endroit où elle avoit quitté la route qui la conduisoit en haut, ponr prendre aussi-tost ce chemin qui la devroit ramener en bas, & puis reconduire au dernier lieu, où sa destinée de fruit & de feüilles la doit porter.

Je demande encore s'il ne se fait pas de circulation pour le fruit aussi-bien que pour le bois ; & cela estant, ces deux seves au retour ont-elles chacune leur chemin particulier, (ce qui fera une grande multiplication de chemins,) ou bien se mêlent-elles ensemble, & cela fera une confusion malheureuse de deux seves, dont on veut que l'une soit beaucoup plus epurée, & plus excellente que l'autre.

Voilà, ce me semble, bien des allées & des venuës, dont la nature, qui est si simple dans ses operations, ne s'accommode guéres volontiers : pourquoy la seve n'acquereroit-elle pas tout d'un coup sa perfection au moment que les racines l'ont attirée : tout de même que l'air est tout d'un coup éclairé, d'abord que la lumiere du Soleil ou des flambeaux vient à se presenter ; de plus supposé que la circulation deust estre necessaire pour perfectionner la seve, je demande où est ce que s'acquiert cette perfection, ce ne peut pas estre à la premiere entrée des racines, puis qu'on veut qu'elle y soit comme indigeste, ce ne peut pas estre aux extremitez des branches & des Fruits, puis qu'elle ne s'y arreste pas ayant encore deux voyages à faire ; car si elle s'y arrestoit, il s'ensuivroit qu'elle seroit parfaite, & que par consequent il seroit inutile de retourner à sa premiere source : ce ne peut pas estre aussi à la seconde visite qu'elle vient rendre aux racines, parce qu'elle s'y arresteroit seuremenr ; car comme il est indifferent à la seve parfaite d'estre employée à faire les racines ou la tige, les branches, ou les feüilles & les fruits, elle seroit fixée au premier endroit où elle se trouveroit accompagnée des degrez de perfection qui luy conviennent.

Je demanderois encore volontiers, en cas que l'extremité où la seve devoit venir, eût esté retranchée, comment se feroit la commnnication des chemins de l'un à l'autre, & ce que deviendroit la seve, qui seroit preparée pour estre Fruit, en cas qu'elle fût arrestée à my-chemin, en sorte qu'elle ne pût plus remplir sa destinée.

Il est donc vray, que cette doctrine de circulation entraîne necessairement une grande suite d'embarras, que nous pouvons ce me semble heureusement sauver, en disant que ce principe de vie qui fait tout agir, quand la chaleur du Soleil luy en a donné l'impression, donne d'abord, & en entrant à cette eau, qui a esté attirée, une qualité de seve parfaite, qui cependant de soy est indifferente à devenir Fruit, feüille, ou bois, & que comme cette seve a les degrez de la rarefaction, qui luy conviennent; elle se trouve legere, & propre à s'élever vers toutes les extremitez, que si elle est tres-abondante, elle fait par tout beaucoup de bois & de feüilles, & le tout grand & materiel à proportion de son abondance; que si elle est en tres-petite quantité, elle fait des fleurs presque par tout, & assez de fruits ensuite, mais veritablement elle les fait icy de petite taille; que si enfin elle est mediocre en de certains endroits, comme sur les branches foibles, & au bas des branches fortes, elle y fait premierement des boutons à fruit, & enfin de beaux fruits.

Mais pour pouvoir comprendre & expliquer cette belle distribution de seve vers toutes les parties dont l'Arbre est composé, soit pour commencer chacune, & la continuer autant qu'il luy convient, soit pour la déterminer à sa juste grandeur, il semble que la nature s'y soit formellement opposée, comme si elle avoit pris soin de se couvrir d'un voile obscur, pour n'être apperçûë dans le temps qu'elle produit & qu'elle engendre; tellement que nos lumieres ordinaires ne sçauroient penetrer jusques dans le secret mysterieux de cette vegetation.

Je veux bien que dans l'animal il y ait une circulation de sang; les vaisseaux, aussi-bien que tout le corps de l'animal y sont parfaits dans toute leur étenduë, sans qu'il y faille imaginer un commencement & une fin, ainsi ils contiennent fort bien le sang & les esprits, pour les empêcher de sortir par aucune extremité; mais dans nos Arbres qui s'allongent sans cesse par dehors, il faut supposer que les vaisseaux sont ouverts par leurs extremitez, & qu'ils s'allongent incessamment par là, tout de même que fait la masse entiere de l'Arbre; ainsi nul rapport de vaisseaux d'animal à vaisseau d'Arbre, & par consequent l'induction m'en paroît vitieuse & imparfaite.

La troisiéme difficulté qui reste, pour expliquer si la circulation estant admise il faut dire qu'il n'y en a qu'une generale dans chaque Arbre, ou qu'il y en a autant de particulieres, qu'il y a en effet de branches, n'est peut-être pas la moindre de toutes les autres; parce que de n'en admettre qu'une generale, on aura bien de la peine à concevoir la reprise des branches, qui étant plantées de boutures, deviennent en peu de temps des Plantes parfaites; il faudroit bien dire que dans chacune de ces branches il y avoit une circulation veritable, laquelle avoit cessé d'agir au moment qu'il leur estoit arrivé d'estre separées de l'Arbre sur lequel elles avoient esté produites; mais que d'abord ayant esté replantées elles s'étoient trouvées en état d'agir par elles-mêmes, leur circulation avoit aussi commencé à faire son devoir, & qu'ainsi elles étoient parvenuës à se rendre parfaites.

Or si pour l'explication de la bouture on admet des circulations singulieres dans chaque branche, il en faudra necessairement admettre plusieurs dans chacune de ces branches, puis qu'en effet pouvant estre divisées en plusieurs parties, si on remet en terre chacune de ses parties, avec toutes les conditions necessaires, elles reprendront aussi aisément que si on avoit planté les branches entieres ; & cela étant, n'est-ce pas ce progrez à l'infini, qui est le plus horrible monstre du raisonnement ? mais quand la branche couchée fait racine à l'endroit de sa courbeure, & que de là en avant cette partie du dehors qui étoit la plus menuë, devient en peu de temps beaucoup plus grosse que celle qui tient encore à l'Arbre : ne faudroit-il pas dire qu'il s'est fait necessairement une circulation nouvelle ? si bien que l'ancienne a fini, ou qu'au moins elle est demeurée inutile, joint que je ne puis voir le moyen d'ajuster toutes ces circulations particulieres avec la generale, pour les faire agir de concert, & par subordination quand elles sont de compagnie dans un même Arbre.

Tant d'embarras, & tant d'inconveniens me déterminent sans doute à n'avoir pas grande créance à cette nouvelle opinion de circulation de seve, quoy que j'aye une extrême consideration pour le merite de ceux qui l'ont imaginée.

CHAPITRE XIX.

Reflexion sur l'opinion qui veut établir une entrée de nourriture par les parties superieures des plantes.

Quelques-uns ont voulu dire, qu'il n'entroit pas seulement de la nourriture par le canal, & l'operation qui se fait des racines dans la terre, mais qu'il en entroit aussi du costé de l'air par les parties superieures de l'Arbre, & fondent leur opinion sur ce que, si pendant l'Esté on serre étroitement certaines branches en quelque endroit de leur longueur, ou que même on en dépoüille entierement une partie, celles qui sont au dessus du lien, ou au dessus de l'endroit dépoüillé, ne laissent pas souvent de grossir & de s'alonger.

A quoy je répons, que la premiere vegetation que nous avons vû faire aux Amandes, aux Noyaux, & aux grains semez, ne peut absolument s'accorder avec cette necessité de nourriture aërienne, puisque cette vegetation se fait dans les entrailles de la terre, sans avoir aucune communication avec l'air.

Je répons de plus, qu'il n'est guéres possible de lier si étroitement cette branche dont est question, que la seve, qui est une humeur non seulement subtile & delicate, mais aussi violente dans son operation, ne trouve quelque passage sous ce lien ; & quoy que sa plus grande abondance doive monter entre le bois & l'écorce, l'écorce; il est cependant vray que toûjours il en monte quelque peu au travers des fibres du bois, & même la nature, qui par la grande aversion qu'elle a pour le vuide, fait des choses si extraordinaires, peut fort bien faire icy, que la seve qui est arrestée en chemin, soit par ce lien, soit par cette grande écorchure, penetre cependant au travers du bois, pour aller nourrir les parties superieures, qui periroient infailliblement, si elles n'étoient promptement secouruës.

Enfin on pourroit bien encore répondre, que cette enflure, & cet allongement de l'extremité de telles branches, sont plûtost une espece d'hydropisie, qu'une veritable augmentation d'une bonne continuité; puis qu'en effet ces sortes de parties superieures des branches liées ou dépoüillées perissent en fort peu de tems, quand le canal d'en bas n'est pas promptement rendu libre pour laisser passage à la veritable nourriture.

Les grands allongemens qui se font des Plantes, dont l'origine se trouve fort bas dans la terre, comme par exemple un oignon de Tulipe, ou d'autre fleur.

L'extremité pointuë & piramidale de chaque branche; la naissance de toutes les branches, qui sont toûjours tournées & determinées à monter, & jamais à descendre.

L'origine des branches qui viennent sur le dos ou coude de celles qu'on a courbées violemment vers la terre; les faux bois qui naissent vers le pied des Arbres quand le haut a esté mal traité, les extremitez des branches qu'on voit perir pendant que le bas est vigoureux, comme aussi les extremitez des Plantes qui meurent, ou se fanent, quand pendant les chaleurs on les a nouvellement remises en terre, les greffes en flute, &c. Toutes ces observations me paroissent entierement contraires à la décente de seve qu'on pretendoit venir du costé de l'air, tant au travers de l'écorce, que par les extremitez des branches.

Le goust des Fruits qui sentent le terroir, justifie bien aussi de son costé que la nourriture vient apparemment d'un fond de terre, qui a un tel goust, & non pas de l'air qui n'en a aucun; car seurement s'il entroit de la seve au travers du bois, il pourroit bien en entrer aussi au travers de la peau des Fruits; & ainsi la queuë qui paroist estre l'unique & veritable canal de la nourriture des Fruits, se trouveroit, pour ainsi dire, avoir beaucoup de camarades dans sa fonction naturelle; c'est pourquoy on pourroit bien luy reprocher qu'elle n'est pas entierement necessaire.

Il est bien vray que les Arbres ont necessairement besoin d'être entourez d'un air temperé, qui tienne leur écorce aisée à dilater & à détacher du corps du bois qu'elle couvre, afin de donner passage à la seve qui vient des racines; mais je ne crois pas pour cela qu'il soit vray de dire, qu'il entre de la nourriture par cette écorce, jusques-là même que si l'air étoit trop chaud autour d'une tige toute nuë, comme il arriveroit à des Arbres qu'on auroit mis en Espalier à quelque exposition du Midy dans des climats de Zone torride, bien loin que par cette tige il entrât quelque sorte de nourriture, le passage de celle qui doit venir d'en bas par le canal ordinaire en seroit tellement empêché, que toute la partie superieure de l'Arbre en periroit infailliblement, & ainsi la seve ne pouvant monter aux petites superieures, creveroit dans le pied, & y feroit une infinité de rejettons nouveaux.

Ceux qui par des incisions faites sur quelques plantes, pretendent prouver cette intromission de seve par les parties d'en haut, ou prouver même la circulation à cause de l'humeur qui sort en abondance par de telles incisions, paroissent à mon sens se servir d'un moyen peu solide pour l'établissement d'une opinion si extraordinaire.

Car premierement, s'ils viennent à couper ou à rompre l'extremité de cette plante, ils verront de part & d'autre aux deux extremitez coupées une grande quantité de sources de seve, qui par de petits trous visibles & apparens boüillonne en sortant tout autour de chacune, tant de celle qui a conservé sa situation, que de l'autre qui a esté separée de la premiere.

En second lieu, si l'incision est faite par le bas, il en sortira non seulement quelque quantité de cette seve qui monte incessament, mais aussi un peu de celle qui étant déja montée, & ayant toûjours esté soûtenuë de la nouvelle qui monte, ne peut s'empêcher de retomber faute du secours, & de l'appuy qui luy est osté par les incisions : c'est ainsi que le jet des eaux jalissantes retombe si promptement à chaque fois que le robinet vient à estre fermé.

Et enfin si l'incision prouvoit suffisamment, il faudroit que toute la seve superieure décendît par une seule ouverture ; tout de même que toute la liqueur superieure d'un vase se pert par le premier trou qui se trouve au dessous d'elle ; mais cependant l'experience nous apprend, que d'autant d'incisions qui se font, tant au dessus, qu'au dessous de la premiere, il en sort toûjours de la seve, mais plus abondamment par la plus basse & moins par la plus haute, & seurement ce ne peut estre que le même effet que je viens d'expliquer pour la premiere.

CHAPITRE XX.

Reflexion sur la conformité de seve, qui se trouve pour la facture, tant du bois & des feüilles que du fruit.

NOus n'avons guéres de Plantes, qui tout le long de l'Esté fassent plus de racines, & par consequent plus de seve que les

Figuiers, ainsi nous pouvons assez seurement faire nos observations & nos raisonnemens en fait de seve sur celle qu'on peut remarquer en toutes les parties du Figuier ; elle me paroist entierement d'une même couleur, d'un même goût, & d'une même consistance, tant dans le bois, & la queuë des feüilles & du Fruit, que dans le Fruit même quand il est encore tout vert ; car quand il est meur, & qu'on le détache, on n'y apperçoit aucune marque de cette seve blanche, dont il en reçoit si grande quantité devant que de meurir.

Et de là on pourroit bien conclure en general, qu'il n'y a pas grande difference de la seve qui fait le Fruit, d'avec celle qui entre dans la composition de toutes les autres parties de l'Arbre, puis qu'en effet elle paroist si semblable au sortir de la queuë & à l'entrée du Fruit ; aussi-bien s'il étoit vray que la seve qui doit faire le Fruit, eût certains degrez de perfection particuliere qui ne se rencontre pas dans celle qui fait le bois, que voudroit-on que devint cette seve à Fruit, si celuy qu'elle devoit faire & nourrir perissoit devant que d'estre en nature, ou devant que d'estre parfait, comme il arrive si ordinairement ; il faut bien qu'elle se mêle avec tout le reste, & qu'elle soit pareillement employée à la production d'autre chose qui ne soit pas fruit.

Voilà pourquoy les Arbres qui n'ont point de fruit font beaucoup plus de bois, que ceux qui en sont chargez ; & voilà encore pourquoy je crois être toûjours bien fondé à soûtenir, que toute la difference consiste au plus & au moins de seve, le peu faisant les fleurs & le fruit, comme le beaucoup fait l'écorce & les feüilles.

Joint ce que j'ay tant de fois repeté, que le fruit sur les branches foibles se forme à leur extremité, comme sur les branches fortes il se forme vers la partie la plus basse, pour faire voir qu'il s'en forme par tout, & qu'on se trompe grandement, quand pretendant rendre la veritable raison, pourquoy les Fruits sont d'ordinaire sur les branches foibles, & particulierement à leur extremité, on veut dire que cela provient de ce que la seve a necessairement besoin de se cuire, & de se perfectionner, ce qu'elle ne sçauroit faire qu'en passant dans une longueur considerable de petits canaux,

Quand bien même cette pensée auroit quelque apparence de bon fondement, comment expliquer la production des grapes de Raisin, des pommes de Coin, des Meures, des Azerolles, des Framboises, &c. qui se forment en même temps que le bois, sur lequel tous les ans la nature nous le vient presenter au Printemps, car en effet par exemple sur chaque vieille branche de Vigne taillée tous les ans au Printemps il en sort autant de nouvelles branches qu'on y a laissé d'anciens yeux, & sur chacune de ces branches nouvelles il en sort des grapes en même temps que ces branches sortent, & cela n'arrive d'ordinaire qu'au troisiéme, quatriéme & cinquiéme nœud de chacune, & puis la branche continuë de s'allonger.

Cela posé pour certain comme il est, je demande comment on peut dire, que la seve faute de cuisson ou de preparation suffisante a esté imparfaite jusqu'à chacun de ces trois yeux : que là il s'en est fait de bien assaisonnée, de sorte qu'elle s'est partagée en parfaite & imparfaite : la premiere ayant esté employée d'un costé à faire une grape de Raisin dans quelqu'un de ces trois nœuds, & de l'autre à faire des feüilles & des branches ; & cependant toûjours du bois, de la moëlle & de la peau dans l'intervalle de chacun des nœuds, pour la formation desquels l'une & l'autre seve ont apparamment concouru ; enfin aprés cette separation de seve parfaite & imparfaite il se fait une réunion des deux, pour ne faire plus de l'année que du bois & des feüilles au dessus de ces grapes : tout de bon je ne suis pas encore assez clair-voyant là-dedans, pour donner dans ces sentimens subtils & élevez de quelques-uns de nos Philosophes modernes.

CHAPITRE XXI.

Reflexion sur l'opinion de ceux qui raisonnent sur la production des Fruits, tout de méme que sur la generation des Animaux.

NOus en avons encore, comme j'ay déja dit dans le Traité de la taille, qui sur la production des Fruits veulent raisonner de la même maniere que sur la generation des Animaux : les Animaux, disent-ils, ne produisent leurs semblables, que quand ils sont vigoureux, n'étans nullement capables de produire quand ils sont infirmes, & ainsi la generation est une action de vigueur dans tout l'ordre de la nature : donc les Arbres qui sont des êtres naturels, ne sont pareillement capables de faire leurs Fruits, que quand ils ont beaucoup de force & de vigueur, & par consequent cette generation de Fruits ne peut pas estre regardée comme une marque de foiblesse ; ils ajoûtent aussi, que dans les ouvrages de la nature la force ne se doit mesurer que par la qualité noble & importante des effets, qui ne peuvent estre produits que par une vigueur & une puissance extraordinaire.

Ce sont à la verité des propositions & des inductions plausibles & vrai-semblables, avec lesquelles, quand d'ailleurs elles sont soûtenuës d'une reputation d'habileté fort établie, on peut persuader ceux qui ne sçavent pas se deffendre.

Quoy que j'aye une singuliere veneration pour le merite & pour les ouvrages des habiles gens qui raisonnent de la sorte ; j'avoüe toutefois que j'aurois peine à me taire, ſi je voyois, que pour décrier plus aiſément mes maximes, on me fit par exemple avancer celle-cy, que je n'entens pas (l'abondance d'humidité, qui fait produire aux Arbres beaucoup de bois & de feüilles, eſt un effet de leur force) je puis bien avoir dit, & je le redis encore, que les fleurs & les fruits aux Arbres ſont des marques de leur foibleſſe, ou de leur peu de ſeve, comme l'abondance des belles branches ſans fruits, eſt la marque certaine de leur force, ou de l'abondance de leur ſeve; le terme d'humidité ne me paroiſt pas fait pour ſignifier la ſeve qui eſt dans l'Arbre : je crois qu'il ne ſe doit icy prendre, que pour l'humidité de la terre où un Arbre ſe trouve planté; ainſi il y a grande difference entre abondance de ſeve, & abondance d'humidité : on ne voit guéres une abondance de ſeve dans les Fruitiers, qui ont à leur pied une abondance d'humidité, ils ne manquent guéres de perir, quand leurs racines viennent à eſtre ſubmergées d'eau, & ne prendroient jamais ſi on les plantoit dans des terres par trop marécageuſes; au lieu que d'ordinaire ils font beaucoup de bois & peu de fruits, quand étant pourvûs d'un principe de vie vigoureux, & plantez dans une terre bonne & mediocrement humide, ils produiſent de bonnes racines, qui leur fourniſſent à la teſte une abondance de ſeve.

Il faut donc prendre garde de ne pas confondre enſemble ces deux termes d'humidité & de ſeve, puis que la ſeve ne s'entend que de la nourriture qui eſt dans l'Arbre, & l'humidité ne ſe doit entendre que de l'eau qui peut eſtre au pied de cet Arbre.

Ce qui peut avoir donné lieu de vouloir raiſonner ſur la generation des Plantes, comme on a juſqu'à preſent raiſonné ſur la generation des animaux, eſt, ce me ſemble, qu'on a crû que le Fruit étoit à l'égard de l'Arbre la même choſe que doit être le petit Animal à l'egard du pere qui l'a engendré; & par ce raiſonnement il faudroit conclure, que comme un jeune Lion reſſemble parfaitement dans toute la conformation de ſon être au Lion ſon pere, que pareillement une Poire & une Ceriſe doivent reſſembler entierement dans toute leur conformation au Poirier & au Cerizier, qui les ont produites, juſqu'à devoir eſperer que cette Poire & cette Ceriſe atteindroient inſenſiblement, & par ſucceſſion de temps leur hauteur, leur groſſeur, & leur figure, comme le Lionceau atteint celle du Lion.

La nature nous fait bien voir, que ſa maniere d'agir ne répond pas à ces ſortes d'inductions; & ainſi c'eſt tout au plus ſi on peut dire, qu'une partie du Fruit de chaque Arbre eſt à l'égard de ce même Arbre, ce que la ſemence des Animaux eſt à l'égard de ces mêmes Animaux.

Je ne ſuis pas aſſez inſtruit en Anatomie, pour ſçavoir ſi la matiere ſeminale des Animaux demande autant de force & de vigueur pour eſtre formée au dedans du corps, que pour eſtre utilement employée à la generation ; mais toûjours me semble-t-il sçavoir, que personne ne s'apperçoit, ny du temps, ny de la maniere dont elle se forme, non plus que du temps ny de la maniere dont se font les muscles, les os, les cartilages, &c. & qu'aparamment c'est par la providence de la nature, que de toute la masse des alimens, une partie est employée à former cette semence, & le reste sert à l'augmentation, ou à la conservation de ce qui compose tout l'Animal, sans qu'il se fasse jamais aucun effort sensible pour fabriquer & perfectionner tout ce qui se produit au dedans du corps.

Mais j'ajoûte qu'on seroit extrêmement trompé, si on croyoit comme une verité constante, que chaque fruit fût le fourreau ou l'étuy d'une semence capable de produire un Arbre tout semblable à celuy qui l'a produit : la multiplication generale des Arbres ne se fait guéres par les fruits ; & en effet, qui est-ce qui a jamais vû un Prunier de Perdrigon, ou un Bigarotier venu de noyau ? qui est-ce qui voit un Figuier ou un Murier venu de graine, un Poirier de Bon-Chrêtien, ou de Bergamotte venu de pepin ? quoy qu'il soit ordinaire que le Chêne vienne du Gland, le Marronnier du Marron, & ainsi de quelques autres Arbres : la nature a pourvû par d'autres voyes à cette multiplication si admirable, & a voulu qu'elle se fist, tantost par des Marcottes & des boutures, tantost par des rejettons du pied, quelquefois par differentes manieres de greffes, &c. J'explique ailleurs une partie de ces beaux ressorts, dont la nature trouve à propos de se servir pour perpetuer chaque espece, & je viens à soûtenir affirmativement.

Que si aprés avoir voulu établir pour une maxime certaine, que tels Sapins n'ont de la force, que parce qu'ils ont esté nourris dans une Montagne du Midy ; & tels ne sont foibles, que parce qu'ils ont esté élevez dans une Montagne du Nord : on vouloit ensuite passer de là à nos Arbres fruitiers, pour tirer des consequences des uns aux autres : il est grandement à craindre qu'on courroit quelque risque de faire des raisonnemens peu solides : ce sont deux champs bien differens entr'eux, & qui demandent aussi des raisonnemens qui ne le soient pas moins.

Ce qui se peut dire des Fruits, n'a guéres de rapport à ce qui se peut dire des Sapins ; dans ceux-cy on n'a que faire de chercher des distinctions d'une partie du corps de l'Arbre d'avec une autre partie : c'est assez qu'on considere simplement l'Arbre en soy tout entier pour s'en pouvoir servir à faire des mâts, des ais, des poutres, des solives, &c. mais en Arbres fruitiers on est obligé de faire distinction de branche, c'est à dire de la grosse d'avec la menuë, & de la fausse d'avec la bonne : on regarde icy les ouvrages merveilleux de la nature pour la distribution de la seve, qui entre dans chaque partie dont ils sont composez ; & à l'égard des Sapins, il ne faut regarder au plus que l'usage particulier, auquel on les peut destiner pour la construction d'un bâtiment : Il importe peu à la nature, qu'un Sapin soit propre à faire un plancher, ou à ne le pas faire : mais on pourroit dire qu'il luy importe beaucoup, qu'un Arbre fruitier fasse des Fruits pour la nourriture des plus nobles parties de la composition du monde; & cependant à l'égard de ces Fruits c'est de tout ce qui se passe dans la vegetation la partie qui luy coûte le moins à faire, & qui donne le plus de peine à concevoir au Philosophe.

Et pour confondre en toutes occasions ce grand raisonnement des hommes, cette même nature fait voir dans nos Arbres une sagesse bien differente de celle qu'elle fait paroistre dans la composition & dans la conservation de chaque Animal parfait, comme si elle avoit voulu par là couper entierement chemin à toutes les consequences qu'on voudroit tirer des uns aux autres.

La distribution de la nourriture dans les Animaux parfaits se fait par portions égales dans chacun des membres, qui sont entr'eux une égale simetrie, en sorte que d'ordinaire le bras droit n'en reçoit pas davantage que le gauche, ny une des jambes davantage que l'autre, & ainsi du reste : au lieu que dans les Arbres fruitiers la seve s'y distribuë par parties extrémement inégales ; peu de branches en effet s'y ressemblent parfaitement, il en est de fort grosses, & d'autres fort menuës, quelques-unes même tiennent un milieu entre les deux, il va beaucoup de seve dans les premieres, il en va si peu que rien dans les petites, & mediocrement dans les dernieres.

Il arrive aussi quelquefois que de certaines petites branches venant à recevoir plus de seve que l'usage particulier, auquel elles paroissoient destinées n'en demandoit, deviennent en peu de temps d'une grosseur extraordinaire, & que reciproquement quelques-unes, aprés avoir esté dans un temps regardées comme grosses par comparaison à d'autres qui l'étoient moins, cessans enfin de recevoir autant de seve que leur premiere grosseur en devoit esperer, deviennent du nombre & de la classe des petites.

On pourroit peut-être dire, & même assez à propos, que la seve fait icy la même chose à peu prés, que ce qu'on voit faire au courant de l'eau dans le lict de certaines Rivieres ; ce courant n'est pas toûjours regulierement en un même endroit, par exemple dans un temps il se porte tout entier du costé de la rive droite, & comme si s'ennuyant bien-tost aprés de la route qu'il avoit luy-même choisie, il prenoit plaisir à changer souvent de place, on le voit au bout de quelques mois, ou se remettre entierement vers la rive opposée, ou s'établir dans le milieu du terrein qui luy est destiné ; mais de quelque costé qu'il se laisse aller, ce n'est pas d'ordinaire pour y faire de grands sejours.

Tout de même aussi dans les branches, qui sont le veritable lict de la seve, nous voyons arriver par cy par là, & de temps en temps une maniere d'agrémens capables de surprendre ; cette seve n'est pas toûjours constante à suivre les premiers chemins qu'elle avoit pris dans les commencemens, telle année elle fait une espece de débordemens dans une branche foible, qui étant sur le point de nous donner du Fruit, en pert absolument toute la disposition, si bien que se mettant à grossir & à s'allonger notablement au prix de ce qu'elle étoit, elle prend l'être, le temperamment, & la qualité de celles qui ne sont propres qu'à faire du bois, & de là vient qu'elle s'attire aussi un traitement tout contraire à celuy qu'elle avoit accoûtumé de recevoir.

Telle année aussi nous voyons arriver, que celle, qui pour ainsi dire, avoit commencé dans son enfance à vivre sur le pied d'une grosse branche, c'est à dire d'une branche à bois, changeant tout d'un coup de parti vient à augmenter le nombre des branches à Fruit, parce que le canal qui fournissoit de quoy la maintenir dans sa premiere condition, ayant reçû quelque alteration interieure, cette grosse branche s'est trouvée reduite à la portion des petites.

Et ce qui est icy de plus admirable, c'est que la nature qui dans chaque espece d'Animaux parfaits, a ce semble un seul & unique moule, par le moyen duquel elle leur fait à tous une figure égale, & un air assez uniforme dans les uns & dans les autres, ne cherche dans la disposition & la figure de nos Fruitiers, ny ajustement, ny simetrie, ny égalité, ny ressemblance : en chaque Animal les yeux & les oreilles, le ventre & les pieds, &c. sont regulierement placez aux mêmes endroits du corps, sans qu'il soit permis de faire aucune transposition de membres, à moins que d'en faire des monstres affreux : mais dans les Arbres Fruitiers on est content de la nature, pourveu que l'Arbre fasse de beau bois, & donne de bons Fruits, que ce soit dans le haut, ou dans le bas, ou à droit, ou à gauche, tout cela nous est indifferent aussi-bien qu'à la nature; elle a même cette complaisance pour le Jardinier habile, qu'elle veut bien, pour ainsi dire suivre ses ordres & sa conduite, & par consequent prendre telle figure qu'il luy veut donner, jusques-là même qu'elle se soûmet à produire, ou du bois, ou du Fruit, en quelque endroit que ce soit de l'Arbre, qu'il trouve bon de luy marquer.

Cultuque frequenti, in quascumque voces artes, haud tarda sequentur. *Virg. Georg.* 2.

Partant, puisqu'en même temps il est indubitable, que dans tout le corps de l'Arbre il n'y a pas une seule partie exterieure quelle qu'elle soit, qui ne puisse servir à la production, & que dans les Animaux il n'y en a qu'une seule qui puisse servir à une fonction semblable ; y a-t'il apparence de raisonner entierement d'une même maniere sur la generation des Arbres, & sur la generation des Animaux.

Il y a dans les Arbres Fruitiers un détail de fonction de seve, où peu de gens se sont avisez de décendre, & peut-être même sont-ils assez excusables de ne l'avoir pas fait, parce que des sciences, & plus brillantes, & plus relevées, ou même des emplois importans,

importans & necessaires ne leur ont pû permettre de s'y appliquer, & quoy qu'à tout homme, qui en deux ou trois matieres s'est acquis un grand fond d'habileté, il fût bien séant, s'il étoit possible, d'en avoir autant acquis en toutes celles qui sont connuës, cependant je ne sçay si on seroit bien receu à dire, par exemple, qu'un Astrologue, qu'un Mathematicien, qu'un Architecte, ne peuvent passer pour estre d'assez habiles gens dans leurs professions, à moins qu'ils ne soient consommez en toutes sortes de sciences ; seroit-il possible, que celuy qui est infiniment éclairé dans ces belles connoissances passât pour un homme ignorant, parce qu'il ne seroit pas parvenu à estre bon Jardinier, je ne le sçaurois croire : car comme on auroit raison d'imputer à l'Architecte en qualité d'Architecte, si une cheminée fumoit, si une chambre n'avoit pas une place commode pour un lict, si la simetrie n'étoit pas regulierement observée dans un Palais ; aussi auroit-on ce me semble tort de luy imputer comme Architecte, si les Arbres Fruitiers d'un Jardin n'avoient pas une figure agreable, & ne faisoient pas abondance de beaux & de bons fruits.

Disons davantage, qu'il y a un nombre infini de curiositez, qu'on peut appeller inutiles à l'égard de nostre Jardinier, parce que tous les raisonnemens du monde ne luy sçauroient servir de rien pour y acquerir de nouvelles lumieres ; ainsi par exemple quand on sçait que le Marbre d'une telle Montagne de Genes, ou la Pierre d'une telle Carriere de S. Leu ont toute la bonté necessaire pour la construction & la solidité des Statuës & des Bâtimens, pendant que le Marbre & la Pierre de tels & de tels autres endroits sont connus de tout le monde pour être de mauvais Materiaux ; à quoy servira-t'il de se mettre en peine de vouloir rendre raison, d'où vient la bonté de ceux-là, & le défaut ou l'imperfection de ceux-cy, puis qu'on ne sçauroit parvenir à trouver les moyens de corriger l'un, & de perpetuer l'autre ? il doit suffire de sçavoir au vray où sont les bons pour s'attacher uniquement à les choisir, & où sont les mauvais pour les rebuter incessamment.

En Italie les Sapins du Midy sont bons, je le veux bien, ceux du Nord ne le sont pas à la bonne heure, l'experience du Pays a donné cette connoissance, mais je crois que sur cela on se tromperoit beaucoup, si sans avoir aucun égard à la difference du fond de terre, on vouloit dire en general, que ce qui rend ceux-cy mauvais, n'est absolument autre chose, que d'avoir été élevez dans une exposition du Nord, puisque les Mariniers d'aujourd'huy soûtiennent, que les meilleurs Sapins qu'on puisse employer à faire des Masts, viennent des Regions les plus Septentrionales de la Norvegue, & si au contraire on vouloit avancer, que les Sapins du Midy ne sont bons, que parce que la grande chaleur du Soleil est seule capable de comprimer la matiere dont ils sont nourris, & par consequent de serrer & d'endurcir fortement leurs fibres, ce qu'elle ne peut faire pour les autres, qui sont dans un lieu que le Soleil ne regarde pas à plomb ; comment pourra-t-on appliquer ce raisonnement aux Sapins élevez dans un pays où il gele presque toûjours ? N'est-il pas naturel au froid, aussi-bien qu'au chaud de resserrer, d'endurcir, & de fortifier ? Et n'est-il pas vray aussi qu'il vient plus de pluyes par les vents du Midy que par les vents du Nord, & que par consequent ce qui est exposé au Midy est d'ordinaire pour le moins autant humecté que ce qui est exposé au Nord.

Tout de même je dis qu'en vegetation il n'est pas trop assûré de philosopher en general, il est sur tout important d'examiner chaque chose en particulier, & toûjours en veuë d'acquerir, non pas simplement de ces lumieres, qui ne font que repaître une vaine curiosité d'esprit, mais particulierement de celles qui contribuënt à donner aux Ouvriers de nouveaux degrez de connoissance & d'habileté : défions-nous des opinions qui ne sont au plus que probables, & qui par consequent ne sçauroient servir à établir des maximes assûrées ; deffendons-nous des préventions, qui nous font embrasser avec trop de déference ce qui peut avoir esté avancé par un homme veritablement illustre en certaines matieres particulieres, mais pour avoir voulu trop entreprendre, s'est peut-être mêlé mal à propos de dogmatiser sur quelqu'unes qu'on pouvoit dire n'être pas son gibier.

Tout le monde sçait, que les Arbres venus en pleine campagne & en lieu sec, ont le bois plus dur que ceux qui sont venus dans les Forests & dans les lieux humides ; mais je crois qu'il n'importe guéres que les Arbres de la campagne ayent esté élevez à des expositions du Midy, ou à des expositions du Nord, la pleine campagne dans chaque Climat ne reconnoissant guéres ces differences d'expositions, témoins les Vins de Versenay, qui sont encore meilleurs à l'exposition du Nord, que ceux qui sont venus à l'exposition du Midy, malgré la maxime des anciens Auteurs : quiconque auroit voulu prendre cette maxime au pied de la lettre, & chercher de grands raisonnemens pour la maintenir, & pour l'etendre ; combien d'heresies n'auroit-il point fait en matiere de Vignobles ?

Auster vites sibi objectas nobilitat, aquilo fœcundat, elige plus velis, an melius. *Crescentius. Palladius.*

Quoy qu'il soit vray que l'aspect du Soleil soit une des plus precieuses, & des plus importantes conditions pour favoriser les Plantes, cependant si la bonté manque du costé du fond, quelque aspect qu'il y ait, ou du Midy, ou du Levant, nous ne verrons guéres pour cela de productions qui réjoüissent ; de là vient cette difference si grande, qui se trouve entre les Vins d'une même coste, quoy que toute entiere elle n'ait qu'une seule & unique exposition ; de là vient encore qu'il y a tant de Terres marécageuses qui demeurent inutiles, tant de Plaines qui sont abandonnées sans culture, & tant de grandes Colines qui ne produisent

Quippe solo natura subest. *Virg. Georg. 2.*

rien. Si les Tuyaux d'Orgues, & les instrumens de Musique ne sont effectivement bons & bien faits, à quoy servira-t'il de les mettre entre les mains de sçavans Musiciens & d'habiles Organistes? L'ame de tous les hommes n'est elle pas d'une égale substance, & d'une égale perfection, d'être dans les uns comme dans les autres; cependant à quoy attribuërons nous cette difference étonnante des grands Ministres & des grands Philosophes d'avec le Peuple stupide, grossier, brutal & barbare, si ce n'est à la difference du temperamment, & des organes.

Il est donc constant, qu'à l'égard des productions de la terre c'est le fond bon ou mauvais que nous devons regarder comme la principale source des differences que nous y remarquons; c'est assez pour nostre usage & pour nostre besoin, que nous sçachions seurement que les Arbres des Forests croissent plûtost en hauteur, & sont aussi plus droits de tige, que ceux qui viennent dans les Buissons; or nous le sçavons si bien que nous n'en pouvons douter, parce que l'experience nous apprend, que naturellement chaque Plante cherche d'estre immediatement regardée des rayons du Soleil, & que partant celle qui craint, pour ainsi dire, de se voir étouffer par le voisinage des autres qui l'entourent, semble s'élancer avec impetuosité, pour porter son sommet vers l'endroit où elle aura plus d'air; & comme, s'il m'est permis de parler ainsi, l'instinct de chaque Plante en particulier est à cet égard semblable à l'instinct de chacune de ses voisines; de là vient que toutes ensemble agissans comme à l'envi les unes des autres, elles tâchent d'avoir l'avantage l'une sur l'autre, & ainsi s'allongent toutes également; de maniere que dans les Forests bien épaisses tous les Arbres regulierement y deviennent & plus hauts & plus droits que ceux qui ne viennent pas en de semblables scituations; & si les Forests sont trop épaisses les Arbres y parvenans trop tost à une grande hauteur, n'auront pas eu le temps d'acquerir une grande solidité convenable & suffisante, & par consequent se trouveront foibles, au lieu que les Arbres venus en pleine campagne, & en petite campagne, n'ayans pas eu cet empressement violent de s'élever si-tost en hauteur, ont insensiblement profité de la nourriture qui leur est venuë, & qui a esté sagement employée, tant à les grossir qu'à les allonger avec une proportion reglée & convenable de leur grosseur avec leur longueur.

Cette experience doit suffire, pour nous apprendre aussi-bien qu'aux Charpentiers qu'elles sortes d'Arbres meritent nôtre choix, ou nostre rebut pour estre propre, ou ne l'estre pas à faire dans nos Bâtimens de bonnes Poutres, & de bonnes Solives.

CHAPITRE XXII.

Reflexion ſur les décours, pleines Lunes, &c.

DIſons maintenant ce que nous penſons touchant les décours, & les pleines Lunes, dont nos pauvres Jardiniers paroiſſent ſi perſuadez.

Ils ne peuvent ſouffrir que je traite de viſion, & peut-être de folie un uſage ſi vieux & ſi pratiqué, diſent-ils, dans tous les ſiecles, & dans tous les coins du monde : ils pretendent que ſuivant la doctrine du temps paſſé tout Vendredy porte décours, & ſur tout que le jour du grand Vendredy porte bonheur pour toutes les ſemences ; en ſorte que ſemant ce jour-là, celles de qui l'on veut avoir bien-toſt du fruit, elles le donnent à point nommé, comme les Melons, les Concombres, les Pois, &c. & auſſi ſemant le même jour celles, qui ſelon leurs ſouhaits ne devroient pas monter ſi toſt en graines, par exemple toutes ſortes de Plantes potageres, Choux, Laituës, Oſeilles, &c. il ſemble qu'elles s'arreſtent comme par un profond reſpect qu'elles rendent au jour qu'on les a miſes en terre, pendant que tout ce qui a eſté ſemé à d'autres quartiers de Lunes vient à rebours de toutes les intentions du Jardinier.

Ils ne ſçauroient convenir, que cette pratique de leurs Peres ſoit une fauſſeté groſſiere, ny que ç'en ſoit encore d'autres, tout ce que la tradition leur a appris : c'eſt à ſçavoir, que ny les Plans, ny les Greffes, ny la Taille ne réüſſiſſent point à donner bien-toſt du Fruit, ſi on ne les a fait en décours ; en ſorte que d'autant de jours, diſent-ils, qu'en tous ces Ouvrages on approche du dernier de la Lune, d'autant d'années avance-t'on pour faire donner plûtoſt du Fruit.

Ils ajoûtent même ces bonnes gens, que ce qui fait que quelques Arbres ſont ſi long-temps à donner du Fruit, n'eſt autre choſe que d'avoir eſté ou plantez, ou taillez, ou greffez en Croiſſant, ou en pleine Lune, & ſoutiennent que ceſt une experience infaillible, & qui ne peut eſtre diſputée, à moins que de vouloir contredire tout ce qu'il y a de mieux établi dans le monde.

Pour moy il me ſemble qu'il n'y a rien de plus erronné, tant pour la choſe en ſoy, que pour le raiſonnement qu'on en peut faire.

A l'égard de la choſe ; je proteſte de bonne foy, que pendant plus de trente ans j'ay eu des applications infinies pour remarquer au vray, ſi toutes les Lunaiſons devoient eſtre de quelque conſideration en Jardinage, afin de ſuivre exactement un uſage que je trouvois eſtably, s'il me paroiſſoit bon, mais qu'au bout du compre tout ce que j'en ay appris par mes observations longues & frequentes, exactes & sinceres, a esté que ces décours ne sont simplement que de vieux dires de Jardiniers mal habiles ; ils ont crû par là, non seulement mettre à couvert leur ignorance à l'égard des points principaux du Jardinage, mais en même temps ils ont esperé de s'acquerir par ce jargon quelque croyance auprés des honêtes gens qui n'entendent rien en agriculture.

Il faudroit que j'en fusse venu à un terrible excés d'effronterie & de temerité, si j'avois entrepris d'insulter, & de détruire une maxime aussi ancienne que les siecles mêmes, & soûtenuë encore d'un nombre infini de Partisans persuadez & opiniâtres, à moins que je n'eusse mis dans mon party toute l'autorité d'une experience solide, & éloignée de toute sorte de preventions.

Il est vray que j'ay travaillé en critique severe dans toutes les parties du Jardinage, & que me défiant de tout ce que j'ay trouvé étably, tant dans les livres que dans la pratique de nostre temps ; j'ay tenté toutes sortes de voyes, soit pour détruire les raisonnemens des Auteurs, soit pour convaincre de fausseté les principes de tous nos Jardiniers, mais ce n'a jamais été qu'avec de bons desseins, & de sages resolutions d'embrasser toûjours la bonne doctrine, & d'exterminer si je pouvois la mauvaise.

J'ay donc suivi ce qui m'a paru bon, & j'ay condamné ce qui m'a paru ne l'être pas ; les décours ont esté du nombre des reprouvez, & en effet greffez en quelque temps de la Lune que ce soit, pourvû que vous le fassiez adroitement, & dans les saisons propres pour chaque greffe, & sur des sujets convenables à chaque sorte de Fruit, & qu'enfin le pied soit bon & bien disposé, en sorte qu'il n'ait ny trop de seve, ny trop peu, & qu'il ne soit ny trop fort, ny trop foible, vous réüssirez certainement, tout au moins à la plus grande partie, sans que vous puissiez vous rien imputer à vous même, en cas que les greffes ayent peri.

Et tout de même semez & plantez toutes sortes de graines, ou de plans en quelque quartier de la Lune que ce soit, je vous réponds d'un succés égal de vos semences & de vos plantes, pourveu que vostre terre soit bonne, bien preparée, que vos Plans, & vos semences ne soient point defectueuses, & que la saison ne s'y oppose pas ; le premier jour de la Lune, comme le dernier sont entierement favorables à cet égard, chacun le peut éprouver par luy-même, & me condamner ensuite comme un imposteur, si j'avance icy une doctrine fausse, mauvaise, & pour ainsi dire heretique.

Aprés avoir examiné la chose en soy ; examinons presentement le raisonnement qu'on en peut faire ; comment est-il possible, qu'une influence particuliere d'un quartier de Lune puisse en même temps à l'égard des Plantes concilier deux choses si contraires, & y faire deux effets si diametralement opposez l'un à l'autre ; ce

Binium nobis ad culturam dedit natura experientiam & imitationem, antiquissimi agricolæ tentando pleraque constituerunt, liberi eorum magnam partem imitando, nos utrumque facere debemus & imitari alios & aliter ut faciamus experientia tentare quædam, sequentes non aleam sed rationem aliquam. *Varro.*

Numquid in uno, vel altero experimento casu fiat, verum quid certa ratione plerumque proveniat, id demum pro certo, & explorato tenere, discentibus imperare debemus. *Columella.*

seroit un secret admirable, de faire que la Lune se mist d'intelligence avec ces Jardiniers, pour faire que telle Plante montât en graine, parce qu'ils le voudroient, & empêchât cependant telle autre d'y monter, parce que pareillement ils seroient bien aises qu'elle n'y montât pas; il n'y auroit à la verité rien de si commode dans le Jardinage, mais certainement aussi il n'y a rien de si contraire à la raison & à l'experience; & partant comme j'espere qu'on ne s'amusera plus à ces pleines Lunes & à ces décours, je ne crois pas qu'il soit necessaire de se mettre en peine de les décrier davantage.

FIN.

TABLE DES CHAPITRES du Traité des Reflexions sur quelques parties de l'Agriculture.

Fin de la Table des Chapitres du Traité des Reflexions sur quelques parties de l'Agriculture.

EXTRAIT DU PRIVILEGE DU ROY.

Par grace & Privilege du Roy, donné à Paris le 18. Octobre 1689. Signé par le Roy en son Conseil GAMART, & scellé du grand Sceau de cire jaune ; Il est permis au Sieur de la Quintinye, Bachelier en Theologie, de faire imprimer par tel Imprimeur & Libraire qu'il voudra choisir un Livre intitulé *Instruction pour les Iardins Fruitiers & Potagers*, avec un Traité *des Orangers*, suivy *de quelques Réflexions sur l'Agriculture*, le tout composé par le feu Sieur *de la Quintinye son pere*, *Directeur de tous les Jardins Fruitiers & Potagers de Sa Majesté*, & ce pendant le temps & espace de quinze années consecutives : pendant lequel temps il est fait deffenses à tous Imprimeurs, Libraires & autres de contrefaire, ny faire contrefaire ledit Livre, ny même d'en vendre de contrefaits, ny d'impression étrangere, à peine de trois mil livres d'amande, confiscation des Exemplaires, & de tous dépens, dommages & interests, ainsi qu'il est plus au long contenu audit Privilege.

Registré sur le Livre de la Communauté des Imprimeurs & Libraires de Paris le 21. Octobre 1689.

Signez, P. TRABOUILLET, Adjoint, P. AUBOUYN, Adjoint, & C. COIGNARD, Adjoint.

Et ledit Sieur de la Quintinye a cedé & transporté son droit de Privilege à CLAUDE BARBIN, Marchand Libraire à Paris, pour en joüir pendant le temps porté par iceluy, suivant l'accord fait entr'eux.

Et par Acte passé pardevant Boucher le Mars 1697. Les Sieurs AUBOUIN, CHARPENTIER, & Compagnie ont acquis ledit droit pour en joüir pendant ledit temps.

www.ingramcontent.com/pod-product-compliance
Lightning Source LLC
LaVergne TN
LVHW010118230826
846091LV00001BA/78

9782329386874